Biochemie der Elemente

Waldemar Ternes

Biochemie der Elemente

Anorganische Chemie biologischer Prozesse

Springer Spektrum

Prof. Dr. Waldemar Ternes
Stiftung Tierärztliche Hochschule Hannover

ISBN 978-3-8274-3019-9   ISBN 978-3-8274-3020-5 (eBook)
DOI 10.1007/978-3-8274-3020-5

Die Deutsche Nationalbibliothek verzeichnet diese Publikation in der Deutschen Nationalbibliografie;
detaillierte bibliografische Daten sind im Internet über http://dnb.d-nb.de abrufbar.

Springer Spektrum
© Springer-Verlag Berlin Heidelberg 2013

Planung und Lektorat: Merlet Behncke-Braunbeck, Dr. Meike Barth, Judith Danziger
Redaktion: Dr. Bärbel Häcker
Einbandabbildung: Fotolia
Einbandentwurf: SpieszDesign, Neu-Ulm

Gedruckt auf säurefreiem und chlorfrei gebleichtem Papier

Springer Spektrum ist eine Marke von Springer DE. Springer DE ist Teil der Fachverlagsgruppe Springer
Science+Business Media.
www.springer-spektrum.de

Vorwort

In den Vorlesungen zur Anorganischen Chemie bestand bei den Studierenden der Veterinärmedizin, Lebensmittelwissenschaften und Biologie seit jeher der Wunsch, anhand praktischer Beispiele die Reaktionen von Anionen und Kationen in biologischen Systemen kennenzulernen, damit die Lehrinhalte mehr Bezug zu ihrem zukünftigen Arbeitsgebiet gewinnen. Diesem Wunsch ist einer meiner Vorgänger am Chemischen Institut der Tierärztlichen Hochschule Hannover, Herr Prof. Alfons Schöberl, in seinen Vorlesungen von 1950 bis 1973 gefolgt. Eine Fülle von Beispielen hat er in dieser Zeit gesammelt und dem Institut hinterlassen. Ich bin ihm dankbar, dass ich aus seinem Nachlass diese Beispiele für meine Vorlesungen und jetzt, ergänzt mit eigenen Erfahrungen, in diesem Buch nutzen kann.

Die Anorganische Chemie steht mit der Biochemie in intensiver Wechselwirkung. Beide Fächer stellen die Basiswissenschaften für die Bioanorganische Chemie dar. Die bedeutenden Lehrbücher der Anorganischen Chemie, wie der „Hollemann-Wiberg" und der „Binnewies *et al.*", liefern einige Beispiele und Anwendungen der Anorganischen Chemie in biologischen Systemen. Die erstklassigen großen Lehrbücher der Biochemie sind dagegen vorwiegend physiologisch-medizinisch ausgerichtet und stellen das einzelne Element weniger in den Vordergrund. Das vorliegende Buch geht von der Gliederung der Elemente aus, arbeitet die Stoffchemie heraus und beschreibt die Eigenschaften von Anionen und Kationen und deren Verbindungen im Organismus und dem uns umgebenden Ökosystem. Der Leser soll auch sensibilisiert werden für Komplexverbindungen zwischen Metallionen und Proteinen, die durch ihre Reaktivität neue Perspektiven in der Medizin eröffnet haben.

Das Buch soll Studierenden der Veterinärmedizin und der Lebenswissenschaften Bezüge der Anorganischen Chemie zur Biologie und verwandten Disziplinen aufzeigen und die Lücke zwischen studienrelevanten Grundlagen und faszinierender, anwendungsbezogener Wissenschaft schließen.

Dieses Buch konnte nur mit Unterstützung meines über lange Jahre bewährten Teams fertiggestellt werden. Daher geht mein besonderer Dank an Frau Dipl.-Ing. agr. Heidi Schmidt, an meine Frau Dipl.-Oec.-troph. Gabriele Ternes und an Carmen Narjes für die Zeichnungen. Frau Dr. Astrid Drotleff danke ich für die Anregungen und Korrekturlesung.

Hinweise auf die Nutzung der Proteindatenbank

Erst wenn man die dreidimensionale Struktur eines Enzyms oder Proteins kennt, kann dessen Wirkungsweise richtig verstanden werden. Dann erst lassen sich Korrelationen zwischen der Struktur einer Verbindung und ihrer physiologischen Bedeutung im Organismus herstellen, was z. B. hilfreich bei der Entwicklung von neuen Medikamenten oder biotechnologischen Prozessen ist. Die Proteindatenbank (PDB) ist eine frei zugängliche wissenschaftliche Datenbank (www.rcsb.org), in der alle weltweit bekannten 3-D-Strukturen großer Biomoleküle, einschließlich Proteine und Nukleinsäuren, gespeichert sind. Diese 3-D-Strukturen wurden typischerweise mit Röntgenstrukturanalyse, NMR-Spektroskopie oder Kryo-Elektronenmikroskopie ermittelt. Die PDB-Datenbank gibt Auskunft über die Raumkoordinaten für jedes Atom, dessen Position bekannt ist. Mithilfe frei erhältlicher Software lassen sich die Proteinraumstrukturen auf vielfältige Weise darstellen und von allen Seiten betrachten. Jeder Struktur ist ein eigener vierstelliger Identifikationscode zugeordnet (PDB ID). Im vorliegenden Buch befindet sich bei jeder Struktur, die auch in der PDB zu finden ist, in der Abbildungsunterschrift der entsprechende Code in geschwungenen Klammern { }, sodass Interessierte in der Lage sind, die Makromoleküle auf höchst eindrucksvolle Art noch eingehender zu erforschen.

Hannover, August 2012   Waldemar Ternes

Inhaltsverzeichnis

0 Wasserstoff und Wasser

0.1 Vorkommen und Gehalte

Erde: 2/3 der im Weltall vorkommenden Elemente sind Wasserstoff. In der Erdatmosphäre kommt er im freien Zustand (H_2) nur spurenweise ($5 \cdot 10^{-5}$ Vol.-%) vor. Gebunden in H_2O (11,2 Gew.-%) kann er als Wasserstoff bis zu 4 Vol.-% der Atmosphäre betragen und bedeckt ¾ der Erdoberfläche. Wasser ist ein wichtiger Bestandteil der Pflanzen und Tiere.

Mensch: Der menschliche Körper besteht zu 70 % aus H_2O und enthält 7 kg gebundenen Wasserstoff in Fetten, Proteinen, Wasser etc.. Im Dickdarm kommt H_2 durch bakterielle Aktivität vor. Ein Großteil der chemischen Reaktionen in Lebewesen findet im wässrigen Medium statt. Zahlreiche Mineralien enthalten chemisch gebundenes H_2O („Kristallwasser").

Lebensmittel: Wassergehalt: Kuhmilch 87 %, Obst und Gemüse 70 % bis 90 %, Eier 75 %, Mehl 12 % bis 14 %, Fleisch 65 % bis 75 %.

0.2 Eigenschaften und Verwendung

Wasserstoff ist das leichteste aller Elemente und hat die einfachste Struktur aller Elemente („Urelement"). Es gibt drei Isotope: ^1H (Protium), ^2H (Deuterium (D); schwerer Wasserstoff), ^3H (Tritium (T)). Wasserstoff ist ein farb-, geruch- und geschmackloses Gas (Siedepkt. − 252,8 °C; Schmelzpkt. − 259,3 °C; kritische Temperatur − 240 °C). Er ist das leichteste Gas (0,0899 g/L; Luft ist 14,4-mal schwerer (1,293 g/L)). Bei den zweiatomigen Wasserstoff-Molekülen H_2 unterscheidet man *ortho*-Wasserstoff (*o*-H_2) und *para*-Wasserstoff (*p*-H_2), je nach Ausrichtung der Eigenrotation der beiden Atomkerne (Abb. 0.1). Bei *ortho*-Wasserstoff rotieren die positiven Atomkerne gleichsinnig, es entsteht ein magnetisches Kernmoment. Im *para*-Wasserstoff erfolgt die Rotation gegensinnig (kein magnetisches Kernspinmoment). *o*-H_2 und *p*-H_2 haben verschiedene Energieinhalte und bilden ein Gleichgewicht:

$$o\text{-}H_2 \; \rightleftharpoons \; p\text{-}H_2 \quad (\Delta H^0 = -0,08 \text{ kJ/mol})$$

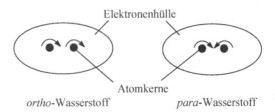

Abb. 0.1 Spin der Atomkerne im H_2-Molekül

o-Wasserstoff ist die energiereichere Form. Beim absoluten Nullpunkt liegt reiner p-H_2 vor, mit steigender Temperatur entstehen zunehmende Mengen von o-H_2. Bei Zimmertemperatur beträgt das Gleichgewicht: 25 % p-H_2; 75 % o-H_2. Die Einstellung des Gleichgewichtes erfolgt sehr langsam, Katalysatoren (z. B. Aktivkohle) beschleunigen die Reaktion. p-H_2 besitzt andere physikalische Eigenschaften als o-H_2 (spez. Wärme, Dampfdruck, Schmelzpkt.).

H_2 ist in H_2O nur gering löslich (2 L H_2 in 100 L H_2O). Dagegen besitzen viele Metalle ein sehr hohes Lösungsvermögen für Wasserstoff, z. B. kann schwammförmiges Palladium-Metall das 850-Fache seines Volumens aufnehmen. Auch andere Edelmetalle haben ein großes Adsorptionsvermögen für H_2. Besonders charakteristisch für Wasserstoff ist seine Brennbarkeit:

$$2\ H_2 + O_2 \longrightarrow 2\ H_2O \qquad (\Delta H^0 = -\ 572{,}04\ \text{kJ/mol})$$

Er verbrennt mit fahler, bläulicher, heißer Flamme. Bei Zimmertemperatur ist die Geschwindigkeit der Reaktion so gering, dass sie kaum messbar ist. Bei hoher Temperatur (~ 600 °C) setzt die Reaktion voll ein, durch die freiwerdende Wärme breitet sich die Reaktion explosionsartig aus („Knallgasexplosion"). Deshalb stets Vorsicht bei Versuchen mit Wasserstoff! Das sog. „Knallgasgebläse" ermöglicht eine gefahrlose Verbrennung von Wasserstoff (durch den „Daniell'schen Hahn") zur Erzeugung hoher Temperaturen (bis zu 2.700 °C). So können hochschmelzende Stoffe (z. B. Platin, Schmelzpkt. 1.773 °C) geschmolzen werden. Auch beim „autogenen" Schweißen und Schneiden von Metallen (z. B. Eisen, Kupfer, Messing, Bronze, Nickel, Aluminium) wird diese Reaktion ausgenutzt. Der Name „autogenes" (*autos* = selbst; *genan* = erzeugen) Schweißen weist darauf hin, dass die Schweißnaht aus dem Metall selbst erzeugt wird. Auch die Erfindung von J. W. Döbereiner („Döbereiners Feuerzeug") im Jahre 1823 nutzte die Knallgasreaktion: Wasserstoff (aus Zn + Säure) strömt aus einer Düse gegen feinverteiltes Platin (Platin wirkt als Katalysator). Die durch die H_2O-Bildung freiwerdende Wärme bringt Platin zum Glühen, und der Wasserstoff entzündet sich. Wasserstoff wurde früher als Füllgas für Ballons und Luftschiffe verwendet, aufgrund seiner Brennbarkeit jedoch durch Helium ersetzt. Wasserstoff kann Sauerstoff-Verbindungen den Sauerstoff entziehen und wirkt somit reduzierend, z. B. Reduktion von erhitztem Kupferoxid Cu(II)O:

$$CuO + H_2 \longrightarrow Cu + H_2O$$

Wasserstoff bildet mit Metallen salzartige Verbindungen, die Hydride (z. B. Natriumhydrid NaH, Calciumdihydrid CaH$_2$). Es vereinigt sich auch mit anderen Elementen, z. B. mit Chlor (zu Chlorwasserstoff HCl), Schwefel (zu Schwefelwasserstoff H$_2$S), Stickstoff (zu Ammoniak NH$_3$) und Kohlenstoff (zu Methan CH$_4$ bzw. weiteren organischen Verbindungen). H$_2$ kann durch Zufuhr von Energie (elektrische Entladung bei stark vermindertem Druck) in atomaren Wasserstoff H überführt werden:

$$Na + H_2O \longrightarrow NaOH + H{\uparrow}; H_2 \longrightarrow 2\ H{\uparrow} \qquad (\Delta H^0 = +\ 436{,}22\ \text{kJ/mol})$$

Atomarer Wasserstoff (H) ist wesentlich reaktionsfähiger als molekularer Wasserstoff (H$_2$) und vereinigt sich bereits, im Gegensatz zu H$_2$, bei Raumtemperatur mit Chlor, Brom, Iod, Sauerstoff, Schwefel, Phosphor und Arsen. Die Rückbildung zu H$_2$ („Rekombination") wird durch Metalle wie Platin, Palladium, Wolfram, Eisen, Chrom (abnehmende Wirksamkeit) stark beschleunigt (Katalysator-Effekt). Heißer, atomarer Wasserstoff kann zum Schweißen und Schmelzen höchstschmelzender Stoffe verwendet werden: Durch Ausnutzung der Rekombinationswärme werden Temperaturen erreicht, die um 2.000 °C höher liegen als die des Knallgasgebläses. Auch bei der chemischen oder elektrochemischen Darstellung von Wasserstoff aus H$_2$O oder Säuren entsteht der Wasserstoff im ersten Augenblick atomar:

Es erfolgt jedoch sofort die Vereinigung von 2 H zu H$_2$. Im Augenblick des Entstehens (in Bruchteilen von Sekunden; *in statu nascendi*) ist Wasserstoff deshalb viel reaktionsfähiger. Verwendung findet Wasserstoff besonders für die Ammoniaksynthese, für Hydrierungsprozesse (z. B. Fetthärtung), Herstellung von Zuckeralkoholen, zur Synthese von organischen Verbindungen und HCl sowie als Kühlmittel und Raketentreibstoff.

Deuterium (Schwerer Wasserstoff = D) kommt zu 0,0145 % in Wasserstoff vor. Die chemischen Eigenschaften unterscheiden sich nicht von gewöhnlichem Wasserstoff, jedoch sind die physikalischen Eigenschaften aufgrund der doppelten Masse verschieden.

Tritium (Überschwerer Wasserstoff) (Schweres Deuterium = T) ist ein künstlich erzeugtes Isotop (β^-, $t_{1/2} = 12{,}4$ a) (im Wasserstoff nur zu 10^{-15} % enthalten), das bei folgender Kernreaktion entsteht:

$$_1^2H + {_1^2}H \longrightarrow {_1^1}H + {_1^3}H; ({_1^3}H = T)$$

Dabei wird aus einem Deuterium-Kern ein Wasserstoff-Kern herausgeschossen, der sich mit einem Deuteriumatom zu Tritium verbindet. In der Natur wird es durch schnelle Neutronen aus der kosmischen Strahlung aus Stickstoff in der oberen Atmosphäre gebildet:

$$^{14}_{7}\text{N} + {}^{1}_{0}\text{n} \longrightarrow {}^{3}_{1}\text{T} + {}^{12}_{6}\text{C}$$

Besonders wirksam ist der Beschuss von Lithium mit schnellen Neutronen aus einem Reaktor, wonach folgender Kernprozess abläuft:

$$^{6}_{3}\text{Li}\,(\text{n},\alpha)\;^{3}_{1}\text{T} \quad \text{oder} \quad {}^{6}_{3}\text{Li} + {}^{1}_{0}\text{n} \longrightarrow {}^{3}_{1}\text{T} + {}^{4}_{2}\text{He}$$

Schema für Kernumwandlungsprozesse:
In der Klammer wird zuerst das eingeschossene Teilchen (n = Neutron), dann das abgestrahlte Teilchen (α = α-Teilchen = Heliumion (He^{2+})) genannt. Dann kann bilanziert werden, z. B. besitzt Lithium drei Neutronen und drei Protonen. Wird es mit einem Neutron „beschossen", so zerfällt es in ein α-Teilchen (2 Protonen und 2 Neutronen) und Tritium (ein Proton und zwei Neutronen). Tritium besitzt eine Halbwertszeit von 12,3 Jahren und geht unter β-Strahlung in $^{3}_{2}$Helium über. Es wird zur Markierung von Wasserstoffverbindungen, als Ionisierungsmittel von Gasen und als Auffänger zur Neutronengewinnung in Beschleunigungsanlagen genutzt. Tritium wird nur in sehr geringen Mengen (wenige Gramm Tritium pro Jahr) aus Kernkraftwerken und Wiederaufarbeitungsanlagen freigesetzt.

0.3 Verbindungen

Verbindungen von Wasserstoff mit anderen Elementen werden jeweils bei den entsprechenden Elementen beschrieben.

Wasser (H_2O) spielt als Lösemittel eine überragende Rolle. Der „Osmotische Druck" wässriger Lösungen sowie Siedepunktserhöhungen und Gefrierpunktserniedrigungen werden an anderer Stelle erläutert. Die Wassermenge auf der Erde beträgt 1.384 Mrd. km^3, wobei nur 36,02 Mio. km^3 ($\hat{=}$2,61 %) Süßwasser sind. Als verfügbares Süßwasser (Grundwasser und Bodenwasser (8 Mio. km^3), Wasser in Flüssen und Seen (0,225 Mio. km^3) und Wasser in der Atmosphäre (0,013 Mio. km^3) sind 8,3 Mio. km^3 auf der Erde vorhanden. Weitere 27,8 Mio. km^3 Süßwasser kommen im Eis, Polareis oder in Gletschern vor.

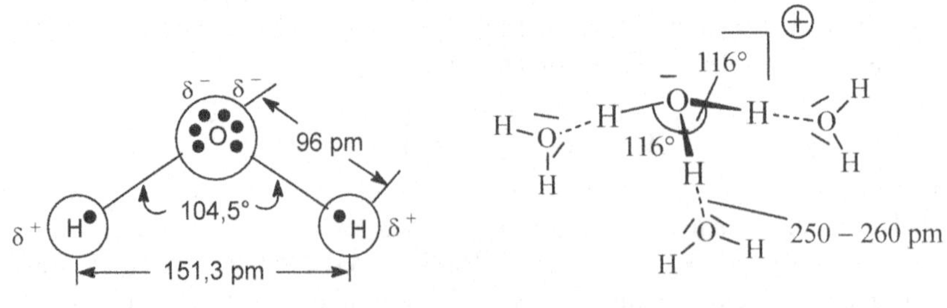

Abb. 0.2 Strukturen von H_2O und Hydronium-Ion ($H_9O_4{}^{+}$-Ion)

Das nach der Eigendissoziation von H_2O entstehende freie Proton wird nicht als H^+, sondern als hydratisiertes H_3O^+-Ion beobachtet. Das H_3O^+-Ion wird *Oxonium-Ion*, das oben abgebildete $[H_3O \cdot 3\,H_2O]^+$ wird *Hydronium-Ion* genannt (Abb. 0.2).

Wasserstoff bildet jedoch auch ein negativ geladenes Ion H^- mit zwei Elektronen, wodurch es die Elektronenkonfiguration von Helium erreicht. Die Wasserstoffbrücken sind bedeutend für den Zusammenhalt von Makromolekülen, aber auch von Wasser (Abb. 0.3).

Deuteriumoxid („Schweres Wasser") (D_2O) unterscheidet sich in den physikalischen Eigenschaften (Abb. 0.4) von H_2O: Chemisch ist H_2O etwas reaktionsfähiger als D_2O. Interessant sind viele Austauschreaktionen zwischen D_2O und Wasserstoff-Verbindungen. Sie verlaufen über Ionenreaktionen. Löst man z. B. NH_3 in D_2O auf, so werden die Wasserstoffatome im NH_3 schrittweise durch Deuterium ersetzt:

$$NH_3 + D_2O \rightleftharpoons NH_2D + HOD \text{ usw.}$$

Schweres Wasser dient in der Kerntechnik (Schwerwasserreaktoren) als Moderatormaterial. Oberhalb von 374 °C und 220 bar liegt H_2O nicht mehr in den klassischen Aggregatzuständen vor, sondern es wird überkritisch.

Das Wasser wird bei hohem Druck kompakter. Bei einer Dichte von 1,2 g/cm^3 ist es 20 % kompakter als Wasser bei Normaldruck. Bei der Hochdruckkonservierung können bis 6.000 bar erzeugt werden, wodurch das Volumen des wasserhaltigen Lebensmittels um 50 % vermindert wird. Einem Druck von 200 MPa ausgesetzt, gefriert Wasser erst bei – 22 °C. Hochdichtes Wasser an der Grenzfläche zu SiO_2-Mineralien (Erdoberfläche) schmilzt bei ca. – 17 °C. Gletscherbewegungen und die Stabilität von Eis auf Permafrostböden werden dadurch beeinflusst. Durch den Druckeffekt auf Eis ist auch das Gleiten der Schlittschuhe zu erklären.

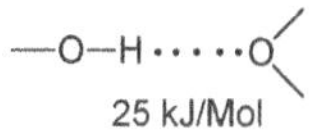

$$-O-H\cdots\cdots O$$
25 kJ/Mol

Abb. 0.3 Energiegehalt der Wasserstoffbrückenbindung

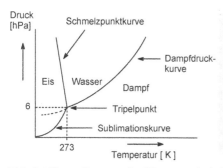

Eigenschaften	H_2O	D_2O
Dichte bei 20 °C [g/cm^3]	0,9982	1,1056
Temperatur des Dichtemaximums [°C]	4,0	11,6
Schmelzpkt. [°C]	0,00	3,82
Siedepkt. [°C]	100,00	101,42

Abb. 0.4 Phasendiagramm des Wassers und tabellarischer Vergleich zwischen H_2O und D_2O

0.4 Biologische Aspekte und Bindungsformen

Die hohe Wärmekapazität (4,186 kJ/g $\cdot$ K) ermöglicht die Speicherung von Wärmeenergie, die hohe Verdampfungsenergie (oder Kondensationsenergie) ermöglicht durch die Abgabe von Schweiß oder Rachenflüssigkeit beim Hund die Abgabe von Wärme ohne größeren Wasserverlust. Die Kondensation von heißem Wasserdampf kann jedoch zu erheblichen Verbrühungen führen. Im Dampfdrucktopf wird der Übergang der Kondensationswärme ausgenutzt, entsprechend gering sind die Garzeiten der Lebensmittel.

Große geologische Bedeutung hat die Ausdehnung des H_2O beim Gefrieren (Volumenzunahme 9 %) für die Verwitterung von Gesteinen. Im Erdinneren löst erhitztes und unter hohem Druck stehendes Wasser auch Mineralstoffe, die sonst fast unlöslich sind, und transportiert die Mineralstoffe in äußere Bereiche der Erdkruste, wo die Mineralstoffe wieder auskristallisieren. Auch das Dichtemaximum des H_2O bei 4 °C ist wichtig. 4 °C kaltes Wasser sinkt in Gewässern nach unten. Bei Abkühlung auf unter 4 °C bleibt das Wasser an der Oberfläche und erstarrt zu Eis. Die Kälte dringt nur langsam in größere Tiefen vor, sodass tiefere Gewässer nie bis zum Grunde zufrieren (Fortbestehen der Lebewesen möglich). Halbdurchlässige Wände (z. B. tierische Haut, Schweinsblase) (semipermeable Membranen) und der osmotische Druck spielen bei Pflanzen und Tieren eine sehr große Rolle. Der Protoplasmaschlauch in Pflanzen lässt H_2O durch, aber nicht den gelösten Stoff. Dadurch ist der osmotische Druck bedingt, der ein Mehrfaches des Atmosphärendruckes beträgt. Auch die in tierischen und menschlichen Blutkörperchen gelösten Stoffe üben osmotischen Druck aus. So entspricht der osmotische Druck des Blutes von Säugetieren bei Körpertemperatur dem Druck einer 0,95%igen NaCl-Lösung („physiologische Kochsalzlösung"). Konzentriertere Lösungen bringen Blutkörperchen zum Schrumpfen, verdünntere Lösungen zum Quellen. Für die lebensnotwendigen Vorgänge sind Wasserstoffbrückenbindungen wichtig, denn H_2O würde ohne diese Wasserstoffbrückenbindungen bei – 75 °C sieden und bei – 120 °C gefrieren. Durch die Wasserstoffbrückenbindungen bildet sich ein Netzwerk, das Wasser zwischen 0 °C und 100 °C im flüssigen Zustand hält. In der Atmosphäre bilden etwa 0,5 % der Wassermoleküle Dimere aus, sodass in der Gasphase die Wasserstoffbrückenbindung in geringem Maße vorkommt.

An der Oberfläche von gefrorenem Eis sind die Wassermoleküle nicht so fest gebunden und geordnet, sodass ein Sublimieren erleichtert ist. Trocknen von Wäsche bei Frost und die Gefriertrocknung von biologischen Proben profitieren von diesem Effekt.

In Wasser können kleine Moleküle in einen Käfig, sogenannte Clathrathydrate, aufgenommen werden. So sind bspw. durch 46 Wassermoleküle 8 Cl_2 in Hohlräumen eingebettet, beim größeren Br_2 sind es nur 6 Br_2-Moleküle. Bedeutsam sind die Clathrathydrate auch bei der Bindung des Methans in Gashydrate am Boden der Ozeane.

Auf höhere Organismen wirken deuterierte Verbindungen giftig. Die langsamere Reaktionsgeschwindigkeit deuterierter Verbindungen (bedingt durch die größere Masse) erklärt die Toxizität für höhere Tiere. 50%iges Schweres Wasser wirkt bereits stark wachstumshemmend. Mäuse sterben, wenn etwa ⅓ ihres Körperwasserstoffs durch Deuterium ausgetauscht wurde. Niedrige Organismen, wie z. B. einige Algenstämme, können in reinem D_2O leben und produzieren z. B. auch volldeuterierte Chlorophylle. Dagegen sterben Fische und Amphibien in reinem D_2O innerhalb kurzer Zeit.

0.5 Aufnahme und Ausscheidung

Der Mensch nimmt pro Tag etwa 2,5 L Wasser auf (Getränke 1,2 L, H_2O-Gehalt in Lebensmitteln 1 L, Oxidationswasser aus dem Stoffwechsel 0,3 L) und scheidet es auch wieder aus (Harn 1,5 L, Schweiß 0,6 L, Atem 0,3 L, Kot 0,1 L).

In einigen Geweben ist ein schneller Wassertransport ohne gelöste Ionen notwendig. Nach der Filtration des Wassers in der Niere muss dieses schnell ins Blut zurücktransportiert werden. Auch Tränen und plötzlicher Speichelfluss benötigen einen schnellen Wassertransport. Der Wassertransport zwischen den Zellen erfolgt über Kanalproteine (**Aquaporine**, 24 kD), die den Wasserhaushalt in Nieren, roten Blutkörperchen, Augenlinsen, Hornhaut der Augen und im Gehirn regulieren. Der Kanal ist 2 nm lang, an der engsten Stelle bis 0,3 nm breit. Damit ist der Kanal etwas größer als der Durchmesser eines Wassermoleküls (Abb. 0.5). Der Kanal des Aquaporins wird aus sechs membrandurchspannenden α-Helices gebildet, dabei sind positiv geladene Aminosäurereste im Bereich des Zentrums des Kanals lokalisiert und wirken dem Durchtritt von Protonen entgegen. Fehlfunktionen dieser Proteine können Krankheiten auslösen, wie Grauer Star (Katarakt) und *Diabetes insipidus*. Die Wassermoleküle werden innerhalb des Aquaporins kooperativ weitergereicht, in der Form, dass sich zwischen Wasser und den Aminosäuren kurzzeitig Wasserstoffbrückenbindungen mit den Seitenketten der Aminosäuren bilden. Dadurch ist ein schneller Durchfluss gewährleistet. Die Wasserstoffbrückenbindungen werden kurzfristig aufgebaut und wieder gelöst, wodurch ein Durchfluss der Protonen verhindert wird. Die folgende Abbildung zeigt ein Aquaporin in einer Zellmembran.

Aquaporine erreichen dabei eine Wasserleitfähigkeit von $3 \cdot 10^9$ Wassermolekülen pro sec und Kanal. Eine 100 cm² (10 cm x 10 cm) große Membran könnte 1 L Wasser in 7 sec filtern und entsalzen.

Abbildung 0.5 zeigt eine Pore, die von α-Helices umhüllt ist. Im oberen Drittel, im Bereich von His_{180}, ist die Pore so verengt (Durchmesser 0,28 nm), dass nur noch ein Wassermolekül durchpasst. Größere Moleküle als Wasser können nicht mehr passieren. Gegenüber von His_{180} befindet sich in den grauen mittleren α-Helices ein Arg_{195}-Rest, der positiv geladen ist. Damit können weder Kationen noch H_3O^+ durchtreten. Zwischen den beiden grau unterlegten Helices erfolgt eine Umorientierung der Wasserdipole.

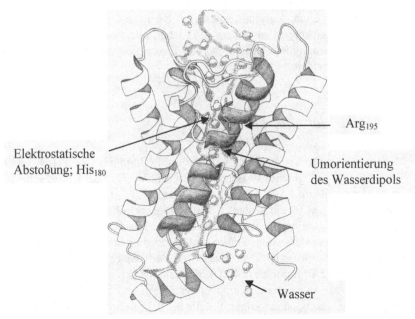

Elektrostatische Abstoßung; His_{180}

Arg_{195}

Umorientierung des Wasserdipols

Wasser

Abb. 0.5 Aquaporin in einer Zellmembran aus Spinat {s. a. PBD ID 2B5F}

Der tägliche Konsum von 1,5 L Wasser führt zu einem Energieverbrauch von 200 kJ, dieses entspricht einem Energiegehalt von 73 MJ/Jahr (17.400 kcal = 2,4 kg Fettgewebe). Kaltes Wasser benötigt einen höheren Energieverbrauch. Wasser – bei einer Temperatur von 22 °C getrunken – benötigt 40 % des obigen Energieumsatzes, um es auf die Körpertemperatur von 37 °C zu erwärmen.

0.5.1 Aktiver Transmembrantransport von Natrium- und Kalium-Ionen

Die intra- und extrazellulären Na^+- und K^+-Konzentrationen werden durch eine Na^+/K^+-spezifische ATPase geregelt. Dieses Enzym (Abkürzung E) besteht aus zwei Glykoproteinen mit den Molgewichten von 131 und 62 kD, wobei die größere Proteinkomponente die Transportfunktion übernimmt.

$$MgATP + H_2O \rightleftharpoons MgADP + HPO_4^{2-} \ (P_i, \textit{inorganic phosphate}) + Mg^{2+}$$
$$\Delta H^0 = \text{ca. 35 kJ/mol}$$

Na^+ wird aus der Zelle heraus und K^+ in die Zelle hineintransportiert (Na^+, K^+-Pumpe). Der Export von Na^+ verläuft gegen ein Konzentrations- und Potenzialgefälle (aktiver Transport). Im Verlauf der mit dem Ionentransport gekoppelten Phosphorylierung wechselt das Enzym zwischen den Konformationen E_1 (Na^+-sensitiv) und E_2 (K^+-sensitiv). Pro hydrolysiertem ATP werden 2 K^+ ein- und 3 Na^+ ausgeschleust:

$$ATP + 3\ Na^+_{in} + 2\ K^+_{ex} \longrightarrow ADP + P_i\ (\textit{inorganic phosphate}) + 3\ Na^+_{ex} + 2\ K^+_{in}$$

Das dadurch entstehende elektrische Ungleichgewicht wird teilweise durch eine Na^+/Ca^{2+}-ATPase, zum Teil durch passiven Transport ausgeglichen. Im Einzelnen laufen die durch die Na^+/K^+-ATPase katalysierten Vorgänge wie in Abbildung 0.6 zusammengefasst ab.

Folgende Teilvorgänge laufen ab:
1. Aufnahme von intrazellulärem Na^+, Mg^{2+} und ATP (1a und 1b) durch E_1
2. Phosphorylierung des Enzyms (A)
3. Konformationswechsel E_1 zu E_2 (2 nach 3)
4. Extrusion von Na^+ in den extrazellulären Raum von E_1 nach außen zu E_2 (2) und Aufnahme von K^+ in E_2 (4b)
5. Dephosphorylierung des Enzyms: Abgabe von freiem anorganischen Phosphat P_i und Mg^{2+} in das Zellinnere (5)
6. Konformationsumkehr E_2 zu E_1 (6 + 7a) und Aufnahme von K^+ und ATP
7. Abgabe von K^+ in den intrazellulären Raum (7b)
8. Reaktivierung des Enzyms durch Aufnahme von $Mg^{2+} \longrightarrow E_1 (Na^+, Mg^{2+}, ATP)$ s. Punkt 1.

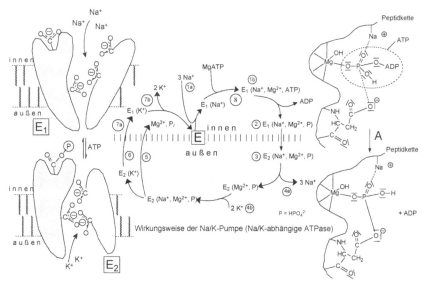

Abb. 0.6 Na^+- und K^+-Transport durch die Membran (P = freies Phosphat), nach Vorlage von Rehder, 2006

Ionen können auch passiv unter Ausnutzung von elektrochemischen oder Konzentrationsgradienten durch die membrangebundenen Glykoproteine der Ionenkanäle transportiert werden. Die Innenwandung der ionenspezifischen Kanäle sind oft mit Carboxylatgruppen von Asp und Glu ausgekleidet. Es gibt Leckkanäle (*leak channels*), die nur für K^+ durchgängig sind. Die gesteuerten Kanäle (*gated channels*) sind geschlossen und werden erst durch einen Reizimpuls für die Ionen durchlässig. Durch Liganden, z. B. DOPA, NO, Acetylcholin, und elektrischen Impuls (*voltage gated*, spannungsgesteuert) oder durch mechanische Einwirkung (*stretch gated*) kann der Reiz erfolgen. Die Alkalimetallionen können auch durch Ionophore (Transportantibiotika) durch die Membran gelangen. Entweder bilden solche Ionophore Kanälchen oder sie komplexieren das Kation und transportieren es durch die Lipidmembran (Abschn. 1.2 und 1.3).

Der Kanal ist aus acht Helices aufgebaut, wobei vier identische Untereinheiten bestehen, diese bilden einen Trichter, dessen weite Öffnung in den extrazellulären Raum zeigt. In den Vorhof gelangen die K^+-Ionen mit Wasserhülle. Die α-Helices lagern sich in den Membranen enger aneinander, sodass nur noch das K^+-Ion durchkommt (Abb. 0.7). In den Kanal ragen Carbonylsauerstoffatome des Peptidrückgrates, die dieses bewerkstelligen. Die kleineren Na^+-Ionen werden nicht durchgelassen, weil die Carbonylgruppen für K^+ räumlich passend positioniert sind.

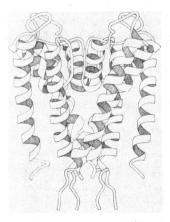

Abb. 0.7 K^+-Kanal von *Streptomyces lividans*, der nur für K^+ durchgängig ist. (Lehninger *et al.*, 2009) {s. a. PBD ID 1BL8}

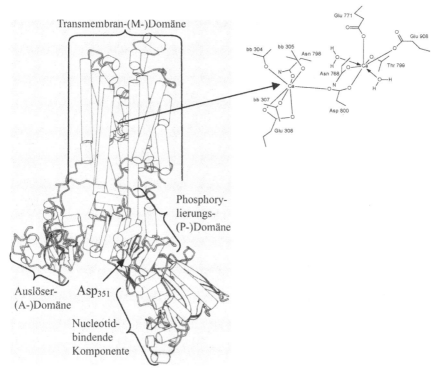

Abb. 0.8 Calciumpumpe {s. a. PBD ID 1SU4}

Die M-Domäne ragt durch die Zellmembran, der untere Teil der M-Domäne, die A-Domäne und P-Domäne befinden sich im Cytosol. Etwa in der Mitte der M-Domäne sind zwei Ca^{2+}-Ionen komplex gebunden. Zu Beginn liegt die Ca^{2+}-Pumpe im unphosphoryliertem Zustand vor (Abb. 0.8). Ca^{2+}-Ionen können nur auf der cytoplasmatischen Seite ausgetauscht werden. Im 2. Schritt wird ein ATP an der nucleotidbindenden Komponente gebunden. Dadurch wird die Struktur verändert, die nucleotidbindende Komponente sowie die Auslöser-(A-)Domäne verschließen den Zwischenraum.

Im 3. Schritt wird eine Phosphorylgruppe des ATP auf Asp_{351} übertragen. Die Aminosäure Asp_{351} befindet sich im Zentrum der Phosphorylierungs-(P-)Domäne. Noch sind die Ca^{2+}-Ionen in der Transmembran-(M-)Domäne eingeschlossen. Im 4. Schritt wird ADP freigesetzt, es verändert sich die Konformation überwiegend der Transmembran-(M-)Domäne, dabei werden die Ca^{2+}-Ionen zum Lumen (andere Seite der Membran) freigesetzt, sodass der Ionentransport erfolgt und Ca^{2+} herausgepumpt wird. Im 5. Schritt wird der Phosphorylrest, der an Asp_{351} gebunden vorliegt, freigesetzt. Der Ausgangszustand ist wieder erreicht und zwei Ca^{2+}-Ionen können aus dem Cytosol in die Transmembran-(M-)Domäne inkorporiert werden. Der Zyklus kann neu beginnen.

1 Die Elemente der 1. Gruppe: die Alkalimetalle

Die 1. Gruppe besteht aus den Elementen Wasserstoff (H) (Kap. 0), Lithium (Li), Natrium (Na), Kalium (K), Rubidium (Rb), Cäsium (Cs) und Francium (Fr).

1.1 Lithium (Li)

1.1.1 Vorkommen und Gehalte

Erde: Die *Erdkruste* enthält durchschnittlich 60 mg/kg Lithium, das entspricht 0,006 %, insgesamt schätzungsweise 15 Millionen Tonnen. Lithium ist als Begleiter von Kalium und Natrium weit verbreitet, kommt aber nur in geringer Konzentration vor.

Es bildet keine ausgeprägten Erzlager wie bspw. Kupfer. In sauren Eruptivgesteinen und Granitformationen ist Lithium besonders verbreitet. Mineralquellen, die aus solchen Gesteinen aufsteigen, enthalten häufig Lithium, z. B. die Quellen in Bad Kreuznach 7,5 mg/L, Baden Baden 8,7 mg/L und in Bad Dürkheim 22,3 mg/L. Im Toten Meer findet man 20 mg/kg Lithium, im Großen Salzsee in Utah 60 mg/kg. Im Flusswasser liegt der Gehalt bei durchschnittlich 3 µg/L, in den Weltmeeren bei 180 µg/L. 2010 wurden 35.000 Tonnen Lithium verarbeitet.

Mensch: Li^+ kommt im menschlichen Körper in einer Konzentration von 0,03 mg /kg vor, ist aber nicht essenziell. Li^+ wird nicht an Serumproteine gebunden.

Lebensmittel: Hülsenfrüchte wie Erbsen, Bohnen und Getreide weisen Lithiumgehalte von ca. 3 mg/kg auf. Kartoffeln liegen bei 10 mg/kg, während Fleisch, Fisch und Milch unter 1 mg/kg aufweisen. Im Vergleich zu anderen Fischen ist der Lithiumgehalt in Sardinen mit 0,27 mg/kg besonders hoch. Dabei verteilt sich Lithium zu 58 % im Kopf, 22 % in den Knochen, 19 % in der Muskulatur, 5 % in den Inneren Organen und 1 % im Auge.

1.1.2 Eigenschaften und Verwendung

Elektronenkonfiguration: [He] (2 s^1); A_r = 6,941 u. Der Name leitet sich ab vom griechischen *lithos* = Stein, da Lithium vorwiegend in Gesteinen vorkommt.

Lithium ist ein silberweißes, weichzähes Leichtmetall mit kubisch-raumzentriertem Gitter und mit einer Dichte von 0,53 g/cm^3 das leichteste aller festen

Elemente. In feuchter Luft wird es rasch von gelblichen Oxid- (Li_2O)- und Nitrid-(Li_3N)-Schichten überzogen. Lithium ist löslich in flüssigem Ammoniak (Blaufärbung) und leitet den elektrischen Strom gut. Es besitzt einen ausgedehnten Flüssigkeitsbereich (> 1.000 °C). Sein Atomradius ist demjenigen vieler Gebrauchsmetalle ähnlich (Bildung von Legierungen und festen Lösungen). Durch den geringen Ionenradius ist das Lithium-Ion stark hydratisiert. Lithium neigt zur Ausbildung kovalenter Bindungen (organische Lithiumverbindungen, Lithium-Alkyle als Polymerisationskatalysatoren). Das Lithium-Isotop ^6Li besitzt einen stabilen Kern, der beim Einfangen thermischer Neutronen keine (n, γ)-Reaktion eingeht, sondern in zwei etwa gleichgroße Kerne (Tritium und Helium) zerfällt.

Anwendungsgebiete in der Kerntechnik sind die sog. thermonucleare Technik (Fusionsreaktionen, Wasserstoffbombe) und die Reaktortechnik („Moderator"-Material). Weiterhin wird Lithium bei der Produktion von Mehrzweck- und Hochdruck-Schmiermitteln für die Verseifung von Fettsäuren eingesetzt. Lithiumseifen zeichnen sich dabei durch hohe Schmelzpunkte, geringe Wasserlöslichkeit und sehr geringe Viskositätsänderungen bei Temperaturänderungen aus. In der Metallurgie wird Lithium eingesetzt, um die Eigenschaften von Legierungen zu verbessern, z. B. die Ausscheidungshärtung von Blei- und Aluminiumlegierungen, sowie zur Reduktion von Metallschmelzen (Kupfer, Stahl). Metallisches Lithium kann auch als Kühlmittel für Leistungsreaktoren eingesetzt werden. Lithium-Iod-Batterien werden besonders zur Versorgung von Herzschrittmachern und anderen implantierbaren Geräten eingesetzt. Von einer weiten Verbreitung an Lithium-Batterien ist in nächster Zeit auszugehen.

1.1.3 Verbindungen

Lithium kommt in der Natur in folgenden Mineralen vor: **Spodumen** ($LiAl[Si_2O_6]$), **Petalit** ((Li,Na)[$AlSi_4O_{10}$]), **Amblygonit** ((Li,Na) $Al[PO_4]$ (F,OH)), **Lepidolith** ((K,Li)$_{1,5}$ $Al_{1,5}$ [$AlSi_3O_{10}$] (OH,F)$_2$), **Triphylin** ($Li(Fe^{II},Mn^{II})[PO_4]$), **Kryolithionit** ($Li_3Na_3[AlF_6]$); eine Abart des Spodumens ist der **Kunzit** ($LiAl[Si_2O_6]$), ein rotvioletter bis farbloser Edelstein.

Lithiumoxid (Li_2O) bildet sich bei der Verbrennung (bei 100 °C) von Lithium in Sauerstoffatmosphäre. Es wird als Flussmittel für Emaille, Glas und Keramik genutzt.

Lithiumhydroxid (LiOH) bildet farblose Kristalle, die schwer löslich in H_2O sind. Es ist eine starke Base. LiOH kann als Zusatz zu Akkumulatoren verwendet werden und zur Entfernung von unerwünschtem CO_2 aus der Luft (z. B. in U-Booten).

Lithiumhydrid (LiH) kristallisiert im NaCl-Gitter und zersetzt sich beim Schmelzen nicht. Es wird gebildet durch Erhitzen von Lithium mit Wasserstoff bei 600 °C bis 700 °C. LiH reagiert mit H_2O unter H_2-Bildung:

$$2\ LiH + H_2O \longrightarrow 2\ H_2\uparrow + Li_2O.$$

Dies wird für das schnelle Füllen von Rettungsschwimmkörpern ausgenutzt. **Lithiumdeuterid (LiD)** wird als nuklearer „Sprengstoff" in der Wasserstoffbombe verwendet. Es liefert die notwendigen Atomkerne für die Reaktion von Lithium mit Deuterium zu zwei Heliumkernen. Ebenfalls lässt sich Tritium aus Lithium gewinnen.

Lithiumcarbonat (Li$_2$CO$_3$) ist schwer löslich in H$_2$O (im Unterschied zu anderen Alkalicarbonaten) und findet Verwendung als Flussmittel für Emaille, Glas und Keramik sowie zur Härtung von Emaille und Glas.

Lithiumfluorid (LiF) ist schwer löslich in H$_2$O, es wird ebenfalls als Flussmittel für Emaille, Glas und Keramik sowie als Löt- und Schweißhilfe bei Magnesium und Aluminium eingesetzt. Es besitzt eine hohe IR-Durchlässigkeit und wird für Prismenmaterial in IR-Geräten eingesetzt.

Lithiumchlorid (LiCl), eine stark hygroskopische Substanz, ist löslich in Alkohol. Es dient als Schweiß- und Lötmittel bei Magnesium und Aluminium sowie als Trocknungsmittel.

Lithiumperchlorat (LiClO$_4$) findet Verwendung als Sauerstoffträger in Raketentreibstoffen.

Lithiumphosphat (Li$_3$PO$_4$) ist schwer löslich in H$_2$O.

Lithiumaluminiumhydrid (LiAlH$_4$) dient als Reduktionsmittel für viele organische Verbindungen.

Lithiumnitrid (Li$_3$N) entsteht durch Erwärmung von Lithium mit N$_2$. Diese Reaktion wird zur Entfernung von unerwünschtem Stickstoff aus Gasen genutzt.

Lithiumorganische Verbindungen, z. B. LiCH$_3$, LiC$_6$H$_5$, sind flüssig oder fest mit niedrigem Schmelzpunkt. Die Verbindungen sind sehr reaktionsfreudig, teilweise entzünden sie sich mit Sauerstoff selbst. Sie sind löslich in Ether, Benzol und Tetrahydrofuran.

Lithiumorganyle neigen zu Molekülassoziationen und werden als Synthese-Hilfsmittel eingesetzt. Lithiumstearat erlangte als Schmiermittel eine Bedeutung mit hoher Temperaturstabilität (– 20 °C bis 150 °C). Es erhält den Schmierfilm bei Gegenwart geringer Mengen an Wasser.

1.1.4 Biologische Aspekte

Lithiumsalze wie das Acetat, Carbonat und Aspartat werden zur Prophylaxe und Therapie manisch-depressiver und schizoaffektiver Psychosen eingesetzt. Die Dosierung an Lithiumsalzen kann bis zu 200 mg/d betragen. Höhere Gehalte können zu Nebenwirkungen führen. Der Wirkungsmechanismus ist noch weitestgehend unbekannt. Sicher ist, dass sie in den Phosphatidyl-Inosityl-Stoffwechsel eingreifen und zu intrazellulärer Elektrolytveränderung führen, was eine Auswirkung auf die Übertragung neuronaler Signale haben kann.

Der Transport des Lithiums durch Zellmembranen ist eng mit dem des Natriums gekoppelt. Bei Lithiumvergiftungen muss deshalb Natrium zugeführt werden, um das Lithium zu verdrängen.

Einige Pflanzen wie Hahnenfußgewächse, Holunder und Tabak reichern Lithium an, z. B. finden sich bis zu 0,5 Gew.-% Lithium in der Tabakasche.

1.1.5 Toxikologische Aspekte

Hohe Lithiumdosen wirken toxisch und rufen Übelkeit, Sehstörungen und Tremor bis hin zu Koma und Herzstillstand hervor. Toxische Nebenwirkungen wie Muskelzuckungen werden bei Konzentrationen von Lithium im Serum oberhalb von 10 mg/L beobachtet. Gehalte von über 20 mg/L können zum Tode führen (Hanssen, 2012). Bei manisch-depressiven Patienten wird mit lithiumhaltigen Medikamenten eine Konzentration an Lithium im Plasma von 3,5 bis 8 mg/L eingestellt. Lihiumreiches Wasser mit Konzentrationen von 1 bis 10 mg/L sollte nicht ständig getrunken werden, da der Bereich zwischen therapeutischer Wirkung und Lithium-Vergiftung sehr eng ist.

1.1.6 Aufnahme und Ausscheidung

Die tägliche Aufnahme des Menschen an Lithiumverbindungen liegt bei 0,8 mg/d. Die Ausscheidung erfolgt renal.

1.2 Natrium (Na)

1.2.1 Vorkommen und Gehalte

Erde: Der Gehalt an Natrium in der *Erdrinde* beträgt 2,6 %. Natrium ist damit sehr häufig. Im *Meerwasser* kommt Natrium als $NaCl$ vor (Ostsee 8,7 g/L, Nordsee 25,8 g/L, Atlantischer Ozean 28,1 g/L, Totes Meer 79,3 g/L). Natrium gelangt beim Vorhandensein von Wasser relativ schnell ins Meer und reichert sich nicht im Boden an. Die hohe Natrium-Konzentration im Wasser des Toten Meeres wurde schon von den Römern zur „großtechnischen" Gewinnung von Kochsalz genutzt. Der Begriff „Salär" leitet sich vom lat. *salarium* (Salzgeld) ab. Das Salz der Meere würde beim Verdampfen des Wassers die Kontinente mit einer 30 m dicken Schicht bedecken.

Mensch: Ein Mensch (70 kg) enthält ca. 97 g Natrium, davon sind 2 % im intrazellulären Raum, 40 % in Knochen, 8 % im transzellulären Raum und 50 % im extrazellulären Raum (ohne Knochen) zu finden. Die Natrium-Konzentration im extrazellulären Raum ($c(Na^+) = 140$ bis 145 mM) ist mindestens neunmal höher als im intrazellulären Raum ($c(Na^+) = 14$ mM), da ständig Natrium aus den Zellen

„herausgepumpt" wird. Im Plasma beträgt die Na^+-Konzentration etwa 3,2 g/L. Jede menschliche Zelle enthält etwa 30 Milliarden Natrium-Ionen. *Lebensmittel*: In Süßwasserfischen beträgt der Natrium-Gehalt ca. 0,6 bis 0,8 g/kg, in Seefischen 0,8 bis 1,2 g/kg; Schaffleisch enthält 1,2 g/kg, Hühnerei 1,5 g/kg, Hühnerfleisch 0,7 g/kg und Schweinefleisch 0,5 g/kg. Bei gesalzenen Lebensmitteln sind die Gehalte an Natrium noch deutlich höher, z. B. Parmesan 7 g/kg, Salami 21 g/kg, Kochschinken 9,7 g/kg.

1.2.2 Eigenschaften und Verwendung

Elektronenkonfiguration: [Ne] (3 s^1); $A_r = 22,9898$ u. Natrium ist ein sehr weiches, silberweißes Metall mit einer Dichte von 0,97 g/cm^3 und einem Siedepunkt von 883 °C. Natrium oxidiert an der Luft sehr leicht und bildet eine Hydroxidkruste. Es ist jedoch beständig gegen völlig wasserfreien Sauerstoff. Bei Anwesenheit von Spuren von Feuchtigkeit verbrennt Natrium an der Luft mit intensiver, gelber Flamme (quantitativer Nachweis durch Atomemissionsspektroskopie), es entsteht Natriumperoxid (Na_2O_2):

$$2\,Na + O_2 \longrightarrow Na_2O_2$$

Natrium ist löslich in flüssigem Ammoniak (Bildung von blauen Natriumamiden) und in Blei, Kalium und Quecksilber. Natrium wird zur Darstellung von Na_2O_2 und $NaNH_2$ verwendet, es dient als Kühlmittel in Kernreaktoren („Schneller Brüter") und Flugzeugmotoren sowie als Reduktionsmittel bei der Gewinnung von Nichteisenmetallen, z. B.

$$TiCl_4 + 4\,Na \longrightarrow Ti + 4\,NaCl.$$

Es wird weiterhin bei der Silbergewinnung und bei organischen Synthesen (z. B. Indigosynthese) eingesetzt sowie früher als Bestandteil der Antiklopfmittel (Tetraethylblei enthielt bedeutende Mengen an Natrium).

Das gelbe Licht der Natriumdampflampen wird bei der Straßenbeleuchtung wegen der hohen Lichtausbeute eingesetzt. Inzwischen gewinnen aber LED-Lampen auch hier eine immer größere Bedeutung.

1.2.3 Verbindungen

In der Natur sind folgende Verbindungen zu finden: **Steinsalz** (NaCl); **Chilesalpeter** ($NaNO_3$), **Natronfeldspat** ($Na[AlSi_3O_8]$), **Kryolith** ($Na_3[AlF_6]$), **Glaubersalz** ($Na_2SO_4 \cdot 10\,H_2O$), **Soda** (Na_2CO_3). Steinsalz und Chilesalpeter kommen in mächtigen Lagern vor. Salzlager entstanden durch Eindunsten vorzeitlicher Meeresteile, dabei schied sich zuerst das schwerer lösliche NaCl ab, das leichter lösliche KCl bildete die obere Schicht derartiger Lager. Die Gewinnung von NaCl erfolgt:

1. durch bergmännischen Abbau,
2. durch Eindampfen von Solen (Siederei) und
3. durch Eindunsten von Meerwasser („Salzgärten" an den Küsten des Mittelmeeres, Atlantikküste Portugals).

Natriumchlorid (NaCl) bildet farblose Kristalle in Form von Würfeln. Es besitzt in kaltem und heißem Wasser annähernd die gleiche Löslichkeit. Reines NaCl ist nicht hygroskopisch (Feuchtwerden und Zerfließen von Speisesalz beruht auf dem Gehalt an Magnesiumsalzen ($MgCl_2$)). NaCl dient als Ausgangsmaterial für die Darstellung von anderen Natriumverbindungen (z. B. Soda, Glaubersalz, Ätznatron, Borax ($Na_2B_4O_7 \cdot 10\ H_2O$)) und wird für gewerbliche und industrielle Zwecke vielfältig eingesetzt (z. B. zum chlorierenden Rösten in der Verhüttung, als Konservierungsmittel von Fellen, Häuten und Fischen, als regenerierendes Mittel für Kesselspeisewasser-Anlagen usw.). Zur Konservierung von Fleischprodukten (roher Schinken, Salami) (Pökeln), Fischen (z. B. Heringe (Salzheringe)), aber auch von Gemüse (Salzgurken) wird NaCl verwendet. Seit dem 16. Jahrhundert wurden die toten Lamas (spirituelle Lehrer) in Tibet in Meditationshaltung (mit gekreuzten) Beinen „eingesalzen". Nach der Konservierung fanden die Lamas ihre letzte Ruhestätte in einem Schrein im Potala-Palast. Das Salz soll früher nach Gebrauch den Gläubigen als Heilmittel verkauft worden sein. Kältemischungen aus Eis und Kochsalz (3,5 : 1) erreichen Temperaturen von $-21\ °C$ und wurden vor Erfindung des Linde-Verfahrens zur Speiseeisbereitung genutzt. NaCl galt in früheren Zeiten als „weißes Gold", das eine besondere Kostbarkeit darstellte (Werner, 2004). Das Einkochen der Sole in Bleipfannen führte zu einem weißen Salz, Pfannen aus anderem Material sorgten für Verfärbungen des Salzes. Schon im Alten Testament wurde von einem Salzbund zwischen Gott und David berichtet, als Zeichen der Dauer und Bewährung. Salz war auch Symbol der Gastlichkeit, Sitte und Treue. Bei den Römern wurde Salz als „Salär" an die Beamten und Legionäre (Soldaten) des Reiches gezahlt. Bei den Germanen galten die Solequellen als heilig.

Ätznatron (NaOH) ist eine weiße, stark hygroskopische Substanz, die in Form von Stangen, Schuppen oder Plätzchen gehandelt wird. NaOH ist leicht löslich in H_2O, der Schmelzpunkt liegt bei 318 °C. Die Darstellung von NaOH erfolgt durch „Chlor-Alkali-Elektrolyse":

$$2\ H_2O + 2\ NaCl \longrightarrow H_2\uparrow + 2\ NaOH + Cl_2\uparrow$$

Dabei muss verhindert werden, dass kathodisch gebildetes NaOH mit dem anodisch entstehenden Cl_2 in Berührung kommt, da sich sonst Hypochlorit bildet:

$$2\ NaOH + Cl_2 \longrightarrow NaCl + NaOCl + H_2O$$

Es entsteht chloridfreie, reine Lauge. Die Lauge wird für die Seifenfabrikation, in der Farbstoffindustrie und zur Gewinnung von Cellulose aus Holz verwendet. Sie dient auch zur Reinigung von Fetten und Ölen.

Natriumsulfat (Na_2SO_4) kommt ebenfalls in großen Lagern natürlich vor. Die Darstellung erfolgt durch Zusatz von H_2SO_4 zu NaCl bei 800 °C:

$$2\ NaCl + H_2SO_4 \longrightarrow 2\ HCl + Na_2SO_4$$

Aus Lösungen kristallisiert es unterhalb von 32,4 °C wasserhaltig als Glaubersalz ($Na_2SO_4 \cdot 10\ H_2O$ (monoklin)), oberhalb von 32,4 °C wasserfrei (rhombisch) als Thenardit. Es wird in der Textil-, Zellstoff- und Glasindustrie eingesetzt.

Natriumnitrat (Chilesalpeter) ($NaNO_3$) findet sich natürlich besonders in Chile (Atacama-Wüste), aber auch in Kleinasien, Ägypten und Kalifornien. Chilesalpeter wird als Düngemittel eingesetzt. $NaNO_3$ ist isotyp mit Calcit ($CaCO_3$). Heute wird $NaNO_3$ meist aus Soda gewonnen:

$$Na_2CO_3 + 2\ HNO_3 \longrightarrow 2\ NaNO_3 + H_2O + CO_2$$

Vor der Erfindung des Haber-Bosch-Verfahrens war $NaNO_3$ der wichtigste Rohstoff für Sprengstoffe und Düngemittel.

Soda (Na_2CO_3) kommt natürlich in gewaltigen Seen gelöst in den USA und Ostafrika (Magadi-See enthält ca. 200 Mio. t) vor. Fast das gesamte Soda der Welt wird aus NaCl erzeugt nach dem NH_3-Soda-Verfahren oder auch Solvay-Verfahren. Das Solvay-Verfahren wurde entwickelt von Ernest Solvay (1838 bis 1922), einem belgischen Industriellen, erfinderischen Techniker, Förderer der Wissenschaft und Menschenfreund aus Brüssel. Dabei werden NaCl und NH_4HCO_3 (aus der Reaktion $H_2O + NH_3 + CO_2$) umgesetzt zu $NaHCO_3$ und NH_4Cl:

$$NaCl + NH_4HCO_3 \rightleftharpoons NaHCO_3\downarrow + NH_4Cl$$

„Calciniertes Soda" (> 107 °C) ist wasserfrei, „Kristallsoda" (bis 32 °C) enthält Kristallwasser ($Na_2CO_3 \cdot 10\ H_2O$), im Temperaturbereich von 32 °C bis 107 °C bildet sich ein Monohydrat $Na_2CO_3 \cdot H_2O$. Soda wird in großen Mengen für die Seifen-, Papier- und Glasindustrie benötigt. Sodalösung mit CO_2 ergibt Natriumhydrogencarbonat ($NaHCO_3$):

$$Na_2CO_3 + H_2O + CO_2 \rightleftharpoons 2\ NaHCO_3$$

$NaHCO_3$ besteht aus feinen, weißen Kristallen, es ist löslich in H_2O. Bei Temperaturen oberhalb von 100 °C zerfällt es:

$$2\ NaHCO_3 \longrightarrow Na_2CO_3 + H_2O + CO_2.$$

Es wird verwendet als Backpulver, für Brausepulver und zum Abstumpfen der Magensäure („Bullrichsalz").

Natriumperoxid (Na_2O_2) bildet sich beim Verbrennen von Natrium an der Luft, es ist ein starkes Oxidationsmittel und wird als Bleichmittel verwendet.

Natriumdithionit ($Na_2S_2O_4$) ist ein starkes Reduktionsmittel.

Natriumthiosulfat ($Na_2S_2O_3$) wird durch Kochen von Soda mit Schwefel gewonnen; es dient u. a. als Fixiersalz in der Fotografie.

1.2.4 Biologische Aspekte und Bindungsformen

$NaHCO_3$ ist im Stoffwechsel von Wiederkäuern wichtig zur Neutralisation von organischen Säuren (Essig-, Propion- und Buttersäure), die im Darmtrakt der Tiere durch bakterielle Zersetzung von Cellulose aus der Nahrung entstehen. Der Speichel der Wiederkäuer enthält daher große Mengen von $NaHCO_3$, z. B. produziert ein junger Ochse pro Tag etwa 60 L Speichel mit einem Gehalt von 300 g $NaHCO_3$. Mukoviszidose, eine Störung der Ausscheidung von Drüsensekreten, führt zu einer Erhöhung des NaCl im Schweiß um das 2- bis 5-Fache. Das Angiotensin II, ein blutdrucksteigerndes Gewebshormon, steuert den Natriumhaushalt.

Na^+ ist in den extrazellulären Räumen aller Lebewesen von außerordentlicher Bedeutung. Es verhindert das Schwellen der Zellen, in denen sich vorwiegend K^+ befindet. Für Na^+ existieren in den Membranen spezielle Ionenkanäle. Weiterhin wirken sog. Ionenpumpen beim Transport von Na^+. Ein Mensch benötigt jährlich fast 10 % seines Körpergewichts an NaCl, damit der Stoffwechsel funktioniert. Der Natriumhaushalt schwankt kaum und wird physiologisch streng kontrolliert.

Komplexe von Alkalimetall-Ionen sind durch Synthese von makrozyklischen Liganden wie den Kronenethern und den Kryptanden beweglicher geworden (sogenannte Ionophore). Dabei wird eine dreidimensionale Umhüllung durch Anpassung der Ringhülle des „festzuhaltenden" Ions fixiert. Es sind mehrere strategisch verteilte Donorzentren in einem solchen Molekül vorhanden. Natürliche Ionophore wie das Monensin, synthetisiert von *Streptomyces cinnammonensis*, sind aktive Naturstoffe (Abb. 1.1). Das Monensin ist zuerst azyclisch, in Gegenwart von Na^+-Ionen wird durch Ringschluss ein quasi-Makrozyclus gebildet, bei dem die polaren Enden auf das Zentralion gerichtet und über Wasserstoffbrückenbindungen stabilisiert sind. Natürliche Ionophore werden bevorzugt aus Pilzen oder Flechten isoliert. Ansonsten spielen Natrium-Ionen in Pflanzen eine untergeordnete Rolle.

Natriumsalze werden in der Lebensmitteltechnologie zum Pökeln, zum Konservieren von Salzheringen, Salzfleisch, Soleier, Sauerkraut, zur Lösungsvermittlung bei Schmelzkäse und als Treibmittel bei Backwaren (Hydrogencarbonat) verwendet.

Auch wenn Na^+ als Kation in vielen Arzneien vorkommt, ist das Anion das Pharmakophor. Da Na^+ in geringen Konzentrationen unbedenklich ist, wird es als Kation eingesetzt.

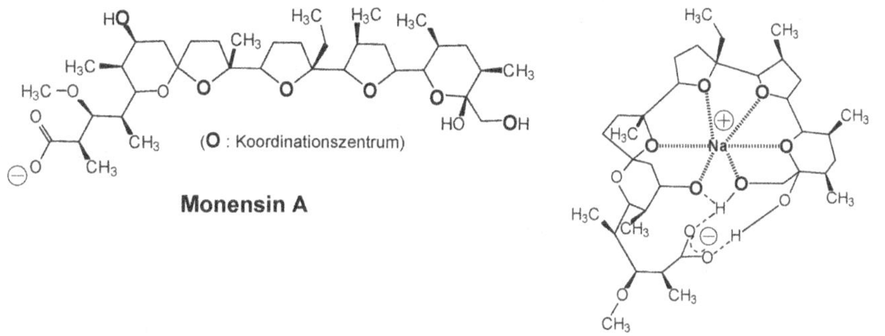

Abb. 1.1 Monensin A als azyclische Verbindung und Umhüllung des Na^+-Ions (Monensin besteht aus 5 Acetat-, 7 Propinat- und einer Butyrateinheit)

1.2.5 Toxikologische Aspekte

Ein überhöhter NaCl-Konsum soll in Zusammenhang mit der Entstehung von Magen- und Kolonkarzinomen sowie Nierensteinen stehen.

1.2.6 Aufnahme und Ausscheidung

Der Bedarf an NaCl liegt bei 1 g/d/Mensch, bei Säuglingen nur bei 200 mg/d. Die Muttermilch enthält geringere Gehalte als Kuhmilch, deswegen wird Säuglingsnahrung natriumarm gehalten. Die Aufnahme bei Erwachsenen liegt aber über 5 bis 6 g an NaCl/d, wobei in den oberen Dünndarmabschnitten die Resorption fast vollständig erfolgt. In Mitteleuropa liegt die tatsächliche Aufnahme etwa doppelt so hoch wie der Bedarf und eine erhöhte Zufuhr führt zu hohem Blutdruck. Durch Schwitzen kann der Bedarf, jedoch auf das 3- bis 4-Fache steigen. Hohe Na^+-Verluste durch den Schweiß führen zu Durst. NaCl wird vor allem im Harn (ca. 3 g/L), aber auch im Schweiß (700 bis 1.500 mg/L) und im Stuhl ausgeschieden. Im proximalen Tubulus finden Rückresorptionen statt. Bei einer NaCl-Überversorgung wird Na^+ vermehrt ausgeschieden, aber es tritt auch ein vermehrter Verlust an K^+ auf.

In Pflanzen ist der Na^+-Gehalt gering, sodass tierische Pflanzenfresser Natrium z. B. über einen Leckstein aufnehmen.

1.3 Kalium (K)

1.3.1 Vorkommen und Gehalte

Erde: Der Gehalt an Kalium in der *Erdrinde* liegt bei etwa 2,4 %. Der Gehalt der *Meere* an KCl macht nur etwa 2,5% des NaCl-Gehaltes aus (Ostsee 0,11 g/L, Nordsee 0,7 g/L, Atlantischer Ozean 0,69 g/L, Totes Meer 14,3 g/L). ^{39}K (93,26 %), ^{40}K (0,0117 %) und ^{41}K (6,73 %) sind natürlich vorkommende Isotope (die Prozentzahlen in den Klammern geben die prozentuale Verteilung an).

Mensch: 175 g K^+ enthält der menschliche Körper (70 kg), davon 98 % im intrazellulären Raum ($c(K^+)$ = 100 mM) in leicht mobilisierter Form, im extrazellulären Raum beträgt die Konzentration $c(K^+)$ = 5 mM. Die Konzentration in der zellulären Flüssigkeit ist mit 5,6 g/L dreißigmal höher als im Plasma. 60 bis 70 % der K^+ befinden sich in der Muskulatur. Mittelwerte der K^+-Konzentration: Serum 0,16 g/L; Plasma 0,16 g/L; Urin 0,98 bis 4,8 g/Tag (ist stark nahrungsabhängig). Bei Alkalosen kann der K^+-Gehalt im Urin auf 1,56 g/L und mehr ansteigen.

Lebensmittel: (Gehalte in g/kg): Roggen 5,1; Weizen 3,8; Pistazien 10; Haselnüsse 6; Tomate 2,4; Champignons 4,2; Erbsen 10; Spinat 6; Grünkohl 5; Kartoffel 4,2; Apfel 1,4; Bananen 3,7; Schweinefleisch 3; Schweineleber 3,5; Hühnereier 1,5; Kuhmilch 1,4.

1.3.2 Eigenschaften und Verwendung

Elektronenkonfiguration: [Ar] (4 s^1); A_r = 39,0983 u. Kalium ist chemisch noch reaktionsfähiger als Natrium. Es ist ein silberweißes, wachsweiches Metall, das an der Luft sehr leicht oxidiert. Bei der Verbrennung an der Luft (violette Flammenfärbung, genutzt für die quantitative Bestimmung mittels AES (Atomemissionsspektroskopie) (früher Flammenphotometrie genannt) bildet sich das Hyperoxid Kaliumdioxid KO_2, das rasch mit H_2O und CO_2 zu K_2CO_3 reagiert. Kalium zersetzt H_2O so heftig, dass sich der entstehende H_2 selbst entzündet:

$$2 \, K + 2 \, H_2O \longrightarrow 2 \, KOH + H_2 \uparrow.$$

Kalium ist gut löslich in flüssigem Ammoniak und lässt sich in Kohlenwasserstoffen dispergieren. Kalium ist ein starkes Reduktionsmittel.

In der Natur kommt das Kaliumisotop ^{40}K vor, es eignet sich zur Altersbestimmung von Mineralien. Es werden mehrere Nuklidverhältnisse, z. B. ^{87}Sr/^{87}Rb, ^{40}Ar/^{40}K bestimmt. Folgendes Alter von Steinen konnte dabei festgestellt werden: Meteoriten 4,6 · 10^9 Jahre, als ältestes Erdgestein Granit (Grönland) 3,7 · 10^9 Jahre und Mondgestein 3,6 bis 4,2 · 10^9 Jahre.

1.3.3 Verbindungen

Da der Erdboden Kaliumverbindungen im Unterschied zu Natriumverbindungen stark adsorbiert, werden Kaliumsalze nicht ins Meer geschwemmt. Landpflanzen nehmen Kalium aus dem Erdboden auf, bei deren Veraschung geht Kalium in K_2CO_3 (= **Pottasche**) über.

Weit verbreitete kaliumhaltige Mineralien sind: **Kalifeldspat ($K[AlSi_3O_8]$)**, **Muskovit ($KAl_2[AlSi_3O_{10}](OH,F)_2$)**, **Sylvin (KCl)** (der Name Sylvin wurde von einer alten medizinischen Bezeichnung: *sal febrifugum Sylvii* für Kaliumchlorid hergeleitet), **Carnallit ($KCl \cdot MgCl_2 \cdot 6\,H_2O$)** (die Bezeichnung Carnallit kommt vom Namen des Berghauptmanns Rudolf von Carnall aus Glatz (1804 bis 1874), einem Mitbegründer der Deutschen Geologischen Gesellschaft (1848)), **Kainit ($KMgCl[SO_4] \cdot 3\,H_2O$)**, **Glaserit ($K_3Na(SO_4)_2$)**, **Langbeinit ($K_2Mg_2(SO_4)_3$)** und **Schönit ($K_2Mg(SO_4)_2 \cdot 6\,H_2O$)**. Die Kalisalzlagerstätten in Norddeutschland und dem Elsass deckten früher den größten Teil des Weltbedarfs. Kaliumreiche Rohsalze kommen direkt als „Düngesalz" in den Handel.

Kaliumchlorid (Sylvin) (KCl) ist das wichtigste Kalisalz. Es kristallisiert in weißen Würfeln und wird aus Abraumsalzen durch fraktionierte Kristallisation (wässrige Lösung von Carnallit ($KMgCl_3 \cdot 6\,H_2O$) zerfällt in H_2O, KCl und $MgCl_2$) gewonnen.

Kaliumhydroxid (Ätzkali) (KOH), ist eine harte weiße Masse, reagiert an der Luft rasch mit CO_2:

$$KOH + CO_2 \longrightarrow KHCO_3$$

und ist stark hygroskopisch. In H_2O gelöst ist es eine starke Base (Kalilauge). Die Darstellung erfolgt bspw. durch Kochen von K_2CO_3 mit gelöschtem Kalk („Kaustifizieren von Pottasche", heute seltener angewendet):

$$K_2CO_3 + Ca(OH)_2 \longrightarrow CaCO_3 + 2\,KOH.$$

Es wird zur Herstellung weicher Seifen, als Absorptionsmittel für CO_2 und als Ätzmittel genutzt.

Kaliumnitrat (Kalisalpeter) (KNO_3) kristallisiert zu weißen Rhomben, die leicht löslich in H_2O sind. Es wird aus:

$$NaNO_3 + KCl \longrightarrow KNO_3 + NaCl \text{ gewonnen.}$$

(Konversionsreaktion, in heißen Lösungen ist NaCl schwerer löslich als KNO_3 und kristallisiert zuerst aus. Beim Abkühlen fällt dann KNO_3 aus.)

$$K_2CO_3 + 2\,HNO_3 \longrightarrow 2\,KNO_3\downarrow + H_2CO_3 \text{ gewonnen.}$$

KNO_3 ist Bestandteil von Schwarzpulver (74 % KNO_3, 16 % Holzkohle, 10 % S). $NaNO_3$ ist dazu nicht geeignet, da es leicht zerfließt.

Kaliumcarbonat (Pottasche) (K_2CO_3) ist eine weiße, pulvrige und hygroskopische Masse, die sich sehr gut in H_2O löst. Es lässt sich nicht analog zum Solvay-Verfahren herstellen, da $KHCO_3$ zu leicht löslich ist. Die Darstellung erfolgt

1. durch Einleiten von CO_2 in KOH („Carbonisierung von Kalilauge"):

$$2\ KOH + CO_2 \longrightarrow K_2CO_3 + H_2O$$

oder

2. durch das Formiat-Pottasche-Verfahren:

$$K_2SO_4 + Ca(OH)_2 \longrightarrow CaSO_4 + 2\ KOH;$$
$$2\ KOH + 2\ CO \longrightarrow 2\ HCOOK,$$
$$2\ HCOOK + 4\ KOH + O_2 \longrightarrow 2\ K_2CO_3 + 2\ H_2O.$$

Die Herstellung von Pottasche durch Auslaugen (mit H_2O) der Asche von Landpflanzen in Töpfen und anschließendem Eindampfen wurde bereits im Alten Testament beschrieben. K_2CO_3 dient vor allem zur Herstellung von Schmierseifen und von Kaliglas (Backtriebmittel).

Kaliumchlorat (KClO_3) wird dargestellt durch die Disproportionierung:

$$6\ KOH + 3\ Cl_2 \longrightarrow KClO_3 + 5\ KCl + 3\ H_2O.$$

$KClO_3$ gibt beim Erhitzen Sauerstoff ab (Oxidationsmittel). Es findet Verwendung als Antiseptikum, zur Unkrautvernichtung, in der Feuerwerkerei, bei der Zündholzherstellung (Oxidationsmittel im Streichholzkopf) sowie zur Darstellung von Kaliumperchlorat.

Kaliumsulfat (Arkanit) (K_2SO_4) bildet farblose, rhombische Kristalle und Prismen. Es ist nicht gut löslich in H_2O und unlöslich in organischen Lösungsmitteln. Es wird bevorzugt als Düngemittel für chlorempfindliche Pflanzen wie Kartoffeln, Gemüse und Obst verwendet.

1.3.4 Biologische Aspekte und Bindungsformen

Kalium-Ionen, die vorwiegend intrazellulär vorkommen, sind das mengenmäßig bedeutendste Kation des Intrazellularraumes und verantwortlich für den intrazellulären osmotischen Druck. Die Konzentration an K^+ in der Zellflüssigkeit beträgt etwa 5,6 g/L; damit kommt K^+ 30-fach konzentrierter als im Plasma vor. Kalium-Ionen (K^+) spielen eine wichtige Rolle bei der nervösen Reizleitung. Die K^+-Konzentration innerhalb der Nervenfaser ist etwa vierzigmal höher als außerhalb, dadurch ergibt sich ein Membranpotenzial. Die Erregung der Nervenfaser bewirkt einen selektiven Strom von K^+-Ionen nach außen, sodass ein Aktionspotenzial von ca. 100 mV entsteht.

Das Isotop ^{42}K wird in der Medizin als Tracer-Element eingesetzt. ^{40}K ist ein natürlich vorkommendes Isotop, von dem ein 70 kg schwerer Mensch 83 mg besitzt. Von diesem ^{40}K-Vorrat zerfallen in der Sekunde $1,9 \cdot 10^4$ Atome, die etwa 10 % der natürlichen radioaktiven Belastung des Menschen (2,1 mSv/a) ausmachen. ^{40}K ist die Hauptquelle der natürlich vorkommenden Radioaktivität im Körper.

Kalisalze gehören zu den wichtigsten Nährstoffen der Pflanze. Kaliummangel führt zu einer Zuckeranreicherung und damit verbunden zu einer verminderten Cellulosesynthese, wodurch die Standfestigkeit der Pflanzen abnimmt. In Blättern steigern höhere K^+-Konzentrationen den Turgor, und als Folge ergibt sich eine Öffnung der Stomata, wodurch die CO_2-Aufnahme begünstigt wird. Die im Boden reichlich vorhandenen Kaliumsilicate können von den Pflanzen schlecht ausgenutzt werden. Daher müssen Kalisalze als Düngesalze zugeführt werden: KCl, Carnallit, Kainit (($KMgClSO_4$) · 3 H_2O), K_2SO_4). Der Einsatz von Sulfaten ist besser, weil viele Pflanzen (z. B. Kartoffeln) auf Chloride empfindlich reagieren. Besonders vorteilhaft ist die Kalidüngung bei Klee, Gras, Kartoffeln, Rüben und Tabak. Der Kaliumanteil der Pflanzenasche beträgt etwa 40 %, vorwiegend in Form von Kaliumcarbonat.

Das Ionophor Valinomycin (Abb. 1.2), ein Cyclodepsipeptid aus *Streptomyces fulvissimus*, ist aktiv gegen den Erreger der Tuberkulose (*Mycobacterium tuberculosis*), dient als K^+-Carrier und hat eine antibiotische Wirkung. Die K^+-Selektivität des Valinomycins beruht auch darauf, dass der Hohlraum zur festen Bindung des Kations für K^+ zur Ausbildung der Wechselwirkungen optimiert ist.

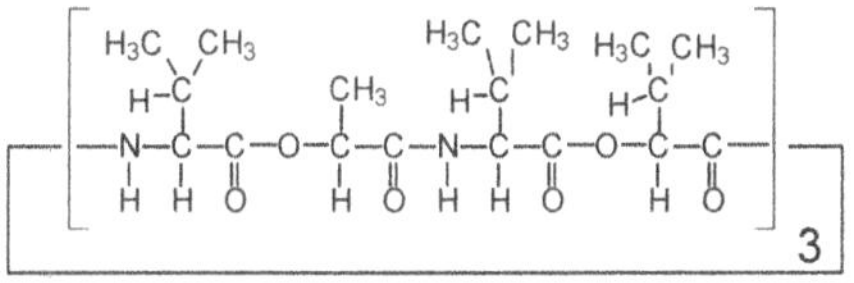

Valinomycin

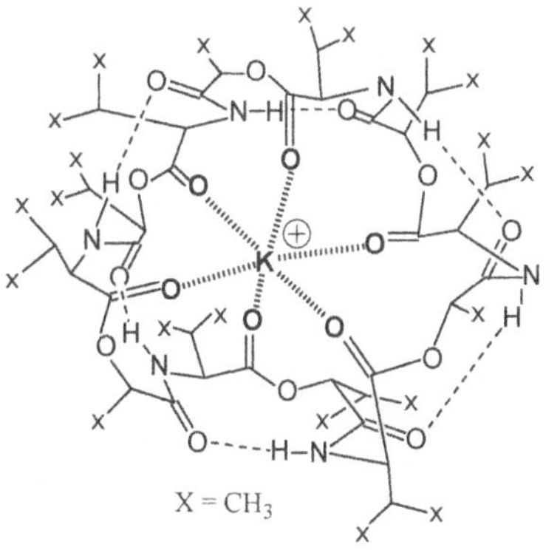

Abb. 1.2 Valinomycin aus *Streptomyces fulvissimus*

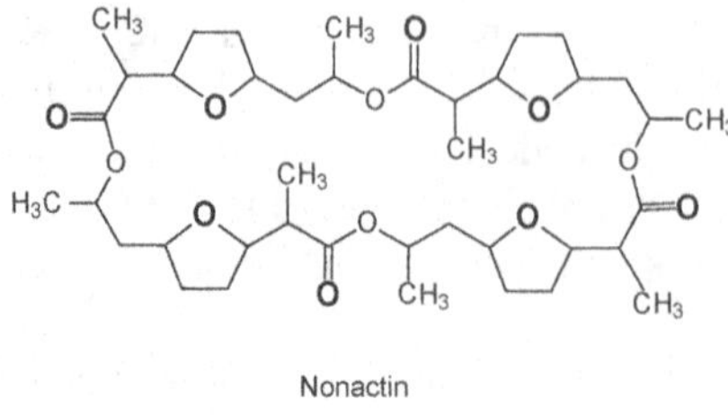

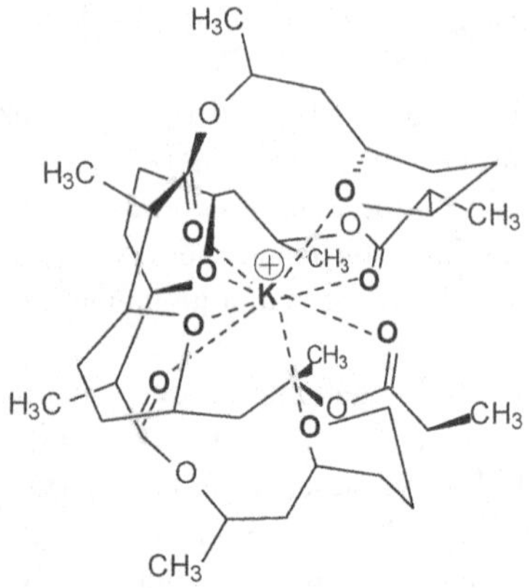

Abb. 1.3 Struktur des Ionophors Nonactin

Für Na$^+$ wäre der Hohlraum zu groß, und das Natriumion würde nicht fest gebunden werden. Die Kationen, die in den Hohlraum aufgenommen werden, verlieren ihre Hydrathülle. Das Nonactin (Abb. 1.3) wird als Makrotetrolid-Antibiotikum eingesetzt. Es fungiert als Carrier für K$^+$- und NH$_4$$^+$-Ionen durch biologische Membranen. Interessant ist dabei die Ausrichtung der polaren Gruppen zum Zentral-Ion und der unpolaren Gruppen in die äußere Sphäre des Komplexes, wodurch der Transport durch Biomembranen hindurch ermöglicht wird.

Beeindruckend ist auch die Stabilisierung des folgenden Komplexes über zwei Ringe, die über eine Disulfidgruppe verbunden sind. Erst dadurch wird die notwendige hohe Koordinationszahl erreicht (Abb. 1.4).

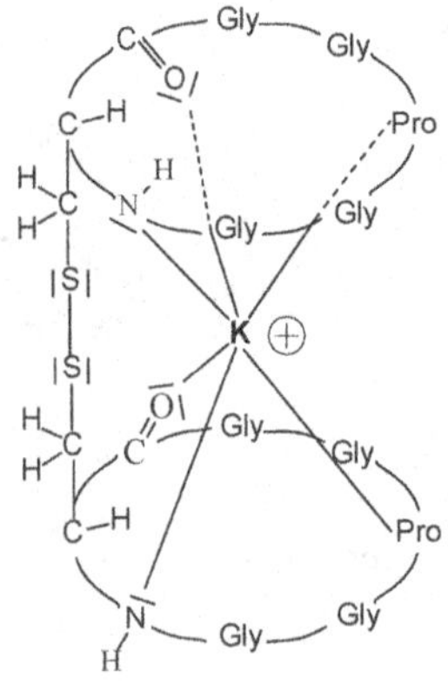

Abb. 1.4 Komplexstabilisierung durch K$^+$

1.3.5 Toxikologische Aspekte

Die Plasmakonzentration an K^+ beträgt ebenso wie im Interstitium 0,132 bis 0,203 g/L; die Konzentration in den Zellen liegt bei 5,5 g/L. Obwohl der extrazelluläre Anteil an K^+ sehr gering ist, wird über ihn der gesamte K^+-Haushalt geregelt. Bei Kaliumüberschuss kann beim Menschen Vorhofstillstand des Herzens auftreten. Eine Verwechslung von Glucose und KCl als Infusionslösung hat zum Tod (irreversible Herzmuskelkontraktion) von zwei Mädchen in einer Klinik in Löwen in Belgien geführt. Dabei hatte die herstellende Firma aus Deutschland das Etikett verwechselt. KCl wird auch für sogenannte „Giftspritzen" in einigen Ländern bei der Hinrichtung eingesetzt. Innerhalb von zwei Minuten nach der Injektion tritt der Tod ein.

1.3.6 Aufnahme und Ausscheidung

90 % des im Dünndarm resorbierten K^+ wird über die Niere ausgeschieden, Stuhl und Schweiß tragen nur wenig bei. Bei körperlich schwer arbeitenden Personen steigt die Ausscheidung über den Schweiß auf 30 % an. Der Kaliumgehalt im Schweiß beträgt 200 bis 430 mg/L. Nach der Resorption gelangt K^+ in die Leber, wo es an der Spaltung des Glykogens beteiligt ist. Eine verminderte Na^+-Aufnahme bei gleichzeitig erhöhter K^+-Aufnahme soll präventiv der Hypertonie entgegenwirken. Der tägliche Kaliumbedarf liegt bei Säuglingen bei 0,4 bis 0,65 g, bei Kindern bei 1 g, bei Erwachsenen bei 1,8 g. Die tatsächliche Aufnahme bei Erwachsenen ist mit 2 bis 4 g K^+ pro Tag etwas höher. Kaliummangel führt z. B. zu Appetitverlust und Herzrhythmusstörungen. Ein bedrohlicher Kaliummangel kann bei einer Therapie mit Saluretika auftreten (harntreibende Mittel, die vermehrt Kationen (Na^+ und K^+) und Anionen (Cl^- und HCO_3^-) mit dem Harn ausscheiden.

1.4 Rubidium (Rb)

1.4.1 Vorkommen und Gehalte

Erde: In der *Erdkruste* sind $3,1 \cdot 10^{-2}$ Gew.-% (≈ 310 mg/kg) Rubidium enthalten. Es kommt in verhältnismäßig hohen Konzentrationen auf landwirtschaftlich genutzten Flächen vor. Rubidium kommt vor allem als Begleiter des Kaliums vor, aber stets nur in sehr geringer Konzentration, z. B. enthält Carnallit ca. 0,025 % RbCl. Granit- und Gneisverwitterungsböden stellen eine gute Grundlage für rubidiumhaltige Pflanzen dar. Mit sinkendem Boden-pH-Wert steigt die Pflanzenverfügbarkeit von Rubidium an. In Lithium- und Cäsiummineralien ist ebenfalls Rubidium enthalten. Lepidolitz enthält 0,2 bis 0,3 % RbO_2.

Mensch: Der Mensch (70 kg) enthält 0,32 g Rubidium.

Lebensmittel: Tee und Kaffee weisen einen verhältnismäßig hohen Gehalt an Rubidium auf, so beträgt z. B. die Konzentration in Arabica-Kaffee 26 bis 180 mg/kg TM und Tee aus dem Kaukasus 100 mg/kg. Trinkwasser enthält 3,1 bis 18 µg/L und andere Lebensmittel: (Gehalt an Rubidium in mg/kg TM) Weizen 6,8; Roggen 7,8; Schokolade 7; Kakao 59; Äpfel 5; Ananas 9,8; Bananen 26; Spargel 68; Möhren 3,8; Kartoffeln 4,8; Weißkohl 12,4; Kuhmilch 9,1; Schweinefleisch 10,8; Leber 12,4; Hühnerei 6,0.

1.4.2 Eigenschaften und Verwendung

Elektronenkonfiguration: [Kr] (5 s^1); A_r = 85,4678 u. Das Element Rubidium wurde 1861 von Bunsen (Chemiker) und Kirchhoff (Physiker) mittels Spektralanalyse im Dürkheimer Mineralwasser entdeckt. Der Name leitet sich ab von lat. *rubidus* = dunkelrot, entsprechend der rot-violetten Flammenfärbung bei der Verbrennung an der Luft (Bildung von RbO_2). Aufgrund seiner Farbe wird Rubidium bei violett leuchtendem Feuerwerk verwandt.

Rubidium ist ein silbrig glänzendes, sehr weiches Leichtmetall. Es ist löslich in Säuren und Alkohol. Mit H_2O reagiert Rubidium sehr heftig:

$$2 \, Rb + 2 \, H_2O \longrightarrow 2 \, RbOH + H_2\uparrow$$

Rubidium ist noch reaktionsfähiger als Kalium. Es entzündet sich von selbst an der Luft unter Bildung der Peroxide.

1995 gelang es mit Rubidiumatomen, einen neuen makroskopischen Quantenzustand (Bose-Einstein-Kondensat) zu realisieren. Bei einer Temperatur von 0,17 Mikrokelvin verhalten sich die Rubidiumatome kohärent, ähnlich wie die Photonen im Laserstrahl.

1.4.3 Verbindungen

Rubidiumsalze werden aus dem **Carnallit** (KCl · $MgCl_2$ · 6 H_2O) gewonnen, es enthält ca. 0,025 % Rubidiumchlorid (RbCl). Da pro Jahr mehr als 2 Mio. t Carnallit gefördert werden, könnten daraus mehr als 500.000 kg Rubidium gewonnen werden.

Rubidium-Alaun (RbAl(SO_4)$_2$ · 12 H_2O) ist schwer löslich und dient zur Abtrennung von Rubidium.

Rubidiumchlorid (RbCl), ein weißes, kristallines Pulver, ist löslich in H_2O. Es dient zur Darstellung von metallischem Rubidium. Rubidiumbromid und -iodid werden u. a. in Bildschirmen für Fluglotsen als Leuchtstoffe verwendet.

Rubidiumhydroxid (RbOH) ist eine grau-weiße Masse, die sehr hygrosko-
pisch reagiert. In H_2O gelöst ist es eine sehr starke Base, die Glas angreift.
Rubidiumcarbonat (Rb$_2$CO$_3$), ebenfalls ein sehr hygroskopisches, weißes
Pulver, wird für Spezialgläser verwendet.

1.4.4 Biologische Aspekte

Mit den Düngemitteln gelangt das Rubidium in den Ackerboden, deshalb enthält
die Asche vieler Pflanzen auch Rubidium, jedoch ist es für Pflanzen wahrscheinlich nicht essenziell. Zuckerrüben, Spargel, Pilze und Tabak reichern Rubidium
selektiv an. Die Pflanzenverfügbarkeit für Rubidium steigt mit sinkendem pH-
Wert des Bodens an.
Bei psychisch Kranken dienen Rubidiumverbindungen als Antidepressivum.

1.4.5 Aufnahme und Ausscheidung

Mit der normalen Kost werden pro Person etwa 1,7 mg des nicht essenziellen Rb
pro Tag aufgenommen. Bei etwa 100 µg Rb dürfte der Bedarf des Menschen pro
Tag liegen. Rubidium wird sehr gut resorbiert (80 % nach oraler Aufnahme) und
vorwiegend zu 70 % über die Niere mit dem Urin und 30 % über die Faeces ausgeschieden.

1.5 Cäsium (Cs)

1.5.1 Vorkommen und Gehalte

In der *Erdkruste* liegt die mittlere Konzentration bei 3 mg/kg, im *Meerwasser* bei
300 µg/L. Cäsium kommt vor allem als Begleiter des Kaliums vor, aber stets nur
in sehr geringer Konzentration.
Mensch: Der Mensch enthält praktisch kein Cäsium.

1.5.2 Eigenschaften und Verwendung

Elektronenkonfiguration: [Xe] (6 s^1); A_r = 132,9054 u. Pro Jahr werden nur ca. 20
Tonnen Cäsium-Metall hergestellt. Das Element Cäsium wurde 1860 von Bunsen
(Chemiker) und Kirchhoff (Physiker) mittels Spektralanalyse im Dürkheimer Mineralwasser entdeckt. Der Name leitet sich ab von lat. *caesium* = himmelblau, entsprechend der Flammenfärbung.

Cäsium ist ein silbrig glänzendes, sehr weiches Metall. Es entzündet sich an der Luft und in H_2O sofort (Explosionsgefahr). In flüssigem Ammoniak ist es löslich. Verwendet wird das Metall Cäsium in Photozellen, als Cäsium-Atomuhr (Isotop ^{133}Cs) sowie als Raketentreibstoff. Bei UV-Bestrahlung werden Elektronen abgegeben (photoelektrischer Effekt).

1.5.3 Verbindungen

Cäsium kommt in der Natur besonders in **Pollucit** (Pollux) ($2\ Cs_2O \cdot 2\ Al_2O_3 \cdot 9\ SiO_2 \cdot H_2O$) vor, andere Verbindungen enthalten nur Spuren.

Cäsiumcarbonat (Cs_2CO_3) bildet farblose Kristalle, die hygroskopisch sind. Es ist leicht löslich in H_2O und Ethanol. Verwendung findet es zur Darstellung der Cäsiumsalze.

Cäsiumchlorid (CsCl), farblose, kubische Kristalle, ist löslich in H_2O und konz. H_2SO_4. Es dient als Gettermaterial. (Ein Getter dient zur Verbesserung bzw. Aufrechterhaltung des Vakuums in einem Behälter, der nicht mehr mit einer Pumpe verbunden ist.) Der Getter wird durch Verdampfen als Getterspiegel auf die Behälterinnenseite aufgebracht. Durch chemische Umsetzung des Getters beim Verdampfen sowie Absorption werden die verbliebenen Restgase an den Getter gebunden.

Cäsiumhydroxid (CsOH) bildet weiße, sehr hygroskopische Kristalle. In H_2O gelöst ist es die stärkste bekannte Base. Es wird gewonnen aus CsCl durch Amalgam- oder Diaphragma-Verfahren. CsOH wird als Elektrolyt in Batterien eingesetzt, die bei niedrigen Temperaturen einsatzfähig verwendbar sein sollen.

Cäsiumformiat (HCOOCs) wird bei Erdölbohrungen eingesetzt, um das Gestein zu entfernen.

1.5.4 Biologische Aspekte

Cäsium ist nicht essenziell.

Über das Mycel reichern die Pilze Schwermetalle (Cd, Hg) und radioaktives Cäsium an. Ligninzersetzende Speisepilze, wie z. B. der Maronenröhrling und der Flockenstielige Hexenröhrling, reichern besonders viel ^{137}Cs an. Der Steinpilz, ein naher Verwandter, zeigt jedoch diesen ausgeprägten Anreicherungseffekt nicht. Für die Anreicherung sind Pulvinsäuren (Abb. 1.5 und 1.6) verantwortlich, die als Farbstoff in der Huthaut vorhanden sind. Die Pulvinderivate transportieren die Kalium- und Cäsiumionen aus dem Mycel in den Fruchtkörper.

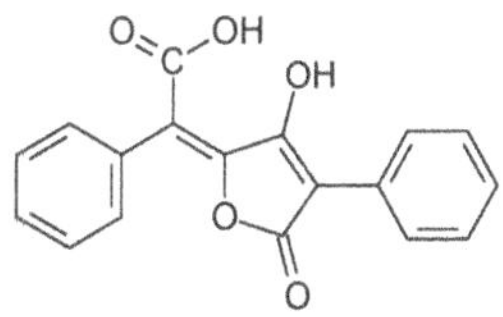

Abb. 1.5 Pulvinsäure

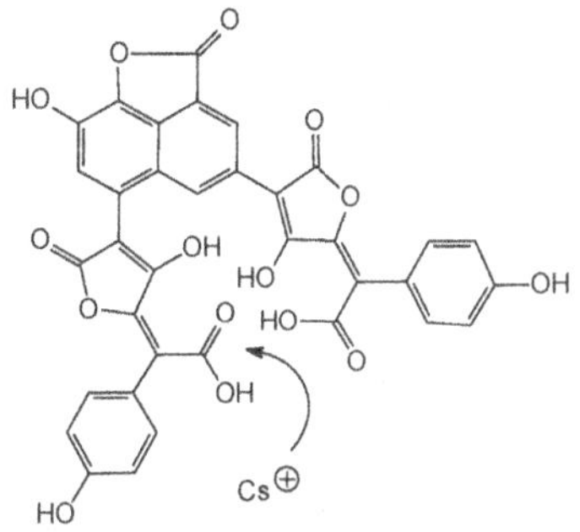

Abb. 1.6 Norbadion A2 (Derivat der Pulvinsäure des Maronenröhrlings)

1.5.5 Toxikologische Aspekte

Das radioaktive Isotop ^{137}Cs wird als Strahlenquelle (β- und γ-Strahler) in der Krebstherapie eingesetzt. [137]Cs (eines der gefährlichsten Radionuklide, Halbwertszeit 30,1 Jahre) ist bei den Reaktorkatastrophen von Tschernobyl und Fukushima in erheblichem Ausmaß in die Umwelt gelangt. Besonders bei äsendem Wild sind die Gehalte an ^{137}Cs angestiegen. Da sich ^{137}Cs zunächst in der Muskulatur ablagert (zu 50 %), war das Fleisch häufig nicht mehr für den menschlichen Genuss geeignet. Das Isotop ^{137}Cs wird im Magen-Darm-Trakt vollständig resorbiert und im Körper wird es in die Knochensubstanz eingebaut. Bei Milchtieren wird ^{137}Cs auch mit der Milch ausgeschieden. Die Aufnahme von ^{137}Cs durch Pflanzenwurzeln ist pH-Wert abhängig. Aus sauren Böden wird es besser aufgenommen als aus alkalischen. Liegt der pH-Wert von ton- und humushaltigen Böden über pH 5,5, so wird Cäsium fast nicht mehr durch die Wurzeln aufgenommen. Heutzutage sind Wildschweine, die bei der Nahrungsaufnahme durch Wühlen engen Bodenkontakt halten, stärker mit ^{137}Cs belastet als Rotwild, das sich von Gräsern ernährt. 1986, in den ersten drei Monaten nach der Tschernobyl-Katastrophe, hat ein Erwachsener in Deutschland etwa 0,6 µSv über ^{137}Cs aufgenommen. Etwa die gleiche Menge wie über die natürliche Radioaktivität in der gleichen Zeit.

Vergiftungsfälle mit nicht radioaktivem Cäsium sind nur experimentell auszulösen. Dabei kommt es wahrscheinlich durch eine Verdrängung des Kaliums zu zentralnervösen Erregungen und zu Krämpfen mit Todesfolge.

1.5.6 Aufnahme und Ausscheidung

Die Aufnahme erfolgt enteral. Die Absorption über die Nahrungskette des Menschen beträgt ca. 70 bis 100 %. Die hohe Resorptionsrate macht das radioaktive ^{137}Cs nach einer Nuklearkatastrophe besonders gefährlich. Die biologische Halbwertzeit beim Menschen beträgt für Cs^+ etwa 100 Tage. Die Ausscheidung erfolgt hauptsächlich renal, aber zu 15 % auch mit den Faeces.

1.6 Francium (Fr)

1.6.1 Vorkommen und Gehalte

Der Gesamtgehalt der *Erdrinde* beträgt knapp 50 g Francium. Francium kommt als Zwischenprodukt der Uran-Actinium-Zerfallsreihe vor.

1.6.2 Eigenschaften und Verwendung

Elektronenkonfiguration: [Rn] $(7 s^1)$; $A_r = 223,0$ u. Das Element Francium wurde 1939 von der französischen Forscherin M. Perey als Zerfallselement der radioaktiven Actiniumreihe entdeckt. Francium wurde früher als „Eka-Cäsium" bezeichnet.

Die Eigenschaften entsprechen denen der übrigen Alkalimetalle. Francium hat einen Schmelzpunkt von etwa 30 °C und siedet bei etwa 680 °C. Es bildet 30 Isotope, die alle nicht stabil sind. Sie zerfallen in Astat (unter α-Strahlung) oder in Radium (unter β-Strahlung).

1.6.3 Verbindungen

Francium bildet, wie Kalium, Rubidium und Cäsium, ein schwer lösliches Perchlorat $FrClO_4$.

2 Die Elemente der 2. Gruppe: die Erdalkalimetalle

Die 2. Gruppe besteht aus 6 Elementen: Beryllium (Be), Magnesium (Mg), Calcium (Ca), Strontium (Sr), Barium (Ba) und Radium (Ra).

2.1 Beryllium (Be)

2.1.1 Vorkommen und Gehalte

Erde: In der *Erdkruste* sind 2 mg/kg Beryllium zu finden. Der Gehalt an Beryllium im Wasser (Sibirien) beträgt 0,1 bis 0,9 µg/L, in den *Ozeanen* 1 ng/L. Als Edelstein: **Beryll (3 BeO · A$_2$O$_3$ · 6 SiO$_2$), chromhaltiger Beryll = Smaragd** (grün), **eisenhaltiger Beryll = Aquamarin** (blau).

Mensch: 0,03 mg Beryllium im Körper des Menschen.

Lebensmittel: Meeresfische: 2 bis 200 µg/kg, Säugetiermuskel: 0,7 µg/kg, geschälter Reis 80 µg/kg, Kartoffeln 0,17 µg/kg.

2.1.2 Eigenschaften und Verwendung

Elektronenkonfiguration: [He] (2 s^2); A$_r$ = 9,0122 u. Beryllium ist ein sehr sprödes, grauweißes, hartes, hochschmelzendes Metall. Das Metallgitter zeigt die hexagonal-dichteste Kugelpackung mit einem kovalenten Bindungsanteil. Beryllium ist bei Raumtemperatur sehr hart, aber auch äußerst spröde. Um das Metall bearbeiten zu können, wird es in einen ultrareinen Zustand überführt. Dazu wird es in einer Inertgasatmosphäre zu feinem Pulver vermahlen und anschließend unter Druck bei hoher Temperatur versintert.

An trockener Luft zeigt es keine Reaktion, in feuchter Luft bzw. mit Wasser bildet sich eine dünne Hydroxidhaut, die weitere Reaktionen behindert. Flüssiges Beryllium ist sehr reaktionsfreudig. Es löst sich als einziges Element der Gruppe in Alkalilaugen und unter H$_2$-Entwicklung in Schwefel- und Salzsäure.

Die Erwärmung von Beryllium bei Aufnahme einer bestimmten Wärmemenge ist deutlich geringer als die Erwärmung von Stahl, Kupfer, Titan oder Aluminium. Diese Eigenschaft verbunden mit dem geringen spezifischen Gewicht wird beim Bau von Bremsscheiben für Space-Shuttle-Raumfähren ausgenutzt. Weitere Einsatzgebiete sind Rotoren von Kreiselkompassen, Antriebssysteme von Magnetbandgeräten und Scanning-Spiegel von Infrarotkameras. Golfschläger aus Beryllium-Kupferbronze sind das Non-Plus-Ultra für Golfspieler. Weitere Verwendung findet es neben dem Einsatz in Legierungen als Konstruktionsmaterial für Hitzeschilder von Raumfahrzeugen, für Reflektoren in Reaktoren und als Hüllenmaterial für Reaktorbrennstäbe. Es kann als sog. „Moderator-Material" beim Bau von Kernreaktoren verwendet werden, dazu sind große Mengen (Tonnen) von elementarem Beryllium notwendig. 1990 explodierte eine russische Militär-Kernwaffenanlage in Utika (nahe der Grenze zu China). 120.000 Menschen waren der Staubwolke ausgesetzt, viele erkrankten an „Lungenentzündungen" (Berylliose). Beryllium steigert die Härte von Kupfer sehr stark; eine Kupfer-Beryllium-Legierung mit 6 bis 7 % Beryllium ist so hart wie der härteste Stahl. Beryllium ist geeignet als „Fenster-Material" in der Röntgentechnologie, es kann für Austrittsfenster verwendet werden, da es Röntgenstrahlen nur schwach absorbiert (17-mal schwächer als Aluminium), aber Neutronen sehr gut. Derartige Fenster haben eine Dicke von 8 µm bis 1 mm und müssen in gekrümmter Form in die Metallfassung der Röhre eingelötet werden. Zudem weisen auch sehr dünne Berylliumfolien eine hohe Festigkeit auf.

2.1.3 Verbindungen

Beryllium kommt in der Natur als **Beryll** (ein Cyclosilicat) vor, Härte 8, Farbe: grün, gelb bis blaugrün. Farbige Varietäten des Berylls sind **Aquamarin, Smaragd** und **Roter Beryll**, die als wertvolle Edelsteine gelten. Der Smaragd (durch geringe Gehalte an Chrom grün gefärbter Beryll, evtl. Aluminium teilweise durch Chrom ersetzt) ist hexagonal prismatisch in langen Stängeln kristallisiert und war schon im Altertum als Edelstein bekannt (der berühmte Ring des Polykrates soll ein Smaragd gewesen sein). Der **Aquamarin** ist ein eisenhaltiger Beryll, farblich variierend von lichtem Blau bis Meergrün, teilweise durchsichtig. In der römischen Kaiserzeit wurden aus farblosen Beryllkristallen Linsen gegen Kurzsichtigkeit (Brillen) geschliffen. Beryll kommt in großen Kristallen in Granit, Schiefer und Kalkstein vor. Eine weitere seltene und kostbare Varietät ist der grün bis blaugrün gefärbte **Alexandrit** (benannt nach Zar Alexander II), der eine Abart des **Chrysoberylls** ($BeOAl_2O_2$) darstellt und im Ural vorkommt. **Bertrandit** (4 BeO · 2 SiO_2 · H_2O) kommt in den USA in nennenswerten Mengen vor.

Die Verbindungen des Berylliums gleichen den Verbindungen des Aluminiums mehr als denen des Magnesiums, z. B. ist **Berylliumhydroxid Be(OH)$_2$** wie $Al(OH)_3$ amphoter:

$$Be(H_2O)_4^{2+} \xleftarrow{\;+ 2\, H_3O^+\;} Be(OH)_2 \xrightarrow{\;+ 2\, OH^-\;} [Be(OH)_4]^{2-}$$

Be(OH)$_2$ ist weiß und voluminös, leicht löslich in Säuren und Alkalilaugen. Beim Kochen oder Stehenlassen altert Be(OH)$_2$ und wird schwerer löslich.

Berylliumoxid (BeO), ein weißes Pulver, entsteht durch Glühen von Be(OH)$_2$:

$$Be(OH)_2 \longrightarrow BeO + H_2O$$

Es hat sowohl eine hohe Wärmeleitfähigkeit als auch gute Isoliereigenschaften und wurde früher auf der Innenseite von Leuchtstoffröhren eingesetzt.

Beryllium bildet aufgrund seiner „Viererschale" Elektronenmangelverbindungen, die starke Lewis-Säuren (Elektronenakzeptoren) sind. Beryllium-Verbindungen bilden daher auch leicht Komplexe. So bildet sich z. B. kein monomerer Berylliumwasserstoff BeH_2, sondern nur $(BeH_2)_n$. $(BeH_2)_n$ ist nicht direkt aus den Elementen zugänglich. Es kann bspw. durch thermische Zersetzung von Berylliumdiethyl dargestellt werden:

$$Be(C_2H_4)_2 \longrightarrow BeH_2 + 2\,C_2H_4$$

Berylliumchlorid (BeCl$_2$) bildet asbestartige, verfilzte Nadeln, die sehr hygroskopisch sind. Es kann aus BeO und CCl_4 bei 800 °C dargestellt werden. $BeCl_2$ ist hydrolyseempfindlich, sublimierbar und kann als Lewis-Säure zwei Donormoleküle addieren (folglich löslich in Diethylether, Alkohol usw.). Es ist nur bei hohen Temperaturen monomer. Bei niedrigeren Temperaturen bildet sich ein Dimer $(BeCl_2)_2$ und ein Polymer $(BeCl_2)_n$ (Schmelzpkt. 405 °C; Siedepkt. 488 °C). Die Verknüpfung des polymeren Berylliumchlorids erfolgt über Chlorbrücken. $(BeCl_2)_n$ löst sich z. B. in H_2O unter Bildung des sehr beständigen $[Be(OH_2)_4]^{2+}$-Ions (H_2O ist hier Lewis-Base, $BeCl_2$ sehr starke Lewis-Säure). Das $[Be(OH_2)_4]^{2+}$-Ion kann echte Salze bilden, z. B. $[Be(OH_2)_4]Cl_2$. Berylliumsalze schmecken süß.

Berylliumnitrat (Be(NO$_3$)$_2$ · 4 H$_2$O) reagiert in wässriger Lösung sauer, es wird zum Härten von Gasglühstrümpfen verwendet. Beim Erhitzen zerfällt es in $Be_4O(NO_3)_6$.

2.1.4 Biologische Aspekte und Bindungsformen

Hickory-Bäume sind Be-Akkumulatoren. In den getrockneten Blättern werden Beryllium-Gehalte bis zu 1 mg/kg gefunden. Weiterhin akkumulieren Koniferen Beryllium (0,1 mg/kg in den Blättern). Bei diesen Pflanzen konnte Beryllium auch in den ätherischen Ölen nachgewiesen werden.

Beryllium reichert sich auch in Tabak an. Man kann deshalb durch Rauchen eine Berylliumvergiftung bekommen. In Räumen, in denen stark geraucht wird, ist die Konzentration an Beryllium häufig höher als nach den MAK-Vorschriften zulässig. In Kartoffeln finden sich 0,8 bis 7 µg/kg TM, besonders angereichert in den Schalen. Bei Radieschen und Gerste ist eine Akkumulation in den Blättern beschrieben, wobei die Wurzeln bei Gerste jedoch die höchsten Gehalte aufweisen. Das Korn wird von Be^{2+} nicht erreicht. In Enzymen ersetzt Beryllium leicht Magnesium, und dadurch geht die typische Bioaktivität der Magnesiumkomplexe verloren. Beryllium-Gehalte in Böden industriell geprägter Regionen liegen bei 1 bis

25 mg/kg, in landwirtschaftlich genutzten Regionen bei 0,05 bis 1 mg/kg. Die Emission erfolgt vorwiegend aus der Verbrennung fossiler Brennstoffe (Kohle).

Im Blut von Säugetieren wird Be^{2+} an Proteine und Schleimhäute gebunden oder als kolloide Phosphate transportiert. Be^{2+} wird aufgrund seiner Affinität zum Phosphat zu einem erheblichen Teil im Knochen gespeichert. Es gelangt als Be^{2+} bis zum Zellkern und ist mutagen. Die Gen-Transkription und -Expression wird stark gestört. Es verändert die Aktivität von Phosphatasen.

Das $^{10}_{4}Be$-Isotop besitzt eine Halbwertszeit von 1,6 Mill. Jahren und wird in der äußeren Atmosphäre durch kosmische Strahlung gebildet. In Eiskernen von Grönland konnte festgestellt werden, dass sich das Isotop bevorzugt bei hoher Sonnenaktivität (ermittelt aus der Frequenz der Sonnenflecken) gebildet hat.

2.1.5 Toxikologische Aspekte

MAK-Wert: 0,002 mg Gesamtberylliumstaub/m^3.

Beryllium und seine Verbindungen sind stark toxisch und im Tierversuch cancerogen. Beryllium akkumuliert sich im Organismus und kann nach jahrzehntelanger Latenzzeit die Bildung von Tumoren (Granulomotosen) auslösen. Beim Einatmen von Staub und Dämpfen kommt es zu schweren Lungenschäden (Berylliose). Beryllium-Stäube verursachen Fibrogranulome (Vernarbungsstellen im Bindegewebe) in der Lunge.

Bei Mineralwässern migriert Beryllium auch aus den Glasflaschen, so liegen die Gehalte bei 0,02 bis 5 ng/L. Bei einzelnen Wässern aus Serbien wurde mit 4 µg/L und aus Frankreich mit 31 µg/L der von der amerikanischen Umweltbehörde (EPA) festgelegte Richtwert von 4 µg/L Wasser erreicht bzw. überschritten.

2.1.6 Aufnahme und Ausscheidung

Der Mensch nimmt täglich etwa 20 µg Beryllium auf. Die Resorptionsrate liegt unter 5 % (Ratten 0,2 %) bei oraler Aufnahme. Beryllium wird von der Haut und den Lungen resorbiert. Beryllium wird vom Körper kaum ausgeschieden. Dieses liegt an der auf kleinem Raum konzentrierten Ladung. Es dauert etwa 10 Jahre, bis resorbiertes Beryllium über den Harn ausgeschieden ist.

2.2 Magnesium (Mg)

2.2.1 Vorkommen und Gehalte

Erde: In der *Erdkruste* zu 1,9 % zu finden. Meerwasser enthält im Durchschnitt 0,3 % $MgCl_2$ (Ostsee: 1,4 g/L; Nordsee 2,9 g/L; Atlantischer Ozean 3,4 g/L; Totes Meer 103,0 g/L) und 0,2 % $MgSO_4$, weiterhin $MgBr_2$; insgesamt enthält Meerwasser 0,13 % Magnesium und damit etwa 17 % der Salze im Meerwasser. Magnesium ist Bestandteil der Chlorophylle.

Mensch: Etwa 50 % der 24 g Magnesium im menschlichen Körper sind an die Hydroxylapatit-Kristalle des Knochens gebunden (Gehalt Knochen 1,1 g Mg^{2+}/kg). 25 bis 30 % des Mg^{2+} befinden sich in der Muskulatur. Die verbleibenden 12 g kommen bis auf 2 % intrazellulär vor. Blut enthält 18 bis 23 mg/L, Serum 20 mg/L und ist zu 40 % an Proteine gebunden. Im Muskelgewebe ist der Mg^{2+}-Gehalt ca. siebenmal höher als der Ca^{2+}-Gehalt. Das Mg^{2+} kann in Abhängigkeit vom Alter bei Hypomagnesiämie z. T. mobilisiert werden. Ca. 20 % des Mg^{2+} des Knochens ist mobilisierbar. Magnesium ist für den Menschen essenziell.

Lebensmittel: (Angaben in g/kg) Getreide 0,8; Weizenkleie 5; Gemüse 0,17; Obst 0,07; Nüsse 2; Fische 0,35; Fleisch 0,27.

2.2.2 Eigenschaften und Verwendung

Elektronenkonfiguration: [Ne] (3 s^2); A_r = 24,305 u. Magnesium ist ein silberweißes Leichtmetall, das sich hämmern, gießen und auswalzen lässt. An der Luft bildet Magnesium rasch eine dünne zusammenhängende Oxidschicht, in kaltem Wasser eine oberflächliche, schwer lösliche $Mg(OH)_2$-Schutzschicht. Magnesium löst sich langsam in heißem Wasser, schnell in Säuren und ist in Laugen unlöslich. An der Luft verbrennt es nach dem Entzünden mit blendend weißem Licht zu MgO (und Mg_3N_2):

$$Mg + \tfrac{1}{2}\,O_2 \longrightarrow MgO \quad (\Delta H^0 = -605 \text{ kJ/mol})$$

Das entstehende Licht ist reich an photochemisch wirksamen Strahlen und wurde daher als Blitzlichtpulver (Gemisch aus Magnesiumpulver mit $KClO_3$, $KMnO_4$ oder MnO_2) verwendet. Dabei werden Temperaturen von weit über 2.000 °C erreicht, sodass Wasser zersetzt und explosiver Wasserstoff freigesetzt wird. Aus diesem Grund sind Magnesiumbrände sehr verheerend. Sie können mit Sand gelöscht werden. Als Reduktionsmittel wird es genutzt für die Titan-Gewinnung:

$$TiCl_4 + 2\,Mg \longrightarrow Ti + 2\,MgCl_2$$

und für weitere Metalle wie Uran, Kupfer, Nickel, Chrom, Vanadium und Zirconium. Magnesium ist auch Bestandteil von Feuerwerkskörpern und Brandbomben. Technisch wird Magnesium zusammen mit Aluminium besonders für Legierungen eingesetzt. „Elektronmetalle" sind Legierungen mit mindestens 90 % Magnesium mit Aluminium, Zink, Mangan und Kupfer, die auch gegenüber alkalischen Lösungen besonders beständig sind und gegenüber Eisen eine große Gewichtsersparnis bringen. Schon 5 % Magnesium in einer Aluminiumlegierung führen zu einem deutlichen Härteanstieg. Magnesiumlegierungen, z. T. auch mit organischen Belegen, werden wegen des geringen Gewichtes für Implantate eingesetzt. Dabei ist es auch ein Vorteil, dass die Auflösung des Metalls gewünscht ist, um nach der Funktionserfüllung keinen weiteren Eingriff durchführen zu müssen. Biologisch abbaubare Metalle für Implantate sind Innovationen, bei denen besonders auf Biokompatibilität geachtet wird, damit es nicht zur extremen Freisetzung von H_2 kommt, die ansonsten beulenartige Veränderungen hervorrufen könnte.

2.2.3 Verbindungen

Magnesium kommt in der Natur u. a. in folgenden Verbindungen vor:

Dolomit ($MgCO_3 \cdot CaCO_3$), **Magnesit** ($MgCO_2$), **Olivin** ($Mg,Fe_2 [SiO_4]$), **Serpentin** ($Mg_3[Si_2O_5](OH)_4$), **Meerschaum** ($Mg_4[Si_6O_{15}](OH)_2$), **Talk** ($Mg_3[Si_4O_{10}](OH)_2$), **Kieserit** ($MgSO_4 \cdot H_2O$) (benannt nach Kieser, dem Präsidenten der 1652 in Schweinfurt gegründeten „Kaiserlich-Leopoldinischen Akademie der Naturforscher" in Halle zur Zeit der Auffindung des Kieserits im Staßfurter Salzlager), **Enstatit** ($MgSiO_2$), **Kainit** ($MgSO_4 \cdot KCl \cdot 3\ H_2O$) (Name aus dem Griechischen: *kainos* = neu), **Carnallit** ($MgCl_2 \cdot KCl \cdot 6\ H_2O$) (Name nach Oberbergrat R. v. Carnall (1804 – 1874)), **Bittersalz** ($MgSO_4 \cdot 7\ H_2O$) (in Mineralwässern), **Schönit** ($K_2Mg(SO_4)_2 \cdot 6\ H_2O$) und **Spinell** ($MgAl_2O_4$). Diese Salze kommen z. T. in großen Lagern vor. Beispielsweise wird Carnallit aus natürlichen Vorkommen gewonnen oder nach der Reaktion:

$$C + MgO + Cl_2 \longrightarrow MgCl_2 + CO$$

oder durch Eindampfen der Endlaugen bei der KCl-Gewinnung.

In Silicatmineralien ist es als **Olivin** ($(MgFe)_2SiO_4$), **Serpentin** ($3\ MgO : 2\ SiO_2 \cdot 2\ H_2O$) und **Asbest** ($(CaMg)_2SiO_2$) gebunden.

Magnesiumoxid (MgO) bildet farblose Kristalle vom NaCl-Typ, es wird technisch wie folgt gewonnen:

1. durch Brennen (Calcinieren) von Magnesit:

$$MgCO_3 \longrightarrow MgO + CO_2$$

(Schmelzpkt. von MgO: etwa 2.800 °C), dieses „gesinterte" MgO kann zur Herstellung hochfeuerfester Steine und von Laboratoriumsgeräten benutzt werden (Magnesiasteine, Sintermagnesia).

2. durch Glühen von Mg(OH)$_2$ (bei 600 °C):
Man erhält MgO als lockeres, weißes Pulver, das in der Medizin als mildes Neutralisationsmittel zur Bindung von Magensäure (Antacidum) verwendet wird (*Magnesia usta*, „gebrannte Magnesia"), es wirkt außerdem laxativ. MgO wird u. a. zur Herstellung eines Spezialzementes verwendet (Sorel-Zement oder Magnesiazement genannt). Darin erstarrt MgO mit konzentrierten Lösungen von MgCl$_2$ zu MgCl$_2$ · 3 Mg(OH)$_2$ · 8 H$_2$O. Sie werden als „Heraklit"-Leichtbauplatten in den Handel gebracht.

Brucit (Mg(OH)$_2$) bildet trigonale farblose Kristalle, die sehr schwer löslich in Wasser sind. Gewinnung:

$$MgCl_2 + Ca(OH)_2 \longrightarrow Mg(OH)_2 + CaCl_2$$

oder Mg(OH)$_2$ wird aus Salzlösungen durch Zusatz von starken Basen gewonnen:

$$Mg^{2+} + 2\ OH^- \longrightarrow Mg(OH)_2$$

Mit NH$_3$ ist die Fällung unvollständig. In NH$_4$Cl-Lösungen löst sich Mg(OH)$_2$ leicht auf, weil die NH$^+$-Ionen die OH$^-$-Ionen abfangen

$$(NH_4^+ + OH^- \longrightarrow NH_3\uparrow + H_2O)$$

und dann die Konzentration an OH$^-$-Ionen nicht mehr ausreicht, um das Löslichkeitsprodukt zu überschreiten (([Mg^{2+}][OH$^-$]^2) = L$_{Mg(OH)2}$ = 5,5 · 10^{-12} (mol/L)^3). Eingesetzt wird Brucit in der Zuckerreinigung und Papierherstellung sowie in der Pharmazie als Antacidum.

Magnesiumcarbonat (MgCO$_3$) ist eine Substanz aus weißen trigonalen Kristallen. Es wird verarbeitet zu Gläsern, Keramiken sowie Isolatoren. MgCO$_3$ entsteht bei Fällung von Mg^{2+} mit CO$_3$$^{2-}$-Ionen von etwa der Zusammensetzung Mg(OH)$_2$ · 4 MgCO$_3$ · 5 H$_2$O. Dies wird in Form eines weißen lockeren Pulvers als Antacidum in der Medizin benutzt (*Magnesia alba*, (lat. *albus* = weiß, also „weißes Magnesia")) als Puder und Zahnpulver. Weitere Verwendung ist das Füllen von Kautschuk, Papier, Farben und Einsatz als Düngemittel.

Bittersalz (MgSO$_4$ · 7 H$_2$O) besteht aus farblosen Kristallen, die widrig bitter schmecken. Es ist sehr gut löslich in Wasser. Bittersalz gehört zur Gruppe der „Vitriole" (Me^{II}SO$_4$), daher auch Magnesium-Vitriol genannt. Bei 150 °C verliert es 6 H$_2$O, das siebte H$_2$O erst oberhalb von 200 °C. Die Sulfate des Zinks, Mangans, Eisens, Nickels und Cobalts verhalten sich genauso, sie sind alle isomorph, ihre Konstitution lautet: [Me^{II}(H$_2$O)$_6$]SO$_4$ · H$_2$O. MgSO$_4$ wird in der Dünger-, Pa-

pier- und Textilindustrie verwendet und in der Medizin früher als mildes Abführmittel eingesetzt.

Aus wässrigen Lösungen von **Magnesiumchlorid (MgCl$_2$)** kann ein Hexahydrat (MgCl$_2$ · 6 H$_2$O) auskristallisieren. Es ist sehr hygroskopisch und „zerfließt" an der Luft. Magnesiumchlorid ist eine farblose blättrig-kristalline Masse,
Schmelzpkt. 708 °C, geschmolzen weist es eine gute elektrische Leitfähigkeit auf.
Die Herstellung erfolgt durch Eindampfen der Endlaugen der KCl-Gewinnung
oder Ausfällen aus Meerwasser mit gelöschtem Kalk oder durch Chlorierung von
MgO. Magnesiumchlorid wird zur Gewinnung von Magnesium-Metall, für Spezi-
alzemente, in der Textilindustrie, als Holzimprägnierungsmittel gegen Feuer und
als Trockenlöscher verwendet.

Magnesiumhydrid (MgH$_2$)$_n$ kann direkt aus den Elementen bei hohem Druck
synthetisiert werden. Die weiße Verbindung ist wie (BeH$_2$)$_n$ über Hydridbrücken
polymerisiert und nicht ionogen.

Magnesium bildet sog. **Grignard'sche Verbindungen**, dabei ist Magnesium
mit Halogenen (X) und Kohlenwasserstoffen (R) in der allgemeinen Form: RMgX
verbunden. Grignard'sche Verbindungen reagieren sehr heftig mit Sauerstoff und
Wasser, sie werden durch Einleitung von halogenierten Kohlenwasserstoffen in
eine Suspension von metallischem Magnesium in trockenem Ether hergestellt:

$$2 \text{ RX} + 2 \text{ Mg} \longrightarrow 2 \text{ RMgX} \rightleftharpoons \text{R}_2\text{Mg} \cdot \text{MgX}_2$$

(Beispiel: CH$_3$I + Mg ⟶ CH$_3$MgI (Magnesiummethyliodid). Die Verwendungsbereiche liegen in der Präparativen Chemie für Synthesen (Übergangsbe-
reich Anorganische/Organische Chemie) und bei der Herstellung von Parfüm,
Pharmazeutika und organometallischen Verbindungen. In Wasser liegen von
Magnesiumionen Hexaaqua-Verbindungen vor: [Mg(H$_2$O)$_6$]$^{2+}$.

2.2.4 Biologische Aspekte und Bindungsformen

Sinkt der Mg^{2+}-Gehalt unter 5 % der Gesamtkationenaustauschkapazität im Boden, so beginnt sich bei Pflanzen ein Mg^{2+}-Defizit auszubilden. Besonders in Gegenden mit viel saurem Regen tritt dieser Effekt auf.

In Pflanzen ist Mg^{2+} wie auch Ca^{2+} in den Zellwänden gebunden. Es ist an der
Vernetzung von Proteinen beteiligt. Mg^{2+} bildet einen Carbamat-Komplex,

$$-CH_2-N-C \overset{O}{\underset{O}{\diagdown}} \overset{2\oplus}{Mg} \overset{O}{\underset{O}{\diagup}} C-N-CH_2-$$

der bei der Photosynthese Bedeutung besitzt (Stichwort: Aktivierung von Ribulo-
se-1,5-bisphosphat-Carboxylase-Oxygenase (RuBisCo)) und an der Regulation

der photosynthetischen CO_2-Fixierung beteiligt ist. Im Chlorophyll ist Mg^{2+} als Zentral-Ion vorhanden und macht ca. 2 Gew.-% des Chlorophylls aus.

Erfolgt eine Überdüngung des Ackerbodens mit kaliumhaltigen Düngemitteln, sinkt die Konzentration an Mg^{2+} in Getreide, Gemüse und Obst. In den letzten Jahren nimmt die Konzentration in den genannten Lebens- und Futtermitteln ab.

Magnesiummangel tritt bei Darmresorptionsstörungen und Alkoholismus auf. Es können dann tetanieähnliche Krämpfe, Arteriosklerose und Herzinfarkt auftreten (Schwedt, 2007).

Bei Pflanzen führt ein Magnesiummangel zum Verwelken und Aufhellen der grünen Blätter.

Die blaue Farbe der Commeline (Tagblume) wird durch Farbpigmente hervorgerufen, die ein Molekulargewicht von 9,3 kD besitzen und einen Magnesium-Gehalt von 0,47 % aufweisen (Abb. 2.2.1). Dabei liegen die beiden Magnesium-Ionen in der Mitte und werden von je drei Molekülen Malonylawobanin und Flavocommelin abwechselnd umgeben.

Chlorophylle sind Magnesium-Porphyrin-Komplexe mit einer langen hydrophoben Seitenkette (Abb. 2.2.2). Aufgabe des Komplexes ist es, Licht bevorzugt im roten und blauen Bereich zu absorbieren. Durch die Absorption von Lichtquanten werden Elektronen des Komplexes aus ihrem Grundzustand in einen angeregten Zustand angehoben und letztendlich an einen sog. Primärakzeptor abgegeben. Das Chlorophyll bekommt diese Elektronen aus der Photoreduktion von Wasser zurück.

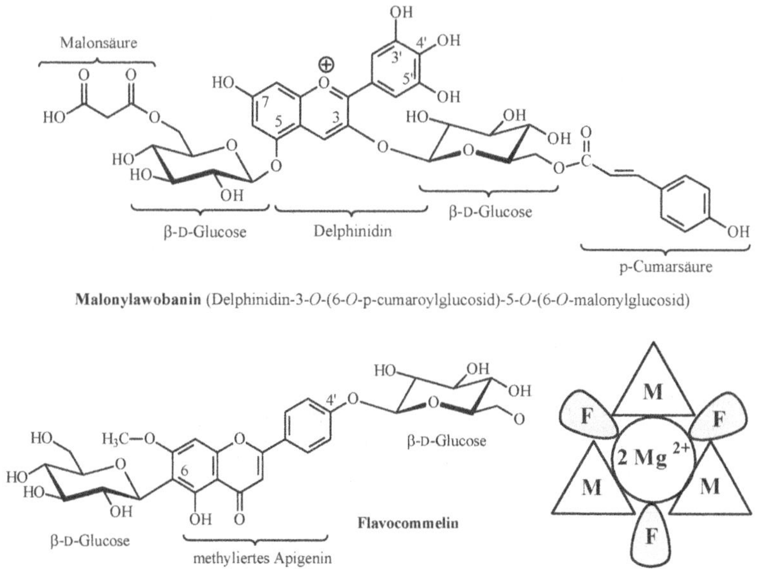
Malonsäure
β-D-Glucose
Delphinidin
β-D-Glucose
p-Cumarsäure
Malonylawobanin (Delphinidin-3-O-(6-O-p-cumaroylglucosid)-5-O-(6-O-malonylglucosid)
β-D-Glucose
β-D-Glucose
methyliertes Apigenin
Flavocommelin
M
F
F
2 Mg 2+
M
M
F

Abb. 2.2.1 Schematische Darstellung des Farbpigments Commelinin aus *Commelina communis* (M: Malonylawobanin, F: Flavocommelin)

$$6 \, H_2O \rightleftharpoons 4 \, H_3O^+ + O_2 + 4 \, e^-$$

Das Mg^{2+} ist verhältnismäßig schwach im Chlorophyll gebunden. Durch verdünnte Säuren kann es leicht herausgelöst werden, wodurch die Farbe olivgrün wird. Dies tritt bspw. beim Kochen von Gemüse (Erbsen und Bohnen aus Konserven) auf. Ist Cu^{2+} zugegen, kann es von einem Phäophytin (Chlorophyllmolekül ohne Zentral-Ion) als Zentral-Ion gebunden werden und ein stabiler Komplex ist entstanden (Austausch des Zentral-Ions Mg^{2+} gegen Cu^{2+}) (s. Stichwort Kupfer).

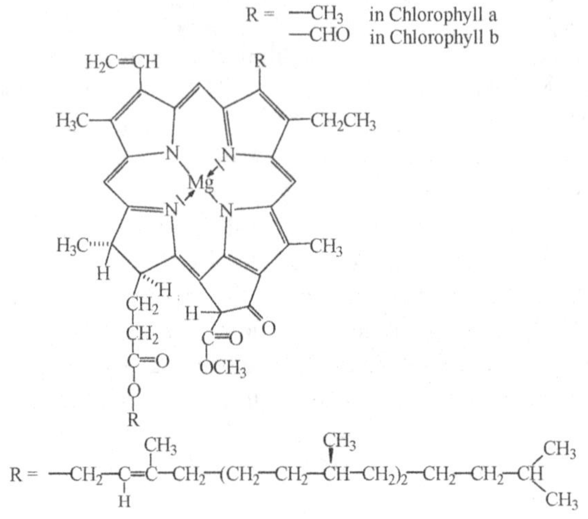

Abb. 2.2.2 Chlorophyll

Teichonsäuren (Abb. 2.2.3 und Abb. 2.2.4) sind polymere Phosphorsäurediester, die z. T. Glycerol, Ribitol, D-Alanin oder *N*-Acetylglucosamin enthalten und in den Zellwänden von grampositiven Bakterien vorkommen. Sie dienen den Bakterien zur Bindung von Mg^{2+}, wodurch die Bakterien eine gewisse Hitzestabilität erhalten. Mg^{2+} ist ein Wachstumsfaktor für Milchsäure- und Bifidobakterien.

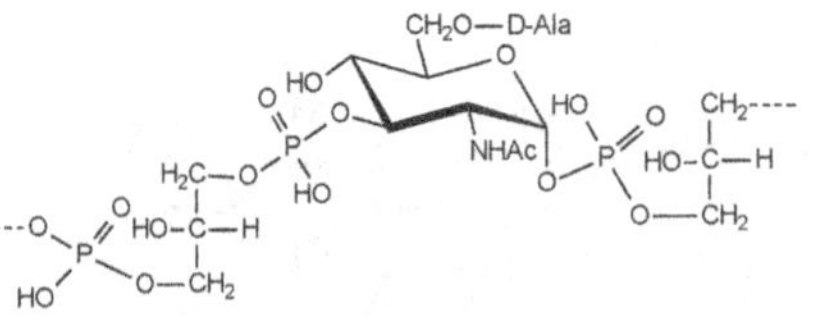

Abb. 2.2.3 Teichonsäure von *Micrococcus sp.*

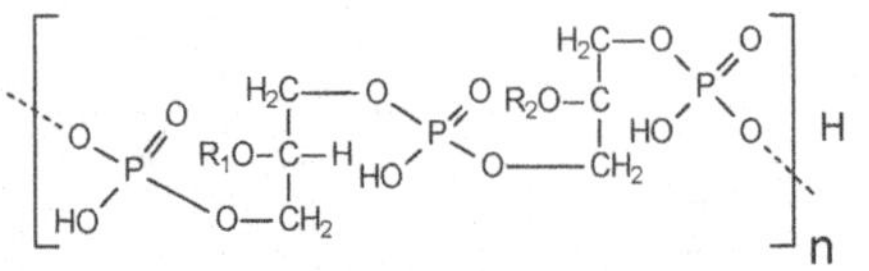

Abb. 2.2.4 Glycerol-Teichonsäureester von *Bacillus stearothermophilus* (R_1 = α-D-Glucopyranosyl; R_2 = D-Alanin)

- Serum: 0,02 g Mg^{2+}/L, davon 32 % an Serumproteine, 3 % an Phosphat, 4 % an Citrat. Im Blut kommt das Mg^{2+}-Ion zu 60 % frei in hydratisierter Form vor, 10 %

werden durch kleine Ionen oder organische Säuren (z. B. Citronensäure) komplexiert.

- 6 % an andere Komplexbildner gebunden; 55 % als freie Kationen.
- Erythrocyten: 0,06 g Mg^{2+}/kg FG
- intrazellulär: 0,2 g Mg^{2+}/kg FG; in der Zelle sind 90 % gebunden (Nucleinsäuren, ATP, Phospholipide, Mg^{2+}-bindende Proteine). Bei Mg^{2+}-Mangel in der Nahrung sinkt die zelluläre Mg^{2+}-Konzentration nur um 10 %, im Serum allerdings um 70 bis 80 %. Mg^{2+} kommt vorwiegend intrazellulär vor, Ca^{2+} extrazellulär
- Magnesium ist ein essenzieller Co-Faktor von über 300 enzymatischen Reaktionen. Folgende Enzyme sind z. B. beteiligt: Mg^{2+}-ATPase, Cu^{2+}-ATPase, Na^+/K^+-ATPase, H^+-ATPase, Adenylat-Cyclase, Mg^{2+}-abhängige Nucleinsäurepolymerase, Pyruvat-Dehydrogenase, Propionyl-CoA-Carboxylase und Hexokinase.

Mit ATP bildet Mg^{2+} Komplexe (Abb. 2.2.5). Dieser Komplex wird als Substrat für Phosphoryl- und Nucleotidyl-Transferase-Enzyme benötigt. Es gibt Mg^{2+}-ATP-Komplexe über β- und γ-Phosphat und über α- und β-Phosphat. Das α- und β-Phosphat des Mg^{2+}-ATP ist hydrolyseanfällig, während das β-, γ-Phosphat des Mg^{2+}-ATP hydrolysegeschützt ist.

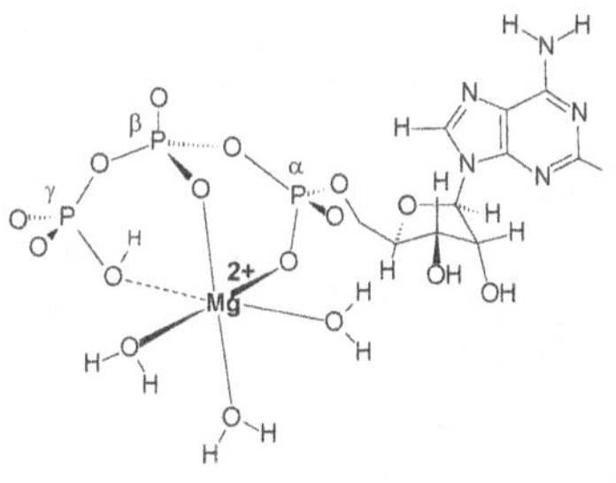

Abb. 2.2.5 α-, β-, γ-Mg^{2+}-ATP

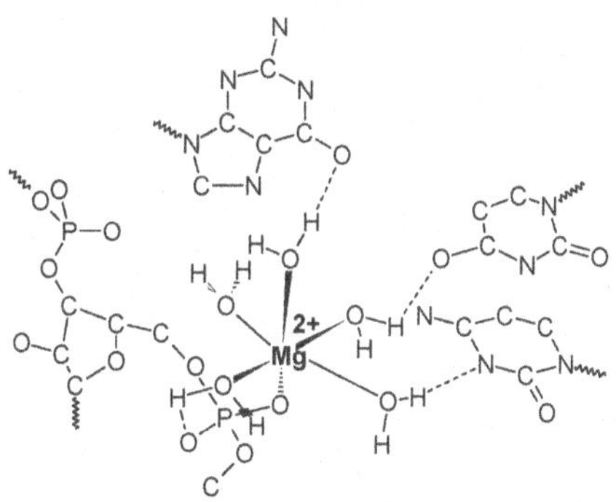

Abb. 2.2.6 Struktur eines Teilbereiches der t-RNA aus Hefe (nur bei Wasser sind die Wasserstoffatome eingezeichnet)

Mit der Transfer-RNA (t-RNA) der Hefe bildet Mg^{2+} ebenfalls einen Komplex. Das Interessante ist, dass auch Wasser als Ligand vorkommt. Bei den meisten anderen Komplexen ist Wasser meist durch andere Liganden ersetzt. Magnesium fördert auch die Hydrolyse der Phosphatbindung. In der t-RNA wird durch Mg^{2+} die Raumstruktur stabilisiert (Abb. 2.2.6).

Bei der Reizübertragung von den Nervenenden zu den Muskelzellen und bei der Muskelkontraktion wirkt Magnesium mit. Eine beruhigende Wirkung wird dem Magnesium bei hyperaktiven Kindern zugeschrieben.

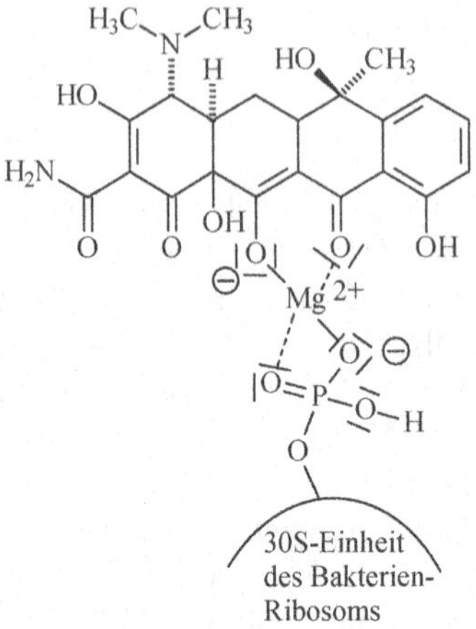

Wirkkomplex des Pharmakophors

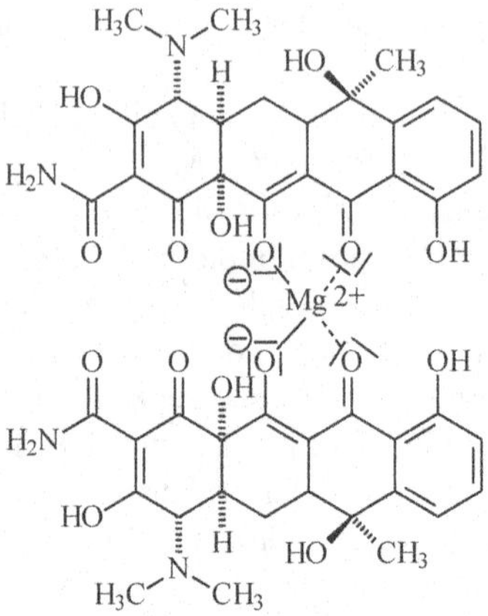

Schwerlöslicher Mg^{2+}-Chelatkomplex

Abb. 2.2.7 Bildung von Chelatkomplexen durch Tetracycline und der 30S-Einheit des Bakterien-Ribosoms

Abb. 2.2.8 Bildung von Chelatkomplexen durch Tetracycline

Antibiotika aus der Gruppe der Tetracycline wirken über die Bildung einer Chelatkomplexbindung mit der 30S-Untereinheit der Ribosomen von Bakterien (Abb. 2.2.7). Das Pharmakophor des Tetracyclins bildet den Wirkkomplex mit einem Mg^{2+}-Ion. Allerdings kann das Pharmakophor bereits vor der Resorption mit Mg^{2+}- und Ca^{2+}-Ionen einen Chelatkomplex bilden. Solche Chelatkomplexe sind schwerlöslich und werden schlecht resorbiert. Deshalb dürfen Tetracycline nicht mit Milch oder Mg^{2+}- bzw. Al^{3+}-haltigen Antacida (Arzneimittel, die einer Hyperacidität des Magensafts entgegenwirken) eingenommen werden (Abb. 2.2.7 und Abb. 2.2.8).

Die Bildung stabiler Komplexe mit Mg^{2+}- und Ca^{2+}-Ionen führt dazu, dass Tetracycline in der Schwangerschaft sowie bei kleinen Kindern in Knochen und Zähne eingelagert werden. Eine Gelbfärbung der Zähne ist die Folge. Aus diesem Grund ist die Einnahme von Tetracyclinen in der Schwangerschaft und bei kleinen Kindern kontraindiziert.

2.2.5 Toxikologische Aspekte

Beim Menschen kann Mg^{2+}-Mangel z. B. durch Alkoholismus oder Darmresorptionsstörungen Krämpfe, Arteriosklerose und Herzinfarkt hervorrufen. Verluste können durch übermäßigen Schweiß und Diuretika auftreten. Ein Mg^{2+}-Defizit ist schwerwiegender als andere toxikologische Effekte des Magnesiums. Die LD_{50} für Hunde soll 250 mg/kg betragen.

2.2.6 Aufnahme und Ausscheidung

Empfohlene Aufnahme: 300 bis 350 mg/d, Kinder 80 bis 170 mg/d je nach Alter. Bei niedrigen Konzentrationen (120 mg/d) ist die Resorptionsrate mit 35 % höher als bei der empfohlenen Tagesdosis. Die höhere Resorptionsrate bei niedrigen Konzentrationen soll auf ein Mg^{2+}-spezifisches Protein zurückzuführen sein. Magnesiumaspartat und -citrat, die als Arzneimittel verwendet werden, sind besser bioverfügbar als die anorganischen Salze.

Die Absorption erfolgt im Jejunum und Ileum zu 12 bis 40 % und ist unabhängig von der Ca^{2+}-Konzentration. Aus magnesiumreichen Mineralwässern (> 110 mg Mg^{2+}/L) liegt die Resorptionsrate bei etwa 45 %. Etwa 4,8 mg Mg^{2+} wird täglich in die Niere transportiert. In der Henle-Schleife (U-förmiger Abschnitt des Nierenkanälchens) erfolgt eine wirkungsvolle Rückresorption, sodass bei Mg^{2+}-Mangel eine Ausscheidung über den Urin verhindert wird. Salze z. B. von Fettsäuren, Phosphat, Sulfat und Phytinsäure führen zur Verminderung der Resorption. Oxalsäure, z. B. aus Rhabarber und Spinat, vermindert die Absorption von Mg^{2+}-Ionen. Entsprechendes erfolgt auch bei Ca^{2+}-Ionen. Mg^{2+} ist lockerer an Lebensmittelinhaltsstoffe gebunden als Ca^{2+}, auch die Komplexe sind weniger stabil. Daher ist der Übergang ins Kochwasser bei der Zubereitung von Speisen verhältnismäßig hoch. Die Resorption von Mg^{2+}-Ionen sinkt bei gleichzeitiger Anwesenheit von Eisen-Ionen. Sehr hohe Mg^{2+}-Konzentrationen im Lebensmittel erhöhen die Mg^{2+}-Konzentration im Blutserum nur um 10 bis 15 %. Ein Mg^{2+}-Mangel kann bei pharmakoinduzierter Nierenfunktionsstörung (z. B. durch Schleifendiuretika) auftreten. Besonders bei frischmelkenden Kühen kann ein Mangel an Magnesium auftreten. Der als „Weidetetanie" bezeichnete Mangel führt zu einem Absinken der Mg^{2+}-Konzentration vom Normalwert von 1,5 mg% auf unter 1 mg%. Der Bedarf einer Kuh mit einer Milchleistung von 30 L liegt bei 6 g Magnesium pro Tag. Da aus dem Weidegras nur 25 % ausgenutzt werden, müssen im Futter mindestens 30 g Mg^{2+} vorhanden sein, um einen Mangel zu vermeiden. Die Ausscheidung erfolgt über die Nieren, wenig über Faeces und Schweiß.

2.3 Calcium (Ca)

2.3.1 Vorkommen und Gehalte

Erde: Die *Erdrinde* enthält 3,4 % Calcium (dritthäufigstes Metall). In der Natur ist Calcium in Form von **Carbonat, Sulfat, Silicat, Phosphat** und **Fluorid** sehr verbreitet zu finden. **Mergel** ($CaCO_3$ mit 10 bis 90 % Ton), **Marmor**, $CaCO_3$ in reiner grobkristalliner Calcitstruktur sind weitere wichtige Mineralien. Die sehr weiche **Kreide** (in England, Dänemark, Norddeutschland) besteht vorwiegend aus

Skeletten mikroskopisch kleiner Meeresorganismen (Coccolithen), die nur leicht konsolidiert sind. Perlen und Perlmutt bestehen aus **Calciumcarbonat**. Im *Meerwasser* sind 0,16 % $CaSO_3$ enthalten. Im Wasser gelöste Calcium-Verbindungen sind wichtige Inhaltsstoffe, die die Härte des Wassers beeinflussen.

Mensch: 1,0 bis 1,4 kg des essenziellen Calciums sind im menschlichen Körper zu finden, davon 99 % als Calciumapatit in Knochen und Zähnen und nur 1 % im Plasma. Im intrazellulären Raum beträgt die $c(Ca^{2+})$ = 1 µM, im extrazellulären Raum $c(Ca^{2+})$ = 1 mM.

Lebensmittel: Besonders calciumreich sind die Milch und die daraus hergestellten Produkte wie Käse, bei denen eine Labfällung vorgenommen wurde (ca. 8 bis 10 g Ca^{2+}/kg). Andere Lebensmittel: (Angaben in g Calcium/100 g) Labkäse bis 1,3; Sauermilchkäse 0,3; Joghurt 1,2; Mohn 14; Roggen 0,4; Weizen 0,3; Gemüse 0,1 – 0,3; Rindfleisch 0,03; Schweinefleisch 0,12; Mandeln 2,52; Haselnüsse 2,26; Erdbeere 0,25; Hering 0,3; Hühnerei 0,5.

Leitungswasser: Die Gesamthärte des Leitungswassers einiger Städte (in Grad Deutscher Härte [°dH]) basierend auf Daten aus den Jahren 1930 bis 1960, als kaum Fernleitungssysteme vorhanden waren. 1 °dH = 1 Deutscher Härtegrad = 10 mg CaO in 1 L H_2O, wobei MgO durch Multiplikation mit dem Faktor CaO/MgO = 1,4 ebenfalls in Kalkhärte ausgedrückt wird.

$1 m^3$ Leitungswasser enthielt:

		°dH
in Dortmund 60 g CaO	= 107 g $CaCO_3$	6,0
in Hildesheim 120 g CaO	= 214 g $CaCO_3$	12,0
in Hannover 230 g CaO	= 412 g $CaCO_3$	23,0
in Würzburg 575 g CaO	= 1027 g $CaCO_3$	57,5

2.3.2 Eigenschaften und Verwendung

Elektronenkonfiguration: [Ar] $(4 s^2)$; A_r = 40,078 u. Metallisches Calcium ist silberweiß, glänzend und läuft an der Luft sofort an. Es ist weich wie Blei und reagiert bei gewöhnlichen Temperaturen (Raumtemperatur) mit O_2, Cl_2, Br_2 und I_2 nur träge, in heißem Zustand jedoch lebhaft. Reaktion mit H_2O:

$$Ca + 2 H_2O \longrightarrow Ca(OH)_2 + H_2$$

Beim Verbrennen an der Luft entstehen Oxid und Nitrid

$$Ca + \tfrac{1}{2} O_2 \longrightarrow CaO \ (\Delta H^0 = -639,5 \text{ kJ/mol});$$
$$3 Ca + N_2 \longrightarrow Ca_3N_2 \ (\Delta H^0 = -455,6 \text{ kJ/mol})$$

Calcium ist ein starkes Reduktionsmittel und findet bei der Herstellung von Sondermetallen, der Reinigung von Stählen und beim Trocknen von Alkoholen Verwendung.

2.3.3 Verbindungen

CaCO₃ kristallisiert in drei Modifikationen: rhomboedrisch in Calcit (Kalkspat) (Abb. 2.3.2), rhombisch in Aragonit und rhombisch in Vaterit. Die wichtigsten Carbonatverbindungen sind **Kalkstein** ($CaCO_3$, verunreinigt durch Ton), **Kreide**, **Marmor** (sehr reines, fein kristallines $CaCO_3$) und **Kalkspat** (besonders reines $CaCO_3$) (auch „Doppelspat" genannt, weil er Doppelbrechung zeigt, d. h. ein einfallender Lichtstrahl wird in zwei polarisierte Lichtstrahlen zerlegt, welche verschieden stark gebrochen werden (Gegenstände erscheinen doppelt)). $CaCO_3$ ist eine weiße, fast unlösliche Substanz, die jedoch in kohlensäurehaltigem H_2O beträchtlich löslich ist:

$$CaCO_3 + H_2CO_3 \rightleftharpoons Ca(HCO_3)_2$$

(Kochen verschiebt das Reaktionsgleichgewicht nach links (Kesselsteinbildung)). $CaCO_3$ findet Verwendung zur Glasherstellung und zu Bauzwecken.

Weitere wichtige in der Natur vorkommende Verbindungen sind **Dolomit** ($CaCO_3 \cdot MgCO_3$), **Gips** bzw. **Alabaster** (($CaSO_4$) $\cdot$ H_2O), **Anhydrit** ($CaSO_4$), **Phosphorit** ($Ca_3(PO_4)_2$), **Apatit** (3 $Ca_3(PO_4)_2 \cdot$ Ca (OH, F)$_2$) und **Flussspat** (CaF_2). Auch in dem Mineral „**Prehnit**", einem Ca-Al-Silicat ($Ca_2Al_2[Si_3O_{10}(OH)_2]$), ist Calcium vorhanden; es hat eine grüne, gelbgrüne, gelbe oder weiße Farbe und eine Härte von 6.

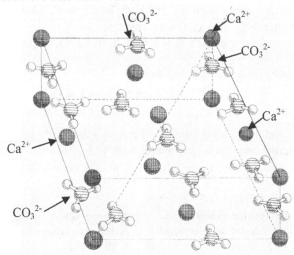

Abb. 2.3.1 Calciumcarbonat in Calcitstruktur

Gips ($CaSO_4 \cdot 2\ H_2O$) und **Anhydrit ($CaSO_4$)**: Aus Lösungen kristallisiert $CaSO_4$ unterhalb von 66 °C stets als Gips, oberhalb von 66 °C als Anhydrit. Gips spaltet beim Erhitzen auf 120 bis 130 °C einen Teil seines Kristallwassers ab und geht in sog. „gebrannten Gips" bzw. „Stuckgips" über, der das „Halbhydrat"

$CaSO_4 \cdot \frac{1}{2} H_2O$ ist (s. auch L_p von $CaSO_4 \cdot H_2O$). Mit H_2O angerührt, erstarrt dieser gebrannte Gips wieder zum normalen Gips (feste Masse aus verfilzten Nädelchen) und findet Verwendung im Baugewerbe und in der Bildhauerei. Der wasserfreie Gips (hergestellt bei 190 bis 200 °C) bindet so rasch unter H_2O ab, dass er praktisch nicht verwendbar ist. Es gibt auch „totgebrannten" Gips (bei ca. 650 °C), der sich nur sehr schwer wieder mit H_2O umsetzt. Bei Temperaturen um 1.000 °C entsteht Estrichgips (auch Baugips oder Mörtelgips), eine feste Lösung von CaO in $CaSO_4$, der beim Anrühren mit Wasser zu einer harten, dichten, wetterbeständigen Masse erstarrt. Oberhalb von 1.200 °C spaltet $CaSO_4$ SO_2 ab:

$$CaSO_4 \cdot 2\,H_2O \xrightarrow[-H_2O]{100\,°C} CaSO_4 \cdot \frac{1}{2}\,H_2O \xrightarrow[-H_2O]{200\,°C} CaSO_4 \xrightarrow{1200\,°C} CaO + SO_2 + \frac{1}{2}\,O_2$$

Eine besondere Art von Gips ist das sog. „Marienglas", auch „Fraueneis" (= „Unserer Lieben Frauen Eis") genannt. Es bezeichnet einen eisartig oder glasartig aussehenden, in dünnen Blättern spaltbaren Gips. Die Bezeichnung nimmt Bezug auf religiöse Dinge (Maria). Merkwürdige Steine wurden in früheren Jahrhunderten oft mit Gott, Heiligen oder dem Teufel in Verbindung gebracht. Die Beziehung zu Maria wurde bei Marienglas auch dadurch hergestellt, dass Marienglas früher beim Aufputzen von Heiligenbildern verwendet wurde. Der Name „Gabbro" (aus dem Italienischen) bedeutet in der Geologie eine bestimmte Gesteinsschicht. Es handelt sich um ein Tiefengestein, das besonders viel Feldspat enthält.

Die Wasserhärte wird in zwei Arten unterteilt:

1.   Vorübergehende oder temporäre Härte = Gehalt an $Ca(HCO_3)_2$, weil diese Verbindung durch Kochen als $CaCO_3$ ausfällbar ist.
2.   Bleibende oder permanente Härte = Gehalt an $CaSO_4$ (nicht durch Kochen ausfällbar)

Möglichkeiten zur Enthärtung des Wassers:

1.   Durch Soda: $Ca(HCO_3)_2 + Na_2CO_3 \longrightarrow CaCO_3 + 2\,Na(HCO_3)$

$CaSO_4 + Na_2CO_3 \longrightarrow CaCO_3 + Na_2SO_4$

3.   Durch Permutit: $2\,Na[AlSiO_4] + Ca^{2+} \longrightarrow Ca[AlSiO_4]_2 + 2\,Na^+$

CaO: „Ätzkalk" oder auch „gebrannter Kalk", „Kalkbrennen" wird technisch durch Erhitzen von $CaCO_3$ auf 900 °C bis 1.000 °C dargestellt + $CaCO_3 \longrightarrow$ $CaO + CO_2$

3.   Durch Ionenaustauscher und Zeolith A

$Ca(OH)_2$: „gelöschter Kalk" ($CaO + H_2O \longrightarrow Ca(OH)_2$ („Kalklöschen")) wird für die Mörtelherstellung verwendet. $Ca(OH)_2$ ist ein weißes, staubiges Pulver, das in H_2O ziemlich schwer löslich ist, die Lösung heißt „Kalkwasser". Kalkmilch ist eine Suspension von $Ca(OH)_2$ in Kalkwasser und findet Einsatz als weiße Anstrichfarbe für Zimmerdecken. CaO dient auch als Trockenmittel. Wenn angelöschter Kalk zu Desinfektionszwecken im Stall eingesetzt wird, sind die Sicherheitshinweise zu beachten, da beim Löschen starke Erwärmung auftritt und Verätzungen bei Hautkontakt die Folge sein können. **Kalkmörtel**: Brei von gelöschtem Kalk und Sand, der sehr langsam erhärtet (dauert oft jahrelang):

$$Ca(OH)_2 + CO_2 \longrightarrow CaCO_3 + H_2O$$

Das CO_2 aus der Luft (früher übliches Aufstellen von offenen Koksfeuerungen) und das Feuchtwerden von Mauern verkittet dann Sand und Bausteine. **Zement** entsteht durch Brennen von Kalkstein mit Ton (Tone sind aus Al_2O_3, SiO_2 und H_2O aufgebaute Massen). Unter besonderen Bedingungen der Verwitterung (erhöhte Temperatur, erhöhter Druck) kann sich der besondere Ton Kaolinit bilden (von der Zusammensetzung: $Al_2O_3 \cdot 2\ SiO_2 \cdot 2\ H_2O$). Allgemein sind Tone Verwitterungsprodukte feldspathaltiger Gesteine. Zusammensetzung: 58 bis 66 % CaO, 18 bis 26 % SiO_2, 4 bis 12 % Al_2O_3 und 2 bis 5 % Fe_2O_3, Calcium ist u. a. in Calciumsilicaten, Calcium-Aluminaten und Calcium-Ferriten gebunden. Zement erhärtet auch unter H_2O. Werden kalk- und tonreiche Mineralien in einem geeigneten Verhältnis gemischt und in 50 bis 70 m langen „Drehrohröfen" bei 1.400 °C bis 1.450 °C gebrannt, so bilden sich dabei Calciumsilikate und Calcium-Aluminate. Diese Mischung hat die Eigenschaft, zusammen mit Sand und Kies und Wasser, sehr rasch zu erhärten. Die Reaktionsprodukte scheiden sich in Form sehr kleiner „Kriställchen" aus, die sich beim Wachsen verfilzen und dadurch das Gefüge stark verfestigen.

Calciumcarbid (CaC$_2$): wird aus Kalk und Koks im Lichtbogen eines elektrischen Ofens technisch dargestellt:

$$CaO + 3\ C \xrightarrow{\ 2.200°\ } CaC_2 + CO \quad (\Delta H^0 = +\ 466,8\ kj/mol)$$

Temperaturen von 2.200 °C bis 2.300 °C sind notwendig, bei unter 1.600 °C kommt es zur Umkehrung der Reaktion. Technisch dargestelltes CaC_2 ist grauschwarz und hat einen Gehalt von 1 bis 2 % C. Reines CaC_2 ist dagegen farblos und kristallin. In der ehemaligen DDR war die Carbidherstellung ein bedeutendes Verfahren. CaC_2 dient zur Herstellung von

1. **Kalkstickstoff**: (= **Calciumcyanamid, CaCN$_2$**) CaC_2 vereinigt sich bei hoher Temperatur in einer exothermen Reaktion mit N_2 zu $CaCN_2$:

$$CaC_2 + N_2 \xrightarrow{\ 1.000\ °C\ } CaCN_2 + C \quad (\Delta H^0 = -\ 300,9\ kj/mol)$$

Die „Azotierung" (N-Aufnahme) erfolgt bei 1.000 °C bis 1.100 °C mit brauchbarer Geschwindigkeit. $CaCN_2$ ist ein wichtiges N-Düngemittel, es geht im Boden unter Einwirkung von H_2O und Bakterien in NH_3 über:

$$CaCN_2 + 3\ H_2O \longrightarrow CaCO_3 + 2\ NH_3 \text{ (auch zur Darstellung von } NH_3 \text{ geeignet)}$$

2. **Acetylen**: $\qquad CaC_2 + 2\ H_2O \longrightarrow Ca(OH)_2 + C_2H_2$
$$(Ca^{2+}\ [\,|\,C \equiv C\,|\,]^{2-})$$

Darstellung von **CaCl$_2$**: $CaCO_3 + 2\ HCl \longrightarrow CaCl_2 + H_2O + CO_2$

(Eindunsten der Lösung führt zu Hexahydrat ($CaCl_2 \cdot 6\ H_2O$)). Es kann bei etwa 300 °C entwässert werden. $CaCl_2$ entsteht auch bei der Soda-Darstellung. Wasserfreies $CaCl_2$ löst sich in H_2O unter starker Wärmeentwicklung, das Hexahydrat ($CaCl_2 \cdot 6\ H_2O$) unter starker Abkühlung. Mit Kältemischungen, die Eis und wasserhaltiges $CaCl_2$ enthalten, können Temperaturen bis -50 °C erreicht werden. Wasserfreies $CaCl_2$ wird auch als Trockenmittel verwandt.

CaF_2 wird direkt aus den Elementen dargestellt:

$$Ca + 2\ F \longrightarrow CaF_2;$$

Es ist unlöslich in H_2O und wird als Flussmittel bei der Darstellung von Metallen aus Erzen sowie als Trübungsmittel bei der Porzellanherstellung eingesetzt.

Calcium bildet ein leicht direkt aus den Elementen zugängliches **Hydrid (CaH_2)**, das im Gegensatz zu $(BeH_2)_n$ ein stabiles, monomeres Zonengitter hat. Wegen der negativen Ladung des H in CaH_2 reagiert es mit H_2O, das positiven Wasserstoff enthält, nach:

$$CaH_2 + 2\ H_2O \longrightarrow Ca(OH)_2 + 2\ H_2\uparrow$$

Diese Umsetzung wird manchmal auch zur Darstellung von H_2 benutzt. CaH_2 wird in der organischen Chemie als Reduktionsmittel eingesetzt.

Die Halogenide des Calcium liefern beim Zusammenschmelzen mit CaH_2 die interessanten, salzartigen Hydridhalogenide, z. B. $CaH_2 + CaC_2 \longrightarrow 2\ HCaCl$; solche Verbindungen haben die Eigenschaften von Hydriden und Halogeniden gemeinsam. Analoge Verbindungen existieren auch bei Strontium und Barium.

2.3.4 Biologische Aspekte und Bindungsformen

Calciumoxalate und Calciumspeicher dienen bei Pflanzen oft als Fraßschutz. Calciumoxalat kommt in Brustdrüsen, in Harn- und Nierensteinen vor.

In Westindien wurden Sklaven zur Ruhigstellung gezwungen, die Pflanze *Dieffenbachia seguine* als Salat zu essen. Nach dem Verzehr der Blätter dieser Pflanze kommt es zu einer Schwellung im Rachenraum mit Schluckbeschwerden, Speichelfluss und tagelangem Verlust der Sprache, hervorgerufen durch Oxalat-Raphiden. Der deutsche Name „Schweigrohr" für diese Pflanze hat hierin seinen Ursprung.

Calcium ist am Aufbau der Zellwandstruktur (Calciumsalze des Pektins) und an der Muskelkontraktion beteiligt. Während der Muskelkontraktion wird Ca^{2+} aus dem sarkoplasmatischen Reticulum freigesetzt und an das Troponin C der myofibrillären Proteine gebunden. Calcium ist ein bedeutender Faktor bei der Blutgerinnung. Es ist an Prothrombin assoziiert, das in Thrombin umgewandelt und mit Fibrinogen vernetzt wird, sodass es zur Blutgerinnung kommt (Abb. 2.3.2).

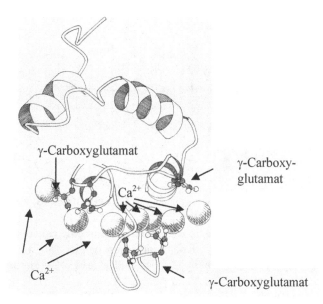

γ-Carboxyglutamat

γ-Carboxy-
glutamat

Ca²⁺

Ca²⁺

γ-Carboxyglutamat

Abb. 2.3.2 Prothrombin {s. a. PDB ID 2PF2}

Das Prothrombin besteht aus vier Hauptdomänen, welche die modifizierte Aminosäure γ-Carboxyglutamat enthalten. Es ist ein wesentlich stärkerer Ca^{2+}-Chelator als das Glutamat. Die obige Abbildung zeigt die Region (Ausschnitt) mit sieben gebundenen Ca^{2+}-Ionen.

Weiterhin ist Ca^{2+} an der Stabilisierung von Zellmembranen beteiligt. Die Blutserumkonzentration beträgt 84 bis 104 mg Ca^{2+}/L, davon sind 45 % an Proteine gebunden, 5 bis 10 % liegen als Komplex mit Citratphosphat und 45 % in freier, ionischer Form vor. Ca^{2+} bindende Proteine besitzen Signalüberträgerfunktion. In membranbindenden Proteinen (Annexine) ist Ca^{2+} ebenfalls enthalten. Cadherine sind Glykoproteine, die das Aneinanderhalten von Zellen bewirken (Zell-Adhäsionskräfte) und somit die Grundlage der Morphogenese (Ausbildung von Form und Gestalt) bei Tieren darstellen. Die bindende Wirkung der Glykoproteine ist calciumabhängig. In weiteren Ca^{2+}-bindenden Proteinen ist Calcium zu finden (Calmodulin, Protein-Kinase, Calcineurin, Calpaine etc.). Lectine sind bei Tieren am Zell-Zell-Kontakt beteiligt. Sie besitzen zwei oder mehrere Bindungsstellen für Kohlenhydrate, vorwiegend an der Oberfläche der Proteine. Die calciumabhängigen Lectine vom C-Typ besitzen alle eine Domäne aus 120 Aminosäuren, an der die Kohlenhydratbindung erfolgt. Abbildung 2.3.3 zeigt eine solche Domäne mit einem Kohlenhydrat, dabei bildet Ca^{2+} eine Brücke zwischen Polypeptidkette (2 Carboxylgruppen) und den Hydroxylgruppen der Kohlenhydrate. Selectine gehören ebenfalls zu dieser Proteinklasse.

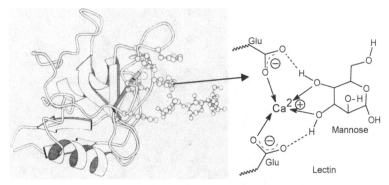

Abb. 2.3.3 Ausschnitt eines Lectinmoleküls {s. a. PDB ID 2MSB} mit Ca^{2+} als Zentral-Ion

In Phospholipase A_2 (s. a. Abb. 2.3.4) kommt eine calciumbindende Domäne vor, die das Enzym aktiviert. Koordinativ umgeben ist das Calcium-Ion der Phospholipase A_2 von drei Carbonylgruppen und einer Carboxylgruppe sowie zwei Wassermolekülen (Abb. 2.3.4 und Abb. 2.3.5).

Etwa 99 % des Ca^{2+} sind im Hydroxylapatit lokalisiert. Knochen sind ein Ca^{2+}-Depot im Körper. Knochen bestehen fast zu 55 % aus $[(Ca_5(PO_4)_3OH]$, 20 % Wasser, 25 % organischem Material und in geringen Konzentrationen aus $CaCO_3$, Mg^{2+} und F^--Salzen. Im Dentin des Zahnes sind entsprechend hohe Hydroxylapatit-Gehalte vorhanden, z. T. sind die OH^--Gruppen durch F^- ersetzt. Der Zahnstein besteht aus Präzipitaten von Calciumsalzen des Speichels, die teilweise aus Mikroorganismen und Speiseresten stammen.

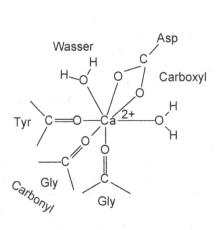

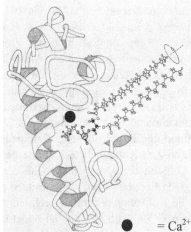

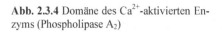

Abb. 2.3.4 Domäne des Ca^{2+}-aktivierten Enzyms (Phospholipase A_2)

Abb. 2.3.5 Phospholipase A_2 mit Phosphatidylethanolamin {s. a. PDB 1POB}

Mit Ethylendiamintetraessigsäure (EDTA) bildet Ca^{2+} einen Komplex, der auch zur Bestimmung der Wasserhärte genutzt wird. Die freie EDTA wird auch intravenös zur Entgiftung von Schwermetall-Ionen verwendet.

Das Kollagen der Sehnen ist mit dem Knochen verbunden über eine Bindung aus Phosphoproteinen, Calcium-Ionen und Hydroxylapatit $[(Ca_{10}(PO_4)_6(OH)_2]$ (Abb. 2.3.6). Das Apatit lagert sich auf die Kollagenfasern in kleinen Plättchen $(50 \cdot 25$ nm, 3 nm dick) an. Reißt bspw. eine Sehne ab, so haftet oft ein wenig Knochen an der Bruchstelle.

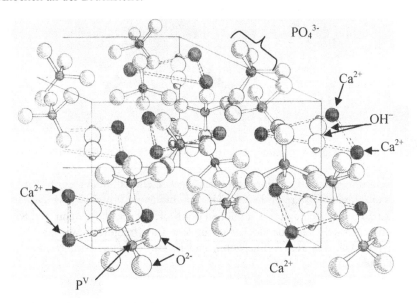

Abb. 2.3.6 Apatitstruktur des Knochens

Beim Menschen sind die Gehörsteinchen aus $CaCO_3$ in Aragonit-Kristallform auf gallertartigem Polster aufgelagert und ermöglichen durch Druck auf Sinnesfelder eine räumliche Orientierung. Eier- und Molluskenschalen bestehen aus $CaCO_3$, wobei die Kristalle in einem Verbund aus Proteinen und Polysacchariden eingebettet sind. Die Ca^{2+}-Ionen werden z. T. an sulfathaltige saure Oligosaccharide gebunden.

In den Körperflüssigkeiten liegt Ca^{2+} zu 47 % frei, ebenfalls zu 47 % an Proteine sowie zu 6 % an niedermolekulare Komplexbindner (z. B. Citronensäure) gebunden vor. Für Gips $(CaSO_4 \cdot 2\ H_2O)$ ist eine biogene Funktion als Schwerkraftsensor beschrieben. Bei der Lebensmittelzubereitung führen Calcium-Ionen zur Vernetzung von Pektinketten (dadurch wird Konfitüre fest) und der Verknüpfung von Caseinmicellen (Bedeutung bei der Käseherstellung).

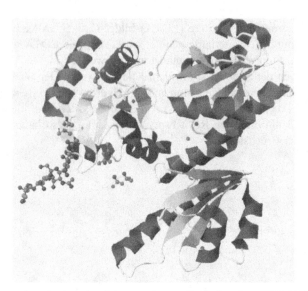

Abb. 2.3.7 Raumstruktur des Proteins Calsequestrin vom Kaninchen {s. a. PDB 1ABY}

Im sarkoplasmatischen Reticulum (SR) der Muskelzelle befindet sich in den Lumen der terminalen Cisternen des SR das Ca^{2+}-bindende Protein Calsequestrin-1 das bis zu 50 locker gebundene Ca^{2+}-Ionen pro Molekül speichern kann. Bei Kontraktion des Muskels kann das locker gebundene Ca^{2+} freigesetzt werden. Calsequestrin-1 besteht aus 362 Aminosäuren und ist zu 70 % aus Aminosäuren mit sauren Resten aufgebaut (Abb. 2.3.7).

2.3.5 Toxikologische Aspekte

Bei Störungen des Ca^{2+}-Haushalts kann bei einem Ca^{2+}-Mangel, besonders bei Säuglingen, Rachitis (Wachstumsstörungen) auftreten. Zu hohe Ca^{2+}-Werte im Blut begünstigen Ablagerungen in den Nieren (Nierenstein) und im Gehirn. Durch Abbau des Apatitgerüstes (Schwund des festen Knochengewebes unter Zunahme der Markräume) kann es zur Osteoporose kommen.

2.3.6 Aufnahme und Ausscheidung

Zu 30 % bis 40 % wird Calcium nach oraler Aufnahme resorbiert. Bei Säuglingen sind erhöhte Resorptionsraten bis 75 % beobachtet worden. Die Resorption erfolgt vorwiegend im Duodenum (neutral bis schwach alkalische Bedingungen) unter Beteiligung von Vitamin D (Schwedt, 2005). Proteine, die Ca^{2+} binden, Citronensäure, die es komplexiert und Lactose durch positive Beeinflussung der Darmflora, fördern die Aufnahme. An dem Ca^{2+}-Transport während der Aufnahme ist das

Calcium-Carrier-Protein Calbindin (4 Bindungsstellen für Ca^{2+}) beteiligt. Oxal-, Phytin-, Uron- und Phosphorsäure sowie deren Salze hemmen die Resorption. Weiterhin tragen Lignine zur verminderten Resorption bei. Mit der Nahrung sollte täglich ca. 1 g Calcium für Erwachsene aufgenommen werden. Etwa 0,3 bis 1 g Ca^{2+} wird auch täglich wieder ausgeschieden, davon 80 % über die Faeces und 20 % durch den Harn. Der Schweiß enthält etwa 20 bis 40 mg Ca^{2+}/L. Bei Heranwachsenden wird eine erhöhte Zufuhr (bis 1,5 g/d) zur Erhöhung der Knochenmineraldichte diskutiert.

2.4 Strontium (Sr)

2.4.1 Vorkommen und Gehalte

Erde: Der Strontium-Gehalt der *Erdrinde* macht 0,03 % aus. Im Jahr 2008 wurden an Strontiummineralien 496.000 t gefördert.

Mensch: 0,0005 %, davon 90 % in den Knochen. Strontium ist für den Körper nicht essenziell.

2.4.2 Eigenschaften und Verwendung

Elektronenkonfiguration: [Kr] (5 s^2); A_r = 87,62 u. Strontium ist ein silberweißes, leicht formbares Leichtmetall mit kubisch-raumzentrierter Gitterstruktur. An der Luft bildet sich rasch ein gelb-bräunlicher Überzug aus SrO, unter Wasser eine Schicht aus $Sr(OH)_2$. Das Metall ist löslich in Alkohol, Säuren und flüssigem Ammoniak. Es entzündet sich in Pulverform spontan. Verwendet wird Strontium u. a. bei der Veredlung von Leichtmetalllegierungen, für Spezialstähle, zum Härten von Blei sowie als Beta-Strahlenquelle. Strontium absorbiert Röntgenstrahlung im Wellenlängenbereich zwischen 3 bis 7,7 nm besonders stark. Strontiumoxid wurde deshalb zu etwa 12 % im Frontglas von Bildröhren in älteren Fernsehern zugegeben, um die Belastung mit Röntgenstrahlen für den Betrachter möglichst gering zu halten.

2.4.3 Verbindungen

Strontium gleicht dem Calcium auch in seinen Verbindungen.

Coelestin ($SrSO_4$) ist ein meist weißliches, gelbliches oder farbloses Mineral der Härte 3 bis 3,5. Durch Verunreinigungen bilden sich bläuliche, graue und grüne Farbtöne. Die rhomboedrischen Kristalle sind isomorph mit dem verwandten

Baryt. Coelestin kommt in flächenreichen Gruppen und Drusen oder auch körnig vor (ähnlich dem Schwerspat). Er ist verbreitet in Lösungshohlräumen und Klüften von Kalksteinen oder anderen vulkanischen Gesteinen. Es ist löslich in Säuren, jedoch nur schwach löslich in Wasser; oberhalb von 1.200 °C zerfällt es in SrO und CO_2.

Strontiumcarbonat ($SrCO_3$) ist ein weißes Pulver.

Strontiumsulfat ($SrSO_4$) bildet weiße Kristalle, die sehr schwach löslich in Wasser und unlöslich in Alkohol sind. Beim Schmelzen wird SO_3 frei.

Strontiumnitrat ($Sr(NO_3)_2$) ist unlöslich in Alkohol und Diethylether, es findet Verwendung in der Feuerwerkerei. Strontiumsalze werden für „Bengalisches Feuer" eingesetzt, dem sie die prächtige karminrote Farbe verleihen.

Strontiumhydroxid ($Sr(OH)_2$) bildet farblose Kristalle, es ist löslich in Säuren und heißem Wasser. In Wasser gelöst ist es eine starke Base. Die Gewinnung erfolgt durch Lösen von SrO in Wasser (starke Wärmeentwicklung).

Strontiumtitanit ($SrTiO_3$) bildet klare Kristalle mit hohem Brechungsindex, ähnlich dem Diamanten, hat aber nicht dessen Härte.

2.4.4 Biologische Aspekte und Bindungsformen

^{90}Sr wurde vorwiegend bei Atombombenversuchen freigesetzt. Es lagert sich anstelle von Calcium im Knochengewebe ein und ist dort fest gebunden. Die biologische Halbwertszeit von $^{90}Sr^{2+}$ im Knochen beträgt 49 Jahre, sodass $^{90}Sr^{2+}$ das Knochenmark sensitiv bestrahlen kann. Wahrscheinlich wirkt es als Spurenelement im Stadium des Knochenwachstums. Der β-Strahler besitzt eine Halbwertszeit von 28 Jahren. In der Milch ist es vorwiegend in der Caseinfraktion zu finden. Strontium verhält sich im Körper wie Calcium. Strontiumsulfat (Cölestin) kommt als Einkristall in komplexen Formen bei einzelligem Plankton (Acantharia) als Exoskelett vor. Die ^{87}Sr- und ^{85}Sr-Isotope werden medizinisch als Tracer in der Szintigraphie zur Aufklärung von Knochenerkrankungen eingesetzt.

2.4.5 Toxikologische Aspekte

Wird ^{90}Sr inkorporiert, kann es Knochensarkome hervorrufen. Durch die Knochenbestrahlung ist ^{90}Sr hochtoxisch. Nach Einlagerung in die Knochen ist eine Dekorporierung mit Chelaten nicht mehr möglich. Ansonsten sind anorganische Strontiumverbindungen allgemein nicht toxisch.

2.4.6 Aufnahme und Ausscheidung

Die orale Bioverfügbarkeit beim Rind liegt bei 8 % bis 12 %, beim Schwein bei 13,5 %, beim Geflügel bei 26 %. Jungtiere resorbieren erheblich mehr (1 Monat alte Kälber 70 %, 20 Tage alte Ferkel 95 %). Bei kontinuierlicher Zufuhr an ^{90}Sr werden 0,05 bis 0,09 %/L über die Milch (Kühe) ausgeschieden. Die effektive Halbwertszeit von ^{90}Sr außerhalb des Knochens beträgt bis zu 17 Jahre. Es wird, wie Calcium, nur langsam ausgeschieden.

2.5 Barium (Ba)

2.5.1 Vorkommen und Gehalte

Erde: Der Bariumanteil an der *Erdrinde* beträgt 0,04 Gew.-%. Barium kommt vorwiegend als **Baryt** ($BaSO_4$), aber auch als **Witherit** ($BaCO_3$) vor.
Mensch: 0,3 mg/kg enthält der Mensch. Barium ist nicht essenziell.
Lebensmittel: Paranüsse reichern Barium an. Gehalt bis zu 1 % sind schon gemessen worden. Ansonsten liegen in Pflanzen nur geringe Konzentrationen vor.

2.5.2 Eigenschaften und Verwendung

Elektronenkonfiguration: [Xe] (6 s^2); A$_r$ = 137,33 u. Barium ist ein bleiweiches, silberweißes Metall mit kubisch-raumzentriertem Gitter. Es bildet an der Luft einen grauschwarzen Überzug (Reaktion mit CO_2) und ist leicht löslich in Säuren (nicht in H_2SO_4) und flüssigem Ammoniak. Es zeigt eine heftige Reaktion mit Wasser und Alkohol (H_2-Entwicklung). Verwendung findet Barium als Gettermaterial in Fernsehröhren und Höchstvakuumanlagen, weil es Gase einschließt und so aus der Vakuumröhre entfernt, sowie bei der Behandlung geschmolzener Metalle.

2.5.3 Verbindungen

In der Natur kommt Barium als **Schwerspat** $BaSO_4$ und als **Witherit** $BaCO_3$ vor.
    Bariumsulfat ($BaSO_4$) bildet Kristalle in Form farbloser Rhomben, es ist vollkommen wasserunlöslich (daher ungiftig, Einsatz als Röntgenkontrastmittel) und sehr beständig. Es dient als Mineralfarbe („Permanentweiß"). Eine größere Deckkraft als Anstrichfarbe besitzen die Lithopone, die durch Umsetzung von BaS mit Zinksulfatlösungen gewonnen werden:

$$BaS + ZnSO_4 \longrightarrow BaSO_4 + ZnS$$

Lithopone bestehen aus ZnS und $BaSO_4$; sie werden häufig als weiße Farben verwendet und dunkeln nicht nach (im Gegensatz zu Bleiweiß). $BaSO_4$ stellt das Ausgangsmaterial für die meisten Barium-Verbindungen dar. Erhitzen von $BaSO_4$ mit Koks in Öfen auf 600 °C bis 800 °C ergibt BaS:

$$BaSO_4 + 2\ C \longrightarrow BaS + 2\ CO_2\uparrow \text{ (oder CO)}$$

BaS kann mit Säuren zersetzt werden:

$$BaS + 2\ HCl \longrightarrow BaCl_2 + H_2S$$

Durch Glühen von $BaCO_3$ wird BaO hergestellt.

Bariumsulfid (BaS) bildet farblose, phosphoreszierende, kubische Kristalle und ist löslich in Wasser. Hergestellt wird Bariumsulfid durch Reduktion von $BaSO_4$ mit Kohle:

$$BaSO_4 + 2\ C \longrightarrow BaS + 2\ CO_2$$

BaCO₃ (Witherit) ist ein weißes, giftiges Pulver, unlöslich in Wasser, löslich in Säuren (außer in H_2SO_4). Es wird gewonnen
1.) durch Fällung mit CO_2:

$$BaS + CO_2 + H_2O \longrightarrow BaCO_3 + H_2S \text{ oder}$$

2.) durch Fällung mit Soda:

$$BaS + Na_2CO_3 \longrightarrow BaCO_3 + Na_2S.$$

Verwendung findet es in der Glas- und Keramikverarbeitung und früher als Mäuse- und Rattengift.

BaO: weißes Pulver, gut löslich in Methanol, Verwendung als Wärme- und Lichtschutzmittel in Kunststoffen, als Trocknungsmittel sowie zur Herstellung von organischen Bariumverbindungen und besonders früher von Öladditiven.

Bariumhydroxid (Ba(OH)₂ · 8 H₂O) bildet farblose Kristalle, die bei 78 °C im eigenen Kristallwasser schmelzen. $Ba(OH)_2$ ist bedeutend leichter löslich als $Ca(OH)_2$ und $Sr(OH)_2$. Die Herstellung erfolgt z. B. durch:

$$BaO + H_2O \longrightarrow Ba(OH)_2 \text{ oder } BaCO_3 + C + H_2 \longrightarrow Ba(OH)_2 + 2\ CO$$

Barytwasser, die **wässrige Lösung von Ba(OH)₂** ist stark alkalisch und reagiert äußerst empfindlich mit CO_2 (Bildung von $BaCO_3$). $Ba(OH)_2$ findet Verwendung zum Nachweis von Carbonaten, bei der Herstellung organischer Bariumverbindungen sowie früher zur Entwässerung von Fetten.

Ba(NO₃)₂ Bariumnitrat, Barytsalpeter ist wasserlöslich und sehr giftig, es zerfällt beim Erhitzen in BaO, BaO_2, NO, N_2 und O_2. Einsatzgebiete: Feuerwerkerei (grüne Farbe) sowie in älteren Fernsehgeräten oder Monitoren.

2.5.4 Biologische Aspekte und Bindungsformen

$BaSO_4$ (**Baryt**) kommt in einzelligen Schmuckalgen (*Desmidiaceen*) in Vesikeln lokalisiert vor. $BaSO_4$-Kristalle erfüllen dort die Funktion als Schwerkraft-Trägheitssensor. Die Algen scheinen selektiv das schwerlösliche $BaSO_4$ aus dem sie umgebenden Milieu zu entziehen.

2.5.5 Toxikologische Aspekte

MAK-Wert: 0,5 mg Staub/m³. Lösliche Bariumsalze sind toxisch. Die letale Dosis für den Menschen für $BaCl_2$ beträgt 0,1 g $BaCl_2$/kg. Lösliche Bariumverbindungen sind sehr toxisch, etwa 1 g wirken bereits beim Menschen tödlich. Als Gegenmittel kann Na_2SO_4-Lösung gegeben werden, wobei sich schwerlösliches $BaSO_4$ bildet. $BaSO_4$ als Röntgenkontrastmittel für den Magen-Darm-Trakt muss frei von im Magen löslichen Bariumsalzen wie $BaCl_2$ und $BaCO_3$ sein. Vergiftungsfälle sind aufgetreten als $BaCO_3$ an Stelle von $BaSO_4$ als Röntgenkontrastmittel irrtümlicherweise eingesetzt wurde: $BaCO_3 + 2\ HCl \longrightarrow BaCl_2 + H_2CO_3$. Durch die Magensäure werden aus $BaCO_3$ erhebliche Mengen an Ba^{2+}-Ionen mobilisiert. $BaCO_3$ wird in einigen Ländern zur Bekämpfung von Ratten und Mäusen eingesetzt. Das bei der Kernspaltung von Uran und Plutonium entstehende ^{140}Ba reichert sich in Knochen und Lunge an.

2.6 Radium (Ra)

2.6.1 Vorkommen und Gehalte

Erde: Es ist außerordentlich selten; der Weltbestand an Radium-Metall beträgt 5,5 kg. Radiumreichstes Mineral ist Pechblende (U_3O_8), in der Radium als radioaktives Zerfallsprodukt des Urans enthalten ist. Die größten bekannten Lager von Pechblende ($U_3O_8 = UO_2 \cdot 2\ UO_3$) sind bei Joachimsthal in Böhmen, im Kongogebiet und in Kanada. Der Radiumgehalt in Pechblende ist nur sehr gering, etwa 0,14 g je 1.000 kg Erz. Im Schwarzwald in Pechblende in mittlerer Konzentration und im Fichtelgebirge in Tobernit-Erzen ($Cu^{2+}(U^{2+}O_2)_2(PO_4^{3-})_2) \cdot 8\ H_2O$ enthalten.

2.6.2 Eigenschaften und Verwendung

Elektronenkonfiguration: [Rn] (7 s^2); A$_r$ = 226,0 u. Radium ist ein weiß glänzendes radioaktives Schwermetall, es leuchtet in der Dunkelheit und bildet an der Luft sehr rasch eine schwarze Nitrid-Schicht.

Folgende Radiumisotope bilden sich in den Zerfallsreihen: $^{223}_{88}$Ra, $^{224}_{88}$Ra, $^{226}_{88}$Ra, $^{228}_{88}$Ra (geordnet nach fallender Häufigkeit)

$^{226}_{88}$Ra entsteht in der Uran-Zerfallsreihe; Halbwertszeit: 1622 a

$^{223}_{88}$Ra entsteht in der Actinium-Zerfallsreihe; Halbwertszeit: 11,4 d

$^{224}_{88}$Ra entsteht in der Thorium-Zerfallsreihe; Halbwertszeit: 3,6 d.

2.6.3 Verbindungen

Radium-Verbindungen haben ähnliche Eigenschaften wie Bariumverbindungen.

2.6.4 Biologische Aspekte

Radium wird im Körper in die Knochensubstanz eingebaut. ^{226}Ra und ^{228}Ra werden von dem Baum *Bertholletia excelsa* aus den uran- und thoriumhaltigen Böden Brasiliens über die Wurzeln aufgenommen und zu einem Teil in die Paranüsse transportiert.

2.6.5 Toxikologische Aspekte

Alle Radiumisotope sind radioaktiv. Das längstlebige Isotop ist ^{226}Ra, das in der natürlichen ^{238}U-Zerfallsreihe entstand und zuerst von Pierre und Marie Curie entdeckt und isoliert wurde (1898). Es fand früher in der Radium-Therapie weite Verwendung, ist aber heute durch die viel billigeren, in Kernreaktoren erzeugten Radiumisotope ersetzt. Ab 1920 kam es in Mode, Wasser mit Radium anzureichern. Dazu gab es schön geschliffene Trinkgläser, in deren Deckel eine entsprechende Vorrichtung vorhanden war. Man wusste zu jener Zeit, dass Radium Krebszellen zerstört und erhoffte sich eine gesundheitsfördernde Wirkung durch regelmäßige Einnahme kleiner Mengen an Radium. In den USA wurde radioaktives Wasser unter dem Namen „Radithor" vertrieben. Es sollte die Jugendlichkeit und Potenz erhalten bzw. wiederherstellen. Eine Flasche zu einer halben Unze enthielt Radium mit einer Aktivität von 74.000 Becquerel. Reichlicher Genuss des „Gesundheitswassers" führte zu Erkrankungen (Krebs).

Verwendung fand Radium bis Anfang der 1960er-Jahre in den Leuchtziffern von Uhren. Ende der 1920er-Jahre erkrankten Dutzende von Arbeiterinnen, die Zifferblätter an Uhren mit den radiumhaltigen Leuchtmarken versahen, an Knochensarkomen. Sie befeuchteten die kleinen Pinsel mit der Zunge und nahmen so das Radium auf. An Lippen und Lungen entwickelten sich Krebstumore, aber auch der „Radiumkiefer" war festzustellen, der leicht mit der giftigen Wirkung des weißen Phosphors zu verwechseln ist (Abb. 15.2.3). Nach dem Zweiten Weltkrieg wurden Tuberkulose- und Spondylitis-Patienten mit Injektionen des Isotops ^{224}Ra behandelt. Die unerträglichen Schmerzen der Spondylitis-Patienten wurden gelindert, jedoch führte diese Behandlung bei 54 von 900 Patienten bis 1978 zu Knochensarkomen. Noch in den 1950er-Jahren wurde Radium in Rheumakissen und in der Strahlentherapie von Tumoren verwendet.

3 Die Elemente der 3. Gruppe: die Scandiumgruppe

Zu der 3. Gruppe gehören die Elemente Scandium (Sc), Yttrium (Y), Lanthan (La) und Actinium (Ac).

3.1 Scandium (Sc)

3.1.1 Vorkommen und Gehalte

In der *Erdkruste* kommt das nicht essenzielle Scandium als ^{45}Sc-Isotop vor.

3.1.2 Eigenschaften und Verwendung

Elektronenkonfiguration: [Ar] (3 d^1 4 s^2); A$_r$ = 44,9559 u. Scandium ist ein silbrig-weißes Leichtmetall, das an der Luft gelb-rosa anläuft. Es ist relativ weich und lässt sich zu Blechen oder Folien walzen. Für Hochleistungs-Hochdruck-Quecksilberdampflampen als ScI$_3$, z. B. in Flutlicht für Stadien, werden für tageslichtähnliche Beleuchtung die Elemente Holmium und Dysprosium verwendet.

3.1.3 Verbindungen

Scandium bildet unbedeutsame Verbindungen mit den Halogenen, Sauerstoff, Schwefel und Phosphor. Als **Sc$_2$O$_3$** wird Scandium für magnetische Datenspeicher und Legierungen zur Gefügestabilisierung verarbeitet. Y$_2$O$_3$ (ein weiteres Scandiumelement) wird zur Stabilisierung von ZrO$_2$-Implantat-Keramiken eingesetzt, wodurch sehr geringe Abriebraten bei Hüftgelenkprothesen auftreten.

3.1.4 Toxikologische Aspekte

Über die Toxikologie von Scandium ist nur wenig bekannt. Scandiumdämpfe führten nach Langzeitexposition zu Lungenembolie. Bei Akkumulation von Scandiumverbindungen sind Beeinträchtigungen der Leber beschrieben worden. Yttrium ist giftig; dessen MAK-Wert beträgt 5 mg/m^3. Actinium (ebenfalls ein Element der Scandiumgruppe) ist radioaktiv und ruft Schädigungen hervor.

4 Die Elemente der 4. Gruppe: die Titangruppe

Zu der 4. Gruppe gehören die Elemente Titan (Ti), Zirkonium (Zr) und Hafnium (Hf).

4.1 Titan (Ti)

4.1.1 Vorkommen und Gehalte

Erde: Der Anteil von Titan an der *Erdkruste* beträgt ~ 0,58 %. Es gehört damit nicht zu den seltenen Elementen, ist aber in der Natur sehr verteilt und daher nur in kleinen Konzentrationen vorhanden.
Mensch: Der Mensch enthält ca. 15 mg Titan, vorwiegend in den Lungen. Es ist kein essenzielles Element.

4.1.2 Eigenschaften und Verwendung

Elektronenkonfiguration: [Ar] $(3\ d^2\ 4\ s^2)$; $A_r = 47,88$ u. Titan ist stahlhart und gut schmiedbar. Der Schmelzpunkt liegt bei etwa 1.800 °C. Titan wird technisch hauptsächlich in der Stahlindustrie zur Herstellung des „Titanstahls" verwendet, der besonders widerstandsfähig gegen Stöße und Schläge ist (z. B. für Eisenbahnräder). Titan für Hüft- und Kniegelenke kann über 20 Jahre im Körper verbleiben, ohne dass das Metall korrodiert. Das Metall wird durch eine dünne Oxidschicht geschützt und ist gegenüber HNO_3 und Cl_2 resistent. Für Zahnimplantate werden Titanlegierungen aufgrund der nicht auftretenden immunologischen Abstoßungsreaktion eingesetzt. Die Titandioxidschicht ermöglicht das feste Anwachsen des Implantats im Knochen (Osseointegration). Auch in Gehörknöchelersatzprothesen findet Titan Verwendung.

4.1.3 Verbindungen

In den chemischen Verbindungen ist Titan vier-, drei- oder zweiwertig. Die beständigste Stufe ist die vierwertige. Die wichtigsten titanhaltigen Mineralien enthalten TiO_2: **Rutil** (von lat. *rutilus* = rötlich, wurde früher auch als „rötlicher Schorl" bezeichnet) und **Anatas** (bildet spitzpyramidale Kristalle, daher kommt auch die aus dem Griechischen abgeleitete Bezeichnung (bedeutet „Steigung" oder „Emporstreckung"), Mondgestein enthält bis zu 10 % TiO_2.

Ilmenit („Titaneisen") (FeTiO₃) (benannt nach dem „Ilmengebirge" im südlichen Ural) ist eine undurchsichtige, eisenschwarze bis schwärzlich-braune Masse mit der Härte 5 bis 6. Der Strich ist fast schwarz. In Säuren ist es nur schwer löslich. Ilmenit ist ein technisch wichtiges Titanmineral und dient als Rohmaterial für Titanweiß.

Titan(IV)-chlorid (TiCl₄) ist ein Zwischenprodukt bei der TiO_2-Herstellung. Bedeutsam ist es bei der Darstellung des Metalls.

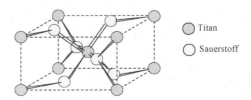

○ Titan

○ Sauerstoff

Abb. 4.1.1 Elementarzelle des Rutils TiO_2 (tetragonale Struktur)

Titandioxid (TiO₂) (Abb. 4.1.1) wurde früher nach dem Sulfat-Verfahren hergestellt. Heute wird das sog. Chlorid-Verfahren angewendet, bei dem Titantetrachlorid durch Verbrennung in Titandioxid überführt wird. Titandioxid wird als Pigment und Farbe aufgrund seiner hervorragenden optischen Eigenschaften (Aufhell- und Deckvermögen, Farbton, Helligkeit) vielseitig eingesetzt, u. a. in der Kunststoffindustrie und für Lack- und Anstrichmittel. In Lebensmittel ist Titandioxid als Lebensmittelfarbstoff (E 171) zu finden.

4.1.4 Biologische Aspekte und Bindungsformen

Titandioxid ist ein weißes, wasserunlösliches Pigment, es hat einen hohen Brechungsindex, ist stark lichtreflektierend und völlig untoxisch. Es wird z. B. zum Bestäuben der Wursthülle von Salami genutzt.

Titandioxid TiO_2 wird als Zusatzstoff (weißes Farbpigment) bei Lebens- und Futtermitteln, aber auch in Kosmetika und Zahnpasten eingesetzt. Verwendung findet es in Sonnenschutzmitteln, Lippenstiften, Körperpudern, Hämorrhoidal-Salben und -Zäpfchen, in Pasten bei Dermatosen, Juckreiz, Photoallergie, als Pigment zum Färben von Kapseln und Dragees.

Titanocendichlorid (Abb. 4.1.2) besitzt eine cytostatische Wirkung und wirkt gegen viele Humankarzinome und wird gegen Karzinome des Magen-Darm-Traktes und der Brust eingesetzt. Oral eingesetzt tritt eine schelle Chloridfreisetzung auf, sodass ein Aquakomplex gebildet wird.

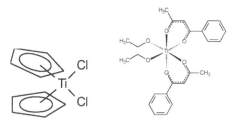

Abb. 4.1.2 Titanocendichlorid und *cis,cis,cis*-Δ-[Ti(bzac)₂(OEt)₂] (Budotitan)

Die Halbwertszeit ($t_{1/2}$) beträgt 50 Minuten, dann sind 50 % des Titano-cendichlorids chloridfrei. Im Jahre 2002 wurde dieser Komplex in Phase 2 in klinischen Studien getestet. Ähnliche Metallocene von Vanadium, Niob und Molybdän besitzen ebenfalls ähnliche Eigenschaften. Titan akkumuliert an den Kernen von Tumorzellen mit beachtlich schneller Lokalisation am Wirkort. Das Gleichgewicht ist nach 1 h erreicht, während bei dem klassischen Antitumorreagenz *cis*-Platin ≈ 20 h notwendig sind. Titanocendichlorid ist neutral nicht geladen und kann zwei Chloridoliganden aus der *cis*-Position abspalten. Es ist weniger toxisch als *cis*-Platin. Es besitzt eine Aktivität gegen B16-Melanome und Dickdarm-38-Carcinom. Ein weiterer Titan-Komplex, das Budotitan, ist in klinischer Erprobung. Als Liganden werden zwei β-Diketone (1-Phenylbutan-1,3-dion), die der Keto-Enoltautomerie unterliegen, und zwei Etoxide (EtO⁻), wobei das hochgeladene Zentral-Ion Ti^{4+} ein Proton vom Ethanol abgespalten hat, synthetisiert. Das Budotitan kommt als *E*/*Z*-isomere Verbindung vor, wobei die Etoxide *cis*- oder *trans*-ständig sind, die β-Diketone immer die *cis*-Konfiguration besitzen (Abb. 4.1.2).

4.1.5 Toxikologische Aspekte

Titandioxid TiO_2, oral aufgenommen, ist toxikologisch unbedenklich, was eine 50-jährige Anwendung ohne Folgen belegt. Über die Lungen wird TiO_2 aufgenommen, hierfür besteht ein MAK-Wert (6 mg/m³ von 1987).

Im letzten Jahrhundert (von 1969 bis 1989) wurde bei der Titan-dioxidgewinnung anfallende Dünnsäure (hauptsächlich Schwefelsäure) in erheblichem Maße in die Nordsee, 12 km nordwestlich von Helgoland, verklappt. Besonders bei den am Boden lebenden Fischen traten gehäuft blumenkohlartige oder himbeerartige Geschwüre auf, die im Zusammenhang mit der Verklappung gesehen wurden. Die Erkrankung wird wahrscheinlich von Viren ausgelöst und ist heute noch bei Aalen und Zierfischen zu finden.

4.1.6 Aufnahme und Ausscheidung

Die tägliche Aufnahme von Titan beträgt 0,3 bis 1 mg. Es wird über den Faeces ausgeschieden.

4.2 Zirconium (Zr)

4.2.1 Vorkommen und Gehalte

Erde: In der *Erdkruste* zu 0,016 % enthalten. *Meerwasser* (0,02 bis 0,5 ng/mL) und Trinkwasser (0,002 bis 0,02 μg/mL) enthalten Zirconium in Form von $Zr(OH)_4$ bzw. $[Zr(OH)_5]^-$. Etwa 920.000 t Zirconerze (als $ZrSiO_4$ = Zirkon) wurden 2006 verarbeitet.

Mensch: Der menschliche Körper (70 kg) enthält ca. 300 mg Zirconium (= 4 mg/kg), davon 67 % im Fett, 2,5 % im Blut, der Rest entfällt auf Knochen, Blutgefäße, Lunge, Leber, Gehirn und Nieren. (Die Gehaltsangabe für den menschlichen Körper erscheint ziemlich hoch, ist jedoch in mehreren Quellen mit 4 mg/kg KG zu finden.)

Lebensmittel: Pflanzen enthalten 0,3 bis 2 μg/g (TM), Säugetiermuskel 0,08 μg/g. Allgemein enthalten Lamm- und Schweinefleisch, Eier, Milchprodukte, Getreide und Gemüse relativ hohe Gehalte.

4.2.2 Eigenschaften und Verwendung

Elektronenkonfiguration: [Kr] (4 d^2 5 s^2); A_r = 91,22 u. Reines Zirconium ist ein weiches, biegsames und hämmerbares Metall. Es schmilzt bei 1.860 °C. Es wird von HCl, HNO_3 und H_2SO_4 auch in der Wärme nur wenig angegriffen. Königswasser und Flusssäure lösen es schon bei gewöhnlichen Temperaturen rasch. Eine dichte Oxidschicht passiviert das Metall. Das Metall wird zur Brennelementumhüllung und als Fangstoff („Getter") zur Minimierung von Spuren an O_2 und N_2 bei Hochvakuumanlagen verwendet.

4.2.3 Verbindungen

Zirconiumdioxid (ZrO_2) kommt in der Natur als Zirkonerde vor. Es kristallisiert zu einem weißen Pulver und ist unlöslich in Säuren und Basen. Von Zirconiumdioxid(ZrO_2)-Konzentraten wurden 1980 600.000 t hergestellt. Es wird als hitzebeständiges Material (Schmelzpkt. 2.710 °C) bei Schmelztiegeln, Emaille,

Brennraumauskleidungen und im Nernst-Stift für die IR-Spektroskopie verwendet. ZrO_2 scheint ungiftig zu sein und wird für Isolatoren sowie zur Filtration ätzender Flüssigkeiten eingesetzt. Weiße Farbpigmente für Druckfarben können ebenfalls ZrO_2 enthalten. Die nachfolgende Abbildung (Abb. 4.2.1) zeigt die Koordination von $Zr^{(IV)}$ in Zirconiumdioxid. In der oberen Ebene sind jeweils drei Sauerstoffatome durch drei Zirconiumatome planar ausgerichtet, in der unteren Ebene sind die vier Sauerstoffatome durch vier Zirconiumatome tetraedrisch koordiniert.

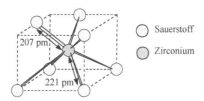

○ Sauerstoff

◉ Zirconium

Abb. 4.2.1 Kristallstruktur von ZrO_2

ZrO_2 wird als Röntgenkontrastmittel besonders zur Verfolgung von temporär in mit gentamycinempfindlichen Erregern infizierten Knochen und Weichteilen ablaufenden Vorgängen eingesetzt.

Zirconiumsilicat ($ZrSiO_4$) kommt in der Natur als Zirkon vor. Die klaren Kristalle von gelbroter Farbe werden bereits in der Bibel als Edelstein (Hyacinth) erwähnt. Technisch hergestellt bilden sich gelbe und braune Kristalle, die zur Gewinnung von Zirconium dienen. Zirconiumhaltige Edelsteine (Hyacinth, Jacinth, Jargon und Zirkon) sind seit biblischen Zeiten bekannt, die farblosen Varietäten hielt man früher für minderwertige Diamanten.

4.2.4 Biologische Aspekte und Bindungsformen

Obwohl verhältnismäßig hohe Konzentrationen an Zirconium im menschlichen Körper vorkommen, ist über die biologische Bedeutung sehr wenig bekannt.

4.2.5 Toxikologische Aspekte

Zirconiumsalze sind von geringer toxischer Wirkung für Tiere. Das gilt auch für das Metall. Eventuell ist es aber cancerogen. Es gibt einen MAK-Wert von 5 mg/kg (berechnet als metallisches Zr) an.

4.2.6 Aufnahme und Ausscheidung

Nach der Resorption im Verdauungstrakt wird Zr^{IV} an Plasmaproteine gebunden und in den Knochen gespeichert. Zirconium ist kein essenzielles Element. Oral verabreichtes Zirconium konnte nicht im Harn nachgewiesen werden, sodass eine vorwiegend fäkale Ausscheidung angenommen wird. Auch mit der Milch wird es sezerniert.

5 Die Elemente der 5. Gruppe: die Vanadiumgruppe

Zur 5. Gruppe gehören die Elemente Vanadium (V), Niobium (Nb) und Tantal (Ta).

5.1 Vanadium (V)

5.1.1 Vorkommen und Gehalte

Erde: Der Anteil an der *Erdrinde* beträgt 0,011 Gew.-%. Vanadium kommt nicht elementar vor, es ist als Bestandteil von Mineralien wie **Vanadinit** ($Pb_5(VO_4)_3Cl$), **Vanadiumglimmer** ($K(Al,V)_2[AlSi_3O_{10}](OH,F)_2$) und **Patronit** ($VS_4$) in geringer Menge weit verbreitet. Als Anion kommt Vanadium im Vanadat (VO_4^{3-}) vor und als Oxokation wie ein Übergangsmetall in diversen Komplexen. Im *Meerwasser* sind 1,3 µg/L gefunden worden.

Mensch: Der Gehalt an Vanadium im menschlichen Körper: 0,3 mg/kg; gesamt ca. 20 mg. In Fischmuskulatur und der Muskulatur von Rindern und Geflügel liegt der Gehalt bei 5 bis 20 µg/kg (0,005 bis 0,020 ppm). Die Frage stellt sich, warum im Menschen ein solch hoher Gehalt vorliegt. Der Gehalt von 0,3 ppm im Menschen ist in mehreren voneinander unabhängigen Literaturstellen zu finden.

Lebensmittel: (Angaben von Vanadium in µg/kg) Getreide 140; Hülsenfrüchte 200; Dillsaat 400; Schwarzer Pfeffer 980; Aal 160; Kakao 300; Austern 100; Lachs, Butterfisch, Hering 10 bis 50; Fleisch unter 100; Pilze 50; Kopfsalat 50; Petersilie, Spinat 40; Kartoffeln 10; Obst 10; Eigelb 21; Kuhmilch 5.

5.1.2 Eigenschaften und Verwendung

Elektronenkonfiguration: [Ar] ($3\ d^3\ 4\ s^2$); A_r = 50,9414 u. Vanadium ist ein stahlgraues Schwermetall von sehr fester Beschaffenheit. An der Luft bildet sich eine Oxidschicht. Vanadium löst sich nicht in Basen und oxidierenden Säuren, ist jedoch in heißer HNO_3, konz. H_2SO_4 und Königswasser löslich. Vanadium-Ionen in wässriger Lösung weisen charakteristische Färbungen auf:

$$V^{2+} \longleftrightarrow V^{3+} \longleftrightarrow VO^{2+} \longleftrightarrow VO_2^+$$

violett — grün — blau — farblos

Vanadium findet Verwendung als Legierungsbestandteil (Ferrovanadium) und als Katalysator. In der Reaktortechnik wird es als Material für Brennstabhüllen genutzt. Etwa 90 % des Vanadiums werden für Legierungen verwendet, z. B. für Chrom-Vanadium-Werkzeugstahl (Baustahl 0,2 %, Werkzeugstahl 0,5 %, Schmelzdrehstäbe 5 % an Vanadium). Der Vanadiumzusatz führt zur Bildung von V_4C_3, der Stahl wird feinkörniger und verschleißfester.

5.1.3 Verbindungen

Vanadium bildet in sehr vielen Oxidationsformen Verbindungen. Von Bedeutung sind im Wesentlichen die stabilen Vanadium(IV)- und Vanadium(V)-Verbindungen (Abb. 5.1.1). Das Vanadium(IV)-Ion kommt als Vanadyl (Oxidovanadium(IV)-Einheit) VO^{2+} vor. In wässriger Lösung können fünf H_2O-Moleküle oktaedrisch koordiniert sein, aber auch tetragonal-pyramidale Spezies sind bekannt.

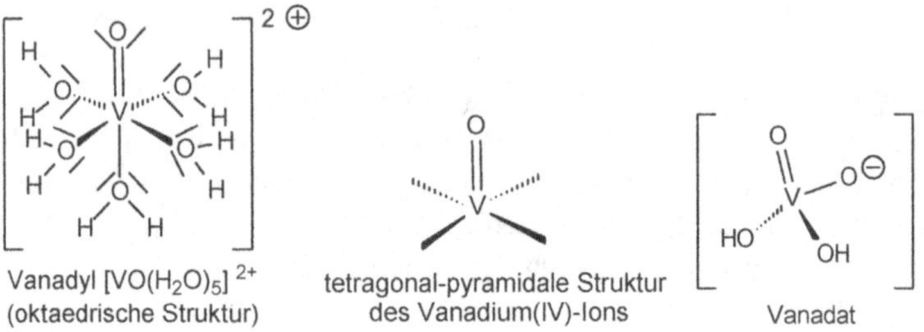

Vanadyl $[VO(H_2O)_5]^{2+}$ tetragonal-pyramidale Struktur
(oktaedrische Struktur)   des Vanadium(IV)-Ions   Vanadat

Abb. 5.1.1 Strukturformeln von Vanadyl und Dihydrogenvanadat H_2VO_4

Hohe Gehalte (bis 4 %, normal 0,1 %) an Vanadium in Form von Vanadylporphyrine kommen in Erdöl (z. B. in Venezuela und Kanada) vor und sorgen für Ablagerungen in mit Öl beheizten Kraftwerken. Wahrscheinlich ist die Bildung des VO^{2+}-Porphyrins erst später durch Freisetzung von Vanadiumverbindungen aus vulkanischer Asche erfolgt.

Vanadiumpentoxid (Vanadium(V)-oxid) (V_2O_5) kristallisiert zu einem orangefarbenen Pulver mit rhombischer Struktur, welche eine hochmolekulare Blattstruktur aufbaut. Es ist unlöslich in H_2O, bildet jedoch kolloidale Lösungen (Solvatation von VO_2^+ (Dioxovanadium(V)-Ion)), die stark oxidierend wirken. Unter physiologischen Bedingungen geht es als Dihydrogenvanadat $H_2VO_4^-$ bei *p*H 7 in Lösung. Mit Alkalihydroxiden bilden sich **Vanadate(V)** (Me_3VO_4), die nur im stark alkalischen Bereich stabil sind. Sie kondensieren (Verknüpfung über Sauerstoffbrücken durch „Protonenverbrauch") bei Zunahme der H_3O^+-Ionen zu **Isopolyvanadaten(V)**. V_2O_5 entsteht u. a. durch Verbrennen des feinverteilten Metalls. Es dient als Katalysator (z. B. bei der Schwefelsäuregewinnung). Durch Reduktion (z. B. mit SO_2) bildet sich **Vanadiumdioxid (Vanadium(IV)-oxid) (VO_2)**, eine tiefblaue, amphotere Substanz, die auch durch Oxidation von Vanadium(II)-

bzw. Vanadium(III)-Verbindungen darzustellen ist. Vanadat(IV) liegt bei pH 7 nur in sehr geringer Konzentration vor. Oxidovanadium(IV) („Vanadyl") bildet im physiologischen Bereich bei pH 7 schwerlösliche Hydroxide und kann durch Liganden stabilisiert werden.

Zucker und Nucleoside reagieren mit Vanadat(V) zu zyklischen Estern. Dabei entsteht um Vanadat eine trigonal-bipyramidale Koordination der Liganden (Abb. 5.1.2).

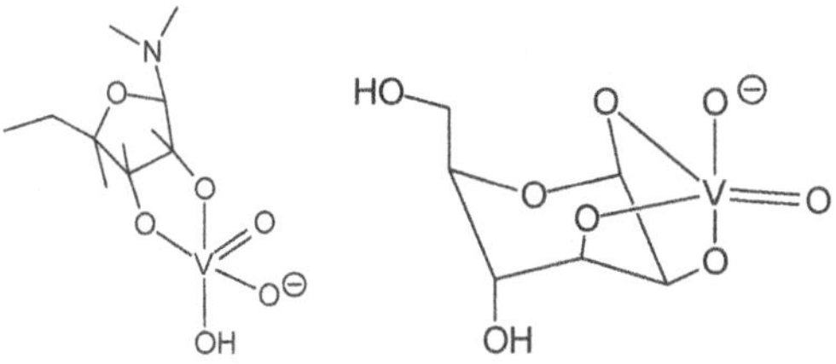

Abb. 5.1.2 Beispiel eines zyklischen Esters mit einer Furanose und eines bizyklischen Esters mit einer Pyranose

Vanadiumtrioxid (Vanadium(III)-oxid) (V_2O_3) bildet sich beim Glühen von V_2O_5 im Wasserstoff-Strom:

$$V_2O_5 + 2\,H_2 \longrightarrow V_2O_3 + 2\,H_2O$$

Die wässrige Lösung ist grün gefärbt.

Vanadiumtetrachlorid (VCl$_4$) ist eine rotbraune Flüssigkeit von öliger Konsistenz (Siedepkt. 154 °C) mit tetraedrischer, nicht assoziierter Raumstruktur. Es lässt sich aus den Elementen darstellen.

Vanadiumpentafluorid (VF$_5$) bildet in kristalliner Form VF$_6$-Oktaeder-Ketten (Schmelzpkt. 19,5 °C). Die Verknüpfung erfolgt über Fluorbrücken, die im gasförmigen Zustand zerfallen. Die Darstellung erfolgt aus den Elementen.

Die intermetallische Verbindung V$_3$Ga besitzt als Supraleiter die Sprungtemperatur von 16,8 K. Die Elemente Vanadium, Molybdän, Wolfram, Niob und Tantal neigen dazu Polyoxometallatanionen zu bilden, z. B.

$$3\,H_2VO_4^- \longrightarrow V_3O_9^{3-} + 3\,H_2O$$

Dieses Vanadium-Ion $V_3O_9^{3-}$ (Oxidationsstufe +5 bei Mo) bildet noch größere Kondensationsprodukte

$$10\,V_3O_9^{3-} + 6\,H_3O^+ \longrightarrow 3\,H_2V_{10}O_{28}^{4-} + 12\,H_2O$$

Die Untereinheiten sind in oktaedrischen Aggregaten assoziiert, die sich bei niedrigen pH-Werten im Sauren bilden. Diese Arrangements werden auch als Heteropolysäuren und Heteropolysäureanionen bezeichnet. Diese sind durch Blockade von Enzymfunktionen biologisch aktiv. Sie besitzen antivirale (gegen Erreger der

Traberkrankheit, Tollwut, gegen antiretrovirale HIV) und auch antitumorale Aktivitäten, die diese Stoffgruppe medizinisch interessant machen (Abb. 5.1.3).

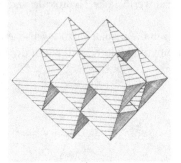

Abb. 5.1.3 Heteropolysäure $[V_{10}O_{28}]^{6-}$

5.1.4 Biologische Aspekte und Bindungsformen

Vanadium bzw. seine Verbindungen sind für Menschen, Tiere und Pflanzen essenziell, besonders für den Baumwollstrauch, in größeren Mengen jedoch giftig. Es befindet sich hauptsächlich in den Mitochondrien und Zellkernen. Lokalisiert ist es in der Leber, Milz, Nieren, Hoden und Schilddrüse. Hohe Gehalte kommen in linolsäurereichen Pflanzenölen vor (5 bis 40 µg/L). Ascidien (Seescheiden, gehören zu den Tunikaten) reichern Vanadium an. Die Verbindungen werden hier in Vanadocyten genannten Blutzellen deponiert. In den Vanadocyten (TM) können Vanadiumgehalte von bis zu 27 g/kg vorkommen. Im Meerwasser liegt vorwiegend das VO_4^{3-}-Anion vor, welches in den Zellen zu V^{3+} reduziert wird. VO_4^{3-} hat eine antagonistische Wirkung gegenüber PO_4^{3-}. Es kann gegen Phosphat ausgetauscht werden, wodurch Enzyme in ihrer Aktivität beeinträchtigt werden können.

Vanadium ist ebenfalls mit einem Eisen-Schwefel-Cluster in der Nitrogenase enthalten. Ein ähnliches aktives Zentrum existiert auch mit Molybdän statt Vanadium. Der Stickstoff der Luft wird durch die Wirkung der Nitrogenase (s. a. Kap. 15 und Abb. 5.1.4) in Ammonium reduziert.

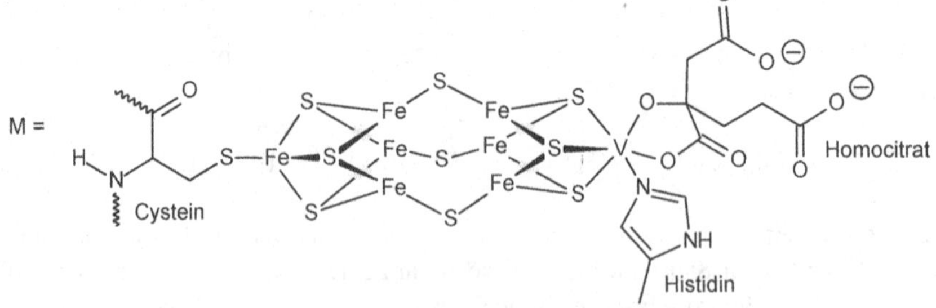

Abb. 5.1.4 M-Cluster der Nitrogenase mit Vanadium

$$N_2 + 14\,H^+ + 12\,e^- + 40\,MgATP \longrightarrow 2\,NH_4^+ + 3\,H_2 + 40\,MgADP + 40\,P_i*$$

(*P_i steht für anorganisches Phosphat $HPO_4^{'2-}$)

Shewanella oneidensis (Bodenbakterien) können Vanadat(V) als Elektronenakzeptator nutzen und dabei zu Oxidovanadium(IV) (= Vanadyl) reduzieren.

$$H_2VO_4^- + e^- + 4\,H_3O^+ \rightleftharpoons VO^{2+} + 7\,H_2O$$

Vanadat(V) Oxidovanadium(IV)
(= Vanadyl)

Dadurch können sie ähnlich wie Aerobier Sauerstoff veratmen. Diese Bakterien können anstatt von Vanadat Manganat(VII), Uranat(VI) und Selenat(VI) verwenden. In den Organismen wurden Tunichrome als vanadiumkomplexierende und reduzierende Chelatliganden gefunden.

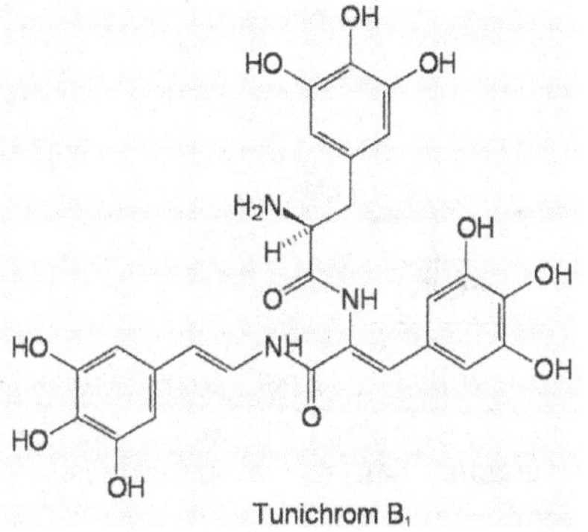

Tunichrom B₁

Abb. 5.1.5 Tunichrom B₁ (*o*-Polyphenol)

Als Hämovanadin (ein Polypeptid mit 24 V^{3+}-Ionen) kommt es ebenfalls gebunden in den Tunicaten vor (Abb. 5.1.5). Hämovanadin ist kein Überträger von Sauerstoff.

In Braunalgen und Flechten sind vanadiumhaltige Haloperoxidasen Bestandteile der Pflanzen. Diese Enzyme erzeugen die halogenierten Kohlenwasserstoffe, wahrscheinlich als Biozide gegen Mikroorganismen.

$$R\text{-}H + H_2O_2 + Hal^- (Br^-\,Cl^-,\,I^-) + H_3O^+ \xrightarrow{\text{Haloperoxidase}} R\text{-}Hal + 3\,H_2O$$

Vanadium stimuliert die Chlorophyllbildung und fördert das Wachstum von Jungtieren. Es ist Bestandteil im Vanadium(IV)-enterobactin. Der Schimmelpilz *Curvularia inaequalis* produziert dabei Hypochlorige Säure aus Chlorid, wahrscheinlich um Zellwände aufzulösen, um in dem Wirt besser an die Nährstoffe zu gelangen. Dabei laufen eine enzymatische und eine nichtenzymatische Reaktion ab (Abb. 5.1.6). Im Reaktionszentrum ist das Vanadat(V) über Histidin an der Proteinkette des Enzyms gebunden. Es liegt eine seltene trigonal-bipyramidale Geometrie des Vanadatkomplexes vor. Die Oxogruppe wird oxidiert (von der Oxidationszahl des Sauerstoffs von (-2) zu (-1) in der Peroxogruppe). H_2O_2 wird dabei reduziert (Abb. 5.1.6). Durch die Aufnahme eines Protons entsteht ein Hydroperoxid. Das Halogenid Cl^- greift nucleophil an der Hydroperoxidgruppe an, und das Cl^- wird zum Hypohalogenid oxidiert. Das Hydroperoxid wird zur Oxogruppe reduziert. Das Hypochlorid kann einen Kohlenwasserstoff angreifen und es entsteht ein chloriertes Alkan. Dieser Reaktionsmechanismus erklärt das massive Vorkommen von Methylchlorid im salzigen Meerwasser.

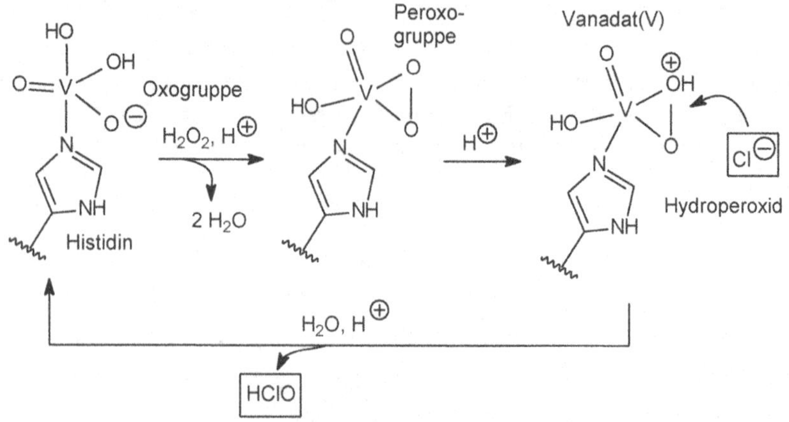

Abb. 5.1.6 Reaktionsablauf bei der Bildung Hypochloriger Säure (Rehder, 1991)

Alkene können durch vanadiumhaltige Haloperoxidasen (VHPOs) zu Epoxiden, Sulfide zu Sulfoxiden oxidiert werden.

Fliegenpilze (*Amanita muscaria*) akkumulieren ebenfalls Vanadium. Dort kommt das Amavadin vor, welches wahrscheinlich mit verantwortlich ist, dass eine Anreicherung im Pilzfuß auf bis zu 325 µg/g TM erfolgt. Das Anion Vanadat (VO_4^{3-}) inhibiert oder stimuliert Enzymsysteme, als kationischer Ligand (V^{3+}, VO_2^+, VO^{2+}) reagieren die Verbindungen mit Proteinen. Vanadylporphyrine kommen in Erdölen vor (Venezuela, Kanada) und können Gehalte von 0,1 % erreichen (Rehder, 1991 und 2010).

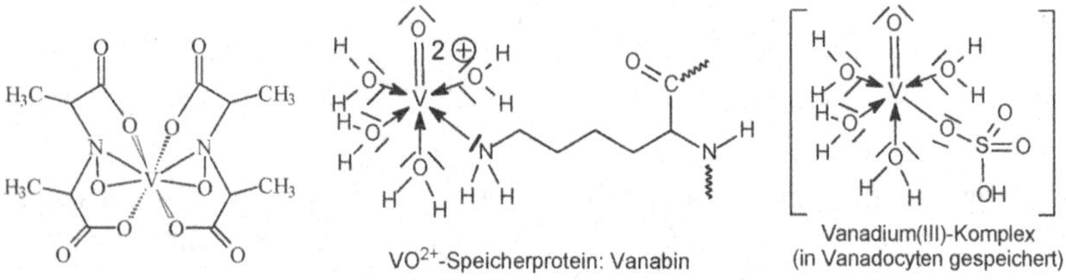

Abb. 5.1.7 Amavadin

Therapeutisch bedeutsam sind die unspezifischen pharmakologischen Effekte wie cholesterinsenkende Eigenschaften sowie die Erniedrigung des Glucosegehaltes im Blut, gewichtsvermindernde und diuretische Eigenschaften. Vanadiumverbindungen steigern die Sauerstoff-Affinität bei Hämoglobin und Myoglobin. Wahrscheinlich geht der Effekt auf die Stimulierung der 2,3-Diphosphoglycerat-Phosphatase zurück, wodurch die Konzentration an 2,3-Diphosphoglycerin in den Erythrocyten sinkt, was sich positiv gegen die Sichelzellanämie auswirkt (Abb. 5.1.8).

Die Abbildung 5.1.7 zeigt das Vanabin, ein VO^{2+}-Speicherprotein der Seescheide *Ascidia sydneiensis*, sowie einen Vanadium(III)-Komplex, der in den Vanadocyten des Strudelwurmes *Pseudopotamilla occelata* gespeichert wird.

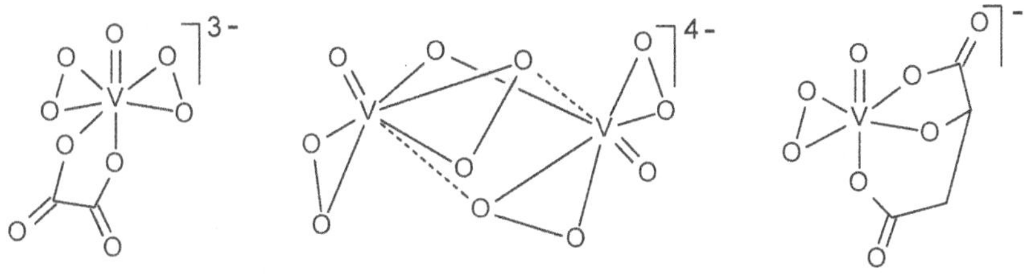

Abb. 5.1.8 Peroxovanadat-Komplexe

Peroxovanadate werden als Cytostatika für besondere Leukämie-Erkrankungen eingesetzt (Abb. 5.1.8). Der Vanadocen(IV)-dichlorid-Komplex ist ein therapeutisch wirksames Cancerostatikum. Es wird von Transferrin zu den Zellen transportiert und wirkt ähnlich wie Titanocendichlorid.

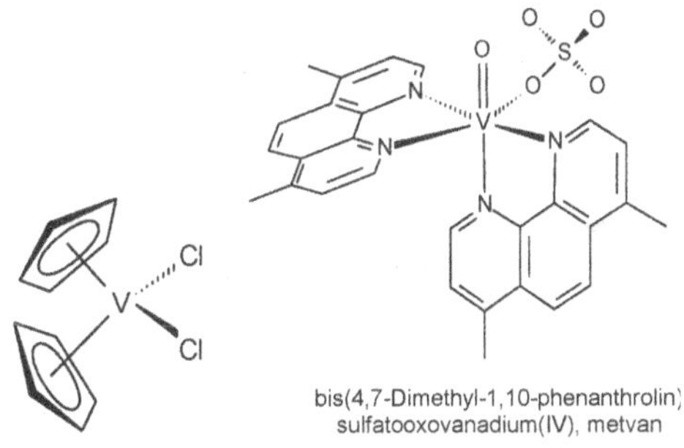

bis(4,7-Dimethyl-1,10-phenanthrolin)
sulfatooxovanadium(IV), metvan

Abb. 5.1.9 Vanadocen(IV)-dichlorid und der [bpVphen = metvan]-Komplex

Die Wirksamkeit gegen Tumorzellen wird bei Vanadiumverbindungen auf die Bildung reaktiver Sauerstoffspezies (ROS), z. B. $\bullet\overline{\underline{O}}{-}\overline{\underline{O}}{\mid}\ominus$, $\cdot OH$, die gezielt die DNA der Tumorzellen schädigen und die Zellteilung unterbinden, zurückgeführt. Die Vanadiumverbindungen weisen weniger Nebeneffekte auf als *cis*-Platin.

$$VO^{2+} + H_2O_2 + H_3O^+ \longrightarrow VO^{3+} + {}^\cdot OH + 2\,H_2O$$

Der [bpVphen]-Komplex, auch als metvan-Komplex bezeichnet, (Abb. 5.1.9) mit zwei 1,10-Phenanthrolinmolekülen, einer Sulfatgruppe und der Oxidovanadium(IV)-Einheit $[V^{IV}O]^{2+}$ ist in tetragonal-pyramidaler Struktur aufgebaut und inhibiert das Phosphatase-Enzym Cdc 25A, das für die Entfernung der Phosphatreste von den Aminosäuren Tyrosin, Serin und Threonin aus Proteinen verantwortlich ist. Dieses System ist verantwortlich für das Zellwachstum und unterbindet das schnelle Wachstum der Krebszellen. Der Komplex ist in einem hoffnungsvollen präklinischen Stadium. Vanadiumsalze haben bei der Behandlung von Diabetes die gleiche Wirkung wie Insulin (Abb. 5.1.10).

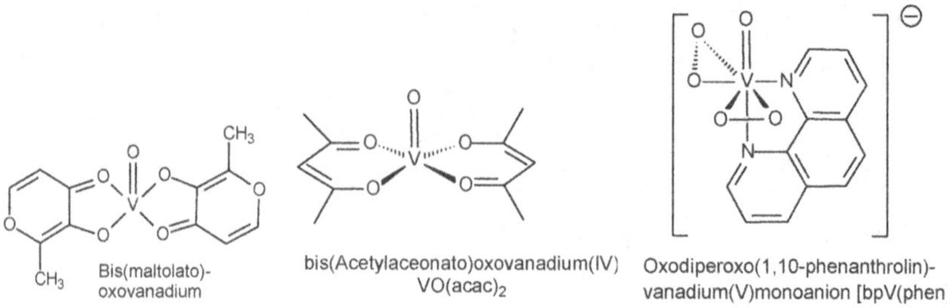

Bis(maltolato)-oxovanadium

bis(Acetylaceonato)oxovanadium(IV) VO(acac)$_2$

Oxodiperoxo(1,10-phenanthrolin)-vanadium(V)monoanion [bpV(phen)

Abb. 5.1.10 Vanadium-Komplexe als Insulinmimetica (links BMOV, Mitte BEOV)

Vanadium-Komplexe sind als Insulinmimetikum bis zu dreimal wirksamer als nur das VOSO$_4$. Sie stimulieren die Aufnahme und Oxidation von Glucose sowie die Glykogensynthese. Weiterhin stimuliert Vanadium die Oxidation von Phospholipiden. Bei der Krebsbehandlung betragen die Dosen an Vanadium für den Menschen 4,5 bis 11,5 mg/kg KG und liegen somit nur geringfügig unter dem toxischen Level. Für die Aktivität wird ein Redoxprozess verantwortlich gemacht, bei dem aus Sauerstoff das Hyperoxidradikal ($\bullet\overline{O}-\overline{O}|^{\ominus}$) oxidativ gebildet wird, wobei aus V^{V} durch Reduktion V^{IV} entsteht. Ein weiterer interessanter Aspekt ist der, dass das Bleomycin, selbst eine antibiotisch wirksame Verbindung, in der Chemotherapie eingesetzt wird und mit Vanadyl (VO^{2+}) einen Komplex bildet. Von diesem Komplex nimmt man an, dass er „supercancerostatische" Eigenschaften besitzt. Der BEOV-Komplex ist in Phase II der klinischen Untersuchung als oral verabreichtes antidiabetisches Mittel. Ähnliche Effekte weist auch das BMOV auf. Bei der oralen Verabreichung wird im Blut zuerst freies Vanadium ohne Ligand gefunden, sodass der Ligand teilweise abgespalten wird. Der [bpV(chen)]⁻-Komplex kann durch Lichtaktivität aktiviert werden. Im Blutserum ist Vanadium an Transferrin gebunden.

5.1.5 Toxikologische Aspekte

MAK-Wert für V$_2$O$_5$: 0,05 mg/m^3. Vanadium und auch das V$_2$O$_5$ werden besser über Stäube resorbiert als oral aufgenommen. Vanadismus kommt besonders bei erhöhter Feinstaubbelastung mit Vanadium vor.

Zu hohe Konzentrationen führen zu grünschwarzen Verfärbungen der Zunge; Asthma, Krämpfe und Übelkeit sind die Folge, bis hin zur Bewusstlosigkeit („Vanadismus"). Vanadium und seine anorganischen Verbindungen sind in der Cancerogenitäts-Kategorie 2 eingeordnet.

5.1.6 Aufnahme und Ausscheidung

Die Resorptionsrate im Darm beträgt 10 bis 25 % (Hahn und Schuchardt, 2011). Die tägliche Aufnahme einer Person liegt bei 10 bis 50 µg. Vanadium wird vorwiegend fäkal (zu ca. 95 %) ausgeschieden.

5.2 Niobium (Nb)

Niobium kommt in der *Erdkruste* zu 18 mg/kg vor und ist damit häufiger als Tantal. Auch Niobium wird für Legierungen verwendet, so auch für bläulich aussehenden Piercing-Schmuck. Pro kg speichert der Mensch 0,8 mg des nichtessenziellen Niobiums.

5.3 Tantal (Ta)

Tantal kommt in der *Erdkruste* zu 2 mg/kg vor. Die Jahresproduktion beträgt ca. 1.400 Tonnen, wovon in 2007 60 % für kleine Kondensatoren eingesetzt wurden. Tantal hat stahlähnliche Festigkeit und eine große chemische Widerstandsfähigkeit. Es lässt sich gut walzen und schweißen und ist in Säuren, sogar in Königswasser, unlöslich. Sein Schmelzpunkt liegt mit 3.030 °C sehr hoch. Seine große chemische Beständigkeit macht das Tantal als Ersatz für Platin zur Herstellung chemischer Geräte (Schalen, Tiegel, Spatel) und von chirurgischen und zahnärztlichen Instrumenten geeignet. Metallisches Tantal verhält sich im menschlichen Körper völlig neutral und wird deshalb für Dauerimplantate (Knochennägel, Platten, Federn etc.) eingesetzt. Für Turbinen werden bis zu 9 %ige Tantallegierungen zur Erhöhung der Thermostabilität eingesetzt.

6 Die Elemente der 6. Gruppe: die Chromgruppe

Zur 6. Gruppe gehören die Elemente Chrom (Cr), Molybdän (Mo) und Wolfram (W).

6.1 Chrom (Cr)

6.1.1 Vorkommen und Gehalte

Erde: Chrom kommt in der *Erdkruste* zu $1{,}2 \cdot 10^{-2}$ Gew.-% vor.

Mensch: 2,2 bis 3 mg Chrom Gesamtgehalt im menschlichen Körper: Nieren: 0,6, Leber: 0,2, Gehirn 0,03 (Angaben jeweils in mg/kg), Blutplasma: 6 bis 10 µg/L;

Lebensmittel: (Angaben jeweils in mg/kg) Roggen 0,06; Champignons 0,17; Kakao (entölt) 1,6; Roggenbrot 0,07; Apfel 0,04; Auster 0,5; Miesmuschel 1,2; Aal 0,1; Forelle 0,02; Schweinekotelett 0,1; Schweineleber 0,04; Rinderleber 0,05; Rinderniere 0,02; Eigelb 0,2; Kuhmilch 0,01.

6.1.2 Eigenschaften

Elektronenkonfiguration: [Ar] $(3\ d^5\ 4\ s^1)$; $A_r = 51{,}996$ u. Der Name „Chrom" leitet sich ab vom griechischen *chromos* = Farbe und deutet auf die große Vielzahl von Farben seiner Verbindungen hin.

Chrom ist ein silberglänzendes, schmiedbares Metall. Es kommt als α-Chrom in kubischer Gitterstruktur und als β-Chrom in einer hexagonal-dichtesten Struktur vor. Chrom ist beständig gegen Luft und H_2O. Zusatz von starken Oxidationsmitteln (z. B. HNO_3) führt zur Bildung einer dünnen CrO_3-Schicht (sog. Passivierung), die es unlöslich macht. Chrom ist auch unlöslich in Basen. In nichtoxidierenden Säuren, z. B. HCl, löst es sich unter H_2-Entwicklung:

$$2\ Cr + 6\ HCl \longrightarrow 2\ CrCl_3 + 3\ H_2 \uparrow$$

Es dient u. a. zur Herstellung von Spezialstählen („Ferrochrom" ist eine Legierung aus Eisen und bis zu 60 % Chrom) und als Korrosionsschutz („Verchromen": elektrolytisches Aufbringen einer oberflächlichen, 0,3 µm dicken Schicht auf Metalle) sowie in der Glas- und Keramikindustrie (Grünfärbung). In Chrom-

Vanadium-Stahl (Werkzeugstahl) enthält die Legierung 1 % Chrom. Der bekannte 18/8 Stahl enthält 18 % Chrom und 8 % Nickel.

Implantate, die lange Zeit, möglichst ein Leben lang, im Körper verbleiben, müssen weitestgehend resistent gegen Auflösungserscheinungen unter physiologischen Bedingungen sein. Bei einer Legierung von Chrom, Cobalt und Wolfram stieg der Gehalt von Chrom im Serum von 0,16 auf 3 µg/L nach 6 bis 12 Monaten an. Wolfram lag im gleichen Zeitraum im gleichen Konzentrationsbereich wie zu Beginn vor. Die individuellen Schwankungen waren sehr groß. So lagen die höchsten Werte bei 14 bis 20 µg/L für Cobalt und Chrom. Die Gehalte im Blutserum hängen auch von der Bewegungsintensität der Person ab. Wolfram verhält sich anders als Cobalt und Chrom. Es waren hier konstant 0,9 µg/L anzutreffen, also keine Zunahme von Wolfram-Ionen im Blutplasma.

6.1.3 Verbindungen

Chrom kommt in seinen Verbindungen in zwei-, drei- oder sechswertiger Form vor. Die wichtigsten Verbindungen leiten sich vom sechswertigen Chrom ab, es sind die Chromate und Dichromate, die in ihrer Zusammensetzung den Sulfaten und Disulfaten entsprechen. In der Natur kommt Chrom vor allem als Bestandteil des **Chromeisensteins (Chromit) (FeO • Cr_2O_3 bzw. $FeCr_2O_4$)** vor.

6.1.3.1 Chromate (enthalten Chrom(VI))

Chromate leiten sich ab aus **Chromtrioxid ($CrO_3)_x$**, dem Anhydrid der Chromsäure H_2CrO_4. $(CrO_3)_x$ bildet orangerote Nadeln und ist sehr giftig. Es ist aus Ketten von CrO_4^{2-}-Tetraedern aufgebaut. Es wirkt als starkes Oxidationsmittel. $(CrO_3)_x$ löst sich gut in H_2O unter Bildung von Chromsäure H_2CrO_4 und Dichromsäure $H_2Cr_2O_7$:

$$CrO_3 + H_2O \longrightarrow H_2CrO_4; \qquad 2\ CrO_3 + H_2O \longrightarrow H_2Cr_2O_7$$

In wässriger neutraler Lösung liegen Chromat-, Hydrogenchromat- und Dichromat-Ionen im Gleichgewicht in Konzentrationen gleicher Größenordnung vor:

$$[Cr_2O_7]^{2-} + 3\ H_2O \ \xrightleftharpoons{\qquad} \ 2\ [CrO_4]^{2-} + 2\ H_3O^+$$
$$\text{bei } p\text{H 2 bis 5,5} \qquad\qquad \text{bei } p\text{H} > 7$$

Durch OH^--Ionen verschiebt sich das Gleichgewicht nach rechts, durch H_3O^+-Ionen nach links. Beim Ansäuern einer gelben Chromatlösung entsteht primär ein Hydrogenchromat-Ion, das etwa von pH 6,5 bis pH 0 bis 1 vorkommt. Unterhalb von pH 2 bildet sich auch H_2CrO_4 sowie $HCr_2O_7^-$.

$$2 \, CrO_4^{2-} \, (\text{gelb}) + 2 \, H_3O^+ \longrightarrow 2 \, HCrO_4^- + 2 \, H_2O$$

$HCrO_4^-$ spaltet in der wässrigen Lösung bereits bei Zimmertemperatur H_2O ab und geht in das Dichromat-Ion über, das im pH-Bereich von pH 2 bis pH 5,5 das dominierende Anion ist.

$$2 \, HCrO_4^- \rightleftharpoons H_2O + Cr_2O_7^{2-} \, (\text{orange})$$

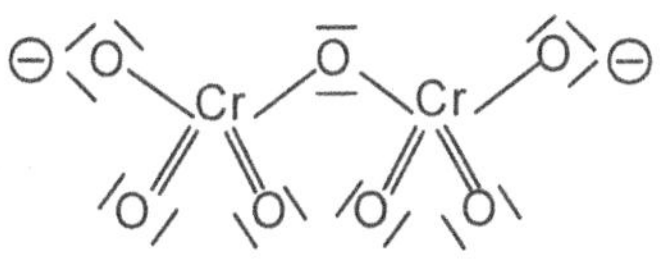

Abb. 6.1.1 Strukturformel des Dichromat-Ions

Bei dieser Kondensation werden zwei CrO_4^{2-}-Tetraeder unter H_2O-Abspaltung miteinander verknüpft (Abb. 6.1.1). In stark sauren, konzentrierten Chromatlösungen führen weitere Kondensationen zur Bildung von Polychromaten $[Cr_nO_{3n+1}]^{2-}$, die noch intensiver gefärbt sind. Beim Versetzen einer konzentrierten Chromatlösung mit konz. H_2SO_4 fällt das kräftig rot gefärbte Chromtrioxid CrO_3 in Nadeln aus. Ausgangsmaterial für die Gewinnung von Chromaten ist der Chromeisenstein $FeO \cdot Cr_2O_3$ ($FeCr_2O_4$), dessen dreiwertiges Chrom oxidiert werden muss. Als Oxidationsmittel dient der Sauerstoff der Luft. Der gemahlene Chromeisenstein wird mit Kalk und Soda gut gemischt und bei reichlicher Luftzufuhr in Drehöfen auf 1.100 bis 1.200 °C erhitzt. Dabei vollzieht sich folgende Umsetzung:

$$2 \, FeO \bullet Cr_2O_3 + 4 \, Na_2CO_3 + 3{,}5 \, O_2 \longrightarrow Fe_2O_3 + 4 \, Na_2CrO_4 + 4 \, CO_2$$

Der Kalkzuschlag hält die Masse porös. Aus dem ausgelaugten Natriumchromat wird mit konz. H_2SO_4 das kristallwasserhaltige **Natriumdichromat $Na_2Cr_2O_7 \cdot 2$ H_2O** abgeschieden. Dieses Dihydrat ist das technisch wichtigste Chromat. Durch Behandlung mit KCl kann es in Kaliumdichromat übergeführt werden:

$$Na_2Cr_2O_7 + 2 \, KCl \longrightarrow K_2Cr_2O_7 + 2 \, NaCl$$

Kaliumdichromat ($K_2Cr_2O_7$) bildet große orangerote Tafeln. Es ist in saurer Lösung ein starkes Oxidationsmittel. Es ist eine sehr giftige Verbindung. Die allgemeinen Gleichungen für solche Oxidationsvorgänge sind:

$$CrO_4^{2-} + 8 \, H_3O^+ + 3 \, e^- \longrightarrow Cr^{3+} + 12 \, H_2O$$
$$Cr_2O_7^{2-} + 14 \, H_3O^+ + 6 \, e^- \longrightarrow 2 \, Cr^{3+} + 21 \, H_2O$$

Chromverbindungen sind als Korrosionsschutzpigmente ($ZnCrO_4$, $SrCrO_4$, $3 \, ZnCrO_4 \cdot K_2CrO_4$), Gerbstoffe (Cr(III)-Salze) und Holzimprägnierungsmittel sowie als klassische Buntpigmente (Lacke, Zusätze in Keramiken und Kunststof-fen) im Einsatz. Besonders bei Altbauten und Antiquitäten sind öfters noch Chro-mate zu finden.

Bleichromat (PbCrO$_4$) ist gelb gefärbt und diente als Malerfarbe (Chrom-gelb), findet wegen der cancerogenen Wirkung der Chrom(VI)-Verbindungen je-doch kaum noch Verwendung.

Cr(IV)-Verbindungen sind selten. CrO$_2$ besitzt jedoch ferromagnetische Eigen-schaften und hat bei der Produktion von Magnetbändern eine gewisse Bedeutung.

Chrom(III) ist die beständigste und wichtigste Oxidationsstufe des Chroms. Die Verbindungen des Chrom(III) ähneln den Eisen(III)- und Aluminiumsalzen und bilden häufig Komplexe. Chrom(III)-Verbindungen sind meist violett oder grün gefärbt und haben eine starke Neigung zu hydrolytischer Spaltung. Dabei bildet Chrom(III) Aquakomplexe [Cr(H$_2$O)$_6$]$^{3+}$. Aus Chrom(III)-Salzen fällt bei Basenzusatz (OH$^-$) ein Gel des Cr$_2$O$_3$ aus, das sog. Chromoxidhydrat (hellgrau-blauer Niederschlag).

Chrom(III)-oxid (Cr$_2$O$_3$) bildet dunkelgrüne, metallisch glänzende, unlösliche Kristalle. Die Herstellung erfolgt in Schmelzöfen durch Reduktion von Natrium-dichromat mit Schwefel bei Rotglut:

$$Na_2Cr_2O_7 \cdot 2\, H_2O + S \longrightarrow Na_2SO_4 + Cr_2O_3 + 2\, H_2O$$

Es hat amphoteren Charakter und bildet mit Säuren Salze und mit Basen **Chromi-te**, z. B. Kaliumchromit K$_3$[Cr(OH)$_6$], ein Hydroxosalz. Chromoxid wurde als sog. „Chromgrün" als Anstrichfarbe verwandt und dient zur Färbung von Glas (grüne Flaschen) und Porzellan. Beim Zusammenschmelzen von Cr$_2$O$_3$ mit Oxiden zweiwertiger Metalle erhält man gut kristallisierte Komplexe, die sog. **Spinelle** (Me^{II}O · Cr$_2$O$_3$), z. B. Chromeisenerz (FeO · Cr$_2$O$_3$).

Chromalaun (KCr(SO$_4$)$_2$ · 12 H$_2$O) bildet dunkelviolette Oktaeder. Herge-stellt wird es aus Lösungen von Kaliumsulfat K$_2$SO$_4$ und Chromsulfat Cr$_2$(SO$_4$)$_3$. Es findet Verwendung in der Färberei und im Zeugdruck. Chrom(III)-Salze dienen besonders zum Gerben von Schuhoberleder und Bekleidungsleder.

Chromsulfid (Cr$_2$S$_3$), eine schwarze Substanz, kann nicht aus wässrigen Lö-sungen erhalten werden, sondern nur aus den Elementen direkt. Mit H$_2$O hydroly-siert es.

Chromchlorid (CrCl$_3$) ist eine rote, schuppige Substanz. Dargestellt wird es im Chlorstrom bei Temperaturen oberhalb von 1.200 °C aus Chrom.

Von Chrom(III) sind auch viele komplexe Anionen [CrX$_6$]$^{3-}$ bekannt. Hier be-deutet X einen einzähnigen Acidoliganden, wie z. B. F$^-$, Cl$^-$, NCS$^-$ oder CN$^-$. Solche Komplexe können auch Komplex-H$_2$O enthalten.

Weiterhin ist Chrom durch die Bildung sog. **Peroxokomplexe** ausgezeichnet, die sich vom fünf- und sechswertigen Chrom ableiten. Diese sauerstoffreichen Verbindungen leiten sich vom Chromat ab, wobei zwei Sauerstoffatome (blauvio-lette Peroxochromate M^{I}HCrO$_6$) oder alle Sauerstoffatome (rote Peroxochromate M$^I_3$CrO$_8$) durch je eine Peroxo-Gruppe ersetzt wurden. Sie sind sehr instabil, manche explodieren und entzünden sich. Besonders bekannt ist das tiefblaue Chromperoxid CrO_5 ($CrO(O_2)_2$), das in Ether etwas stabiler ist.

Es sind auch **Chrom(II)-Salze** bekannt. Sie sind autoxidabel und besitzen eine große Neigung in Chrom(III)-Salze überzugehen. Daher sind Chrom(II)-Salze starke Reduktionsmittel. $CrCl_2$ oder $CrSO_4$ bilden in H_2O blaue Lösungen. Schon Luftsauerstoff oxidiert Chrom(II)-Salze, sie müssen daher unter Luftabschluss aufbewahrt werden. Zur Darstellung wird metallisches Chrom in verdünnten Säuren gelöst. Aus der Lösung lassen sich hydratisierte Salze isolieren, z. B. $CrSO_4 \cdot$ 5 H_2O, $CrCl_2 \cdot$ 4 H_2O, $CrBr_2 \cdot$ 6 H_2O. Wasserfreie Chrom(II)-Salze können auf trockenem Wege hergestellt werden, z. B. aus Chrommetall und Zusatz von HCl, HBr oder HF bei 600 °C bis 700 °C. Dabei entsteht indirekt auch CrS. Chrom(II)-Salze bilden leicht NH_3-Komplexe, z. B. das $[Cr(NH_3)_6]^{2+}$-Ion.

6.1.4 Biologische Aspekte und Bindungsformen

-   **Serum**: Bindung des Chroms an Transferrin und in geringerem Umfang an α-Globulin
-   **Enzyme**: Chrom beeinflusst die Glucosetoleranz, indem Cr^{3+} in Verbindung mit einem niedermolekularen Chrom-Komplex (6 Liganden) bei der Bindung von Insulin an die Membranen beteiligt ist. Als Chromodulin wird ein 1,5 kD Oligopeptid bezeichnet, das nur Glycin, Cystein, Glutamat und Aspartat als Aminosäuren enthält und vier Äquivalente Cr^{3+} bindet. Der Komplex erhöht die Aktivität von Insulin beim Abbau von Glucose zu CO_2 und Wasser. Neuere Untersuchungen aus dem Jahr 2007 zeigen, dass das Chrommodulin möglicherweise als Oligopeptid durch Säurehydrolyse entstanden ist.

Chrom(III)-Salze werden verwandt, um tierische Hautsubstanz in Leder umzuwandeln. Dabei tritt eine Vernetzung (Komplexbildung) zwischen den Chrom(III)-Salzen und den Carboxyl-Gruppen des Kollagens (Bindegewebe) ein. In Gerbereiabwässern findet sich das Chrom(III) zu erheblichen Anteilen an größere Moleküle assoziiert. Es erfolgt dabei eine Änderung der Bindung vom hydratisierten Chrom(III)-Salz zum an Proteine/Peptide gebundenen Chrom(III). Chromat CrO_4^{2-} konnte in Gerbereiabwässern nicht nachgewiesen werden. Es tritt somit keine Änderung der Oxidationsstufe von Chrom(III) zu Chrom(VI) unter diesen Bedingungen auf. Bei der Verwendung von Dichromat (Zweibad-Chromgerbung) wird Thiosulfat zugesetzt, so dass das toxische Chrom(VI)-Salz reduziert wird nach folgender Gleichung.

$$Cr_2O_7^{2-} + 6\ S_2O_3^{2-} + 14\ H_3O^+ \longrightarrow 2\ Cr^{3+} + 3\ S_4O_6^{2-} + 21\ H_2O$$

Dichromat   Thiosulfat   Tetrathionat

Bei der Vernetzung der Kollagenfasern im Leder sind demnach nur Chrom(III)-Salze beteiligt, die in einer oktaedrischen Struktur vorliegen (Abb. 6.1.2).

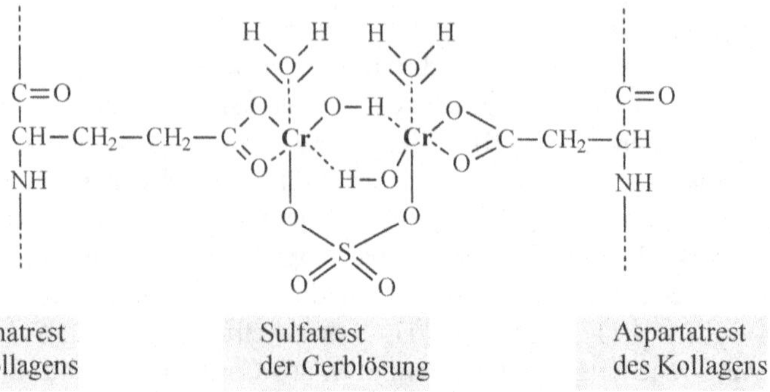

| Glutamatrest | Sulfatrest | Aspartatrest |
| des Kollagens | der Gerblösung | des Kollagens |

Abb. 6.1.2 In einem zweikernigen Chromkomplex werden die Kollagenseitenketten beim Gerben tierischer Häute vernetzt

Cr^{3+} besitzt eine zentrale Rolle im Kohlenhydrat- und Fettstoffwechsel. Es steigert die Glucosetoleranz, die zelluläre Glucoseaufnahme und vermindert die Insulinresistenz. Als Bestandteil des Glucosetoleranzfaktors steuert Cr^{3+} die Bindung von Insulin an den spezifischen Insulinrezeptor an der Zellmembran (Abb. 6.1.3). Dadurch wird die Glucoseverwertung verbessert und die Insulinwirkung optimiert.

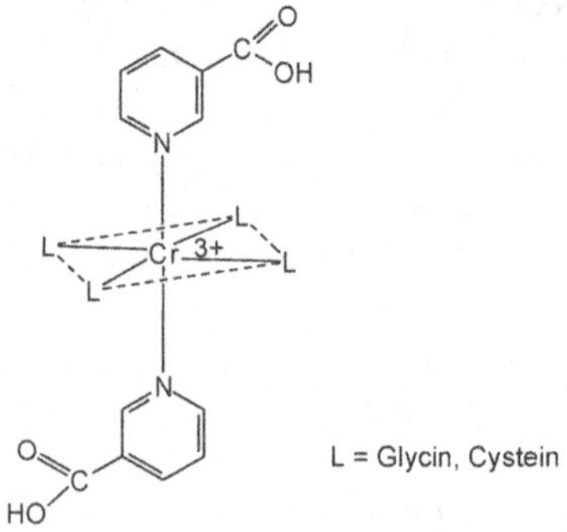

L = Glycin, Cystein

Abb. 6.1.3 Glucosetoleranzfaktor

CrO_4^{2-} soll die Zellmembranen deshalb so gut passieren, weil es strukturelle Ähnlichkeiten zum SO_4^{2-}-Anion besitzt. Vermutlich benutzt es einen entsprechenden Ionenkanal. Innerhalb der Zellen wird es zu Cr^{3+} reduziert. Das Cr^{3+} tritt, im Gegensatz zum Cr^{6+}, immer kationisch auf.

Das toxische CrO_4^{2-} kann bioorganische Moleküle wie Cystein, Glutathion und Ascorbinsäure oxidieren. Weiterhin kann es als Anion, als das es in biologischen Systemen vorkommt, Cu^{2+}, Ni^{2+}, Fe^{3+} und auch Cr^{3+} als Ligand komplexieren. Unterhalb von pH 2,2 dimerisiert es zum toxischen Dichromat ($Cr_2O_7^{2-}$-Anion). In Fruchtsäften kommen manchmal erhöhte Chrom-Konzentrationen vor, weil durch die Fruchtsäuren aus Chrom-Nickel-Stählen (Behältnisse bei der Lebensmittelverarbeitung) Chrom freigesetzt werden kann.

6.1.5 Toxikologische Aspekte

Die letale Dosis beim Menschen beträgt 2 g an $K_2Cr_2O_7$ oral aufgenommen. Durch Ascorbinsäure kann Cr^{6+} zum weniger toxischen Cr^{3+} reduziert werden.

Von toxikologischer Bedeutung sind besonders die Cr^{6+}-Verbindungen, wie CrO_3, CrO_4^{2-}, $Cr_2O_7^{2-}$, die auf Haut und Schleimhäuten schlecht heilende Geschwüre verursachen. Oral aufgenommen, kommt es zu Magenentzündungen, Leber- und Nierenschäden etc.. Chrom(VI)-Salze wirken stark krebserregend, da Chrom(VI) leicht durch die Zellmembranen dringt und diese schädigt. Chrom(III)-Ionen gelten aufgrund der Bildung von Koordinations- oder Chelatkomplexen als ungefährlich. Allerdings werden diese Ionen von isolierten Nucleinsäuren fast in gleichem Umfang gebunden wie Chrom(VI). Wenn Chrom(III) die Nucleinsäuren im Zellkern erreicht, wirkt es also ebenso mutagen und karzinogen.

Die kontaktallergene Wirkung von Chrom wird dem CrO_4^{2-} zugeschrieben. Im Zellkern werden durch die Reduktion des Chromats Radikale gebildet (RS•, • OH), die direkt die DNA angreifen können. Bindungsbrüche und Vernetzungen sind die Folge. Es wird auch angenommen, dass sich Cr^{3+} an phosphathaltige DNA oder freie Nucleotide bindet.

Wegen der carcinogenen Wirkung von Stäuben der chromhaltigen Farbpigmente werden die Farben nur begrenzt eingesetzt.

6.1.6 Aufnahme und Ausscheidung

Der Chrombedarf des Menschen ist mit 50 bis 200 µg/d sehr gering, wurde aber auf 35 µg/d für Männer und 25 µg/d für Frauen heruntergesetzt. Dieses entspricht auch etwa der täglichen Aufnahme. Ein geringer Chromgehalt ist in Zucker, Fett, Weißmehl, Milch und Alkohol zu finden. Chromreiche Lebensmittel sind Bierhefe, Pfeffer, Leber, Weizenkeime sowie schwarze Melasse. Chrom wird im oberen Dünndarm resorbiert. Die Absorptionsrate ist abhängig von der Oxidationsstufe des Chroms: Cr^{3+} wird nur zu 0,5 bis 1 % absorbiert, Cr^{6+} wird zu 2 % aufgenommen, am besten erfolgt die Aufnahme von organisch gebundenem Chrom. Bei Chromkomplexen (Cr^{3+} als Zentral-Ion) liegt die Absorptionsrate bei 10 bis 25 %. Phytate (Zink-, Eisen- und Vanadium-Ionen) hemmen die Chromaufnahme, Chelatbildner wie Amino- und Nicotinsäure sowie Ascorbinsäure steigern die Resorption. Die Ausscheidung erfolgt über die Nieren, wenig auch über die Haut und Galle. Cr^{3+} im Glucosetoleranzfaktor wird aus der Nahrung leicht resorbiert.

Mit zunehmendem Alter nimmt die Chromkonzentration in verschiedenen Geweben deutlich ab. Diabetiker weisen häufig Chrommangel auf, da wenig Chrom über die Nahrung aufgenommen und vermehrt Chrom über den Harn ausgeschieden wird. Bei intensivem Training steigt bei Sportlern der Glucoseverbrauch und die Chromausscheidung mit dem Harn nimmt um ein Vielfaches zu (empfohlene Dosis für Athleten 100 bis 200 µg an Chrom/d). Infektionen und Stress führen ebenfalls zu erhöhten Chromausscheidungen über den Urin.

Die WHO empfiehlt eine Supplementierung von nichttoxischem Chrom auf 250 μg zu begrenzen.

6.2 Molybdän (Mo)

6.2.1 Vorkommen und Gehalte

Erde: Molybdän kommt in der *Erdkruste* zu $1,4 \cdot 10^{-4}$ Gew.-% vor. *Meerwasser* 0,01 mg/L.

Mensch: Der Mensch enthält Molybdän in einer Konzentration von 0,07 mg/kg, Gesamtgehalt etwa 5 mg; Serum: 0,0057 mg/L; Leber: 0,48 mg/kg FG; Blutplasma: 5 bis 34 μg/L.

Lebensmittel: (Angaben jeweils in mg/kg) Roggen 0,46; Reis 0,08; Sojabohnen 2,1; Edamer 0,06; Meeresfische bis 1 TM; Algen 0,2 bis 2 TM, Säuglingsnahrung 17 bis 196 μg/kg, Muttermilch 2 bis 8,4 μg/L; Rindfleisch 0,28; Rinderleber 1,6; Rinderniere 0,6; Schweineleber 2; Hühnereier 0,03; Kuh- oder Ziegenmilch 0,25 mg/L. Auf Moorböden gewachsene Pflanzen enthalten bis 60 mg/kg.

6.2.2 Eigenschaften

Elektronenkonfiguration: [Kr] ($4\ d^4\ 5\ s^2$); A_r = 95,94 u. Molybdän ist ein sprödes, dehnbares, hartes Schwermetall. Es wird von oxidierenden Säuren und Alkalischmelzen rasch angegriffen, es ist beständig gegen Luft und nicht oxidierende Säuren („Passivierung"). Molybdän wird besonders für Sonderstähle verwendet. Durch Zusammenschmelzen von Molybdän- und Eisenoxid mit Koks im elektrischen Ofen entsteht eine Legierung mit 50 bis 85 % Molybdän („Ferromolybdän"). Weitere Verwendung findet es in Nickel-Legierungen und als Katalysator.

6.2.3 Verbindungen

Molybdän kommt in seinen Verbindungen zwei-, drei-, vier-, fünf- oder sechswertig vor. Die wichtigsten und beständigsten Verbindungen sind die des sechswertigen Molybdäns.

In natürlichen Erzen kommt Molybdän besonders in **Molybdänglanz (Molybdänit) (MoS_2)** und **Gelbbleierz ($PbMoO_4$)** vor.

Molybdän(VI)-oxid (MoO_3) bildet sich beim Erhitzen vieler Molybdän-Verbindungen. Das weiße Pulver ist in H_2O kaum löslich, in Alkalien löst es sich unter Bildung von Molybdaten. Diese Molybdate haben in neutraler und alkalischer Lösung die Formel $Me^I_2MoO_4$, wie z. B. das als Nachweisreagenz für Phosphat wichtige Ammoniummolybdat (($NH_4)_2MoO_4$). Im sauren Milieu bilden sich Polymolybdate. Bei $pH \approx 6$ kondensieren die Molybdate vor allem zu Heptamolybdat $[Mo_7O_{24}]^{6-}$ (Bildung eines Ringes aus sechs MoO_6-Oktaedern um den siebten Oktaeder), bei $pH \approx 3$ zu Oktamolybdat $[Mo_8O_{26}]^{4-}$. Stärkeres Ansäuern der Molybdate ($pH < 1$) ergibt unlösliches Molybdänoxidhydrat $(MoO_3)_n \cdot x\ H_2O$, das sich durch weiteren Säurezusatz als $(MoO_2)X_2$ wieder löst.

Halogenverbindungen des Molybdäns sind z. B. Molybdänpentachlorid ($MoCl_5$, eine grünschwarze Substanz), die aus den Elementen darstellbar ist, Molybdäntrichlorid ($MoCl_3$, dunkelrot), Molybdäntetrachlorid ($MoCl_4$, braun), Molybdändichlorid ($MoCl_2$, gelb) und Molybdänhexafluorid (MoF_6, farblos) sind ebenfalls aus den Elementen darstellbar.

Molybdän(IV)-sulfid (Molybdänglanz) (MoS_2) bildet graue, fettige Blättchen und ist in einem Schichtengitter aufgebaut. Die Schichten lassen sich in einer Ebene leicht gegeneinander verschieben, können aber senkrecht dazu hohe Kräfte aufnehmen.

MoS_2 hat als hitzebeständiger Festschmierstoff (ähnlich dem Graphit) große Bedeutung, sowohl als Pulver als auch als Suspension in Ölen. MoS_2-haltige Schmiermittel sind unter dem Namen „Molykote" bekannt.

Dargestellt wird es z. B. durch Erhitzen von MoO_3 mit H_2S.

Molybdänblau, eine tiefblaue, kolloidale Lösung aus Mischoxiden, entsteht durch Reduktion mit (z. B. $SnCl_2$) und dient zum qualitativen Molybdännachweis.

Im Kapitel Vanadium ist über die Bildung von Heteropolysäure berichtet worden. Neben V, W, Nb und Ta haben diese auch für Molybdän eine Bedeutung, zumal neue biologische Aktivitäten beschrieben wurden. Im Labor-Praktikum erfolgt der Nachweis von Phosphor in einem $Mo_{12}O_{40}^{8-}$ Heteropolysäureanion wobei $PMo_{12}O_{40}^{3-}$ entsteht.

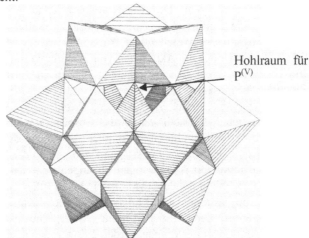

Hohlraum für $P^{(V)}$

Abb. 6.2.1 Aufbau des $Mo_{12}O_{40}^{8-}$-Ions. Die Tetraederlücke im Zentrum dieses Ions kann von einem Phosphor$^{(V)}$-Ion besetzt werden. Das $PMo_{12}O_{40}^{3-}$-Ion dient zur gravimetrischen Bestimmung

Da in schwefelsaurer Lösung gearbeitet wird, liegen Mo(V) und Mo(VI) neben-
einander vor und färben bei Anwesenheit von Phosphat die Lösung blau. Das
$Mo_{12}O_{40}^{8-}$Anion baut sich aus vier Untereinheiten aus jeweils drei oktaedrischen
MoO_6-Einheiten auf, wobei ein Sauerstoff zu allen drei MoO_6-Einheiten gehört.
Die vier O-Atome bilden in der Mitte des $Mo_{12}O_{40}^{8-}$-Kondensationsproduktes die
Ecken eines Tetraeders, in dessen Hohlraum das Phosphor(V)-Kation eingebun-
den ist. Abbildung 6.2.1 zeigt den Aufbau mit einer „Tetraederlücke" im Zentrum,
in dem ein Phosphoratom inkorporiert werden kann.

6.2.4 Biologische Aspekte und Bindungsformen

Molybdän wird von Lolch (Weidelgras), anderen Gräsern und Mangold angereichert. Für Pflanzen ist Molybdän essenziell. Bei Molybdänmangel im Boden ist
der Pflanzenwuchs stark beeinträchtigt. Eine Düngung mit Ammoniummolybdat
steigert den Ertrag erheblich. Bei Molydänmangel kommt es zur Anreicherung
von Nitraten in der Pflanze. Besonders empfindlich reagieren Spinat und Blumenkohl. Eine Verkrümmung der Blätter, im Extremfall wird nur die Mittelrippe aus-
gebildet, ist zu beobachten.

Als Enzyme sind bekannt: die drei den Mo-Cofaktor enthaltenden Enzyme:
Xanthinoxidase, Aldehydoxidase, Sulfitoxidase sowie die nur Molybdän als Zent-
ral-Ion im Komplex enthaltenden Enzyme Nitrogenase und Nitrat-Reductase.
Molybdänverbindungen wirken als Atmungskatalysatoren in Enzymsystemen.
Molybdän fördert die Fluorid-Einlagerung im Zahnschmelz und schützt somit vor
Karies.

Die Xanthinoxidase katalysiert die Endschritte des Purinbasenabbaus, wobei
GMP (Guanosin-5'-monophosphat) und AMP (Adenosin-5'-monophosphat) zu
Harnsäure synthetisiert werden. Die Aldehydoxidase ist am Abbau der Catecho-
lamine beteiligt. Die Sulfitoxidase oxidiert Sulfit zu Sulfat, ein bedeutsamer
Schritt im Katabolismus schwefelhaltiger Aminosäuren. Ein Mangel an Molybdän-Cofaktor beeinträchtigt die Aktivitäten von Xanthinoxidase, Aldehydoxidase
und Sulfitoxidase und kann zu stark erhöhten Werten an Sulfit, Thiosulfat und
schwefelhaltigen Aminosäuren führen.

Molybdänenzyme sind an der Synthese der Phytohormone Abscisinsäure und
Indol-3-essigsäure beteiligt. Dabei werden das Abscisinsäurealdehyd und das In-
dol-3-acetaldehyd zu den Phytohormonen oxidiert. Molybdän ist an der Stickstofffixierung durch Knöllchenbakterien und Braunalgen und an der Nitratassimilation
und -dissimilation involviert. In wässrigen Lösungen kommen vorwiegend Molybdat (MoO_4^{2-}) und Polymolybdate ($Mo_7O_{24}^{6-}$) vor. In Pflanzen wie auch in Tieren liegt vorwiegend das anionische Molybdat vor. Molybdän ist an der Fleisch-
umrötung (Myoglobin) durch die bakterielle Nitrat-Reductase, die Molybdän
enthält, beteiligt. Bei Enzymreaktionen werden 2 Elektronen übertragen.

$$Mo^{6+} \rightarrow Mo^{4+} + 2\,e^-$$

Weiterhin kann ein Sauerstoffatom auf das Substratmolekül (S) übertragen werden.

$$Mo^{6+} + (O_2) + S \rightleftharpoons S = O + Mo^{4+} + (O)$$

Eine Teilstruktur des Mo-Eisen-Proteins der Nitrogenase zeigt folgende Abbildung (Abb. 6.2.2).

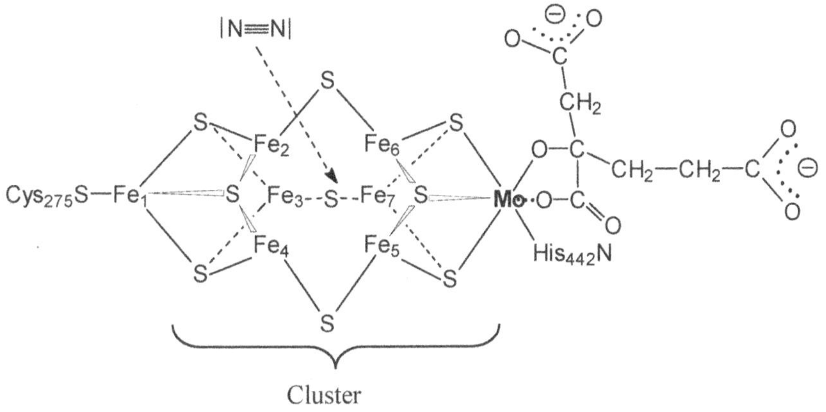

Cluster

Abb. 6.2.2 Eisen-Molybdän-Cofaktor des Molybdän-Eisen-Proteins von Nitrogenase

Das Molybdän ist dabei oktaedrisch koordiniert, die Eisenatome weisen freie Koordinationsstellen auf. Wahrscheinlich wird das N_2-Molekül im Zentrum des Clusters an zwei oder mehr Eisenatome gebunden, von denen die Aktivierungsenergie für die Reduktion des N_2 erniedrigt wird. Gestützt wird diese Annahme dadurch, dass man auch Nitrogenasen ohne Molybdän (dafür V und Fe als Zentral-Ion) gefunden hat (Majumdar und Sabyasachi, 2011). Außer Nitrogenase enthalten andere molybdänhaltige Enzyme einen Molybdän-Cofaktor, der ein modifiziertes Pterin enthält (Abb. 6.2.3).

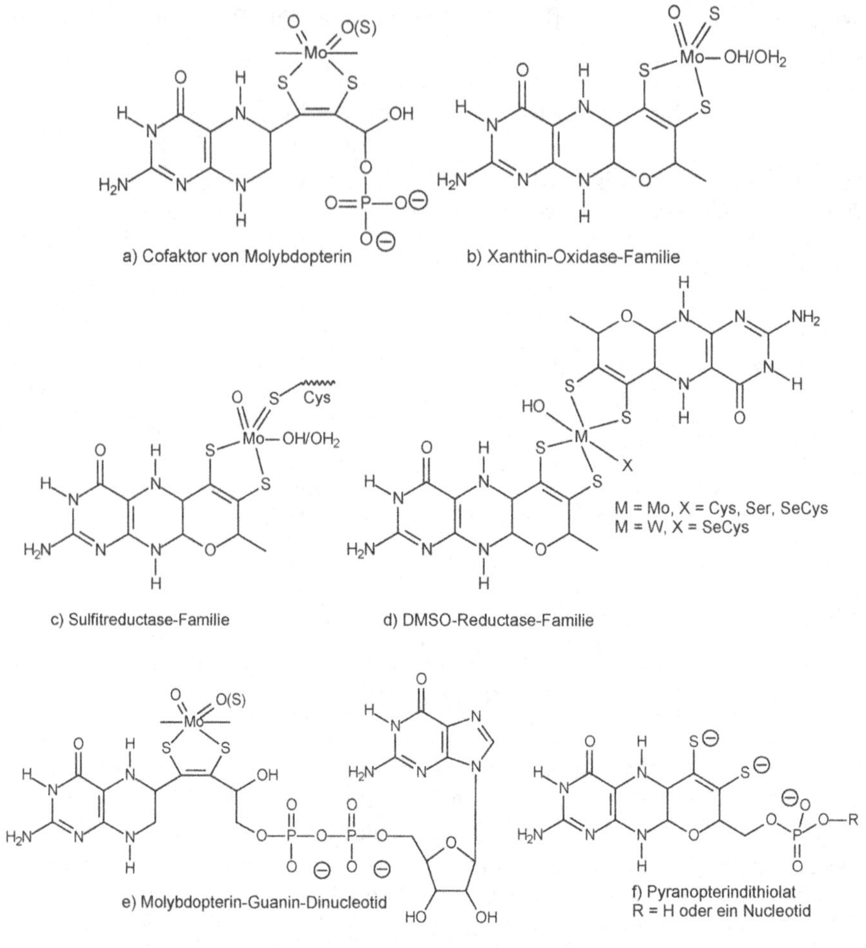

Abb. 6.2.3 Molybdänhaltiger Cofaktor und die drei Familien der Molybdopterin-Enzyme (b bis d) (oxidierte Formen) sowie entsprechende Nucleotide (e und f)

Der Molybdän-Cofaktor ist in einigen Enzymsystemen eingebaut. Die Abbildung 6.2.3 zeigt unterschiedliche Anteile des Mo-Cofaktors. Ein Komplettvorschlag als bis(Molybdopterin-Guanin-Dinucleotid)-Molybdän zeigt in der Abbildung 6.2.4 die entsprechend positionierten Liganden.

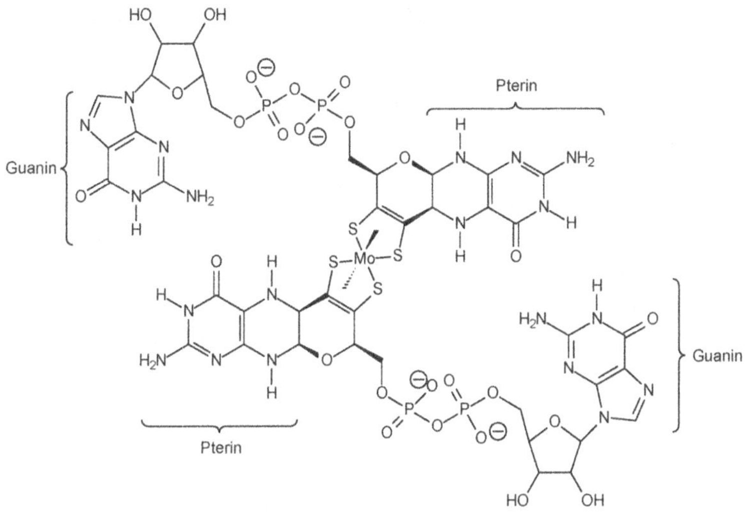

Abb. 6.2.4 Bakterien-Molybdän-Cofaktor (bis(Molybdopterin-Guanin-Dinucleotid)-Molybdän)

Das Ammoniumtetrathiomolybdat (Abb. 6.2.5) bildet sich wahrscheinlich im Wiederkäuermagen und ruft eine Kupfermangelkrankheit bei Schafen und Ziegen hervor, bei denen erhöhte Molybdänkonzentrationen im Futter nachgewiesen wurden (1940 in Australien aufgetreten). Mittlerweile wird diese Verbindung auch bei der Wilson'schen Krankheit eingesetzt (s. Stichwort „Kupfer").

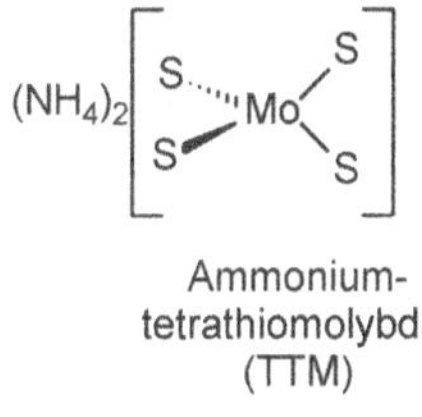

Ammonium-
tetrathiomolybdat
(TTM)

Abb. 6.2.5 Ammoniumtetrathiomolybdat

6.2.5 Toxikologische Aspekte

MAK-Wert: 5 mg/m³ für lösliche Molybdän-Verbindungen, 15 mg/m³ für unlösliche Molybdän-Verbindungen bezogen auf Molybdän.

Höhere Molybdän-Gaben können zu Durchfall und Wachstumsstörungen führen.

Weidegras, das auf molybdänreichen Böden wuchs, wies Molybdän-Gehalte von 20 bis 100 mg/kg TM auf und führte bei Wiederkäuern zu Erkrankungen. Der

NOAEL (*No-Observed-Adverse-Effect Level*) wird mit 63 mg/d angegeben, aber ein UL (*Tolerable Upper Intake Level*) von 0,01 mg/kg KG ≙ 700 µg/d.

6.2.6 Aufnahme und Ausscheidung

Molybdän ist für Mensch und Tiere essenziell. Täglich sollten 2 µg/kg (entspricht 50 bis 100 µg/d) zugeführt werden. Molybdän wird passiv im Dünndarm aufgenommen. Kupfer hemmt die Absorption. Molybdate, aber auch Molybdänoxid wird schnell fast vollständig resorbiert. Die Resorptionsrate von 35 bis 90 % hängt vom Lebensmittel ab. Frühgeborene Säuglinge haben eine Resorptionsrate aus Milch von 92,5 bis 99 %. Im Körper wird Molybdän verhältnismäßig gleichmäßig verteilt. Leber und Nieren reichern Molybdän an. Die Ausscheidung von Molybdän erfolgt über die Nieren und teilweise über die Galle.

Von Schweinen wird Molybdän hauptsächlich renal, von Rindern fäkal ausgeschieden. Kühe und Schafe scheiden Molybdän auch mit der Milch aus.

Die Aufnahme des MoO_4^{2-}-Anions korreliert mit der Abnahme der SO_4^{2-}-Konzentration. Aufgenommen wird vorwiegend das Molybdation MoO_4^{2-}.

Im Harn wurde Urothion nachgewiesen (Abb. 6.2.6), ein Metabolit des Molybdän-Cofaktors.

Ein Mangel an Molybdän führt zu einer erhöhten Xanthinausscheidung, erniedrigten Harnsäureausscheidung und Aminosäuretoleranz. Eine überhöhte Zufuhr führt wahrscheinlich zu einer erhöhten Xanthin-Oxidaseaktivität. In einigen Gebieten Armeniens treten bei einer Aufnahme von 10 bis 15 mg Molybdän/Tag extrem hohe Gehalte in Lebensmitteln auf. Ein vermehrtes Auftreten von gichtähnlichen Symptomen beim Menschen wird hiermit in Zusammenhang gebracht.

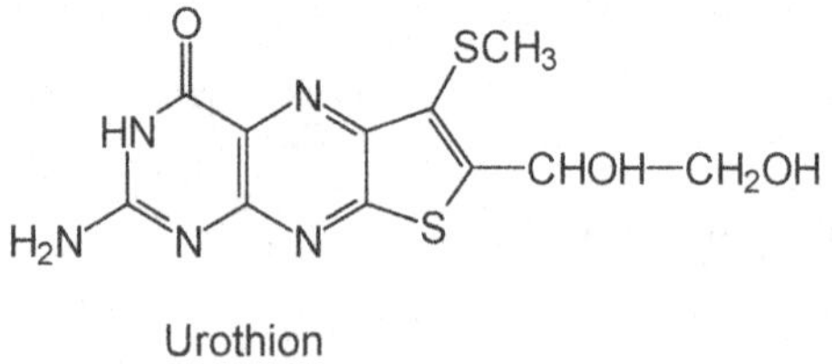

Urothion

Abb. 6.2.6 Urothion

6.3 Wolfram (W)

6.3.1 Vorkommen und Gehalte

Erde: In der *Erdkruste* liegt der Gehalt bei 1 mg/kg. Wichtige natürliche wolframhaltige Erze sind **Wolframit ((Mn,Fe)WO$_4$)**, **Scheelit (CaWO$_4$)** und **Scheelbleierz (PbWO$_4$)**.

6.3.2 Eigenschaften

Elektronenkonfiguration: [Xe] (4 f^{14} 5 d^4 6 s^2); A$_r$ = 183,85 u. Wolfram ist ein weißglänzendes Schwermetall und hat den höchsten Schmelzpunkt aller Metalle (3.380 °C), und es ist von enormer mechanischer Festigkeit. An der Luft ist es durch die Bildung einer passivierenden Schicht beständig. Oxidierende Säuren greifen nur langsam an, ein Gemisch aus HF und HNO$_3$ löst Wolfram. Schmelzen mit Alkalien ergeben Wolframate. Mit den Elementen Bor, Kohlenstoff, Silicium und Stickstoff bilden sich bei hohen Temperaturen Einlagerungsverbindungen (Boride, Carbide, Silicide und Nitride). Verwendung findet Wolfram für Glühfäden und in Spezialstählen („Wolframstähle").

6.3.3 Verbindungen

Wolfram kann zwei-, drei-, vier-, fünf- oder sechswertig vorkommen. Die beständigste Stufe ist die sechswertige.

Wolframtrioxid („Wolframocker") (WO$_3$) ist eine gelbe Verbindung, die als Tungstit auch natürlich vorkommt. Es ist in H$_2$O und Säuren unlöslich. Es entsteht durch Glühen von Wolfram-Verbindungen. Wolframocker wird in der Keramikindustrie als gelber Farbstoff verwendet, es dient weiterhin als Ausgangsmaterial für die Metallgewinnung. WO$_3$ löst sich in starken Alkalien unter Bildung von **Wolframaten**. Sie leiten sich in alkalischen Lösungen (*p*H > 8) von einer **Monowolframsäure H$_2$WO$_4$** ab. In sauren Lösungen bilden sich auch Polywolframsäuren, die ebenfalls Salze bilden, z. B. Hexawolframsäure H$_{12}$W$_6$O$_{24}$.

Wolframblau ergibt eine intensiv blaue Lösung, es entsteht durch die Reduktion von Wolfram(VI)-oxidhydrat mit Zink(II)-chlorid oder nascierendem Wasserstoff. Die blaue Farbe ist auf ein Mischoxid des vier- und fünfwertigen Wolframs zurückzuführen.

Wolframchloride: Wolfram bildet WCl$_2$, WCl$_4$, WCl$_5$ und WCl$_6$. Wolframhexachlorid WCl$_6$ kristallisiert schwarzviolett (Siedepkt. 347 °C). Es entsteht bei

Rotglut aus den Elementen. Die niedrigeren Chloride entstehen durch Reduktion von WCl_6 mit H_2.

Wolframcarbide (W_2C und WC) kristallisieren in grauen, metallisch glänzenden Kristallen. Sie besitzen eine Mohs'sche Härte von > 9 und schmelzen erst bei 2.860 °C. Wolframcarbide entstehen durch Zusammenschmelzen von Wolfram mit Kohlenstoff oder durch Reduktion von WO_3 mit Kohlenstoff und finden in Schneidwerkzeugen Verwendung. „Widia" ist eine Verbindung aus Wolframcarbid und 10 % Cobalt und hat eine extreme Härte wie Diamant und wird auch wie Diamant eingesetzt.

6.3.4 Biologische Aspekte und Bindungsformen

In Bakterien wie z. B. *Eubacterium acidaminophilum* kommen Enzyme mit Wolfram als Cofaktor vor. Wolfram ist nicht essenziell, als Antagonist des Molybdäns vermindert Wolfram die Aktivität des Molybdäns in Atmungsenzymen. In hyperthermalen Archaebakterien liegen jedoch spezielle Wolframenzyme vor, wobei das Aktivitätszentrum als Redoxkatalysator dient und Wolfram dabei die Oxidationsstufen von IV, V und VI einnimmt. Die Enzyme denaturieren erst in höheren Temperaturbereichen und besitzen noch in höheren Temperaturbereichen ihre Aktivität, weil die Komplexbindungen bei Wolfram stärker sind als bei Molybdän.

6.3.5 Toxikologische Aspekte

Physiologisch betrachtet ist Wolfram unbedenklich. In den USA ist ein MAK-Wert von 1 mg für lösliche und 5 mg für unlösliche Wolframverbindungen bezogen auf Wolfram/m^3 festgelegt. 2001 kam es in Biel-Bözingen durch eine technische Störung zu einer Emission von Wolframoxid. Es konnten im Boden und auch in Pflanzen erhöhte Wolframkonzentrationen gemessen werden. Als toxikologisch wirksame Substanz wird das Wolframat (WO_4^{2-})-Ion angenommen. Die Toxizität im Tierversuch war gering, z. B. betrug die akute Toxizität bei oraler Verabreichung an Ratten LD_{50} > 2.000 mg/kg. Weiterhin konnten keine genotoxischen Wirkungen nachgewiesen werden.

6.3.6 Aufnahme und Ausscheidung

Aufgenommene Wolfram-Verbindungen wurden im Tiermodell schnell über den Urin ausgeschieden. In Nieren und Knochen treten geringe Ablagerungen auf.

7 Die Elemente der 7. Gruppe: die Mangangruppe

Die Mangangruppe umfasst die Elemente Mangan (Mn), Technetium (Tc) und Rhenium (Re).

7.1 Mangan (Mn)

7.1.1 Vorkommen und Gehalte

Erde: Mangan ist am Aufbau der *Erdrinde* mit 0,09 % beteiligt. Große Mengen an Mangan sind in den marinen Manganknollen der Tiefsee enthalten. Die Gehalte an Mangan in den Manganknollen betragen 20 bis 40 %, neben 5 bis 15 % Eisen und 1 bis 2 % Nickel, Cobalt und Kupfer. Wichtige Manganerze sind **Braunstein** (**MnO₂**, der Name leitet sich ab von der Verwendung für braune Glasuren auf Tongeschirren), **Braunit Mn₂O₃**, **Manganit** (auch als Malerfarbe „Umbra" bezeichnet) **Mn₂O₃ · H₂O**, **Hausmannit Mn₃O₄** und **Manganspat MnCO₃**. Feinverteiltes Mangan verleiht dem Halbedelstein Amethyst) die violette Farbe.

Mensch: Der menschliche Körper enthält ca. 20 mg, davon werden 25 % im Knochenmark gespeichert. Es kommt hauptsächlich in den Mitochondrien, Zellkernen, Leber 3,6 mg/kg, Niere 1,5 mg/kg und Knochen vor.

Lebensmittel: (in mg/kg) Roggen 2,9; Weizen 3,1; Champignons 0,8; Tomate 1; Weißkohl 2; Schweinefleisch 0,3; Rindfleisch 0,2; Tee 730; Apfel 0,4; Erdbeere 4; Rinderleber 3,4; Forelle 0,1; Kuhmilch 0,02; Hühnerei 0,7.

7.1.2 Eigenschaften und Verwendung

Elektronenkonfiguration: [Ar] ($3\,d^5\,4\,s^2$); $A_r = 54{,}9380$ u. Mangan ist ein silbergraues, hartes und sprödes Metall. Es kommt in vier Modifikationen (α- bis δ-Mangan) vor. Es löst sich in Säuren unter H_2-Entwicklung, oxidierende Säuren werden reduziert. Beim Erhitzen an der Luft verbrennt es zu Mangan(III)-oxid Mn_3O_4.

$$3\,Mn + 2\,O_2 \longrightarrow Mn_3O_4$$

Mangan wird besonders für Stahllegierungen genutzt, z. B. Stahleisen 3 bis 5 % Mangan, „Spiegeleisen" 5 bis 30 % Mangan, „Ferromangan" 30 bis 80 % Mangan. Es ist weiterhin ein wichtiges Reduktionsmittel für Eisen.

7.1.3 Verbindungen

Mangan kann zwei-, drei-, vier-, fünf-, sechs- oder siebenwertig sein. Die beständigsten Oxidationsstufen sind die des zwei- und siebenwertigen Mangans. Je nach Oxidationszahl sind die Verbindungen charakteristisch gefärbt (Tab. 7.1.1).

Tab. 7.1.1 Oxidationszahlen und Farbe von Mangan-Verbindungen

Oxidationszahl	Farbe	Oxidationszahl	Farbe
II	rosa	V	blau
III	rot	VI	grün
IV	braun	VII	violett

Die Basizität der Oxide nimmt mit steigender Wertigkeit ab: Mangan(II)-oxid (MnO) ist ein Base-Anhydrid. Mangan(IV)-oxid MnO_2 ist amphoter. Mangan(VII)-oxid Mn_2O_7 ist ein Säure-Anhydrid.

$$MnO + H_2O \longrightarrow Mn(OH)_2; Mn_2O_7 + H_2O \longrightarrow 2\ HMnO_4$$

7.1.3.1 Mangan(II)-Verbindungen

Die Salze des Mn^{2+} gleichen den Magnesium-, Zink- und Eisen-Salzen.
Manganhydroxid (MnOH)$_2$ färbt eine wässrige Lösung schwach rosa.

$$Mn^{2+} + 2\ OH^- \longrightarrow 2\ Mn(OH)_2$$

Mangansulfid (MnS) besitzt eine charakteristische fleischfarbene Färbung.
Mangan(II)-sulfat (MnSO$_4$) ist in wasserfreier Form weiß, es kristallisiert aber auch mit sieben, fünf, vier oder einem Mol H_2O zu rosa Substanzen. Die Gewinnung erfolgt aus MnO und H_2SO_4. Verwendung findet es u. a. in Fungiziden, Pigmenten und Düngemitteln.

7.1.3.2 Mangan(IV)-Verbindungen

Braunstein (Pyrolusit) (Mangandioxid) (MnO$_2$) ist die beständigste Verbindung, in H_2O schwer löslich, und oberhalb von 500 °C beginnt es zu dissoziieren:

$$12\ MnO_2 \longleftrightarrow 6\ Mn_2O_3 + 3\ O_2 \longleftrightarrow 4\ Mn_3O_4 + 4\ O_2$$

MnO_2 ist amphoter; mit Säuren bildet es unbeständige, zerfallende Mn(IV)-Salze:

$$MnO_2 + 4\ HCl \longrightarrow MnCl_4 + 2\ H_2O;\ MnCl_4 \longrightarrow MnCl_2 + Cl_2$$

Mit Basen entstehen Salze der **Manganigen Säure H_2MnO_3**, sie heißen **Manganite**:

$$MnO_2 + Ca(OH)_2 \longrightarrow CaMnO_3 + H_2O$$

Verbindungstypen sind $H_2Mn^{IV}O_3$, $H_2Mn^{II}O_4$ und $HMn^{VII}O_4$.

7.1.3.3 Mangan(VI)-Verbindungen

Dikaliummanganat(VI) (K_2MnO_4) ist tiefgrün gefärbt. Beim Ansäuern seiner wässrigen Lösung erfolgt eine Disproportionierung:

$$3\ MnO_4^{2-} + 4\ H_3O^+ \longrightarrow 2\ MnO_4^- + MnO_2 + 6\ H_2O$$

7.1.3.4 Mangan(VII)-Verbindungen

Kaliumpermanganat ($KMnO_4$) bildet metallisch schimmernde, tiefpurpurfarbene Prismen, in H_2O löst es sich mit violetter Färbung. Es ist isomorph zu $KClO_4$. Die Darstellung erfolgt durch Oxidschmelze von Mangan(IV)-oxid MnO_2 mit KOH und Cl_2 (oder O_3) oder durch elektrolytische Oxidation (anodischer Elektronenentzug). Kaliumpermanganat ist ein sehr starkes Oxidationsmittel, in alkalischer Lösung wird es dabei zu MnO_2 reduziert:

$$MnO_4^- + 2\ H_2O + 3\ e^- \longrightarrow MnO_2 + 4\ OH^-$$

In saurer Lösung bilden sich Mangan(II)-Salze:

$$Mn^{VII}O_4^- + 8\ H_3O^+ + 5\ e^- \longrightarrow Mn^{2+} + 12\ H_2O$$

Formulierungen für Permanganatoxidationen von I^- und Fe^{2+} (Beispiele):

$$MnO_4^- + 8\ H_3O^+ + 5\ I^- \longrightarrow Mn^{2+} + 12\ H_2O + 2,5\ I_2\ \text{(im Sauren)}$$
$$MnO_4^- + 8\ H_3O^+ + 5\ Fe^{2+} \longrightarrow Mn^{2+} + 12\ H_2O + 5\ Fe^{3+}$$
$$MnO_4^- + 2\ H_2O + 3\ I^- \longrightarrow MnO_2 + 4\ OH^- + 1,5\ I_2\ \text{(im Alkalischen)}$$

$KMnO_4$ wird aufgrund seiner fäulniswidrigen und keimtötenden Wirkung als Desinfektionsmittel und Adstringens verwendet, aber auch als Oxidationsmittel und zum Bleichen und Entfärben.

Mangan(VII)-oxid (Mn₂O₇) ist eine dunkelgrüne, ölige Flüssigkeit, die beim Erwärmen verpufft, Sauerstoff freisetzt oder mit organischen Stoffen explodiert.

$$2\ Mn_2O_7 \longrightarrow 4\ MnO_2 + 3\ O_2$$

Nach der explosionsartigen Bildung von Braunstein verschwindet die grüne Farbe. Es ist das Anhydrid von HMnO₄, die nur in wässriger Lösung bekannt ist. Sie wird dargestellt durch Zugabe von konz. H₂SO₄ zu trockenem KMnO₄.

$$2\ KMnO_4 + H_2SO_4 \longrightarrow K_2SO_4 + 2\ HMnO_4\ ;\ 2\ HMnO_4 \longrightarrow Mn_2O_7 + H_2O$$

7.1.4 Biologische Aspekte und Bindungsformen

Manganmangel tritt besonders bei Pflanzen auf, die auf leichten humosen Böden wachsen. Bei Hafer zeigt sich dieser Mangel im Auftreten der Dörrfleckenkrankheit. Bei Pflanzen ist Mangan an der Photosynthese beteiligt. Es kommt dort in einem Mangan-Calcium-Cluster vor, bei dem vier photoreduzierende Mangan-Ionen aus Wasser Sauerstoff gewinnen. Bei der Oxidation von Wasser zu Sauerstoff im Photosystem II ist der Komplex (Abb. 7.1.1) mit vier Mangan-Ionen, die über Sauerstoffbrücken verbunden sind, und einem Ca²⁺-Ion beteiligt.

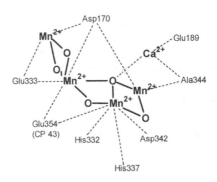

Abb. 7.1.1 Mangan-Calcium-Cluster des sauerstoffproduzierenden Komplexes

In einem mehrstufigen Zyklus (Kok-Zyklus) wechselt das Mangan-Ion von der Oxidationsstufe (+IV) zu (+III) und umgekehrt. Durch Sonnenlicht und dem Mangan-Calcium-Cluster (MCC) wird Wasser gespalten, Sauerstoff und Oxonium-Ionen werden freigesetzt.

$$h \cdot \upsilon + MCC$$
$$6\,H_2O \xrightarrow{\hspace{3cm}} O_2 + 4\,H_3O^+ + 4\,e^-$$

Weiterhin sind manganhaltige Superoxiddismutasen beschrieben, die in Mitochondrien und Peroxisomen lokalisiert sind. Es wird durch katalysierte Redoxreaktion aus Hyperoxid (engl. Superoxid, ist ein Radikal), Sauerstoff oder Wasserstoffperoxid, je nach Mangan-Ion, umgesetzt.

$$\overset{\text{Hyperoxid}}{Mn^{3+} + \bullet\overline{\underline{O}}{-}\overline{\underline{O}}|^{\ominus}} \xrightarrow{\hspace{1cm}} \overset{\text{Sauerstoff}}{Mn^{2+} + O_2}$$
$$H^+ + Mn^{2+} + HO_2^- \xrightarrow{\hspace{1cm}} Mn^{3+} + H_2O_2$$

In Pyruvat-Carboxylase, Avimanganin, Diaminoxidase, Glykosyltransferasen und alkalischer Phosphatase ist Mangan enthalten. Zur Energiegewinnung setzt das im Meer vorkommende Bakterium *Shewanella putrefaciens* Mn^{4+} als Elektronenakzeptor unter anaeroben Bedingungen zur Reduktion zum Mn^{2+} ein.

In Säugetieren kommt das Leberenzym Arginase vor, das die Aminosäure Arginin zu Ornithin unter Freisetzung von Harnstoff umsetzt.

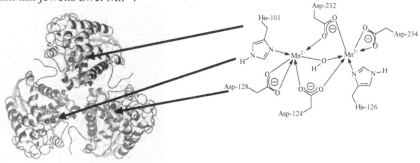

Arginin   Ornithin   Harnstoff

Beim Menschen können Mutationen im *ARG1*-Gen Arginasemangel hervorrufen und einen Harnstoffzyklusdefekt (Hyperammonämie) verursachen. Abbildung 7.1.2 zeigt das reaktive Zentrum der Arginase mit zwei Mangan-Ionen mit der Oxidationszahl II. In jeder der drei Untereinheiten befindet sich jeweils ein Zentrum mit jeweils zwei Mn^{2+}.

Abb. 7.1.2 Reaktives Zentrum der Arginase und deren Raumstruktur {s. a. PDB ID 1P8M}

Das Protein Glykogenin (M_r = 37 kD) (Abb. 7.1.3) bildet eine dimere Struktur mit zwei Mn^{2+}-Ionen aus, die wahrscheinlich als Akzeptor für ein e^--Paar fungieren. Es kommt in der Leber vor und ist an der Glykogensynthese beteiligt.

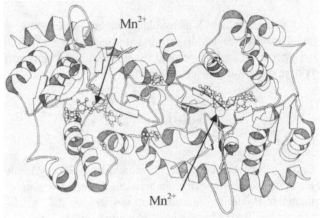

Abb. 7.1.3 Raumstruktur des Glykogenins {s. a. PDB ID 1LL2}

Für Mangan-Verbindungen wird an Neuentwicklungen gearbeitet. Innovative Manganporphyrin-Komplexe sollen das Potenzial der Zerstörung von Peroxynitrit besitzen, einer reaktiven Redoxverbindung, die auch noch aktive Radikale generieren kann. Ebenfalls besitzen diese Komplexe entzündungshemmende Eigenschaften. Manganhaltige Macrocyclen besitzen eine Aktivität gegen Herzklopfen. Für die Synthese von Mucopolysacchariden und für die Bildung von Blutgerinnungsfaktoren wird Mangan benötigt. Bei Mangel kommt es zur Minderung des Wachstums der Pflanzen, der Dörrfleckenkrankheit sowie zu Wachstumsstörungen, eine Mangandüngung ist dann angebracht. Von Pflanzen wird es als Mn^{2+} aufgenommen.

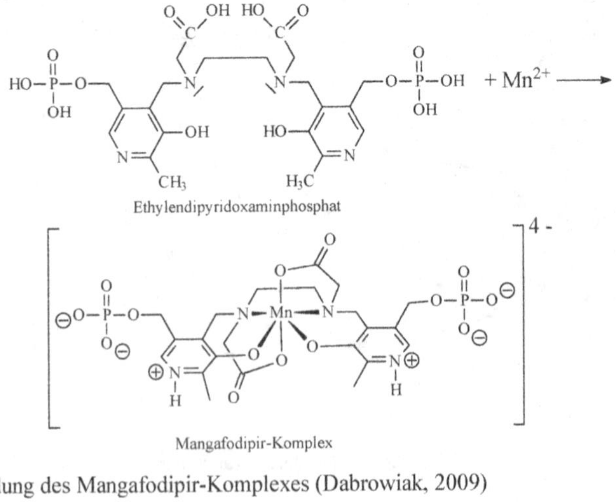

Ethylendipyridoxaminphosphat

Mangafodipir-Komplex

Abb. 7.1.4 Bildung des Mangafodipir-Komplexes (Dabrowiak, 2009)

Der Mangafodipir-Komplex (Abb. 7.1.4) besteht aus Mn^{2+} und einem Ethylendi-pyridoxaminphosphat-Liganden, der eine oktaedrische Struktur besitzt, bei der die zwei Carboxylat-Liganden die Spitzen des Oktaeders besetzen. Es ist ein Leber-spezifisches Kontrastmittel für die Magnetresonanztomographie (MRT). Nach der Injektion werden die Mn^{2+}-Ionen durch Zn^{2+}-Ionen verdrängt. Die mittlere Ver-weilzeit der Mn^{2+}-Ionen beträgt 20 min, die des renal ausgeschiedenen Liganden 50 min.

Das Trinatriumsalz des oktaedrisch verzerrten Mangafodipir-Komplexes wird aufgrund des erhöhten Kontrastes zum Aufspüren von Leberkarzinomen einge-setzt.

7.1.5 Toxikologische Aspekte

MAK-Wert für Mangan oder Mangan-Verbindungen: 5 mg/m^3. In Deutschland gibt es einen Grenzwert für Mangan im Trinkwasser von 0,1 mg/L. Für Mangan-stäube gilt der MAK-Wert von 0,02 mg/m^3 für besonders feine Stäube, die in die Lungenbläschen eindringen können, und 0,2 mg/m^3 für einatembare Stäube.

Manganmangel kann u. a. Sterilität hervorrufen. Chronische Aufnahme von Manganstaub führt zu Manganismus, einer Schädigung des Nervensystems mit Sprach- und Bewegungsstörungen. Das vorwiegend in der Nahrung vorkommende Mn^{2+} ist wesentlich weniger toxisch als z. B. das Permanganat-Ion MnO_4^-.

7.1.6 Aufnahme und Ausscheidung

Resorbiertes Mn^{2+} wird im Verhältnis 1 : 1 an α-Makroglobulin gebunden und von der Leber wahrscheinlich durch Ferrioxidase (Caeruloplasmin) zu Mn^{3+} oxi-diert und dann an Transferrin gebunden. Unlösliche Mangan-Spezies werden von Crustaceen partikelförmig durch Pinocytose aufgenommen.

Täglich sollte der Mensch 1 mg Mangan aufnehmen, die durchschnittliche Manganaufnahme liegt bei 2,5 mg.

Die Resorptionsrate von Mangan ist gering (3 bis 8 %). Bei Kindern ist die Re-sorptionsrate deutlich höher. Durch Einwirkung von Pectinasen kann die Freiset-zung aus Haferflocken in einem simulierten Magensaft von 4 % auf 81 % anstei-gen. Bei Roggenmehl steigt die Freisetzung durch Pepsin auf 32 %, durch Zugabe eines zweiten Enzymsystems (Pectinasen) steigt die Freisetzung auf 68 % in dem Modellmedium an. Kationen wie Fe^{2+}, Ca^{2+} und Mg^{2+} sowie Oxalsäure, Phytin-säure und Polyphenole vermindern die Resorptionsrate.

Die Ausscheidung des Mangans erfolgt über die Galle. Im Schweiß kommen Mangankonzentrationen von ca. 0,06 mg/L vor.

7.2 Technetium (Tc)

Elektronenkonfiguration: [Kr] $(4\,d^5\,5\,s^2)$; $A_r = 97{,}9072$ u. Die längste Halbwertszeit von natürlich vorkommenden Technetiumisotopen beträgt 4 Mio. Jahre, sodass nur Spuren in Mineralien nachgewiesen wurden (aus 5,3 kg Pechblende 1 ng Technetium). Technetium war das erste künstlich hergestellte Element und daher rührt auch der Name der auf altgriechisch „künstlich" heißt. Mittlerweile wurden aber aus Kernwaffenversuchen und Wiederaufbereitungsanlagen für Kernbrennstoffe ca. 2.000 kg Technetium freigesetzt, beziehungsweise für den kommerziellen Einsatz gewonnen. Aus ^{235}U bilden sich etwa 6 % Technetium, sodass auf diese Weise bis Ende des letzten Jahrhunderts 78 t Technetium gebildet wurden. Für die medizinische Anwendung ist folgende Reaktion wichtig: Durch Bestrahlung von Molybdat wird das metastabile Pertechnetat-Ion hergestellt.

$$^{99}_{42}MoO_4^{2-} \rightarrow {}^{99m}_{43}TcO_4^- + \beta\,(t_{1/2} = 66\,\text{h}); \quad {}^{99m}_{43}Tc \rightarrow {}^{99}_{43}Tc + \gamma\,(t_{1/2} = 6\,\text{h})$$

Dieses metastabile Isotop $^{99m}_{43}$Tc besitzt nur eine kurze Halbwertzeit von sechs Stunden und lagert sich an biologische Moleküle wie z. B. monoklonale Antikörper oder Immunproteine an und gibt γ-Strahlung ab. Es kann gezielt Tumore (Gehirn, Schilddrüse, Lunge, Leber, Niere, Galle, Knochen, Milz, Darm), je nach organischem Ligand, markieren, die Tumore durch Strahlung am Wachstum hindern und auch zerstören. Das metastabile Technetium reagiert durch den Zerfall mit derselben Massenzahl unter Freisetzung von γ-Strahlung. Der Vorteil dieser Reaktion ist, dass man aufgrund der hohen Strahlungsdichte nur wenig Substanz einsetzen muss, sodass sich die allgemeine Toxizität des Technetiums durch geringe Konzentration weniger bemerkbar macht. Von diesem Isotop wurden in den USA 7 Mio. Einzeldosen pro Jahr verabreicht.

Koordinationsverbindungen werden vor allem als Radiopharmaka in der Diagnostik eingesetzt. Die radioaktiven Nuklide (vor allem ^{99}Tc und ^{67}Ga als Citratkomplex) lassen sich gut mit Szintillationszählern (z. B. mit der Radioszintigraphie und der Single-Photon-Emission-Computertomographie (SPECT) nachweisen. Die Nuklide reichern sich in erkrankten Gewebeteilen, Organen (auch im Gehirn) und in den Knochen an. Durch die Wahl des Liganden kann dabei der Ort der Anreicherung angesteuert werden. Die Verwendung des hochgeladenen Diphosphonatomethan(dpm)-Liganden führt zur Bildung eines Komplexes mit Technetium, der zur Sichtbarmachung von Knochen (hydrophile Umgebung) geeignet ist (Abb. 7.2.1 A). Dagegen bildet sich bei Verwendung eines Dioximato-Chelatliganden ein neutraler, hydrophober Komplex, der sich bevorzugt im Gehirn anreichert (Abb. 7.2.1 B). ^{99m}Tc-Verbindungen gibt es eine Reihe in der diagnostischen Nuklearmedizin.

Durch die emittierte energiereiche Gammastrahlung werden nur geringe Dosen eingesetzt. Das Technetium wird zu einem erheblichen Teil nach der Verabreichung wieder ausgeschieden und führt im Körper zu keiner deutlich erhöhten Strahlenbelastung.

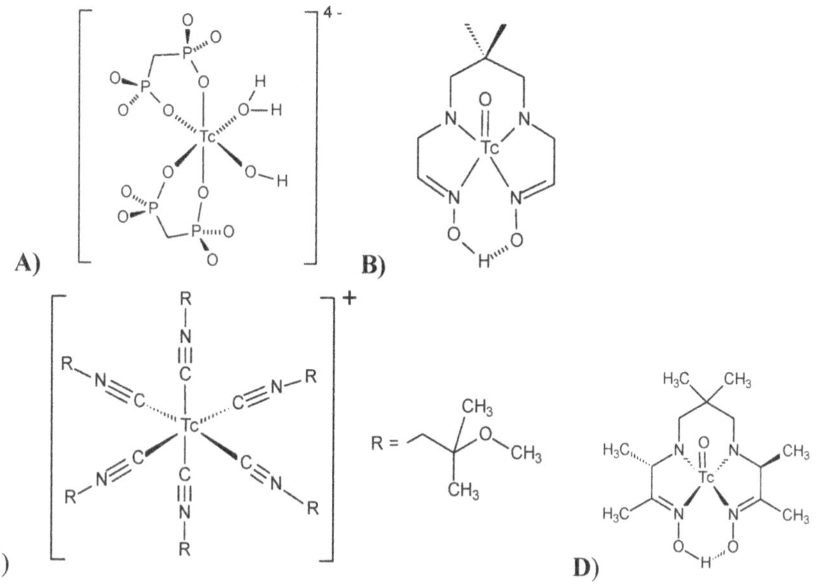

Abb. 7.2.1 A) Hochgeladener Komplex aus radioaktivem Technetium ($^{99m}_{43}$Tc), mit „dpm", der sich bevorzugt in den Knochen anreichert (die Bindungen zwischen P und O in der räumlichen Darstellung sind Doppelbindungen „dpm"). **B)** Neutraler, hydrophober Komplex mit radioaktivem Technetium ($^{99m}_{43}$Tc), der sich bevorzugt im Gehirn anreichert. **C)** Der oktaedrische [Tc(BIMI)$_6$]$^+$-Komplex (auch Cardiolite genannt) hat als Zielorgan das Herz. **D)** Technetium-Komplex mit organischen Liganden mit dem Gehirn als Zielorgan.

8 Die Elemente der 8. Gruppe: die Eisengruppe

Die 8. Gruppe enthält die Elemente Eisen (Fe), Ruthenium (Ru) und Osmium (Os).

8.1 Eisen (Fe)

8.1.1 Vorkommen und Gehalte

Erde: Eisen ist eines der häufigsten Metalle, sein Anteil an der *Erdrinde* beträgt 4,7 %. Die Hauptvorkommen finden sich in oxidischen und sulfidischen *Erzen* wie **Magneteisenstein (Magnetit) (Fe_3O_4), Roteisenstein (Hämatit) (Fe_2O_3), Brauneisenstein (Limonit) (2 Fe_2O_3 · 3 H_2O), Spateisenstein (Siderit) ($FeCO_3$)** und **Eisenkies (Pyrit) (FeS_2)**.

Mensch: Der Mensch enthält 2,5 bis 4 g Eisen, davon finden sich 60 % (2,0 bis 2,5 g) im Hämoglobin der Erythrocyten, etwa 1 g in Leber und Knochenmark (Speicherproteine Ferritin (im Ferritin 15 bis 20 % des Eisens) und Hämosiderin), etwa 10 % bis 15 % im Myoglobin (ca. 400 mg Eisen), 250 mg in Enzymsystemen 0,1 bis 0,2 % Eisen in Transportproteine (z. B. Schwefel-, Eisenproteine, Cytochrome) (Cytochrom: 0,1 % des Gesamteisens). Das Blut eines Erwachsenen (ca. 5 L) enthält etwa 800 g Hämoglobin, im Hämoglobin sind 0,3 % Eisen enthalten.

Lebensmittel: (Angaben in mg/kg bzw. L) Hafer (entspelzt) 58; Gerste (entspelzt) und Roggen 28; Weizen 33; Kakao (schwach entölt): 125; Spinat 38; Kartoffel 5; Petersilie 55; Apfel 2 bis 9; Rindfleisch 21; Rinderleber 70; Rinderniere 11; Schweineleber 154; Schweinefleisch 18; Schweinenieren 100; Schweineblut 550; Rinderblut 500; Kuhmilch 0,5; Eigelb 60 bis 120.

8.1.2 Eigenschaften und Verwendung

Elektronenkonfiguration: [Ar] (3 d^6 4 s^2); A_r = 55,847 u. Chemisch reines Eisen ist ein silberweißes, relativ weiches Schwermetall (Schmelzpkt. 1.539 °C, Siedepkt. 3.070 °C). Es kommt in drei enantiotropen Modifikationen vor:

$$\alpha\text{-Eisen} \xrightleftharpoons{910\,°C} \gamma\text{-Eisen} \xrightleftharpoons{1.400\,°C} \delta\text{-Eisen} \xrightleftharpoons{1.539\,°C} \text{flüssiges Eisen}$$

An feuchter Luft oder in CO_2-haltigem H_2O bildet es Fe(II,III)-oxidhydrat (= Rost). Dabei bilden sich zunächst Eisencarbonate, die anschließend der Hydrolyse unterliegen. Der Rostvorgang hängt von vielen Einflussfaktoren wie Feuchtigkeitsgehalt, Temperatur, O_2-Zutritt etc. ab. Im Grundsatz handelt es sich um folgende Reaktionen:

$$2\ Fe \longrightarrow 2\ Fe^{2+} + 4\ e^-$$
$$O_2 + 4\ e^- + 2\ H_2O \rightleftharpoons 4\ OH^-$$
$$2\ Fe^{2+} + H_2O + \tfrac{1}{2}\ O_2 \rightleftharpoons 2\ Fe^{3+} + 2\ OH^-$$
$$2\ Fe^{3+} + 6\ OH^- \longrightarrow 2\ Fe(OH)_3$$

Da sich bei diesem Vorgang OH^--Ionen bilden, wird das Rosten durch Säuren begünstigt. Gebildetes $Fe(OH)_3$ kann durch H_2O-Abspaltung und Umsetzung mit meist vorhandenen anderen Anionen zu wasserhaltigen Oxiden oder basischen Salzen reagieren. Die lockere Struktur des Rostes erlaubt einen weiteren Zutritt von Luft und Feuchtigkeit und ermöglicht völliges Durchrosten.

In feinster Verteilung verglimmt Eisen schon bei gewöhnlicher Temperatur unter lebhafter Wärmeentwicklung: pyrophores Eisen. Auch H_2O-Dampf wird oberhalb von 500 °C von Eisen zersetzt:

$$3\ Fe + 4\ H_2O \rightleftharpoons Fe_3O_4 + 4\ H_2\uparrow$$

Obwohl reines Eisen geruchlos ist, kommt es in Kontakt mit der Haut durch Schweiß und Hautfett zur Bildung von 1-Octen-3-on, das pilzartig metallisch riecht. Durch Luftsauerstoff unter Einwirkung des Schweißes wird Eisen zu Fe^{2+} oxidiert, und die instabilen Peroxide der oxidierten Fettsäuren werden abgebaut.

8.1.3 Verbindungen

Eisen kommt zwei-, drei- oder sechswertig vor, die sechswertigen Verbindungen heißen „Ferrate" (Me_2FeO_4), sie sind nicht von Bedeutung. Zweiwertiges Eisen wirkt stärker basisch als dreiwertiges, deshalb bildet Eisen(III) kein Carbonat. Eisen(II)-Salze wirken als Reduktionsmittel, Eisen(III)-Salze als Oxidationsmittel.

8.1.3.1 Eisen(II)-Verbindungen

Eisen(II)-Salze entstehen durch Auflösen von Eisen in Säuren:

$$Fe + 2\ H_3O^+ \longrightarrow Fe^{2+} + H_2\uparrow + 2\ H_2O$$

In wässrigen Lösungen von Eisen(II)-Salzen liegt das blass blaugrün gefärbte Hexaaqua-Eisen(II)-Ion vor: $[Fe(H_2O)_6]^{2+}$.

Das Eisen(II)-Ion kann von molekularem Sauerstoff in saurer Lösung in das Eisen(III)-Ion überführt werden. Für diese Autoxidation lässt sich folgendes Schema angeben:

$$2\ Fe^{2+} + \tfrac{1}{2}\ O_2 \longrightarrow 2\ Fe^{3+} + O^{2-}$$
$$O^{2-} + H_2O \longrightarrow 2\ OH^-$$
$$2\ Fe^{2+} + \tfrac{1}{2}\ O_2 + H_2O \longrightarrow 2\ Fe^{3+} + 2\ OH^-$$

Eisen(II)-oxid (FeO) ist rein ein schwarzes Pulver. Es ist nur unter besonderen Bedingungen darstellbar, da es leicht disproportioniert zu Fe und Fe_3O_4.

Eisenhydroxid (Fe(OH)$_2$) ist eine weiße Substanz. Es zeigt leicht amphoteres Verhalten und löst sich z. B. in konz. NaOH (50 %ige Lauge) unter Bildung von $Na_4[Fe(OH)_6]$ geringfügig. $Fe(OH)_2$ neigt sehr stark zur Autoxidation (dabei bilden sich grüne Zwischenstufen):

$$2\ Fe(OH)_2 + H_2O + \tfrac{1}{2}\ O_2 \longrightarrow 2\ Fe(OH)_3$$

Eisensulfid (Schwefeleisen) (FeS), eine grünlich schwarze Verbindung, wird gewonnen z. B. aus Eisen(II)-Salzen mit Ammoniumsulfid $(NH_4)_2S$ oder durch Zusammenschmelzen der Elemente:

$$Fe^{2+} + S^{2-} \longrightarrow FeS\downarrow \qquad \text{bzw.} \qquad Fe + S \longrightarrow FeS$$

Bei längerem Kochen eines Eies bildet sich an der Grenzfläche vom Eigelb zu Eiklar ein grüner Ring. Freigesetztes Fe^{2+} aus dem Phosvitin des Eigelbs reagiert mit S^{2-} aus Eiklarproteinen zum grünen FeS. Vorher ist Fe^{3+} im Phosvitin reduziert worden, denn Fe^{3+} ist deutlich fester gebunden als Fe^{2+}.

Eisenvitriol (FeSO$_4$ · 7 H$_2$O) bildet blau-weiße Prismen. Es kann durch Lösen von Eisen in H_2SO_4 oder durch Oxidation von FeS an der Luft entstehen. Die wässrige Lösung reagiert infolge der Hydrolyse sehr sauer und oxidiert an der Luft unter teilweiser Abscheidung von basischem Eisen(III)-sulfat. In wasserfreier Form ist $FeSO_4$ weiß. Eisenvitriol erlangte vielfältige Einsatzbereiche, u. a. als Pigment, zur Unkrautvertilgung und zur Desinfektion.

Eisencarbonat (FeCO$_3$) ist eine weiße Substanz, die durch Fällung mit Alkalicarbonat unter Luftabschluss gewonnen wird.

$$Fe^{2+} + CO_3^{2-} \longrightarrow FeCO_3$$

$FeCO_3$ löst sich in CO_2-haltigem H_2O zu $Fe(HCO_3)_2$.

$$FeCO_3 + H_2CO_3 \longrightarrow Fe(HCO_3)_2$$

An der Luft reagiert es unter CO_2-Abspaltung rasch zu $Fe(OH)_3$

$$\text{FeCO}_3 \xrightarrow{\text{Ox.}} \text{Fe}_2(\text{CO}_3)_3 \quad ; \quad \text{Fe}_2(\text{CO}_3)_3 + 6\,\text{H}_2\text{O} \longrightarrow 2\,\text{Fe(OH)}_3 + 3\,\text{H}_2\text{CO}_3$$
$$(3\,\text{H}_2\text{CO}_3 \longrightarrow 3\,\text{H}_2\text{O} + 3\,\text{CO}_2)$$

8.1.3.2 Eisen-Halogenide

Eisen bildet mit allen vier relevanten Halogenen Halogenide. Sie entstehen rein durch Einwirkung der entsprechenden Säuren auf Eisen. Eisendibromid FeBr_2 und Eisendiiodid FeI_2 können auch direkt aus den Elementen dargestellt werden. Aus wässrigen Lösungen der Halogenide kristallisieren Hydrate, z. B. $\text{FeCl}_2 \cdot 8\,\text{H}_2\text{O}$ (farblos), $\text{FeCl}_2 \cdot 6\,\text{H}_2\text{O}$ (blassgrün).

8.1.3.3 Eisen(III)-Verbindungen

Eisen(III)-oxid (Fe_2O_3) kommt in der Natur in verschiedenen Formen vor (s. o.). Technisch wird es gewonnen durch Entwässern von Fe(OH)_3 oder beim Verbrennen von Eisen im Sauerstoff-Strom.

$$2\,\text{Fe} + 1{,}5\,\text{O}_2 \longrightarrow \text{Fe}_2\text{O}_3$$

Durch Erhitzen auf über 300 °C geht die kubische γ-Form in die rhomboedrische α-Form über. Das ferromagnetische γ-Fe_2O_3 wird mit Fe_2O_3 mit kleinen Zusätzen von Cobalt in Videobänder eingesetzt. Durch starkes Glühen wird Fe_2O_3 in Säuren nahezu unlöslich. Geglühtes Fe_2O_3 wird als rote Anstrich- und Malerfarbe viel benutzt. Je nach Korngröße variiert die Farbe zwischen hellrot und purpurviolett. Fe_2O_3 dient auch als Ausgangsmaterial für die Eisengewinnung und als Poliermittel. Beim Erhitzen auf über 1.000 °C spaltet sich Sauerstoff ab, und es bildet sich Eisen(II,III)-oxid:

$$3\,\text{Fe}_2\text{O}_3 \longrightarrow 2\,\text{Fe}_3\text{O}_4\ (\text{FeO} \cdot \text{Fe}_2\text{O}_3) + \tfrac{1}{2}\,\text{O}_2$$

Eisen(II,III)-oxid (Fe_3O_4 bzw. FeO $\cdot$ Fe_2O_3) kommt natürlich als Magneteisenstein (Magnetit) vor und ist das beständigste Oxid des Eisens. Es bildet sich als „Rost" bei der Oxidation von Eisen an feuchter Luft und als „Hammerschlag" beim Schmieden von glühendem Eisen (Verbrennen der abspringenden Eisenteilchen!). Es entsteht auch beim Überleiten von H_2O-Dampf über rotglühendes Eisen. Fe_3O_4 ist sehr stark ferromagnetisch (= paramagnetisch, Verdichtung der Feldlinien in seinem Innern in einem homogenen Magnetfeld). Diese Eigenschaft ist schon im Mittelalter bei der Kompassherstellung ausgenutzt worden. Paramagnetische Fe(II)- und Fe(III)-Oxide werden in Kristallsuspensionen zur Magnetresonanztomographie lokaler Leberläsionen eingesetzt.

Eisen(III)-hydroxid (Fe(OH)$_3$) entsteht als rotbraunes, wasserreiches Hydrogel der Formel Fe$_2$O$_3$ · H$_2$O (= Eisenoxidhydrat) aus Eisen(III)-Salzlösung mit Alkalien. Es geht beim Erwärmen in das kristallisierte Metahydroxid FeO(OH) (= Goethit) über. Ist die Eisenkonzentration im Wasser zu hoch, fällt Fe(OH)$_3$ aus und verstopft die Wasserrohre. Bei der Wäsche sind dann schmierige Ockerflecken zu beobachten. Durch Einstellung der Wasserqualität sind solche Effekte zu vermeiden (Abb. 8.1.1). Durch Erhitzen auf etwa 220 °C geht das Goethit in α-Fe$_2$O$_3$ über. Eisenoxide und Eisenhydroxide sind als Lebensmittelzusatzstoffe (E 172) zugelassen.

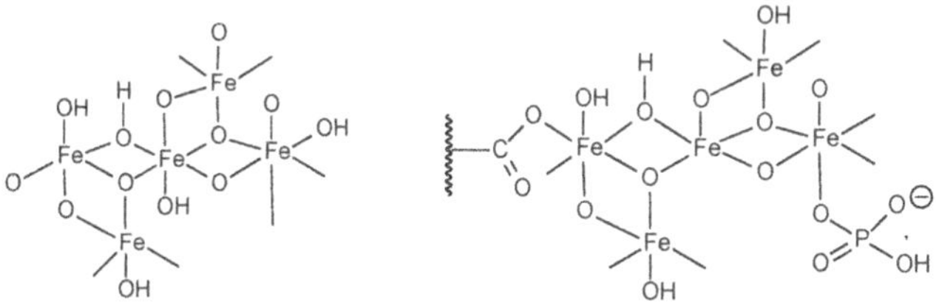

Abb. 8.1.1 Struktur von Eisenoxiden

Eisentrichlorid (FeCl$_3$) entsteht in wasserfreier Form als Metallglänzendes, dunkles Sublimat durch Erhitzen von Eisen im Chlor-Strom. Beim Einleiten von Chlor in FeCl$_2$-Lösungen bildet sich ebenfalls FeCl$_3$, das jedoch in Form von Hydraten aus den Lösungen kristallisiert, z. B. als gelbes Hexahydrat FeCl$_3$ · 6 H$_2$O, das als blutstillendes Mittel seine Verwendung fand. Die Struktur ist Tetraaqua-*trans*-dichloridoeisen(III)-chloriddihydrat [FeCl$_2$(H$_2$O)$_4$]Cl · H$_2$O (Abb. 8.1.2).

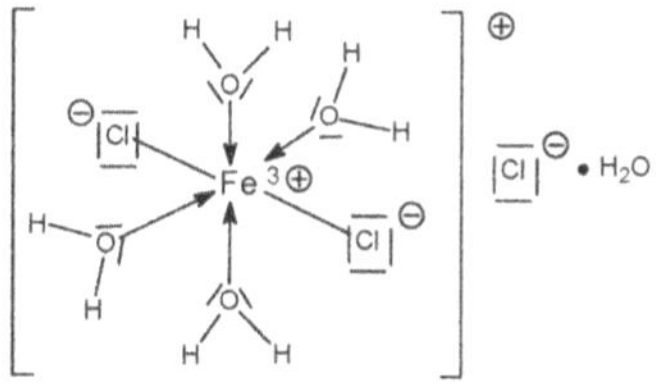

Abb. 8.1.2 Tetraaqua-*trans*-dichloridoeisen(III)-chloridodihydrat

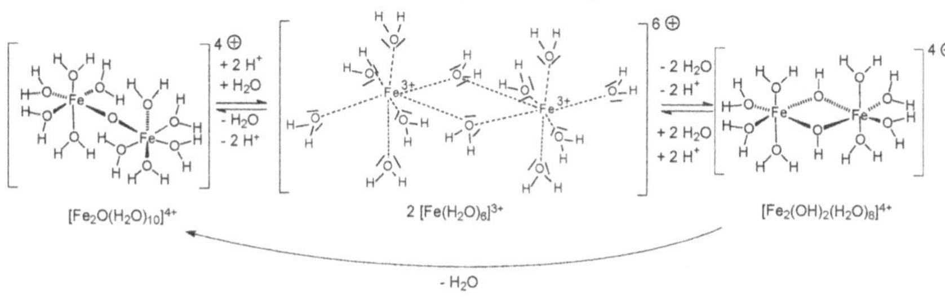

Abb. 8.1.3 Beispiele für Aquaeisen-Komplexe

In konzentrierter Salzsäure bildet sich der tetraedrisch koordinierte, negativ geladene Tetrachloridoferrat(III)-Komplex ($[FeCl_4]^-$).

Die rotbraune Farbe von Eisen(III)-chloridlösungen ist wie bei allen anderen Eisen(III)-Salzlösungen auf Hydrolyse zurückzuführen, bei der kolloidales rotbraunes $Fe(OH)_3$ entsteht:

$$Fe^{3+} + 6\ H_2O \rightleftharpoons Fe(OH)_3 + 3\ H_3O^+$$

Bei einer Dialyse bleibt dieses kolloidale $Fe(OH)_3$ zurück. Die Farbe vertieft sich beim Kochen.

Eisenrhodanid (Eisenthiocyanat) (Fe(SCN)$_3$) bildet eine blutrote, in Diethylether lösliche Verbindung, die als sehr empfindliche Nachweisreaktion genutzt wird.

$$Fe(H_2O)_6^{3+} + 3\ (SCN)^- \longrightarrow [Fe(SCN)_3(H_2O)_3] + 3\ H_2O$$

Die Reaktion verläuft über verschiedene Aquakomplexe, sodass eine quantitative Bestimmung Schwierigkeiten bereitet (Abb. 8.1.3).

8.1.3.4 Komplexe Eisenverbindungen

Die oktaedrische Koordination ist für Fe^{2+} und Fe^{3+} die häufigste Koordination der Liganden. Eisen bildet sehr beständige Hexacyanidokomplexe, die Hexacyanidoferrate.

Gelbes Blutlaugensalz (Tetrakaliumhexacyanidoferrat(II)) (K$_4$[Fe(CN)$_6$] · 3 H$_2$O) bildet gelbe monokline Kristalle. Es bildet sich aus $Fe(CN)_2$, einer rötlichbraunen Substanz, die sich in einem Überschuss von Kaliumcyanid KCN unter Bildung von $K_4[Fe(CN)_6]$ · 3 H_2O löst:

$$Fe(CN)_2 + 4\ CN^- \longrightarrow [Fe(CN)_6]^{4-}$$

Früher wurde das Blutlaugensalz durch Erhitzen von Blut mit Pottasche gewonnen (daher der Name). Es zeigt keine der üblichen Reaktionen von Eisen(II), z. B. keine Fällung mit NaOH oder $(NH_4)_2S$. Verwendet wird es in der Stahlhärtung und zur Herstellung von rotem Blutlaugensalz und Berliner Blau. Gelbes Blutlaugensalz ist im Gegensatz zu rotem Blutlaugensalz ungiftig. Gelbes Blutlaugensalz wird beim Schönen des Weines zum Ausfällen von Eisen-Ionen, die Trübungen verursachen können, verwendet.

Rotes Blutlaugensalz (Trikaliumhexacyanidoferrat(III)) (K$_3$[Fe(CN)$_6$]) bildet dunkelrote, giftige Prismen und entsteht beim Behandeln einer Lösung von gelbem Blutlaugensalz mit Chlor oder Brom und dient als Oxidationsmittel:

$$[Fe(CN)_6]^{4-} + \tfrac{1}{2}\ Cl_2 \longrightarrow [Fe(CN)_6]^{3-} + Cl^-$$

Die wässrige Lösung ist rötlichgelb und giftig. Es diente u. a. als Blaupigment.

„Lösliches Berlinerblau" $(Fe^{III}_4[Fe^{II}(CN)_6]_3$ entsteht beim Versetzen einer Lösung des gelben Blutlaugensalzes mit einem Eisen(III)-Salz oder beim Versetzen einer Lösung des roten Blutlaugensalzes mit einem Eisen(II)-Salz im molaren Verhältnis 1:1. Dabei entstehen durch Elektronenaustausch bei beiden Fällungen weitgehend analog gebaute Verbindungen:

$$\text{Berlinerblau: } 4\,Fe^{III} + [Fe(CN)_6]^{4-} \longrightarrow Fe^{III}_4[Fe^{II}(CN)_6]_3$$
$$\text{Turnbullsblau: } 3\,Fe^{II} + [Fe(CN)_6]^{3-} \longrightarrow Fe^{II}_3[Fe^{III}(CN)_6]_2$$

Die intensive blaue Farbe ist auf die Anwesenheit zweier Wertigkeitsstufen des gleichen Elementes zurückzuführen, die in gegenseitiger Wechselwirkung stehen. Bei Anwendung von überschüssigen Eisen(III)- und Eisen(II)-Ionen entstehen blaue Niederschläge, die als „unlösliches Berlinerblau" oder als „unlösliches Turnbullsblau" beschrieben wurden.

Berlinerblau ist eine lichtechte Malerfarbe. Es kommt in zahlreichen Abarten vor. Einsatzbereiche als Anstrichfarbe, als Tubenfarbe in der Kunstmalerei, zum Papierdruck und zum Zeugdruck.

Pentacyanidoferrate bilden sich durch Ersatz einer CN^--Gruppe des Hexacyanidoferrat-Ions z. B. durch NO, CO, NH_3 oder NO_2. Beispielsweise dient Natriumnitrosylprussiat $Na_2[Fe^{II}(CN)_5N^+O]$ (Abb. 8.1.4) als wichtiges Reagens zum Nachweis von H_2S, Sulfiden und Mercaptanen. Je nachdem, ob ein Nitrosyl- oder Stickoxidligand vorliegt, ändert sich die Ladung des Komplexes.

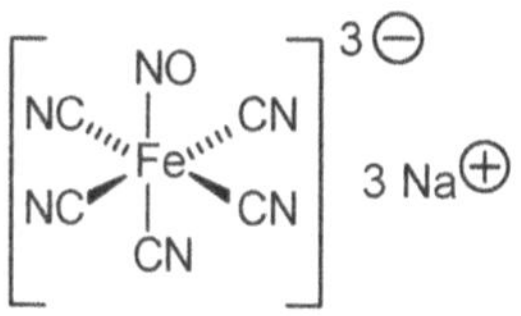

Der Natriumnitroprusidkomplex wird klinisch eingesetzt und dient zur Blutdrucksenkung. Der therapeutische Effekt ist auf eine Freisetzung des NO zurückzuführen, das die glatte Muskulatur der Blutgefäße entspannt.

Abb. 8.1.4 Struktur von Trinatrium-Pentacyanidonitrosylferrat(II)

8.1.4 Biologische Aspekte und Bindungsformen

In Pflanzen kommen fast ausschließlich freie anorganische Eisenionen vor. Fe^{3+} neigt dazu, schwerlösliche Komplexe zu bilden (Hydroxykomplexe, z. B. ab pH-Werten über 5).

In Pflanzen sind eisenhaltige Enzyme an der Photosynthese, der Chlorophyll- und Kohlenhydratbildung beteiligt. In der Nitrogenase (Stickstofffixierung) ist Eisen ebenfalls enthalten (wie auch das Element Molybdän). Es gibt Pflanzen, die aus kalkhaltigen Böden (hoher pH-Wert, unlösliche Eisen-Verbindungen (z. B. Oxyhydroxypolymere)) Eisen-Ionen durch Phyto-Siderophore (eisenkomplexierende Verbindung) in Kombination mit lokaler Freisetzung von Wasserstoff-Ionen bioverfügbar machen, dabei wird Fe^{3+} zu Fe^{2+} reduziert und anschließend komplexiert. Siderophore sind meist globulär aufgebaut, wobei hydrophile Gruppen (z. B. Aminogruppen) nach außen lokalisiert sind, um eine bessere Wasserlöslichkeit zu gewährleisten. Siderophore sind besonders auch bei Wasserpflanzen, Pilzen, Bakterien und Hefen bekannt. Beispielhaft sind in Abbildung 8.1.5 Alterobactin A aus dem im Ozean lebenden Bakterium *Alteromonas luteoviolacea* und das in einigen Schimmelpilzen (*Rhizopus*) vorkommende Rhizoferrin dargestellt. In Pilzen kommt Rhizoferrin als *R,R*-Enantiomer, in Bakterien als *S,S*-Enantiomer vor. Der Ligand von Rhizoferrin ist über Hydroxycarboxide von Alterobactin über Stickstoff mit dem Zentral-Ion verbunden.

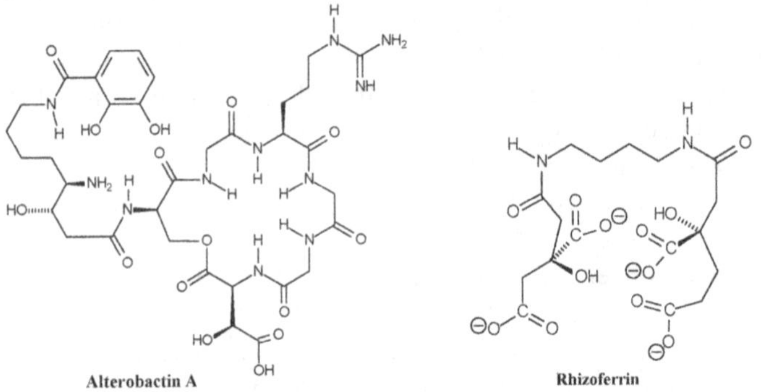

Alterobactin A **Rhizoferrin**

Abb. 8.1.5 Die Siderophore Alterobactin A und Rhizoferrin

Petrobactin wird von *Bacillus anthracis* und *B. cereus* während einer Infektion gebildet, um Ionen aufzunehmen. Chrysobactin mit Catecholstruktur ist ein pflanzlicher Wirkstoff, der von einem Enterobacterium stammt und Fe^{3+} komplexiert (Abb. 8.1.6).

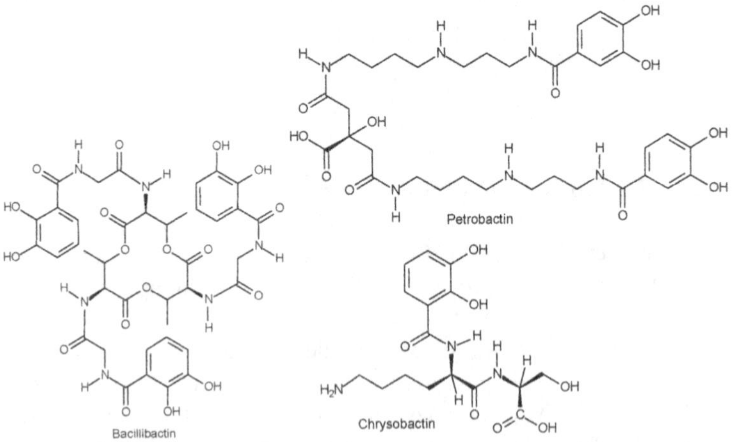

Bacillibactin

Abb. 8.1.6 Die Siderophore Bacillibactin, Petrobactin und Chrysobactin

Hafer sondert Aveninsäure ab und entzieht damit den Bodenpartikeln die Eisen-Ionen, möglicherweise ist dadurch der hohe Eisengehalt des Hafers erklärbar. Bei Gerste soll entsprechend Mugineinsäure ausgeschieden werden. In der Mugineinsäure wird Fe^{3+} fest gebunden, durch eine pH-abhängige Redoxreaktion kann Fe^{2+} freigesetzt werden (Abb. 8.1.7).

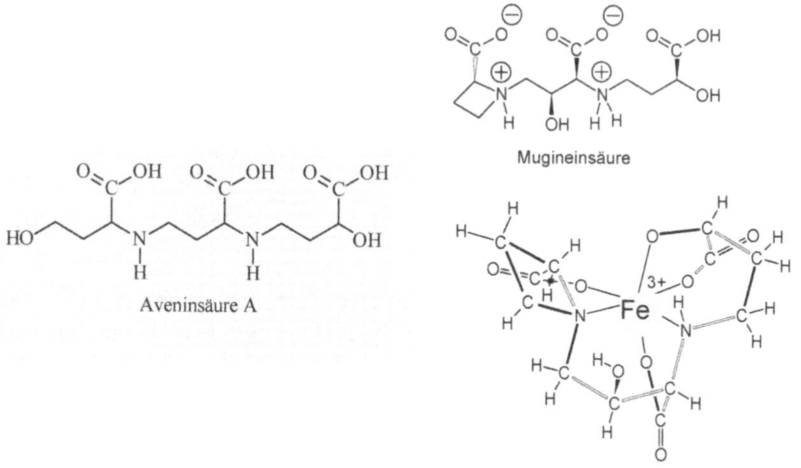

Mugineinsäure

Aveninsäure A

Abb. 8.1.7 Aveninsäure, der Komplex mit Mugineinsäure und Eisen(III)-Komplex

In Pflanzen wird das Eisen, ähnlich wie in der Leber, an Phytoferritine gebunden, es sind oligomere Proteine mit einer zentralen Kaverne für Eisenoxide. Eisen ist ein wichtiges Element zur Aufrechterhaltung von Stoffwechselfunktionen. Bei Pflanzen ist es für die Chlorophyllsynthese unbedingt notwendig. Das Absinken des Eisen-Gehaltes in Pflanzen unter ein kritisches Minimum führt zum Erbleichen und Gelbwerden der grünen Pflanzenteile (Chlorose). Siderophore (M_r = 500 bis 1.000 D) besitzen auch für Mikroorganismen eine große Bedeutung als Chelatliganden, besonders für Fe^{3+} besitzen sie eine hohe Selektivität. Ferrichrom, ein von Pilzen gebildetes Siderophor mit wachstumsfördernden Eigenschaften, ist ein zyklisches Hexapeptid aus Glycin und N-Hydroxy-L-ornithin, bei dem die drei Hydroxamin-Gruppen acetyliert werden.

In *Streptomyces* wird das Ferrioxamin B gebildet (Abb. 8.1.8). Als Desferrioxamin B (Abb. 8.1.23) (enthält kein Eisen) kann es bei chronischem Eisenüberschuss in die Blutbahn gegeben werden. Es komplexiert (umkomplexiert) das Eisen des Transferrins und auch anderer Speicherproteine und wird mit dem Harn ausgeschieden.

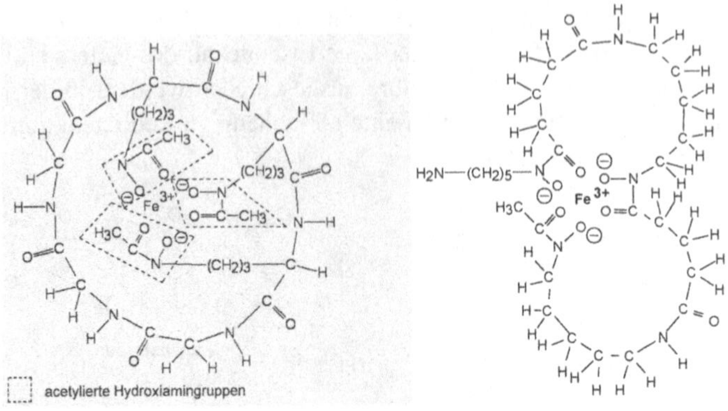

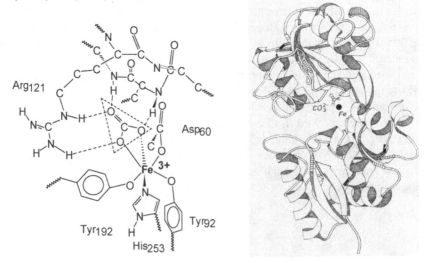

Abb. 8.1.8 Ferrichrom und Ferrioxamin B

Das resorbierte Fe^{2+} wird durch Ferrioxidase (Caeruloplasmin) zu Fe^{3+} oxidiert, vom Transferrin gebunden und vermutlich durch Ferritin und Homosiderin aufgenommen. Im Blut sind 97 % des Eisens an Transferrin gebunden. Transferrin nimmt zwei Fe-Atome und gleichzeitig stöchiometrisch zwei CO_3^{2-} auf. Das eisenfreie Transferrin (Apotransferrin) ist farblos, während das eisenhaltige eine rotbraune Farbe besitzt. Es ist ein Glykoprotein (80 kD), bei dem die Kohlenhydratkomponente in Wechselwirkung zu Rezeptoren steht, aber nicht direkt am Eisentransport beteiligt ist. Verwandt ist das Transferrin des Blutes mit Ovotransferrin (Ei) und Lactotransferrin (Milch) (Abb. 8.1.9). Das aktive Zentrum des im Blut vorkommenden Transferrins ist fast identisch mit dem des Lactotransferrins.

Das Transferrin kann auch andere Ionen binden, z. B. Al^{3+}, Co^{3+}, Co^{2+}, Cr^{3+}, Cu^{2+}, Cd^{2+}, Ga^{3+}, Ni^{2+}, Mn^{2+}, VO^{2+} oder Sc^{2+}.

Abb. 8.1.9 Strukturen einer Hälfte des Lactotransferrins mit dem aktiven Zentrum {s. a. PDB ID 1BLF}

Das aktive Zentrum (Abb.8.1.9) ist durch eine His_{253}, zwei deprotonierte Phenol-gruppen von Tyrosin (Tyr_{192}, Tyr_{92}), einer Carboxylgruppe der Asparaginsäure und eine Carbonatgruppe gekennzeichnet. Das Carbonat wird durch Arginin (Arg_{121}) stabilisiert. Beide Teile des Transferrins sind voneinander unabhängig. Beim pH-Wert des Blutes von pH 7,4, ideal für den Carbonattransport im Blut, werden etwa 30 % von Fe^{3+} beim Transferrin besetzt und es kann auch weitere Kationen binden. An der Oberfläche der Zellen, die Fe^{3+} von Transferrin aufneh-men, sind Rezeptoren für die Aufnahme ins Zellinnere zuständig; es ist ein Pro-zess bei dem ATP verbraucht wird. An diesem Prozess sind Endosomen beteiligt. Deren pH-Wert liegt bei 5,5, sodass Hydrogencarbonat vorliegt und CO_2 leicht abgegeben werden kann. Dadurch wird Fe^{3+} im Zellinneren für andere Liganden, z. B. für Ferritin, zugänglich.

Ferredoxine sind an der Stickstofffixierung und Photosynthese beteiligt (Abb. 8.1.10). Ein Eisen-Schwefel-Protein mit z. T. unterschiedlichen Aminosäuren. Es liegt ein Eisen-Schwefel-Cluster vor, wobei hauptsächlich [2Fe-2S]-, und [4Fe-4S]-Ferredoxine vorkommen. In biologischen Prozessen sind sie an Redox-reaktionen beteiligt und fungieren als Elektronenüberträger, sodass sich die Oxida-tionsstufe von Fe^{2+} zu Fe^{3+} und umgekehrt verändern kann. Menschliches Ferre-doxin wird auch als Adrenodoxin bezeichnet.

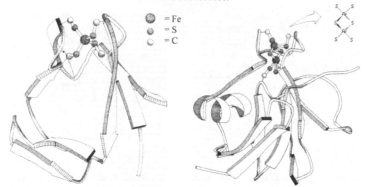

Abb. 8.1.10 Rubredoxin (links) {s. a. PDB ID 1FHM} und Ferredoxin aus *S. platensis* (rechts) {s. a. PDB ID 4FXC}

Darstellung des [2Fe-2S]-Ferredoxins

[4Fe-4S]-Ferredoxin mit cubanähnlicher Struktur

Abb. 8.1.11 Eisen-Schwefel-Cluster des Rubredoxins (links) und zwei weitere Eisen-Schwefel-Cluster (Mitte und rechts)

Die Eisen-Schwefel-Verbindungen als aktive Zentren haben eine besondere Bedeutung (Abb. 8.1.11). Eine einfache Form ist die Verknüpfung mit vier Sulfhydrylgruppen mit vier Cysteinaminosäuren im Rubredoxin. Das Rubredoxin dient dem Elektronentransfer in biologischen Systemen, wobei sich der Oxidationszustand des Eisens von +2 nach +3 ändert. Im Fe^{3+}-Oxidationszustand ist es rötlich, der reduzierte Zustand ist farblos. Rubredoxin (Abb. 8.1.10) besitzt ein niedriges Standardpotenzial von – 5,8 mV, während die [2Fe–2S]-Cluster bei ca. – 310 mV und die [4Fe–4S]-Cluster bei ca. – 400 mV liegen.

Die Ribonucleotid-Reductase besitzt ein Eisenzentrum aus zwei Eisen-Ionen. Das 1. Fe^{2+} hat als Liganden ein Histidin, eine zweizähnige Asparaginsäure und ein Wassermolekül. Zum zweiten Fe^{2+}-Atom ist eine Oxobrücke und eine zweizähnige Glutaminsäure verbrückt. Das zweite Eisen-Ion ist von zwei einzähnigen Glutaminsäuremolekülen, einem Histidin und einem Wasser als Liganden umgeben, neben der Verbrückung. In Gegenwart von O_2 wird Fe^{2+} zu Fe^{3+} oxidiert und ein Tyrosinradikal generiert (Abb. 8.1.12). Dieses Tyrosinradikal kann Cystein aus einer nahen Peptidkette oxidieren. Die Folge ist ein Thiolradikal am Cystein, das in der Lage ist, ein Wasserstoffatom von der 3-Position des Riboserings zu abstrahieren. Durch das abgespaltene Wasserstoffatom wird die OH-Gruppe am C_2-Atom abgespalten, und ein Desoxyzucker entsteht.

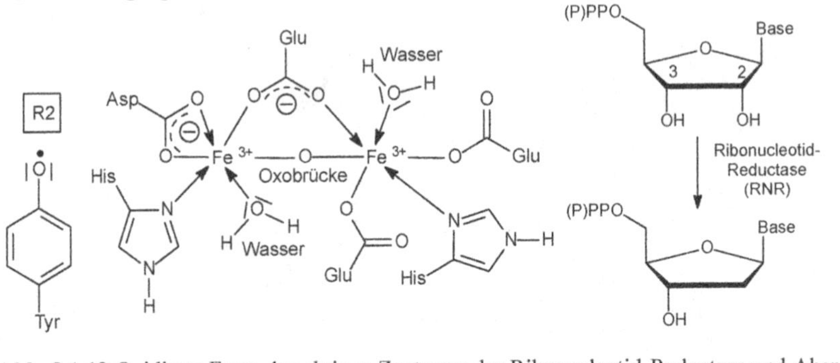

Abb. 8.1.12 Oxidierte Form des aktiven Zentrums der Ribonucleotid-Reductase und Abspaltung einer OH-Gruppe aus einer Ribose eines Ribonucleotids (nach Rehder, 2006)

Die Nicht-Häm-Eisenenzyme kommen in allen Lebewesen vor und reduzieren Nucleotide zu Desoxynucleotide (nur die Di- und Triphosphate). RNR besteht aus 389 Aminosäuren und Methan-Monooxygenase (300 kD) und aus vier Untereinheiten mit zwei Eisenzentren, die jeweils durch 6 Aminosäurereste koordiniert sind. Sie oxidiert Methan zu Methanol und kommt in methanotrophen Bakterien vor. Diese Bakterien sind magnetisch und beeinflussen durch ihre Ablagerungen ein Magnetfeld, das Bienen, Zugvögel und Schildkröten erkennen können.

Interessant ist die Struktur des Ferritins. Es besteht aus 14 gleichartigen Protein-Untereinheiten, die eine Hohlkugel mit einem Durchmesser von 12 nm bilden, wobei der Innenraum 7,5 nm im Durchmesser beträgt, der mit anorganischem Material angefüllt ist. Beim Menschen sind etwa 13 % des Eisens im Ferritin abgelagert. Die Molekülmasse der Quartärstruktur des Apoferritins beträgt 440 kD. Die

Eisenkonzentration im Ferritin kann bis zu 23 % betragen. Es ist vorwiegend als Eisenoxid abgelagert mit geringen Gehalten an Phosphaten. Bei Oxid- und Hydroxid-Ionen, wie in Abbildung 8.1.13 gezeigt, ist Eisen von 6 Sauerstoffatomen umgeben. Die Milz, das Knochenmark und die Darmschleimhaut enthalten ebenfalls Ferritin. Im Ferritin von Pferden konnte ein polyphasisches System aus Ferrihydrit, Hämatit und Magnetit festgestellt werden. Der Eisengehalt variierte von 200 bis 2.200 Eisen-Ionen, wobei im Bereich von 1.000 bis 2.000 Eisenatomen das Ferrihydrit überwog, während bei ca. 500 Eisenatomen Magnetit die dominante Phase war.

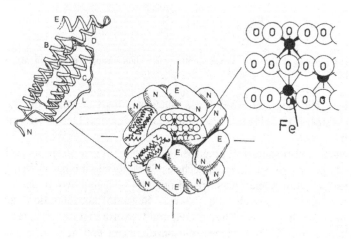

Abb. 8.1.13 Struktur des Ferritins (nach Ford et al., 1984)

Das zweite eisenspeichernde Protein, das Hämosiderin, hat ein höheres Eisen/Protein-Verhältnis (bis zu 37 % Eisen) als Ferritin. Über die Proteinkomponente des Proteins ist noch wenig bekannt. Hämosiderin speichert erst vermehrt Eisen bei einer Eisenüberladung.

Als Häm-Komplex sind das Hämoglobin, Myoglobin und Cytochrome bei Atmungs- und Sauerstofftransportvorgängen von Bedeutung (Abb. 8.1.14). Sie besitzen ein Porphyrinringsystem, das ist ein zyklischer organischer Ligand, der aus vier miteinander verbundenen sog. Pyrrol-Einheiten aufgebaut ist. Ein Pyrrol ist ein Ring aus vier Kohlenstoff- und einem Stickstoffatom. Im Zentrum des Porphyrinrings befindet sich ein Metallatom, welches koordinativ von dem mehrzähnigen Porphyrinliganden gebunden wird.

Das Geheimnis für die Fähigkeit von Myoglobin und Hämoglobin, als Sauerstoffträger dienen zu können, liegt darin, dass in beiden Molekülen eine sog. Häm-Gruppe enthalten ist. Im Zentrum befindet sich ein Eisenatom. Dieser Komplex ist rot und für die charakteristische Farbe des Blutes verantwortlich. Das Eisen im Häm ist an vier Stickstoffatome quadratisch-planar koordiniert und wird unterhalb dieser Ebene an ein weiteres Stickstoffatom einer benachbarten Aminosäure (Histidin) der Proteinkette gebunden.

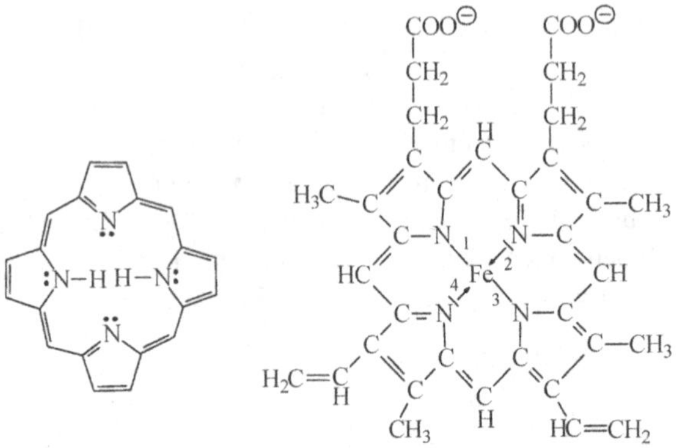

Abb. 8.1.14 Porphin (links) als aktives Zentrum der Häm-Gruppe (rechts) in Myoglobin und Hämoglobin

Die sechste Bindungsstelle des Eisen-Oktaeders liegt oberhalb der Ebene und kann Sauerstoff (O_2) anlagern. Eisen im Häm besitzt also hier die Koordinationszahl sechs.

Im venösen, also sauerstoffarmen Blut, ist kein Sauerstoff an die sechste Bindungsstelle gebunden, sondern ein sechstes Stickstoffatom einer weiteren Aminosäure oder CO_2 zum Rücktransport zur Lunge locker gebunden. In den Lungenkapillaren kommt es durch die höhere Sauerstoffkonzentration zu einem Ligandenaustausch, CO_2 wird freigesetzt, und O_2 verdrängt das sechste Stickstoffatom: Hämoglobin ist nun wieder sauerstoffbeladen und gelangt zurück in den Körperkreislauf (Abb. 8.1.15). In den Körperkapillaren herrscht ständig Sauerstoffmangel, sodass das O_2 leicht von dem sechsten Stickstoffatom wieder verdrängt werden kann.

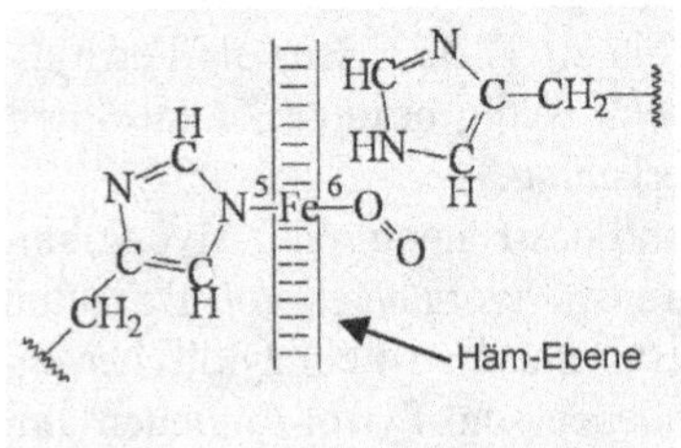

Abb. 8.1.15 Schematische Darstellung des aktiven Zentrums im Myoglobin

Das Eisen (Fe^{2+}) kann leicht oxidiert werden, dann liegt bspw. das Methämoglobin vor. Leicht können anstatt Sauerstoff (O_2) auch andere Liganden (wie CO, CN^-, NO) gebunden werden, die einen stabileren Komplex mit dem Häm bilden (Ligandenaustausch). Nach etwa 100 Tagen wird das Hämoglobin im Blut abgebaut und neu synthetisiert. Ca. 8 g Hämoglobin werden pro Tag neu synthetisiert, dafür werden etwa 25 mg Eisen benötigt, ein erheblicher Teil des abgebauten Eisens des Häms wird wieder verwendet. In der Nahrung müssen pro Tag 10 bis 15 mg Eisen

enthalten sein, davon wird nur 1 bis 2 mg resorbiert, die die Verluste der Ausscheidung ausgleichen müssen. 1 L Blut enthält 5 Billionen Erythrocyten. In einem Erythrocyten sind 50 Hämoglobinmoleküle und somit enthält 1 L Blut 250
Billionen Hämoglobinmoleküle.

Cytochrom (12.400 kD) (Abb. 8.1.16) kommt in unterschiedlichen, zahlreichen, aber in der Struktur verwandten Enzymkomplexen mit Eisen vor. Die Cytochrome dienen der Elektronen- und Energieübertragung in den Zellen. So wird
durch die Glucoseoxidation Adenosintriphosphat gebildet. Die Cytochrome besitzen eine Häm-Gruppe, deren Porphyrin-Ringsystem unterschiedliche Reste trägt.
Es kommen Imidazol-N- und eine Methioningruppe vor. Cytochrome, bis auf Cytochromoxidase, eignen sich nicht für den Sauerstofftransport, können jedoch
auch nicht durch CN^- und CO blockiert werden. Die Giftigkeit von CN^- geht auf
die Blockade der Cytochromoxidase zurück, die wesentlich komplexer aufgebaut
ist als die Cytochrome.

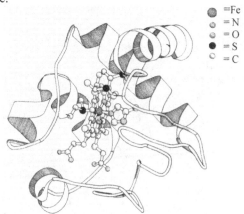

=Fe
= N
= O
= S
= C

Abb. 8.1.16 Cytochrom aus Thunfisch {s. a. PDB ID 3CYT}

Cytochrom P_{450} zählt zu den Monooxigenasen und kommt im endoplasmatischen
Reticulum der Leber und im Dünndarm vor. Es besitzt große Bedeutung bei der
Entgiftung von Schadstoffen durch Oxidationen von Kohlenwasserstoffen durch
Hydroxylierung gemäß folgender Gleichung:

$$R-H + O_2 + H_3O^+ + NADPH \xrightarrow{\text{Cyt.}} ROH + 2\,H_2O + NADP^+$$

Dabei entstehen Alkohole, die oftmals leichter durch bessere Löslichkeit aus-
scheidbar sind. Die Wirksamkeit einiger Medikamente hängt davon ab, wie
schnell diese durch Cytochrom P_{450} (Abb. 8.1.17) metabolisiert werden. Aber es
entstehen auch einige Carcinogene aus harmlosen Substanzen *in vivo* durch die
metabolische Aktivität, z. B. Epoxide. Cytochrom-P_{450} kommt auch in Pflanzen

vor, dort ist es an der Synthese bspw. von Pflanzenfarbstoffen beteiligt. Fe^{3+} wird zu Fe^{2+} reduziert (A), dann wird Sauerstoff oxidativ addiert (B),

$$Fe^{2+} + \bullet\overline{O}-\overline{O}\bullet \longrightarrow Fe^{3+} + \bullet\overline{O}-\overline{O}|^{\ominus}$$

$$\text{Sauerstoff} \qquad\qquad \text{Hyperoxid}$$

dann das Hyperoxid zum Peroxid reduziert (C).

$$Fe^{3+} + \bullet\overline{O}-\overline{O}|^{\ominus} + e^{\ominus} \longrightarrow Fe^{3+} + {}^{\ominus}|\overline{O}-\overline{O}|^{\ominus}$$

$$\text{Hyperoxid} \qquad\qquad\qquad \text{Peroxid}$$

In einer intramolekularen Redoxreaktion reagiert der Peroxoligand, wobei in Gegenwart von Protonen H_2O abgespalten wird (D). Am Komplex verbleibt reaktiver Sauerstoff und ein Eisenion mit hypothetischer Ladung Fe^{5+}. Dabei würde Fe^{3+} ein Elektronenpaar an den reaktiven Sauerstoff abgeben, sodass O^{2-} vorliegen würde. Der Mechanismus ist noch nicht vollständig aufgeklärt. Der hochaktive Komplex überträgt Sauerstoff auf den Kohlenwasserstoff. Der Komplex nimmt Wasser auf.

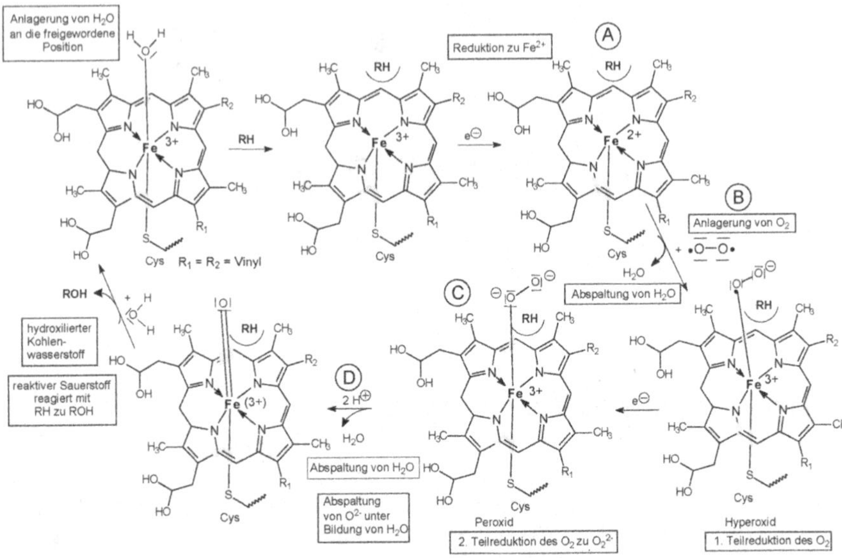

Abb. 8.1.17 Reaktionen des Cytochroms P_{450} (nach Rehder, 2006)

Cytochrom-c-Oxidase (Abb. 8.1.18) ist besonders für die Atmungskette wichtig. Vier Moleküle Cytochrom c geben 4 Elektronen ab, sodass eine Spaltung des „Luftsauerstoffs", der über das Blut transportiert wurde, erfolgen kann. Je ein Sauerstoffatom nimmt dabei 2 e$^-$ auf, sodass O^{2-} entsteht, welches 4 Protonen aufnimmt, und die Bildung von Wasser ist die Folge. Aus einem Molekül Sauerstoff entstehen zwei H_2O. Cytochrom-c-Oxidase ist ein komplex aufgebautes Enzymsystem, dessen 13 Polypeptidketten zwei Häm-Gruppen, das Häm a und Häm a_3, und zwei Kupferzentren (A), aus zwei Kupfer-Ionen (zweikernig cysteinverbrücktes Kupferzentrum) und aus einem Kupfer-Ion (Typ II (B)), besitzen.

Zuerst wird ein e^- an das Cu_A und ein e^- an das Häm a übergeben. Diese beiden e^- werden an das Häm a_3 und an Cu_B^{2+} weitergegeben, sodass Cu_B^+ und Fe^{2+} reduziert vorliegen. Sauerstoff wird jetzt als O_2 gebunden und zieht von Cu_B^+ und Häm a_3 je ein e^- ab, sodass O_2^{2-} als Peroxid gebunden vorliegt. Zwei weitere Cytochrom c geben je ein e^- ab und je ein Proton wird aufgenommen, sodass 2 OH$^-$ entstehen und von den beiden nun einkernigen Komplexen fixiert werden. Zwei weitere Protonen führen zur Freisetzung von 2 H_2O.

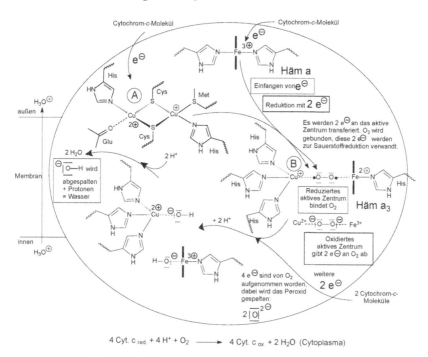

Abb. 8.1.18 Reaktionen der Cytochrom-c-Oxidase (nach Rehder, 2006)

Drei Klassen von Katalasen existieren, zwei davon besitzen eine Häm-Gruppe pro Untereinheit, wobei es ein monofunktionales und ein bifunktionales Enzym (Katalase-Peroxidasen) gibt (Abb. 8.1.19). Die dritte Klasse gehört zu den manganhaltigen Enzymen ohne Häm-Gruppe. Katalasen setzen 2 $H_2O_2 \longrightarrow$ 2 $H_2O + O_2$ um. Das Wasserstoffperoxid entsteht durch die Superoxid-Dismutase, die das Radikal Hyperoxid zu H_2O_2 umsetzt. Die humane Katalase besteht aus vier Untereinheiten mit jeweils 60 kD. Es ist ein wichtiges Enzym, um das Zellgift H_2O_2 unschädlich zu machen.

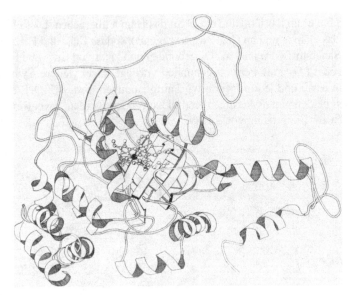

Abb. 8.1.19 Untereinheit Katalase vom Rind {s. a. PDB ID 8CAT}

In Meereswürmern kommt ein Nichthäm-Eisenprotein (Hämerythrin) vor, dessen Molekulargewicht 108 kD beträgt und das aus 8 Untereinheiten besteht. Es kommt auch bei *Lingula*, einer Gattung der Armfüßer (Brachiopoda), vor. Folgende Abbildung (Abb. 8.1.20) zeigt die Struktur und die Bindung des Sauerstoffs im Hämerythrin.

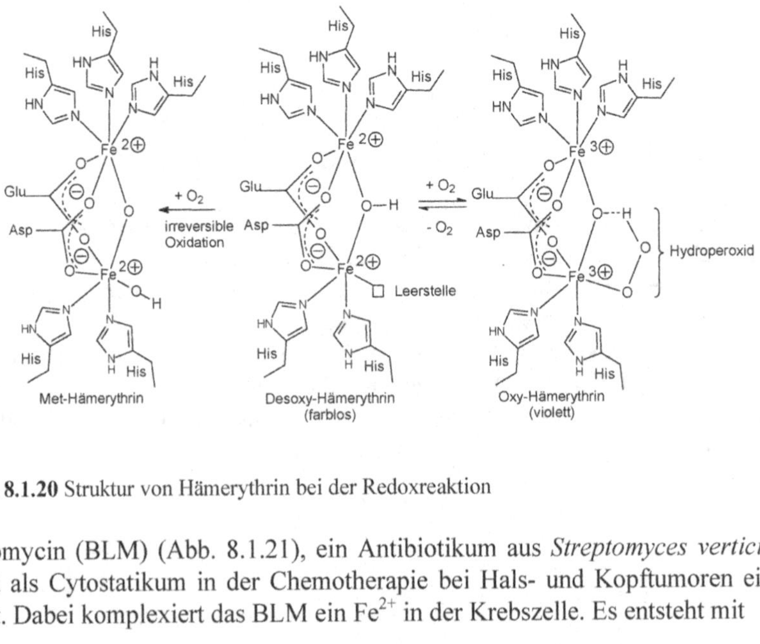

Abb. 8.1.20 Struktur von Hämerythrin bei der Redoxreaktion

Bleomycin (BLM) (Abb. 8.1.21), ein Antibiotikum aus *Streptomyces verticillus*, wird als Cytostatikum in der Chemotherapie bei Hals- und Kopftumoren eingesetzt. Dabei komplexiert das BLM ein Fe^{2+} in der Krebszelle. Es entsteht mit

$$\overset{\ominus}{|}\overline{O}{-}\overline{O}\bullet \; + \; Fe^{2+}{-}BLM \longrightarrow \overset{\ominus}{|}\overline{O}{-}\overline{O}\overset{\ominus}{|} \rightarrow Fe^{3+}{-}BLM$$

dem reaktiven Sauerstoffspezies (Hyperoxid), der oxidierte aktive Fe^{3+}-Komplex. Dieser Fe^{3+}-Komplex verursacht eine radikalische Abstraktion des 4'-Atoms eines Nucleotids der DNA. Ein Strangbruch mit darauffolgender Fragmentierung der DNA ist die Folge, und die Krebszelle stirbt ab.

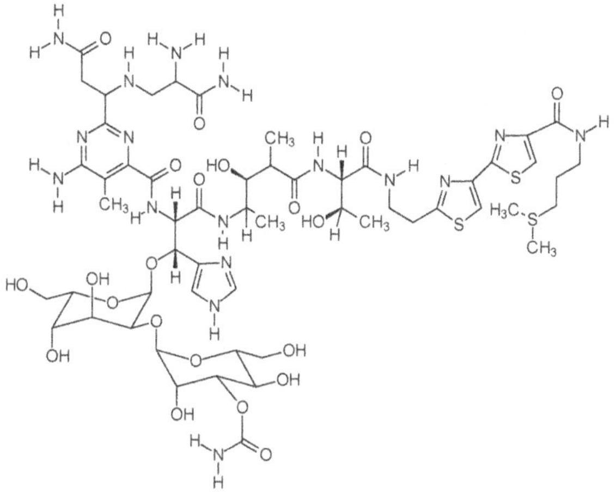

Abb. 8.1.21 Bleomycin

Die braune Stiefelschnecke (eine Tiefseeschnecke) besitzt eine Panzerung aus Eisensulfid und Chonchin an ihrem Fuß, mit dem sie sich am Meeresboden bewegt. Entsprechende Eisenverbindungen enthaltende Rüstungen sind bisher nur bei Fossilien ausgestorbener Tiere gefunden worden.

Magnetit (Fe_3O_4) (Abb. 8.2.22) fungiert als Kompass in magnetotaktischen Bakterien, aber auch bei Bienen, Schildkröten und Zugvögeln. Es liegt eine Spinell-Struktur vor: $[Fe^{3+}]_{tet}[Fe^{3+}, Fe^{2+}]_{oct}O_4$.

Es gibt zwei Untergitter (Teilgitter): 1. die Kationen, die tetraedrisch und 2. die Kationen, die oktaedrisch von Sauerstoffatomen koordiniert sind. In den Teilgittern ist die Spinorientierung durch Pfeile symbolisiert.

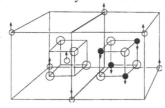

$$\bigcirc = O \quad \obslash = \left[Fe^{3+} \right]_{tet} \quad \bullet = \left[Fe^{3+} \text{ oder } Fe^{2+} \right]_{oct}$$

Abb. 8.1.22 Spinell-Struktur von Fe_3O_4

Lebensmitteltechnisch sind Eisen-Ionen oft unerwünscht, weil sie katalytische Eigenschaften für Oxidationsvorgänge (Lipide, Ascorbinsäure) besitzen. Weiterhin ist ein erhöhter Eisengehalt im Wein mit Trübungen korreliert.

In Wasser wird das Wachstum eisenspeichernder Bakterien durch Eisen-Ionen gefördert. Oberflächennahe Schichten weisen zum Teil sehr geringe Eisengehalte als limitierenden Faktor auf. In der Nähe der Galapagos-Inseln wurde ein 60 km^2 großer Bereich des Pazifischen Ozeans mit $FeSO_4$ „gedüngt". Innerhalb einer Woche wurde das Meer grün von Plankton.

Wenn bei Korrosion Eisen-Ionen freigesetzt werden, können adstringierende, metallische oder bittere Geschmacksnoten entstehen. Bei Milch entwickeln sich bei entsprechenden Bedingungen übelschmeckende Verbindungen. Das Desferrioxamin bildet selektiv mit Fe^{3+} einen Chelatkomplex, der für die Behandlung von Malaria eingesetzt wird (Abb. 8.1.23). Die Wirksamkeit ist auf die Unterbrechung des Fe^{3+}-Metabolismus in den Verdauungsvakuolen der Malariaparasiten zurückzuführen.

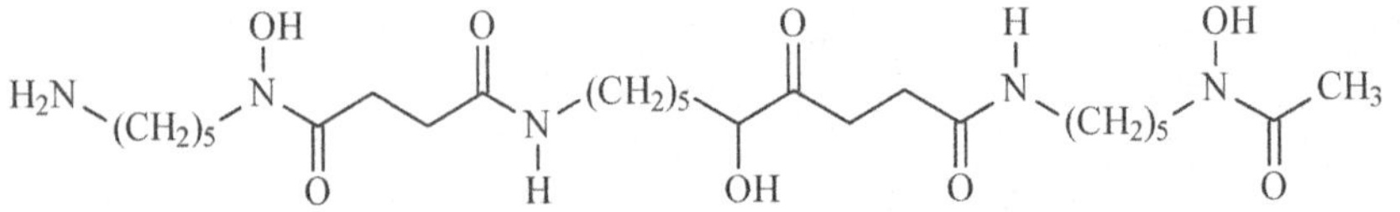

Abb. 8.1.23 Desferrioxamin

Eine Behandlung mit Desferrioxamin erfolgt durch Injektion (ist oral aufgenommen inaktiv) bei *Thallassaemia major* (eine Erkrankung der roten Blutkörperchen). Aus technologischen Gründen darf Eisen einigen Lebensmitteln als Zusatzstoff zugesetzt werden. Die schwarzen Oliven erhalten ihre Farbe durch Oxidation, an der Eisen(II)-gluconat (E 579) und z. T. Eisenoxide beteiligt sind. Eisenoxide (E 172) sind als Zusatzstoff als Farbstoff erlaubt und Eisen(II)-lactat (E 585) als Stabilisator.

8.1.5 Toxikologische Aspekte

Bei übermäßiger Eisenakkumulation werden große Eisenmengen in das Leberparenchym und andere Parenchymgewebe eingelagert. Der Eisenüberschuss führt zur toxischen Degeneration der betreffenden Gewebe. Eisen reichert sich in der Leber an, und es kommt zu einer Ablagerung von Eisenverbindungen (Siderose). Eine Überversorgung an Eisen führt zur erhöhten Anfälligkeit gegenüber Infektionskrankheiten (Tuberkulose, Salmonellose, AIDS, Yersiniose).

Die Toxizität von Eisen wird auf die Bildung reaktiver radikalischer Sauerstoffspezies durch Eisenkatalyse zurückgeführt. Ein erhöhtes Krebsrisiko durch oxidative Schädigungen der DNA ist durch die Bildung von ROS zu erklären.

Bei der genetisch bedingten Hämochromatose ist die Regulation der Eisenaufnahme gestört, die Mukosazellen nehmen vermehrt Eisen-Ionen auf, und es kommt zur Akkumulation in Organen. Dosen von 180 mg/kg KG pro Tag, z. B. durch Arzneimittel und eisenreiche Kost, können tödlich sein. Bereits Mengen oberhalb von 160 mg/d können zu gesundheitlichen Beeinträchtigungen wie Leberzirrhose oder *Diabetes mellitus* beitragen. Bei Parkinson-Patienten sind erhöhte Fe^{2+}-Ablagerungen im Gehirn gefunden worden.

Eisen ist in der prosthetischen Gruppe der Cytochrom P_{450}-Monooxygenase enthalten und damit an der Entgiftung von Kontaminanten und Medikamenten beteiligt.

Im Boden liegt Eisen vorwiegend als $Fe(OH)_3$ vor. Bei zu geringem O_2-Gehalt kommt es zur Reduktion von Fe^{3+} zu Fe^{2+}. Das Fe^{2+} ist für Pflanzen besser verfügbar, sodass Pflanzen bei hohen Konzentrationen durch Fe^{2+}-Toxizität geschädigt werden können. Bei Bodenverdichtungen kann ein solcher Prozess, der beim Reisanbau bekannt ist, erfolgen. Durch die Bodenverdichtung sind anaerobe Bedingungen bevorzugt, und auf eisenreichen Böden ist das Fe^{2+}-Angebot dann sehr groß.

8.1.6 Aufnahme und Ausscheidung

Eisen ist in der Oxidationsstufe Fe^{2+} und Fe^{3+} essenziell für alle Organismen. Der tägliche Bedarf beträgt für Männer 1 mg, für Frauen 2 mg. Aufgrund der ineffizienten Resorption muss die Zufuhr über die Nahrung bei Männern etwa 5 bis 9 mg und bei Frauen 14 bis 18 mg betragen. Ein Eisenmangel kann bei Schwangeren und Sportlern am ehesten auftreten. Aus der Muttermilch kann ein Säugling ca. 50 % des Eisens resorbieren, aus der Kuhmilch nur 20 %.

Eisen wird aus der Nahrung durch die Magensäure herausgelöst und vorwiegend im oberen Duodenum resorbiert, aber auch im Magen und Zwölffingerdarm. In Pflanzen kommt Eisen hauptsächlich in der schwerlöslichen Form Fe^{3+} vor, das im alkalischen Bereich (*p*H 7 bis 8) im oberen Bereich des Dünndarms, im Gegensatz zu Fe^{2+}, kaum resorbiert wird. Fe^{3+} wird durch eine Ferrioxidase zu Fe^{2+} in der Membran des Dünndarms reduziert und kann dann besser resorbiert werden. Im oberen Dünndarm wird auch Fe^{2+} zu Fe^{3+} oxidiert, sodass aus beiden Prozessen nur eine geringe Aufnahme von 1 bis 5 % bei Nicht-Hämeisen erfolgt. Eisen in Hämoglobin und Myoglobin (in tierischen Lebensmitteln) wird zum erheblichen Teil resorbiert (ca. 20 %). Aus der Leber werden jedoch ebenfalls nur 6,3 % und aus Fisch 5,9 % resorbiert. Die Eisen-Resorptionsrate kann, wenn ein Mangel vorliegt, im Mittel auf 40 % ansteigen, bei Überangebot aber auch auf 5 % absinken. Das Eisen des Häms wird wahrscheinlich durch einen selektiven Rezeptor zu einem erheblichen Teil in die Mucosazelle eingebracht, durch Hämoxygenase wird das Häm abgebaut und Eisen-Ionen freigesetzt werden. Fe^{2+} kann direkt von einem weiteren Rezeptor aufgenommen werden. Fe^{3+} kann an Apoferritin gebunden und so in die Speicherform (Transportprotein) überführt werden. Besonders in

Pflanzen vorkommende Inhaltsstoffe, wie Oxalsäure, Phytinsäure, Tannine und andere Polyphenole, komplexieren Eisen-Ionen oder bilden schwerlösliche Verbindungen, wodurch die Resorption vermindert wird. Ebenfalls sind Ca^{2+}, Phosphate, Oxalate, Ovalbumin, Tannine und Ballaststoffe Inhibitoren bei der Eisenresorption. Die Hydroxy- und Methoxygruppen des Lignins bilden ebenfalls verhältnismäßig stabile Komplexe mit Eisen-Ionen.

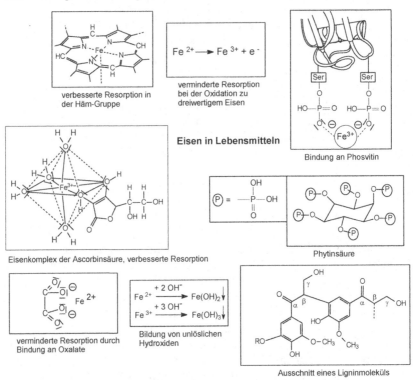

Abb. 8.1.24 Bindungsformen des Eisens und Einfluss auf die Resorption

Organische Säuren wie Milchsäure, Citronensäure und Ascorbinsäure setzen Mineralstoffe von der Phytinsäure frei. Ascorbinsäure bildet ebenfalls einen Komplex mit Eisen-Ionen, der die Bioverfügbarkeit erhöht. Ferner reduziert Ascorbinsäure das in Pflanzen hauptsächlich vorkommende Fe^{3+} zu Fe^{2+}, wodurch die Bioverfügbarkeit ebenfalls verbessert wird (Fe^{2+} wird besser resorbiert als Fe^{3+}). Cystein und Methionin begünstigen ebenfalls die Bioverfügbarkeit von Eisen. Im Eigelb ist nur Fe^{3+} vorhanden, und dieses ist fast vollständig an Phosvitin gebunden. Wird das Fe^{3+} zu Fe^{2+} z. B. durch Ascorbinsäure reduziert, ist die Bindung zum Phosvitin deutlich geringer, und es treten im Eigelb-Plasma freie Eisen-Ionen auf, wodurch die Resorption von Eisen aus Eiern verbessert wird.

Die Ausscheidung von Eisen beträgt pro Tag 1,2 mg beim Mann und 1,7 mg bei der Frau (höhere Verluste durch die Menstruation). Im oberen Dünndarm bei pH-Werten von 7 bis 8 ist es in geringem Umfang löslich und damit resorbierbar. Fe^{3+} bildet bei pH-Werten > 5 schwerlösliches Eisenhydroxid. Im schwach alkalischen Milieu im Dünndarm ist das $Fe(OH)_3$ schwer löslich. Fe^{2+} wird in diesem Darmsegment leicht in Fe^{3+} oxidiert. Aus überalterten Erythrocyten wird Eisen wieder recycelt. Im Harn wird Eisen ausschließlich als Chlorid oder Chloridokomplex ausgeschieden. Im Schweiß kommen etwa 1,2 mg/L vor.

Pharmazeutische Eisenpräparate enthalten Fe^{2+}-Ionen, meist als Salze der Citronen-, Fumar- oder Gluconsäure, oft in Kombination mit Ascorbinsäure. Eine pharmazeutische, „nachhaltige" Verwertung von alten Hufeisennägeln empfahl der Grieche Herodot (Begründer der kritischen Geschichtsschreibung, 482 bis 429 v. Chr.) durch den Vorschlag, diese Nägel in Äpfel zu stecken und am nächsten Morgen die Äpfel zur Heilung der Bleichsucht zu essen.

8.2 Ruthenium

Rutheniumkomplexe von Ru^{2+} und Ru^{3+} mit oktaedrischer Struktur sind neue anticarcinogene Mittel. NAMI-A und KP1019 sind zwei Ru^{3+}-Komplexe (Abb. 8.2.1), die klinische Tests durchlaufen, NAMI-A befindet sich in den Niederlanden in Phase I. Unter physiologischen Bedingungen hydrolysiert NAMI-A schnell, die $t_{1/2}$ liegt bei 20 min bei pH 7,4, ist aber im sauren pH-Bereichen stabiler. Besonders die Metastasen bei Lungen-, Brust- oder Hautkrebs werden vom NAMI-A-Komplex angegriffen. Die Aminosäure Histidin interagiert nur schwach mit der DNA, so ist die DNA nicht das Ziel des Wirkstoffs. Als Wirkkomponente wird die Reduktion von Ru^{3+} zu Ru^{2+} durch die Ascorbinsäure des Blutes angesehen. Ru^{2+} mit Liganden bilden mit Serumalbumin ein Produkt, was das Wirkprinzip darstellt. KP1019 befindet sich ebenfalls in der Erprobung gegen verschiedene Arten von Krebserkrankungen. Eine Reduktion zu Ru^{2+} durch Ascorbinsäure im Blut und mit Glutathion in den Zellen erfolgt ebenfalls, sodass auch hier das Wirkprinzip die Reaktion mit Proteinen darstellt. KP1019 bindet an Transferrin, sodass die so beladene KP1019-Transferrin-Verbindung nicht mehr die Metallionen, die die Krebszelle benötigt, liefert und diese Zellen absterben.

Der Komplex (R)-DW12 enthält Ru^{2+} als Zentral-Ion und ist strukturell mit dem Staurosporin verwandt, ein antibiotisches Mittel und natürlicherweise in *Streptomyces staurosoreus* vorkommend.

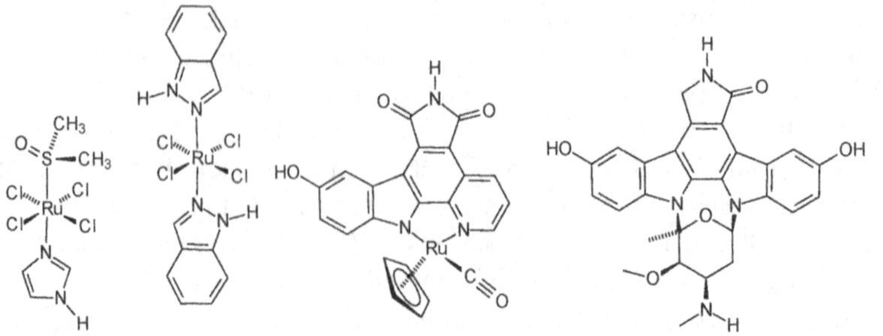

Abb. 8.2.1 Ruthenium-Komplexe (von links nach rechts): NAMI-A, KP1019 (FFC14A), (*R*)-DW12, Staurosporin (Cohen, 2007)

9 Die Elemente der 9. Gruppe: die Cobaltgruppe

Die 9. Gruppe enthält die Elemente Cobalt (Co), Rhodium (Rh) und Iridium (Ir).

9.1 Cobalt (Co)

9.1.1 Vorkommen und Gehalte

Erde: Cobalt kommt in der *Erdkruste* zu 0,003 % vor. Cobalt ist natürlich in den Erzen **Speiscobalt (CoAs$_2$)** und **Cobaltglanz (CoAsS)** enthalten. Es kommt in großen Mengen in den Manganknollen der Tiefsee vor. *Meerwasser* 0,01 bis 4,6 µg Co/L.

Mensch: Der Mensch enthält: 1 bis 3 mg (gesamt), Gesamtbestand an Vitamin B$_{12}$ beträgt etwa 5 mg.

Lebensmittel: (Angaben für Cobalt in mg/kg) Roggen 0,03; Weizen 0,02; Champignons 0,03; Tomate 0,01; Weißkohl 0,01; Rinderleber 0,05; Rinderniere 0,02.

9.1.2 Eigenschaften und Verwendung

Elektronenkonfiguration: [Ar] (3 d^7 4 s^2); A$_r$ = 58,9332 u. Cobalt ist ein stahlgraues, glänzendes Metall (Schmelzpkt. 1.490 °C). Es wird von nicht oxidierenden Säuren nur langsam, von oxidierenden Säuren leicht gelöst. Es wird für Legierungsstähle verwendet, die magnetisch, hochfest und temperaturbeständig sind. Vitallin, eine Legierung aus Cobalt, Chrom und Molybdän, dient als Zahn- und Knochenersatz. Weiterhin wird Cobalt als Katalysator verwendet. Das Isotop ^{60}Co wird als Gammastrahlenquelle zur Entkeimung von Lebensmitteln, aber auch zur Bestrahlung in der Krebstherapie eingesetzt. ^{60}Co hat eine Halbwertszeit von 5,27 Jahren und wird durch Neutronenaktivierung aus ^{59}Co gewonnen. Natürlicherweise kommt das Nuklid $^{59}_{27}$Co zu 100 % vor.

9.1.3 Verbindungen

In seinen Verbindungen tritt Cobalt hauptsächlich zwei- oder dreiwertig auf. Die zweiwertigen Verbindungen sind beständiger. Wasserhaltige Cobalt(II)-salze sind rot, wasserfreie Salze rein blau (diese Eigenschaft wird als Feuchtigkeitsindikator genutzt). Zur Einfärbung von Gläsern (Cobaltglas) und für Keramiken wird Cobaltblau (Cobaltaluminat, $CoAl_2O_4$) eingesetzt. Das dreiwertige Cobalt bildet besonders leicht beständige Komplexverbindungen, die oktaedrisch gebaut sind, z. B. Trikaliumhexacyanidocobaltat(III) $K_3[Co(CN)_6]$ und Trikaliumhexanitritocobaltat(III) $K_3[Co(NO_2)_6]$. Cobalt(III)-Komplexe sind oktaedrisch aufgebaut, Cobalt(II)-Komplexe kommen oft tetraedrisch vor.

9.1.4 Biologische Aspekte und Bindungsformen

Die meisten Pflanzen nehmen Cobalt über den Boden auf. Die Verteilung ist zum Teil unterschiedlich, so ist es in Radieschen (in der Hypokotylknolle) kaum zu finden, jedoch in Radieschenblättern. *Astragalus*-Arten können 2,3 bis 100 mg Cobalt/kg TM enthalten.

Im Serum werden Co^{2+}-Ionen vorwiegend an Albumine gebunden.

Cobalt kommt in den Cobalaminen Vitamin B_{12} und im Coenzym B_{12} vor. Das Coenzym entfaltet seine hohe Spezifität und Reaktivität erst mit den dazugehörigen Apoenzymen. Als Ligand tritt ein Corrinsystem auf (wie Porphyrine aus vier Pyrrol-Einheiten aufgebaut, jedoch nur eine =N-H-Gruppe). Über unterschiedliche Reste (x in Abb. 9.1.1) kann die Selektivität und Reaktivität des Cobalamins beeinflusst werden. Der Methylrest (Methylcobalamin, MeCbl) bewirkt die Methylierung von Schwermetallen in Organismen. Das Methylcobalamin methyliert bspw. Hg-Verbindungen zum Monomethylquecksilber(II)-Kation ($HgCH_3^+$) und Dimethylquecksilber ($Hg(CH_3)_2$). Auch an weiteren Methylierungen $Se(CH_3)_2$, $Tl(CH_3)_2$ und bei Arsen kann es beteiligt sein. Anaerobe Bakterien benutzen MeCbl zur Synthese von Methan. Je nach axialer Koordination der Nucleotidbase (Abb. 9.1.2) ist ein molekulares An- oder Abschalten gegeben. Diese B_{12}-*riboswitches* sind für die Regulation von Proteinen, die am B_{12}-Metabolismus beteiligt sind, bedeutsam.

Lange Zeit war unklar, wie das Cyanid aus der Sphäre des Cobalt-Komplexes des Vitamins B_{12} entfernt wird. Das Chaperon (mit dem Namen MMACHC) ist verantwortlich für die reduktive Decyanisierungsreaktion. Elektronen werden von NADPH über die cytosolische Flavoprotein-Oxireduktase übertragen, wodurch der „Cobalt-Kohlenstoff" unter reduktiver Elimination von Cyanid abgespalten wird. Dieser Prozess der Decyanisierung erfolgt in Wechselwirkung mit dem Chaperon MMACHC in der *base-off*-Konformation.

Das Cyanocobalamin (CN) wird zur Behandlung der perniziösen Anämie eingesetzt und das Aquacobalamin wirkt als Mittel gegen Cyanidvergiftung. Das Coenzym B_{12} (Adenosylcobalamin) katalysiert 1,2-Isomerisierungen und radikal katalysierte Redoxreaktionen. Als Co^+ greift es bspw. das 5'-Kohlenstoffatom am ATP an und verdrängt die Triphosphatgruppe unter Co-C-Bindung. Dabei wird das Metall zu Co^{3+} oxidiert. Es sind alle drei Oxidationsstufen (+1, +2, +3) des Cobalts biologisch von Bedeutung (Abb. 9.1.3).

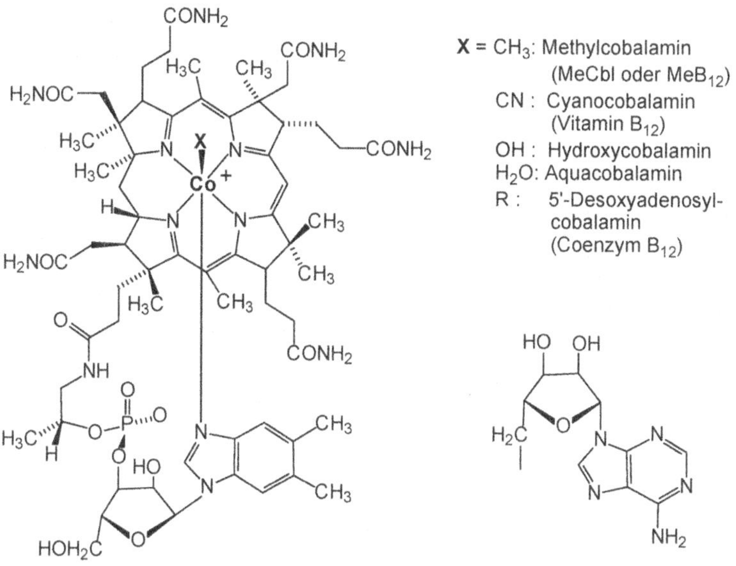

X = CH$_3$: Methylcobalamin
(MeCbl oder MeB$_{12}$)
CN : Cyanocobalamin
(Vitamin B$_{12}$)
OH : Hydroxycobalamin
H$_2$O: Aquacobalamin
R : 5'-Desoxyadenosyl-
cobalamin
(Coenzym B$_{12}$)

Abb. 9.1.1 Cobalamine wie Vitamin B$_{12}$ und Coenzym B$_{12}$

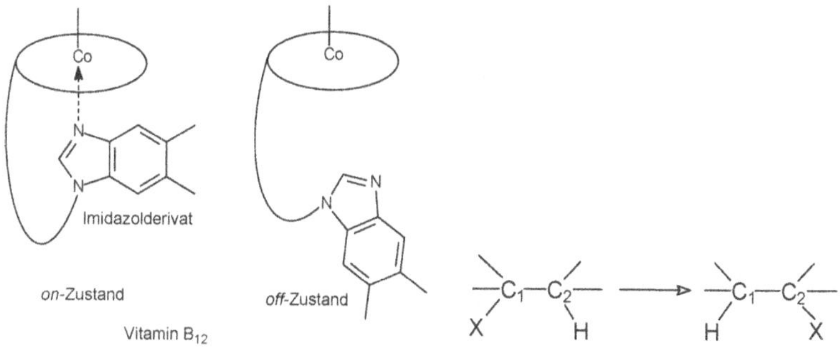

Abb. 9.1.2 Vitamin B$_{12}$ (*on*- und *off*-Zustand) und Beispiel einer 1,2-Isomerisierung (Vilar, 2009)

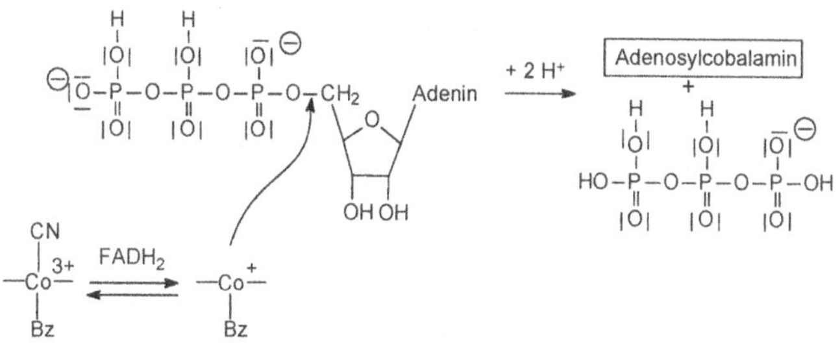

Abb. 9.1.3 Schematische Darstellung der Reaktion des Cobalt-Komplexes mit ATP

Wiederkäuer, die auf cobaltarmen Böden grasen, können Mangelkrankheiten (Hinsch-Krankheit), die sich in einer Lecksucht äußert, entwickeln. Für Wiederkäuer ist Cobalt zur Eigensynthese von Vitamin B_{12} durch Mikroorganismen des Pansens lebensnotwendig. Eine Supplementierung ist bei cobaltarmen Böden und dem darauf wachsendem cobaltarmen Futter für Wiederkäuer angebracht. Cobalophilin, ein in der Milch von Säugetieren vorkommendes Protein, das B_{12} bindet, schützt das Vitamin vor mikrobiellem Abbau und fördert die Resorption im Dünndarm. Es ist ein Glykoprotein mit 33 % Kohlenhydraten und einem Molekulargewicht von 59,3 bis 69,1 kD. Es gibt Hinweise, dass es als antimikrobielles Protein wie Lysozym und Lactoferrin wirkt. Mit Methyliodid bildet sich Methylcobalamin, welches bei der mikrobiellen Methionin- und Methanbiosynthese eine Rolle spielt.

9.1.5 Toxikologische Aspekte

MAK-Wert in der Cobalt verarbeitenden Industrie: 0,5 mg/m^3, sonst 0,1 mg/m^3. Kleine Mengen an Cobalt-Verbindungen sind für den Menschen weniger giftig, größere Mengen (25 bis 30 mg/d) besitzen jedoch toxische Wirkung (Haut- und Lungenerkrankungen, Magenbeschwerden, Leber-, Herz- und Nierenschäden).

CoSO$_4$ wurde Mitte der 60er-Jahre des letzten Jahrhunderts in einigen Ländern (z. B. Belgien) Bier zugesetzt, um übermäßiges Schäumen zu verhindern und den Schaum zu stabilisieren. Bei hohem Biergenuss (12 L, 6 bis 8 mg Co/d) trat des öfteren Herzversagen auf, wohingegen toxische Effekte durch Cobalt schon bei 1,5 bis 3 L Bier pro Tag zu verzeichnen sind.

9.1.6 Aufnahme und Ausscheidung

Cobalt ist ein essenzielles Spurenelement. Der Tagesbedarf an Vitamin B_{12} beträgt 3 μg, dieses entspricht 0,1 μg Cobalt. Pflanzliche Nahrung enthält praktisch kein Vitamin B_{12}, deshalb sind strenge Vegetarier auf die Supplementierung durch Vitaminpräparate angewiesen.

Die Cobaltkonzentration im Futtermittel der Rinder sollte 0,06 bis 0,1 μg/g betragen. Die Aufnahme des anorganischen Cobalts ist an die des Eisens gekoppelt (geringe Eisenkonzentration, erhöhte Cobaltresorption). Cobaltisotope werden gut resorbiert: zu 20 bis 70 %. Die Ausscheidung bei Kühen über die Milch liegt unter 0,01 %. Täglich werden vom Menschen etwa 2,5 μg Cobalt ausgeschieden.

9.2 Rhodium (Rh)

9.2.1 Vorkommen und Gehalte

Erde: Rhodium kommt in der *Erdkruste* mit $5 \cdot 10^{-7}$ Gew.-% vor. Die Produktion an Rhodium betrug 2005 23,5 Tonnen. Im Katalysator für Kraftfahrzeuge dient Rhodium dazu, NO zu elementarem N_2 zu reduzieren. Ein Ersatz des Rhodiums durch Platin oder Palladium würde zu NH_3 oder N_2O führen.

Mensch: Rhodium ist nicht essenziell, und eine gewisse Toxizität kann bisher nicht ausgeschlossen werden.

9.2.2 Biologische Aspekte und Bindungsformen

Elektronenkonfiguration: [Kr] ($4 d^8 5 s^1$); $A_r = 102,91$ u. Rhodium wird mit Platin im Verhältnis 1:10 als feine katalytische Schicht bei Katalysatoren für Otto-Motoren eingesetzt. Der Zusatz von Rhodium zu einer Platinlegierung verbessert die katalytische Wirkung und die Haltbarkeit. Bei Hochgeschwindigkeiten des Fahrzeugs werden mikroskopisch feinste Partikel mit den Abgasen herausgeschleudert und damit gelangen sie in die Umwelt und die Nahrungskette. Die Gehalte bei Getreidekleie lagen bei 5 µg/kg. Auch ist der Rhodium-Gehalt in den Schneeproben in Grönland seit 1976 kontinuierlich angestiegen; im Vergleich zu den Gehalten in 7.500 Jahren altem Eis aus Bohrkernen ist er um den Faktor 40 gestiegen.

Rhodium wird auch als hauchdünner Überzug verwendet, um Schmuck aus Silber vor dem Anlaufen zu schützen. Dieser Prozess wird Rhodinieren genannt. Geeichte Gewichte für Waagen werden z. T. ebenfalls mit einem feinen Rhodiumüberzug versehen, damit die Gewichte gegen Korrosion geschützt sind und ihre Gewichtskonstanz erhalten bleibt.

Oktaedrische Rh^{3+}-Diimin-Komplexe (Abb. 9.2.1) binden schwach an die DNA und können durch Photoaktivierung stärker binden und dabei das Rückgrat der DNA spalten, sodass die Doppelhelix in den Krebszellen nicht mehr zueinander passt. Diese Reaktion führt zu einer anticarcinogenen Aktivität.

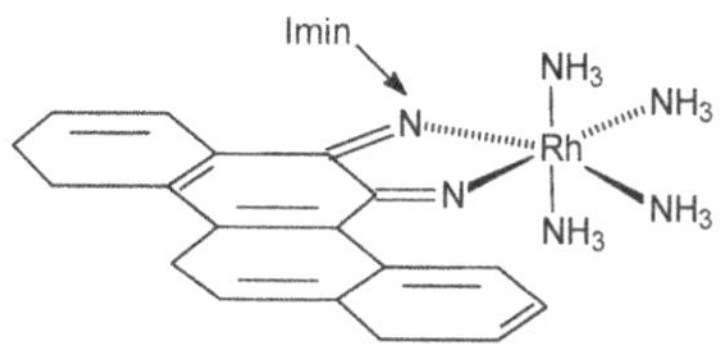

Abb. 9.2.1 Rhodiumdiimin-Komplex (nach van Rijt und Sadler, 2009)

10 Die Elemente der 10. Gruppe: die Nickelgruppe

Die 10. Gruppe enthält die Elemente Nickel (Ni), Palladium (Pd) und Platin (Pt).

10.1 Nickel (Ni)

10.1.1 Vorkommen und Gehalte

Erde: In der *Erdkruste* kommen im Mittel 0,01 Gew.-% Nickel vor. Wichtigste Nickelerze sind **Pentlandit** (NiS), **Nickelmagnetkies** (Gemisch aus **Kupferkies** $CuFeS_2$ und **Pentlandit** NiS) und **Rotnickelkies** (Nickelit) (NiAs).

Mensch: Der Mensch enthält 10 mg Nickel, Blut: 0,003 mg/L, Haare: 0,22 mg/kg, die höchsten Gehalte finden sich in Niere, Leber und Lunge.

Lebensmittel: (Angaben Nickel in mg/kg) Nüsse 5; Kakaopulver 9; Hafer 2; Roggen 1; Weizen 0,34; Kartoffel 0,06; Möhren 0,06; Blumenkohl 0,17; Porree 0,06; Apfel 0,02; Erdbeeren 0,05; Kuhmilch 0,25; Eigelb 0,14; Rinderniere 0,15; Rinderleber 0,19; Rindfleisch 0,6; Makrele 0,13; Forelle 0,2.

10.1.2 Eigenschaften und Verwendung

Elektronenkonfiguration: [Ar] $(3\ d^8\ 4\ s^2)$; $A_r = 58,69$ u. Nickel ist ein silberweißes, glänzendes, dehnbares Schwermetall, das schmied- und schweißbar ist (Schmelzpkt. 1.455 °C) und in Legierungen eingesetzt wird. Von nicht oxidierenden Säuren wird es langsam, von oxidierenden Säuren rasch gelöst. Feinverteiltes Nickel-Pulver absorbiert CO und H_2, es kann sich an der Luft selbst entzünden. Nickel wird vor allem in der Stahlindustrie, für Legierungen, als Überzüge (Vernickeln) und als Katalysator verwendet. Als Metall in feinverteilter Form wird es als Katalysator für die Hydrierung ungesättigter Fettsäuren eingesetzt. Als Überzugsmetall verhindert Nickel die Korrosion. Als Bestandteil von Nickel-Cadmium- und Nickel-Hydrid-Akkumulatoren dient es zur Energieversorgung von mobilen Telefonen, Funkgeräten und Computern. Weißgold ist eine Gold-Nickel Legierung.

10.1.3 Verbindungen

Nickel kommt fast ausschließlich in der zweiwertigen Oxidationsstufe vor, einige wenige Verbindungen enthalten ein-, drei- oder vierwertiges Nickel.

Nickel(II)-oxid (NiO) bildet eine graugrüne, kristalline Substanz. Es ist unlöslich in H_2O, aber löslich in Säuren. Es dient zur Herstellung von Katalysatoren und zum Färben von Gläsern.

Nickel(II)-chlorid (NiCl₂) kristallisiert in gelben, glänzenden Kristallen mit kubischer Raumstruktur. Es löst sich sowohl in H_2O als auch in Alkohol. Aus einer wässrigen Lösung kristallisiert das grün gefärbte Hexahydrat $NiCl_2 \cdot 6\ H_2O$. Es wird durch Erhitzen von Nickel im Chlorstrom gewonnen und dient neben der Herstellung von Katalysatoren zur galvanischen Vernickelung und zum Färben von Keramik.

Nickeltetracarbonyl (Ni(CO)₄, ist eine farblose Flüssigkeit (Siedepkt. 43 °C). Es ist hochgiftig und im Gemisch mit Luft explosiv.

10.1.3.1 Komplexe Nickel-Verbindungen

Nickelcyanid $Ni(CN)_2$ bildet mit weiterem CN^- das komplexe Tetracyanidonicolat-Ion $[Ni(CN)_4]^{2-}$, ein quadratisch-planares Komplexanion. Ein weiteres anionisches Komplex-Ion ist das Tetrachloridonicolat-Ion $[NiCl_4]^{2-}$ (tetraedrisches Komplexanion. Dagegen tragen die Komplexe des Hexaaquanickel-Ions $[Ni(H_2O)_6]^{2+}$ und des Hexaamminnickel-Ions $[Ni(NH_3)_6]^{2+}$ positive Ladungen und sind oktaedrische Komplexe. Es kommen planar-quadratische, tetraedrische und oktaedrische Komplexgeometrien bei Nickel vor.

10.1.4 Biologische Aspekte und Bindungsformen

Nickel aus Klärschlämmen wird von Pflanzen besser resorbiert als geogen in Mineralien vorkommendes Nickel. Manche Pflanzen (z. B. Kiefern auf das 700-Fache) reichern Nickel an. Im Blut wird Nickel an Albumin (96 %) gebunden und zu 4 % an L-Histidin. Andere Wissenschaftler fanden heraus, dass es zu 43 % an α-Makroglobulin gebunden vorliegt. Nickel ist wahrscheinlich beim Menschen am Kohlenhydratstoffwechsel beteiligt. In einigen Enzymen kommt Nickel im aktiven Zentrum vor, z. B. Ni-Fe-CO-Dehydrogenase oder Urease. Die Urease aus Bakterien ist ein aus drei Untereinheiten aufgebautes nickelhaltiges Enzym. Jede α-Untereinheit besitzt ein dimeres Nickelzentrum. Der Harnstoff, Substrat der Urease, wird nach folgender Gleichung umgesetzt:

$$\begin{matrix} H_2N \\ H_2N \end{matrix}\!\!>C{=}O + H_2O \xrightarrow{\text{Urease}} \underset{\text{Ammoniak}}{NH_3} + \underset{\text{Carbamat}}{H_2N{-}C\!\!<\!\begin{matrix} O \\ OH \end{matrix}} \longrightarrow CO_2 + NH_3$$

Pro Harnstoffmolekül entstehen zwei Ammoniakmoleküle, die aufgrund der cytotoxischen Wirkung entfernt werden müssen. Dies gelingt durch die Glutamin-Synthetase.

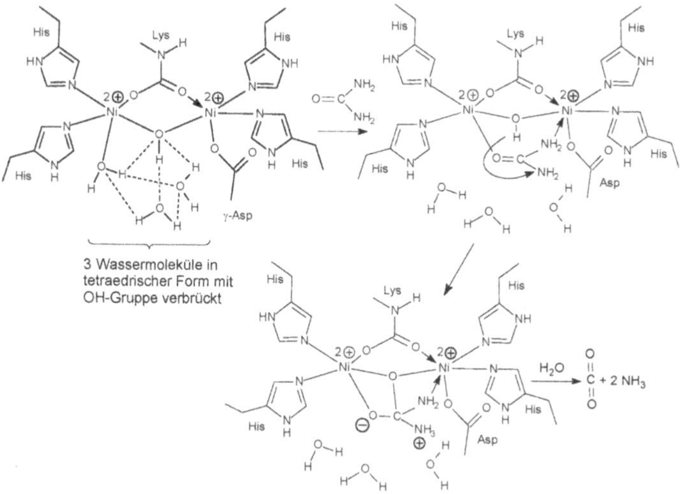

Abb. 10.1.1 Zentrum der Urease bei der Umsetzung von Harnstoff zu CO_2 und NH_3

Urease in Schwertbohnen (aber auch in anderen Pflanzen und Mikroorganismen) enthält Nickel. Urease, ein Enzym mit 6 Untereinheiten mit zwei Ni^{2+} als Zentral-Ionen, katalysiert den Abbau von Harnstoff zu Ammoniak. Die zwei Nickelatome sind 0,35 nm voneinander entfernt. Das erste Ni^{2+} ist von 2 His (His_{246} und His_{272}) und einem Wassermolekül, an dem zwei weitere Wassermoleküle über Wasserstoffbrücken verbunden sind, umgeben. Zum zweiten Ni^{2+}-Ion liegt eine Verbrückung mit einem OH^- und einem carbamyliertem Lysin (Lys_{217}) vor (Abb. 10.1.1). An dem 2. Ni^{2+}-Ion sind noch der Rest einer Asparaginsäure (Asp_{360}) und zwei Histidinreste (His_{134}, His_{136}) als einzähnige Liganden in Interaktion. Pflanzen- und Pilzureasen sind aus 90 kD-Untereinheiten aufgebaut, während bakterielle Ureasen Multimere von zwei bis drei Untereinheiten darstellen. Die Polypeptidketten der Untereinheiten werden mit α (567 AS), β (106 AS) und γ (100 AS) bezeichnet. Wenn drei Untereinheiten mit jeweils drei Polypeptidketten vorkommen, besitzt das Molekül 2319 Aminosäuren. Die Pflanzen- und Pilzureasen besitzen eine hohe stark einheitliche Sequenz und dreidimensionale Struktur. Das seltene Enzym ist nur in Pflanzen, Krusten- und Krebstieren (*Crustaceen*) sowie marinen Wirbellosen (Invertebraten), aber auch in *Helicobacter pylori* vorhanden, bei denen das basisch reagierende Ammoniak keine cytotoxische Wirkung entfalten kann und ein Entgiftungsmechanismus vorliegt, bei dem NH_4^+ an den Mageninhalt abgeben werden kann. In den Pflanzen, in denen Urease vorkommt, wird der Harnstoff z. B. durch Glutamin-Synthetase schnell wieder gebunden, wobei L-Glutaminsäure bzw. deren Salz L-Glutamin aus L-Glutamat entsteht (Abb. 10.1.2).

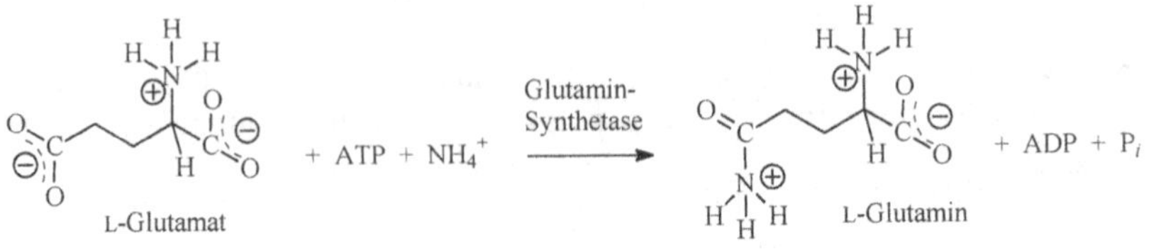

Abb. 10.1.2 Abfangen des Ammoniums aus der Urease-Reaktion durch Glutamin-Synthease

In marinen Lebewesen ist die Aktivität der Urease in den äußeren Organen z. B. in den Kiemen gegeben, wodurch Ammoniak schnell an das umgebende Wasser abgegeben werden kann. Die Urease von Bodenbakterien setzt Harnstoff z. B. aus Jauche in Ammoniak um und macht den Stickstoff aus der Jauche besser pflanzenverfügbar. Ein Teil des Ammoniaks geht in die Luft über und wird damit dem Dünger entzogen. Urease ist auch an der Emission von Ammoniak aus der landwirtschaftlichen Tierhaltung mit geruchlich wahrnehmbarer Aktivität beteiligt. In einigen Bakterien kommen auch nickelhaltige Hydrogenasen vor, die Wasserstoff zu Wasser oxidieren, Sulfat reduzieren und an der Biosynthese von Methan beteiligt sind. Methanbildende Archaebakterien besitzen nickelhaltige prosthetische Gruppen, davon konnte ein Ni-Porphyrin-Komplex isoliert werden. Dieser Komplex (Cofaktor F_{430}) ist prosthetische Gruppe der Methyl-Coenzym-M-Reductase (MCR). Als Variante wurde am 17^2-C-Atom eine Methylthiogruppe anstatt Wasserstoff gefunden (Abb. 10.1.3).

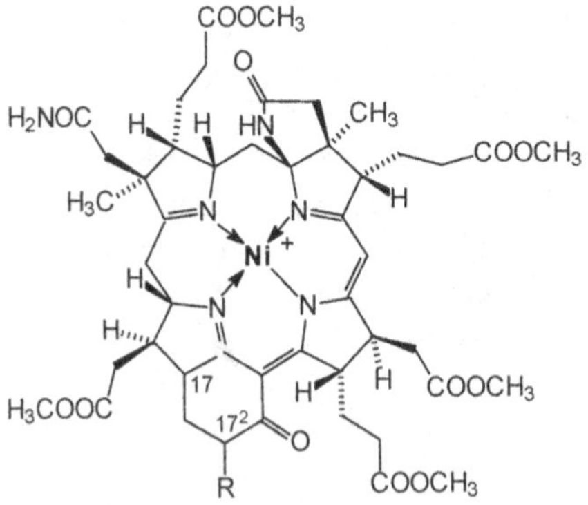

R = H oder SCH$_3$

$$CH_3\text{-}S\text{-}CH_2\text{-}CH_2\text{-}SO_3^- + 2\,H_3O^+ \xrightarrow{F_{430}\,+\,H_2\text{-Reductase}} CH_4 + HS\text{-}CH_2\text{-}CH_2\text{-}SO_3^- + 2\,H_2O$$

$$CH_3S\text{-}CoM + HS-CoB \longrightarrow CH_4 + CoB-S-S-CoM$$

Abb. 10.1.3 Faktor F_{430} und die Bildung von Methan

Bei der Methanogenese wird Methan freigesetzt und ein Disulfid-Komplex aus CoM und CoB entsteht.

$$H_3C\text{-}S\text{-}CoM + Hb\text{-}CoB \longrightarrow CH_4 + CoB\text{-}S\text{-}S\text{-}CoM$$

In anderen Mikroorganismen kommt Nickel in Hydrogenasen vor. Nickel aktiviert die alkalische Phosphatase und Oxalacetat-Carboxylase und verstärkt die Wirkung von Insulin. In Acetylcoenzym-A-Synthase aus *Moorella theroacetica* kommt ein cubanähnlicher [4Fe–4S]-Cluster (= [Fe$_4$-S$_4$]) vor, der über eine „Schwefel-Nickel-Brücke" mit einem weiteren Nickelzentrum komplexartig gebunden vorliegt. An dem Cubannahen Nickel wird ein Kohlenstoffmonoxid, das vorher aus CO$_2$ reduziert wurde, gebunden. Vom Methylcobalamin wird auf das Nickelzentrum eine Methylgruppe übertragen, sodass sich eine Acetylgruppe bilden kann, die dann auch Coenzym A übertragen wird (Abb. 10.1.4).

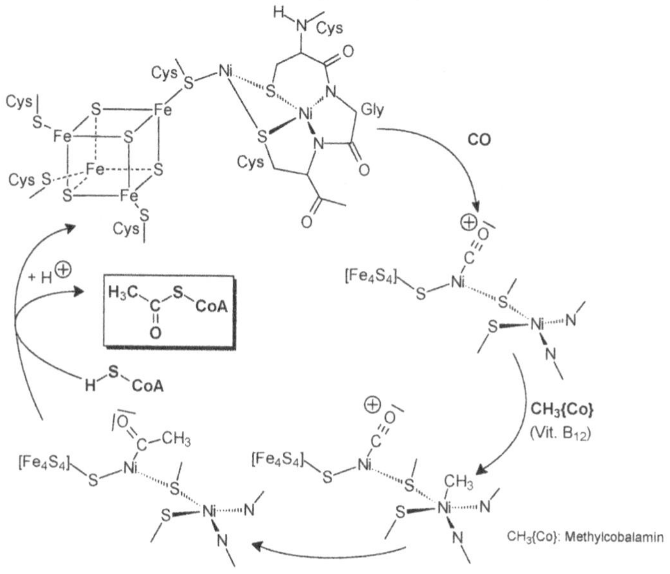

Abb. 10.1.4 Fe-Ni$_2$-Acetyl-Coenzym-A-Synthase aus *M. thermoacetica* und Bildung einer Acetylgruppe zur Übertragung auf Coenzym A (nach Rehder, 2006)

Es laufen folgende Reaktionen an der Nickel-Superoxid-Dismutase ab (Abb. 10.1.5):
1) die Bindung des Hyperoxid-Radikals O$_2^-$ an das Nickelzentral-Ion
2) die Oxidation des Ni^{2+} zu Ni^{3+} und Reduktion des Hyperoxids zum Wasserstoffperoxid, Bildung eines Tyrosinradikals
3) die Bindung eines weiteren Hyperoxids an das Ni^{3+}-Zentral-Ion
4) die Reduktion des Ni^{3+} zu Ni^{2+} und Oxidation des Hyperoxids zum Sauerstoff.

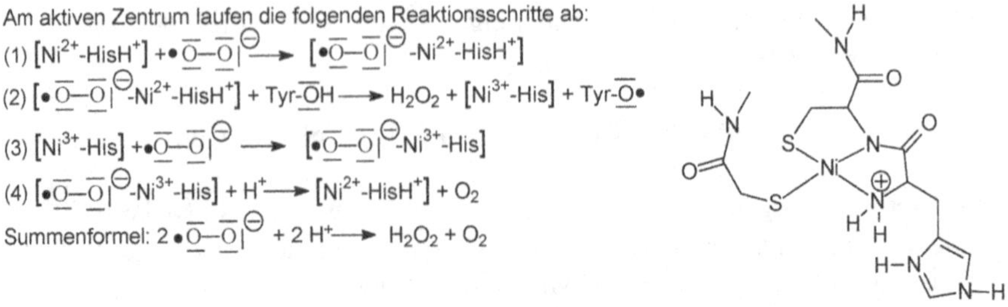

Am aktiven Zentrum laufen die folgenden Reaktionsschritte ab:

(1) $[Ni^{2+}\text{-HisH}^+] + \bullet\overline{O}-\overline{O}|^{\ominus} \longrightarrow [\bullet\overline{O}-\overline{O}|^{\ominus}\text{-}Ni^{2+}\text{-HisH}^+]$

(2) $[\bullet\overline{O}-\overline{O}|^{\ominus}\text{-}Ni^{2+}\text{-HisH}^+] + \text{Tyr-}\overline{O}H \longrightarrow H_2O_2 + [Ni^{3+}\text{-His}] + \text{Tyr-}\overline{O}\bullet$

(3) $[Ni^{3+}\text{-His}] + \bullet\overline{O}-\overline{O}|^{\ominus} \longrightarrow [\bullet\overline{O}-\overline{O}|^{\ominus}\text{-}Ni^{3+}\text{-His}]$

(4) $[\bullet\overline{O}-\overline{O}|^{\ominus}\text{-}Ni^{3+}\text{-His}] + H^+ \longrightarrow [Ni^{2+}\text{-HisH}^+] + O_2$

Summenformel: $2 \bullet\overline{O}-\overline{O}|^{\ominus} + 2\,H^+ \longrightarrow H_2O_2 + O_2$

Abb. 10.1.5 Abbau des Hyperoxids durch Nickel-Superoxiddismutase und dessen aktives Zentrum

Im Boden werden die Sulfide des Ni^{2+}, Pb^{2+}, As^{3+}, Cu^{2+} und Fe^{2+} in Gegenwart von NO_3^- durch autotrophe Denitrifikation mittels *Thiobacillus denitrificans* zu Sulfaten oxidiert. Hauptkomponente ist das Eisen, das als FeO oder Fe_2O_3 sekundär ausfällt und die Pb^{2+}-, As^{3+}- und Cu^{2+}-Ionen binden kann.

$$5\,FeS_2 + 14\,NO_3^- + 4\,H_3O^+ \rightarrow 7\,N_2 + 10\,SO_4^{2-} + 5\,Fe^{2+} + 6\,H_2O$$

Das dunkelgraue antiferromagnetische Nickeldisulfid liegt in Pyritstrukur vor. Die aus den Sulfiden freigesetzten Nickel-Ionen werden jedoch nicht gebunden und gelangen dadurch vermehrt ins Trinkwasser. Momentan sind die Nickel-Konzentrationen im Trinkwasser kein Problem. Nickelallergien zeigen jedoch, dass schon geringe Gehalte gesundheitliche Effekte hervorrufen können.

Eine nickelhaltige Kohlenstoffmonoxid-Dehydrogenase (NiCODH) (Abb. 10.1.6) aus methanogenen Archaebakterien besitzt eine FeS-nickelhaltige Domäne und ein Eisen-Ion außerhalb des cubanähnlichen Käfigs. Bei diesem NiCODH wird Kohlenstoffmonoxid an das Nickel-Ion und Wasser an das Eisen-Ion gebunden. Durch Abgabe eines Protons und Oxidation des Kohlenstoffatoms des Kohlenstoffmonoxids entsteht eine Carboxylgruppe.

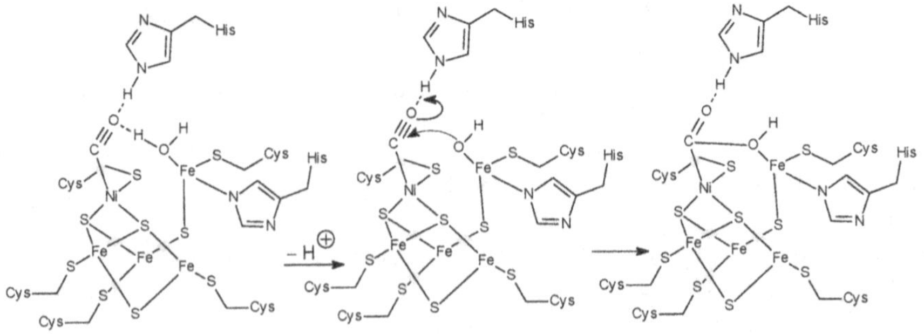

Abb. 10.1.6 Nickel-Eisen-Cluster der Kohlenstoffmonoxid-Dehydrogenase (NiCODH) (Vilar, 2007)

10.1.5 Toxikologische Aspekte

MAK-Wert: 0,1 mL/m^3. Stäube von Nickel sind stark toxisch und krebserregend und lösen bei empfindlichen Personen Dermatitis aus. Ni_2S_3, welches in vielen Erzen zu finden ist, wirkt carcinogen auf Menschen und Tiere. Nickeltetracarbonyl ist stark giftig, und im Tierversuch wurden krebserregende Wirkungen belegt.

Im Blut wird CO von $Ni(CO)_4$ abgespalten und sofort an Hämoglobin gebunden. Da es lipophil ist, kann es die Blut-Hirn-Schranke gut durchdringen. Krankheitssymptome treten bei anorganischen Nickel-Verbindungen bei Personen auf, die Nickel-Gehalte im Urin ab 100 µg/L aufweisen. Allergische Reaktionen (Ni-Dermatitis) sind bei 15 % der Frauen und 6 % der Männer zu finden. Nickel ist der häufigste Auslöser für Kontaktallergien. Bei nickelsensitiven Personen kommt es bei oraler Zufuhr von 600 µg Nickel zu allergischen Hautreaktionen.

10.1.6 Aufnahme und Ausscheidung

Nickel ist für viele Tiere und Menschen essenziell. Der Bedarf an Nickel wird auf 35 bis 500 µg/d und Person geschätzt. Von den Lungen werden ca. 35 % des in der Luft enthaltenen Nickels resorbiert. Oral aufgenommene Nickel-Verbindungen führen zu einer Resorption von bis zu 10 %. Auch eine Aufnahme über die Haut ist möglich. 90 % des Nickels werden renal ausgeschieden, der Rest biliär und über den Schweiß. Die Halbwertszeit der renalen Ausscheidung wird auf 17 bis 53 Stunden geschätzt.

10.2 Palladium (Pd)

10.2.1 Vorkommen und Gehalte

Palladium wird vorwiegend aus Nickel- und Kupfererzen gewonnen. Es wird u. a. in Abgaskatalysatoren verwendet. Palladium ist in der Lage, das 900-Fache seines Volumens an Wasserstoff (H_2) zu speichern. Auf ein Pd-Atom kommen 0,7 H-Atome. Auf 500 °C erhitzt, wird das Wasserstoffgas wieder freigesetzt. Dieses macht Palladium als Wasserstoffspeicher interessant, da etwa genauso viel H_2 in Palladium gespeichert wird wie im flüssigen Wasserstoff.

10.2.2 Biologische Aspekte und Bindungsformen

Elektronenkonfiguration: [Kr] (4 d ^{10}); A_r = 106,4 u. Die Pd-Gehalte sind im Grönlandschnee heute 80-mal höher als in 7.500 Jahre altem Eis, das aus Bohrkernen gewonnen wurde. Bei exponierten Personen können Palladium-Verbindungen Allergien auslösen.

10.3 Platin (Pt)

10.3.1 Vorkommen und Gehalte

Die einzelnen Platin-Metalle kommen in der *Erdkruste* zu 10^{-6} bis 10^{-7} Gew.-% vor. Pro Jahr werden etwa 200 Tonnen Platin gefördert, davon stammen 3/4 aus Südafrika. Es kommt stets vergesellschaftet mit den anderen Metallen der Platingruppe wie Ruthenium, Rhodium, Palladium, Osmium und Iridium vor. Selten kommen die Platinmetalle gediegen vor, meist sind sie in geringen Mengen in Chrom-, Nickel- und Kupfererzen vorhanden.

10.3.2 Eigenschaften und Verwendung

Elektronenkonfiguration: [Xe] (4 f ^{14} 5 d ^{9} 6 s^1); A_r = 195,08 u. Platin ist ein silbergraues Edelmetall (Schmelzpkt. 1.770 °C). Es wird nur von Königswasser angegriffen. Schmelzende Hydroxide, Cyanide und Sulfide greifen wegen der großen Neigung des Platins zur Komplexbildung ebenfalls an. Feinverteiltes Platin kann Wasserstoff (H_2) absorbieren und auch Sauerstoff (O_2). Es dient deshalb als Katalysator. Weitere Verwendungsbeispiele sind Platinnetze als Kontakte bei der NH_3-Verbrennung und SO_3-Herstellung und Zahnimplantat- sowie Schmuckherstellung. An aktivem Platin reagieren H_2 und O_2 explosiv zu Wasser. Es erzeugt keine Flammenfärbung, daher können Platindrähte zum Nachweis von Elementen in der Flamme des Bunsenbrenners eingesetzt werden.

10.3.3 Verbindungen

Platin kommt in zwei- oder vierwertiger Form vor, die vierwertigen Verbindungen sind am beständigsten.

Hexachloridoplatin(IV)-Säure (H_2PtCl_6) stellt einen Säurekomplex dar, der u. a. mit Silber, Alkalimetallen und Ammonium Salze bildet. H_2PtCl_6 entsteht durch Lösen von Platin in Königswasser.

10.3.4 Biologische Aspekte und Bindungsformen

Die cytostatische Wirkung des *cis*-Diammindichloridoplatins(II), eines aufgrund der d^8-Konfiguration quadratisch-planaren Komplexes, wurde in den Sechzigerjahren entdeckt. Bei der Untersuchung des Einflusses schwachen Wechselstromes auf das Wachstum von *E. coli*-Bakterien verwendete man dazu scheinbar inerte Platinelektroden. Das Ergebnis war eine Hemmung der Zellteilung, ohne gleichzeitige Inhibition des Bakterienwachstums, was zur Ausbildung langer, fadenförmiger Zellen führte. Die in Spuren durch Oxidation an der Platinelektrode gebildeten *cis*-konfigurierten Chlorido-Komplexe verursachten diesen biologischen Effekt (Abb. 10.3.1).

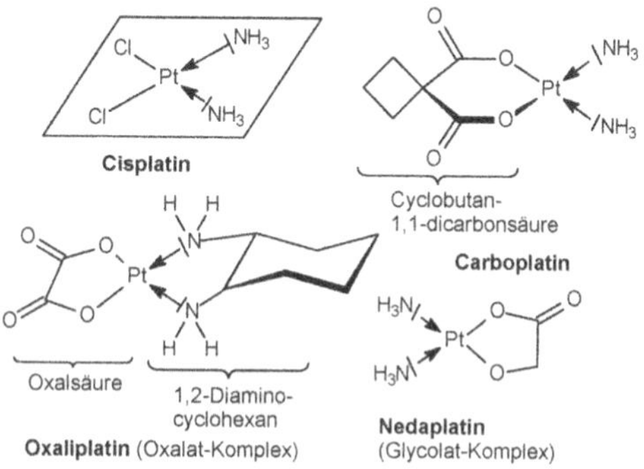

Abb. 10.3.1 Cytostatisch wirksame Platin-Komplexe

Es sind vier *cis*-Platin-Komplexe für die Chemotherapie zugelassen. Besonders in der Kombination mit der Chemotherapie sind sogar im fortgeschrittenen Stadium erhebliche Wirksamkeiten bei Lungen-, Grimm/Mastdarm- und Eierstockkrebs zu verzeichnen.

Der Einsatz von *cis*-Platin verbesserte die Heilungschancen bei Hodenkarzinomen von fast 0 % auf 80 bis 90 %. Die N-7-Atome des Guaninrestes der DNA sind am elektronenreichsten (lassen sich am leichtesten oxidieren). Hier lagern sich die platinhaltigen Arzneimittel an. Sie haben aber schon teilweise Chlorid-Ionen verloren, und in der Tumorzelle kommt es zur Verminderung der DNA-Synthese. Der Komplex kann auch an ein weiteres N-7-Atom eines Guanidin- oder Adeninrestes binden, die in der Nähe lokalisiert sind. Die *cis*-ständigen Chloratome reagieren mit nucleophilen Gruppen der Nucleinsäuren und Proteinen. Als Übergangszustand erfolgt eine Cl⁻-Abspaltung mit der Bildung eines elektrophilen Aquakomplexes. Der *cis*-Platin-Komplex diffundiert in die Zelle. Ist die Konzentration an *cis*-Platin hoch, wird die Abspaltung der zwei Cl⁻ vermindert, dadurch der Komplex stabilisiert und die Nephrotoxizität verringert. Es können aber auch die beiden Chloridliganden abgespalten werden, sodass der 2-fach positive Restkomplex mit Nucleinsäuren und Proteinen reagiert. In Bioflüssigkeiten wie Blut erfolgt keine Chloridabspaltung. Der Aquakomplex ist die bioaktive

Form, die mit den nucleophilen Zentren (bevorzugt N(7) des Guanins) reagiert. Die Schädigung der DNA wird durch die Quervernetzung innerhalb des gleichen Stranges hervorgerufen (Abb. 10.3.2).

Das Nedaplatin, *cis*-Diamminglycolatidoplatinum(II), ist in Japan im klinischen Gebrauch und bei Krebserkrankungen eingesetzt.

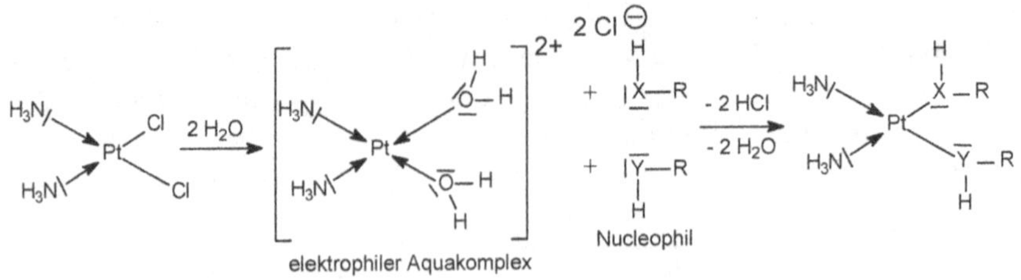

Abb. 10.3.2 Mechanismus der DNA-Vernetzung

Der Gehalt an Platin hat um Faktor 120 im Grönlandschnee im Vergleich zu 7.500 Jahre altem Eis zugenommen. In Getreidekleie sind Gehalte von 50 µg/kg vor allem durch Freisetzung aus Katalysatoren gemessen worden. Die von U. Oppermann und E. Canu ermittelten Werte in Getreidekleie (GIT Labor-Fachzeitschrift 3/2004, S. 204) scheinen für Platin mit 50 ppb und für Rhodium mit 5 ppb, was dem Verhältnis der Katalyseschicht im Katalysator entspricht, bedeutsam für Akkumulationsprozesse zu sein.

Bei exponierten Personen kann der Kontakt mit Platin-Verbindungen Allergien auslösen.

10.3.5 Toxikologische Aspekte

Thioplatin-Komplexe sind in der normalen Zelle als Komplex gebunden. In der Krebszelle (niedriger *p*H-Wert) werden Platin-Ionen freigesetzt, die mit der DNA der Krebszelle reagieren.

11 Die Elemente der 11. Gruppe: die Kupfergruppe

Die 11. Gruppe, die „Münzmetalle" oder „Kupfergruppe", besteht aus den Elementen Kupfer (Cu), Silber (Ag) und Gold (Au).

11.1 Kupfer (Cu)

11.1.1 Vorkommen und Gehalte

Erde: In der *Erdkruste* finden sich etwa 50 mg/kg $\hat{=}$ 0,005 Gew.-% (bei vulkanischem Ursprung), sonst 20 bis 30 mg/kg. Kupfer kommt natürlich in gediegener Form und gebunden als **Kupferkies ($CuFeS_2$), Kupferglanz (Cu_2S), Rotkupfererz (Cuprit) (Cu_2O), blaues Azurit ($Cu(OH)_2 \cdot 2\ CuCO_3$)** und **grünes Malachit ($CuCO_3 \cdot Cu(OH)_2$)** (als Halbedelstein wegen seiner Farbe und Schichtung geschätzt) vor. Vorindustrielles *Gletschereis* enthält nur äußerst geringe Gehalte: 0,8 bis 6,4 pg Kupfer/g.

Mensch: Der menschliche Körper enthält 80 bis 120 mg Kupfer. 40 % des Kupfers sind in den Knochen und 24 % in der Muskulatur lokalisiert. In der Leber (9 % des Gesamtkupfergehaltes) kommt Kupfer angereichert vor. Im Gehirn finden sich 6 % des Gesamtkupfergehaltes des menschlichen Körpers.
- Serum: 1,1 mg/L, hauptsächlich an Albumin gebunden
- Plasma: 1 mg/L, davon 90 bis 95 % in Caeruloplasmin gebunden, der Rest ist an Aminosäuren und Albumin gebunden
- Leber: 4,7 mg/kg FG, davon 64 % im Cytoplasma, 20 % im Zellkern, 8 % in Mitochondrien und 5 % in Mikrosomen lokalisiert.

Lebensmittel: (Kupfergehalt in mg/kg) Pflanzen 4 bis 20 (bezogen auf TM (Trockenmasse)); Getreide 1 bis 16 (FS = Frischsubstanz); Kartoffel 1,7; Nüsse 1 bis 3 FS; Fische 0,1 bis 2 FS; Eigelb 3,5; Eiklar 1,3; Rindfleisch 0,90; Schweinefleisch 13; Schweineniere 7,9; Schweineleber 13; Kuhmilch 0,06.

11.1.2 Eigenschaften und Verwendung

Elektronenkonfiguration: [Ar] (3 d^{10} 4 s^1); A_r = 63,546 u. Kupfer ist ein weiches, zähes Schwermetall, das eine außerordentlich hohe thermische und elektrische Leitfähigkeit aufweist. Die Gitterstruktur ist kubisch flächenzentriert. Reines Kupfer ist von gelbroter Farbe, an der Luft oxidiert es langsam zu rotem Cu_2O, das dem Kupfer die bekannte rote Kupferfarbe verleiht. Bei Gegenwart von CO_2 bildet sich auf dem Kupfer langsam ein Überzug von grünem basischem Kupfercarbonat $CuCO_3 \cdot Cu(OH)_2$ („Malachit"); dieses schützt das darunterliegende Metall vor weiterer Zerstörung. Patina besteht auch aus basischen Kupfersulfaten ($Cu_2SO_4(OH)_2$ und dem SO_2-Gehalt der Luft) sowie basischen Kupferchloriden (besonders an der See). Kupfersulfat besitzt den höchsten Anteil in der Patina. Patina wird auch künstlich hergestellt und als grüne, in H_2O unlösliche Farbe verwendet. Kupfer wird nur von oxidierenden Säuren angegriffen:

$$3\ Cu + 8\ HNO_3 \longrightarrow 3\ Cu(NO_3)_2 + 4\ H_2O + 2\ NO\uparrow$$
$$Cu + 2\ H_2SO_4 \longrightarrow CuSO_4 + 2\ H_2O + SO_2\uparrow$$

Verwendet wird Kupfer zur Produktion von Legierungen wie Messing, einer Kupfer-Zink-Legierung (Rot-, Gelb-, Weißmessing, mit fallendem Kupfer-Gehalt), Bronze, einer Kupfer-Zinn-Legierung, und „Neusilber" (Alpaka), das aus 55 bis 60 % Kupfer, 12 bis 26 % Nickel und 19 bis 31 % Zink besteht. Setzt man den Bronzen Kupferphosphide (z. B. Cu_3P_2) zu, so erhält man die sog. „Phosphorbronzen", die wegen ihrer Zähigkeit und Widerstandsfähigkeit für Maschinenteile und hitzefeste Matrizen verwendet werden. Konstantan ist eine Legierung aus Kupfer, ca. 40 % Nickel und geringen Teilen Mangan, es dient zur Herstellung fast temperaturunabhängiger Widerstandsdrähte. Die meisten Münzen enthalten ebenfalls Kupfer-Legierungen. Weitere Verwendungsbereiche finden sich in Leitungen, Apparaten, Drahtnetzen sowie in der Galvanotechnik und als „Schlagmetall" (hauchdünn ausgewalztes Kupfer für sog. Goldimprägnierungen).

Kupfer wird seit etwa 7.000 Jahren von Menschen gewonnen. Durch Eiskernbohrungen wurde nachgewiesen, dass die Atmosphäre schon seit rund 3.000 Jahren durch Kupferemissionen verschmutzt wird. Nach dem Zerfall des Römischen Reiches schwand zunächst der Bedarf an Kupfer, nahm im Mittelalter aber wieder deutlich zu. Mit dem Beginn der industriellen Revolution vervielfachte sich die Emission von Kupfer in die Atmosphäre.

11.1.3 Verbindungen

In der Oxidationsstufe +1 besitzt das Kupferatom die Elektronenkonfiguration $3\ d^{10}$. Die Kupfer(I)-Verbindungen sind diamagnetisch und unbeständig, sie können nicht mit denen der Alkalimetalle verglichen werden. Die 10 3d-Elektronen schirmen das eine 4s-Elektron des Kupferatoms viel weniger von der positiven Kernladung ab, als dies bei den s-Elektronen der Alkalimetallatome der Fall ist. Kupfer in der Oxidationsstufe +2 verbindet sich bevorzugt mit schwer deformierbaren Anionen wie SO_4^{2-}, NO_3^-, ClO_4^-, F^-, Cl^-, während leicht deformierbare große Anionen wie I^-, CN^- und SCN^--Ionen leichter Kupfer(I)-Verbindungen ergeben. Das Gleichgewicht

$$2\,Cu^+ \rightleftharpoons Cu + Cu^{2+}$$

liegt in H_2O fast ganz auf der rechten Seite; daher sind in wässriger Lösung nur solche Kupfer(I)-Verbindungen darstellbar, die entweder schwer löslich oder durch Komplexbildung stabilisiert sind.

11.1.3.1 Kupfer(I)-Verbindungen

Kupfer(I)-chlorid (CuCl) entsteht beim Erwärmen von $CuCl_2$ mit metallischem Kupfer in konz. HCl:

$$CuCl_2 + Cu \longrightarrow 2\,CuCl$$

Durch Verdünnen fällt es als weißer Niederschlag aus, der im trockenen Zustand an der Luft beständig ist, feucht wird CuCl leicht oxidiert zu grünem basischem Kupfer(II)-chlorid:

$$2\,CuCl + \tfrac{1}{2}\,O_2 + H_2O \longrightarrow 2\,CuCl(OH)$$

Die schwer löslichen Kupfer(I)-halogenide bilden mit verschiedenen Komplex-bildnern lösliche Komplexe (z. B. $[CuCl_2]^-$, $[CuCl_3]^{2-}$, $[Cu(CN)_4]^{3-}$).
   Kupfer(I)-iodid (CuI) ist eine weiße Substanz, die durch Zusatz einer $CuSO_4$-Lösung mit KI-Lösung entsteht (Cu^{2+} wird vom Iodid-Ion reduziert):

$$Cu^{2+} + I^- \longrightarrow Cu^+ + \tfrac{1}{2}\,I_2 \qquad Cu^+ + I^- \longrightarrow CuI$$

Die Reaktion dient zur Bestimmung von zweiwertigem Kupfer (Cu^{2+}).
   Kupfer(I)-oxid (Cu_2O) (Abb. 11.1.1) wird dargestellt durch Zusatz von Alkalien zu einer Kupfer(I)-Salzlösung. Der gebildete gelbe Niederschlag von Cu(OH) geht beim anschließenden Erwärmen in rotes Cu_2O über:

$$2\,Cu^+ + 2\,OH^- \longrightarrow 2\,Cu(OH) \longrightarrow Cu_2O + H_2O$$

Es dient als Katalysator, Glasfarbstoff (Aventurin-Glas) und Schädlingsbekämp-fungsmittel. Die **Fehling'sche Probe** dient zum Nachweis reduzierender Substanzen (vornehmlich Zucker, z. B. Glucose durch Reduktion von Cu^{2+} zu Cu^+). Fehling`sche Lösung ist eine tiefblaue alkalische Komplexlösung von $CuSO_4$ und Seignettesalz (Kalium-Natrium-Tartrat).

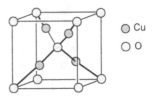

Abb. 11.1.1 Kristallstruktur von Cu_2O

11.1.3.2 Kupfer(II)-Verbindungen

Cu^{2+} ist im Aquakomplex von sechs Wassermolekülen umgeben, dabei sind vier Wassermoleküle gleichartig quadratisch planar gebunden, weiter entfernt an den Oktaederspitzen befinden sich zwei weitere Wassermoleküle $[Cu(H_2O)_6]^{2+}$ (Abb. 11.1.2). Gibt man nun Ammoniaklösung hinzu, so werden die vier planar-quadratisch positionierten H_2O-Moleküle durch NH_3-Moleküle ersetzt. Es entsteht das Tetraammindiaquakupfer(II)-Ion $[Cu(H_2O)_2(NH_3)_4]^{2+}$, die an den Spitzen des Oktaeders sitzenden H_2O-Moleküle verbleiben dort.

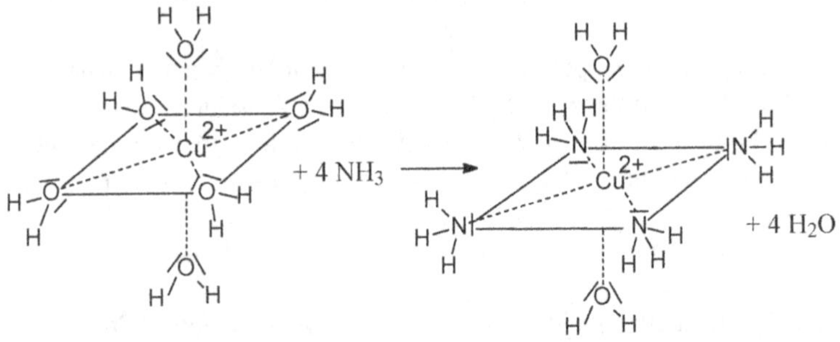

Hexaaquakupfer(II)-Kation — hellblau — $+ 4 NH_3 \longrightarrow$ Tetraammindiaquakupfer(II)-Kation — tiefblau — $+ 4 H_2O$

Abb. 11.1.2 Bildung des Tetraammindiaquakupfer(II)-Komplexes

Kupfer(II)-oxid (CuO) ist ein schwarzes Pulver, welches beim Erhitzen von Kupfer an der Luft entsteht:

$$Cu + \tfrac{1}{2} O_2 \longrightarrow CuO \quad (\Delta H^0 = -154,6 \text{ kJ/mol})$$

Bei stärkerem Erhitzen entsteht Cu_2O. Kupfer(II)-oxid dient als wichtiges Oxidationsmittel in der Organischen Chemie, zur Färbung von Glas und Emaille sowie als Kupferdünger.

Kupfer(II)-hydroxid (Cu(OH)₂) bildet sich als hellblauer Niederschlag, der beim Kochen unter Wasserabspaltung in CuO (Schwarzfärbung) übergeht:

$$Cu^{2+} + 2\,OH^- \longrightarrow Cu(OH)_2\!\downarrow \longrightarrow CuO + H_2O$$

In Gegenwart von Salzen der Weinsäure (z. B. Seignette-Salz = Kalium-Natrium-Tartrat) werden Kupfersalze durch Alkalien nicht gefällt. Es entsteht ein Kupfer-Tartrat-Komplex, der auch in Fehling'scher Lösung vorhanden ist. Mit der Fehling-Reaktion war es möglich, den Zucker (Glucose) im Urin zu bestimmen und damit den Nachweis von *Diabetes mellitus* zu führen. Dabei wird $Cu(OH)_2$ mit dem K^+/Na^+-Salz der Weinsäure umgesetzt, dabei bildet sich der Tartratcuprat(II)-Komplex. Durch Zugabe von glucosehaltigem Urin wird der Komplex bei Erhitzen zerstört, weil im Gleichgewicht freiwerdende Cu^{2+}-Ionen von der Glucose zu Cu^+ reduziert werden und Cu^+ als rotbraunes Cu_2O ausfällt (Abb. 11.1.3).

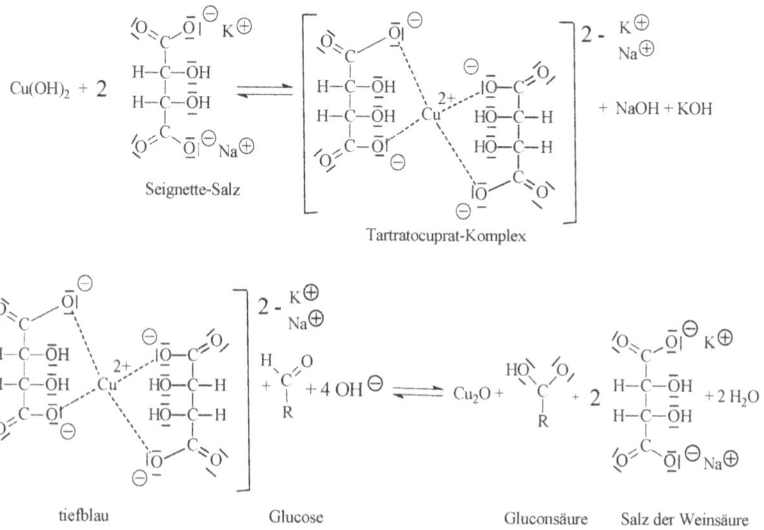

Abb. 11.1.3 Reaktion mit Fehling'scher Lösung

$Cu(OH)_2$ ist amphoter. Es löst sich auch in konz. Laugen unter Bildung von dunkelblauen Cupraten(II):

$$Cu(OH)_2 + 2\,OH^- \; \rightleftharpoons \; [Cu(OH)_4]^{2-} \;(\text{Tetrahydroxidocuprat})$$

Auch in NH_3 löst sich $Cu(OH)_2$ unter Bildung eines intensiv kornblumenblauen Komplexes: Kupfer(II)-tetraammindihydroxido $[Cu(NH_3)_4(OH)_2]$ (Abb. 11.1.4). Diese Lösung heißt „Schweizers Reagens" und kann Cellulose auflösen. Davon macht man Gebrauch bei der Herstellung von „Kupferseide", einem seidenähnlichen Chemiefaserstoff.

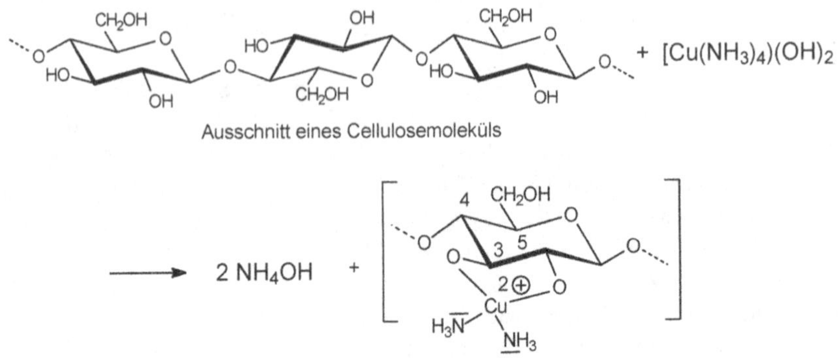

Ausschnitt eines Cellulosemoleküls

$\longrightarrow$ 2 NH$_4$OH   +

Abb. 11.1.4 Bildung des Komplexes von Cellulose mit „Schweizers Reagenz" (Tetraamin-kupfer(II)-dihydroxido-Lsg.)

Kupfersulfat (CuSO$_4$) ist das bekannteste Kupfersalz. Es entsteht beim Auflösen von Kupfer in heißer, verdünnter H$_2$SO$_4$ bei Luftzutritt:

$$Cu + ½ O_2 + H_2SO_4 \longrightarrow CuSO_4 + H_2O$$

Wasserfreies CuSO$_4$ ist weiß. Es dient zum Nachweis von kleinen Mengen von H$_2$O (z. B. in Alkohol und Wassertröpfchenverteilung in Butter), da es auch als „Pentahydrat" CuSO$_4$ · 5 H$_2$O („Kupfervitriol") kristallisiert. Kupfervitriol bildet kräftig blau gefärbte trikline Kristalle. Vier der fünf H$_2$O-Moleküle sind komplex an das Kupfer gebunden, das fünfte H$_2$O-Molekül an das SO$_4^{2-}$-Ion: [Cu(H$_2$O)$_4$]SO$_4$ · H$_2$O. Das fünfte Mol H$_2$O wird erst oberhalb von 200 °C abgegeben. CuSO$_4$ ist ein starkes Brechmittel, das bei Vergiftungen eingesetzt wird.

CuSO$_4$ gibt mit einem Überschuss an NH$_3$ eine intensiv dunkelblau gefärbte Lösung (Nachweis von Cu^{2+}), aus der sich das komplexe Salz Kupfer(II)-tetraamminsulfat [Cu(NH$_3$)$_4$]SO$_4$ · H$_2$O isolieren lässt.

$$CuSO_4 + 4 NH_3 \longrightarrow [Cu(NH_3)_4]SO_4$$

Durch H$_2$S wird das komplexe Salz zerstört.

CuSO$_4$-Lösungen werden in der Galvanoplastik eingesetzt, im Gemenge mit Kalkmilch zur Bekämpfung von Parasiten der Weinrebe (*Peranospora*). CuSO$_4$ stellt die Ausgangssubstanz für viele Farbstoffe dar.

„Grünspan" (Cu(OH)$_2$ · 2 (CH$_3$COO)$_2$Cu) ist basisches Kupferacetat. Es entsteht durch Einwirkung von Essigsäuredämpfen auf Kupferplatten. Grünspan wurde früher als Malerfarbe verwendet. Weitere Kupferfarben entstehen durch Eintragen von Grünspan in heiße Lösungen von Arseniger Säure, es sind das „Scheelische Grün" (CuHAsO$_3$; ein Gemisch von basischem und normalem Kupferarsenit) und das „Schweinfurter Grün" (Cu$_3$(AsO$_3$)$_2$ · (CH$_3$COO)$_2$Cu, gemischtes Kupferarsenitacetat). Wegen der Gefahr der Bildung von Arsenhydrid AsH_3 werden sie jedoch nicht mehr verwendet.

Kupfer(II)-chlorid (CuCl₂) ist eine gelbbraune Substanz. Über Chlorbrücken ist es vernetzt zu $(CuCl_2)_x$, daneben enthält es planarquadratische $CuCl_4$-Einheiten. $CuCl_2$ ist in H_2O löslich und bildet dabei ein grün gefärbtes Dihydrat $[CuCl_2(H_2O)_2]$, wobei eine planar-quadratische *trans*-ständige Anordnung der Liganden vorliegt. Zwei weitere H_2O-Moleküle sind an der Spitze des Oktaeders entfernt platziert.

11.1.4 Biologische Aspekte und Bindungsformen

Metallisches Kupfer besitzt, wie Silber, den oligodynamischen Effekt, wirkt also antibakteriell. Daher verhindert eine blanke Kupfermünze in einer Blumenvase das Wachsen von Fäulnisbakterien. Für viele Mikroorganismen ist Kupfer in geringen Konzentrationen toxisch. Schnecken vermindern ihre Kriechgeschwindigkeit deutlich, wenn sie sich über ein Kupfer-Netz bewegen. Durch den Schneckenschleim wird mit dem Kupfer eine reizende „Substanz" gebildet.

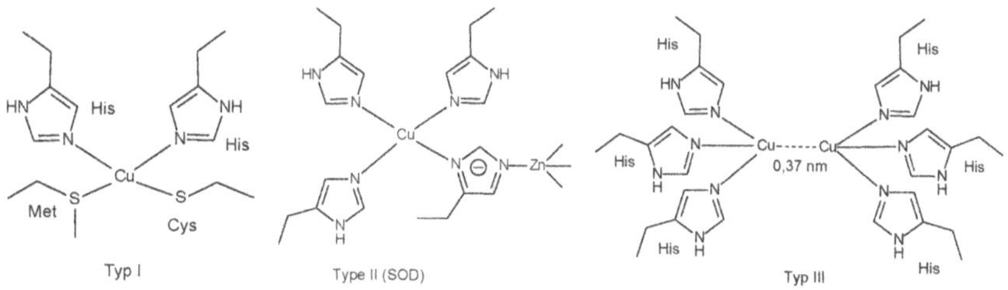

Abb. 11.1.5 Typen von Kupfer-Komplexen

Die Komplexe des Kupfers weisen teilweise gemeinsame Strukturmerkmale auf (Abb. 11.1.5). Der Typ I (blaue Cu^{2+}-Proteine) besitzt zwei Histidin-, eine Cystein- und eine Methioninaminosäure als Ligand. Es sind Enzyme/Proteine mit Elektronen-Transfer-Funktion. Zu dieser Gruppe zählen Azurin und Plastocyanin (Abb. 11.1.6). Typ II der Kupferproteine ist gekennzeichnet durch ein Cu-Zentral-Ion mit vier Histidinliganden. Eine Histidinaminosäure ist über Cu^{2+} verbrückt zu einem nahe stehendem Zn^{2+}-Ion. Sie gehören zur Klasse der Oxidasen und Oxigenasen. Galaktose-Oxidase und Cu/Zn-Superoxid-Dismutase gehören zu diesem Typ II. Typ III besitzt zwei Kupferzentren. Jedes Kupfer-Ion hat drei Imidazolliganden von drei Histidinresten (Lehnert, 2006). Zwischen die beiden Kupfer-Ionen kann Sauerstoff (O_2) gebunden werden, z. B. beim Hämocyanin (Abb. 11.1.15). Dabei erfolgt eine Redoxreaktion und Sauerstoff kann transportiert werden. Weitere Beispiele sind Tyrosinase und Catecholoxidase.

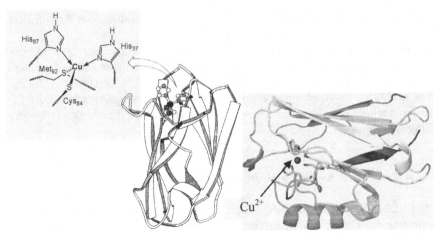

Abb. 11.1.6 Struktur von Plastocyanin (links) {s. a. PDB ID 5PCY} und Azurubin (rechts) {s. a. PDB 3NP3}

Ein Typ IV existiert ebenfalls, wobei Typ I, II und III gemischt vorkommen. Ein Beispiel ist das Ceruloplasmin. Dieser Typ II ist an der Eisen- und Kupferresorption beteiligt. Weiterhin lassen sich zwei Typen nicht zuordnen und werden als Typ A mit zweikernigen Kupferzentren, die über Cystein verbunden sind, mit der Funktion der Elektronenübertragung beschrieben. Dieser Typ A kommt in der Cytochrom-c-Oxidase vor. Ein Typ K mit vierkernigen Zentren besteht aus einem Typ I und einem dreikernigen Kupferzentrum. Dieser Typ kommt in der Ascorbat-Oxidase vor.

Pflanzen benötigen Kupfer-Ionen bspw. zum Aufbau von Plastocyanin, einem kleinen Protein, aufgebaut aus 99 Aminosäuren (10,5 kD). Es wechselt die Oxidationsstufe von Cu^{2+} zu Cu^{+} und umgekehrt. Plastocyanin ist in den Chloroplasten lokalisiert und fördert die Bildung von Chlorophyll. Die Düngung mit Kupferverbindungen führt daher zu einer satten grünen Blattfarbe. Bei Kupfermangel, der bevorzugt auf leichten moorigen Böden auftritt (sog. Heidemoorkrankheit), sind besonders beim Hafer Veränderungen mit weißen Blattspitzen und tauben Rispen (Weißährigkeit) zu beobachten. Bei Tieren äußert sich dieser Mangel durch ausgeprägte Lecksucht, die auch bei Cobaltmangel auftritt.

Früher kochte man gerne grünes Gemüse in Kupferkesseln oder setzte der Konservenflüssigkeit Kupfersalze zu. Nur durch Zentralionenaustausch von ca. 3 % Mg^{2+} durch Cu^{2+} erhielt man koch- und lichtstabiles, dem „natürlichen Grün" entsprechendes Konservengemüse. Heute ist Chlorophyllin (E 141) (Abb. 11.1.7) als aus pflanzlichem Material gewonnener Farbstoff besonders zur Färbung von Likören und Süßwaren (Gelees, Cremes und Bonbons) zugelassen.

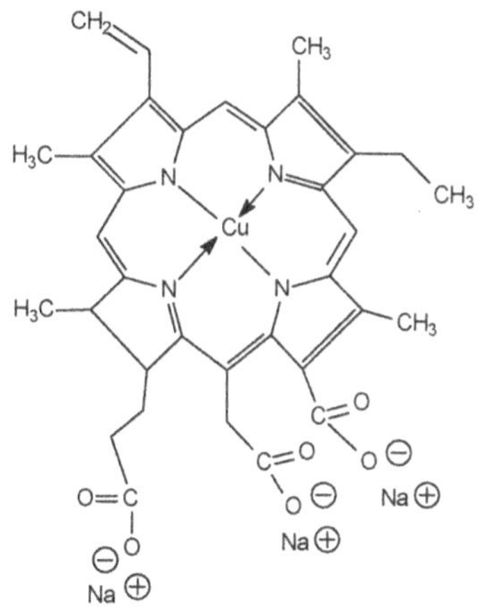

Abb. 11.1.7 Chlorophyllin-Kupfer-Komplex

Tyrosinasen/Phenol-Oxidasen gehören zum Typ III der Kupferproteine, jedes Kupfer ist von zwei His koordiniert, ein weiteres His ist entfernter platziert. Tyrosinase katalysiert die *ortho*-Hydroxylierung des Tyrosins, die Oxidation des phenolischen Diols liefert ein *ortho*-Chinon. Beide Grundstrukturen finden sich in den polymeren Melaninen wieder.

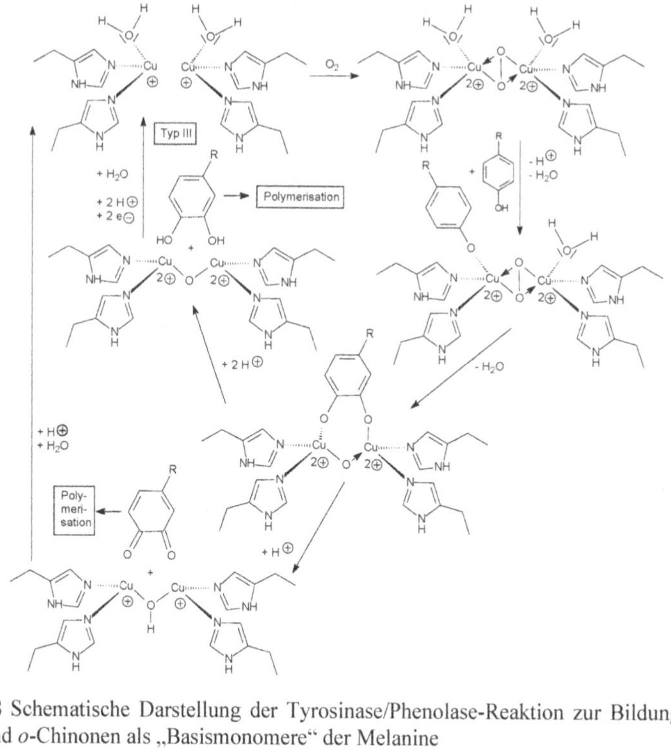

Abb. 11.1.8 Schematische Darstellung der Tyrosinase/Phenolase-Reaktion zur Bildung von *o*-Phenolen und *o*-Chinonen als „Basismonomere" der Melanine

Durch Phenolasen (Tyrosinasen) (Abb. 11.1.8 und Abb. 11.1.9) bildet sich beim Verletzen von Gewebe als phenolische Inhaltsstoffe bräunliches, polymerisiertes Melanin (z. B. bei Äpfeln, Bananen).

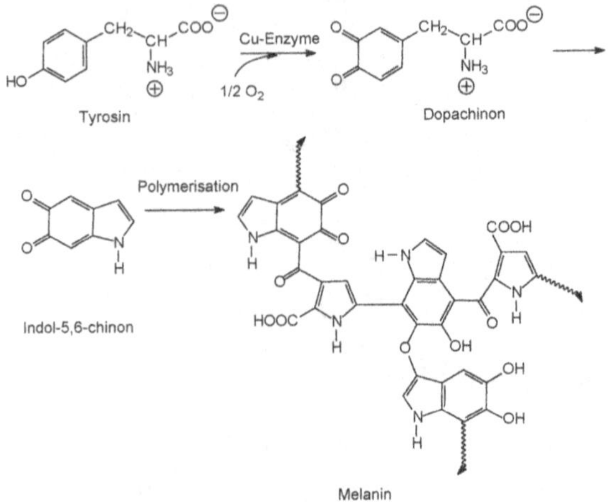

Abb. 11.1.9 Bildung von Melanin aus der Aminosäure Tyrosin

Auch bei Tieren und Menschen gibt es entsprechende Enzymsysteme (kupferhaltige Tyrosin-Hydroxylase), die aus Tyrosin (phenolische Aminosäure) Melanine bilden z. B. Tinte bei Tintenfischen, Farbe des echten Kaviars, Farbe von Haaren und Augen, Sommersprossen, Melanome etc. Beim Fehlen des kupferhaltigen Enzymsystems tritt Albinismus auf.

Menschen und Tiere benötigen Cu^{2+} für den Aufbau von Kupferproteinen und Enzymen. Eine Reihe von Enzymen enthält Kupfer wie z. B. Caeruloplasmin (oxidiert Fe^{2+} zu Fe^{3+} vor der Bindung an Transferrin), diese Reaktion ist sehr wichtig, da nur Fe^{3+} von Transferrin transportiert wird. Es hilft auch, Eisen aus Zellen herauszutransportieren und wird in der Leber und im Gehirn gebildet. Ein Mangel an Caeruloplasmin führt zur krankhaften Ansammlung von Eisen in den Hepatocyten und im retikuloendothelialen System.

Caeruloplasmin dient als Kupferspeicher und transportiert es durch Auf- und Abgabe von Kupfer. Caeruloplasmin ($M_r = \pm 130$ kD) (Abb. 11.1.10), ist ein aus sechs Untereinheiten mit sechs Cu^{2+}-Ionen bestehendes Enzym, das etwa 90 % des im Blut befindlichen Kupfers enthält. Caeruloplasmin C_P) als antioxidatives Metalloenzym, fängt Radikale (Hyperoxid, $\bullet\overline{\underline{O}}—\overline{\underline{O}}\,|^{\ominus}$) des oxidativen Stress ab.

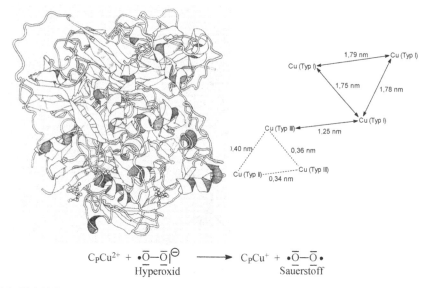

Abb. 11.1.10 Raumstruktur und Darstellung des Kupfer-Clusters sowie die Reaktion von Caeruloplasmin {s. a. PDB 1KCW} bei der Oxidation von Hyperoxid

Wird das Hyperoxidradikal nicht abgefangen, so reagiert es mit Stickstoffoxid zu dem hochreaktiven Peroxonitrit.

$$\overline{O}{=}\overline{N}\bullet\ +\ \bullet\overline{O}{-}\overline{O}|^{\ominus} \longrightarrow \overline{O}{=}\overline{N}{-}\overline{O}{-}\overline{O}|^{\ominus} \xrightarrow{\ +\ H^+\ }$$

Stickstoffoxid   Hyperoxid   Peroxonitrit

$$\overline{O}{=}\overline{N}{-}\overline{O}{-}\overline{O}{-}H \longrightarrow \bullet\overline{O}{-}H\ +\ \overline{O}{=}\overline{N}{-}\overline{O}\bullet$$

Peroxonitritsäure   Hydroxylradikal   Stickstoffdioxidradikal

Diese Reaktion ist verantwortlich für den schnellen Abbau von Stickstoffmonooxid z. B. im Blut. Die in wässriger Lösung sich bildende Säure zerfällt in zwei Radikale, das reaktive Hydroxylradikal und das beständigere Stickstoffdioxidradikal. Dieser Prozess birgt ein hohes Schadpotential in sich, zumal das Hydroxyradikal Wasserstoff von organischen Molekülen abstrahieren kann. Es gibt Mangan-Komplexe die Hyperoxid-Komplexe inaktivieren können. Eine neue Klasse von Mangan-Prophyrinen, die Peroxonitrit zerstören können, sind in Entwicklung. Eine klinische Anwendung ist jedoch noch nicht sichtbar.

Die Nitrit-Reductase reduziert das Nitrit-Anion zu Stickstoffmonoxid über ein Kupfer-Typ-II-Zentrum der Kupferproteine (an dem das Nitrit-Ion aktiviert wird) (Abb. 11.1.11). Unter Beteiligung eines zweiten Kupferzentrums (Typ-I-Zentrum) erfolgen die eigentliche Reduktion zum Stickstoffmonoxid und die Oxidation von Cu^+ zu Cu^{2+} im Typ-I-Kupferzentrum.

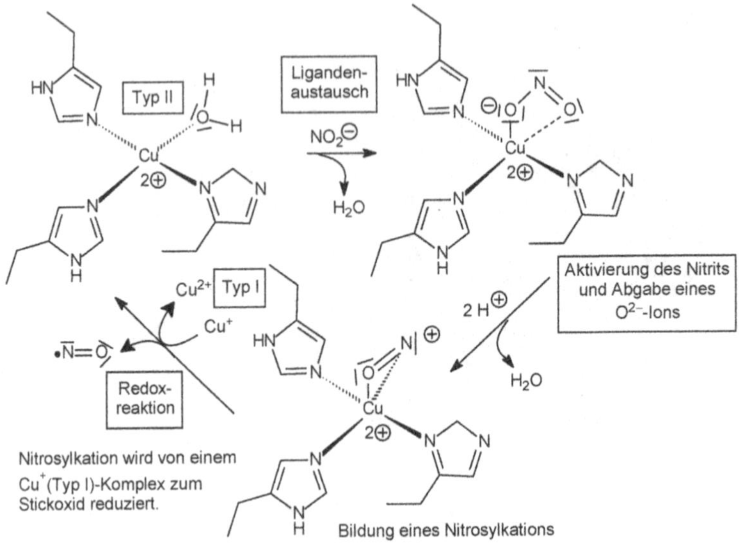

Abb. 11.1.11 Reduktion des Nitritanions zu Stickstoffmonoxid durch Nitrit-Reductase

Die kupferhaltigen Nitrit-Reductasen kommen in Bakterien vor. Die beiden Kupferzentren Typ II und Typ I sind etwa 1,25 nm voneinander getrennt. Eisen und der sirohämhaltige Nitrogenase-Komplex mit [9S-7Fe]-Molybdän-Cluster sind bei der N_2-Fixierung (Kap. 15) beschrieben.

Niedrige Blutkupferspiegel führen zu einer Erhöhung der Blutcholesterinwerte. Weitere kupferhaltige Enzyme sind Lysyl-Oxidase (Quervernetzung von Kollagen und elastischen Fasern durch oxidative Desaminierung der Lysylreste des Kollagens und Elastins), Superoxid-Dismutase (SOD) (Umwandlung von $\bullet \overline{O} - \overline{O}|^{\ominus}$ - Radikalen in O_2 und H_2O_2): SOD ist ein kupfer- und zinkhaltiges Enzym (Abb. 11.1.12).

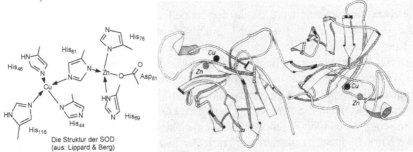

Die Struktur der SOD
(aus: Lippard & Berg)

Abb. 11.1.12 Aktives Zentrum und Raumstruktur der Superoxid-Dismutase {s. a. PBD 2SOD}

Folgende Abbildungen (Abb. 11.1.13 und Abb. 11.1.14) zeigen den hypothetischen Reaktionsmechanismus am aktiven Zentrum des Moleküls der SOD.

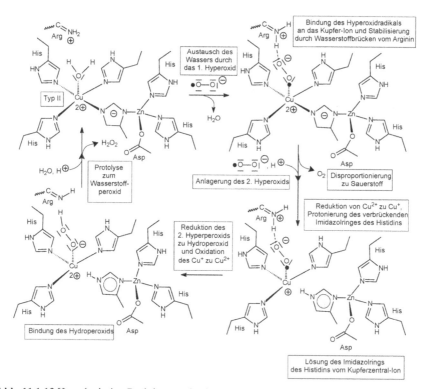

Abb. 11.1.13 Hypothetischer Reaktionsmechanismus mit Superoxid-Dismutase

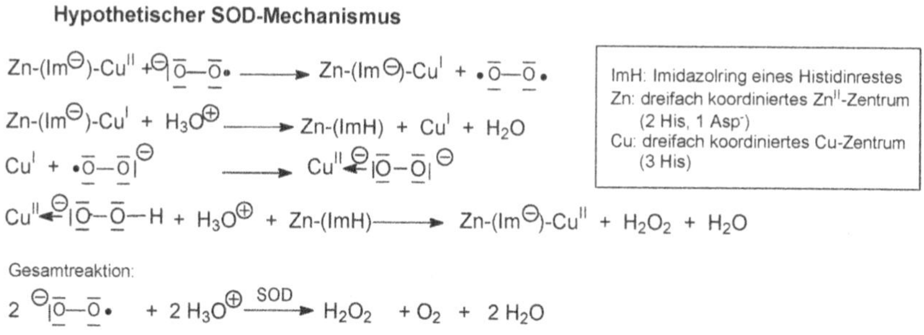

Hypothetischer SOD-Mechanismus

$$Zn\text{-}(Im^{\ominus})\text{-}Cu^{II} + {}^{\ominus}|\overline{O}\text{-}\overline{O}\bullet \longrightarrow Zn\text{-}(Im^{\ominus})\text{-}Cu^{I} + \bullet\overline{O}\text{-}\overline{O}\bullet$$

$$Zn\text{-}(Im^{\ominus})\text{-}Cu^{I} + H_3O^{\oplus} \longrightarrow Zn\text{-}(ImH) + Cu^{I} + H_2O$$

$$Cu^{I} + \bullet\overline{O}\text{-}\overline{O}|^{\ominus} \longrightarrow Cu^{II} \overset{\ominus}{\longleftarrow} |\overline{O}\text{-}\overline{O}|^{\ominus}$$

$$Cu^{II} \overset{\ominus}{\longleftarrow} |\overline{O}\text{-}\overline{O}\text{-}H + H_3O^{\oplus} + Zn\text{-}(ImH) \longrightarrow Zn\text{-}(Im^{\ominus})\text{-}Cu^{II} + H_2O_2 + H_2O$$

> ImH: Imidazolring eines Histidinrestes
> Zn: dreifach koordiniertes Zn^{II}-Zentrum
> (2 His, 1 Asp⁻)
> Cu: dreifach koordiniertes Cu-Zentrum
> (3 His)

Gesamtreaktion:

$$2\ ^{\ominus}|\overline{O}\text{-}\overline{O}\bullet + 2\ H_3O^{\oplus} \xrightarrow{\ SOD\ } H_2O_2 + O_2 + 2\ H_2O$$

Abb. 11.1.14 Zusammenfassung der einzelnen Reaktionsschritte bei der Umwandlung von Hyperoxid zu Wasserstoffperoxid und Sauerstoff (→ Komplexbindung Zentralion/Ligand)

Weitere kupferhaltige Enzyme sind: **Monoaminoxidase** (kommt in den Mitochondrien der Leber und im Plasma vor), **Dopamin-β-hydroxylase** (katalysiert die Umwandlung von Dopamin in Noradrenalin im Gehirn). Es ist an der Biosynthese und dem Abbau von Catecholaminen beteiligt und benutzt dabei Ascorbat als Elektronendonator). **Tyrosinase** ist an der Keratinisierung und Pigmentbildung beteiligt. **Cytochrom-*c*-Oxidase** ist wichtig bei der Energiegewinnung in der Atmungskette.

Bei Kupfermangel kann das Eisen aus dem Ferritin der Leber nicht biologisch freigesetzt werden. Weichtiere und Krebse benötigen Cu^{2+} für den Aufbau des Hämocyanins, das als Atmungskatalysator fungiert (Hämoglobinersatz). „Blaues Blut" von Spinnen und Schnecken enthält Cu^{2+} (Abb. 11.1.15). Die Bezeichnung „blaues Blut des Adels" hängt nicht mit „edlem" Kupfer zusammen, sondern stammt aus der Ständegesellschaft. Da der Adel nicht auf dem freien Feld arbeitete, schimmerte das Blut in den Adern blau durch die weiße Haut. Die Haut der Bauern war dagegen durch die Sonne gebräunt.

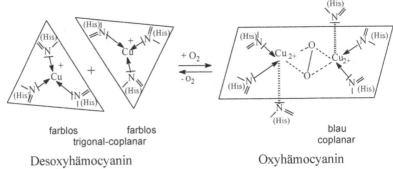

farblos   farblos   blau
        trigonal-coplanar   coplanar

  Desoxyhämocyanin   Oxyhämocyanin

Abb. 11.1.15 Hämocyanin zur Bindung von Sauerstoff

Zwei trigonal-planare Untereinheiten reagieren unter Sauerstoffaufnahme zum coplanaren, blauen, oxygenierten **Hämocyanin**. Der Sauerstoff ist zwischen den beiden Cu^{2+}-Ionen gebunden. Seit 1974 ist bekannt, dass Patienten mit Harnblasenkrebs bei subkutan verabreichtem Hämocyanin ein geringeres Rückfallrisiko haben. Seit dem Jahr 2000 wird die Schlüssellochschnecke *Megathura crenulata* zur Gewinnung des Hämocyanins benutzt. Dazu wird dem Tier hämocyaninhaltige Hämolymphe (etwa 30 mg) unter Kältenarkose entnommen, anschließend wird die Schnecke im Meer wieder ausgesetzt. Diese Hämolymphe enthält ein mehrkettiges kupferhaltiges Glykoprotein, aus dem durch Molekülabspaltung das sog. Immunocyanin gewonnen wird (ca. 300 mg/300 g Hämolymphe). Das Mittel wird dem Patienten in die Harnblase eingespritzt und senkt die Rückfallrate an Harnblasenkrebs von 50 bis 90 % auf 30 %. Ein weiteres Anwendungsgebiet ist die Stimulierung der köpereigenen Immunantwort. Das Immunocyanin wird z. B. an Tumorantigene gekoppelt, wodurch die spezifische Immunreaktion des Körpers verstärkt wird. Gegen AIDS wird dieses Prinzip ebenfalls angewendet.

Seescheiden (Ascidien) leben z. T. symbiotisch mit Cyanobakterien. Eine Fülle von makrozyklischen Peptiden mit modifizierten Aminosäuren werden wahrscheinlich als Ionophore benutzt, um Cu^{2+} und auch Ca^{2+} aus dem marinen Milieu gezielt aufzunehmen. Abbildung 11.1.16 zeigt einen zweikernigen, carbonatverbrückten Kupfer-Komplex. Entsprechende Verbindungen weisen oft eine antivirale und antineoplastische Aktivität auf.

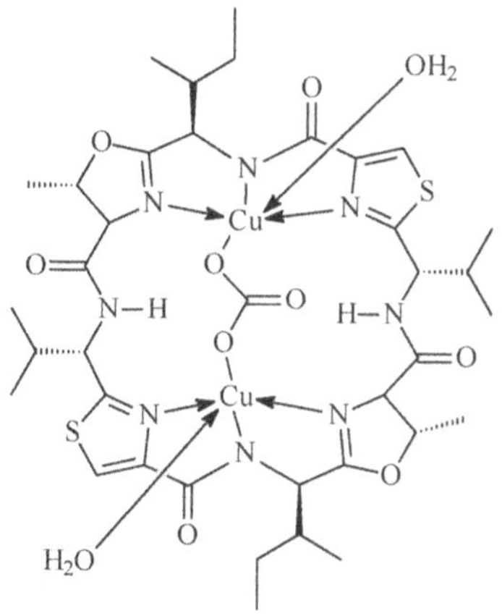

Abb. 11.1.16 Carbonatverbrückter Kupfer-Komplex

Die Wilson'sche Krankheit (Störung der Kupferausscheidung) wird durch eine Mutation des ATP7B-Proteins hervorgerufen. Es gibt zwei Strategien zur Bekämpfung der Krankheit. Die eine ist die Zugabe von Zn^{2+}. Das Zink-Ion regt die Produktion von Metallothionein (MT) in den Darmzellen an, die Zellen werden nekrotisch, und von den Darmzellen wird das komplexierte Kupfer in dem Speicherprotein MT mit abgegeben und aus dem Körper eliminiert (s. a. Kap. 12).

Eine weitere Methode ist die Chelatmethode, die auch bei der Eliminierung von Schwermetallen (Pb^{2+} und Hg^{2+}) angewandt wird. Als Ligand dient hier D-Penicillamin, welches Kupfer als Cu^+ aus dem Körper eliminiert, nur ist es relativ toxisch und generiert ROS (reaktive Sauerstoffspezies) beim Reduktionsprozess ($Cu^{2+} \rightarrow Cu^+ + 1\ e^-$). Triethylentetramin (Trientin), ein vierzähniger Ligand, bindet Cu^{2+} fest, aber auch andere Metalle (Abb. 11.1.17). Das Ammoniumtetrathiomolybdat (TTM), das Kupfermangelkrankheiten bei Schafen und Ziegen in Australien hervorgerufen hat, wird ebenfalls zur Bekämpfung der Wilson'schen Krankheit ausgenutzt. Oral aufgenommen, bindet das TTM als $[(CH_3SCu)_4MoS_4]^{2-}$, wobei das Kupfer als Cu^+ gebunden wird. Das freie komplexierte Kupfer wird nicht an Caeruloplasmin gebunden, wird von den Zellen nicht resorbiert und mit dem Urin ausgeschieden. TTM befindet sich mittlerweile auch als Krebsmedikament in Phase II der klinischen Prüfung gegen Nieren- und Prostatakrebs sowie gegen malignes Mesotheliom.

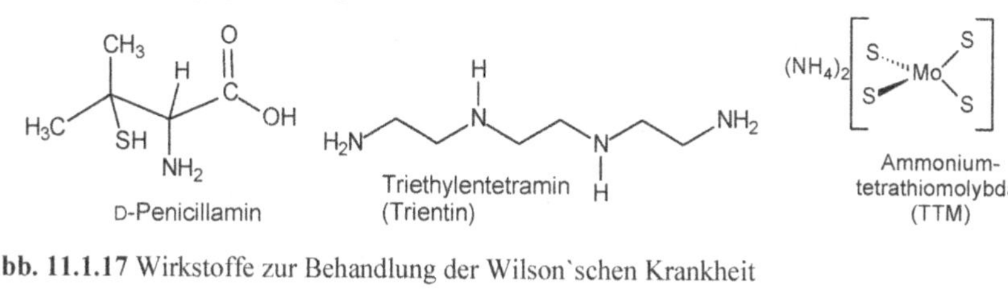

Abb. 11.1.17 Wirkstoffe zur Behandlung der Wilson'schen Krankheit

Die Menkes'sche Krankheit wird durch eine Mutation des ATP7A-Gens hervorgerufen; dabei wird die Aufnahme ins Blut und die Verteilung in die weiteren Zellen unterbunden, weil die Übergabe in den Zellen des Intestinaltraktes blockiert wird. Es wird eine ganze Reihe von kupferhaltigen Proteinen und Enzymen in ihrer Wirksamkeit behindert (z. B. Lysyl-Oxidase, Tyrosinase, Cytochromoxidase, Dopamin, β-Hydroxylase, SOD und Dopamin-Oxidase). Anders als bei der Wilson'schen Krankheit versucht man hier durch eine gezielte Chelattherapie die Bioverfügbarkeit zu erhöhen, indem man die Affinität und hohe Komplexstabilität des Histidins ausnutzt. Die Komplexe werden subcutan injiziert, dabei wird eine Carboxylgruppe des Histidins in der Sphäre des Cu^{2+}-Komplexes gegen Wasser ausgetauscht (ca. 10 %). Im Blut wird dann ein Histidin abgespalten und damit eine Bindung freigelegt, an der das Humane Serumalbumin (HSA) binden kann, es entsteht HSA-Cu-His, damit ist Kupfer austauschbar im Körper angelangt.

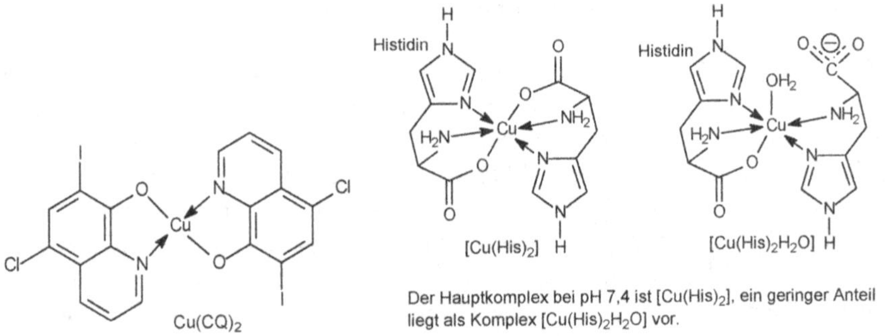

Der Hauptkomplex bei pH 7,4 ist [Cu(His)₂], ein geringer Anteil liegt als Komplex [Cu(His)₂H₂O] vor.

Abb. 11.1.18 Komplexe des Kupfers mit der Eigenschaft der Wirkung als Ionophor und der Kupfer-Komplexe mit Histidin

Die in Abbildung 11.1.18 dargestellten Cu^{2+}-Komplexe von 5-Chlorido-7-iodido-8-hydroxychinolin (CQ) und die Komplexe mit Histidin als Liganden dienen dazu, die freien Cu^{2+}-Ionen als Ionophor an bestimmte Ziele zu befördern. Bei hoher Kupferkonzentration in den Plaques kann CQ als Vehikel für den Transport dienen, um die Kupferkonzentration zu erniedrigen (Faller und Hureau, 2009).

Die Alzheimer-Krankheit ist gekennzeichnet durch die Bildung von Plaques und neurofibrillären Fibrillen in den temporären Lappen des Gehirns.

In den Plaques wurde ein Peptid mit 39 bis 43 Aminosäuren, das Amyloid-β-Peptid (Aβ) nachgewiesen, welches ebenfalls in Zusammenhang mit der Alzheimer-Krankheit stehen soll. Das N-terminale Ende liegt bei den Aminosäuren 1 bis 28, das C-terminale Ende mit einer hydrophoben Domäne bei 29 bis 39/43. Aβ kommt in gelöster Form im gesunden Gehirn vor, erst die Aggregatbildung mit Bildung der Plaques ist der entscheidende Schritt zur Alzheimer-Krankheit. Dieses Aβ-Peptid ist ein oligomeres β-Faltblatt-Aggregat mit hohen Konzentrationen an Cu^{2+}, Fe^{3+} und Zn^{2+}. Cu^{2+} ist dabei bevorzugt in zwei Zentren lokalisiert. Ein Zentrum bildet sich mit drei His (His_6, His_{13}, His_{14}), einem Tyrosin und einem Wassermolekül als Ligand. Die Liganden des Cu^{2+}-Zentrums sind mehrfach untersucht, die Histaminreste sind gleich, jedoch werden eine Carboxygruppe der Asp_1 und eine Aminogruppe vom N-terminalen Ende als weitere Liganden genannt. Zink ist von den drei Histidinliganden umgeben sowie der Asp_1. Asp_1 kann über die Carboxylgruppe und/oder den N-Terminus koordiniert werden. Zusätzliche Liganden wie Glu_{11} und H_2O sind möglich. Ein Cu^{2+}-Zentrum ist fest gebunden und ein anderes Zentrum mit Cu^{2+} ist nur schwach gebunden und kann ausgewaschen werden. Wahrscheinlich induzieren die Kupfer-Ionen eine Fibrillen-Fibrillen-Assoziation. Die Bildung von ROS bei der Bildung von neurotoxischen Oligomeren mit der Steigerung der Konzentration der Cu^{2+}-Ionen an der Membran bei ROS-Generierung kann zum Tod der neuronalen Zellen führen. Proteine der amyloiden Plaques weisen Hyperphosphorylierung und oxidative Modifikationen auf. Vor diesem Hintergrund wird eine Chelat-Therapie mit Desferrioxamin (DFO mit drei Hydroxamin-Säuregruppen (Abb. 8.1.22) durchgeführt, die eine hohe Affinität für Fe^{3+} hat. DFO wird bei Bluttransfusionen und bei Vorliegen einer erblich bedingten Störung der Hämoglobinbildung verwendet, um einer Eisenüberladung entgegenzuwirken. DFO verminderte auch die Krankheitsymptome bei Alzheimer-Patienten. D-Penicillamin, das bei der Wilson`schen Krankheit hohe Kupferkonzentrationen aus dem Körper eliminiert, hatte nur einen moderaten Effekt bei der Alzheimer-Krankheit. Etwa 20 % des Sauerstoffs, den der Körper aufnimmt, erreicht das Gehirn. Bei der Alzheimer-Krankheit werden Biomoleküle geschädigt, eingeschlossen freie Carbonylgruppen, Lipidoxidation tritt auf, Proteine mit Nitrogruppen und DNA-Oxidationsprodukte werden gebildet. Im Fokus stehen dabei radikalische Mechanismen, die aus molekularem Sauerstoff ROS generieren können. Fe^{3+}/Fe^{2+} und Cu^{2+}/Cu^+ stehen oft in Zusammenhang zu folgenden Reaktionen. So kann Cu^{2+} durch Ascorbat zu Cu^+ reduziert werden, aber auch das Met_{35} des $A\beta$ kann Cu^{2+} zu Cu^+ reduzieren, dabei entsteht Methioninsulfoxid. Bei folgenden Reaktionen können Cu^{2+}/Cu^+, aber auch Fe^{3+}/Fe^{2+} beteiligt sein:

1. $Cu^{2+} \longrightarrow Cu^+$ (Kupferreduktion)

2. $Cu^+ + \bullet\bar{\underline{O}}-\bar{\underline{O}}\bullet \longrightarrow Cu^{2+} + \bullet\bar{\underline{O}}-\bar{\underline{O}}|^{\ominus}$ (Bildung von Hyperoxid)

3. $2\,\bullet\bar{\underline{O}}-\bar{\underline{O}}|^{\ominus} + 2\,H^+ \longrightarrow H_2O_2 + \bullet\bar{\underline{O}}-\bar{\underline{O}}\bullet$ (Bildung von H_2O_2)

4. $Cu^+ + H_2O_2 \longrightarrow Cu^{2+} + \bullet\bar{\underline{O}}-H + {}^{\ominus}|\bar{\underline{O}}-H$ (Fenton-Reaktion)

5. $\bullet\bar{\underline{O}}-\bar{\underline{O}}|^{\ominus} + H_2O_2 \longrightarrow \bar{\underline{O}}-H + {}^{\ominus}|\bar{\underline{O}}-H + \bullet\bar{\underline{O}}-\bar{\underline{O}}\bullet$ (Haber-Weiss-Reaktion)

6. $R\text{-}H + \bullet\bar{\underline{O}}-H \longrightarrow R^{\bullet} + H_2O$ (Wasserstoffabstraktion)

Gebildetes Cu^+ kann mit O_2 zu Cu^{2+} und $\bullet\bar{\underline{O}}-\bar{\underline{O}}|^{\ominus}$ (Hyperoxid) reagieren (2.). Zwei Hyperoxidradikale können, wenn nicht genügend SOD-Enzym vorhanden ist, Hydroperoxide bilden (3.). Hyperoxidradikale und H_2O_2 können direkt mit Biomolekülen reagieren. Das H_2O_2 wiederum kann mit H_2O_2 direkt Hydroxylradikale generieren (4.) und ebenfalls Hyperoxidradikale können mit H_2O_2 Hydroxyradikale bilden (5.). Diese Hydroxyradikale können H-Atome abstrahieren (6.)

z. B. von einem Protein, DNA, Lipid und Kohlenhydrat. Damit werden Biomoleküle modifiziert und ändern in folgenden Reaktionen ihre chemische Struktur. Die Folge kann ein Zelltod sein. Das Hydroxyradikal ist somit das Radikal, das bei einer H-Abstraktion zu toxischen Folgeprodukten führt. Es sind noch viele chemische Abläufe zu klären. So soll die Plaque der Ort der Radikalbildung sein, wie gelangen aber die reaktiven Hydroxyradikale in die Zelle, denn sie würden mit vielen Biomolekülen der näheren Umgebung sofort bei Kollision reagieren?

Bei Parkinson-Erkrankungen kommt es ebenfalls zu Aggregationen von Metall-Protein-Interaktionen. Das γ-Synuclein steht dabei im Zentrum von Untersuchungen. Auch für dieses Protein sind Interaktionen mit Cu^{2+} beschrieben.

Die Transmissible Encephalopathie (TSE, BSE gehört hierzu) wurde in Zusammenhang damit gebracht, das die fehlerhafte Faltung der Prionproteine auf einer Interaktion mit Cu^{2+}-Ionen beruht. Cu^{2+}-Ionen tendieren zu einer Zerstörung der α-Helix von PrP, während Mn^{2+} die α-Helix-Raumstruktur verstärkt und somit einer Auflösung entgegenwirkt.

Lebensmittelinhaltsstoffe (besonders ungesättigte Fettsäuren der Lipide) werden von Kupfer-Ionen leicht oxidiert, weil die Kupfer-Ionen katalytisch wirken.

In der Mutter- und Kuhmilch sind Cu^{2+}-Ionen im niedermolekularen Bereich als Citratkomplex gebunden. Allerdings sind in den Caseinen und im Lactoferrin (> 600 kD) erhebliche Konzentrationen an Cu^{2+} gefunden worden. Kupfer kommt im Weißwein in Konzentrationen von 0,2 bis 1,7 mg/L vor und ist vorwiegend an Dicarbonsäuren gebunden. Bei Gehalten von ca. 0,5 mg/L können gelblich gefärbte Weintrübungen aus CuS (neben kolloidal gelöstem Cu^0) auftreten, die aus SO_3^{2-} („Schwefeln") durch Reduktion entstehen können. Es findet eine Bindung des Cu^{2+} an Metallothionein statt, das – anders als bei Zn^{2+}-Metallothionein – teilweise auch in der Partikelfraktion vorliegt.

11.1.4.1 Kupfermineralien

Der im Schlick der Atlantikküste Nordamerikas lebende Ringelwurm *Glycera dibranchiata* besitzt an einem Ende vier sogenannte „Wurmzähne", mit denen er Würmer und Kleinkrebse fängt, in die er ein lähmendes Nervengift injiziert. Die „Zähne" bestehen aus Atakamit [$Cu_2(OH)_3Cl$], das auf einer Proteinmatrix abgelagert wird. Der Wurm reichert aus dem Meerwasser Kupfer an. Im Vergleich zum Zahnschmelz der Wirbeltiere beträgt die Stabilität 80 %, obwohl der Mineralgehalt 24-mal geringer ist. Es ist der erste Nachweis für eine Zahnhärtung mittels eines Kupferminerals.

11.1.5. Toxikologische Aspekte

MAK-Wert: Rauch = 0,1 mg/m^3; Staub = 1 mg/m^3. Anorganische Kupfer-Verbindungen sind für Menschen und höhere Organismen nur mäßig giftig. Etwa

30 g $CuSO_4$ führen oral aufgenommen beim Menschen zum Tode. Eine Cu^{2+}-Stoffwechselstörung mit abnormer Speicherung von Cu^{2+} im Gehirn, der Leber und den Nieren liegt bei der Wilson`schen Krankheit vor. Um bei Patienten die Krankheit zu bekämpfen, werden Chelate (z. B. D-Penicillamin) zur Bindung der Cu^{2+}-Ionen eingesetzt. Das Auftreten von Morbus Wilson (1 Erkrankter pro 30.000 Menschen) soll mit einem genetisch bedingten Mangel an Caeruloplasmin für den Rücktransport korreliert sein. Eine ebenfalls genetisch bedingte Krankheit (1 Erkrankter pro 200.000 Menschen) wird als *Menke's Disease* bezeichnet, dabei wird Kupfer nur in geringen Mengen resorbiert. Der Caeruloplasminspiegel im Blut (für die Resorption wichtig) ist dabei abnormal niedrig.

Von erhöhten Kupfergehalten im Trinkwasser sind besonders Säuglinge negativ betroffen. Saures Oberflächenwasser führte bei der Hauswasserversorgung in ländlichen Gebieten zu Intoxikationen. Die Resorption an Cu^{2+} ist bei Säuglingen höher als bei Erwachsenen, da die Kupferausscheidung über die Leber erst im Laufe des ersten Lebensjahres entwickelt wird. Das überschüssige Kupfer kann zu einer frühkindlichen Leberzirrhose führen.

Für Algen, Bakterien und Kleinpilze sind Kupfer-Ionen ein starkes Gift. Schnittblumen sollen aus diesem Grund in einer kupfernen Vase länger haltbar sein. An Kupfer- und Messinggegenständen befinden sich keine lebenden Mikroorganismen. Wiederkäuer, besonders Schafe, sind ebenfalls empfindlich. Schafe zeigen schon bei Kupfergehalten im Futter von 20 mg/kg Intoxikationen, während Mastschweine eine 10-fach höhere Toleranz aufweisen. Schafe, die auf „Schweineweiden" gehalten werden, bei denen vorher die Schweine über den Urin die Grasnarbe gedüngt hatten, zeigen unter ungünstigen Bedingungen Vergiftungserscheinungen. Bei frisch gedüngten Wiesen sind Intoxikationen mit Kupfer bei Schafen aufgetreten. Fische akkumulieren Kupfer ebenfalls, Vergiftungen treten bei Fischen bei Gehalten im Wasser von ca. 0,5 mg/L auf.

Chronische, überhöhte Kupfer-Zufuhr führt zur Leberzirrhose.

In Fungiziden werden Kupfer-Verbindungen im ökologischen Land- und Weinbau verwendet. Die Toxizität von Kupfer-Verbindungen ist abhängig vom Vorkommen anderer Spurenelemente wie Zink, Eisen und Molybdän. Bei Kupferüberversorgung können Symptome wie Zittern, Schwäche, verminderte Nahrungsaufnahme und Gelbsucht auftreten. Die toxischen Effekte können allgemein auf die reaktiven Sauerstoffradikale mit dem Ergebnis der Fettoxidation, Protein- und DNA-Schädigungen zurückgeführt werden.

11.1.6 Aufnahme und Ausscheidung

Kupfer ist ein essenzielles Spurenelement, die DGE empfiehlt die tägliche Aufnahme von 1 bis 1,5 mg Cu^{2+}.
Kupfer wird mit einer Absorptionsrate von 30 bis 40 % einerseits im Magen (durch passive Diffusion) und andererseits im Duodenum (hauptsächliche Resorption) aufgenommen. Phytinsäure vermindert die Absorption. Ähnlich wie bei Zn^{2+}

erfolgt in den Mucosazellen eine Bindung des Kupfers an Metallothionein. Ein weiteres schwefelhaltiges Protein mit 61 Aminosäuren bindet Cu^{2+} im Cytoplasma. Resorptionsfördernd wirken sich einige Nahrungsproteine, Ascorbinsäure und Aminosäuren (z. B. Histidin) aus, Zn^{2+} und Sulfid wirken resorptionshemmend.

Die Ausscheidung geschieht zu 70 % (ca. 2 mg/d) über die Galle als unmodifiziertes Caeruloplasmin und nur zu 0,3 bis 3 % über die Nieren. Aus dem Darm wird ein erheblicher Teil wieder rückresorbiert. Ein geringer Teil wird mit einem Spaltprodukt des Metallothioneins ausgeschieden. Im Urin soll Cu^{2+} in einem Chlorido-Komplex vorliegen, etwa 0,2 mg Kupfer wird pro Tag über den Urin ausgeschieden. Im Schweiß kommen 0,06 mg/L vor. Die biologische Halbwertszeit beträgt bei Erwachsenen ca. 20 Tage. Die Cu^{2+}-vermindernde Resorption wurde bei Kühen und Schafen in Australien vor 60 Jahren beobachtet. Sie bekamen Kupfermangelkrankheiten, weil Molybdän im Futter der grasenden Wiederkäuer vorkam. Das Molybdän reagiert mit Sulfiden, die im Wiederkäuermagen vorkommen und das Tetrathiomolybdat bilden (Abb. 6.3.5).

11.2 Silber (Ag)

11.2.1 Vorkommen und Gehalte

Erde: In der *Erdkruste* kommt Silber im Mittel mit 78 µg/kg ($7 \cdot 10^{-6}$ Gew.%) vor. Silber kommt in der Natur gediegen und in Erzen wie **Silberglanz (Ag_2S), Kupfersilberglanz (CuAgS)** vor. **Fahlerze** ($(Cu,Ag)_3(Sb,Ag)S_3$) mit Arsen und Antimon enthalten Sulfide. Auch andere Erze, wie z. B. Bleisulfid (PbS) und Kupfererz, sind silberhaltig und stellen eine wichtige Silberquelle dar.

11.2.2 Eigenschaften und Verwendung

Elektronenkonfiguration: [Kr] ($4 d^{10} 5 s^1$); $A_r = 107,868$ u. Das chemische Symbol Ag leitet sich ab vom lat. *argentum* = Silber. Silber ist ein weiches, weißglänzendes, sehr dehnbares, edles Metall. Es kristallisiert in oktaedrischer Raumstruktur und besitzt die größte elektrische wie auch thermische Leitfähigkeit. Als Edelmetall ist es wenig reaktionsfähig und oxidiert auch bei höherer Temperatur nicht an der Luft. Dies nutzt man bei der „galvanischen Versilberung" von Gebrauchs- und Ziergegenständen. Dabei wird Silber kathodisch aus einer Lösung von Kaliumdicyanidoargentat $K[Ag(CN)_2]$ auf Gegenständen niedergeschlagen. Das sog. „Anlaufen" von Silber ist durch die Bildung von schwarzem Silbersulfid Ag_2S (durch den Gehalt an H_2S in der Luft) bedingt. Silber ist löslich in HNO_3, in konz. H_2SO_4 jedoch erst bei höherer Temperatur.

$$2\,Ag + H_2SO_4 \longrightarrow Ag_2O + H_2SO_3 \qquad Ag_2O + H_2SO_4 \xrightarrow{\Delta T} Ag_2SO_4 + H_2O$$

In Cyanidlösungen löst es sich unter Komplexbildung.
Silber wird fast nie in reinem Zustand verarbeitet, weil es zu weich ist. Durch Legierung mit Kupfer wird es härter, deshalb sind die meisten silbernen Gegenstände aus Silber-Kupfer-Legierungen (80 % Ag, 20 % Cu) hergestellt. Der Silbergehalt wird üblicherweise auf 1.000 Gewichtsteile bezogen und als „Feingehalt" bezeichnet. Eine Legierung mit 80 % Silber hat also den Feingehalt von 800. Weitere Verwendungsgebiete sind die Fotoindustrie, Spiegelherstellung sowie die Herstellung von Münzen.

11.2.3 Verbindungen

Silber kommt ein- oder zweiwertig vor. Die einwertige Oxidationsstufe ist wesentlich beständiger, die zweiwertige ist fast nur in Komplexsalzen bekannt.
Silber(I)-oxid (Ag$_2$O) wird als dunkelbrauner Niederschlag aus Silbersalzlösungen durch Zusatz von Laugen erhalten:

$$2\,Ag^+ + 2\,OH^- \longrightarrow 2\,Ag(OH) \rightleftharpoons Ag_2O + H_2O$$

Es ist sehr wenig in H$_2$O löslich, durch die Anwesenheit von Silberhydroxid reagiert die Lösung stark basisch. Oberhalb von 200 °C zerfällt es in Silber und Sauerstoff:

$$Ag_2O \rightleftharpoons 2\,Ag + \tfrac{1}{2}\,O_2$$

Silbernitrat (AgNO$_3$) bildet rhombische Kristalle, die leicht wasserlöslich sind. Es entsteht durch Auflösen von Silber in HNO$_3$. AgNO$_3$ wirkt auf der Haut oxidierend und ätzend und scheidet dunkles Silber ab. Diese Wirkung nutzt die Dermatologie zur Beseitigung von Wucherungen (Höllenstein). Schon im antiken Babylon wurden Silberplättchen auf offene Wunden gelegt, damit sie nicht infiziert wurden. In einigen Ländern wird Neugeborenen eine 1 %ige AgNO$_3$-Lsg. zur Vorbeugung gegen die Augenentzündung (*Ophthalmia neonatorum*) gegeben. Diese Vorbeugung hatte vor 100 Jahren ihre Berechtigung. Antibiotikahaltige Augentropfen sollten heute vorgezogen werden. Angewandt wurde die AgNO$_3$-Behandlung besonders dann, wenn die Mutter an Gonorrhö erkrankt war.
Silberazid (AgN$_3$) ist hochexplosiv und wird als Knallsilber in Knallerbsen eingesetzt.

11.2.3.1 Silberhalogenide

Silberchlorid (AgCl), eine weiße, käsige Substanz, bildet sich als Niederschlag aus der Mischung einer Silbersalzlösung mit einer Halogenidlösung. Es ist leicht löslich in verd. NH_3 unter Komplexbildung zum Silberdiamminchlorid:

$$AgCl + 2\,NH_3 \longrightarrow [Ag(NH_3)_2]Cl$$

Dies wird für chemische Analysen genutzt.

Silberbromid (AgBr) ist eine gelbliche Substanz, sie ist in konz. NH_3 löslich. Es wird vor allem in der Fotografie eingesetzt.

Silberiodid (AgI) bildet gelbe Kristalle, es ist nicht in konzentrierter NH_3 löslich.

Silbercyanid (AgCN) bildet lineare Ketten.

Silberdifluorid (AgF$_2$) ist neben den Komplexen die einzige stabile Silber(II)-Verbindung. Es wird aus den Elementen dargestellt und dient als Oxidations- und Fluorierungsmittel.

11.2.4 Biologische Aspekte und Bindungsformen

Silber-Ionen wirken stark fungizid und bakterizid. Dünne bakterientötende Silberfolien wurden als Wundverbandsmaterial verwendet. Manche Proteine binden bevorzugt Silber, in der Histochemie wird Silber zum Anfärben (Schwarzwerden) von Reticulin eingesetzt.

Silber hat eine stark desinfizierende Wirkung (oligodynamischer Effekt). Wasser wird schon durch die sehr kleinen Silbermengen, die beim Schütteln von fein verteiltem Silber in Lösung gehen, sterilisiert. Daher verwendet man Lösungen von kolloidalem Silber, z. B. Protargol, zum Ausspülen von Wunden. Auch Trinkwasser kann von Bakterien befreit werden, wenn man es durch schwammförmiges Silber filtriert. Alexander der Große soll sein Trinkwasser aus hygienischen Gründen stets in Silbergefäßen aufbewahrt haben.

Die langsame Freisetzung von Silber-Ionen wird bei Silbersulfadiazin ausgenutzt (Abb. 11.2.1), welches als Salbenbestandteil zur Vorbeugung gegen bakterielle Infektionen, z. B. bei Verbrennungen, verwandt wird.

In der Zahnheilkunde werden Silberamalgam und Legierungen aus Silber, Palladium, Kupfer und Zink verwendet.

Zur Behandlung von Brandwunden wird auch fein gemahlene Porzellanerde *(Kaolinum ponderosum)* mit 10 % Silber auf die Wunde aufgetragen.

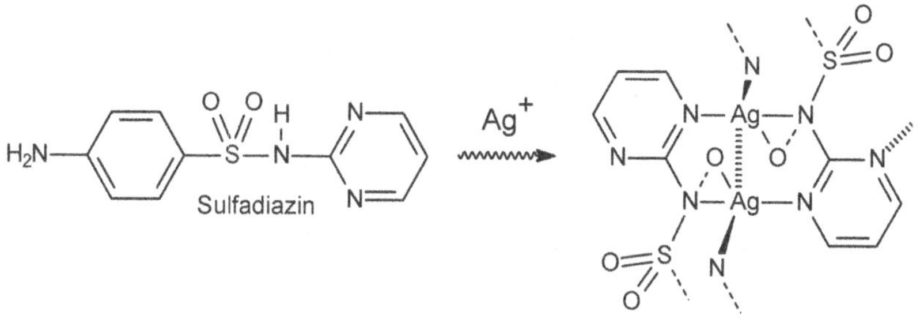

Abb. 11.2.1 Strukturformel des Silbersulfadiazin-Komplexes

Silberhaltige Cremes dienen zur Bekämpfung von Schuppen, Hautpilz und Neurodermitis. Silberfäden in Textilen besitzen antimikrobielle Eigenschaften und vermindern den Schweißgeruch beim Tragen dieser Textilien.

Als Lebensmittelzusatzstoff (E 174) wird Silber für Süßwaren und in Likören eingesetzt.

11.2.5 Toxikologische Aspekte

Der MAK-Wert für Silber beträgt 0,01 mg/m³. Werden $AgNO_3$ oder andere Silberpräparate über längere Zeiträume eingesetzt, dann wird das Silber vom Blut besonders an lichtexponierte Stellen (Haut) transportiert, wo es zu schwarzem Ag_2S umgewandelt wird. Die Haut wird schwarz und die Ag_2S-Partikel verbleiben an den Ausscheidungsstellen lebenslänglich. Silber-Ionen inhibieren die Wirkung von Thioenzymen.

11.2.6 Aufnahme und Ausscheidung

Die EPA (Umweltschutzbehörde der USA) hält 5 µg/kg für eine tägliche Aufnahmemenge an Silber (bezogen auf KG), die zu keiner Vergiftung führt, als vertretbar. Die Ausscheidung erfolgt fäkal.

11.3 Gold (Au)

11.3.1 Vorkommen und Gehalte

Erde: Gold kommt in der Natur gediegen und fein verteilt in Quarzgängen (besonders begleitet von Metallsulfiden) vor. In der *Erdkruste* (15 km Tiefe) sind etwa

30 Mrd. t Gold enthalten, 25 % davon im Meer. In der Erdkruste beträgt der mittlere Gehalt an Gold 4 µg/kg. Davon hat der Mensch rund 155.000 t gewonnen, das entspricht einem Würfel mit 18 m Kantenlänge. Pro Jahr werden heute weltweit etwa 2.400 t gefördert. Im Mittelalter lag die Förderung bei 6 t, 1900 stieg sie auf 890 t. In den Zentralbanken der Länder werden 30.000 t verwahrt, der Rest ist größtenteils zu Schmuck verarbeitet.

Im Zuge der Verwitterung wird Gold aus den Gesteinsmassen ausgeschwemmt und findet sich dadurch auch im Wasser von Flüssen und Meeren (Goldgehalt im Meerwasser: 0,004 mg/m^3). Im Meerwasser befinden sich $6 \cdot 10^6$ t Gold, das sind deutlich mehr als die bisher von Menschen geförderten ca. 155.000 Tonnen. *Mensch*: Der Mensch enthält etwa 7 mg Gold, angereichert in der Leber.

11.3.2 Eigenschaften und Verwendung

Elektronenkonfiguration: [Xe] (5 d^{10} 6 s^1); A_r = 196,9665 u. Gold ist ein rötlich-gelbes, weiches, sehr dehnbares Edelmetall, das in einem kubisch-flächen-zentriertem Raumgitter angeordnet ist. Es leitet die Wärme und den elektrischen Strom gut. Es ist chemisch sehr beständig, wird aber u. a. von Chlorwasser und Königswasser (HNO$_3$:HCl = 1:3 (v/v)) gelöst. Für Schmucksachen werden Legierungen von Gold mit Silber und Kupfer verwandt. Der Goldgehalt wird in Karat angegeben (reines Gold ist 24-karätig) oder durch den Feingehalt (reines Gold = Feingehalt 1.000, 333er-Gold-Legierung enthält 33,3 % Gold). Weiterhin dient Gold als Münzmetall, für Ultrarot-Reflektoren und als Zahngold. 75 bis 80 % des weltweit geförderten Goldes werden zu Schmuck, Münzen und Medaillen verarbeitet.

11.3.3 Verbindungen

Gold kommt vorwiegend in einwertiger oder dreiwertiger Form vor, die dreiwertigen Verbindungen sind am beständigsten.

11.3.3.1 Gold(III)-Verbindungen

Goldtrichlorid (AuCl$_3$)$_2$ bildet gelbbraune Kristalle, entsteht bei 180 °C aus Gold und Cl$_2$ und liegt dimer vor. Es löst sich in H$_2$O mit gelbroter Farbe unter Bildung eines Hydrates: AuCl$_3 \cdot$ H$_2$O, das sich wie eine Säure verhält H[AuCl$_3$(OH)]. In Salzsäure löst sich (AuCl$_3$)$_2$ mit hellgelber Farbe unter Bildung von Tetrachlori-dogoldsäure H[AuCl$_4$].

$$2 \text{ HCl} + \text{Au}_2\text{Cl}_6 \longrightarrow 2 \text{ H[AuCl}_4]$$

Die Salze dieser Säure heißen „Tetrachloridoaurate".

Mit Alkalien fällt aus der Au(III)-Salzlösung gelbes **Goldtrihydroxid Au(OH)$_3$** aus, das beim Isolieren und Trocknen in das Metahydroxid AuO(OH) übergeht.

Kaliumgoldcyanid (Kaliumdicyanidoaurat(I)) (K[Au(CN)$_2$], ist eine farblose, sehr giftige Substanz. Es löst sich gut in H$_2$O. Kaliumgoldcyanid wird zur Vergoldung von Schmuckstücken und elektrischen Bauteilen verwendet.

Cassius'scher Goldpurpur (Abschn. 14.4).

11.3.3.2 Gold(I)-Verbindungen

Bei der Einwirkung von KOH auf Au(III)-Salz bei Gegenwart eines Reduktionsmittels (z. B. H$_2$SO$_3$) entsteht dunkelviolettes Goldhydroxid AuOH. Dieses geht bei 200 °C in Au$_2$O über. Au$_2$O spaltet sich bei 250 °C in die Elemente.

Goldmonochlorid (AuCl) ist ein zitronengelbes Pulver, das beim Erhitzen von AuCl$_3$ auf 185 °C entsteht:

$$AuCl_3 \longrightarrow AuCl + Cl_2$$

AuCl zerfällt bei weiterem Erhitzen in die Elemente.

1934 setzte Jacques Forestier Natriumdicyanidoaurat (Na[Au(CN)$_2$]) effektiv gegen rheumatische Arthritis und Tuberkulose ein. Später kamen als Liganden noch die Thiolate (RS$^-$ (R = organischer Rest)) hinzu. Auch diese Liganden waren aktiv gegen Krankheiten und begründeten die Therapie mit Goldverbindungen (Abb.11.3.1).

11.3.4 Biologische Aspekte und Bindungsformen

Wissenschaftler untersuchten die Möglichkeit, durch Pflanzen Gold zu gewinnen (*Nature*; Bd. 395, S. 553). Sie pflanzten Sareptasenf (*Brassica juncea*) in Erde, der sie Golderz und Ammoniumthiocyanat (zum Lösen des Edelmetalls) beigemengt hatten. Der Goldgehalt in den Pflanzen (TM) erhöhte sich auf bis zu 57 µg/kg (5.000-fach höher als normal) in Abhängigkeit zur Konzentration an Ammoniumthiocyanat.

Einige Insekten sind in der Lage, den Glanz des Goldes täuschend ähnlich zu kopieren. Rein organisch bauen sie aus Kohlenstoff, Wasserstoff, Stickstoff und Sauerstoff eine Schicht auf, die aus 260 Paaren von Hautschichten mit unterschiedlichen Brechungsindices besteht. Der Glanzeffekt wirkt z. B. für die Puppen der tropischen Schmetterlingsgattung *Euploea* als Tarnung. Die an der Unterseite von Blättern klebenden Puppen glänzen in der Sonne wie Wassertröpfchen.

Gegen rheumatische Arthritis werden Gold-Verbindungen seit 75 Jahren eingesetzt. Die Gesamteliminationshalbwertszeit liegt bei 250 Tagen.

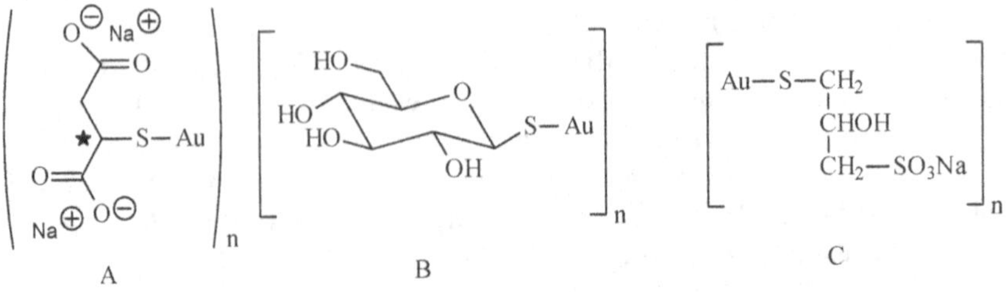

A: Natriumaurothiomalat; B: Aurothioglucose; C: Natriumaurothiopropanolsulfonat

Abb. 11.3.1 Durch Injektion verabreichbare 1:1 Au^I-Thiolat-Komplexe

Die Wirksamkeit der Gold-Verbindungen gegen Arthritis ist nicht vollständig auf-geklärt. Die thiophile Eigenschaft der Gold-Verbindungen könnte in einer Verhin-derung der Bildung von Disulfidgruppen eine Erklärung liefern. Auranofin ist da-gegen eine lipophile Verbindung, die peroral einsetzbar ist, mit einer Bioverfügbarkeit von 15 bis 25 % und einer Resorption im oberen *Intestinum te-nue* (Abb. 11.3.2). Die Plasmahalbwertszeit liegt bei 17 bis 25 Tagen, die Gesamt-eliminationshalbwertszeit bei 81 Tagen.

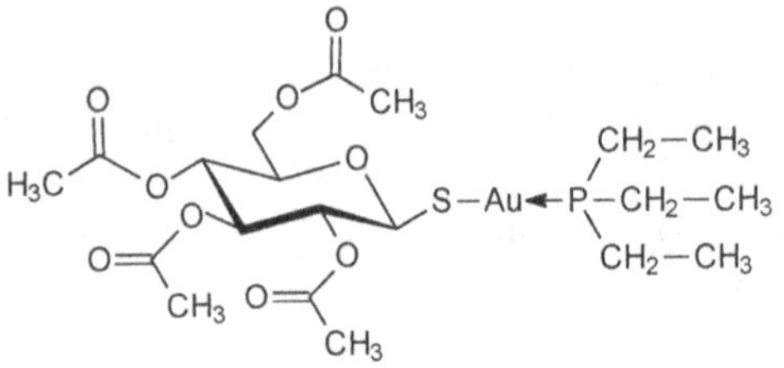

Abb. 11.3.2 Auranofin

Interessant ist, dass nach Verabreichung der Goldpräparate der Dicyanidoaurat-Komplex $[Au(CN)_2]^-$ im Urin und Blutplasma nachgewiesen wird. Nach einer „Goldtherapie" weisen Raucher durch Inhalation von HCN (über den Zigaretten-rauch) höhere Goldgehalte in den roten Blutkörperchen auf. Das $[Au(CN)_2]^-$ dringt leicht in Zellen ein und setzt toxische Sauerstoffradikale frei, die von den weißen Blutkörperchen inaktiviert werden können. Das $[Au(CN)_2]^-$ könnte ein ak-tiver Metabolit der Goldpräparate sein. Im Blut wird Au^+ an Cys34 des Albumins gebunden, wahrscheinlich wird es auch an SH-Gruppen der Immunglobuline ge-bunden. Die Oxidation von Au^+ zu Au^{3+} könnte die toxischen Nebenwirkungen der Thiolat-Au^+-Komplexe erklären. Bei Entzündungen entstehen ClO^--Anionen und H_2O, die die Oxidation von Au^+ zu Au^{3+} hervorrufen können. Es kann zu Schädigungen von Leber, Nieren und Blut und zu allergischen Reaktionen kom-men. Beachtenswert ist, dass die Goldtherapie eines längeren Anwendungszeit-raumes bedarf. Die Abbildung 11.3.3 zeigt neuere Gold-Komplexe.

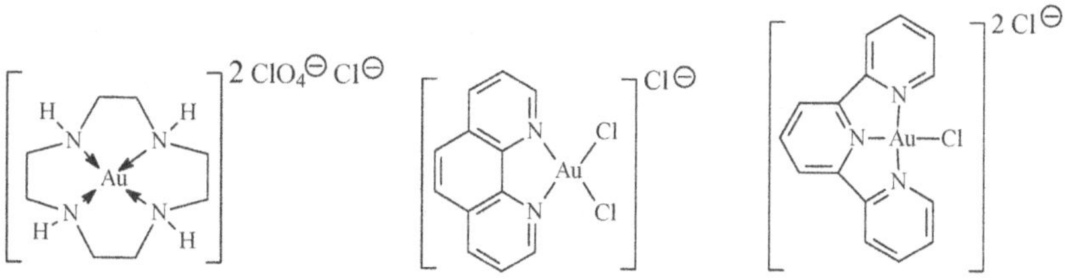

[Au(cyclam)](ClO_4)$_2$Cl [$AuCl_2$(phen)]Cl [AuCl(terpy)]Cl_2

Abb. 11.3.3 Verschiedene Gold-Komplexe, die medizinisch interessant sind

Eine interessante Gold-Verbindung ist fast ziemlich leicht zu synthetisieren: Man gibt Triphenylphosphansulfonsäure in eine Goldsalzlösung (z. B. Goldchlorid), fängt die gebildeten Partikel auf, und es entsteht PPh_2X mit Gold zu einem Au_{55}-Cluster ($Au_{55}(PPh_2X)_{12}Cl_6$). Dieses Cluster hat einen Durchmesser von 1,4 nm und ist gerade so groß, dass die Nanopartikel direkt in die Doppelhelix passen. Die Toxizität gegenüber gesunden Zellen ist deutlich niedriger als gegen Tumorzellen, allerdings ist die Toxizität im Vergleich zum Standardantitumorreagenz 200-mal höher. Das Wirkprinzip beruht wahrscheinlich darauf, dass die negativ geladenen Phosphatgruppen der DNA den Au_{55}-Cluster stark anziehen. Dabei verliert der Cluster Liganden, und der Zentralbereich wird von der DNA komplexiert (Binnewies *et al.*, 2011).

11.3.5 Toxikologische Aspekte

Quecksilber löst Gold und es entsteht das Goldamalgam mit dem Metallgegenstände überzogen wurden. Die vorvergoldeten Gegenstände wurden auf 600 °C erhitzt, wobei das Quecksilber abdestilliert und wiedergewonnen werden konnte. Diese Methode der „Vergoldung“ führte bei undichten Apparaturen zu Quecksilbervergiftungen. Goldamalgam für Zahnfüllungen enthält Quecksilber, das zu negativen gesundheitlichen Auswirkungen führen kann.

Gold ist nicht giftig und kann als Lebensmittelzusatzstoff (E 175) im Danziger Goldwasser (Blattgold) oder in mit Blattgold überzogene Süßigkeiten ohne Probleme verzehrt werden.

11.3.6 Aufnahme und Ausscheidung

Blattgold wird komplett ohne Resorption mit den Faeces ausgeschieden. Durch biliäre Exkretion oder Sekretion in den Darm wird goldhaltiges Auranofin (Arzneistoff gegen Polyarthritis) zu 22 % resorbiert und über die Faeces ausgeschieden.

12 Die Elemente der 12. Gruppe: die Zinkgruppe

Die 12. Gruppe enthält die Elemente Zink (Zn), Cadmium (Cd) und Quecksilber (Hg).

12.1 Zink (Zn)

12.1.1 Vorkommen und Gehalte

Erde: In der *Erdkruste* kommt Zink zu 76 mg/kg ($\hat{=}$ 0,007 Gew.-%) vor. Natürliche zinkhaltige Erze sind **Zinkblende ZnS, Zinkspat (Galmei) $ZnCO_3$ und Rotzinkerz (Zinkit) (ZnO)**.

Mensch: Der menschliche Körper enthält ca. 1,4 bis 2,3 g Zn. Ein großer Teil davon ist in den Knochen fixiert, 65 % sind in der Muskelmasse lokalisiert. Plasma: 0,9 mg/L, Blut: 5 mg/L, Muttermilch: 3 bis 5 mg/L, Leber: 15 bis 93 mg/kg, Gehirn: 5 bis 15 mg/kg, Prostata: sehr zinkreich 9 g/kg, Haare: 125 mg/kg. Zink ist Bestandteil von mehr als 300 Enzymen. Serum: ca. 1 mg/L, davon sind 30 % des Zinks mit hoher Affinität an α_2-Makroglobulin gebunden, 66 % an Albumin und 2 % an freie Aminosäuren (besonders Cystein und Histidin). Hohe Gehalte sind in den Inselzellen des Pankreas (120 mg/kg FG), Iris und Retina des Auges sowie in Haut, Nägeln, Sperma und Haaren zu finden.

Lebensmittel: (Angaben von Zink in mg/kg) Roggen 39; Weizen 27; Hafer 40; Kartoffeln 3,5; Möhren 3,0; Blumenkohl 2,6; Rosenkohl 5,9; Tomaten 1,7; Champignons 5,4; Äpfel 1,0; Kirschen 0,73; Erdbeeren 2,7; Haselnuss 19; Walnuss 27; Lachs 8,0; Forelle 5,1; Aal 8,1; Ostseehering 9,3; Austern 100 bis 200; Schweinefleisch 20; Schweineniere 27; Rinderniere 21; Rinderleber 48; Vollei 13,5; Eigelb 38; Eiklar 0,2; Kuhmilch 3,6; Molke 0,5; Edamer 49.

Fleisch ist die Hauptquelle für Zink. Der plötzliche Verzicht auf Fleisch geht zumeist mit einer Erhöhung der Zufuhr vegetabiler Nahrung einher und somit einer erhöhten Zufuhr von Phytaten, was die Zinkversorgung negativ beeinflusst.

12.1.2 Eigenschaften und Verwendung

Elektronenkonfiguration: [Ar] (d^{10} 4 s^2); A_r = 65,38 u. Zink ist ein blauweißes, glänzendes, sprödes Metall. Es kommt in drei Modifikationen vor: als α-Zn bis 175 °C, als β-Zn zwischen 175 °C und 300 °C und als γ-Zn oberhalb von 300 °C.

Zinkstaub entsteht aus kondensiertem Zinkdampf, er ist sehr reaktionsfähig. Zink ist an der Luft und gegen H_2O beständig, denn es überzieht sich mit einer schützenden Schicht von ZnO bzw. basischem $Zn_5(OH)_6(CO_3)_2$. Mit Säuren und Basen reagiert Zink unter Freisetzung von Wasserstoff.

$$Zn + 2\ HCl \longrightarrow ZnCl_2 + H_2 \uparrow$$

Beim Erhitzen an der Luft bis zum Siedepkt. (906 °C) verbrennt es mit charakteristischer blaugrüner Flamme zu ZnO.

$$2\ Zn + O_2 \longrightarrow 2\ ZnO \quad (\Delta H^0 = -698\ kJ/mol)$$

Zink wird z. B. für Legierungen (z. B. Messing CuZn), als Korrosionsschutz für Eisen (verzinktes Eisen) sowie als Reduktionsmittel (mit Säuren) verwendet. Eisenteile werden durch die Zinkschicht geschützt, wobei Zink als „Opferanode" dient. Dabei wird Zn oxidiert und löst sich nur langsam auf.

12.1.3 Verbindungen

Zinkoxid (ZnO) ist ein farbloses, in der Hitze gelbes Pulver mit einem Schmelzpkt. von 1.975 °C. Es ist unlöslich in H_2O. ZnO wird in der Medizin als Streupulver und für Salben verwendet, weiterhin als Füllstoff bei Kautschukwaren und als Malerfarbe („Zinkweiß"), es ist beständig gegen Licht und H_2S. ZnO auf der Haut wirkt schwach antiseptisch und adstringierend, wobei es nur in geringem Umfang in die Haut penetriert. ZnO absorbiert UV-Licht und ist daher oft in Sonnenschutzmitteln zu finden.
Zinkperoxid (ZnO$_2$) ist in Kosmetika enthalten und wirkt als Antiseptikum.
Zinkhydroxid (Zn(OH)$_2$) wird aus Zinksalzlösung mit Alkalien gewonnen.

$$Zn^{2+} + 2\ OH^- \longrightarrow Zn(OH)_2$$

Es ist eine amphotere Verbindung und bildet mit Alkalien die sog. Zinkate **[Zn(OH)$_3$]$^-$**.

$$Zn(OH)_2 + 2\ H_3O^+ \longrightarrow Zn^{2+} + 4\ H_2O$$
$$Zn(OH)_2 + 2\ OH^- \longrightarrow [Zn(OH)_4]^{2-}\ (\text{Tetrahydroxozinkat})$$

Die Löslichkeit von Zn^{2+} in Abhängigkeit vom pH-Wert zeigt Abbildung 12.1.1.

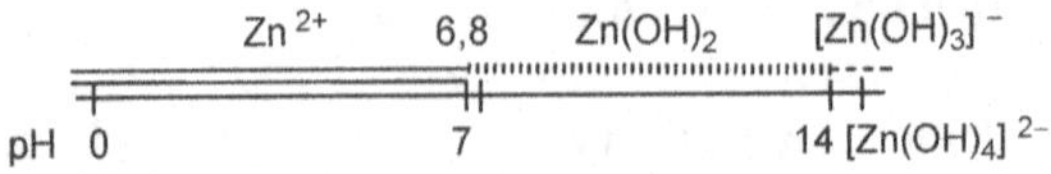

Abb. 12.1.1 Löslichkeit von Zink-Ionen in Abhängigkeit vom pH-Wert

Es ist auch in NH_3 unter Komplexbildung zum Zinkhexamminhydroxid löslich:

$$Zn(OH)_2 + 6\ NH_3 \longrightarrow [Zn(NH_3)_6]^{2+} + 2\ OH^-$$

Zinksulfat ($ZnSO_4$) ist ein weißes, wasserunlösliches Pulver. Es entsteht durch vorsichtiges Rösten von ZnS.

$$ZnS + 2\ O_2 \longrightarrow ZnSO_4$$

Oder es entsteht aus ZnO durch Zusatz von H_2SO_4.

$$ZnO + H_2SO_4 \longrightarrow ZnSO_4 + H_2O$$

Aus einer wässrigen Lösung kristallisiert es wasserhaltig zum farblosen **Zinkvitriol ($ZnSO_4 \cdot 7\ H_2O$)**. Es gleicht in seiner Zusammensetzung und Kristallform dem Magnesiumsulfat ($MgSO_4 \cdot 7\ H_2O$ = Bittersalz) und nicht dem Kupfervitriol ($CuSO_4 \cdot 5\ H_2O$). $ZnSO_4$ wird aufgrund seiner adstringierenden, sekretionsbeschränkenden und desinfizierenden Wirkung zu Waschungen und Umschlägen in der Heilkunde verwendet. Mit Bariumsulfid BaS bildet $ZnSO_4$ die sog. Lithopone, ein weißes Farbstoffpigment.

Zinksulfid (ZnS), eine weiße, kristalline Substanz, wird gewonnen durch die Zugabe von Ammoniumsulfid $(NH_4)_2S$ zu einer Zinksalzlösung.

$$Zn^{2+} + S^{2-} \longrightarrow ZnS$$

ZnS enthält Spuren von Schwermetallsulfiden und wirkt phosphoreszierend, d. h. es leuchtet im Dunkeln nach (Leuchtphosphore), findet Verwendung als Leuchtschicht in Bildschirmen.

Die erste synthetisierte Organo-Metallverbindung war Diethylzink ($Zn(C_2H_5)_2$). Diethylzink hat einen Siedepunkt von 11 °C und erlebt in den letzten Jahren einen Bedeutungsschub als Mittel zur Buchkonservierung. Zur Zeit seiner ersten Synthese wurde auch der Buchdruck den Erfordernissen der Zeit angepasst. Durch Zugabe einer $CaHSO_3$-Lösung zur Cellulosemaische (Zellstoff) wurde das Lignin sulfoniert und in Lösung gebracht. Seit einigen Jahrzehnten setzt sich aus dem damals so hergestellten Papier H_2SO_4 frei, das Papier vergilbt und verliert die Flexibilität. Da sich Diethylzink an der Luft entzündet, muss unter inerten Bedingungen gearbeitet werden. Die Bücher werden in eine Vakuumkammer gelegt, das Vakuum erzeugt und die Vakuumkammer ein wenig mit N_2 geflutet. Danach wird Diethylzink zugegeben, wodurch die Oxonium-Ionen von H_2SO_4 reagieren.

$$Zn(C_2H_5) + 2\ H_3O^+ \longrightarrow Zn^{2+} + 2\ C_2H_5 + 2\ H_2O$$

Die Feuchtigkeit wird ebenfalls umgesetzt.

$$Zn(CaH_5)_2 + 2\ H_2O \longrightarrow 2\ ZnO + 4\ C_2H_6$$

Nach diesen Reaktionen wird das Ethan und überschüssiges Diethylzink durch das Vakuum entfernt und extern zur Kondensation gebracht. Der Vorteil der Buchkonservierung ist nicht nur, dass man noch möglichst Jahrhunderte später immer noch die Bücher dank der fortschrittlichen Technologie lesen kann. Ein weiterer zukunftsweisender Aspekt: ZnO bleibt in den Papierseiten zurück und kann die in Zukunft sich bildende Schwefelsäure neutralisieren (Binnewies *et al.*, 2011).

12.1.4 Biologische Aspekte und Bindungsformen

Im Organismus liegt Zink als Zn^{2+} vor. In den Mukosazellen findet eine Bindung an Metallothionein, ein niedermolekulares Protein, statt. Metallothionein ist ein intrazelluläres Protein mit einer Molmasse von 6.100 D und besteht aus 61 Aminosäuren (davon 20 Cystein). Es vermag maximal 7 Metallionen (Zn^{2+}, Cd^{2+}, Cu^{2+}) in 2 Clustern zu binden. Es speichert Zn^{2+}, bindet giftige Schwermetalle (z. B. Cd^{2+}) und vermindert so die Bildung freier O_2-Radikale. Die Effektivität von Zn^{2+} als Radikalfänger wird durch die Gegenwart der Aminosäure Histidin verbessert.

Im Blut zu 85 % in den Erythrocyten, 11 % im Plasma, 3 % in den Leukocyten und 1 % in den Thrombocyten zu finden. Der labile Zn-Pool (geringe Affinität) ist wie folgt gebunden: zu 66 % an Albumin, 30 % an α_2-Makroglobulin und 2 % an Aminosäuren (besonders Cystein und Histidin). Histidin und Cystein sind in der Lage, Zink aus der Albuminbindung zu lösen, eine leichte Verteilung an die Orte des Bedarfs ist damit möglich. Freie Zn^{2+}-Ionen kommen nur in sehr geringen Konzentrationen im Plasma und intrazellulär vor.

- Erythrocyten: Aufnahme als $[Zn(HCO_3)_2Cl]^-$-Komplex,
- Leberzellen: 0,016 g/kg FG; Vorkommen zu 43 % im Cytoplasma, 37 % im Zellkern, 15 % in Mikrosomen und 5 % in Mitochondrien,
- Enzyme: Zink-Metalloenzyme sind z. B. Alkohol-, Malat-, und Glutamat-Dehydrogenase, Superoxid-Dismutase, Phospholipase C, α-Amylase, Elastase, Kollagenase, RNA-Ligase, DNA-Polymerase, Glutathion-Peroxidase, Carboxypeptidase, Carboanhydrase, Oxidoreduktasen.

Die katalytische Wirkung von Zn^{2+}-Zentren ist bei Hydrolasen (Lipasen, Phosphatasen, Peptidasen), bei Synthetasen, Ligasen und Isomerasen zu finden. Wenn zinkhaltige Enzyme Redoxreaktionen katalysieren sollen (z. B. Alkohol-Dehydrogenase), so sind redoxaktive Cofaktoren (NAD^+) notwendig. An den Zn^{2+}-Zentren sind meist drei Aminosäuren (His, Cys, Glu/Asp) und H_2O/OH^- koordiniert. Ein solches $Zn^{2+}OH^-$-Fragment kann nucleophile wie auch elektrophile Reaktionspartner aktivieren. In Enzymen mit einem Fe/Zn-Zentrum (z. B. violette saure Phosphatase aus Pflanzen) erfolgt eine Verbrückung der beiden Metallkerne über Asp und OH^-.

Das Zink im aktiven Zentrum des Enzyms kann durch andere zweiwertige Kationen (z. B. Co^{2+}) ersetzt werden, wodurch die Effektivität des Enzyms herabgesetzt wird. Zn^{2+}- und Ca^{2+}-Ionen bestimmen die Tertiär- und Quartärstruktur von Proteinmolekülen z. T. mit und übernehmen eine stabilisierende Funktion. Bei thermophilen Bakterien tritt dieser Effekt auf, wobei die Proteindenaturierung erst bei höheren Temperaturen auftritt. Das Enzym Thermolysin (Abb. 12.1.2) aus solchen Bakterien verliert auch bei 80 °C seine Aktivität nicht. Dabei ist ein Zn^{2+}-Ion im aktiven Zentrum der Hydrolase lokalisiert und wird durch vier Ca^{2+}-Ionen, die an das Gerüst koordiniert sind, so verstärkt, dass keine Denaturierung bei 80 °C auftritt.

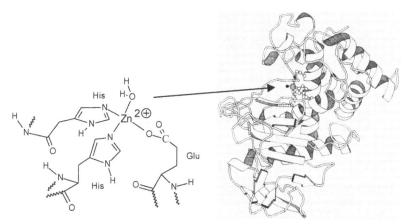

Abb. 12.1.2 Zn^{2+} im aktiven Zentrum von Thermolysin (Raumstruktur) {s. a. PDB ID 1TLY}

Die **Alkohol-Dehydrogenase** (ADH) dient zum Abbau von toxischem Ethanol zu Acetaldehyd (Abb. 12.1.3). Beim Menschen gibt es sechs leicht unterschiedliche ADHs. Aus zwei Polypeptidketten (je eine Untereinheit) aufgebaut, enthält jede Einheit zwei Zn^{2+}-Ionen. ADH setzt auch Methanol und Ethylglycol zu Methanal (Formaldehyd) und Oxalsäure um, die toxische Effekte verursachen.

Das Nicotinsäureamidadenindinucleotid NAD^+ als Cofaktor ist in der Nähe des aktiven Zentrums lokalisiert (A) und an die Peptidkette über Wasserstoffbrückenbindungen gebunden. Der Alkohol wird an das Zentral-Ion gebunden und über die OH^--Gruppe deprotoniert (B), sodass H_2O abgespalten wird. Der Alkooxoligand (C) gibt ein H^+ an das NAD^+ ab. Das Carbokation stabilisiert sich durch Abspaltung des Aldehyds (D), wobei Wasser aufgenommen wird (E). Durch eine Protonenabgabe wird der Ausgangszustand mit OH^--Gruppe wieder hergestellt.

$$\text{CH}_3\text{CH}_2\text{OH} + \text{NAD}^+ \overset{\text{ADH}}{\rightleftharpoons} \text{CH}_3\text{CHO} + \text{NADH} + \text{H}^+$$

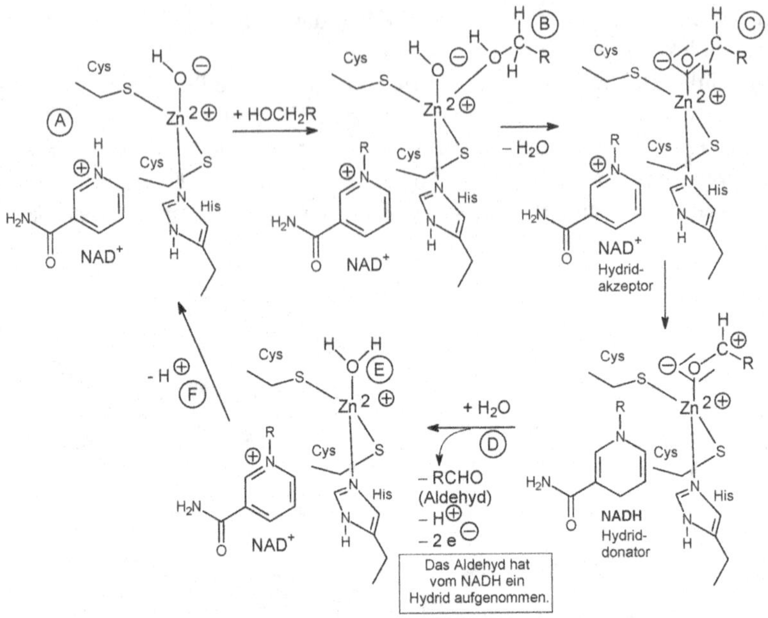

Abb. 12.1.3 Reaktionen am aktiven Zentrum der Alkohol-Dehydrogenase (Rehder, 2006). Das C-Atom des Alkohols ändert durch Oxidation seine Oxidationszahl von (– 1) zu (+ 1), es entsteht das Aldehyd, wobei 2 Elektronen abgegeben werden.

In Hefen und Bakterien ist die Rückreaktion (Abb. 12.1.4) wichtig, da Acetaldehyd, das bei der Glykolyse aus Glucose entstanden ist, zu Ethanol umgesetzt wird.

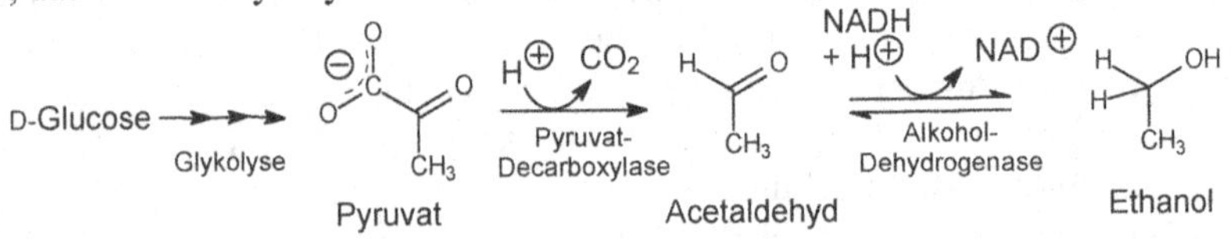

Abb. 12.1.4 Ablauf der alkoholischen Gärung

Die Malat-Dehydrogenase (MDH) setzt L-Malat ebenfalls durch Oxidation in ein Keton um (Abb. 12.1.5). Die Malat-Dehydrogenase kommt in Prokaryoten als einzige Form vor, während Eukaryoten zwei Isoenzyme (MDHM und MDHC) in den Mitochondrien und im Cytoplasma aufweisen. Im Citratzyklus und Aspartatzyklus übernimmt das Zn^{2+}-haltige Enzym wichtige Funktionen.

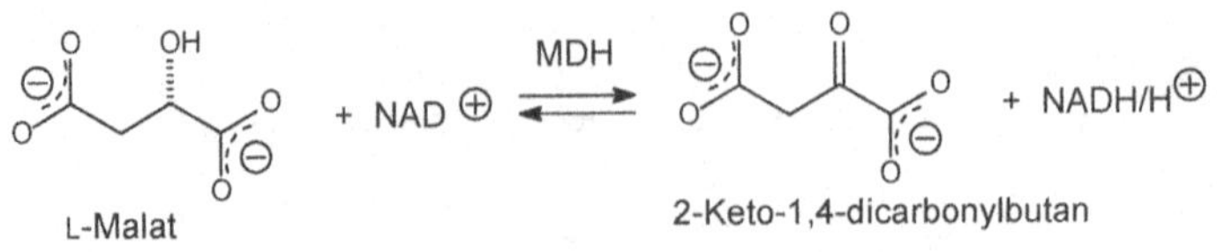

Abb. 12.1.5 Reaktion der Malat-Dehydrogenase

Die Glutamat-Dehydrogenase (GDH) setzt entsprechend L-Glutamat zum α-Ketoglutarat um. Die GDH (Abb. 12.1.6) besteht aus vier bis sechs identischen Untereinheiten. Zuerst erfolgt eine Desaminierung der Aminosäure mit anschließender Oxidation zum α-Ketoglutarat. Das freigesetzte NH_4^+ kann zur weitergehenden Dissimilation in den Harnstoffzyklus eingespeist werden.

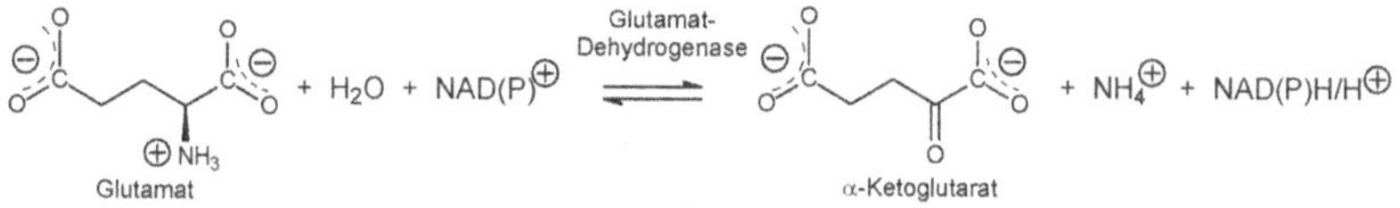

Abb. 12.1.6 Reaktion der Glutamat-Dehydrogenase

Carboxypeptidase enthält zwei über N koordinierte Histidin-Aminosäuren und zwei Glutamatreste über eine Carboxylgruppe und ein Wassermolekül ebenfalls über ein O-Atom koordiniert. Sie ist verzerrt trigonal bipyramidal koordiniert mit der Koordinationszahl 5. Sie besitzt jeweils 8 Faltblätter und α-Helices und eine Disulfidgruppe. Das aktive Zentrum, zu dem ein polarer Kanal für H_2O-Moleküle führt, liegt im Inneren des Enzyms. Carboxypeptidase A hat eine Molmasse von 34 kD und hydrolysiert aus einer Peptidkette vom endständigen C-Terminus Aminosäuren. Carboxypeptidase A spaltet Peptide und spezielle Ester gemäß folgender Gleichung:

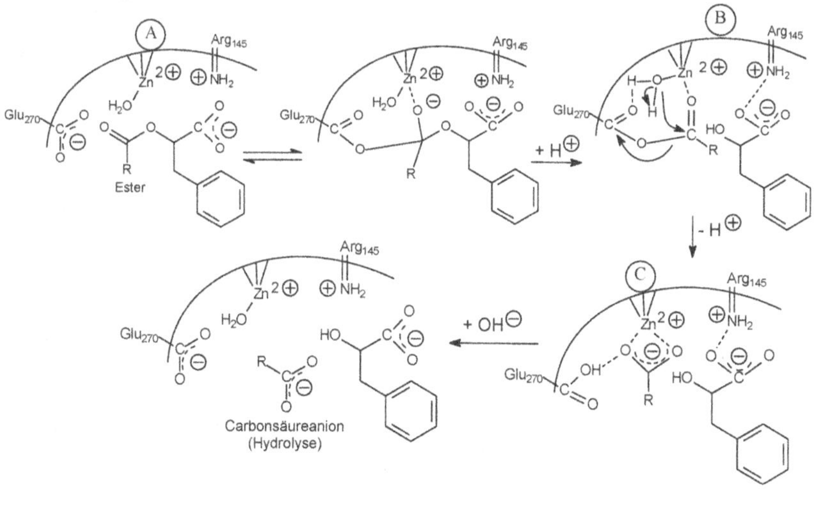

Abb. 12.1.7 Möglicher Mechanismus für die Hydrolyse eines Esters oder eines Carboxamids durch Carboxypeptidase (n. Kaim und Schwederski, 2005)

Das Zn^{2+} ist koordiniert von zwei Histaminen und einer Glutaminsäure (Glu, zweizähnig) sowie einem Wassermolekül (A), in Abbildung 12.1.7 dargestellt. Bedeutend für die enzymatische Reaktion sind der saure Glu_{270}-Rest und der basische Arg_{145}-Rest. Das H_2O am Komplex bildet eine Wasserstoffbrückenbindung zum Glu_{270} aus (B). Der Carbonylsauerstoff koppelt an den Zn^{2+}-Komplex, dadurch erhöht sich die Polarisierung der Carbonylgruppe (C), was die Übertragung der OH^--Gruppe erleichtert, sodass sich mit dem Proton der Glu_{270} Wasser als Ligand an das Zink-Ion anlagern kann. Es findet eine Hydrolyse statt, und das Carbonsäureanion und der Alkohol liegen frei vor.

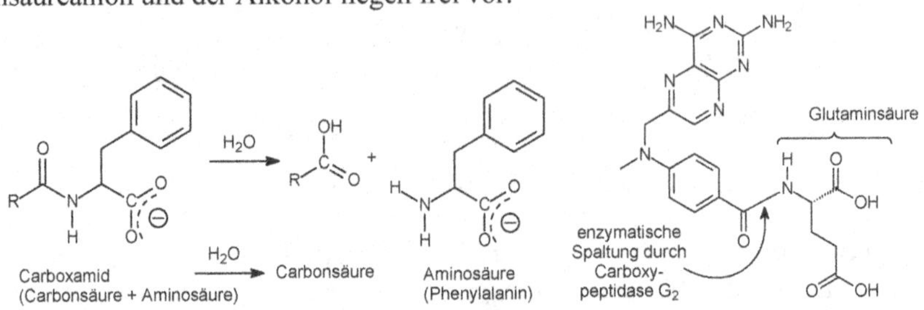

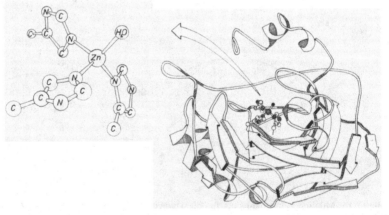

Abb. 12.1.8 Methotrexat-Reaktion bei Carboxipeptidase G_2 und Abspaltug einer Carbonsäure. Zusammenfassende Reaktion für ein Carboxamid (Ester einer Carboxylgruppe mit der Aminogruppe einer Aminosäure)

Es gibt 2 weitere Carboxypeptidasen: Die Carboxypeptidase B spaltet nach basischen Aminosäuren und die Carboxypeptidase G_2 spaltet den Glutaminsäurerest. Diese Abspaltung von Glutaminsäure macht man sich bei einem Nicht-Ausscheiden des Cytostatikums Methotrexat über die Niere zu Nutze (Abb. 12.1.8). Durch den Einsatz des Antidots Carboxypeptidase G_2 wird Glutaminsäure abgespalten und durch die verbesserte Wasserlöslichkeit des Metaboliten eine bessere Ausscheidung möglich.

Abb. 12.1.9 Raumstruktur der Carboanhydrase mit dem aktiven Zentrum {s. a. PDB ID 1CAM}

Carboanhydrase besitzt die Molmasse von 30 kD und ist tetraedrisch von 3 N-Atomen aus Histidin und im O-Atom vom Wasser koordiniert (Abb. 12.1.9).

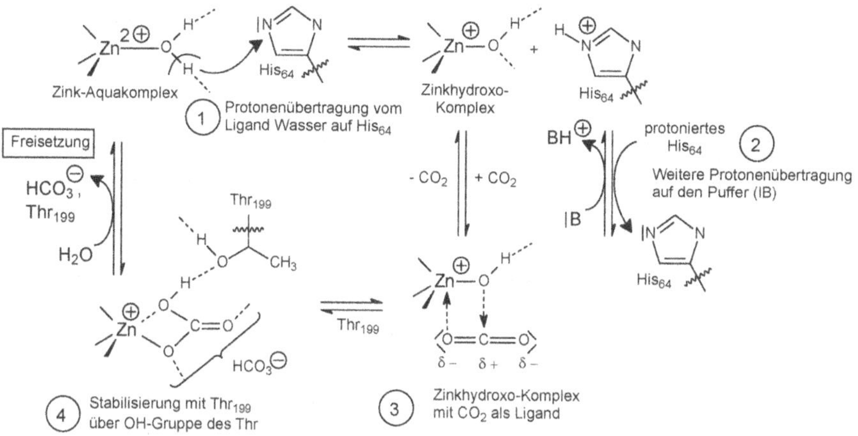

Abb. 12.1.10 Reaktion des CO_2 am Zinkhydroxo-Komplex und Freisetzung des Hydrogencarbonats

Das Enzym beschleunigt die Umsetzung des CO_2 in Hydrogencarbonat in den roten Blutkörperchen (Abb. 12.1.10).

$$CO_2 + 2\,H_2O \rightleftharpoons HCO_3^- + H_3O^+$$

In der Lunge läuft die Rückreaktion unter Freisetzung von CO_2 ab. Dieser Vorgang ist deshalb wichtig, weil nur ein begrenzter Teil des CO_2 aus den Zellen direkt ins Blut über Hämoglobin transportiert wird. Weiterhin führt die Abgabe von HCO_3^- zu einer Beeinflussung des pH-Wertes des Blutes.

Carboanhydrasehemmer z. B. Sulfonamide, binden am aktiven Zentrum des Enzyms und senken die Aktivität. Sie werden in der Augenmedizin zur Behandlung des „Grünen Stars" eingesetzt. Durch Sulfonamide wird im Augeninneren die Produktion von Kammerwasser gesenkt, und es kommt zur Absenkung des Augeninnendrucks. Einige Bergsteiger nehmen als Mittel gegen die Höhenkrankheit das Sulfonamid Acetazolamid. Trinken diese Personen Champagner oder Bier, so schmeckt das Getränk schal und sie spüren nicht mehr das Prickeln der CO_2-Bläschen auf der Zunge.

Superoxid-Dismutase (SOD), die in fast allen Lebewesen vorkommt, besitzt die Molekülmasse von 32 kD und ist aus zwei Zentren (aus Cu^{2+}/Zn^{2+}-Paaren) aufgebaut (s. Stichwort „Kupfer"). Es gibt drei unterscheidbare Gruppen, die sich in allen Eukaryoten befinden, die mangan- oder eisenhaltige SOD in allen Lebewesen, wobei die eisenhaltigen SODs in den Chloroplasten und die manganhaltigen SODs in den Peroxisomen und Mitochondrien der Pflanzen vorkommen und eine SOD, die im extrazellulären Umfeld vieler Pflanzen vorkommt. Das Enzym reagiert mit reaktiven Hyperoxid-Ionen ($\bullet\overline{O}\!-\!\overline{O}|^{\ominus}$) unter Bildung von Sauerstoff und H_2O_2.

$$2 \ \bullet\overline{O}{-}\overline{O}\,|^{\ominus} + 2\ H_3O^+ \rightarrow H_2O_2 + O_2 + 2\ H_2O$$

Das H_2O_2 wird danach durch Katalasen, Peroxidasen oder Haloperoxidasen zu Wasser und Sauerstoff abgebaut (Kap. 8).

Zink ist auch bei der Bildung von Zinkfingerproteinen (z. B. Transkriptionsfaktoren, Steroidrezeptoren) mit Strukturfunktion beteiligt (Abb. 12.1.11). Die fingerförmige Sekundärstruktur entsteht durch die Bindung eines Zn^{2+} mit 2 mal 2 Cysteinresten oder 2 Cystein- und 2 Histidinresten, die durch eine Schleife von 12 oder 13 Aminosäuren getrennt sind. Anders als bei den katalytischen Zentren liegt hier kein H_2O bzw. OH^--Ligand vor. Die hohe Selektivität der Zinkfingerproteine beruht wahrscheinlich auf der Ausbildung von verzerrten tetraedrischen Koordinationen.

Zink ist Bestandteil von Schlangentoxinen (z. B. der Klapperschlange). Die Retina und Iris der Augen sowie männliche Reproduktionsorgane weisen hohe Zn^{2+}-Gehalte auf.

Bei Morbus Wilson (genetisch bedingte Kupferstoffwechselkrankheit mit übermäßiger Kupferanreicherung in der Leber) wird täglich 75 mg Zn^{2+} gegeben. Die Folge ist eine verminderte Kupferaufnahme. Auch bei der altersbedingten Makuladegeneration wird 80 mg ZnO gegeben. Diese Krankheit ist ansonsten nicht therapierbar. Die Toxizität des Zn^{2+} wird durch gleichzeitige Gabe von 2 mg Cu^{2+}/d kompensiert.

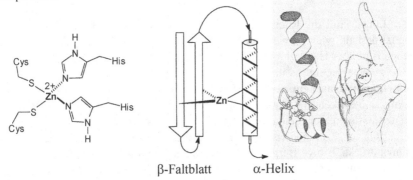

β-Faltblatt   α-Helix

Abb. 12.1.11 Domäne eines Zn^{2+}-Komplexes zwischen α-Helix und β-Faltblatt-Struktur (Zinkfinger) (Stryer *et al.*, 2011)

Im Insulin finden sich vier Zink-Ionen neben zwei Ca^{2+}-Ionen, wobei ein Zn^{2+} durch drei Histidinreste stabilisiert wird. In Abbildung 12.1.12 sind 3 Aqualiganden nicht eingezeichnet, der vollständige Komplex hat die Koordinationszahl 6. In den Langerhand'schen Inseln liegt Insulin als Hexamer vor und wird bei der hormonellen Regulation zu kleineren Einheiten abgebaut. In Abbildung 12.1.12 ist ein dimeres Insulin aus zwei identischen Polypeptidketten dargestellt. Jede Peptidkette ist durch zwei Disulfidgruppen stabilisiert (Brader, 1997).

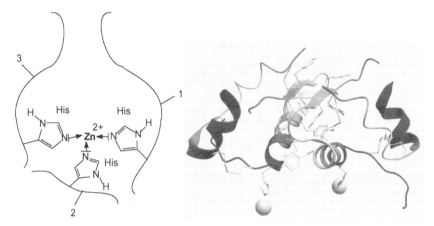

Abb. 12.1.12 Anordnung der Histidinliganden dreier Insulinpeptidketten (links), dimeres Insulin (rechts) (n. DAZ, Mai 2012)

Ein Ada-DNA-Repair-Protein mit vier Cysteinresten und einem Zn^{2+}-Zentral-Ion entmethyliert das Methylphosphat (Abb. 12.1.13).

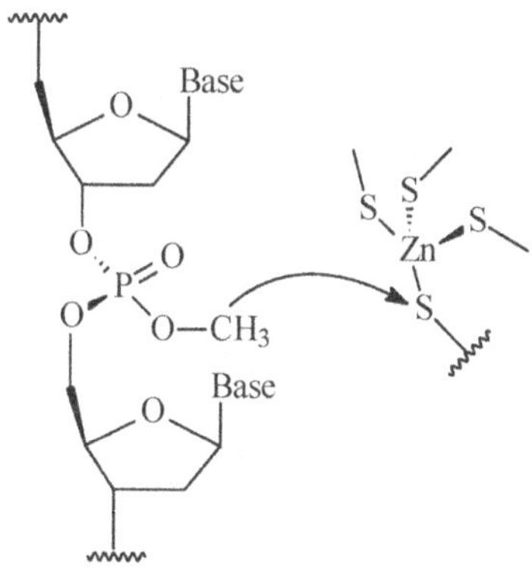

Abb. 12.1.13 DNA-Repair-Protein

Thioneine bestehen aus 61 bis 68 Aminosäureresten (6 kD) davon ⅓ Cystein und auch ein hoher Anteil an Serin. Aromatische Aminosäuren kommen nicht vor. Diese Speicherproteine können bis zu 7 Zn^{2+} aufnehmen, werden aber auch zur Zwischenlagerung von Cd^{2+}, Hg^{2+} und zur Detoxifikation verwendet. Die sieben Zn^{2+} sind in der Regel auf zwei Cluster verteilt (Abb. 12.2.2).

In der Muttermilch ist Zn^{2+} zu ca. 90 % an Citrat gebunden, die restlichen 10 % an Proteine.

Der CQ-Komplex von Zn^{2+} weist eine trigonale bipyramidale Struktur auf. Der entsprechende Cu^{2+}-Komplex ist planar-quadratisch koordiniert, ohne H_2O als Ligand. Der CQ-Ligand ist in der Lage als Ionophor Cu^{2+} wie auch Zn^{2+} gezielt zu transportieren (Abb. 12.1.14).

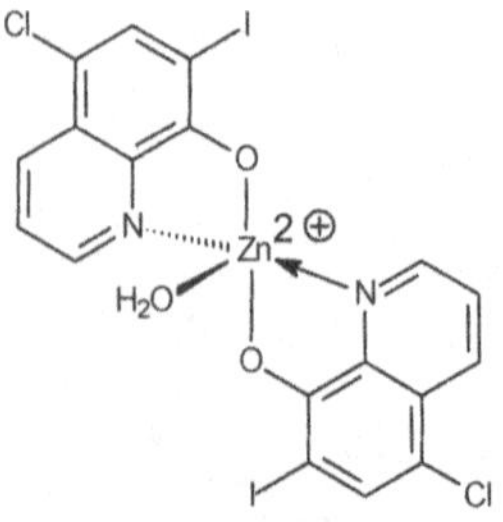

[Zn(CQ)₂(H₂O)]

Abb. 12.1.14 Zn^{2+}-Komplex von 5-Chlorid-7-iodid-8-hydroxychinolin (CQ)

12.1.5 Toxikologische Aspekte

1 bis 2 g Zinksalze führen beim Menschen zu Vergiftungserscheinungen wie Übelkeit, Schwindel, Erbrechen und Koliken. Wenn saure Lebensmittel lange in verzinkten Behältern aufbewahrt werden, kann es die beschriebenen Effekte geben. Das bekamen früher die Gäste von Festivitäten auf dem Lande zu spüren, wo große Mengen Kartoffelsalat vor dem Verzehr in verzinkten Wannen gelagert wurden. Durch gehäuft auftretenden Durchfall bei Hochzeitsgesellschaften war sogar der statistisch abgesicherte Nachweis der Wirkung von Zink-Ionen gegeben. Eine erhöhte Zinkaufnahme kann den Kupferhaushalt beeinflussen und Anämie verursachen. Verringerte Kupferkonzentrationen im Blut werden zuerst beobachtet und die Aktivität kupferhaltiger Enzyme sinkt.

Im Tierversuch verursacht Zinkmangel Haarausfall und verminderte Wuchsleistung. Besonders empfindlich schon gegen geringe Mengen Zink sind Papageien. Daher dürfen ihre Käfige kein Zink enthalten, da sie es sonst über den Kontakt aufnehmen könnten.

12.1.6 Aufnahme und Ausscheidung

Der tägliche Bedarf für Stillende beträgt max. 22 mg/d. Die DGE empfiehlt seit dem Jahr 2000 (Angaben von Zink in mg/d) 15 für Männer, 12 für Frauen, 10 für Kinder und 5 für Säuglinge. Die durchschnittliche Versorgung in Deutschland liegt bei Männern zwischen 10 und 34 mg/d.

Zink wird hauptsächlich im Duodenum und Jejunum absorbiert, im Mittel 20 bis 30 %, und unterliegt einem energieabhängigen Prozess. An der Resorption sind zinkselektive Transportproteine beteiligt. Auch ein Eisentransportprotein ist eingebunden. Bei erhöhten Konzentrationen bekommt die Diffusion von Zn^{2+}-Ionen eine größere Bedeutung. In den Epithelzellen wird Zn^{2+} erstmals an Metallothionin gebunden oder an ein cysteinreiches intestinales Protein, bei Bedarf wird

Zink an das Blut abgegeben und in unterschiedlichen Organen (Leber und Thymus) angereichert, aber nur verhältnismäßig wenig gespeichert. Die Absorptionsrate wird von Komplexbildnern (z. B. Phytinsäure) vermindert. Oxalat, Tannine, Ballaststoffe wie Cellulose, Hemicellulose und Lignin und phosphatreiche Lebensmittel (z. B. Cola) vermindern ebenfalls die Zinkaufnahme. Die Bioverfügbarkeit aus Pflanzen ist niedriger, sodass Vegetarier eine um 50 % höhere Zufuhr an Zink benötigen.

Ein fördernder Einfluss auf die Resorption von Zink wird durch die freien Aminosäuren Methionin, Cystein und besonders Histidin hervorgerufen. Histidin bildet mit Zn^{2+} Komplexe, die für die Resorption wichtig sind. Auch Miesmuscheln (*Mytilus edulis*) nehmen in Gegenwart von Histidin wesentlich mehr Zn^{2+} aus dem Wasser auf als wenn nur anorganisches Zn^{2+} vorliegt. Durch Histidin kann auch die Resorption von Zn^{2+} in Gegenwart von Phytaten verbessert werden. Aus Muttermilch ist Zink besser bioverfügbar (28 %) als aus Kuhmilch (15 %) oder aus Nahrung auf Sojabasis. Picolinsäure, die in der Muttermilch mit 308 µmol/L und in der Kuhmilch mit lediglich 20 µmol/L vorkommt, soll neben freiem Histidin verantwortlich für diese erhöhte Bioverfügbarkeit sein. Im Vergleich zu $ZnSO_4$ liegt die Resorption der Zink-Histidin-Komplexe mit 46 % höher. Der Zink-Histidin-Komplex weist auch eine verbesserte Magenverträglichkeit auf. Der positive Einfluss von Proteinen auf die Resorption soll ebenfalls durch die bei der Verdauung freigesetzten Aminosäuren bedingt sein. Inulin besitzt ebenfalls eine resorptionsfördernde Eigenschaft. Bei Zinkmangel wird die Bildung des Hormons Thymulin vermindert. Das Nonapeptid (pyroGlu-Ala-Lys-Ser-Glu-Gly-Ser-AsnOH) bildet mit einem Zn^{2+}-Atom einen Komplex, der die Differenzierung von T-Lymphocyten auslöst.

Zinkmangel und niedriges Körpergewicht bewirken eine Erhöhung der Resorptionsrate (10 bis 90 %). Hohe Zinkdosen vermindern die Resorption. Die Begleitsubstanzen beeinflussen die Resorption ebenfalls stark. Hemmend wirken auch Cu^{2+}, $Fe^{2+/3+}$ und Ca^{2+}, wahrscheinlich aufgrund gegenseitiger Verdrängung.

Im Urin wird Zn^{2+} fast ausschließlich als Chlorid oder Chlorido-Komplex ausgeschieden, jedoch erfolgt die Ausscheidung hauptsächlich fäkal. Im Schweiß befindet sich ebenfalls eine erhöhte Zn^{2+}-Konzentration mit etwa 0,5 bis 1 mg/L.

12.2 Cadmium (Cd)

12.2.1 Vorkommen und Gehalte

Erde: In der *Erdkruste* $2 \cdot 10^{-5}$ Gew.-%. Cadmium kommt natürlich als „besonderer" Begleiter von Zinkverbindungen vor. So sind in der Umgebung einer Zinkhütte (Shipham, Grafschaft Somerset) 500 ppm Cd in den Böden gefunden worden. In Phosphatgestein aus Marokko sind ca. 50 g Cd/t enthalten.

Mensch: Der menschliche Körper enthält ca. 30 mg Cadmium, ein Raucher etwa 60 mg.

Lebensmittel: Gehalte an Cadmium in mg/kg: Wurzelgemüse 0,5 mg; Austern 1 mg; Pilze und Kakaobohnen 0,2 mg; Fleisch von Tieren unter 10 µg; Crustaceen und Weichtiere 0,1 mg; Schweinenieren 300 µg. Angereichert wird Cadmium in Leber, Nieren, Schalentieren, Seetang, Leinsamen, aber auch in einigen Pilzarten. Die Gehalte sind in den letzten 20 Jahren deutlich gesunken. Im marinen Bereich sind teilweise etwas höhere Gehalte, außer bei Fischen, zu finden.

12.2.2 Eigenschaften und Verwendung

Elektronenkonfiguration: [Kr] (4 d^{10} 5 s^2); A_r = 112,41 u. Cadmium ist dem Zink sehr ähnlich. Es ist ein silberweißes, glänzendes, dehnbares Schwermetall, das beim Biegen knirscht. Metallisches Cadmium löst sich in HCl oder H_2SO_4 nur schwer, in HNO_3 dagegen gut, nahezu unlöslich ist es in Basen. Es ist beständig an der Luft und verbrennt mit rotgelber Flamme zu Cadmiumoxid-Rauch:

$$2\,Cd + O_2 \longrightarrow 2\,CdO \qquad (\Delta H^0 = -\,513\;kJ/mol)$$

Cadmium ist wichtig in der Metallurgie, weiterhin erhielten Metallgegenstände (z. B. Fotoapparate, Drähte, Schrauben, Präzisionsinstrumente) gelegentlich einen Schutzüberzug aus Cadmium. Die Verwendung ist stark zurückgegangen. Seit Dezember 2011 ist Cadmium in der EU für Schmuck und PVC verboten.

12.2.3 Verbindungen

Cadmiumoxid (CdO) kommt als amorphes, gelbrotes bis schwarzbraunes Pulver oder in tiefroten bis schwarzglänzenden Kristallen vor, als Rauch ist es stark giftig (wie Phosgen). Es dient als Katalysator, zur Herstellung von Emaille und zur Galvanisierung. Außerdem wird es durch Müllverbrennungsanlagen an die Atmosphäre abgegeben und ist in erheblichem Maße über die Wurzeln für die Pflanzen bioverfügbar.

Cadmiumhydroxid (Cd(OH)$_2$) bildet farblose, hexagonale Kristalle. Es ist in Säuren löslich, jedoch nicht in Laugen (Unterschied zu Zn(OH)$_2$). In Nickel-Cadmium-Akkumulatoren werden die negativen Elektroden aus Cd(OH)$_2$ hergestellt.

Cadmiumchlorid (CdCl$_2$) bildet farblose Kristalle. Es wird verwendet zur Galvanisierung, in der Färberei und Fotografie.

Cadmiumiodid (CdI$_2$) bildet ein typisches Schichtengitter.

Cadmiumsulfid (CdS) ist schwer löslich in Säuren und diente als gelbe Malerfarbe (cadmiumgelb = „Postgelb", weil früher die Farbpigmente der Postautos CdS enthielten). Cadmiumsulfid dient auch zum analytischen Nachweis von Cd^{2+}. Für Cadmium gelten in einigen Ländern Grenzwerte, so z. B. in Österreich für Cadmium 75 mg/kg Phosphatdünger.

Für Keramik wird z. T. das Cadmiumsulfid durch Selen ersetzt. In Kunststoffgeschirr wurde es ebenfalls eingesetzt. Es bereitete dann Probleme, wenn es über die Müllverbrennungsanlagen entsorgt und über die Luft als Cadmiumoxid auf die Äcker abregnete. Fast alle zehn Jahre verdoppelte sich der Cadmiumgehalt in den 60-er bis 90-er Jahren des letzten Jahrhunderts in der oberen Ackerkrume. Heute sind die Gehalte in der Leber von Rindern an Cadmium um mehr als 2/3 gesunken. Dies ist ein Beispiel dafür, wie Emissionen gesenkt werden können und zu einer Verminderung der Belastung in Tieren führen.

12.2.4 Biologische Aspekte und Bindungsformen

Cadmium (Ionenradius 95 pm) besitzt aufgrund seiner Verwandtschaft zu Zn^{2+} und Ca^{2+} eine hohe Affinität zu diesen Elementen. Es kann in Enzymen, in denen Zn^{2+} (Ionenradius 74 pm) oder auch Ca^{2+} (Ionenradius 100 pm) vorkommt, diese verdrängen. Das erste cadmiumhaltige Enzym (eine marine Kieselalge als Carboanhydratase (Hydratation des CO_2 zu HCO_3^-)) ist beschrieben (Abb. 12.2.3). Ersetzt Cd^{2+} z. B. Zn^{2+} in einem Enzym, sinkt die Aktivität deutlich.

Aufgrund der vergleichbaren Ionenradien und der zweifachen Wertigkeit ist Cadmium z. T. reaktionsähnlich wie Calcium. Cadmium-Ionen werden über das Wurzelsystem der Pflanzen aufgenommen, wobei besonders Sellerie und Spinat dieses Element anreichern. Der Cadmium-Gehalt nimmt allgemein von der Wurzel zum Spross hin ab, sodass z. B. in der Wurzel 10-fach höhere Konzentrationen vorliegen können. Bei manchen Pflanzenarten sind die Gehalte in den Früchten jedoch niedriger als im Spross. Bei Reiskörnern sind die Gehalte im Korn höher als im Blatt. Im Weizen wird mehr Cadmium angereichert als im Roggen. Pilze reichern Cadmium besonders bei humusreichem Boden im Hut an, die Resorption des Cadmiums aus dem Pilzgewebe beim Verzehr ist jedoch äußerst gering. In Kulturchampignons ist der Gehalt ausgesprochen gering. Zur Detoxifikation bilden Pflanzen Phytochelatine und Homophytochelatine (Abb. 12.2.1), die Sulfhydrylgruppen enthalten und bei denen Glutaminsäure und Cysteineinheiten angeordnet sind.

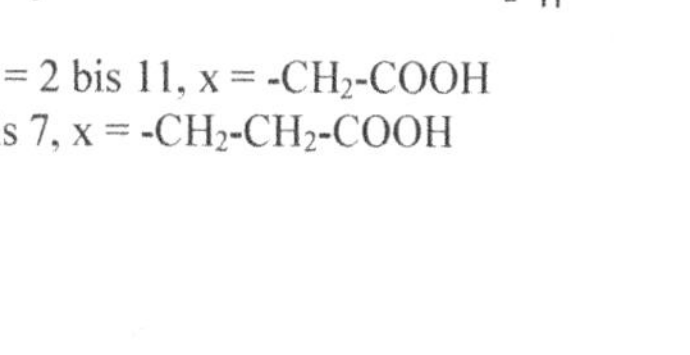

Abb. 12.2.1 Phytochelatine: n = 2 bis 11, x = -CH$_2$-COOH
Homophytochelatine: n = 2 bis 7, x = -CH$_2$-CH$_2$-COOH

Bei tierischen Lebensmitteln wird Cadmium vorwiegend in der Leber und der Niere akkumuliert. Es wird dort an Metallothioneine (cysteinreiche Proteine, M_R 6.000) gebunden. In Muscheln sowie in Austern und Krustentieren sind ebenfalls erhöhte Gehalte nachweisbar. Bei Muscheln und Austern ist dieses auf die Filterwirkung sowie auf die Sesshaftigkeit der Meeresfrüchte zurückzuführen. Hefezellen scheiden CdS-Teilchen, die peptidstabilisiert sind, aus. Der Durchmesser der Teilchen liegt bei 200 nm.

Im Blut liegt Cadmium vorwiegend an Blutzellen und Plasmaproteine gebunden vor. Es wird dann in die Leber und Niere transportiert. Es stimuliert dort die Bildung von Metallothionein. Metallothionein (Abb. 12.2.2), ein Transportprotein der lebenswichtigen Spurenelemente Zink und Kupfer, bindet Cadmium sehr stark. Nach Aufnahme in die Tubuluszellen wird Cadmium von dem Metallothionein abgespalten. Diese freie Form soll das toxische Prinzip in den Nieren darstellen und zu Nierenschäden führen. Die Freisetzung von Cd^{2+} aus den Metallothionein führt zur Aktivierung der Metallothioneinsynthese. In der Muttermilch wurden Cadmium-Werte von 1 µg/L gefunden, wobei das gesamte Cadmium an Metallothionein gebunden war.

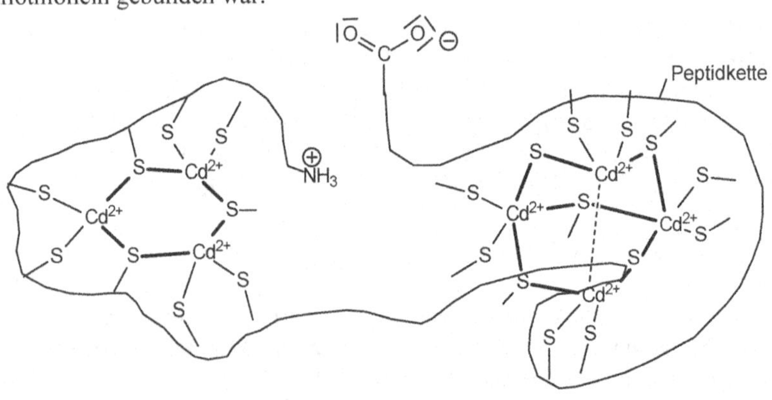

Abb. 12.2.2 Cadmium in Metallothionein: Cysteinreiches Protein, Molekulargewicht 6 bis 7 kD; wird in Pflanzen und Tieren gefunden

Carboanhydrase, eigentlich ein zinkhaltiges Enzym, kommt in marinen Enzymen auch mit Cadmium im aktiven Zentrum vor (Amata *et al.* 2011). In der Umgebung der Enzyme ist Zink nahezu erschöpft, sodass auf Cadmium ausgewichen wird. Cadmium dient sogar für Algen als Spurenkomponente. Es kommt an der Oberfläche des Phytoplanktons abgereichert vor und sinkt in tiefere Schichten des Ozeans ab. Dabei erfolgt eine Remineralisierung. Das Cadmium ist koordiniert von 2 Cys- und einer His-Aminosäure. Zwei Wassermoleküle werden an das Zentral-Ion gebunden und ein weiteres Wassermolekül wird über H-Brücken an die 2 gebundenen Wassermoleküle fixiert.

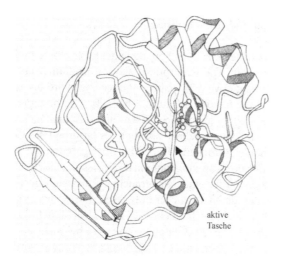

Abb. 12.2.3 Raumstruktur der cadmiumhaltigen Carboanhydrase aus Phytoplankton mit Cadmium in der aktiven Tasche (nach Xu *et al.*, 2008)

12.2.5 Toxikologische Aspekte

Da Cadmium ein gentoxisches Humancarcinogen ist, kann kein Schwellenwert angegeben werden. Der Zielwert für Cadmium beträgt 5 μg/m^3 (Gesamtgehalt in der PM$_{10}$-Fraktion als Durchschnitt eines Kalenderjahres, PM$_{10}$ = 10 μm). Atembare Stäube von Cadmium haben sich als cancerogen erwiesen und führen zu Schäden an Lunge, Leber und Nieren. Mit dem Alter kommt es zur Akkumulation besonders in Leber und Niere, und Nierenfunktionsstörungen sind teilweise die Folge. Vergiftungen mit Cadmium traten nach chronischer Aufnahme von kontaminierten Nahrungsmitteln beispielsweise in Japan auf (Itai-Itai-Krankheit bzw. Gressenichter Krankheit beim Weidevieh). Toxische Wirkungen in den Knochen führen zu verminderter Mineralisation und Abnahme der Dichte des Apatitgerüstes der Knochen. Cadmiumsulfat gelangte durch Auswaschung aus den Abraumhalden eines Zinkbergwerkes in den Fluss Jintzu, dessen Wasser zur Bewässerung von Reis- und Gemüsefeldern verwendet bzw. als Trinkwasser genutzt wurde. Dies führte bei 350 Menschen zu akuten Cadmiumvergiftungen, es gab rund 100 Todesfälle. Krankheitssymptome waren Erbrechen, Diarrhoe, Lungenödem, Nierenversagen (Schädigung der Nierentubuli) und Herzgefäßverengung. Chronische Vergiftungssymptome waren Skelettdeformationen (Längsspaltung der Knochen) und Schrumpfung der Körpergröße (bis zu 30 cm). Die Symptome zeigten sich etwa 5 bis 10 Jahre danach, die Calcium-Ionen wurden aus dem Skelett ausgeschwemmt. Der Calciumphosphat- und Vitamin D$_3$-Stoffwechsel wird durch Cadmium gestört. Bei einer oralen Aufnahme von löslichen Cadmiumsalzen kommt es zu Erbrechen, Leberschädigungen und Krämpfe.

12.2.6 Absorption und Ausscheidung

Cadmium ist ein nichtessenzielles Spurenelement, für einige Individuen scheint es aber essenziell zu sein. Die Resorptionsrate von Cadmium aus der Nahrung für den Menschen beträgt etwa 6 %, pulmonal allerdings wird bis zu 50 % resorbiert, bei Tieren beträgt die Resorption nur 0,3 bis 3 %. Die biologische Halbwertszeit wird mit 10 bis 30 Jahren angegeben. Eisen- und Calciummangel steigern die Resorptionsrate. Die Inhalation führt beim Raucher aufgrund des Cadmium-Gehaltes von Tabak zu erhöhter Aufnahme. Bei 20 bis 40 Zigaretten pro Tag werden etwa 1 bis 2 µg Cadmium pro Tag aufgenommen. Dieses entspricht der Aufnahme aus anderen Umweltquellen für einen Nichtraucher. Belastete Raucher sollen 3- bis 4-fach höhere Gehalte als Nichtraucher aufweisen. Die Konzentration an Cadmium im Blut beträgt bei einem Nichtraucher 0,3 µg/L. Bei täglich weniger als 15 Zigaretten 0,9 µg/L, bei 15 bis 20 Zigaretten 1,6 µg/L, bei mehr als 20 Zigaretten 2,4 µg/L. Das aus dem Zigarettenrauch freigesetzte Cadmium wird zu 95 % aufgenommen. Der Hauptstromrauch enthält 1 µg Cd, der vom Passivraucher aufgenommene Nebenstromrauch das 7-fache dieser Menge. Auch Nichtraucher können dadurch erhebliche Mengen über den Nebenstromrauch aufnehmen. An Metallothionein gebundenes Cadmium soll besser resorbiert werden als anorganisches Cadmium, weil beim *p*H von 2 im Magen das Metallothionein gut löslich ist.

Die Ausscheidung erfolgt sehr langsam über Urin (50 %) und Faeces.

12.3 Quecksilber (Hg)

12.3.1 Vorkommen und Gehalte

Erde: Der Anteil an der *Erdrinde* beträgt $8 \cdot 10^{-6}$ Gew.-%. Quecksilber kommt natürlich hauptsächlich als **Quecksilbersulfid (Zinnober) (HgS)** vor, seltener in gediegener Form. Sediment Elbe: 0,05 bis 1,5 mg/kg. Oberflächenwasser 0,5 µg/L.

Mensch: Leber: 0,012 mg/kg.

Lebensmittel: (Angaben von Quecksilber in mg/kg) Seefisch 0,13; Süßwasserfisch 0,27; Innereien von Schlachttieren 0,02; Delphinleber 4 bis 8; Haifisch 0,8; Thunfisch (alte Tiere) über 1 mg Hg/kg, in Konserven 0,1 mg Hg/kg.

12.3.2 Eigenschaften und Verwendung

Elektronenkonfiguration: [Xe] (4 f^{14} 5 d^{10} 6 s^2); A_r = 200,59 u. Das chemische Symbol Hg leitet sich ab vom lat. *hydrargyrum* und bedeutet „Wassersilber", also flüssiges Silber. Der lat. Name *mercurium* geht auf die Anfänge der chemischen

Nomenklatur zurück. Im Mittelalter bezog man die sieben Metalle auf die Himmelskörper unseres Sonnensystems.

Quecksilber ist das einzige bei Raumtemperatur flüssige Metall (silbrig glänzend und leicht beweglich) (Schmelzpkt. $-38,84$ °C; Siedepkt. 356,95 °C). Fein verteilt ist Quecksilber ein graues oder schwarzes Pulver (früher Bestandteil der „grauen Salbe" gegen Hauterkrankungen und zur äußeren Anwendung bei Syphilis). Oberhalb von 300 °C verbindet sich Quecksilber mit Sauerstoff zum Oxid, das bei stärkerem Erhitzen (> 400 °C) wieder zerfällt.

$$2\,Hg + O_2 \quad \underset{400\,°C}{\overset{300\,°C}{\longleftarrow}} \quad 2\,HgO$$

Von verdünnter HCl und H_2SO_4 wird es nicht angegriffen, von HNO_3 langsam. Elektrische Entladungen regen Quecksilberdampf zu intensivem Leuchten an. Dieses Licht ist reich an UV-Strahlen, die bei Benutzung von Lampen aus Quarz oder Uviol-Glas ausgestrahlt werden. Quecksilberlampen dienen als Lichtquelle zur Auslösung photochemischer Reaktionen und zu Heilzwecken („künstliche Höhensonne"). Leuchtstoffröhren enthalten 10 bis 25 mg Quecksilber. Die Lebensdauer der Röhren beträgt 8.000 bis 12.000 Stunden. Wegen seiner hohen Dichte (13,595 g/cm^3 bei 0 °C) wird es zum Füllen von Barometern und Manometern benutzt und dient als Sperrflüssigkeit bei Gasen und Pumpen. Aufgrund der linearen Wärmeausdehnung wird es auch in Thermometern verwendet. Wegen seiner hohen Toxizität wurde es zur Bekämpfung von Ungeziefer und als Saatbeizmittel eingesetzt.

12.3.3 Verbindungen

Die Chemie des Quecksilbers unterscheidet sich von der des Zinks und Cadmiums nicht nur durch Besonderheiten des Metalles und der Quecksilber(II)-Verbindungen, sondern auch durch die Existenz des einzigartigen Quecksilber(I)-Ions ^+Hg - Hg^+. Hg(I) ist durch Reduktion von Hg(II) leicht zugänglich. Die zweikernige Natur von Hg_2^{2+} ist durch moderne Methoden bewiesen, z. B.:
-   Hg(I)-Verbindungen sind diamagnetisch, während Hg^+ ein ungepaartes Elektron hätte.
-   Röntgenstrukturuntersuchungen von Hg(I)-Salzen zeigen deutlich das Vorliegen diskreter Hg_2^{2+}-Ionen.

Quecksilber kommt einwertig oder zweiwertig vor. Zwischen beiden Oxidationsstufen stellt sich ein Gleichgewicht ein:

$$Hg^{2+} + Hg \quad \rightleftharpoons \quad Hg_2^{2+}$$

12.3.3.1 Amalgame

Amalgame sind Legierungen aus Quecksilber und anderen Metallen. Je nach Metallgehalt sind sie flüssig (geringer Metallgehalt) oder fest. Silberamalgam ist in frischem Zustand plastisch, es dient als Zahnfüllmasse. Kupferamalgame werden heute in der Zahntechnik nicht mehr benutzt. Technisch von Bedeutung ist Goldamalgam, das zur Gewinnung von Gold aus Erzen dient und zu Kontaminationen der Umwelt bei der Goldgewinnung geführt hat. Zum Feuervergolden von Bronzeobjekten wurde ebenfalls Goldamalgam verwendet (z. B. Pferdequadriga auf dem Markusplatz in Venedig).

Da metallisches Quecksilber die schützende Oxidschicht von Aluminium zerstört, ist das Mitführen quecksilberhaltiger Geräte (z. B. ältere Fieberthermometer) in Flugzeugen verboten.

12.3.3.2 Quecksilber(I)-Verbindungen

Bevor die Toxizität der Quecksilberverbindungen erkannt wurde, waren viele dieser Verbindungen wichtige Bestandteile von Arzneimitteln. Das Quecksilberamidochlorid wurde z. B. als „Quecksilberpräzipitatsalbe" bei Erkrankungen der Haut und Augen eingesetzt. Heute spielen die klassischen „Quecksilbermedikamente" kaum noch eine Rolle.

Quecksilber(I)chlorid (Kalomel) (Hg_2Cl_2) ist eine weiße Substanz, die sich an Licht durch Abscheidung von metallischem Quecksilber dunkel färbt. Kalomel (= schön schwarz) diente in der Medizin als Abführmittel (z. B. gegen Sommerdurchfall bei Kleinkindern). Obwohl Hg_2Cl_2 unlöslich ist, bestehen im Darm und Magen gewisse Lösungsmöglichkeiten (Bildung löslicher Quecksilber-Komplexe). Kalomel ist deshalb nur unschädlich, wenn es den Darm bald wieder verlässt. Bei Dauergebrauch kommt es zu Nierenschädigung. Es wird verwendet als Katalysator, zur Schädlingsbekämpfung und in der Pyrotechnik. Heute ist Kalomel höchstens nur äußerlich als Antiseptikum zu verwenden. Die Darstellung erfolgt durch Sublimation von $HgCl_2$ mit Hg oder aus einer Hg(I)-Salzlösung mit Chlorid:

$$HgCl_2 + Hg \longrightarrow Hg_2Cl_2 \qquad \text{bzw.} \qquad Hg_2^{2+} + 2\,Cl^- \longrightarrow Hg_2Cl_2$$

Beim Übergießen von Hg_2Cl_2 mit NH_3 bildet sich fein verteiltes, schwarzes, metallisches Quecksilber und weißes **Quecksilberamidochlorid (Hg(NH₂)Cl)**:

$$Hg_2Cl_2 + NH_3 \longrightarrow Hg + Hg(NH_2)Cl + HCl \,(\xrightarrow{\;+\,NH_3\;} NH_4Cl)$$

Quecksilber(I)-nitrat ($Hg_2(NO_3)_2$) bildet sich aus Quecksilber und kalter HNO_3 oder bei Einwirkung von Quecksilber auf Quecksilber(II)-nitratlösung:

$$3\ Hg + 2\ HNO_3 \longrightarrow H_2O + 2\ NO + 3\ HgO$$
$$HgO + 2\ HNO_3 \longrightarrow Hg(NO_3)_2 + H_2O$$
$$Hg + Hg(NO_3)_2 \rightleftharpoons Hg_2(NO_3)_2$$

Beim Lösen in H_2O bildet sich ein gelbes, basisches Salz, $Hg_2(OH)NO_3$, nur in verd. HNO_3 ist Quecksilber(I)-nitrat ohne Zersetzung löslich. Versetzt man Hg(I)-nitratlösung mit Alkalilauge, so bildet sich zunächst das bei 0 °C einigermaßen stabile Hydroxid $Hg_2(OH)_2$, das aber leicht in das schwarze Hg_2O unter Wasserabspaltung übergeht:

$$Hg_2(NO_3)_2 + 2\ NaOH \longrightarrow Hg_2(OH)_2 + 2\ NaNO_3$$
$$Hg_2(OH)_2 \longrightarrow Hg_2O \downarrow + H_2O$$

Hg_2O seinerseits zerfällt, vor allem bei Belichtung, dann weiter in metallisches Quecksilber und rotes HgO:

$$Hg_2O \longrightarrow Hg\downarrow + HgO$$

$Hg_2(NO_3)_2$ erlangte in der Medizin als Medikament gegen Syphilis, bösartige Geschwülste und Hautkrankheiten historische Bedeutung.

12.3.3.3 Quecksilber(II)-Verbindungen

Quecksilbersulfid (HgS) kommt in zwei Modifikationen vor: als **Zinnober** kristallisiert es hexagonal und ist rot gefärbt, als **Metacinnabarit** hat es eine kubische Raumstruktur und ist schwarz. Es ist unlöslich in H_2O und verdünnten Säuren. Das natürlich vorkommende Erz dient zur Quecksilberherstellung und wurde als rotes Farbpigment (Malfarbe, Kosmetik-Rouge) eingesetzt.
   Quecksilber(II)-oxid (HgO) ist ein rotes kristallines Pulver. Es entsteht durch Erhitzen von Quecksilber an der Luft. Aus Hg(II)-Salzlösungen wird es durch Zusatz von Alkalien als gelber, amorpher Niederschlag gewonnen:

$$Hg^{2+} + 2\ OH^- \longrightarrow Hg(OH)_2 \longrightarrow HgO + H_2O$$

Das gelbe HgO war früher Bestandteil der „Gelben Salbe", die zur Linderung von Entzündungen der Augenlider verwendet wurde.
   Der Farbunterschied beruht auf unterschiedlichen Korngrößen. Das gelbe Oxid ist feiner verteilt als das rote Oxid. Beim Erhitzen färbt sich das gelbe Oxid durch Kornvergrößerung ebenfalls rot. Verwendung findet es in Antibewuchsmitteln und als Katalysator.
   Quecksilber(II)-chlorid (HgCl$_2$) ist eine weiße Substanz (Schmelzpkt. 280 °C; Siedepkt. 303 °C). Es neigt zur Hydrolyse und wirkt dadurch stark ätzend.

Es wird als Sublimat bezeichnet und auch als Sublimat gewonnen, z. B. durch Erhitzen von $HgSO_4$ und NaCl:

$$HgSO_4 + 2\,NaCl \longrightarrow HgCl_2 + Na_2SO_4$$

Die Alchimisten stellten $HgCl_2$ so her: Sie vermischten rotes HgO (= roter Leu) mit NaCl (= weiße Lilie) und erhitzten die Mischung so stark, dass $HgCl_2$ (= die junge Königin) in irisierenden Kristallflittern (= bunten Farben) in die gläsernen Vorlagen übersublimierte (aus einem Brautgemach ins andere gequält).

$$HgO + 2\,NaCl \longrightarrow HgCl_2 + Na_2O$$

Bevor man die Giftigkeit von $HgCl_2$ erkannte, diente es als Arznei. Die Reaktion ist in Goethes Faust (I) beschrieben:

> „Da wird ein roter Leu, ein kühner Freier,
> Im lauen Bad der Lilie vermählt,
> Und beide dann im offenen Flammenfeuer
> Aus einem Brautgemach ins andere gequält.
> Erschien darauf mit bunten Farben
> Die junge Königin im Glas,
> Hier war die Arznei. Die Patienten starben,
> Und niemand fragte: Wer genas?"

Mit NH_3 bildet $HgCl_2$ ein weißes, in H_2O schwer lösliches „unschmelzbares Präzipitat", das **Quecksilberamidochlorid ($Hg(NH_2)Cl$)**

$$HgCl_2 + NH_3 \longrightarrow Hg(NH_2)Cl + HCl$$

Bei gleichzeitiger Gegenwart von viel NH_4Cl entsteht das „schmelzbare Präzipitat" $Hg(NH_2)_2 \cdot 2\,HCl$. **Präzipitate** sind Derivate von Ammoniumhalogeniden, bei denen Wasserstoffatome am Stickstoffatom durch Quecksilber-Atome ersetzt sind. $Hg(NH_2)Cl$ zerfällt beim Erhitzen ohne zu schmelzen in Quecksilber(I)-chlorid, Ammoniak und Stickstoff.

Die wässrige Lösung von $HgCl_2$ ist wenig ionisiert und leitet deshalb den elektrischen Strom nur wenig. Die Lösung bildet eine Wärmetönung beim Vermischen von Hg(II)-nitratlösung mit Alkalichloridlösung (Bildung des undissoziierten $HgCl_2$, exotherme Reaktion). $HgCl_2$ ist ein starkes Gift, 0,2 bis 0,4 g sind für den Menschen tödlich. Auch für Bakterien und andere niedere Lebewesen wirkt es tödlich giftig (Einsatz gegen Insekten und Milben bei ausgestopften Tieren). Es besitzt hervorragende antiseptische Wirkung, wurde daher als Desinfektionsmittel bei der Wundbehandlung eingesetzt. „Sublimatpastillen" enthalten ein Gemisch aus $HgCl_2$ und NaCl, sie verhindern die Hydrolyse zu $Hg(OH)Cl$ und sind leichter löslich unter Bildung eines Natriumsalz-Komplexes $Na_2[HgCl_4]$ (Anion: Tetrachloridomercurat). Die Pastillen sind durch Eosin rot gefärbt. 0,1 %ige Sublimatlösung ist ein schnell wirkendes Antiseptikum, das trotz seiner Giftigkeit besonders in der Chirurgie Anwendung fand. Schon früher wurde Quecksilber als Heilmittel eingesetzt, so wurden Quecksilber-Verbindungen um 3.000 v. Chr. in China gegen Lepra angewandt. Paracelsus empfahl 1529 Quecksilber in Salbenform gegen Syphilis einzusetzen (33 % feinverteiltes Quecksilber in Schweinefett).

Quecksilberiodid (HgI$_2$) kommt in zwei enantiotropen Modifikationen vor (enantiotrope Formen bezeichnet man als ineinander wechselseitig umwandelbare Zustandsformen der Elemente oder Verbindungen)

$$HgI_{2\,(rot)} \xrightarrow{\quad 127\,°C \quad} HgI_{2\,(gelb)}$$

Die rote Form bildet sich beim Verreiben der Elemente, die gelbe Form aus Dämpfen. Aus einer Hg(II)-Salzlösung mit Kaliumiodid bildet sich zunächst gelbes HgI$_2$, das aber bald rot wird. HgI$_2$ löst sich in einem Überschuss von KI unter Bildung einer farblosen Lösung von komplexem K-Hg-Iodid (Kaliumsalz des Tetraiodidomercurat-Komplexes):

$$HgI_2 + 2\,KI \longrightarrow K_2[HgI_4]$$

Die mit Lauge alkalisch gemachte Lösung wird als „Nesslers Reagens" bezeichnet, das zur qualitativen und quantitativen Bestimmung von NH$_3$ dient. Mit NH$_3$ bilden sich orangerote Verbindungen der Zusammensetzung: [Hg$_2$N$^-$]I. HgI$_2$ zeigt keine Eigenschaften von Salzen mehr; es erfolgt keine Fällung mit verd. Alkalilaugen (von Hg^{2+}) oder durch Fällung mit verd. AgNO$_3$ (Fällung von AgI).

Quecksilbersulfat (HgSO$_4$) entsteht durch Erhitzen von Quecksilber mit konz. H$_2$SO$_4$.

Quecksilbernitrat (Hg(NO$_3$)$_2$) bildet sich beim Lösen von Quecksilber in überschüssiger, heißer HNO$_3$. HgSO$_4$ und Hg(NO$_3$)$_2$ hydrolysieren in wässriger Lösung zu basischen Salzen.

12.3.4 Biologische Aspekte und Bindungsformen

Es gibt einen biogeochemischen Kreislauf von Quecksilber, wobei die Hälfte natürlichen Ursprungs (Vulkanismus und Gesteinsverwitterung) und die andere Hälfte anthropogenen Ursprungs (Verbrennung von fossilen Brennstoffen, Verwendung von Quecksilber in Fungiziden, z. T. Gebrauchsartikel (Batterien)) ist. In den Ozeanen sind mehrere Mio. t Quecksilber enthalten, Vulkane verfrachten etwa 150.000 t jährlich. Die anthropogenen Emissionen betragen 20.000 t pro Jahr.

In pflanzlichen Lebensmitteln ist die Quecksilberkonzentration gering. In Gewässer eingeleitetes Quecksilber wird von Mikroorganismen methyliert, die Folge ist eine Steigerung der Humantoxizität. Biochemisch und toxikologisch wichtig ist auch die Reaktion der Abspaltung einer anorganischen Komponente durch Methylcobalamin in das wasserlösliche organische Kation, das deutlich besser bioverfügbar ist, wie z. B.

$$Hg\,X_2 + CH_3[Cob] \longrightarrow CH_3Hg^+X^- + [Cob]X^-$$

anorganisches Hg^{2+} mit geringer Bioverfügbarkeit	Methyl-cobalamin	Methylqueck-silberkation	Salz des Cobalamins

Der biogene Weg der Akkumulation im marinen Bereich stellt, neben der Freisetzung aus Amalgamfüllungen (Zähne), die wichtigste Quelle für den Menschen dar. Dieses zeigt das Vorkommen der Spezies im Blut. 67 bis 88 % des Quecksilbers liegen im Blut als Methylquecksilber vor. Monomethylquecksilber liegt als CH_3Hg^+ vor. Es besteht eine hohe Affinität zu Sulfhydrylgruppen (cysteinreiche Proteine und Enzyme), sodass Enzyme gehemmt oder Quecksilber in Metallothionein gebunden wird. CH_3Hg^+ reagiert mit Nucleobasen, was evtl. die mutagene Wirkung erklärt (Abb. 12.3.1).

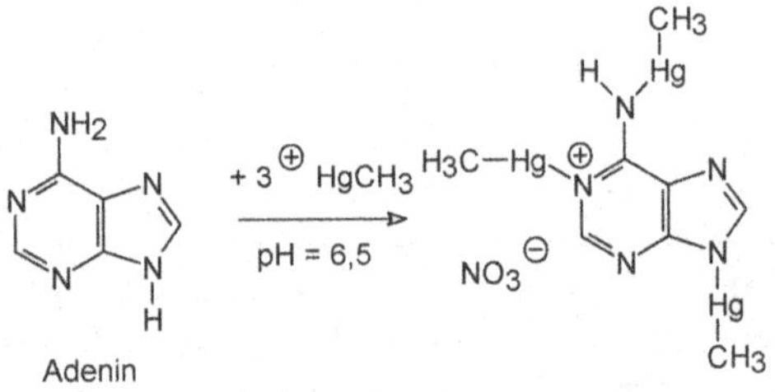

Abb. 12.3.1 Reaktion von $^+HgCH_3$ mit Nucleobasen

Das Monomethylquecksilber (CH_3Hg^+) reagiert mit Chlorid (z. B. im Magen) unter Ausbildung einer Bindung mit hohem kovalenten Bindungsanteil in ein wenig dissoziiertes Methylquecksilberchlorid. Durch die gute Lipidlöslichkeit wird es zu hohem Anteil resorbiert. Das Monomethylquecksilber hemmt in geringer Konzentration die Photosynthese des Phytoplanktons.

Die Methylierung des anorganischen Quecksilbers erfolgt unter Beteiligung des Methylcobalamins. Die Abbildung 12.3.2 gibt eine Übersicht der biogenen Reaktionen mit Quecksilber.

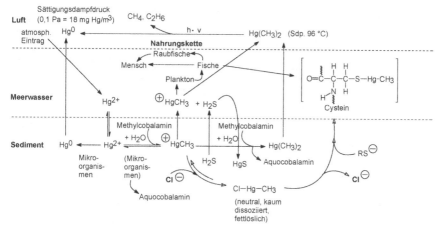

Abb. 12.3.2 Biogene Reaktionen von Quecksilber und Hg-Kreislauf in der Ökosphäre

Das Methylquecksilberkation CH_3Hg^+ ist die biogenetische Rezyklisierungsform des Quecksilbers. Es wird mikrobiologisch, aber vor allem abiotisch durch Licht abgebaut. Der mikrobiologische und abiotische Abbau ist etwa doppelt so groß wie die bekannte Zufracht über Niederschläge und Einschlämmung. Der Nachschub, ein nicht unerheblicher Anteil, muss aus dem Seeboden kommen. Metallorganische Quecksilber-Verbindungen wie Thiomersal (zur Konservierung von Augentropfen, Impfstoffen und biologischen Produkten) und Merbromin (Antiseptikum) werden verwendet. Während das Merbromin durch andere Arzneimittel leicht ersetzt werden kann, besitzt das Thiomersal noch aktuelle Bedeutung als Bakterizid zur Konservierung von Impfstoffen (Abb. 12.3.3).

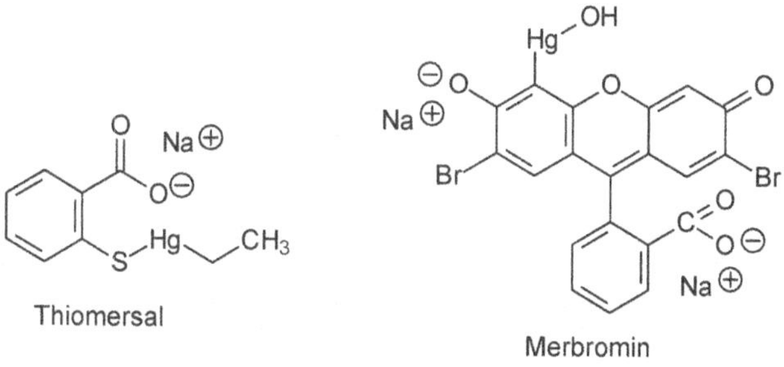

Thiomersal

Merbromin

Abb. 12.3.3 Strukturformeln von Thiomersal und Merbromin

Eine Anreicherung vieler organischer Quecksilber-Verbindungen erfolgt im Gehirn und Rückenmark.

Die organischen Quecksilber-Verbindungen sind schon seit langer Zeit als Bakterizide, Antiseptika und Fungizide verwendet worden. Die Gefährlichkeit, trotz Schutz durch Handschuhe, zeigt die Diffusion durch Gummi über die Haut in den Körper. Quecksilber ist nicht essenziell für den Menschen.

13.3.5 Toxikologische Aspekte

Der MAK-Wert für Quecksilberdämpfe: 0,1 mg/m^3; MAK-Wert für organische Quecksilber-Verbindungen 0,01 mg/m^3. Der Biologische Grenzwert (BGW) beträgt im Blut für anorganische Quecksilber-Verbindungen 25 µg/L, im Urin 100 µg/L, organische Quecksilber-Verbindungen im Blut 100 µg/L.

Die Toxizität von Quecksilber ist seit langem bekannt. Die Römer setzten beispielsweise im Zinnober-(Quecksilbersulfid)-Bergwerk in Almadén (Spanien) hauptsächlich Sklaven ein. Die Vergiftungserscheinungen wurden als „Sklavenkrankheit" bezeichnet.

Mit dem spanischen Quecksilber wurde vom 16. Jh. an das Gold von Mexiko und Peru erschlossen (Goldgewinnung nach dem Amalgamverfahren durch flüssiges Quecksilber).

Der Römer Ausonius beschrieb im 4. Jh. seinen Verdacht, dass Quecksilber von einigen Frauen zur Beseitigung eifersüchtiger Ehegatten verwendet wird.

Vom 15. Jh. bis zur Mitte des 18. Jh. wurden Spiegel ausschließlich mit Quecksilberbelag hergestellt. Ramazzini berichtete folgendes über die Spiegelhersteller: „Die Arbeiter blicken wider Willen in die von ihnen hergestellten Spiegel, sehen dort ihr eigenes Elend und verwünschen ihr Gewerbe."

Quecksilber ist für Lebewesen stark toxisch, lösliche Quecksilber-Verbindungen sind toxischer als unlösliche. Organische Hg(II)-Verbindungen sind allgemein giftiger als anorganische Hg(II)-Verbindungen, dann folgen anorganische Hg(I)-Verbindungen. Dämpfe von Quecksilber sind viel giftiger als flüssiges Quecksilber, das verhältnismäßig ungiftig ist. Hg^0 durchdringt Membranen schneller als Hg^{2+}, damit erklärt sich die hohe ZNS-Toxizität von Hg^0-Dämpfen. Hg^{2+}/Hg$^+$-Verbindungen durchdringen nur bedingt Plazenta- und Blut-Liquor-Schranke. Chronische Quecksilbervergiftungen führen zu einem feinen Zittern der Hände (Quecksilber-Zittern), die bei lang anhaltender und bei hohen Konzentrationen zu Verkrampfungen der Finger führen können, Magen- und Darmkoliken; Gedächtnisschwächen mit späterer Demenz treten ebenfalls auf. Eine cancerogene Wirkung kann nicht ausgeschlossen werden, denn im Tierversuch konnte diese induziert werden, allerdings bei Applikationen in sehr hohen Dosen. Besonders empfindlich sind Föten und Neugeborene, da die neuronale Entwicklung schon bei geringer Exposition beeinträchtigt wird. Die neurotoxischen Wirkungen gehen von metallischem (inhalierte Quecksilberdämpfe) und organischem Quecksilber aus. Der Grund liegt in der hohen Lipophilie. Die Reaktion mit Thiolgruppen ist ein weiterer schwerwiegender Eingriff in biosynthetische Prozesse, weil dadurch die Mikrotubuli der neuronalen Zellen geschädigt werden können.

Methylquecksilber (CH$_3$Hg$^+$) stellt die gefährlichste Quecksilber-Verbindung dar. 1 % der Emissionen wird in diese Form umgewandelt. Methylquecksilber soll mit L-Cystein einen Komplex bilden und den gleichen Transportweg nutzen wie L-Methionin, um die Blut-Hirn-Schranke zu passieren. Die Seitenketten der Verbindungen $-CH_2-S-Hg-CH_3$ bzw. $-CH_2-CH_2-S-CH_3$ besitzen eine strukturelle Ähnlichkeit. Bei Methylquecksilbervergiftungen werden Dithiole zur Entgiftung eingesetzt, die die Thiophilie des CH_3Hg^+-Kations ausnutzen (Abb. 12.3.4).

2,3-Dimercapto-1-propansulfonat   *meso*-2,3-Dimercaptobernsteinsäure

Abb. 12.3.4 Chelate für eine Therapie bei Methylquecksilbervergiftungen

Beispielsweise diffundierten etwa 0,3 bis 1,6 g Dimethylquecksilber durch einen Gummihandschuh (Latex) und durch die Haut, und dies führte zu Quecksilberkonzentrationen von 4 mg Quecksilber/L im Vollblut (Fall von Prof. Dr. Karen E. Wetterhahn 1996 in Hanover, New Hampshire). Erst fünf Monate nach dem Unfall machten sich Sprach- und Bewegungsstörungen bemerkbar (Schädigung des ZNS). Die eingeleitete Chelattherapie kam zu spät, die Chemikerin verstarb nach weiteren 5 Monaten.

Die Niere ist das Zielorgan nach einer Hg^{2+}-Vergiftung. Durch die Biomethylierung im marinen System und die Bioakkumulation kommt es zur Anreicherung in Nahrungsketten. Besonders bei hohem Fischverzehr kann es zu größerer Quecksilberaufnahme kommen (z. B. in Japan). Methyl-Hg^+ durchquert die Plazenta- und Blut-Liquor-Schranke. Beim Menschen ist eine Methylierung bisher nicht beobachtet worden, sodass die Quecksilberspezies bei der Nahrungsaufnahme entscheidend ist. Die Toxizität ist bei Tieren unterschiedlich. Die letale Dosis beträgt für Sublimat ($HgCl_2$) für Pferde und Rinder 4 bis 8 g, für den Hund 0,4 g, für die Katze 15 mg/kg KM, für den Menschen 0,2 bis 0,4 g. Man muss hierbei das unterschiedliche Gewicht berücksichtigen, dann wird erkennbar, dass Rinder besonders empfindlich sind.

Oral aufgenommen ist metallisches Quecksilber wenig toxisch. In früheren Zeiten bekamen Patienten mit Darmverschluss mehrere kg Quecksilber eingeflößt und manchmal wurde so die Verstopfung gelöst und das Quecksilber verließ den Darm wieder ohne ihn zu schädigen.

Auch Quecksilberdämpfe sind nicht zu unterschätzen. Nach dem Zerbersten einer quecksilberhaltigen Wetterstation mit Hygrometer und Thermometer und dem Auslaufen des Quecksilbers auf den Teppichboden kann, trotz „Sichtreinigung", noch genügend metallisches Hg vorhanden sein, um Hunde, die an der belasteten Stelle ihren Schlafplatz haben, über Quecksilberdämpfe zu vergiften.

Bis 1984 wurden Phenylquecksilber-Verbindungen als Beizmittel für Getreide verwendet. Saatkrähen wiesen oft erhöhte Quecksilber-Gehalte auf. Im Irak kam es 1971/1972 nach dem Verzehr von gebeiztem Saatgut zur Massenvergiftung.

Im 18. Jahrhundert verwendeten Hutmacher für Biberfelle Quecksilbersalze, wodurch das „Hutmachersyndrom" (verrückt wie ein Hutmacher) seine Ursache hatte.

Die mit der Nahrung und der Atemluft aufgenommene Quecksilbermenge liegt zwischen 10 und 20 µg pro Tag, Menschen, deren Zähne eine größere Anzahl an Amalgamfüllungen (> 10 Plomben) aufweisen, haben eine geschätzte tägliche Mehrbelastung eines Bruchteils dieser Menge, sodass die geduldete Höchstmenge von 35 µg/d nicht erreicht wird. Sogenannte gamma-2-freie Amalgame sind weit korrosionsresistenter und weisen nur etwa ein Viertel an freigesetzter Quecksilbermenge im Vergleich zu früher verwendeten Rezepturen auf. Gamma-2-freie Amalgame weisen z. B. folgende Rezeptur auf: 49,5 % Silber, 30 % Zinn, 20 % Kupfer und werden mit der gleichen Menge an Quecksilber gemischt. Das Entfernen von Amalgamfüllungen führt zu einer zusätzlichen Quecksilberfreisetzung, deshalb sollten einwandfreie Amalgamfüllungen nicht unbedingt entfernt werden, besonders nicht während der Schwangerschaft. Fälle echter, nachgewiesener Allergie durch Amalgam sind selten.

12.3.6 Aufnahme und Ausscheidung

Hg^{2+} wird nach oraler Aufnahme zu 10 bis 30 % im Darm resorbiert, Hg^+ weniger als 2 %. Methylquecksilber wird nach oraler Aufnahme zu 90 % resorbiert. Hg^0-Dämpfe werden zu 80 % von den Lungen aufgenommen und von Katalasen zu Hg^{2+} oxidiert. Die durchschnittliche Tagesaufnahme in Europa liegt pro Person jedoch nur bei 5,5 µg Quecksilber. Anorganisches Quecksilber wird vor allem in Leber und Niere angereichert. Organische Quecksilber-Verbindungen verteilen sich gleichermaßen im gesamten Gewebe. Bei organischen Quecksilbervergiftungen stehen die Wirkungen im Zentralnervensystem im Vordergrund. Die Quecksilberbelastung des Urins ist bei Amalgamträger höher als bei Probanden mit amalgamfreien Zähnen.

Quecksilber wird nur langsam mit dem Harn ausgeschieden (60 %) (Halbwertszeit 80 bis 100 Tage), fäkal zu 40 %; Methylquecksilber wird zu 90 % fäkal und nur zu 10 % renal ausgeschieden. Die Halbwertszeit von Methylquecksilber beträgt im Blut 50 Tage, von anorganischem Quecksilber in der Niere 60 Tage.

13 Die Elemente der 13. Gruppe: die Borgruppe

Die 13. Gruppe enthält die Elemente: Bor (B), Aluminium (Al), Gallium (Ga), Indium (In) und Thallium (Tl).

13.1 Bor (B)

13.1.1 Vorkommen und Gehalte

Erde: Bor hat einen Anteil an der *Erdrinde* von $3 \cdot 10^{-3}$ % und ist für Mensch und Tier nicht essenziell. Es kommt natürlich als **Borax** ($Na_2B_4O_7 \cdot 10\ H_2O$) und als **Kernit** ($Na_2[B_4O_6(OH)_2] \cdot 3\ H_2O$) vor.

Mensch: Bor 0,2 mg/kg

Lebensmittel: (Gehalt an Bor in mg/kg bzw. L) Roggen 7; Weizen 4,6; Linsen 7; Tomate 1,1; Weißkohl 6; Apfel 2,5; Erdbeere 0,9; Haselnuss 2,2; Rind- und Schweinefleisch 0,4; Rinderleber 1; Weißwein 2,5; Rotwein 4,75.

13.1.2 Eigenschaften und Verwendung

Elektronenkonfiguration: [He] ($2\ s^2\ p^1$); $A_r = 10,811$ u. Das Nichtmetall Bor (auch seine Verbindungen) weist in seinem Verhalten manche Ähnlichkeiten mit Kohlenstoff und besonders Silicium auf. Das kristalline Bor (es ist in Form von B_{12}-Ikosaedern angeordnet) kommt in verschiedenen Kristallformen vor, z. B. tetragonales und rhomboedrisches Bor. Die Struktur von kristallinem Bor ist einmalig und bemerkenswert. Bor bildet als ein Atom mit nur 3 Außenelektronen im Verband verschiedener Boratome eine „Elektronenmangelverbindung". Ein solcher Verband kann keine Schalen mit stabilem Oktett-(Edelgas-)Zustand ausbilden. Das Gitter von kristallinem Bor ist sehr stabil. Es ist nach Diamant die härteste Elementmodifikation (härter als α-Al_2O_3 (Korund)). Das Isotop ^{10}B wird in der Kerntechnik aufgrund seines hohen Neutroneneinfangsquerschnitts eingesetzt. Wegen des geringen Radarechos verwendet man Borfasern in Jagdbombern (sogenannte „Stealth"-Bomber). Amorphes Bor (0,1 bis 0,3 g) wird als Zünder in Airbags eingesetzt.

Kristallines Bor ist sehr reaktionsträge und wird sogar von kochenden Säuren wie HCl und HF sowie starken Oxidationsmitteln nur sehr langsam angegriffen.

Braunes, amorphes Bor ist dagegen chemisch recht reaktionsfähig und reagiert z. B. schon mit H_2O. An der Luft kann Bor bei etwa 700 °C zu B_2O_3 verbrennen. Konz. HNO_3 oxidiert Bor zu H_3BO_3.

13.1.3 Verbindungen

Bor ist Bestandteil folgender natürlicher Verbindungen:

Kernit ($Na_2 [B_4O_5 (OH)_4] \cdot 2 H_2O$) (ein Bormineral, das in Kalifornien in riesigen Lagern vorkommt und ein wichtiges Ausgangsmaterial für die Industrie ist) und

Borax (Tetraborat) ($Na_2 [B_4O_5 (OH)_4] \cdot 8 H_2O$) (Verwendung zur Herstellung leicht schmelzender Glasuren und in der Wäscherei („Kaiserborax"). Borax kann H_2O_2 zu einem sog. „Perborat" binden (Perborate sind Additionsverbindungen von H_2O_2 an Borate). Dieses „Perborax" ($Na_2B_4O_7 \cdot H_2O_2 \cdot 9 H_2O$) ist Bestandteil vieler Wasch- und Bleichmittel und wird auch in der Kosmetik als Bleichmittel und als Desinfektionsmittel (z. B. in Zahnpasta) verwendet.

Perborate enthalten das dimere Anion $B_2O_4(OH)_4^{2-}$ (Abb. 13.1.1):

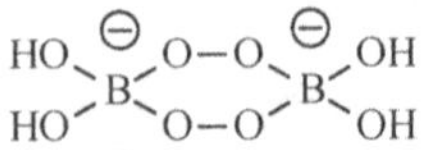

$$
\begin{array}{c}
HO \diagdown \overset{\ominus}{} \diagup O-O \diagdown \overset{\ominus}{} \diagup OH \\
 B B \\
HO \diagup \diagdown O-O \diagup \diagdown OH
\end{array}
$$

Abb. 13.1.1 Perboratanion

Auch andere Additionsverbindungen existieren, z. B. $Na_2B_4O_7 \cdot x H_2O_2 \cdot y H_2O$. Enthalten ist bspw. Natriumperborat zu 10 bis 25 % in Waschmitteln.

Verbindungen zwischen Bor und Wasserstoff, die sog. **Borane** (allgemeine Formel $B_nH_{n+4.6.8.10}$) weisen außerordentlich komplizierte Strukturen auf. In B_2H_6 sind z. B. die Bindungen zwischen B und H nicht gleichwertig. Der Bezeichnung **Boran** wird die Zahl der Boratome vorangestellt. Dabei muss auf den unterschiedlichen Gehalt an Wasserstoff geachtet werden, z. B. die Pentaborane B_5H_9 und B_5H_{11}. Chemisch sind die Borane geprägt durch ihren Gehalt an negativ polarisiertem Wasserstoff und durch die große Affinität von Bor zu Sauerstoff. Daher entzünden sich die niederen Borane spontan an der Luft und können daher nur mit Vorsicht gehandhabt werden. Alle Borwasserstoffe riechen eigentümlich widerlich und verursachen beim Einatmen Kopfschmerzen. Borane sind wichtige Hydrierungsmittel und potenziell sehr wertvolle Treibstoffe für Flugkörper. Die Verbrennungswärme der Borane ist etwa doppelt so hoch wie die der klassischen Treibstoffe (Kohlenwasserstoffe). Dies geht z. B. aus folgender Verbrennungsgleichung für das B_2H_6 hervor:

$$B_2H_6 + 3 O_2 \longrightarrow B_2O_3 + 3 H_2O \quad (\Delta H^0 = -2024 \text{ kJ/mol})$$

Boran (BH$_3$) ist der Prototyp einer Elektronenmangelverbindung mit nur 3 Außenelektronen in seiner äußeren Schale (bildet mit 3 H ein „Elektronensextett"). Es geht spontan in das dimere Molekül Diboran (B$_2$H$_6$) über. Als typische Lewis-Säure (Atome, Moleküle oder Ionen mit „Elektronenlücken") kann BH$_3$ durch Addition an eine Lewis-Base (Atome, Moleküle oder Ionen mit freien Elektronenpaaren) stabilisiert werden, z. B. ist folgende Verbindung bekannt: H$_3$B : CO. BH$_3$ kann auch Hydrid-Ionen H$^-$ als Lewis-Base unter Bildung des Hydridoborat-Ions addieren:

$$BH_3 + H^- \longrightarrow BH_4^-$$

Die Struktur von **Diboran (B$_2$H$_6$)** (Abb. 13.1.2) zeigt die Bindung von 2 H-Atomen und das Vorhandensein von Doppelbindungen. Die Verknüpfung der Borinmoleküle erfolgt durch „Mehrzentrenbindungen". 2 Wasserstoffatome teilen dabei als Brückenatome ihr Elektronenpaar wechselseitig mit 2 Boratomen.

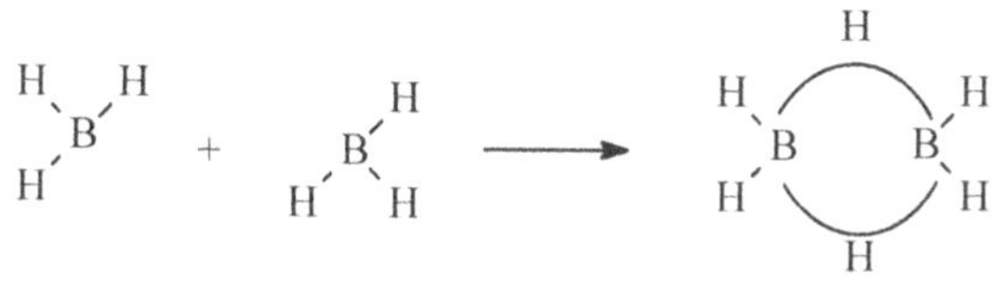

Abb. 13.1.2 Bildung von Diboran

Treibende Kraft ist das Bestreben der Boratome nach Vervollständigung ihrer Elektronenschalen. Während in BH$_3$ nur ein Elektronensextett vorhanden ist, haben die dimeren Moleküle im Endeffekt Edelgaskonfiguration. Die mittleren H-Atome fungieren als B-H-B-Brückenbindungen.

B$_2$H$_6$ ist durch die Ausprägung sog. Dreizentrenbindungen charakterisiert. Die zwei vorhandenen Elektronen im bindenden Molekülorbital und die Bildung eines nichtbindenden Molekülorbitals erklären die Dreizentren-Zweielektronen-Bindung.

Diboran ist ein farbloses, thermisch instabiles Gas, das widerlich süß riecht. Es ist sehr giftig und verursacht beim Einatmen Lungenreizungen bis zum Lungenödem. Es wirkt als Säure und kann Salze bilden (z. B. NH$_4^+$-Salze). Mit H$_2$O reagiert es heftig unter H$_2$-Bildung:

$$B_2H_6 + 6\ H_2O \longrightarrow 6\ H_2\uparrow + 2\ B(OH)_3$$

Die Darstellung von B$_2$H$_6$ erfolgt z. B. aus einem Metallhydrid und Bor- bzw. Aluminiumchlorid:

$$6\ NaH + 2\ BCl_3 + 6\ AlCl_3 \longrightarrow B_2H_6 + 6\ Na[AlCl_4],$$

durch Reduktion von BCl_3 mit $LiAlH_4$ (Lithiumaluminiumhydrid), durch Hydrierung von B_2O_3 in H_2-Atmosphäre (75 MPa) bei Temperaturen oberhalb von 150 °C (Aluminium als Katalysator) oder durch das Einwirken von elektrischer Entladung auf ein Gemisch von H_2 und BBr_3:

$$2\ BBr_3 + 6\ H_2 \longrightarrow B_2H_6 + 6\ HBr$$

B_2H_6 wird zur Herstellung vieler Bor-Verbindungen verwendet, es kann auch zur Herstellung von sog. „Bor-Strahlen" in Beschleunigern benutzt werden. **Carborane** erhält man durch Substitution zweier Boratome in Borananionen (z. B. $B_6H_6^{2-}$) durch zwei (isostere) Kohlenstoffatome. Je nachdem ob die Boratome in einem geschlossenen oder einem offenen Polyeder angeordnet sind, unterscheidet man *closo-* und *nido-*Verbindungen.

Praktisch wichtig sind besonders die Alkalihydroborate **Lithiumborhydrid (LiBH$_4$)** und **Natriumborhydrid (NaBH$_4$)**, die als Reduktionsmittel verwendet werden. Natriumborhydrid entsteht z. B. durch

$$2\ NaH + (BH_3)_2 \longrightarrow 2\ NaBH_4$$

Bortrifluorid (BF$_3$) ist ein erstickend riechendes, farbloses Gas (Siedepkt. – 99,9 °C; Schmelzpkt. – 127,1 °C), das in der organischen Chemie als Katalysator dient. Die Fluoratome sind in Form eines gleichseitigen Dreiecks um das Boratom angeordnet. Die Bindungen sind durch teilweise Elektronenrückgabe stärker als normale Einfachbindungen. Es wird u. a. dargestellt nach der Gleichung

$$B_2O_3 + 6\ HF \longrightarrow 2\ BF_3 + 3\ H_2O$$

BF_3 ist eine starke Lewis-Säure, die viele Additionsverbindungen bildet. Mit HF bildet sich HBF_4.

Tetrafluoroborsäure (HBF$_4$) bildet Kristalle, die wässrige Lösung ist eine starke Säure. Durch Auflösen von Metallsalzen in wässriger HBF_4 entstehen die Fluoroborate.

Bortrichlorid (BCl$_3$) ist eine farblose, an der Luft stark rauchende Flüssigkeit (Siedepkt. 12,5 °C; Schmelzpkt. – 107,3 °C). Es ist wie BF_3 eine Lewis-Säure und lässt sich direkt aus den Elementen darstellen.

Bortrioxid (B$_2$O$_3$) ist eine farblose, glasige Masse, die sehr hygroskopisch ist (Anhydridbildung), beim Lösen von Bortrioxid in Wasser entsteht Borsäure:

$$B_2O_3 + 3\ H_2O \rightleftharpoons 2\ H_3BO_3$$

Borsäure (Boranhydrid) **(H$_3$BO$_3$)** bildet weißglänzende Schuppen oder sechsseitige Blättchen, die sich fettig anfühlen. Es ist eine sehr schwache Säure und in kaltem H_2O schwer löslich (39,9 g/L bei 20 °C); die wässrige Lösung wird als schwaches Antiseptikum benutzt („Borwasser"). Die Wirkung der Borsäure auf

Bakterien soll darauf zurückzuführen sein, dass die für Bakterien unentbehrlichen Vitamine komplex gebunden werden. Die schwache, einbasige Säure wirkt nicht als Protonendonator, sondern als OH⁻ Akzeptor (Lewis-Säure).

$$B(OH)_3 + 2\,H_2O \overset{H_2SO_4}{\rightleftharpoons} H_3O^+ + B(OH)_4^- \; ; pKs = 9{,}2$$

Beim Erhitzen von Borsäure (auch: Orthosäure) bildet sich unter H_2O-Abspaltung zunächst **Metaborsäure (HBO$_2$)** und weiterhin B_2O_3. Borsäure wird in Wundstreupulvern, zum Imprägnieren von Verbandstoffen, bei der Herstellung von Arzneimitteln sowie zur Konservierung von Nahrungsmitteln in einigen Ländern außerhalb der EU verwendet. Borsäuretrimethylester bildet sich unter Zusatz von konz. H_2SO_4 aus Borsäure und Methanol:

$$B(OH)_3 + 3\,HOCH_3 \longrightarrow B(OCH_3)_3 + 3\,H_2O$$

Die Erhöhung der Säurewirkung von Borsäure durch Zusatz eines Polyols wird z. B. bei Titrationen eingesetzt (Abb. 13.1.3).

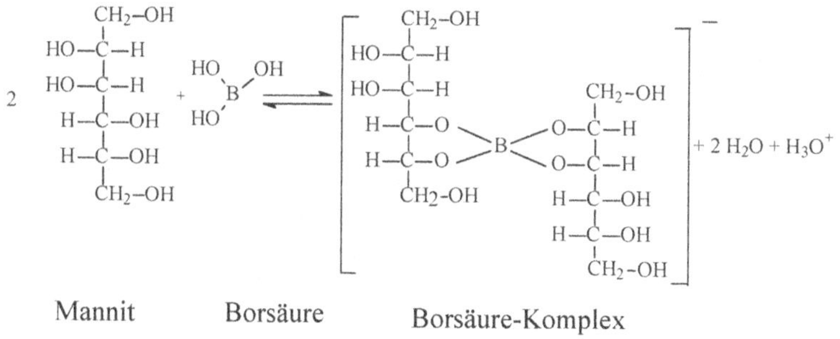

Mannit   Borsäure   Borsäure-Komplex

Abb. 13.1.3 Bildung des Borsäure-Komplexes durch Reaktion der Borsäure mit einem Polyol unter Freisetzung von H_3O^+

Die Borsäure ist ein OH⁻-Akzeptor. Durch die Freisetzung von Protonen aus der Reaktion der Borsäure mit Mannit zum Borsäure-Komplex sinkt der pH-Wert der Lösung. Durch ein Polyol ist das Gleichgewicht in Richtung der Produkte verschoben, so dass die Säurewirkung der Borsäure durch die Bildung des Borsäure-Komplexes steigt.

Bor kann auch hoch interessante B-S-Verbindungen, wie z. B. B_2S_3 (Erhitzen von Bor und Schwefel) und B-N-Verbindungen, wie z. B. BN bilden.

Bornitrid („Borstickstoff") (BN)$_x$ bildet ein weißes Pulver oder farblose Kristalle. Die Kristalle sind ähnlich aufgebaut wie Graphit; sie sind hexagonal kristallisiert. Hochpolymeres Bornitrid ist ein Isolator und sehr temperaturstabil. Es findet Verwendung als Reaktorbaustoff sowie in Brennkammern und Tiegeln.

Man kennt von BN eine kubische Modifikation (1.400 °C; 85.000 bar), das Bornitrid. Dieser „anorganische Diamant" hat das gleiche Aussehen und annähernd die gleiche Härte wie Diamant. BN entsteht durch vollständige Ammonolyse von Bor-Halogeniden, z. B.:

$$2\,BBr_3 \xrightarrow[-\,6\,HBr]{6\,NH_3} 2\,B(NH_2)_3 \xrightarrow[-\,3\,NH_3]{\Delta\,T} B_2(NH)_3 \xrightarrow[-\,NH_3]{750\,°C} 2\,BN$$

Bornitrid wird als Schleifmittel verwendet.

Borazin ($B_3N_3H_6$) (Abb. 13.1.4) ist eine glasklare, leichtbewegliche Flüssigkeit (Siedepkt. 55 °C; Schmelzpkt. $-$ 57,92 °C), die aromatisch riecht und aufgrund der ähnlichen physikalischen Eigenschaften als „anorganisches Benzol" bezeichnet wird. Borazin ist jedoch viel reaktionsfähiger als Benzol. Die Darstellung erfolgt u. a. durch Erhitzen von B_2H_6 mit NH_3 auf 250 °C bis 300 °C.

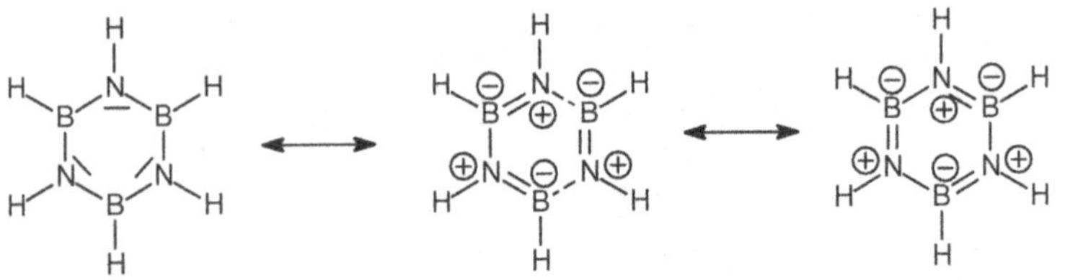

Abb. 13.1.4 Borazin

Borcarbid ($B_{13}C_2$) bildet schwarze, glänzende Kristalle, die fast so hart sind wie Diamant (oberhalb von 1.000 °C härter als Diamant). Die Darstellung erfolgt aus einer Borsäure-Graphit-Mischung bei 2.600 °C in elektrischen Widerstandsöfen. Borcarbid wird als Schleifmittel (größte Härte) und zur Herstellung von verschleißfesten Teilen (z. B. Panzerplatten) verwendet.

Ferrobor (Fe_2B, FeB) bildet silberglänzende, grobe Kristalle. Es ist hart und chemisch sehr stabil. Gebildet wird es durch Erhitzen von Boroxid mit Hämatit und Aluminiumgrieß auf etwa 2.000 °C (Lichtbogenofen). Es wird eingesetzt als Zusatz zu Gusseisen und in der Stahlherstellung.

13.1.4 Biologische Aspekte und Bindungsformen

Bor ist für die Zellteilung und das Wachstum von Pflanzen notwendig, es regelt den Calciumhaushalt der Pflanzen. Einen besonders hohen Bedarf haben Zuckerrüben, Karotten, Raps und Luzerne. Mangel ruft bei Zuckerrüben Herz- und Trockenfäule, bei der Kohlrübe Braunkrankheit hervor. Für Pflanzen ist Bor wahrscheinlich ein essenzielles Element, allerdings reagieren einige Pflanzen wie Artischocken, Obstbäume und Weiden empfindlich (Borchlorosen).

Bei Bormangel ist das Verhältnis Pektin/Fett zu Pektin hin verschoben, das Bor ist offenbar an der Regelung des Calciumhaushaltes beteiligt (Aktivierung des Vitamin D_3). Die Kashin-Beck-Erkrankung in China wird mit zu geringen Aufnahmen an Bor korreliert. Durch seine Wirkung auf die Aktivität des Parathyrins (Peptidhormon aus 84 Aminosäuren, 9 kD) besitzt Bor einen Einfluss auf den Mineralstoffwechsel höherer Tiere.

Organische Bor-Verbindungen, bei denen das Bor negativ geladen ist und die vier Koordinationsstellen sehr häufig mit Sauerstoff besetzt sind, werden vorwiegend von Mikroorganismen gebildet. Sie sind z. T. antibiotisch wirksam. Im Pflanzenbereich kommen auch Komplexe mit Apiose und Ribose vor. In Rhamnogalacturonan-II sind solche Verkettungen ebenfalls beschrieben (Abb. 13.1.5).

Boromacin ist ein borhaltiges Antibiotikum (gegen grampositive Erreger) und kommt als Naturstoff vor, es wird aus *Streptomyces* gewonnen. Von einem makrolidartigen Liganden wird Borsäure komplexiert.

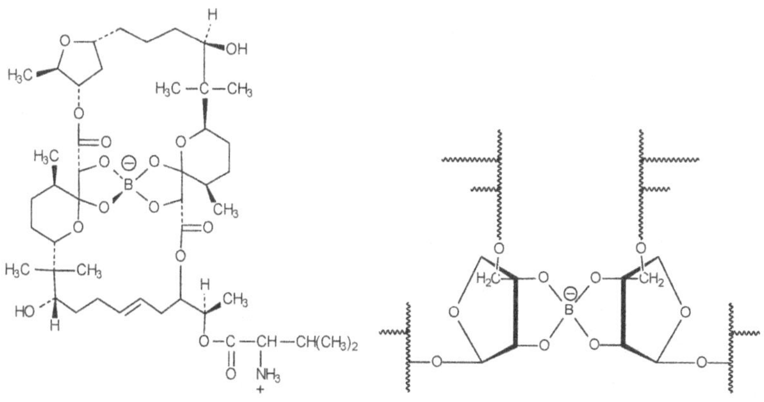

Abb. 13.1.5 Boromacin und Borsäureester mit Pentosen im Makromolekül

13.1.5 Toxikologische Aspekte

Elementares Bor ist nicht toxisch. Borane sind für Lebewesen giftig, können durch die Haut resorbiert werden und rufen Übelkeit, Kopfschmerzen und Magengeschwüre hervor. Borsäure reichert sich bei höheren Konzentrationen im Fettgewebe, Leber und vor allem im Zentralnervensystem an. Borsäure wurde früher als Konservierungsmittel besonders bei echtem Kaviar verwendet.

Da Borverbindungen in hohen Konzentrationen toxisch wirken, werden sie zum Entkeimen von Flugpetrol und in einigen Herbiziden eingesetzt.

Für Erwachsene sind 5 bis 10 g Borsäure tödlich. Die chronisch toxische Dosis für den Menschen liegt mit 300 bis 500 mg/d sehr hoch. Der MAK-Wert für Boroxid in atembaren Stäuben liegt bei 15 mg/m³.

13.1.6 Aufnahme und Ausscheidung

Der Mindestbedarf an Bor wird auf 0,2 bis 0,3 mg/d geschätzt. Bormangel tritt jedoch kaum auf, denn die Höhe der Borzufuhr liegt beim Menschen bei 1,3 bis 4,3 mg/d und hängt stark vom Weinkonsum ab. Bor-Verbindungen werden nach oraler Aufnahme enteral schnell und vollständig resorbiert. Auch über die Schleimhäute kann eine Aufnahme erfolgen. Eine sehr langsame Ausscheidung der Borsäure erfolgt über die Nieren. Werte von 10 mg/L können im Urin gemessen werden.

13.2 Aluminium (Al)

13.2.1 Vorkommen und Gehalte

Erde: Aluminium hat einen Anteil an der *Erdrinde* von 8,13 % und ist das dritthäufigste Element der Erdrinde.

Mensch: Der menschliche Körper enthält von dem nicht essenziellen Element 50 bis 150 mg Al, davon 40 % in den Lungen, 25 % in Muskeln und 25 % in den Knochen, Lungen 50 mg/kg (vorwiegend durch eingeatmeten Staub), Muskeln, Leber und Knochen 1 bis 5 mg/kg, Gehirn 2 mg/kg, Plasma bzw. Serum unter 1 µg/L. Hohe Gehalte finden sich auch in der Haut und in den Haaren, Blut: 14 bis 37 µg/kg, Muttermilch 9,2 µg/L.

Lebensmittel: Karotten enthalten bis 1,7 mg/kg. Teeblätter sind ebenfalls Aluminiumspeicher, die Konzentration in gebrühtem Tee beträgt 4 bis 10 mg/L, Rindfleisch 0,05 mg/kg, Rinderleber 0,07 mg/kg. Der Gehalt in Atlantikwasser beträgt 0,1 bis 1,1 µg/L, Trinkwasser hingegen 20 µg/L (Grenzwert 200 µg/L).

13.2.2 Eigenschaften und Verwendung

Elektronenkonfiguration: [Ne] $(3\ s^2\ 3\ p^1)$; $A_r = 26{,}9815$ u. Aluminium ist ein silberweißes, sehr dehnbares Leichtmetall (Dichte: 2,70 g/cm^3) mit einem Schmelzpunkt von 659 °C und einem Siedepunkt von 2.270 °C. Oberhalb von 600 °C nimmt es eine körnige Struktur an (Aluminiumgrieß). Reines Aluminium ist an der Luft sehr beständig, da es sich mit einer Oxidhaut überzieht. Die Oxidschicht ist durchsichtig und besitzt eine Dicke von 5 bis 10 nm. Fein verteiltes Aluminium verbrennt an der Luft mit glänzender Lichterscheinung und starker Wärmeentwicklung:

$$4\ Al + 3\ O_2 \longrightarrow 2\ Al_2O_3\ (\Delta H^0 = -3.305\ kJ/mol)$$

Die Lichtentwicklung wurde in der Fotografie benutzt („Vakublitze" = Aluminiumfolie verbrennt in reinem Sauerstoff nach elektrischer Zündung).

Ein Gemisch aus Aluminiumgrieß und Eisenoxiden (Fe_2O_3, FeO) („Thermit") dient zum Schweißen und Verbinden von Eisenteilen. Thermit liefert bei der Entzündung (mittels „Zündkirsche": Gemisch von Aluminium- oder Magnesiumpulver mit $KClO_3$ oder BaO_2, das mit einem Magnesiumband entzündet wird) in wenigen Sekunden unter sehr starker Wärmeentwicklung (Temperaturen bis 2.400 °C) reines Eisen in weißglühender, flüssiger Form:

$$3\ Fe_3O_4 + 8\ Al \longrightarrow 4\ Al_2O_3 + 9\ Fe\ (\Delta H^0 = -3.427\ kJ/mol)$$

In wässriger Lösung bildet Aluminium ein Hexaaquakomplex-Ion: $[Al(H_2O)_6]^{3+}$. Nach der Behandlung mit HNO_3 zeigt Aluminium „Passivität". In anderen Säuren und Laugen löst sich Aluminium unter H_2-Entwicklung: z. B.

$$2\ Al + 6\ HCl \longrightarrow 2\ AlCl_3 + 3\ H_2\uparrow\ bzw.$$
$$Al + NaOH + 3\ H_2O \longrightarrow Na[Al(OH)_4] + \tfrac{3}{2}\ H_2\uparrow$$

Aluminium wird genutzt für das „Aluminothermische Verfahren", dabei wird die große Sauerstoffaffinität des Aluminiums ausgenutzt. Schwer reduzierbare Metalloxide (z. B. Cr_2O_3, SiO_2, TiO_2) werden mit Aluminiumpulver gemischt und entzündet. Die Metalle werden frei. Aluminiumpulver dient auch als Öl- oder Lackanstrich. Aluminiumfolien finden als Verpackungsmaterial Verbreitung. In Getränkekartons ist die Aluminiumfolie 6 µm, in Haushaltsfolie 9 µm und beim Joghurtdeckel 30 µm dick. Das Metall wird zum Überziehen von Zucker und Feinen Backwaren verwendet. Aluminiumdraht wird für elektrische Leitungen eingesetzt. Es wird gelegentlich für Plastiken verwendet, z. B. für die bekannte Eros-Brunnenfigur im Zentrum des Piccadilly Circus in London. Wichtig ist besonders die Herstellung von Legierungen aus Aluminium und Magnesium (z. B. Magnalium Al-Mg (10 bis 30 % Mg), Hydronalium Al-Mg (3 bis 12 % Mg) (seewasserfest)) oder Aluminium und Kupfer (z. B. Duraluminium Al-Cu (~ 3 % Cu, ~ 1 % Mg sowie kleine Mengen von Mn und Si)) für den Flugzeug- und Schiffsbau.

In Rohrreinigern wird Aluminiumpulver mit NaOH zur Freisetzung von Gas benutzt, um Verstopfungen zu lockern. Dabei findet folgende Reaktion statt:

$$Al + 2\ NaOH + 6\ H_2O \rightleftharpoons 2\ Na^+ [Al(OH)_4]^- + 3\ H_2\uparrow$$

13.2.3 Verbindungen

Aluminium ist das weitest verbreitete Metall in der *Erdrinde*. Im Unterschied zu Bor kann Aluminium die Koordinationszahl von 6 erreichen z. B. $[AlF_6]^{3-}$, $[Al(H_2O)_6]^{3+}$. Es kommt besonders in den Silicaten (Feldspäte, Basalt, Granit, Glimmer, **Kaolinit** ($Al_2[Si_2O_5]$ $(OH)_4$ bzw. $Al_2O_3 \cdot 2\ SiO_2 \cdot 2\ H_2O$), Tone) vor. Wichtige Mineralien sind **Bauxit** ($AlO(OH)$ Aluminiumhydroxid, kommt in großen Lagern vor), **Hydrargillit** ($Al(OH)_3$) und **Kryolith** (Na_3AlF_6) sowie **Korund** (Al_2O_3) und **Schmirgel** (Al_2O_3). (Schmirgel enthält neben 60 % Korund noch Verunreinigungen mit Magnetit, Eisenglanz und Quarz, es wird als Schleifmittel verwendet). Schön ausgebildete Korundkristalle, die durch Spuren anderer Oxide schöne Farbe besitzen, bilden geschätzte Edelsteine: Rubin (rot), Saphir (blau) und orientalischer Amethyst (violett; der echte Amethyst ist SiO_2). Der Rubin erhält seine tief durchsichtige karminrote Farbe durch Beimischung von 0,25 % Chromoxid (Cr_2O_3). Der Saphir, dessen Farbe von wasserblau bis tiefindigoblau reicht, enthält Beimengungen von Titanoxid und Eisenoxid. Er kommt häufiger vor als der Rubin.

Die Säurereaktion des Aluminium-Ions in Wasser lässt sich wie folgt erklären: Die Bindung zwischen dem Wasserstoff und dem Sauerstoff des Wassers in der Hydrathülle wird durch die starke positive Ladung des Al^{3+} gelockert. Es findet eine Abstoßung eines Protons statt, weil der partiell negativ geladene Sauerstoff angezogen wird. Mit dem ersten abgespaltenen Proton, das auf Wasser übertragen wird, bildet sich das H_3O^+, und eine saure Reaktion ist die Folge. Ein weiteres Proton wird nicht abgespalten (Abb. 13.2.1). Die Hydrathülle wird umso fester gebunden, je kleiner der Ionenradius und je höher die Ladung des Zentral-Ions und je dichter die H_2O-Moleküle am Zentral-Ion platziert sind.

$$[Al(H_2O)_6]^{3+} + H_2O \rightleftharpoons [Al(H_2O)_5OH]^{2+} + H_3O^+$$

Pentaaquamono-
hydroxidoaluminium(III)-Ion

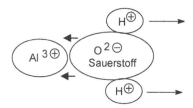

Abb. 13.2.1 Bestreben eines Wassermoleküls in der Hydrathülle des Aluminiumaquakomplexes Protonen abzuspalten

Aluminiumoxide („Tonerde") (Al$_2$O$_3$) können in mindestens 5 unterschiedlichen Modifikationen auftreten, die nach den Buchstaben des griechischen Alphabets α-Al$_2$O$_3$, β-Al$_2$O$_3$ usw. benannt werden. Am wichtigsten ist das hexagonale, rhomboedrisch kristallisierte **α-Oxid**, das in der Natur als Korund vorkommt. Es ist in Säuren und Laugen unlöslich und hat eine Mohs-Härte von 9 (Diamant 10). Es wird für Lagersteine von Uhren, für elektrische Messinstrumente und als Schleifmittel für Metalle und Edelsteine verwendet. Es werden u. a. Saphire, Topase und Amethyste hergestellt. Neben der Verwendung in der Schmuckindustrie werden die künstlichen Aluminiumoxid-Einkristalle infolge ihrer physikalischen Eigenschaften im IR-, optischen und Mikrowellenbereich eingesetzt. Als sog. „Festkörper-Maser" eignen sie sich als Verstärker für elektromagnetische Strahlung.

γ-Al$_2$O$_3$ ist ein weißes, kubisch kristallisiertes, hygroskopisches, in H$_2$O unlösliches Pulver. In Säuren und Laugen ist es löslich. Bei starkem Glühen (über 1.000 °C) geht es in α-Al$_2$O$_3$ über. Es entsteht u. a. beim Entwässern durch Erhitzen von Al(OH)$_3$:

$$\gamma\text{-Al(OH)}_3 \xrightarrow{200\ °C} \gamma\text{-AlO(OH)} \xrightarrow{400\ °C} \gamma\text{-Al}_2\text{O}_3 \xrightarrow{1000\ °C} \alpha\text{-Al}_2\text{O}_3$$

Einsatzgebiet als Adsorbens ist besonders die Chromatographie.

Aluminiumtrihydroxid (Al(OH)$_3$) hat amphotere Eigenschaften:

$$\text{Al(OH)}_3 + 3\ \text{H}_3\text{O}^+ \longrightarrow \text{Al}^{3+} + 6\ \text{H}_2\text{O} \quad \text{bzw.} \quad \text{Al(OH)}_3 + \text{OH}^- \longrightarrow [\text{Al(OH)}_4]^-$$

Aus Salzen ist Al(OH)$_3$ mit Basen (z. B. NH$_3$) fällbar. In frischem Zustand weist es andere Löslichkeitseigenschaften auf als in gealtertem Zustand (Umwandlung in kristallisierte Form), ähnlich wie bei Kieselsäure und Zinnsäure (Sn(OH)$_4$). In der Natur kommt es als Hydrargillit vor. Kolloidales Aluminiumhydroxid z. T. als Hydrotalcit und Magaldrat in einer Magnesiummatrix eingebettet, dient als Antacidum (magensäurebindendes Mittel), das nur zu etwa 1 % resorbiert wird. Aluminiumhydroxidhaltige Antacida wirken obstipierend (die Darmträgheit hemmend).

Aluminiummetahydroxid (AlO(OH)) kommt in der Natur als Bauxit vor. Es kann beim Kochen von Aluminiumsalzlösungen über $Al(OH)_3$ (mit H^+-abfangenden Stoffen wie z. B. NH_3) entstehen.

Aluminiumtrichlorid (AlCl$_3$) ist eine farblose, leicht sublimierbare, stark hygroskopische Masse. In kristallisierter Form liegt es als polymere Verbindung $(AlCl_3)_n$ vor, die eine starke Lewis-Säure ist. Es wird wasserfrei dargestellt durch Erhitzen von Aluminium in Cl_2-Strom oder HCl-Strom:

$$2\ Al + 3\ Cl_2 \longrightarrow 2\ AlCl_3 \text{ bzw. } 2\ Al + 6\ HCl \longrightarrow 2\ AlCl_3 + 3\ H_2\uparrow$$

Eine andere Darstellungsmöglichkeit ist die Reduktion von Al_2O_3 bei ca. 800 °C:

$$Al_2O_3 + 3\ C + 3\ Cl_2 \longrightarrow 2\ AlCl_3 + 3\ CO$$

Wasserhaltiges $AlCl_3 \cdot 6\ H_2O$ entsteht beim Auflösen von Aluminium in Salzsäure und anschließendem Eindampfen. Es kann nicht entwässert werden, da es dabei hydrolysiert:

$$AlCl_3 + 3\ H_2O \rightleftharpoons Al(OH)_3 + 3\ HCl$$

Wasserfreies Aluminiumchlorid wird in der Organischen Chemie als Katalysator benutzt. Es vereinigt sich mit vielen organischen Verbindungen (Ether, Ester, Säurechloride) zu Additionsverbindungen.

Aluminiumsulfat (Al$_2$(SO$_4$)$_3$ · 18 H$_2$O) bildet farblose Nadeln, es wird durch Auflösen von $Al(OH)_3$ in H_2SO_4 dargestellt. Es wird vielfältig genutzt, z. B. als Leim in der Papierindustrie, zum Gerben von Häuten und als Beize in der Färberei.

Alaune sind Verbindungen des Typs $Me^IMe^{II}(SO_4)_2 \cdot 12\ H_2O$. Als Me^I kommen u. a. Na^+-, K^+-, Rb^+- und Cs^+-Ionen vor, als Me^{II} u. a. Al^{3+}-, Fe^{3+}- und Cr^{3+}-Ionen. Alaune kristallisieren stets in Oktaedern oder Würfeln. Es sind Doppelsalze, keine Komplexsalze. Ihr Verhalten in wässrigen Lösungen entspricht chemisch den Eigenschaften der getrennten Komponenten, physikalisch der Summe der Eigenschaften. Wichtigster Alaun ist Kaliumalaun $KAl(SO_4)_2 \cdot 12\ H_2O$, der als Alunit natürlich vorkommt. Alaune wirken adstringierend (blutstillend).

Aluminium-Wasserstoff-Verbindungen: AlH_3 ist wie BH_3 nicht existenzfähig. Es gibt aber Aluminiumhydride, in denen jedes Aluminiumatom im Kristallgitter von 6 H-Atomen umgeben ist. „Alane" $((AlH_3)_n)$ sind polymere Verbindungen. Bekannt ist vor allem Lithiumalanat $(LiAlH_4)$, das als starkes Reduktionsmittel eingesetzt wird.

Essigsaure Tonerde ist basisches Aluminiumacetat $(AlOH(CH_3COO)_2$.

Aluminiumtrialkyle (AlR$_3$) sind Elektronenmangelverbindungen mit Dreizentrenbindungen. Sie sind dimer gebaut. Gewonnen werden sie durch Austausch des Chlorids in Aluminiumtrichlorid, z. B.:

$$AlCl_3 + 3\ RMgCl \longrightarrow AlR_3 + 3\ MgCl_2$$

Von Bedeutung ist $Al(C_2H_5)_3$, das als Katalysator bei der Niederdruck-polymerisation von Ethylen eingesetzt wird.

13.2.4 Biologische Aspekte und Bindungsformen

Durch Versauerung der Böden werden hydratisierte Al^{3+}-Spezies freigesetzt, die an den Waldschäden beteiligt sind. Aluminium kann dabei Mg^{2+} verdrängen. Weiterhin kommen in versauerten Böden pflanzenverfügbare Hydroxyaluminosilicate vor. Wenn Al^{3+}-Ionen mobilisiert und von den Wurzeln der Bäume aufgenommen werden, schädigen sie besonders die Feinwurzeln. Der saure Regen, verursacht aus dem Ruhrgebiet, hat z. B. in Schweden in den Sechzigerjahren des letzten Jahrhunderts die Seen übersäuert, wodurch ebenfalls mehr Al^{3+} in Lösung ging und empfindliche Fische verendeten. Zusätze von Aluminium-Ionen in Wasser für Schnittblumen verzögern das Welken.

Im Blut ist Al^{3+} vorwiegend (zu etwa 80 %) an Transferrin gebunden. 16 % liegen als $[Al(PO_4)(OH)]^-$, 1,9 % als Citrat-Komplex, 0,8 % als $Al(OH)_3$ und 0,6 % als $[Al(OH)_4]^-$ vor.

Bei pH-Werten oberhalb von 5,0 ist Aluminium als polymeres Hydroxykation an der Oberfläche von Silicaten gebunden. Bei pH-Werten von 4,2 bis 5 nimmt der Anteil mobiler Kationen zu. Folgende Reaktion tritt durch Erhöhung der Schwefelsäurekonzentration auf (saurer Regen), es bildet sich Aluminiumhydroxysulfat:

$$Al(OH)_3 + H_2SO_4 \longrightarrow Al(OH)SO_4 + 2\ H_2O$$
$$Al(OH)SO_4 + HNO_3 \longrightarrow Al^{3+} + SO_4^{2-} + NO_3^- + H_2O$$

Durch die Emission von nitrosen Gasen (NO_x) wird HNO_3 gebildet. Die Einwirkung von Salpetersäure führt zur Auflösung des Aluminiumhydroxysulfats und freie Aluminiumkationen nehmen bei pH-Werten unterhalb von 4,2 erheblich im Boden zu, werden von den Wurzeln aufgenommen und hemmen den Zellstoffwechsel. Das Kalken von saurem Boden erhöht den pH-Wert und vermindert die Mobilität der Al^{3+}-Ionen. Wenn Pflanzen Zitronen- oder Äpfelsäure über die Wurzeln ausscheiden, so wird Al^{3+} komplexiert und ist nicht mehr pflanzenverfügbar.

13.2.5 Toxikologische Aspekte

MAK-Wert für Aluminium: 6 mg/m³. Aluminium in höheren Konzentrationen verzögert die Knochenbildung und es kann zur Auflösung des Knochengewebes kommen. Für Säuglinge empfiehlt die EFSA einen TWI von 1 mg/kg.

Dialysepatienten erhielten aluminiumhaltige Antacida (säurehemmende Medikamente), wodurch besonders früher Dialyseenzephalopathie aufgetreten ist (Al^{3+}-Konzentration im Serum 200 µg/L). Erkrankte Personen mit Dialyseenzephalopathie wiesen im Gehirn Aluminium-Gehalte von mehr als 9 mg/kg Gehirn auf. Bei Alzheimer-Patienten ist eine Anreicherung von Aluminiumsilicaten in bestimmten Hirnregionen ermittelt worden. Die erhöhte Konzentration findet sich in den Plaques, die aus β-Amyloid-Protein bestehen. Die Alzheimer-Erkrankung wird jedoch nicht auf Aluminium zurückgeführt. Parkinson-Patienten zeigen in der *Substantia nigra* des Mittelhirns ebenfalls eine Anreicherung von Aluminium. Aluminium-Ionen reagieren mit Phosphaten und sind in der Lage, Polypeptidketten in Proteinen zu vernetzen. Aluminiumacetate (Essigsaure Tonerde) wurden lange Zeit zur Wunddesinfektion benutzt; Zellschädigende Wirkungen sind bei der Tonerde-Anwendung beobachtet worden. Al^{3+} und citrathaltige Antacida werden zur Neutralisation von Magensäure eingesetzt.

Al^{3+}, $[Al(H_2O)_3OH]^{2+}$ und $[Al(OH)_4]^-$ sind chemische Spezies mit der höchsten Toxizität, Fluorido-, Sulfato- sowie organische Al-Spezies zeigen eine im Vergleich verringerte Toxizität. Es gibt zahlreiche Hinweise darauf, dass Aluminium die Blut-Hirn-Schranke passieren kann und bei höheren Konzentrationen neurotoxisch wirkt.

Im Alkalischen geht Aluminiumhydroxid als Tetrahydroxidoaluminat-Komplex in Lösung. Die Verwendung von Aluminiumgeschirr (z. B. Aluminiumbleche) zum Backen von belaugten Teiglingen (z. B. Laugenbrezel) ist abzulehnen, da erhebliche Aluminiummengen auf das Laugengebäck übergehen. So findet man in Laugengebäck Aluminium-Gehalte von 20 bis 400 mg/kg, je nach Gebrauchsdauer der Aluminiumbleche (normalerweise liegen die Gehalte unter 5 mg/kg). Folgende Reaktion läuft ab:

$$2\ Al + 2\ NaOH + 6\ H_2O \longrightarrow 2\ Na^+ + 2\ [Al(OH)_4]^- + 3\ H_2 \uparrow$$

Unter normalen Bedingungen, z. B. bei Erhitzung von fruchtsäurehaltigem Obst, gehen kaum Aluminium-Ionen aus Töpfen vermehrt in Lösung. Im *p*H-Bereich von 4,5 bis 8,5 ist Aluminium bei der Nahrungsmittelzubereitung inert (Abb. 13.2.2). Getränkedosen werden innen lackiert, um einen Übergang zu vermeiden. Tritt jedoch Lokalelementbildung auf, z. B. Speisen auf Edelstahlgeschirr mit Alufolie abgedeckt, kann es zum Lochfraß der Alufolie kommen und erhebliche Mengen an Aluminium gehen in das Lebensmittel über. So steigt z. B. der Gehalt an Aluminium in Eiern von 0,1 mg/kg auf 2,9 mg/kg bei Zubereitung im Aluminiumgefäß.

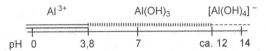

Abb. 13.2.2 Löslichkeiten von Al^{3+}-Ionen in Abhängigkeit vom *p*H-Wert

13.2.6 Aufnahme und Ausscheidung

Die Aluminiumaufnahme liegt bei 2 bis 10 mg/d. Aluminium wird in Form des sehr schwer löslichen Aluminiumphosphats im Magen-Darm-Trakt nur wenig resorbiert (ca. 1 %), bei aluminiumhaltigen Stäuben liegt die Resorption aber bei ca. 10 % in der Lunge. Bei Anwesenheit von Citraten erfolgt wahrscheinlich durch Komplexbildung eine ansteigende Resorption (ca. 2 bis 3 % werden dann resorbiert). In Gegenwart von F^- ist die Aufnahme durch Bildung des Hexafluoridoaluminat-Komplexes $[AlF_6]^{3-}$ ebenfalls erhöht. Aus dem Hexafluoridoaluminat-Komplex werden Aluminium-Ionen besser resorbiert als freies Al^{3+}-Ion. Phosphate, Polyphenole und Kieselsäure vermindern die Aufnahme. Bei beruflich nicht exponierten Personen enthält der Urin 3 bis 17 µg/L. Die Ausscheidung von resorbierten Aluminium-Ionen erfolgt zu ca. 95 % über die Nieren.

13.3 Gallium (Ga)

13.3.1 Vorkommen und Gehalte

Erde: Der Gehalt in der *Erdrinde* beträgt $5 \cdot 10^{-4}$ Gew.-%. Bauxit 0,1 g/kg, *Seewasser* 0,03 µg/L.
   Mensch: Plasma 0,1 µg/L, Gehirn 0,6 µg/kg, Lunge 5 µg/kg, Ovarien 2 µg/kg. Für den Menschen ist Gallium nicht essenziell.
   Lebensmittel: Pflanzen in TM 10 µg/kg bis 2 mg/kg, Rinderleber 5 bis 8 µg/kg.

13.3.2 Eigenschaften und Verwendung

Elektronenkonfiguration: $[Ar] (3 d^{10} 4 s^2 4 p^1)$; $A_r = 69,723$ u. Das Element Gallium wurde zu Ehren Frankreichs (lat. *Gallia*) so benannt. Gallium ist ein silberglänzendes, weiches Metall. Es bildet an der Luft und mit H_2O eine dünne Oxidschicht, die chemisch träge ist. Gallium reagiert mit anderen Metallen, z. B. Cu, Al und bildet Legierungen. Gallium wird zum überwiegenden Teil in der Halbleiterindustrie (Halbleiter, Laser, Dioden, Solarzellen) eingesetzt. Weitere Einsatzgebiete sind die Herstellung magnetischer Werkstoffe, sehr niedrig schmelzende Legierungen und als Thermometerflüssigkeit (600 bis 1.200 °C).

13.3.3 Verbindungen

Verbindungen von Gallium^{III} zeigen große Ähnlichkeit mit Al^{3+} und Fe^{3+}-Ionen, im Unterschied zu Aluminium ist Gallium auch zwei- und einwertig. Gallium ist Bestandteil der natürlichen Mineralien: **Söhngeit** ($Ga(OH)_3$) und **Gallit** ($CuGaS_2$).

Gallium(III)-chlorid ($GaCl_3$) bildet farblose Kristalle. Es wird zur Herstellung anderer Gallium-Verbindungen und als Katalysator verwendet.

Galliumnitrid (GaN) wird bei hohem Druck und hohen Temperaturen aus Gallium und NH_3 gebildet. Die Verbindung findet bei Leuchtdioden Verwendung.

Galliumarsenid (GaAs) wird durch Zusammenschmelzen der reinen Elemente hergestellt und für Solarzellen und Leuchtdioden verwendet. 2003 wurden 95 % des Galliums hierfür verarbeitet.

13.3.4 Biologische Aspekte und Bindungsformen

Gallium ist mit Eisen verwandt, was sich durch das ähnliche Ionisierungspotenzial und etwa den gleichen Ionenradius wie Fe^{3+} erklärt. Das Ga^{3+} ist aber im Gegensatz zu Fe^{3+} nicht unter physiologischen Bedingungen reduzierbar. Daher gibt es im Organismus ähnliche metabolische Wege. Das Isotop ^{72}Ga wird bei Knochentumoren in der Diagnose und der Therapie eingesetzt. Galliumtartrat wurde lange Zeit gegen Syphilis eingesetzt.

Zwei Galliumchelate besitzen eine bemerkenswerte Aktivität gegen Krebszellen. Das Galliummaltolat besitzt das deprotonierte Anion des Maltols. Drei Moleküle mit der Koordinationszahl zwei bilden mit Ga^{3+} einen oktaedrischen Komplex (Abb. 13.3.1). Es gibt zwei isomere Formen, *fac* und *mer*. Als weiterer zweizähniger Ligand ist deprotoniertes 8-Hydroxychinolin an einem Ga^{3+}-Komplex beteiligt (KP46). Der Galliummaltolat-Komplex ist oral aufgenommen wesentlich besser bioverfügbar als $GaCl_3$. Galliummaltolat wird derzeit in Phase II der Klinischen Prüfung (Gallen-, Lymphknotenkrebs und prostatisches Neoplasma) getestet. Die Verbindung KP46 wird subcutan verwendet. Der Komplex zeigt synergistische Effekte mit Cisplatin, Carboplatin, und nach einer Anwendung wird Oxaliplatin Ga^{3+} in höheren Konzentrationen in Knochen, Leber, Milz, Nieren und Lungen gefunden. Im Blut wird Gallium an Transferrin gebunden. Als Chelat zirkulieren die Komplexe auch im Blut. Resorbiert wird oral aufgenommenes Gallium im oberen Gastrointestinaltrakt.

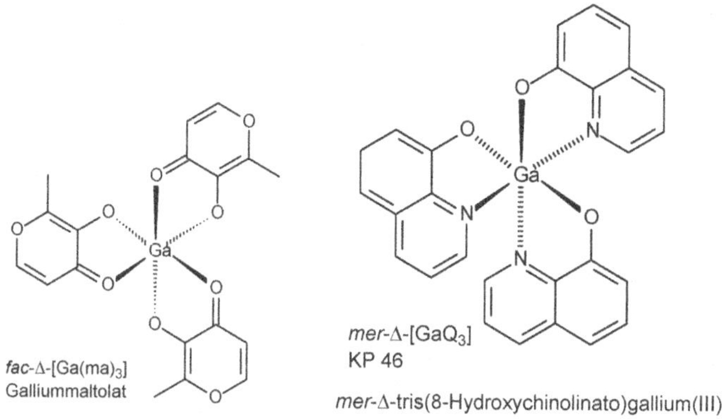

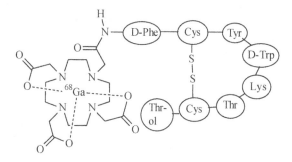

Abb. 13.3.1 Oktaedrische Gallium-Komplexe mit Maltolat und 8-Hydroxychinolin als Liganden

^{67}Ga (als Citrat) wird in der Nuklearmedizin verwandt und besitzt eine Halbwertszeit von 72 h. Ga^{3+}-Salze sind für ihre Wirksamkeit gegen Krebs bekannt. Wahrscheinlich werden die Ionen durch das Serumprotein Transferrin in die Tumorzellen transportiert. Ein $^{68}Ga^{3+}$-Komplex mit einem Peptid (Abb. 13.3.2) wird in der Positronen-Emissionstomographie (PET) zur Untersuchung von Lymphknotenmetastasen eingesetzt, mit dem die Ausbreitung sichtbar gemacht werden kann. Die Tumore besitzen spezifische Peptidrezeptoren, die sich vom restlichen Gewebe unterscheiden. Da Peptide deutlich kleiner sind als Antikörper, gelangen sie nach der Injektion schnell und ohne sterische Behinderung an ihr Ziel.

Abb. 13.3.2 Schematische Darstellung der chemischen Struktur des ^{68}Ga-DOTATOC

13.3.5 Toxikologische Aspekte

Gallium besitzt Nephrotoxizität. Es reagiert cytotoxisch und lagert sich in einigen Tumoren an. Gallium bindet sich gut an Transferrin im Blut. Transferrin erhöht auch die Aufnahme in die Tumorzellen. Das Metall wirkt ätzend auf Haut und Schleimhäute, ansonsten ist es als wenig toxisch anzusehen.

13.4 Indium (In)

13.4.1 Vorkommen und Gehalte

Erde: Indium ist ein seltenes Element (Anteil an der *Erdrinde* etwa 10^{-5} %). Indium ist zu finden: Atlantischer Ozean 0,1 mg/L, Norwegische Fjorde 0,7 mg/L, Regen 0,6 mg/L. Es kommt in Zink- und Bleierzen vor, Zinkblende enthält etwa 0,2 % Indium. In 2006 wurden 500 bis 580 t produziert, die Recyclingquote liegt mit ca. 800 t in 2008 wesentlich höher.

Mensch: Für den Menschen ist Indium nicht essenziell.

Lebensmittel: In Pflanzen und in von Tieren stammenden Geweben enthalten. In der Regel in einer Konzentration von deutlich weniger als 10 µg/kg (z. B. Fleisch und Schinken). Marine Organismen können Indium anreichern.

13.4.2 Eigenschaften und Verwendung

Elektronenkonfiguration: ([Kr] $(4d^{10}\ 5s^2\ 5p^1)$; A_r = 114,82 u. Der Name leitet sich ab von der indigoblauen Flammenfärbung, die bei der Verbrennung entsteht. Indium ist ein silberweißes, weiches Metall, das schon bei 156,6 °C schmilzt. An der Luft bildet sich sofort eine geschlossene Oxidhaut, die beständig ist gegen H_2O und Laugen. Indium wird besonders für spezielle Legierungen (z. B. Spezialstähle) verwendet, daneben aber auch in der Halbleiterindustrie (Legierungen mit Kupfer und Mangan werden für Transformatoren und elektrische Spulen eingesetzt) und als Spiegelbeläge. Aufgrund des großen Einfangquerschnitts für langsame und schnelle Neutronen wird Indium auch zur Neutronenabsorption (Bestandteil von Reaktorkontrollstäben) genutzt. Indiumdichtungen für Kyrostaten sind dampfdicht und lassen sich auch bei tiefen Temperaturen leicht verformen.

13.4.3 Verbindungen

Die Verbindungen sind den Aluminium- und Gallium-Verbindungen ähnlich. In den Mineralien **Indit ($FeIn_2S_4$)** und **Requesit ($CuInS_2$)** kommt Indium natürlich vor.

Indiumtrichlorid ($InCl_3$) kristallisiert zu farblosen, glänzenden, hygroskopischen Blättchen. In geschmolzenem Zustand leitet es den elektrischen Strom, in der gasförmigen Phase liegt es als Dimer vor. Gewonnen wird $InCl_3$ durch Verbrennung von metallischem Indium im Chlorgasstrom:

$$2\ In + 3\ Cl_2 \longrightarrow 2\ InCl_3$$

Verwendet wird es in Leuchtstoffröhren zur Verbesserung der Lichtausbeute. Indiumoxid ist die Verbindung mit der größten Bedeutung für dieses Element und wird für Flachbildschirme und Leuchtdioden eingesetzt.

13.4.4 Biologische Aspekte und Bindungsformen

Indiumoxide werden zur Bekämpfung von Lebertumoren und beim „Scannen" von Organen benutzt. Indium-Ionen akkumulieren in der Niere und als Indiumoxide in der Leber.

13.4.5 Toxikologische Aspekte

Indium ist weitgehend ungiftig, jedoch sind für $InCl_3$ und auch für $In(NO_3)_3$ toxische Wirkungen im Tierversuch festgestellt worden.

13.4.6 Aufnahme und Ausscheidung

Die Resorption beträgt bei Ratten 0,5 %. Ionisches Indium wird mit dem Urin ausgeschieden, kolloidale Indium-Komplexe mit den Faeces.

13.5 Thallium (Tl)

13.5.1 Vorkommen und Gehalte

Erde: Thallium hat einen Anteil an der *Erdrinde* von 10^{-4} Gew.-% (0,1 bis 0,5 mg/kg). *Meerwasser*: 0,01 µg/L, *Flusswasser*: bis 1 µg/L,
   Mensch: Für den Menschen ist Thallium nicht essenziell, sondern toxisch. Normalgehalte im Urin: 1 bis 5 µg/L, Blut 0,5 bis 2 µg/L, Haare < 20 µg/kg.
   Lebensmittel: Organe von Schlachttieren: 0,02 bis 0,1 mg/kg FG; Weißkohl 0,1 mg/kg FG, Kohlrabi 0,2 mg/kg, Möhren und Sellerieknollen 0,1 mg/kg.

13.5.2 Eigenschaften und Verwendung

Elektronenkonfiguration: [Xe] $(4\ f^{14}\ 5\ d^{10}\ 6\ s^2)$; $A_r = 204,383$ u. Thallium gleicht vielfach seinem Nachbarn im Periodensystem, dem Blei. Der Name leitet sich ab vom Griech. *thallos* = grüner Zweig aufgrund der Flammenfärbung. Es ist ein weichzähes Schwermetall (11,85 g/cm^3). An der Luft bildet es eine blaugraue O-xidschicht. Mit H_2O reagiert es zum Hydroxid. Thallium wird für Photozellen verwendet. Bei der Herstellung niedrig schmelzender Gläser wird Thallium zusammen mit Schwefel und Arsen eingesetzt.

13.5.3 Verbindungen

Thallium findet sich in der Natur in Pyriten und Zinkblenden. Es ist Bestandteil folgender Mineralien: **Crookesit** ((Cu, Tl, Ag)$_2$Se), **Lorandit** (Tl$_2$S · As$_2$S$_3$) und **Vrbait** (Tl$_2$S · 2 As$_2$S$_3$ · Sb$_2$S$_3$).

Die meisten Verbindungen leiten sich vom einwertigen Thallium ab, diese gleichen den Verbindungen des Kaliums (fast gleicher Ionenradius Tl$^+$ = 147 pm, K$^+$ = 151 pm). Im Gegensatz zu anderen Elementen dieser Hauptgruppe ist Tl$^+$ stabiler als Tl^{3+}. **Thalliumhydroxid** (TlOH) ist wie KOH eine starke Base. Andere Salze des einwertigen Thalliums sind z. B. TlCl, Tl$_2$CO$_3$ und Tl$_2$SO$_4$.

Thalliumsulfat (Tl$_2$SO$_4$) bildet farb- und geruchlose, rhombische Kristalle. Es ist hochgiftig. Es wird durch Zusatz von heißer, verdünnter H_2SO_4 zum Metall gewonnen und wurde als Rodentizid (Zelio®) eingesetzt. Thallium(I)-nitrat wird den bei Seenot eingesetzten Signalraketen zugegeben, um ihr Licht auffallend grün zu färben. Verbindungen des dreiwertigen Thalliums sind weniger häufig; sie gleichen den Aluminiumsalzen. Das dreiwertige Thallium bildet z. B. Tl$_2$(SO$_4$)$_3$ und TlCl$_3$.

13.5.4 Biologische Aspekte und Bindungsformen

Pilze und einige Kohlarten (Grünkohl, Weißkohl, Kohlrabi) sowie Raps und Rüben reichern Thallium bis zu 1 mg/kg an. In Lengerich/Westfalen traten 1979/80 Schädigungen in der Vegetation und bei Tieren auf. Ein Zementwerk verarbeitete Pyrit mit hoher Thalliumkonzentration (400 mg/kg). In Kohlpflanzen wurden Thallium-Gehalte von bis zu 45 mg/kg (FG) gefunden. In Tab. 13.5.1 sind Werte aufgeführt, die in bestimmten Entfernungen zum Zementwerk gemessen wurden.

Tab. 13.5.1 Gehalte von Thallium in Schweinefleisch und -nieren in Abhängigkeit der Entfernung von einem Tl-emittierenden Zementwerk

	Entfernung in km	Thallium-Gehalt in mg/kg FG
Schweinefleisch	0,8	0,284
	2,5	0,028
Schweineniere	0,8	0,756
	2,5	0,063

Während Weißkohl und Kohlrabi von belasteten Böden erhebliche Konzentrationen an Thallium aufweisen, sind bei Möhren und Sellerieknollen keine deutlich höheren Werte zu verzeichnen. In der Gegend um Lengerich sind keine Anzeichen von Mutagenität oder embryo-pathologische Effekte aufgetreten. Über chronische Intoxikationen ist wenig bekannt. In Niere, Leber, Knochen, Knorpeln und besonders in Haaren finden sich höhere Gehalte. Bei Eiern finden sich etwa 90 % in der Eischale und 10 % im Eiinneren. Thallium wird relativ leicht von den Wurzeln und Blättern aufgenommen. Im Cytosol der Pflanzen soll es nur gebunden an einer niedermolekularen Fraktion von 3,8 kD vorkommen.

Bei Laubbäumen kann Thallium das Chlorophyll zerstören, sodass Laubabfall die Folge ist. Aufgrund des ähnlichen Ionenradius können Tl^+-Kationen K^+-Kationen ersetzen. Es vermag die Na/K-ATPase zu aktivieren und Enzymsysteme durch Blockade der Thiolgruppen zu beeinflussen. Des Weiteren stört Thallium die Wirkung der B-Vitamine sowie den Stoffwechsel von Calcium und Eisen. Dimethylthallium(III)-Kationen sind als Methylierungsprodukte von Mikroorganismen beschrieben. In lebendem Gewebe befindet es sich vorwiegend intrazellulär.

13.5.5 Toxikologische Aspekte

Thallium und seine Verbindungen sind stark toxische Verbindungen. MAK-Wert (bezogen auf Thallium 0,1 mg/m^3). Thalliumsulfat (Tl_2SO_4) wird als Rodentizid verwendet (mit Warnfarbe). Typisch sind bei einer Vergiftung mit kleinen Dosen (z. B. 5 bis 8 mg Thalliumacetat) der nach 2 bis 3 Wochen eintretende Haarausfall und Sehstörungen. Die Haare wachsen aber wieder nach (Abb. 13.5.1). Hauptsymptome einer Vergiftung sind Talgneurithis und starke Schmerzen und Lähmungserscheinungen. Thallium fand in Deutschland auch Anwendung als Enthaarungsmittel ($TlOOC-CH_3$) Thalliumacetat z. B. bei Kosmetika, aber auch zur Behandlung der scherenden Flechte der Kopfhaut. Allerdings liegt die zur Haarentfernung erforderliche Dosis von 8 mg/kg Körpergewicht recht nahe an der tödlichen Dosis von 12 mg/kg Körpergewicht.

Thallium kann die Plazenta passieren, teratogen wirken und führt bei hohen Dosen zur Missbildung der Säuglinge. Tl^{3+}-Verbindungen werden im Organismus zu Tl^+ reduziert und Tl^0 zu Tl^+ oxidiert. Die Toxizität beruht auf der Verdrängung von K^+-Ionen durch Tl^+-Ionen, da einige Enzyme eine höhere Affinität zu Tl^+ besitzen. Eine Bindung an Thiolgruppen ist nachgewiesen. Bereits eine geringe Thalliumaufnahme (einige mg) ruft Psychosen und neurologische Störungen hervor.

LD_{100} Hund 35 bis 250 mg/kg, LD_{50} Ratten (oral) 10 bis 25 mg/kg. Tödliche Dosen (Tl_2SO_4) bei Männern (Vergiftungsfälle, oral) 10 bis 15 mg/kg entsprechend 0,8 bis 1 g. Thalliumexponierte Arbeiter in Zementwerken wiesen im Urin 300 µg/L Urin auf. Im Urin von Hunden treten Konzentrationen von 50 bis 110 µg/L häufiger auf. Der Nachweis von Thallium bei Vergiftungsfällen ist auch in der Krematoriumsasche noch möglich. Nach einer Thalliumvergiftung sind hohe Gehalte in Haaren und Fuß- und Fingernägeln bestimmbar, weil Tl^+ dort selektiv abgelagert wird.

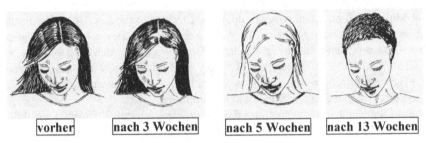

Abb. 13.5.1 Haarausfall nach einer Thalliumvergiftung

13.5.6 Aufnahme und Ausscheidung

Etwa 80 % der Thallium-Ionen werden resorbiert, auch eine Aufnahme über die Haut ist möglich. Die Halbwertszeit im Organismus beträgt 2 Wochen. Bei Intoxikationen werden ca. 20 % im Harn und Faeces ausgeschieden (innerhalb von 2 Monaten). Zur Entgiftung wird $(Fe^{3+})_4[Fe(CN)_6]_3^{4-}$ (Berliner Blau) eingesetzt, wobei Thallium gebunden und via Galle mit dem Kot ausgeschieden wird.

14 Die Elemente der 14. Gruppe: die Kohlenstoffgruppe

Die Elemente Kohlenstoff (C), Silicium (Si), Germanium (Ge), Zinn (Zn) und Blei (Pb) stehen in der 14. Gruppe.

14.1 Kohlenstoff (C)

14.1.1 Vorkommen und Gehalte

Erde: *Erdrinde*: 0,03 % Kohlenstoff (entspricht einer Menge von $2,9 \cdot 10^{16}$ t). Es kommt in Carbonatmineralien hauptsächlich mit Ca^{2+}, Mg^{2+}, Mn^{2+}, Fe^{2+} und Zn^{2+} in Salzen vor. Luft: 0,038 Vol.-% CO_2 (in vorindustrieller Zeit 0,028 %); Gesamtmenge in der Atmosphäre ~ $6,4 \cdot 10^{11}$ t Kohlenstoff; Gesamtmenge im Tier- und Pflanzenreich ~ $2,8 \cdot 10^{11}$ t Kohlenstoff (davon 99 % in Pflanzen, 1 % in Tieren); *Meerwasser* 0,005 Gew.-% CO_2 entspricht einer Gesamtmenge von $2,7 \cdot 10^{13}$ t Kohlenstoff. **Kohlenstoff ist der Grundbestandteil aller organischen Verbindungen** und damit aller Organismen. In der Erdkruste findet sich Kohlenstoff in Form von Diamant, Graphit oder Kohle als Produkt der Verwesung urweltlicher pflanzlicher Organismen und in Form von Erdöl als Zersetzungsprodukt urweltlicher tierischer Organismen.

14.1.2 Eigenschaften und Verwendung

Elektronenkonfiguration: [He] ($2 s^2 2 p^2$); A_r = 12,011 u. In freier Form kommt Kohlenstoff nur selten als Diamant und Graphit vor. Der Name leitet sich ab vom lat. *carbo* = Kohle. Kohlenstoff kommt in drei Modifikationen vor: als **Diamant** regulär in Würfeln und Oktaedern kristallisiert, als **Graphit** hexagonal kristallisiert und als sog. **Fullerene** in Form von hohlen, dreidimensionalen Molekülen. Besondere, feinkristalline Abarten des Graphits sind: Retortengraphit, Glanzkohlenstoff und Ruß sowie weniger rein Koks, Holzkohle und Tierkohle. Den sog. schwarzen Kohlenstoff, den man etwa durch thermische Zersetzung seiner Verbindungen erhält (etwa Ruß), hielt man früher für eine besondere amorphe Form. Er stimmt jedoch in seinem Feinbau im Wesentlichen mit Graphit überein. Das Kristallgitter des **Graphits** besteht aus vielen, übereinandergelagerten Kohlenstoffschichten, in welchen die Kohlenstoffatome lauter Sechsecke der Kantenlänge 142 pm bilden. Es ist ein sog. „Schichtengitter" vorhanden (Abb. 14.1.1).

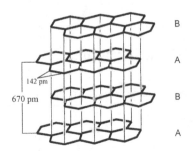

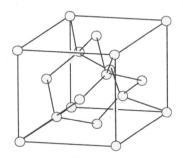

Abb. 14.1.1 Struktur von hexagonalem α-Graphit   **Abb. 14.1.2** Diamantstruktur

Die Schichten haben einen Abstand von 335 pm. Die C-Atome sind sp^2-hybridisiert. Die Bindung der Kohlenstoffatome untereinander beruht auf homöopolaren Bindungen; und zwar ist jedes Kohlenstoffatom durch Betätigung von 3 Valenzelektronen mit je 3 anderen Kohlenstoffatomen verknüpft. Die 4. Valenzelektronen (in den p-Orbitalen) verbinden die einzelnen Schichten untereinander (p-p)π-Bindung) durch Bildung delokalisierter p_π-p_π-Bindungen. Daraus ergibt sich die leichte Spaltbarkeit des Graphits in Richtung der Ebenen, weil zwischen den Schichten Van-der-Waals-Kräfte wirken. Feste σ-Bindungen sind innerhalb der Kohlenstoffebenen und lockere (p-p)π-Bindung in den Ebenen untereinander zu finden.

Beim Kristallgitter des **Diamanten** werden die Ebenen der Kohlenstoffatome durch sp^3-Hybridorbitale zusammengehalten. Die vier Valenzelektronen der Kohlenstoffatome treten zu Elektronenpaarbindungen zusammen. Dies führt zu einer Wellung, Parallelverschiebung und engeren Packung im Vergleich zu den ursprünglichen Graphitebenen. Jedes Kohlenstoffatom ist tetraedrisch im Abstand von je 154,5 pm von 4 Kohlenstoffatomen umgeben. Der Abstand der Ebenen beträgt im Diamantgitter nur noch 200 pm. Das Fehlen der delokalisierten π-Elektronen macht den Diamanten zum Nichtleiter und bedingt seine Festigkeit und Härte nach allen drei Richtungen des Raumes hin. Diamant hat ein Atomgitter, da an den Gitterpunkten ungeladene Atome sitzen (Abb. 14.1.2).

Fullerene stellen die dritte Modifikation des Kohlenstoffs dar. Sie wurden erst 1985 entdeckt. Es handelt sich dabei um fußballförmige, hohle Moleküle aus Kohlenstoffatomen (z. B. C_{60}, C_{84}, C_{240}, C_{960}). Die Stabilität nimmt mit der Größe zu. Fullurene weisen sehr unterschiedliche Eigenschaften auf, je nach Anzahl der Atome und Kombination mit anderen Elementen. Fullerene sind nach bisheriger Einschätzung wie Graphit und Diamant nicht giftig. In Anwesenheit von reaktivem Singulett-Sauerstoff lagert sich dieser an die Fullerene an. Aus Triplett-Sauerstoff entsteht unter UV-Einwirkung Singulett-Sauerstoff. Fullerene katalysieren die Umwandlung von O_2 vom Triplett- in den Singulett-Zustand, sodass dann das sichtbare Licht für eine Oxidation ausreicht (Abb. 14.1.3).

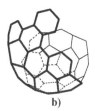

a)   b)

Abb. 14.1.3 Buckminster-Fulleren C$_{60}$ **Abb. 14.1.4** Rußteilchen

Unabhängig von der vorliegenden Modifikation ist Kohlenstoff ein geruch- und geschmackloses Nichtmetall, das unter 100 bar Druck bei 3.700 °C schmilzt und bei 3.850 °C siedet. Die Eigenschaften der Modifikationen Diamant und Graphit sind ganz verschieden:

Diamant bildet äußerst harte, spröde, farblose, wasserklare, stark lichtbrechende und glänzende Kristalle mit einer Dichte von 3,57 g/cm^3. Diamant leitet den elektrischen Strom nur sehr schwach (Nichtleiter). Die Anwesenheit geringer Verunreinigungen bedingt gelbe, rote, braune, blaue, violette oder grüne Färbung. Auch tiefschwarze Diamanten sind bekannt. Diamanten sind kostbare Edelsteine; ein 20 g schwerer Brillant (geschliffener Diamant) besitzt 100 Karat (1 Karat = 0,2 g). Die meisten (95 %) der gefundenen Diamanten eignen sich jedoch nicht für Schmuckzwecke, sondern werden für technische Zwecke verwendet, z. B. zum Schleifen, Bohren, Schneiden von harten Gegenständen (z. B. Glas), als Achsenlager für Präzisionsapparate usw. Wird Diamant auf über 1.500 °C unter Luftabschluss erhitzt, erfolgt der Übergang in Graphit spontan unter Wärmeentwicklung:

$$C_{Diamant} \xrightarrow{\;> 1500\,°C\;} C_{Graphit} \quad (\Delta H^0 = -\,1,9 \text{ kJ/mol})$$

Bei normalen Temperaturen ist die Umwandlung des metastabilen Diamanten in Graphit sehr klein. Der umgekehrte Vorgang ist technisch sehr aufwendig. Graphit muss außerordentlich hohem Druck (~150 kbar) ausgesetzt werden. Nach dem Auflösen von Graphit in geschmolzenem Eisen oder Silicat (bei ~ 3.000 °C) wird die Schmelze abgeschreckt. Dabei scheidet sich der Kohlenstoff im Innern unter sehr hohem Druck aus. Die erhaltenen Diamantkriställchen sind winzig und unansehnlich. Mittels Niederdrucksynthese (CVD = *chemical vaporer deposition*) gelingt die Herstellung von Schichten, z. B. zum Beschichten von Schneidwerkzeugen. Es werden dabei Gasmischungen von Kohlenwasserstoffen abgeschieden.

Diamant verbrennt zu CO$_2$:

$$C + O_2 \longrightarrow CO_2 \quad (\Delta H^0 = -\,393 \text{ kJ/mol})$$

Natürlicher **Graphit** ist eine kristalline, fettige, graue, leicht spaltbare Masse. Graphit ist sehr weich und leitet Wärme und elektrischen Strom gut (entlang der Schichten, aber nicht von Schicht zu Schicht). Künstlicher Graphit entsteht immer dann, wenn sich aus Kohlenstoff-Verbindungen bei sehr hohen Temperaturen

Kohlenstoff abscheidet. Graphit kommt je nach Herstellungsart in den verschiedensten äußeren Modifikationen vor. Die Teilchengröße ist von der Herstellungstemperatur abhängig: Bei tieferen Temperaturen (400 bis 1.500 °C) bilden sich ziemlich kleine Kristalle, bei sehr hohen Temperaturen (2.500 °C) größere Kristalle. Man kann ganz verschiedene Graphitsorten herstellen, die sich im spezifischen Gewicht, in der Farbe und der Oberflächenentwicklung („Aktivkohlen") unterscheiden. Folglich findet sich eine mannigfache technische Verwendung für Graphit: Er wird verwendet zur Herstellung von Tiegeln zum Schmelzen von Metallen, für Bleistifte (Graphit färbt ab, Variierung der Härte durch Tonzusatz), als Elektroden (gute Leitfähigkeit und chemische Widerstandsfähigkeit), als Schmiermittel und Schwärzungsmittel. Graphit bremst schnell Elektronen ab und wird als Moderator in Kernreaktoren verwendet (Kugelhaufenreaktor) und erlebt zurzeit eine Renaissance in Südafrika.

Graphen ist eine besondere Form des Graphits. Dabei besteht das Graphen nur aus einer Schicht Graphit. Die Mobilität der Elektronen ist dabei wesentlich höher als bei Graphit. Mit dem Graphen ließen sich Halbleiterbauelemente herstellen, die wesentlich schneller arbeiten als die aus Selen.

Koks ist der Rückstand von Steinkohle der beim starken Erhitzen in feuerfesten Retorten entsteht. **Ruß** enthält Kohlenstoff in Form von kugelförmig verketteten Aggregaten (Feinstruktur ähnelt Graphit, Kristallgröße 2.000 bis 3.000 pm) sowie chemisch gebundenem H_2, O_2, N_2 und S.

Durch Zusammenlagern von Fünfer- und Sechserringen bilden sich flache Scheiben (a) und sphärische Gebilde (b). Weiterhin treten spiralförmige Überlappungen auf, die sich aus den kleineren Rußteilchen bilden (Abb. 14.1.4).

Ruß entsteht durch Verbrennen flüchtiger Kohlenstoff-Verbindungen bei ungenügendem Luftzutritt. Der in der leuchtenden Flamme vorhandene Kohlenstoff wird durch Kühlung abgeschieden. Ruß besteht aus nahezu reinem Kohlenstoff (99,5 %) und dient in großem Umfang als schwarzer Farbstoff (Druckerschwärze, Tusche, Färben von Leder, Gummischuhen, Autoreifen usw.) und als Füllstoff für Kautschuk. Ruß als Verstärkerfüllstoff verleiht dem Gummi eine viel bessere Abriebfestigkeit als das früher verwendete Zinkoxid. **„Aktivkohlen"** bestehen aus ungeordneten Kohlenstoffatomen und winzigen Graphitkristallen. Sie besitzen eine große innere Oberfläche (~ 1.000 m^2/g) und werden durch Erhitzen von organischen Stoffen wie Holz (Holzkohle), tierischen Abfällen (Knochenkohle, Blutkohle) oder Rohrzucker (Zuckerkohle) hergestellt. Die große Oberflächenentwicklung wird z. B. durch Zusatz von Fremdstoffen wie Zinkchlorid $ZnCl_2$ erreicht, die nachher herausgelöst oder verflüchtigt werden können. Auf diese Weise erfolgt die Herstellung der hochaktiven Zuckerkohle („Carboraffin"). Aktivkohlen werden aufgrund ihres hohen Adsorptionsvermögens in der Medizin zur Entgiftung des Darmkanals (Adsorption von Bakterien und deren Stoffwechselprodukten) verwendet; weiterhin zur Entfuselung von Spiritus sowie zur Entfernung von Farbstoffen (z. B. Entfärbung von Zuckerlösungen) und Verunreinigungen aus Lösungen.

Kohlenstofffasern (z. B. Glaskohlenstoff) sind langgestreckte Moleküle aus Kohlenstoffpolymerfäden. Sie verbinden die Eigenschaften des Graphits mit denen von Textilien. Verwendet werden sie zur Erhöhung der Festigkeit von Kunststoffen, zur Wärmedämmung und als Filter. Glaskohlenstoff wird als Elektrode in Herzschrittmachern und für Laborgeräte benutzt. Allgemein ist Kohlenstoff ein sehr reaktionsträges Element, das erst bei hohen Temperaturen Reaktionen mit anderen Elementen zeigt.

14.1.3 Verbindungen

In natürlich vorkommenden Mineralien findet sich Kohlenstoff meist in Form von Carbonaten z. B. als „**Kalkstein**", **Kreide, Marmor ($CaCO_3$)** (bildet ganze Gebirge, ist Bestandteil von Perlen, Muschelschalen, Schneckenhäusern sowie Steinkorallen), **Dolomit ($CaCO_3 \cdot MgCO_3$), Magnesit ($MgCO_3$), Eisenspat ($FeCO_3$), Zinkspat ($ZnCO_3$), Manganspat ($MnCO_3$)**. Sandstein besteht aus einer basischen Matrix (z. B. Dolomit $CaCO_3 \cdot MgCO_3$), die die SiO_2-Körner verbindet. Durch den sauren Regen (enthält SO_2, HNO_3, H_2SO_4) werden die Carbonate in Sulfate umgewandelt

$$CaCO_3 + H_2SO_4 \longrightarrow CaSO_4 + CO_2 + H_2O$$

Die Sulfate nehmen ein größeres Volumen ein als die Carbonate, sodass die Verbindungsschichten aufgelockert werden und das Gesteinsgefüge z. B. der Kulturdenkmäler zerbröselt.

Als **Kohlenstoffdioxid CO_2** (Abb. 14.1.5) kommt Kohlenstoff in der Natur auch gasförmig vor. Kohlenstoffdioxid ist mit einem Gehalt von 0,03 Vol.-% ($\sim 2 \cdot 10^{12}$ t CO_2) in der Luft vorhanden, auch Mineralquellen („Sauerbrunnen", „Säuerlinge", „Sprudel") enthalten CO_2. In einigen Gegenden (z. B. in der Nähe von Vulkanen) strömt CO_2 aus Rissen und Spalten des Bodens.

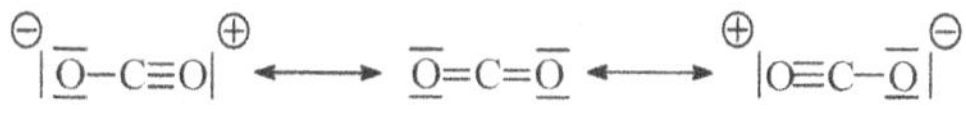

$$|\overset{\ominus}{\underline{\overline{O}}}{-}C{\equiv}O|^{\oplus} \longleftrightarrow \overline{\underline{O}}{=}C{=}\overline{\underline{O}} \longleftrightarrow {}^{\oplus}|O{\equiv}C{-}\underline{\overline{O}}|^{\ominus}$$

Abb. 14.1.5 Mesomere Grenzstrukturen des CO_2

Kohlenstoffdioxid (Carbondioxid) ist ein farbloses, säuerlich schmeckendes Gas. Es ist nicht brennbar und unterhält die Verbrennung nicht. Die Dichte beträgt 1,9768 g/L (bei 0 °C) und ist anderthalb mal so groß wie die der Luft. Deshalb sammelt sich CO_2 am Boden, z. B. in Gärkellern, Brunnenschächten und zeigt eine erstickende Wirkung.

Die Atmosphäre der Venus besteht aus 96 % CO_2 neben 3,5 % N_2.
CO_2 lässt sich leicht zu einer farblosen, leicht beweglichen Flüssigkeit verflüssigen, da die kritische Temperatur $- 31,04$ °C ($P_k = 73,7$ bar) beträgt. Flüssiges CO_2

erstarrt bei – 56,7 °C zu einer eisähnlichen Masse (bei 5,2 bar Druck). Bei Atmosphärendruck sublimiert festes CO_2 bei – 78,5 °C ohne zu schmelzen (Abb. 14.1.6).

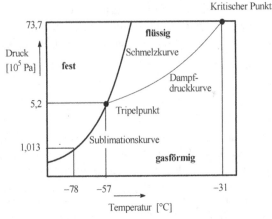

Abb. 14.1.6 Zustandsdiagramm (nicht maßstabsgerecht) von Kohlenstoffdioxid

CO_2 wird in flüssiger Form in Stahlflaschen abgefüllt. Öffnet man das Ventil einer solchen, mit der Öffnung schräg nach unten gerichteten Stahlflasche, so fließt flüssiges CO_2 aus. Sofort setzt unter starkem Wärmeverbrauch Verdunstung ein, wodurch sich flüssiges CO_2 rasch bis auf den Sublimationspunkt von – 78,5 °C abkühlt. Man erhält eine schneeige Masse, den sog. „Kohlensäureschnee". Festes CO_2 wird als Kühlmittel verwendet, zweckmäßig gemischt mit Flüssigkeiten wie Ether, Alkohol oder Aceton. Als „Trockeneis" ist es im Handel. In hydraulischen Pressen wird CO_2-Schnee mit etwa 40 bar zu festen Blöcken von Trockeneis gepresst. Es wird zur Konservierung von Lebensmitteln und zur Frischhaltung von Getränken verwendet. CO_2 wird weiterhin als Ausgangsstoff für die Harnstoffsynthese und als Schutzgas in der Nahrungsmittelindustrie eingesetzt. CO_2 wird zur Extraktion von Lebensmittelinhaltsstoffen und zur Dekontamination von Schadstoffen verwendet. In Abhängigkeit vom Druck verändern sich die Löslichkeitseigenschaften (lipophil/hydrophil). Für schonende Extraktionen, ohne dass z. B. Naturstoffe oxidiert werden, ist eine CO_2-Extraktion in Hochdruckanlagen oft das Mittel der Wahl. Hopfeninhaltsstoffe werden heute fast nur noch mit hyperkritischem CO_2 extrahiert.

Die technische Darstellung von CO_2 erfolgt durch das Verbrennen von Koks mit Luft:

$$C + O_2 \longrightarrow CO_2 \quad (\Delta H^0 = -394 \text{ kJ/mol})$$

oder als Nebenprodukt beim Kalkbrennen:

$$CaCO_3 \longrightarrow CaO + CO_2{\uparrow} \quad (\Delta H^0 = +178,5 \text{ kJ/mol})$$

Im Laboratorium wird CO_2 durch Säurezersetzung von Carbonaten im Kipp'schen Apparat hergestellt:

$$CaCO_3 + 2\,HCl \longrightarrow CaCl_2 + H_2O + CO_2\uparrow$$

Das Boudouard-Gleichgewicht und das Wassergasgleichgewicht spielen bei der technischen Verwendung von CO_2 eine große Bedeutung.

CO_2 ist eine sehr beständige Verbindung. Sie zerfällt erst bei sehr hohen Temperaturen (bei 2.600 °C zu rund 50 %) in Kohlenmonoxid und Sauerstoff:

$$CO_2 \;\rightleftharpoons\; CO + \tfrac{1}{2}\,O_2 \quad (\Delta H^0 = +\,282,6\ \text{kJ/mol})$$

Daher ist Kohlenstoffdioxid ein sehr schwaches Oxidationsmittel, Kohlenmonoxid ist bei hoher Temperatur ein starkes Reduktionsmittel. Die wässrige Lösung von CO_2 rötet Lackmuspapier, da CO_2 und H_2O zu einem geringen Betrag ($\sim 0,1$ %) Kohlensäure ergeben:

$$CO_2 + H_2O \;\rightleftharpoons\; H_2CO_3$$

CO_2 ist das Anhydrid der Kohlensäure H_2CO_3.

Früher wurde viel mit Mörtel gemauert und geputzt. Das Abbinden des gelöschten Kalks erfolgte durch Aufnahme von CO_2 aus der Atemluft.

$$Ca(OH)_2 + CO_2 \longrightarrow CaCO_3 + H_2O$$

Zum „Trockenwohnen" vermietete man deshalb früher gern solche Häuser an „widerstandsfähige" und der Feuchtigkeit nicht abgeneigte Personen.

Kohlensäure (H_2CO_3) ist eine mittelstarke Säure, da aber 99,9 % des gelösten CO_2 nicht als H_2CO_3 vorliegen, sondern als freies, hydratisiertes CO_2, wirkt die Gesamtlösung als schwache Säure ($K_1 = 1,7 \cdot 10^{-4}$ mol/L). Die Löslichkeit von CO_2 beträgt bei Normaldruck 0 °C: 1,7 L; 10 °C: 1,19 L; 15 °C: 1,0 L; 20 °C: 0,88 L; 25 °C: 0,757 L; 60 °C: 0,27 L. Eine Erhöhung des Druckes, z. B. auf 2 bar, führt bei 15 °C zu einer Verdoppelung der Löslichkeit von CO_2.

$$K = \frac{[H^+] \cdot [HCO_3^-]}{[H_2CO_3]}$$

$$H_2O + CO_2 \;\rightleftharpoons\; H_2CO_3 \;\xrightarrow{+\,H_2O}\; H_3O^+ + HCO_2^- \;\xrightarrow{+\,H_2O}\; 2\,H_3O^+ + CO_3^{2-}$$

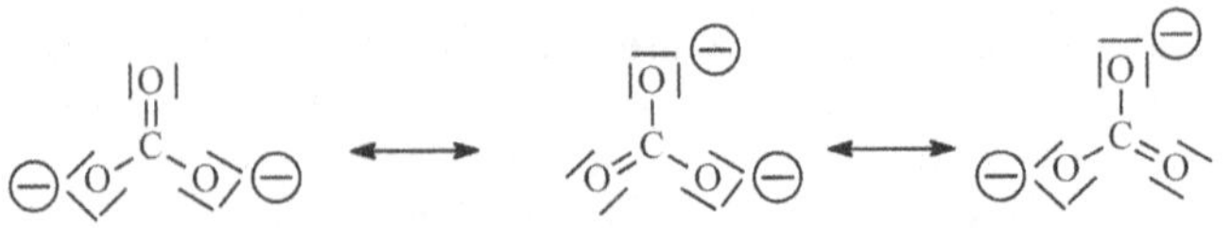

Abb. 14.1.7 Mesomere, trigonal-planare Struktur des Carbonatanions

In freier Form ist H_2CO_3 nicht bekannt, da beim Entwässern immer sofort das Anhydrid entweicht. H_2CO_3 ist eine zweibasige Säure: Sie bildet Hydrogencarbonate (primäre, saure oder Bicarbonate, z. B. $KHCO_3$) und Carbonate (sekundäre oder neutrale Carbonate, z. B. Na_2CO_3). Hydrogencarbonate sind in H_2O leicht löslich. Von den Carbonaten sind nur die Alkalicarbonate leicht in H_2O löslich, alle übrigen (z. B. $CaCO_3$, $MgCO_3$) sind schwer löslich (Abb. 14.1.7).

Hydrogencarbonate geben beim Erhitzen normale Carbonate:

$$2\,Me^IHCO_3 \; \rightleftharpoons \; Me_2CO_3 + H_2O + CO_2 \text{ (In geschlossenen Systemen ist die Reaktion umkehrbar)}$$

Kohlenmonoxid (Carbonmonooxid) (CO) (Abb. 14.1.8) ist ein farb- und geruchloses Gas mit einem Siedepkt. von $-191{,}6\,°C$ und einem Schmelzpkt. Von $-205\,°C$. Es ist brennbar und giftig.

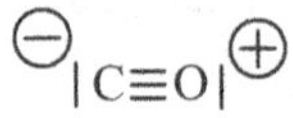

Abb. 14.1.8 Struktur von Kohlenmonoxid

Es verbrennt an der Luft mit bläulicher Flamme unter starker Wärmeentwicklung zu CO_2.

$$CO + \tfrac{1}{2}\,O_2 \longrightarrow CO_2 \quad (\Delta H^0 = -289 \text{ kJ/mol})$$

Daher dient CO in der Technik als Reduktionsmittel, z. B. zur Reduktion von Metalloxiden (Fe_2O_3, CuO) zu Metallen. CO vereinigt sich in der Hitze auch mit vielen anderen Nichtmetallen, z. B. mit Wasserstoff, mit Schwefel ($\longrightarrow$ COS), mit Chlor (Phosgen $COCl_2$). Großtechnisch wichtig ist die Umsetzung mit Wasserstoff, wobei man ein Gemisch aus CO und H_2 über geeignete Katalysatoren leitet. Je nach Bedingungen (Druck, Temperatur, Katalysator, Zusammensetzung des Gemisches) erhält man ganz verschiedene Hydrierungsprodukte, z. B. Methanol ($CO + 2\,H_2 \longrightarrow CH_3OH$), höhere Alkohole, Kohlenwasserstoffe („Benzinsynthese" von Fischer und Tropsch).

Kohlenmonoxid wirkt über das freie Elektronenpaar am C-Atom als Lewis-Base. Wichtige Komplexe bildet CO mit den Übergangselementen, die sog. „**Carbonyle**". Sie sind häufig giftig und leicht flüchtig. **Nickeltetracarbonyl (Ni(CO)₄)** dient als Ausgangsmaterial für die Nickelerzeugung. Die hohe Toxizität von Ni(CO)$_4$ beruht auf der Freisetzung von CO im Organismus (Blockierung des Sauerstofftransports).

Die Reaktion CO$_2$ + C $\rightleftharpoons$ 2 CO (ΔH^0 = + 172,2 kJ/mol) führt bei jeder Temperatur zu einem bestimmten Gleichgewicht. Dieses verschiebt sich, weil eine endotherme Reaktion mit Volumenvermehrung vorliegt, mit steigender Temperatur und fallendem Druck nach rechts, mit fallender Temperatur und steigendem Druck nach links. Bei Atmosphärendruck liegt bei 450 °C das Gleichgewicht ganz auf der Seite des CO$_2$, bei 950 °C praktisch ganz auf der Seite des CO („**Boudouard-Gleichgewicht**"). Diese Verhältnisse sind vorhanden bei der Umsetzung von Koks mit unzureichenden Mengen an Sauerstoff: Bei tiefen Temperaturen vorwiegend CO$_2$, bei hohen Temperaturen vorwiegend CO. Bei Luftüberschuss bildet sich auch bei hohen Temperaturen CO$_2$ (Abb. 14.1.9).

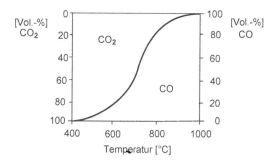

Abb. 14.1.9 Temperaturabhängigkeit der Gleichgewichtslage der Reaktion (CO$_2$ + C $\rightleftharpoons$ 2 CO beim Druck von 1 bar (Boudouard-Gleichgewicht))

Bei Zimmertemperatur sollte sich eigentlich CO nach Lage des Gleichgewichtes vollkommen in C und CO$_2$ disproportionieren. Die Geschwindigkeit ist jedoch so gering, dass CO als metastabiler Stoff vollkommen beständig ist. Die Verweilzeit von CO beträgt in der Atmosphäre etwa 2 Monate. Bei der Umsetzung von Kohle mit Luft bzw. Wasserdampf entstehen Generatorgas und Wassergas. Die Herstellung von **Generatorgas** erfolgt analog der CO-Erzeugung mit Luft, die in Koks eingeblasen wird.

$$2 C + O_2 \longrightarrow 2 CO$$

Wassergas wird erzeugt, indem Wasserdampf über stark erhitzten Koks geleitet wird. Dabei erfolgt folgende endotherme Reaktion (Konvertierung):

$$C + H_2O \rightleftharpoons CO + H_2 \quad (\Delta H^0 = + 131,3 \text{ kJ/mol})$$

CO kann sich bei niedrigen Temperaturen mit weiterem Wasserdampf zu CO$_2$ umsetzen:

$$CO + H_2O \; \rightleftharpoons \; CO_2 + H_2 \quad (\Delta H^0 = -40,9 \text{ kJ/mol})$$

Dieses „Wassergasgleichgewicht", das eine exotherme Reaktion ist, verschiebt sich mit steigender Temperatur nach links, mit fallender Temperatur nach rechts. Die Umsetzung von Kohlenstoff mit Wasserdampf bei verhältnismäßig niedrigen Temperaturen gibt also in der Hauptsache CO_2 und H_2, bei hohen Temperaturen (> 1.000 °C) CO und H_2.

Die durchschnittliche Zusammensetzung von Generatorgas beträgt: 25 % CO, 4 % CO_2, 70 % N_2; die von Wassergas: 50 % H_2, 40 % CO, 5 % CO_2, 4 % N_2. Beide Gase sind wichtige Heiz- und Synthesegase. Der Heizwert des Wassergases liegt mit ~ 12.500 kJ/m^3 wesentlich höher als der des Generatorgases (~ 4.200 kJ/m^3). Bei der Verbrennung der Gase laufen folgende energieliefernde Vorgänge ab:

$$CO + \tfrac{1}{2} O_2 \longrightarrow CO_2 \quad (\Delta H^0 = -282,6 \text{ kJ/mol}) \text{ und}$$
$$H_2 + \tfrac{1}{2} O_2 \longrightarrow H_2O \quad (\Delta H^0 = -285,5 \text{ kJ/mol})$$

Die Darstellung von CO im Laboratorium erfolgt durch Eintropfen von konz. Ameisensäure in 100 °C warme, konz. Schwefelsäure H_2SO_4, dabei zersetzt sich die Ameisensäure in Wasser und Kohlenmonoxid. Auch bei der Zersetzung von Oxalsäure (HOOC-COOH) mit konz. H_2SO_4 entsteht (neben CO_2) CO. CO ist das Anhydrid der Ameisensäure HCOOH.

Allgemein entsteht CO bei der Verbrennung kohlenstoffhaltiger Substanzen bei ungenügendem Luftzutritt, z. B. auch bei nicht ausreichendem Zug in einem Ofen. Da das Gleichgewicht $CO_2 + C \; \rightleftharpoons \; 2\,CO$ oberhalb von 1.000 °C praktisch ganz auf der Seite von CO liegt, verbrennt hellglühende Kohle selbst bei Luftüberschuss zu CO. Die weitere Verbrennung findet erst oberhalb der Kohle statt und bildet dann die für alle Koksfeuerungen charakteristische hellblaue Flamme über der Glut. Als empfindlicher Nachweis kann die Reduktion von Palladium-II-Ionen ausgenutzt werden, dabei erfolgt eine Dunkelfärbung durch Pd, z. B.

$$Pd^{2+} + 3\,H_2O + CO \longrightarrow Pd + 2\,H_3O^+ + CO_2$$

Kohlenwasserstoffe: Kohlenstoff verbindet sich mit Wasserstoff nur in H_2-Atmosphäre im Lichtbogen zwischen Kohlenstoffelektroden zu Acetylen:

$$2\,C + H_2 \longrightarrow C_2H_2$$

Kohlenstoff bildet zahlreiche Verbindungen mit Wasserstoff, allen gemeinsam sind die Eigenschaften unter Wärmeentwicklung zu Kohlenstoffdioxid CO_2 und H_2O zu verbrennen. Daher sind gasförmige und flüssige Kohlenwasserstoffe technisch wichtige Heiz- und Treibstoffe. In der Tiefsee und in Permafrostböden kommen große Mengen Methanhydrat vor. Es gibt Schätzungen, dass die Menge an gebundenem Kohlenstoff in Methanhydrat größer ist als in Kohle, Erdöl und Erdgas.

Kohlenstofftetrafluorid (CF$_4$): Mit Fluor reagiert Kohlenstoff direkt: Ruß glüht in Fluorgas und verbrennt zu CF$_4$:

$$C + 2\,F_2 \longrightarrow CF_4$$

Die einzelnen Chlorverbindungen (in Klammern die MAK-Werte in mg/m^3) des Kohlenstoffs wie CH$_3$Cl (150), CH$_2$Cl$_2$ (360), CHCl$_3$ (50) und CCl$_4$ (65) sind alle toxisch und cancerogen.

Schwefelkohlenstoff (CS$_2$) (Abb. 14.1.10) ist eine farblose, stark lichtbrechende Flüssigkeit mit einem Siedepunkt. von 46,3 °C. Es ist leicht entzündlich, über die Haut resorbierbar und besonders giftig, der MAK-Wert beträgt 30 mg/m^3. Die Dämpfe sind explosiv (Entflammbarkeit bei ~ 225 °C). Es löst u. a. Phosphor, Schwefel, Iod und Fette. Es entsteht direkt aus den Elementen:

$$C + 2\,S \longrightarrow CS_2 \;\; ; \;\; \overline{\underline{S}} {=} C {=} \overline{\underline{S}}$$

Abb. 14.1.10 Bildung und Struktur von Schwefelkohlenstoff

Schwefelkohlenstoff ist das „Säureanhydrid" der Thiokohlensäuren vom Typ H$_2$CS$_3$. Es gibt Mono-, Di- und Trithiosäuren. Schwefelkohlenstoff dient als Lösungs- und Extraktionsmittel für Fette, Öle, Wachse, Harze und Kautschuk. Es löst auch Phosphor, Schwefel und Iod. Weiterhin wird es in großen Mengen für die Herstellung von Viskoseseide (Kunstseide) und Zellwolle benötigt. Bakterien und Ungeziefer werden durch Spuren von CS$_2$ abgetötet.

Cyan (C$_2$N$_2$): (Abb. 14.1.11) Von den Elementen der Stickstoffgruppe vereinigt sich nur Stickstoff unter den Bedingungen der Acetylensynthese (im Lichtbogen) mit Kohlenstoff zu Cyan C$_2$N$_2$:

$$2\,C + N_2 \longrightarrow C_2N_2 \quad (\Delta H^0 = +\,304{,}3 \text{ kJ/mol}) \quad ; \quad |N{\equiv}C{-}C{\equiv}N|$$

Abb. 14.1.11 Bildung und Struktur von Cyan

Blausäure HCN ist leicht verdampfbar (Siedepkt. 25,6 °C) und auch wasserdampfflüchtig. Cyanogene Glykoside stellen eine Quelle von Blausäure freisetzender Verbindungen dar. Ein klassisches Beispiel ist die Bittermandel. Blausäure (HCN) und ihre Salze sind hochtoxisch, weil das CN$^-$ als Ligand fest an das Hämoglobin und/oder an die Komplexe der Atmungskette gebunden werden kann. Einige Tiere sind in der Lage, das Toxin unschädlich zu machen. So frisst beispielsweise die Schmetterlingsraupe der Gattung *Heliconius sara* ausschließlich Blätter von *Passiflora auriculata*, die eine hohe Konzentration an cyanogenen Substanzen (z. B. Epivolkenin) enthalten (Abb. 14.1.12). Die Larve ist in der Lage, das cyanogene Glucosid durch Abspaltung von CN⁻ und Anlagerung einer Sulfhydrylgruppe zu entgiften. Das gebildete Thiolderivat heißt Sarauriculatin.

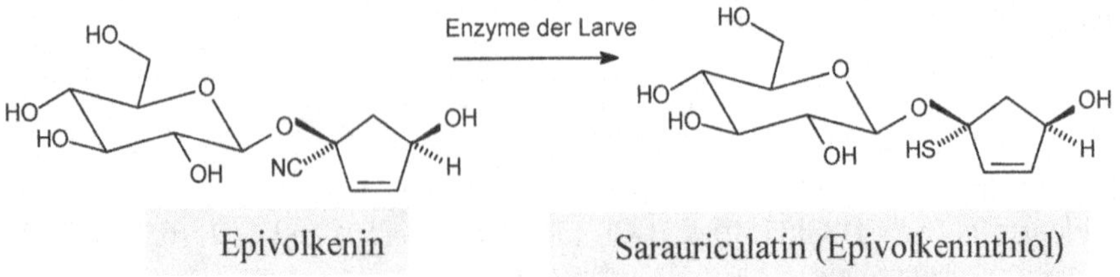

Epivolkenin   Sarauriculatin (Epivolkeninthiol)

Abb. 14.1.12 Freisetzung von CN⁻ und Anlagerung einer Sulfhydrylgruppe an Epivolkenin

„Carbide" (Abb. 14.1.13) sind Verbindungen von Kohlenstoff mit Metallen oder Nichtmetallen. Sie entstehen erst bei sehr hohen Temperaturen. Von Bedeutung ist z. B. Calciumcarbid (CaC_2) als salzartiges Carbid. Es ist ein Nichtleiter und zersetzt sich mit Wasser und Säuren zu Kohlenwasserstoffen:

$$CaC_2 + 2\,H_2O \longrightarrow Ca(OH)_2 + C_2H_2.$$

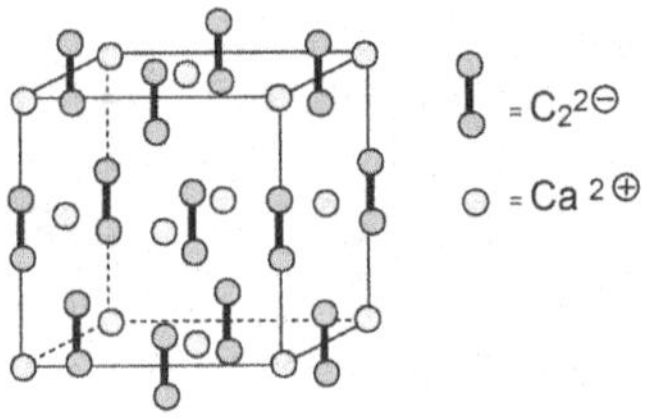

$$| = C_2^{2\ominus}$$
$$\bigcirc = Ca^{2\oplus}$$

Abb. 14.1.13 Struktur von Calciumcarbid

Silicium verbindet sich bei 2.000 °C mit Kohlenstoff zu **Siliciumcarbid** (SiC, „Carborundum") (s. Silicium):

$$C + Si \longrightarrow SiC$$

Dabei handelt es sich um eine extrem harte Verbindung, die wie Borcarbid B_4C auch als diamantartiges Carbid bezeichnet wird. Metallische Carbide sind von großer Härte, beständig gegen Temperaturen und besitzen gute elektrische Leitfähigkeit. Von Bedeutung sind Eisencarbid (Zementit) für die Stahlherstellung, Urancarbid (UC) als Kernbrennstoff sowie Wolframmonocarbid (WC) und Titancarbid (TiC) als technische Hartmetalle.

14.1.3.1 Natürliche Kohle

Kohle ist ein kompliziertes Gemisch kohlenstoffreicher Verbindungen, die sich aus Kohlenstoff, Sauerstoff, Wasserstoff, Stickstoff und Schwefel aufbauen. Kohle bildet sich durch die langsame Vermoderung („Verkohlung") fossiler Überreste von Pflanzen. Bei dieser Zersetzung werden vor allem Wasserstoff und Sauerstoff weitgehend vollständig als Methan CH_4 und CO_2 abgespalten, sodass sich Kohlenstoff im Rückstand mehr und mehr anreichert. Fortschreitende Stadien der Verkohlung sind Braunkohle (aus der Tertiärzeit), Steinkohle (aus der Carbonzeit) und Anthrazit (aus noch älterer Zeit). Braun- und Steinkohle sind Ausgangsmaterial der chemischen Industrie. Wichtigste Verfahren zur Nutzbarmachung der vorhandenen Elemente sind die „Trockene Destillation" und Hydrierung.

Bei der „Trockenen Destillation" von Kohle wird Kohle in geschlossenen Gefäßen ohne Luftzutritt erhitzt. Dabei bilden sich gasförmige, flüssige und feste Produkte. Die Zusammensetzung dieser Produkte ist abhängig von der Temperatur ($< 600°C$ Verschwelung oder > 1.000 °C Verkokung). Bei der Verkokung von Steinkohlen entstehen zu ~ 10 % gasförmige Produkte, das sind alle durch Kombination der Elemente C, O, H, N und S denkbaren und bei den hohen Temperaturen beständigen Gase. Zum Beispiel sind enthalten: Wasserstoff H_2, Verbindungen von H und C (CH_4, Ethylen, Benzol), Verbindungen von H und O (Wasserdampf), Verbindungen von H und N (NH_3), Verbindungen von H und S (H_2S), Verbindungen von C und O (CO, CO_2), N_2, Verbindungen von C und N (Cyangas C_2N_2, Blausäure) und Verbindungen von C und S (CS_2). Die Zusammensetzung ändert sich mit der Dauer der Destillation. „Leuchtgas", bei dem weniger lang erhitzt wird, besteht durchschnittlich aus: 50 % H_2, 32 % CH_4, 7 % CO, 5 % N_2, 3 % C_mH_n, 2 % CO_2. Durch Vermischen von Wassergas wird das früher genutzte, sog. „Stadtgas" erzeugt. Weiterhin entstehen bei der Verkokung ~ 10 % flüssige Produkte wie „Ammoniakwasser" und Steinkohlenteer (wichtig für die chemische Großindustrie). Der feste „Rückstand" macht ~ 80 % aus. Er besteht aus Koks, der noch geringe Mengen von H_2 (1 %), O_2 (1 %), N_2 (2 %) und Schwefel-Verbindungen (1 %) enthält. Er wird direkt oder indirekt als Brennstoff eingesetzt. Bei der Verschwelung (unterhalb von 600 °C) nimmt vor allem die Menge des wertvollen Teeres zu.

14.1.4 Biologische Aspekte und Bindungsformen

Das Isotop ^{14}C wird zur Altersbestimmung historischer und prähistorischer Gegenstände verwendet („C-Uhr"). Kosmische Strahlung kann Stickstoff durch Neutronenbeschuss entsprechend einer Kernreaktion in Kohlenstoff umwandeln:

$$^{14}_{7}N\,(n,p)\,^{14}_{6}C$$

Im Verlauf von Jahrmillionen stellte sich dadurch eine Gleichgewichtskonzentration an ^{14}C ein. In der Atmosphäre wird das ^{14}C-Isotop zu $^{14}CO_2$ oxidiert. Dieses vermischt sich mit dem vorhandenen CO_2, sodass ein Gleichgewicht entsteht. Mit der Photosynthese wird das Isotop in Pflanzen eingebaut. Das ist ein sehr langsamer und in äußerst geringem Umfang verlaufender Prozess. Nach dem Tode kann ein Organismus kein neues radioaktives ^{14}C mehr aufnehmen, und es kommt zum Zerfall des ^{14}C-Isotops ohne dass eine ständige Aufnahme vorliegt. Der Zerfall entspricht 16 ^{14}C-Atom-Zerfällen je g pro Minute, ist also äußerst gering. Ein 70 kg schwerer Mensch enthält $1,9 \cdot 10^{-8}$ g ^{14}C, von denen zerfallen je Sekunde $3,1 \cdot 10^3$ Atome. Analoges gilt für die Pflanzen, die bei der Assimilation, und für die Tiere, die bei der Pflanzenaufnahme die Gleichgewichtskonzentration von ^{14}C in sich aufnehmen. Damit sinkt die ^{14}C-Aktivität nach 5.717 ± 40 Jahren auf die Hälfte usw.. Auf diese Weise kann man aus dem Maß der noch vorhandenen ^{14}C-Aktivität zurückrechnen auf das Alter des Gegenstandes (z. B. Holzplanke eines alten Schiffes, Knochenreste von prähistorischen Tieren usw.). Mit dieser Methode ist die experimentelle Altersbestimmung vorgeschichtlicher Präparate (bis max. 100.000 Jahre) möglich.

Der **Kohlensäure-Hydrogencarbonatpuffer** (Bicarbonatpuffer) wirkt im Blut gegen überschüssige Säure: Für die Konstanterhaltung des pH-Wertes im Organismus sorgen verschiedene Puffer. Ein wichtiger, variabler Puffer des Blutes und der Interstitiumflüssigkeit ist das System:

$$CO_2 + 2\,H_2O \rightleftharpoons HCO_3^- + H_3O^+, \quad pH = 6,1 + \lg\frac{20}{1} = 7,4$$

Für einen bestimmten pH-Wert in einer Lösung ist das dort herrschende Konzentrationsverhältnis jeder Pufferbase (z. B. $[HCO_3^-]$) zur dazugehörigen Puffersäure (im Beispiel also $[CO_2]$) festgelegt (Henderson-Hasselbalchsche Gleichung) (Abb. 14.1.14). Im Blut beträgt das Verhältnis HCO_3^-/CO_2 20:1. Bei Körpertemperatur liegt der pK_S für dieses System bei 6,1. Die große Bedeutung des HCO_3^-/CO_2-Puffersystems im Blut liegt darin, dass es nicht nur (wie die anderen Puffer) H^+-Ionen abpuffern kann, sondern zusätzlich darin, dass die Konzentrationen der beiden Pufferkomponenten weitgehend unabhängig voneinander verändert werden können: z. B. CO_2-Konzentrationserniedrigung im Blut durch die Atmung, HCO_3^--Ausscheidung durch die Niere.

Die Konzentration $[CO_2]$ in unten stehender Gleichung steht für die Säure gemäß der Gleichung:

$$CO_2 + H_2O \rightleftharpoons H_2CO_3$$

Das Gleichgewicht liegt normalerweise auf Seiten des CO_2. Durch die Carboanhydrase (Kapitel 12) wird das CO_2 in H_2CO_3 umgewandelt. Ein Molekül Carboanhydrase ist in der Lage, 36 Millionen CO_2-Moleküle in H_2CO_3 in einer Minute umzuwandeln bzw. zu katalysieren und die Umsetzungsgeschwindigkeit zu erhöhen.

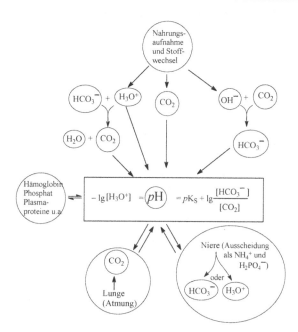

Abb. 14.1.14 Einflussfaktoren auf den pH-Wert im Körper

14.1.4.1 Einflüsse auf den pH-Wert des Blutes

Der Gesamtpufferbestand des Blutes wird als Summe der Pufferbasen angegeben, d. h. als Summe der Konzentrationen aller der Pufferformen, die Protonen aufnehmen können (HCO_3^-, Hb^-, HbO_2, HPO_4^{2-} usw.).

Der pH-Wert des Blutes wird durch eine Reihe von Faktoren beeinflusst:

- $[H_3O^+]$ → Verminderung: durch H_3O^+-Ausscheidung über die Niere und Verlust der Magensäure beim Erbrechen. Folge: Der pH-Wert steigt.

- $[H_3O^+]$ → Erhöhung: Saure Lebensmittel reagieren mit dem $HCO_3^- + H_3O^-$ $\longrightarrow CO_2 + H_2O$, dadurch wird der CO_2-Gehalt erhöht. Anhäufung von nichtflüchtigen Säuren durch Stoffwechselstörung führt nach obiger Gleichung ebenfalls zu einer CO_2-Erhöhung. Folge: Der pH-Wert sinkt.

- $[OH^-]$ → Erhöhung: Pflanzliche Ernährung durch basische Salze schwacher Säuren, wobei die Hydroxyd-Ionen mit CO_2 reagieren. $OH^- + CO_2 \rightleftharpoons HCO_3^-$, die HCO_3^--Konzentration steigt. Folge: Der pH-Wert steigt.

- $[CO_2]$ → Erhöhung: CO_2-Konzentrationsänderung durch CO_2-Produktion im Stoffwechsel, Hypoventilation (verminderte Atmung) führt zum Ansteigen der CO_2-Konzentration im Stoffwechsel. Folge: Der pH-Wert sinkt.

- $[CO_2]$ → Verminderung: CO_2-Abatmung in der Lunge, dadurch fällt die CO_2-Konzentration im Blut. Eine Verminderung von $[CO_2]$ führt zu einer Erhöhung von $[HCO_3^-]$. Folge: Der pH-Wert steigt.
- $[HCO_3^-]$ → HCO_3^--Ausscheidung über die Niere oder bei Durchfall. Ein Abfall von $[HCO_3^-]$ vermindert den pH-Wert.

Kompensationsmechanismen von Niere, Leber und Lunge gleichen die Effekte im Normalfall aus. Tritt eine Störung der Kompensationsmechanismen ein, kann das Krankheitsbild der „Alkalose" oder „Acidose" entstehen.

Eine Acidose (pH-Wert-Abfall des Blutes) führt zu einer vermehrten Mineralstofffreisetzung aus den Knochen (besonders Ca^{2+}). Dadurch werden die Proteinabbauenden Systeme der Muskulatur aktiviert, sodass verstärkt Muskeleiweiß abgebaut werden kann. Eine höhere Konzentration an Protonen führt zur Neutralisierung von Ladungen in den Glukosaminglykanen des Knorpel- und Bindegewebes, die Wasserbindungsfähigkeit wird vermindert und eine geringere Geschmeidigkeit des Bindegewebes ist die Folge.

Durch hohe Anteile an CO_2 in der Atemluft kommt es zur respiratorischen Acidose. Durch den erniedrigten Blut-pH-Wert vermindert sich die Sauerstoffbindungskapazität des Hämoglobins. Sinkt der Blut-pH-Wert um 0,2 Einheiten, so vermindert sich die Affinität des Hämoglobins um 20 %. Durch die herabgesetzte Sauerstoffsättigung des Blutes und das vermehrte Auftreten des dunkler gefärbten Desoxyhämoglobins sind Haut, Schleimhäute und Lippen cyanotisch (bläulich bis violett) gefärbt. Zusätzlich treten ab ca. 10 % CO_2 in der Einatemluft starke narkotische Effekte ein, die auch zum Tode führen können.

Natriumhydrogencarbonat ($NaHCO_3$) wird in großen Mengen im Stoffwechsel von Wiederkäuern zur Neutralisation von niedermolekularen Carbonsäuren (Essig-, Propion-, Buttersäure) eingesetzt. Diese Fettsäuren entstehen im Darmtrakt der Wiederkäuer (Pansen, Netz-, Blätter-, Labmagen) durch Gärungsprozesse bei der bakteriellen Zersetzung von Cellulose aus der Nahrung. Man hat errechnet, dass ein junger Ochse pro Tag etwa 60 L Speichel mit einem Gehalt von 300 g $NaHCO_3$ produziert (Daten von 1955). Bei Wiederkäuern liegt der pH-Wert des Speichels bei 8,2. Hochleistungsrinder produzieren bis zu 160 L/d, wobei die HCO_3^--Konzentration bei 0,11 mol/L und die HPO_4^{2-}-Konzentration bei 0,02 mol/L liegt. Damit liefert z. B. eine Kuh im Mittel etwa 700 g Hydrogencarbonat und 200 g Hydrogenphosphat pro Tag. Während des Vorganges des Wiederkauens wird der Vormageninhalt im Rachen neutralisiert und gepuffert. Dadurch wird der saure pH-Wert des Vormageninhalts, hauptsächlich hervorgerufen durch niedermolekulare Carbonsäuren, durch wiederholtes Verschlucken, angehoben. Die Bakterien, die für die Säureproduktion verantwortlich sind, liegen immobilisiert an der Oberfläche des Pansenepithels vor.

Kohlenstoffdioxid CO_2 spielt als Bestandteil der Atmosphäre eine wichtige Rolle beim sog. „Treibhauseffekt" (Tab. 14.1.1). Da CO_2 infrarotes Licht absorbiert und dessen Abstrahlung verhindert, führt der Anstieg des CO_2-Gehaltes in der Luft (um 25 % zwischen 1980 und 1990) zu einer Erwärmung der Atmosphäre. Der Treibhauseffekt wird durch die Absorption von IR-Strahlung der Spurengase (H_2O-Dampf, CO_2, O_3 (aus der Troposphäre), N_2O und CH_4) hervorgerufen, wodurch es zu einer Erhöhung der mittleren Temperatur der Erdoberfläche kommt (Tab. 14.1.1). Nicht nur die Konzentration der Spurengase, sondern auch die Absorptionswirkung ist für den Anteil am Treibhauseffekt wichtig. Die Konzentration an CO_2 beträgt 380 mg/L, die von Methan „nur" 1,8 mg/L, jedoch ist Methan 23-mal „effektiver" in der Absorptionswirkung.

Tab. 14.1.1 Entwicklung des Kohlenstoffdioxid- und Methan-Gehaltes der Luft (Riedel, 2011)

Jahr	CO_2 [ppm]	CH_4 [ppm]	
1600		0,75	
1880	280	1,0	(1820)
1915	300	1,2	(1900)
1960	318	1,5	(1950)
1980	330		
2008	380	1,8	
2090	600	3,0	(Prognose)

Die Quelle der CO_2-Emission (ca. $7 \cdot 10^9$ t Kohlenstoff als CO_2) sind zu 80 % fossile Brennstoffe, zu 10 % nicht fossile Brennstoffe (Holz, Dung, Torf) und zu 10 % durch Abholzung (Brandrodung) von Wäldern. Der Anstieg von Methan ist auf anaerob wirksame Bakterien, z. B. in Reissümpfen, Faulschlamm in eutrophierten Gewässern und in Verdauungsorganen von Wiederkäuern, zurückzuführen. Termiten erzeugen etwa $40 \cdot 10^6$ t/a an Methangas. Reisfelder erzeugen Methan etwa in einer Menge von $130 \cdot 10^6$ t/a, Wiederkäuer (Viehhaltung) $75 \cdot 10^6$ t/a und wildlebende Wiederkäuer $5 \cdot 10^6$ t/a. Mit der steigenden Temperatur in nördlichen Gegenden wird durch Erhöhung der Aktivität von Mikroorganismen ebenfalls vermehrt CO_2 und CH_4 freigesetzt, weiterhin nimmt die Löslichkeit von CO_2 bei steigender Temperatur in den Weltmeeren ab (mögliche Folge der Erwärmung: Verödung von Ackerland, Überflutungen von Fluss- und Küstenlandschaften, Umsiedlung von Menschen und Tieren, Einengung des Lebensraumes).

Durch einen Brauvorgang oder bei der Weinbereitung wird aus Glucose Ethanol und CO_2 durch die alkoholische Gärung gebildet:

$$C_6H_{12}O_6 \longrightarrow 2\,C_2H_5OH + 2\,CO_2$$

Kohlenstoffdioxid besitzt die Dichte von 1,977 g/L und ist damit deutlich schwerer als Luft (Dichte: 1,23 g/L). CO_2 sammelt sich in den Gärkammern am Boden an, sodass ein Winzer mit einer brennenden Kerze in den Gärkeller geht. Beim Verlöschen muss sofort der Rückweg wegen Erstickungsgefahr angetreten werden. Beim Bierbrauen wird das gebildete CO_2 nach Möglichkeit zur Druckabfüllung verwendet. Der Mensch atmet täglich 700 g oder mehr als 350 L Kohlenstoffdioxid aus.

Der Nios-See, im Nordwesten Kameruns, setzte im Jahre 1986 eine riesige CO_2-Wolke frei. Das farb- und geruchlose Gas, das schwerer ist als Luft, brachte etwa 1.700 Menschen den Tod, außerdem verendeten Tausende von Rindern. Hervorgerufen wurde diese Naturkatastrophe, die sich jederzeit wiederholen kann, durch vulkanische Quellen, die den 200 m tiefen See mit CO_2-gesättigtem Wasser speisen. Durch den hohen Druck enthält 1 Liter Tiefenwasser bis 10 Liter CO_2. Im Normalfall ist das Gas im Tiefenwasser gefangen, überdeckt mit einer Schicht wärmeren und damit leichteren Oberflächenwassers. Bedingt durch Windstille und geringe Temperaturunterschiede durchmischen die Wasserschichten sich nicht. Im Jahre 1986 jedoch stieg gashaltiges Wasser zu nahe an die Oberfläche (ein Sturm oder ein Erdrutsch führte zur Durchmischung der Wasserschichtung). Durch den Druckverlust perlte das gelöste CO_2 wie aus einer riesigen, gut geschüttelten Champagnerflasche aus, mit verheerenden Folgen. Seitdem bemühen sich Forscher, durch Verlegung von Rohren einen derartigen Druckaufbau in den untersten Wasserschichten entgegenzuwirken, um eine Wiederholung der Katastrophe zu verhindern.

In den phlegräischen Feldern bei Neapel – ein Gebiet in der Nachbarschaft des Vesuvs – liegt die sogenannte „Hundsgrotte" (*grotta del cane*), in der sich dicht über dem Boden das aus dem Gestein entweichende CO_2 sammelt. Hunde ersticken deshalb in der Grotte, während die höher gelegenen Atmungsorgane des Menschen Luft einatmen. Aus den Bodenspalten der Grotte dringt eine Konzentration an CO_2 von 70 %, an N_2 von 24 % und an O_2 von 6 %.

Kohlensäure in Bädern und Getränken führt zu einer Erweiterung der Blutgefäße und regt den Kreislauf an.

In den Nadeln des Seeigels (*Echinoidea*) befindet sich ein aus Calciumcarbonaten aufgebautes Kalkskelett. Die Nadeln dienen zur Verteidigung, z. T. aber auch der Fortbewegung.

14.1.5 Toxikologische Aspekte

Kohlenmonoxid CO in der Atemluft wirkt stark giftig. MAK-Wert für CO_2 = 33 mg/m^3. Es verbindet sich mit dem Blutfarbstoff zu Carboxyhämoglobin (= CO-Hämoglobin) und verhindert so den Sauerstofftransport. CO wird als Ligand fester an das Hämoglobinmolekül gebunden als O_2. CO-Hämoglobin kommt beim Menschen normalerweise unterhalb von 5 % des gesamten Hämoglobins vor, bei Zigarettenrauchern steigt der Gehalt auf 5 bis 8 % im Blut an, vereinzelt können die Konzentrationen auf über 10 % ansteigen. Schon bei einem CO-Gehalt in der Atemluft von nur 0,1 % treten Vergiftungserscheinungen auf. Luft mit einem Gehalt von 1 % CO wirkt rasch tödlich. Bei dieser Konzentration sind 50 % des Hämoglobins in CO-Hämoglobin umgewandelt. Die Affinität des CO ist 300-fach größer als die von O_2. Bei CO-Vergiftungen treten hellrosa Verfärbungen der Haut auf, die auf die Bildung von CO-Hämoglobin zurückzuführen sind. Das Einatmen geringster Mengen von CO ist bereits gefährlich und verursacht heftige Kopfschmerzen. Als Gegenmittel wirken frische Luft, starker Kaffee und Alkohol! Es dauert etwa 4 Stunden bis der CO-Hämoglobin-Gehalt bei Zufuhr von Frischluft auf die Hälfte abgesunken ist. Wird mit reinem Sauerstoff beatmet, wird die Verminderung auf 50 % bereits nach 1 h erreicht. 1 g CO wirkt tödlich, ein erheblicher Teil des Hämoglobins liegt dann als CO-Hämoglobin gebunden vor. Küchenschaben haben sich einer hohen CO-Konzentration angepasst und können in einer Atmosphäre überleben, die 80 % CO und 20 % Sauerstoff enthält. Früher wurden Autoabgase oft als CO-Quelle benutzt. Während der Fahrt betrug der Gehalt in den Abgasen des Motors ca. 4 Vol.-% CO, beim Leerlauf 8 Vol.-%, so ist es nicht verwunderlich, dass Suizidversuche in geschlossenen Garagen schnell mit dem Ableben endeten. Dieselmotoren und neue Motoren mit Katalysatoren weisen Gehalte von unter 0,2 Vol.-% auf. Dieses scheint mit ein Grund zu sein, dass es in neuerer Zeit kaum noch Meldungen über „erfolgreiche Suizidversuche" in Garagen gibt.

Kohlenstoffdioxid führt ohne Vorwarnung zum Ersticken; MAK-Wert: 0,5 Vol.-%. Bis zu einer Konzentration von 2,5 % CO_2 in der Atemluft treten beim Menschen keine Komplikationen auf, bei 3 % atmet der Mensch 6,5 L Luft, bei 5 % CO_2 11,7 L und bei 7 % CO_2 fast 22 L Luft ein. Bei 10 % kommt es zu Krämpfen, Kreislaufschwäche und Bewusstlosigkeit. Bei noch höheren CO_2-Konzentrationen tritt der Tod ein, weil zu viel Sauerstoff an der Häm-Gruppe durch CO_2 ersetzt wird. Freisetzungen von Blausäure aus cyanogenen Glykosiden sind ebenfalls gefährlich. Der MAK-Wert für HCN beträgt 11 mg/m^3 und für CN$^-$ 1 bis 5 mg/m^3. Die tödliche Dosis an CN$^-$ liegt bei 1 mg /kg.

14.1.6 Aufnahme und Ausscheidung

Aus kohlenstoffdioxidhaltigen Getränken tritt der Alkohol schneller in das Blutsystem. Champagner, Sekt, aber auch Schaumweine wirken schneller berauschend als kohlenstoffdioxidfreie alkoholische Getränke mit gleichem Ethanolgehalt. Durch die Haut eindringendes CO_2, z. B. bei Kohlensäurebädern (HCO$_3^-$ und org. Fruchtsäuren) regt den Kreislauf an und führt zu einer stärkeren Durchblutung und Rötung der Haut. Sind die auf die Haut wirkenden Konzentrationen an CO_2 zu hoch (45 bis 90 %), so sind Pulsverlangsamung und Erhöhung des Blutdrucks die Folge. Beim Trinken von kohlenstoffdioxidhaltigen Getränken wird im oberflächlichen Zungengewebe das gelöste CO_2 durch Carboanhydrase in H_2CO_3/HCO$_3^-$ umgesetzt und so das Kribbeln auf der Zunge erzeugt.

14.2. Silicium (Si)

14.2.1 Vorkommen und Gehalte

Erde: Die *Erdrinde* besteht zu etwa ¼ ihres Gewichts aus Silicium. Silicium ist nach Sauerstoff das meist verbreitete Element in der Erdrinde. Es kommt nur gebunden als Silicate (Salze der Kieselsäuren) vor. Besonders weit verbreitet sind Alkali-, Erdalkali-, Aluminium- und Eisensilicate.

Mensch: 1,4 g Si (gesamt), entsprechend ca. 20 mg/kg; Haare 0,01 bis 0,36 Gew.-%; Nägel 0,17 bis 0,54 Gew.-%.

Lebensmittel: (Angaben Si in mg/kg): Roggen 90; Weizen 80; Tomate 27; Weißkohl 1,5; Äpfel 5; Erdbeere 20; Vollei 3.

14.2.2 Eigenschaften und Verwendung

Elektronenkonfiguration: [Ne] $(3\,s^2\,3\,p^2)$; $A_r = 28{,}0855$ u. Der Name leitet sich ab von lat. *silex* = Kiesel. Elementares Silicium tritt nur in Diamantstruktur auf; da der Abstand zwischen den Siliciumatomen (0,235 nm) jedoch größer ist als bei den Kohlenstoffatomen im Diamant, ist Silicium nicht so hart. Kristallines Silicium bildet dunkelgraue, glänzende, harte und spröde Oktaeder. Es zeigt bereits äußerlich durch die Farbe und den charakteristischen Glanz seine Ähnlichkeit mit Metallen. Silicium verbrennt an der Luft erst bei sehr hohen Temperaturen (> 1.000 °C) zu Siliciumdioxid SiO_2:

$$Si + O_2 \longrightarrow SiO_2$$

Es ist in allen Säuren praktisch unlöslich, aber leicht löslich in heißen Laugen (H_2-Entwicklung) unter Bildung von Silicaten:

$$Si + 2\,NaOH + H_2O \longrightarrow Na_2SiO_3 + 2\,H_2\!\uparrow$$

Silicium ist ein Halbleiter. Halbleiter besitzen eine elektrische Leitfähigkeit, die zwischen den Leitern (Metalle mit frei beweglichen Elektronen) und Nichtleitern (Bielektrika ohne bewegliche Elektronen, z. B. Quarz, Bernstein) liegt. Halbleiter sind z. B. Silicium, Germanium, Siliciumcarbid (SiC), Bleisulfid (PbS). Die Elektronenbindung ist bei den Halbleitern nicht so stark wie bei den Nichtleitern. Der elektrische Widerstand eines 1-cm^3-Würfels eines Halbleiters liegt etwa um 50 Ohm, bei Nichtleitern kann er um 10^{17} Ohm liegen. Die niedrige Leitfähigkeit von Halbleitern wird durch Licht, Wärme oder Verunreinigungen stark verändert. Es gibt viele Halbleiter, praktisch spielen aber nur wenige eine Rolle. Besonders wichtig sind Germanium und Silicium. Halbleiter werden z. B. für Transistoren, Dioden und Thyristoren gebraucht. Als hochreines Silicium dient es als Ausgangsmaterial für Solarzellen. Durch Destillation von SiH_4 und Zersetzung, $SiH_4 \rightarrow 2\,H_2 + Si$, wird hochreines Silicium gewonnen. Da Silicium durchlässig ist für infrarotes Licht, wird es auch in optischen Linsen verwendet. Weitere Verwendung findet Silicium in der Stahlindustrie. Legierungen aus Stahl und Silicium (Zusätze von 10 – 13 % Silicium) werden als „Ferrosilicium" bezeichnet. Das Silicium erhöht die Säurebeständigkeit des Stahles, der zur Herstellung von Apparaturen für die chemische Industrie verwendet wird. Ferrosilicium mit hohem Silicium-Gehalt (25 %, 50 %, 75 %, 98 %) dient in der Stahlindustrie auch als Reduktionsmittel. Reduktionsmittel werden in geringer Menge Metallschmelzen zugesetzt, um damit den schädlichen Sauerstoff aus dem Metall in Form von „Schlacken" zu entfernen oder zu binden, damit die Qualität des Metalls nicht vermindert wird. Vor allem wichtig ist die Reduktion von Eisen und Stahl, auch von Kupfer. Sie hat für die Technik eine große Bedeutung.

14.2.3 Verbindungen

Silicium kommt bevorzugt in der Koordinationszahl 4 vor, in einigen Fällen auch in der Koordinationszahl 6. Silicium bildet mit Wasserstoff Hydride die sog. „Silane". Die einfachste Si-H-Verbindung ist **Monosilan (SiH_4)**, das z. B. durch die Zersetzung von Magnesiumsilicid mit Säure entsteht:

$$Mg_2Si + 4\,HCl \longrightarrow SiH_4\uparrow + 2\,MgCl_2$$

Dabei entstehen auch höhere Silicium-Wasserstoff-Verbindungen: **Disilan (Si_2H_6), Trisilan (Si_3H_8), Tetrasilan (Si_4H_{10})**, deren Zusammensetzung der von gesättigten Kohlenwasserstoffen entspricht: Si_nH_{n+2}. Mono- und Disilan sind Gase, Tri- und Tetrasilan sind Flüssigkeiten. Die Hydride reagieren mit Sauerstoff heftig, sodass sie an der Luft selbstentzündlich sind. Die Handhabung ist nur im Vakuum oder in N_2-Atmosphäre möglich. Wasser zersetzt Silane zu Kieselsäure bzw. Siliciumdioxid und H_2:

$$SiH_4 + 4\,H_2O \longrightarrow Si(OH)_4 + 4\,H_2\uparrow \quad bzw. \quad SiH_4 + 2\,H_2O \longrightarrow SiO_2 + 4\,H_2\uparrow$$

Silane sind säurebeständig. Der Wasserstoff in den Silanen lässt sich durch Halogene austauschen, z. B. bei der Bildung von Silicochloroform $HSiCl_3$ aus Monosilan:

$$SiH_4 + 3\,HCl \longrightarrow HSiCl_3 + 3\,H_2\uparrow$$

Die Halogensubstitutionsprodukte werden durch H_2O unter Abspaltung von Halogenwasserstoff zersetzt, wobei Sauerstoffatome eingeführt werden, z. B.

$$H_3Si\text{-}Cl + H_2O + Cl\text{-}SiH_3 \longrightarrow H_3Si\text{-}O\text{-}SiH_3 + 2\,HCl$$

So entstehen sog. „Siloxane". Siloxane mit Doppelbindungen polymerisieren sofort. Wichtig sind auch die „Alkyl-Siloxane", die sich von Siloxanen durch Austausch von Wasserstoff durch Alkylgruppen ableiten, z. B. R_2SiO. Ihre Polymerisationsprodukte spielen technisch als „Silicone" eine große Rolle. Siliconöle sind vorwiegend linear gebaute Organo-Polysiloxane. Ihre Moleküle bestehen aus Ketten von abwechselnd untereinander verknüpften Silicium- und Sauerstoffatomen. Die übrigen Valenzen des Siliciums sind mit Wasserstoff bzw. organischen Resten besetzt. Viel verwendet werden Methylsiliconöle mit dem in Abbildung 14.2.1 dargestellten Bauprinzip.

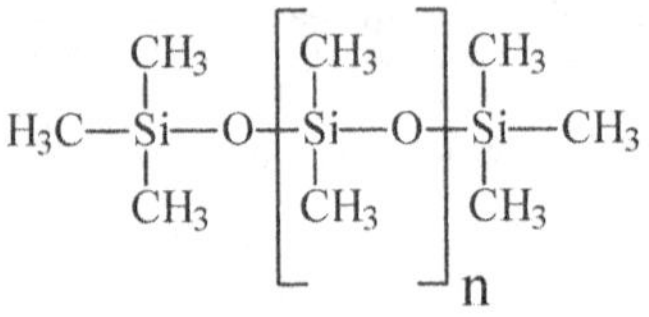

$$H_3C-\underset{\underset{CH_3}{|}}{\overset{\overset{CH_3}{|}}{Si}}-O-\left[\underset{\underset{CH_3}{|}}{\overset{\overset{CH_3}{|}}{Si}}-O\right]_n \underset{\underset{CH_3}{|}}{\overset{\overset{CH_3}{|}}{Si}}-CH_3$$

Abb. 14.2.1 Grundstruktur der Methylsilicone

Große Variationsmöglichkeiten bestehen in der Länge der SiO-Ketten und in der Art der organischen Reste. Damit ändern sich die Eigenschaften der Organo-Silicium-Verbindungen. Siliconöle sind farblose, klare und geruchlose Flüssigkeiten, chemisch sehr inerte Stoffe. Die Viskosität reicht von leicht beweglich (Methylsiliconöle) bis zu äußerst zähflüssig. Sie wirken auf Metalle wie Eisen, Kupfer, Aluminium, Zinn, Chrom, Nickel usw. nicht ein. Sie lösen sich in aliphatischen, aromatischen oder chlorierten Kohlenwasserstoffen, in manchen Alkoholen sowie in Ketonen und Estern. In H_2O sind sie weitgehend unlöslich. Durch verdünnte Säuren und Laugen werden sie nicht angegriffen. Nur durch konz. Säuren, Chlor oder konz. Alkalien werden sie langsam zersetzt. Sie sind sehr temperaturbeständig (bis 150 °C an der Luft sind keine Zersetzungserscheinungen zu beobachten). Oberhalb von 400 °C können sie zu SiO_2, H_2O und CO_2 verbrennen. Silicone werden vielseitig eingesetzt als Schmiermittel, Antischaummittel, zur Hydrophobierung von Oberflächen, als Weichmacher z. B. in Wachsen, als hydraulische Flüssigkeiten, Manometerflüssigkeiten, Wärmeübertragungsflüssigkeiten, Frittierfett (USA und Europa). Sie haben große technische Bedeutung.

Siliciumtetrachlorid (SiCl$_4$) ist eine farblose Flüssigkeit mit einem Siedepkt. von 57,57 °C. Mit H_2O findet sofort eine hydrolytische Spaltung statt:

$$SiCl_4 + 2\,H_2O \longrightarrow SiO_2 + 4\,HCl$$

Siliciumtetrafluorid (SiF$_4$) ist ein farbloses, an der Luft rauchendes Gas, das stechend riecht. Es bildet sich bereits bei Zimmertemperatur unter Feuererscheinung aus Silicium und Fluor. Mit H_2O reagiert SiF_4 zu Hexafluorokieselsäure H_2SiF_6, einer giftigen, gallertartigen Substanz:

$$3\ SiF_4 + 2\ H_2O \longrightarrow SiO_2 + 2\ H_2SiF_6$$

Siliciumoxid (SiO) ist nur bei sehr hohen Temperaturen beständig. Es wurde 1949 in den USA dargestellt durch gleichzeitiges Verdampfen von Si und SiO_2. Abschrecken des Dampfes ergibt ein schwarzes, harzartiges Produkt von der Zusammensetzung SiO. Ein Niederschlag von SiO wird auf Spiegeln und optischen Gläsern als Schutzschicht gegen Beschädigungen und Trübungen aufgebracht.

Siliciumdioxid (SiO$_2$) kommt in kristalliner und amorpher Modifikation vor, es sind etliche dreidimensionale Modifikationen bekannt, z. B. α-Quarz, β-Quarz, α-Tridymit, β-Tridymit, α-Cristobalit, β-Cristobalit. Sie kommen alle in der Natur vor und sind weit verbreitet. Mineralien, die SiO_2 enthalten, sind u. a. **Quarz**, **Bergkristall** (wasserklar), **„Rauchquarz"** (braun), **Amethyst** (violett), **Citrin** (weingelb, entsteht durch Erhitzen von Amethyst auf 500 °C) und **Rosenquarz** (rosa). Schöne Kristalle dieser Mineralien dienen als Schmucksteine. SiO_2 ist weiterhin in zahlreichen Gesteinen als Gemengebestandteil enthalten, z. B. in Granit, Gneis, Glimmerschiefer, Sandstein, Quarzsand. In amorpher Form ist SiO_2 im **„Opal"** (Schmuckstein, Abarten davon sind „Chalcedon" und „Achat" (graugelb oder gefärbt mit vielen parallelen Streifen, die durch Spuren von Begleitstoffen gefärbt sind)) und im **Kieselgur** zu finden. Kieselgur besteht aus den Kieselpanzern vorzeitlicher Infusorien (Aufgusstierchen) (*Diatomeen*) und wird daher auch „Infusorienerde" genannt. Es wird z. B. zum Filtrieren von Bier eingesetzt (Abb. 14.2.6). Die Durchmesser der kleinen Poren betragen ca. 1,5 µm, so dass nur mikroskopisch kleine Partikel die Poren passieren können.

SiO_2 hat einen Schmelzpkt. von 1.713 °C und einen Siedepkt. von 2.230 °C. Es ist ein hochmolekularer Stoff, dessen Formel lediglich die stöchiometrische Zusammensetzung angibt. Das Siliciumatom steht in der Mitte eines Tetraeders, die Sauerstoffatome in den Ecken, die einzelnen Tetraeder sind über je ein Sauerstoffatom verbunden. Siliciumdioxid ist ziemlich reaktionsträge. Säuren, außer HF, greifen nicht an. Mit Flusssäure (HF) wird Glas angeätzt, das SiO_2 geht in Lösung.

$$SiO_2 + 6\ HF \longrightarrow H_2SiF_6 + 2\ H_2O$$

Gegen Laugen ist es empfindlicher. Beim Verschmelzen von SiO_2 mit Alkalien entstehen Silicate.

$$SiO_2 + 2\ NaOH \longrightarrow Na_2SiO_3 + H_2O$$

Die Einfachbindungen von Silicium und Sauerstoff im SiO_2 sind mit die beständigsten aller Atombindungen. SiO_2 ist ein Musterbeispiel für die Wechselwirkung „freier" Elektronenpaare am Sauerstoffatom mit „leeren" d-Orbitalen am Siliciumatom. Siliciumdioxid wird als Gefäßmaterial für Schalen, Tiegel und Geräte verwendet. Völliges Durchschmelzen von SiO_2 ergibt „Quarzglas", teilweises Schmelzen („Sintern") liefert „Quarzgut". Das Blasen und Verformen findet im Knallgasgebläse statt. SiO_2 erstarrt amorph zu Quarzglas. Quarzgut dient zur Herstellung chemischer Großapparaturen. Die Vorzüge von Quarzgeräten sind die chemische Widerstandsfähigkeit, schwere Schmelzbarkeit, sehr kleiner linearer Ausdehnungskoeffizient (nur $\frac{1}{18}$ desjenigen von Glas), daher keine Spannungen durch schroffe Temperaturänderungen. Quarzglas ist auch durchlässig für UV-Strahlen und wird daher für optische Geräte und Quarzlampen (künstliche Höhensonnen) verwendet.

Siliciumcarbid (Carborundum) (SiC) bildet in reiner Form farblose Kristalle, technisches SiC ist meist durch Verunreinigungen dunkel gefärbt. Es hat eine in etwa dem Diamant entsprechende Härte und wird daher für Schleifmittel verwendet. Die Darstellung erfolgt durch Erhitzen von SiO_2 und Koks in elektrischen Öfen auf 2.000 °C:

$$SiO_2 + 3\,C \xrightarrow{\;2000\;°C\;} SiC + 2\,CO \quad (\Delta H^0 = +539{,}2\ kJ/mol)$$

Aufgrund der großen thermischen und chemischen Widerstandsfähigkeit von SiC dient es zur Herstellung von feuerfesten Steinen, Tiegeln und Rohren sowie zur Auskleidung von Apparaturen. In der Landwirtschaft werden zum Schärfen und Schleifen von Messern, Sensen und Beilen sog. „Silitsteine" verwendet, die aus Siliciumcarbid bestehen. In Form von Einkristallen wird SiC auch als Halbleiter eingesetzt.

Silicium bildet mit vielen Metallen beim Erhitzen im elektrischen Schmelzofen die sog. **„Silicide"**. Dies sind intermetallische Verbindungen, die z. B. die Zusammensetzung Ca_2Si, $CaSi$ oder $CaSi_2$ haben.

Siliciumdisulfid (SiS$_2$) bildet faserige, farblose Kristalle. Es bildet sich aus den Elementen beim Erhitzen auf Rotglut. Die Tetraeder sind kantenverknüpft und bilden Ketten.

Siliciumnitrid (Si$_3$N$_4$) wird bei der Herstellung von Keramikmotoren verwendet.

Orthokieselsäure (Si(OH)$_4$) (Abb. 14.2.2) hat die Grundstruktur eines SiO_4-Tetraeders. Sie ist in H_2O löslich und entsteht z. B. aus $SiCl_4$ mit H_2O

$$SiCl_4 + 4\,H_2O \longrightarrow Si(OH)_4 + 4\,HCl$$

Die Orthokieselsäure ist jedoch nicht beständig und spaltet H_2O ab. Diese Abspaltung erfolgt nicht intramolekular, sondern intermolekular, d. h. zwischen verschiedenen Molekülen, sodass als erstes Kondensationsprodukt die Ortho-Dikieselsäure ($H_6Si_2O_7$) entsteht.

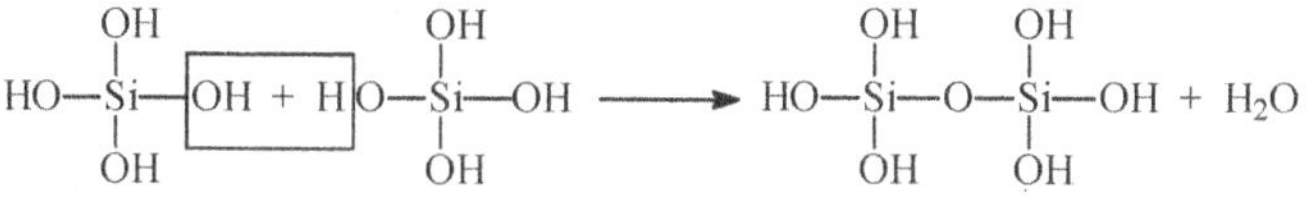

Kondensation von Orthokieselsäure zu Orthodikieselsäure

Weitere Kondensation führt zur Bildung längerer Ketten:

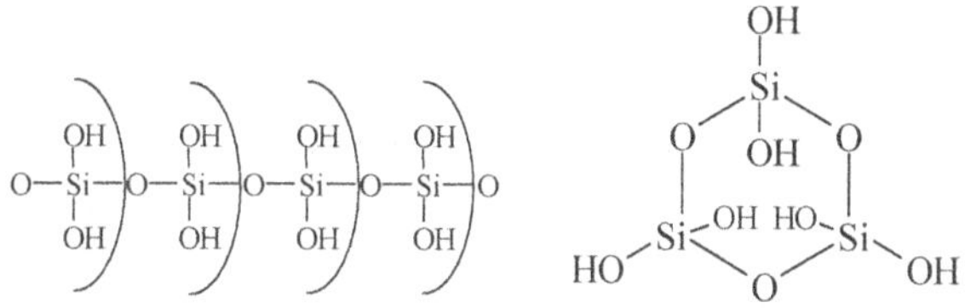

Abb. 14.2.2 Kondensation und Kettenbildung der Kieselsäuren sowie Ringschluss bei $[H_2SiO_3]_3$

Die allgemeine Formel für Kieselsäuren lautet: $(H_2SiO_3)_n$. Bei kürzeren Ketten wie $[H_2SiO_3]_3$, $[H_2SiO_3]_4$, $[H_2SiO_3]_6$ ist ein Ringschluss möglich. Bei großem n sind die Ketten offen. Silicium hat die Koordinationszahl 4, da jedes Siliciumatom von 4 Sauerstoff-Atomen umgeben ist (Abb. 14.2.3). Diese bilden die 4 Ecken eines Tetraeders, in dessen Mittelpunkt sich das Silicium befindet. Jede gemeinsame Ecke stellt ein Sauerstoffatom dar, das 2 Siliciumatomen gleichzeitig angehört.

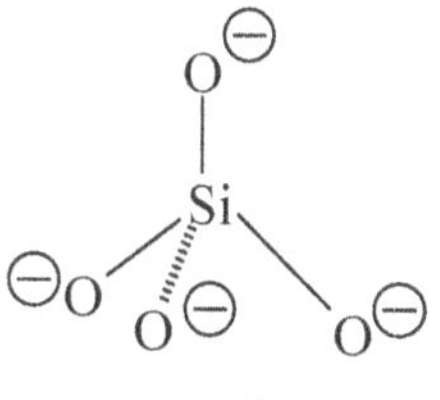

Abb. 14.2.3 SiO_4^{4-}-Tetraeder

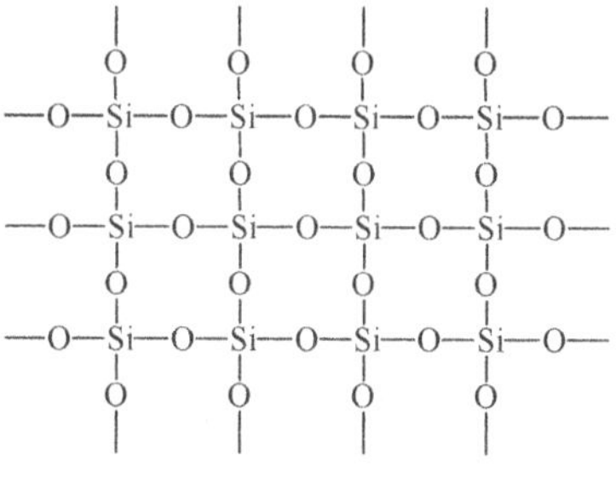

Abb. 14.2.4 Siliciumdioxid (SiO_2)

Auch zwischen den Ketten kann noch H_2O-Abspaltung erfolgen (Abb. 14.2.4). Aus den Ketten können sich als Kondensationsprodukte Bänder, Blattstrukturen und schließlich Raumnetzstrukturen bilden. Als „Raumnetzstruktur" liegt das Anhydrid der Kieselsäure ∞ $[SiO_2]$ vor. Auf diese Weise findet eine Molekülvergrößerung der Kieselsäure unter Abnahme der Löslichkeit statt. SiO_2 (Quarz) als letztes Glied der Reihe ist vollkommen unlöslich in H_2O.

Während im Kristallgitter des festen CO_2 einzelne Moleküle vorliegen, ist im SiO_2 kein Einzelmolekül feststellbar. Der ganze Kristall bildet ein Riesenmolekül. Daher ist SiO_2 nicht flüchtig, während CO_2 leicht flüchtig ist.

Silicagel ist eine Polykieselsäure von trockener, pulvrig bis körniger Substanz. Sie hat gute Adsorptionseigenschaften und wird zum Trocknen, Reinigen, in der Chromatographie und als Katalysator verwendet.

Alkalisilicate (Me$^I_4$SiO$_4$, Me$^I_6$Si$_2$O$_7$, Me$^I_2$SiO$_3$) entstehen durch Zusammenschmelzen von SiO$_2$ und Alkalicarbonaten bei 1.300 °C, z. B.

$$2 \text{ SiO}_2 + 4 \text{ Me}_2\text{CO}_3 \longrightarrow 2 \text{ Me}_4\text{SiO}_4 + 4 \text{ CO}_2$$

Die wässrige Lösung von Alkalisilicaten bezeichnet man als „Wasserglas". Für die Gewinnung wird Sand mit Pottasche oder Soda verschmolzen und die Schmelze unter Druck mit H$_2$O ausgelaugt. In der Hauptsache sind die Salze Me$_2$SiO$_3$ und Me$_2$Si$_2$O$_5$ (z. B. H$_2$Si$_2$O$_5$, s. Formel) vorhanden.

H$_2$Si$_2$O$_5$ (aus H$_6$Si$_2$O$_7$ – 2 H$_2$O)

Wasserglas dient zum Verkitten von Glas und Porzellan, zum Imprägnieren und Leimen von Papier, zum Beschweren von Seide, zum Strecken von Seife, in manchen Ländern zum Konservieren von Eiern und als Flammschutzmittel für Holz und Gewebe. Lösungen reagieren stark alkalisch, da Kieselsäuren sehr schwache Säuren sind.

14.2.3.1 Natürlich vorkommende Silicate

Es gibt zahlreiche natürliche Silicate, die Vielseitigkeit ergibt sich aus dem Bauprinzip der Kieselsäuren. Man hat z. B. die Anionen [SiO$_4$]$^{4-}$, [Si$_2$O$_7$]$^{6-}$, [Si$_3$O$_9$]$^{6-}$ oder ∞[SiO$_3$]$^{2-}$. Es kommen begrenzte und unbegrenzte Anionengrößen vor. Es gibt folgende Strukturen der Silicate: Ringstruktur: [Si$_3$O$_9$]$^{6-}$, [Si$_6$O$_{18}$]$^{12-}$, Kettenstruktur: [SiO$_3$]$_n^{2n-}$, Schichtstruktur: [Si$_4$O$_{16}$]$_n^{4n-}$ und Raumnetzstruktur. Die stöchiometrische Zusammensetzung ist oft sehr verwirrend. Bei vielen hochpolymeren Silicaten handelt es sich um riesige Silicatanionen. Silicate sind z. B. **Olivin (Mg,Fe)$_2$[SiO$_4$]**, enthält isolierte SiO$_4^{4-}$-Tetraeder in den sog. Inselstrukturen), **Peridot oder Chrysolith ((Mg,Fe)$_2$[SiO$_4$]**, gelbgrüner Edelstein), **Granat ((Ca$_3$Al$_2$[SiO$_4$]$_3$**, statt Calcium auch Mangan und Eisen, roter Edelstein), **Beryll (Al$_2$Be$_3$[Si$_6$O$_{18}$])**, **Wollastonit (Ca[SiO$_3$])**, **Talk (Mg$_3$[Si$_4$O$_{10}$](OH)$_2$)**, OH-Gruppen zum Ladungsausgleich), **Kaolinit (Al$_4$[Si$_4$O$_{10}$](OH)$_8$)** und **Serpentin (Mg$_3$[Si$_2$O$_5$](OH)$_4$)** (Hauptbestandteil von Serpentinasbest, einem faserartigen Silicatmineral, das spinnbar ist und für Schutzkleidungen verwendet wurde; Asbestfasern können durch Einatmen die Lunge schädigen (Asbestlunge); Hornblendeasbest hat starre Kristallnadeln.). Synthetisch wird beispielsweise der Edelstein **Aquamarin (3 BeO · Al_2O_3 · 6 SiO_2**, wasserblaue Farbe) hergestellt. Der Edelstein **Turmalin** (Farbe vorzugsweise grün, aber auch rot, rosa, blau, schwarz oder farblos) ist ein Borsilicat mit Tonerde.

Speckstein ist eine dichtere Abart des Magnesiumsilicats und wird zu Schneiderkreide und Buntstiften verarbeitet.

Glimmer sind „**Alumino-Silicate**", in denen die Silicium-Ionen teilweise durch Aluminium-Ionen ersetzt sind, da sich deren Radien nur verhältnismäßig wenig unterscheiden (Si^{4+} 40 pm; Al^{3+} 50 pm). Das Aluminium-Ion übernimmt dabei die Viererkoordination des Siliciums. Dadurch steigt die negative Ladung des Anionengerüstes um je eine Einheit pro eingeführtes Aluminium-Ion. Zur Kompensation dieser negativen Ladung sind in den weitmaschigen Alumino-Silicat-Anionen dann Kationen eingebaut. Eine in der Natur besonders umfangreiche Gruppe von Alumino-Silicaten haben wir in den Raumgitterstrukturen vorliegen, zu denen die Feldspäte zählen. Als typisch mag der **Orthoklas ($K(AlSi_3O_8)$)** gelten.

Weitere Alumino-Silicate sind: Muskovit ($KAl_2[AlSi_3O_{10}](OH)_2$), Margarit (Sprödglimmer) ($CaAl_2[Al_2Si_2O_{10}](OH)_2$), Permutit ($Na[AlSiO_4]$ · H_2O) (Permutite sind auch als sog. „Molekularsiebe" wichtig), Ultramarin ($[NaAlSO_4]_6$ · Na_2S_2), Lapislazuli (Lasurstein) (3 $NaAlSiO_4$ · Na_2S) (blauer Edelstein), Amazonith (Amazonenstein) ($K(Na)AlSi_3O_8$) (grüner Edelstein), Kalifeldspat ($K[AlSi_3O_8]$) und Natronfeldspat ($Na[AlSi_3O_8]$).

Weißer Ton (*Kaolinum ponderosum*) ist ein natürliches wasserhaltiges Aluminiumsilicat von unterschiedlicher Zusammensetzung. Es wird innerlich bei leichten Entzündungen des Dünndarms, äußerlich zu entzündungshemmenden Umschlägen und galenisch als Bestandteil von Pudern und als Dispergiermittel verwendet. Pulverisierter Talk heißt Talkum (Talcum) und ist nach der Ph. Eur. ausgewähltes, pulverisiertes, natürliches, wasserhaltiges Magnesiumsilicat. Die chemische Zusammensetzung der reinen Substanz ist $Mg_3Si_4O_{10}(OH)_2$. Es dient als gut haftender, sterilisierbarer Bestandteil von Pudern von Operationshandschuhen. Als Trennmittel und Trägersubstanz ist Talkum als Lebensmittelzusatzstoff (E 553b) zugelassen. Bei der Ameisenhaltung im Formicarium dient es zur Ausbruchssicherung. Der MAK-Wert für Talkum (Feinstaub) beträgt 2 mg/m^3.

14.2.4 Biologische Aspekte und Bindungsformen

Als Spurenelement wird Silicium offenbar bei der Ausbildung von Knochen (Calcifikation junger Knochen) und Bindegewebe benötigt. Es wird dort an Glucosaminoglykane und deren Proteinkomplexe gebunden. Es scheint als vernetzendes Agens zwischen Makromolekülen zu wirken. Auch ist es für die Quervernetzung von Protein-Polysaccharid-Komplexen (Mucopolysaccharide) im Knorpel verantwortlich. Im Bindegewebe ist Si an der Vernetzung des Kollagens beteiligt. Im Organismus kommt Si in Form von Silicaten, SiO_2 und Kieselsäureestern vor (Schwedt, 2006). Neuerdings gibt es Hinweise, dass Silicat-Ionen die Toxizität von Al^{3+}-Ionen hemmen, weil unlösliche Aluminiumsilicate im Körper gebildet werden. In der Biosphäre wird das lösliche Silicat aufgenommen und während der Biomineralisation polymerisiert. Polymerisierte Kieselsäure ist das Biomineral in Einzellern (*Diatomeen, Kieselalgen, Radiolaria,* kieselsäurehaltige Zellen), Glas-Schwämmen *Spongiaria, Porifera*) sowie im Pflanzenreich (Zellwände von Gräsern, Schachtelhalm, Spelzen von Reis, Bambus, Brennnesseln (Brennhaare)).

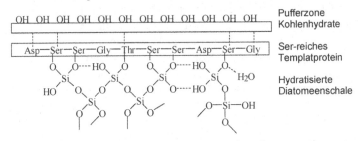

Abb. 14.2.5 Modell der Diatomeenschale mit einer Kohlenhydrat-, einer Proteinschicht und einer mineralischen Siliciumdioxid-Kieselsäureschicht

Durch das Siliciumdioxidgerüst erhalten die Pflanzen eine gesteigerte Stabilität (Abb. 14.2.5). Die Kieselsäure dient den Pflanzen als Fraßschutz. SiO_2 ist in ziemlich großen Mengen in Schachtelhalmen und in der Epidermis von Gräsern vorhanden. In Form feiner Kristalle wird SiO_2 in verschiedenen Organismen eingelagert. Die Widerstandsfähigkeit gegen Pilzbefall (Mehltau) steigt ebenfalls durch Einlagerung von SiO_2 an. Gehäuft auftretender Speiseröhrenkrebs in bestimmten Gegenden wird mit gehäuft auftretenden Stäuben von silicathaltigem Getreide in Zusammenhang gebracht. Die silicathaltigen Spelzen von Reis eignen sich nicht zur Tierernährung. Für die Knochenbildung scheint Silicium wichtig zu sein. Nach der Verabreichung von Silicium an Kälber konnte eine Zunahme von Kollagen in Haut und Knochen beobachtet werden.

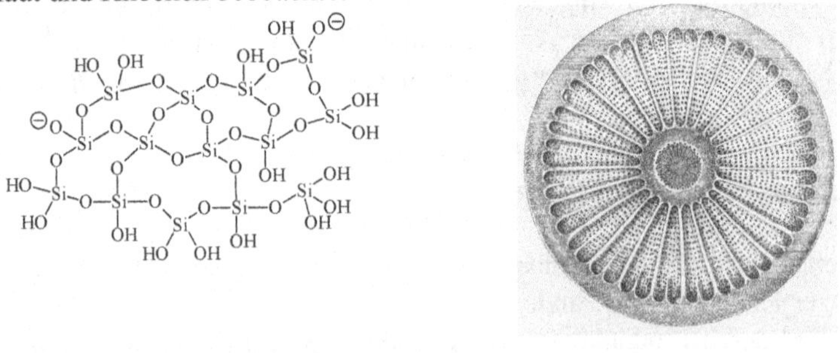

Abb. 14.2.6 Amorphe, polymerisierte Kieselsäure und Kieselalge *Arachnoidiscus spec.* mit einem Durchmesser von 200 μm und einem Porendurchmesser von 1,5 μm

Die poröse Struktur von Kieselgur (aus Kieselalgen gewonnen) ermöglicht den Einsatz als Isolierstoff (beim Bau) und zur Filtration von Bier (Abb. 14.2.6). Die

Einnahme von Kieselerde (*Silicea terra*) soll auch Haut, Haare und Nägel kräftigen. Bisher fehlt hierfür aber ein eindeutiger Beweis. Siliconöle werden in einigen Ländern (z. B. USA) in Frittierfetten verwandt (Konzentration bis 1 mg/kg), sie vermindern den oxidativen Lipidabbau durch einen dünnen Siliconfilm an der Grenzschicht an Luft/Wasserblasen in der Friteuse erheblich.

14.2.5 Toxikologische Aspekte

In elementarer Form ist Si nicht toxisch, jedoch wirkt es als Pulver oder Granulat reizend. Durch gezielten Ersatz von C durch Si in Pharmaka (Sila-Pharmaka) kann es zu positiven, aber auch negativen Wirkungsänderungen kommen. Sila-Riechstoffe (C-Atom durch Si ersetzt) zeigen ein verändertes Geruchsspektrum. Lösliche Silicate in hohen Konzentrationen, stören Phosphorylierungsprozesse und rufen Zellveränderungen hervor (Hämolyse von Erythrocyten).

Asbest ist ein anorganisches, hydratisiertes Silicat mit fasriger Struktur. Es gibt mehrere Modifikationen: **Chrysotil** (Weißasbest), **Krokydolit** (Blauasbest) und **Amosit** (Braunasbest) sowie zwei weitere Minorbestandteile: **Tremolit** und **Antophyllit**. Der Weißasbest wurde zu 93 % eingesetzt, während der Blauasbest mit einem Marktanteil von 5 % nur für Feuerschutz eingesetzt wurde. Für die Verweildauer im Körper ist die Biobeständigkeit von Bedeutung, so ist die Carcinogenität von **Krokydolit** (Blauasbest) deutlich höher als die von **Chrysotil** (Weißasbest). Asbestose wird von Asbestfasern ausgelöst, wobei eine chronische Bindegewebswucherung vorwiegend in der Lunge und der *Pleura* (Rippenfell) erfolgt und die Asbestfasern inkorporieren. Erst sehr spät (frühestens nach 10 Jahren, teilweise erst nach 30 Jahren) der Exposition treten Tumore auf. Besonders gefährlich sind die Asbestfasern, die über 5 μm lang und unter 3 μm kurz sind. Besonders gefährlich sind schwach gebundene Asbestprodukte, die bis zu 90 % Asbest enthalten, z. B. Spritzasbest, von dem leicht die Fasern abgegeben werden. Asbestzementprodukte mit 10 bis 15 % Asbestfasern und 85 % Zement sind weniger problematisch, sie können jedoch bei Erschütterungen ebenfalls Asbestfasern freisetzen. Für Innenräume gibt es Grenzkonzentrationen an Asbestfasern je m^3.

Silicose (Quarzstaublunge) kann entstehen, wenn silicogene Stäube (Korngrößen kleiner als 5 μm) eingeatmet werden. Die Stäube führen in der Lunge zu entzündlichen Reaktionen. MAK-Wert für silicogene Stäube: 0,15 mg/m^3.

14.2.6 Aufnahme und Ausscheidung

Etwa 5 bis 30 mg Si werden täglich vom Körper ausgeschieden, Aluminiumsilicat wird nur zu 1 % resorbiert. Methylsilantriol, ein Arzneimittel, wird jedoch zu 70 % resorbiert.

14.3 Germanium (Ge)

14.3.1 Vorkommen und Gehalte

Germanium ist eine seltene Verbindung. In Austern, Thunfisch, Knoblauch, Bohnen und Tomaten sind Spuren von Germanium zu finden.

14.3.2 Eigenschaften und Verwendung

Elektronenkonfiguration: [Ar] ($3\ d^{10}\ 4\ s^2\ 4\ p^2$); $A_r = 72{,}59$ u. Germanium ist ein schwarzgraues, sprödes Metall mit einer Dichte von $5{,}323$ g/cm^3. In seinem Aussehen gleicht es Zinn. Beim Abkühlen entsteht ein lockeres Gefüge, das einen hohen elektrischen Widerstand aufweist. Germanium tritt zwei- oder vierwertig auf. An der Luft ist es beständig, es löst sich nicht in H_2O, HCl, verd. H_2SO_4 und Basen. Von HNO_3 und konz. H_2SO_4 wird es zersetzt.

Germanium wird in der Halbleiterindustrie verwandt, Legierungen aus Germanium und Gold finden Verwendung in der Schmuckindustrie und der Zahntechnik. Germanium-Einkristalle werden häufig für optische Gläser eingesetzt, die unter Zusatz von GeO_2 hergestellt werden, sie sind wärmedurchlässig und durchlässig für Infrarotstrahlung. Weiterhin kam es in der Radartechnik (kleinste Transistoren) zur Anwendung.

14.3.3 Verbindungen

Die Verbindungen von Ge(II) sind unbeständig und werden leicht zu den Ge(IV)-Verbindungen oxidiert. Es ist Bestandteil der Minerale **Argyrodit (4 Ag$_2$S · GeS$_2$)**, in dem es 1886 von C. Winkler entdeckt wurde, **Germanit (Cu$_6$FeGe$_2$S$_8$)** und **Canfieldit (4 Ag$_2$S · (Sn,Ge)S$_2$)**.

Germaniumdioxid (GeO$_2$) ist ein weißes Pulver, das beim Verbrennen des Metalls entsteht. Es kann auch durch Hydrolyse von $GeCl_4$ oder durch Rösten des Sulfids GeS_2 gewonnen werden. Es kristallisiert tetragonal (< 1.049 °C), hexagonal (> 1.049 °C) oder glasartig amorph. GeO_2 ist löslich in H_2O, HCl und Alkalilaugen. Es dient u. a. als Zusatz zu optischen Gläsern (höherer Brechungsindex in Weitwinkellinsen, Mikroskopobjektive) und als Katalysator. Beim Lösen von GeO_2 in Alkalilaugen entstehen Germanate (z. B. Natriumgermanat Na_2GeO_3), die in ihrer Zusammensetzung weitgehend den Silicaten entsprechen. Man unterscheidet **Orthogermanate (Me$^I_4$[GeO$_4$])**, **Metagermanate (Me$^I_2$ [GeO$_3$])$_x$** und **Metadigermanate (Me$^I_2$[Ge$_2$O$_5$])$_x$**. Weitere Germaniumverbindungen sind z. B.

Germanium-Wasserstoffe: „Germane" (Ge_nH_{n+2}), die wie die Silane aufgebaut sind, und Germanium-Halogenide.

14.3.4 Biologische Aspekte und Bindungsformen

In manchen Pflanzen (besonders Nadelhölzern) wird Germanium angereichert. Wie für Arsen und Antimon findet für Germanium eine Biomethylierung statt, so sind Monomethyl- und Dimethyl-Germanium-Spezies bekannt. Synthetische organische Germanium-Verbindungen (z. B. Spirogermanium (Abb. 14.3.1), Carboxy-Ethyl-Germanium-Sesquioxid) sollen in hohen Dosen antitumorale und immunomodulatorische Wirkungen besitzen. In Japan sind derartige Präparate in niedriger Dosierung zugelassen.

Obwohl „organische Germanium-Verbindungen" als Nahrungsergänzungsmittel aufgrund der propagierten Wirkung in einigen Ländern angeboten werden, gibt es in Deutschland keine Germanium-Verbindungen in der Krebstherapie. Als Nahrungsergänzungsmittel sind die Produkte nicht erlaubt. Für Spirogermanium konnte eine Wirksamkeit nicht nachgewiesen werden.

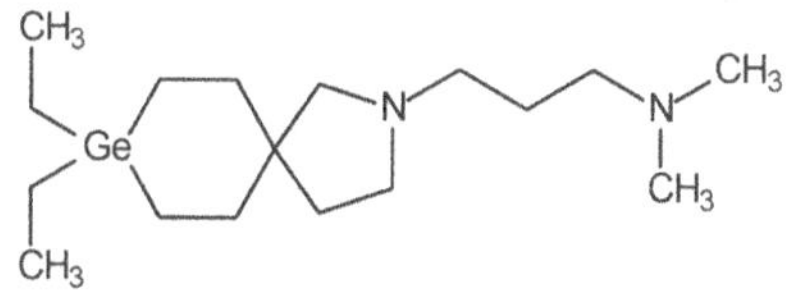

Abb. 14.3.1 Spirogermanium

14.3.5 Toxikologische Aspekte

Germanium ist wie Silicium relativ ungiftig, Germaniumtetrahydrid (GeH_4) zeigt jedoch toxische Wirkung. In Nordamerika und Europa soll es durch hochdosierte, nicht registrierte Germaniumpräparate zu Todesfällen bzw. irreversiblen Nierenschädigungen gekommen sein.

14.3.6 Aufnahme und Ausscheidung

Germanium ist kein essenzielles Element. Die orale Resorptionsrate soll für Germanium ca. 70 % betragen. Zielorgane sind Leber, Schilddrüse, aber auch das gesamte Körpergewebe. Die Ausscheidung erfolgt über den Urin und Faeces.

14.4 Zinn (Sn)

14.4.1 Vorkommen und Gehalte

Erde: In der *Erdkruste* sind im Mittel 2,3 mg/kg enthalten. *Nordostatlantik* 0,01 µg Sn/L, Böden bis 20 mg Sn/kg Boden. 2009 wurden 307.000 t Metall produziert.

Mensch: 20 bis 30 mg Zinn enthält der menschliche Körper. Die Konzentrationen liegen bei 0,1 bis 1,4 mg/kg in verschiedenen Organen, vorwiegend in Knochen, Leber und Lunge. Föten und Neugeborene sind praktisch zinnfrei, sodass eine strenge Plazentabarriere angenommen werden kann.

Lebensmittel: Die Zinnauslaugung in Konserven betrug bis ca. 100 mg/kg; heute werden Konservendosen in der Regel lackiert, wodurch ein Übergang von Zinn in das Lebensmittel verhindert wird.

14.4.2 Eigenschaften und Verwendung

Elektronenkonfiguration: [Kr] $(3\ d^{10}\ 4\ d^{10}\ 5\ s^2\ 5\ p^2)$; $A_r = 118,710$ u. Zinn ist ein silberweißes, glänzendes Metall. Es hat eine geringe Härte, aber aufgrund der guten Dehnbarkeit und Geschmeidigkeit ist es bei normalen Temperaturen auswalzbar zu dünnen Blättern („Zinnfolie", „Stanniol"). Beim Biegen von reinem Zinn tritt ein eigentümliches Knirschen auf, das sog. „Zinngeschrei". Ursache ist die Reibung der β-Kriställchen aneinander. Zinn kommt in verschiedenen Modifikationen vor (Abb. 14.4.1).

α-Zinn ist unterhalb von 13,2 °C unbeständig. Gegenstände aus Zinn können von der „Zinnpest" befallen werden. Dabei geht das β-Zinn in α-Zinn über und zerfällt, besonders wenn die Gegenstände längere Zeit tiefen Temperaturen ausgesetzt waren. Einzelne Stellen des Zerfalls wirken als Kristallisationskeim und die Zerstörung breitet sich dann rasch wie eine ansteckende Krankheit aus. Das Volumen nimmt dabei um 21 % zu. Die Uniformknöpfe von Napoleons Armee bestanden aus Zinn. Auf dem Rückzug von Moskau zerfielen durch die Zinnpest innerhalb weniger Tage Hunderttausende der Uniformknöpfe. Für die Erfrierungen der Soldaten durch „Zerbröseln" der Knöpfe ist das Zinn aber kaum verantwortlich (Abb. 14.4.1).

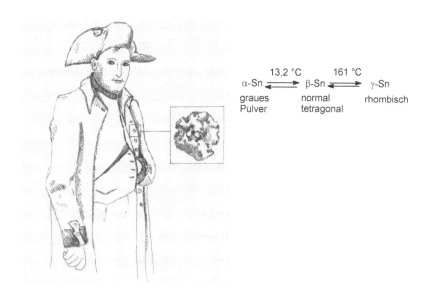

$$\text{α-Sn} \underset{}{\overset{13{,}2\ °C}{\rightleftharpoons}} \text{β-Sn} \underset{}{\overset{161\ °C}{\rightleftharpoons}} \text{γ-Sn}$$

graues   normal   rhombisch
Pulver   tetragonal

Abb. 14.4.1 Zinnpest in Uniformknöpfen und Übergang des Zinns in Modifikationen

Zinn ist bei gewöhnlichen Temperaturen beständig gegen Luft, H_2O sowie schwache Säuren und Basen. Beim Erhitzen an der Luft verbrennt es mit intensiv weißem Licht zu Zinndioxid SnO_2 (Zinnasche). In starken Säuren löst es sich unter H_2-Entwicklung:

$$Sn + 2\ HCl \longrightarrow SnCl_2 + H_2\uparrow$$

In Alkalilaugen löst es sich beim Kochen ebenfalls unter H_2-Entwicklung: Mit konz. HNO_3 wird Zinn oxidiert. Zinn tritt in den Oxidationsstufen $+ 2$ und $+ 4$ in etwa gleichen Verhältnissen auf.

Wegen seiner Beständigkeit wird Zinn zum Überziehen anderer Metalle benutzt, z. B. wird Eisenblech vor dem Verrosten geschützt als sog. „Weißblech". Dafür wird das Blech entweder in geschmolzenes Zinn eingetaucht oder elektrolytisch überzogen. Weiterhin ist Zinn wichtig für Legierungen wie Bronzen (Zinn + Kupfer), Weichlot (40 bis 70 % Zinn und 60 bis 30 % Blei zum Löten von Metallen) und Lagermetalle (Achsenlager von Maschinenwellen). Bronze (eine in grauer Vorzeit durch Zufall bei der Verhüttung von Kupfererz zusammen mit etwas Zinnstein entdeckte Legierung) weist eine hohe Festigkeit auf, sie ist hart, zäh, elastisch und korrosionsbeständig. Sogenannte Kanonenbronze enthielt 8 bis 10 % Zinn und 2 bis 4 % Zink. Bronze für Glocken enthält 20 bis 30 % Zinn.

14.4.3 Verbindungen

Zinnhaltige Mineralien sind **Kassiterit** (**Zinnstein**, SnO_2) und **Stannin** (**Zinnkies**, Cu_2FeSnS_4).

Zinn(II)-Verbindungen wirken als Reduktionsmittel, da das zweiwertige Zinn eine große Neigung besitzt, in die vierwertige Stufe überzugehen:

$$Sn^{2+} \longrightarrow Sn^{4+} + 2\ e^-$$

Zinnhydroxid ($Sn(OH)_2$) fällt bei Zusatz von Sn(II)-Salzlösungen mit einem Alkalihydroxid als weißer, schwer wasserlöslicher Niederschlag aus:

$$Sn^{2+} + 2\ OH^- \longrightarrow Sn(OH)_2$$

$Sn(OH)_2$ hat amphotere Eigenschaften:

$$Sn(OH)_2 + 2\ H_3O^+ \longrightarrow Sn^{2+} + 4\ H_2O$$

Mit Basen werden die sog. Stannate (II), auch „Stannite" genannt, gebildet. Sie wirken ebenfalls reduzierend. Es bildet sich bei hohen OH^--Konzentrationen das Tetrahydroxostannat-Komplex-Ion.

$$Sn(OH)_2 + OH^- \longrightarrow [Sn(OH)_3]^- \text{ oder } Sn(OH)_2 + 2\ OH^- \longrightarrow [Sn(OH)_4]^{2-}$$

Zinndichlorid ($SnCl_2$) kristallisiert als wasserlösliches Zinnsalz $SnCl_2 \cdot 2\ H_2O$ aus. Es entsteht durch Zusatz von HCl zu metallischem Zinn:

$$Sn + 2\ HCl \longrightarrow SnCl_2 + H_2\uparrow$$

und wird anschließend durch Erhitzen auf Rotglut in HCl-Gasatmosphäre entwässert. $SnCl_2$ bildet klare Kristalle, an der Luft oxidiert es jedoch langsam zu flüssigem $SnCl_4$. Durch das hohe Reduktionsvermögen werden Gold, Silber und Quecksilber aus den Salzlösungen ausgefällt.

$$Sn^{2+} + 2\ Ag^+ \longrightarrow 2\ Ag + Sn^{4+}$$

Es reduziert Eisen(III) zu Eisen(II) und Arsenate zu Arseniten.

Zinnsulfid (**SnS**) fällt als dunkelbrauner Niederschlag aus, wenn Sn^{2+}-Salzlösungen mit H_2S versetzt werden.

14.4.3.1 Zinn(IV)-Verbindungen

Zinndioxid (SnO$_2$) kristallisiert tetragonal. In der Natur kommt es als **Zinnstein (Kassiterit)** vor. Die technische Darstellung erfolgt durch Verbrennen von Zinn als weißes Pulver, das unlöslich in H$_2$O, Säuren und Alkalien ist. Es wird benutzt zur Herstellung weißer Glasuren und Emaillen.

Natriumstannat (Na$_2$[SnO$_3$]) entsteht z. B. beim Verschmelzen von SnO$_2$ mit NaOH oder Na$_2$O:

$$SnO_2 + Na_2O \longrightarrow Na_2[SnO_3].$$

Aus der konzentrierten wässrigen Lösung dieser Verbindung kristallisiert das Salz Na$_2$SnO$_3 \cdot 3$ H$_2$O. Diesem Salz kommt, wie die röntgenographische Strukturbestimmung zeigt, die Konstitution Na$_2$[Sn(OH)$_6$] zu. Es liegt ein sog. Hydroxosalz vor, Dinatriumhexahydroxostannat. Es wird in der Färberei als Beizmittel verwendet. Die dem Salz entsprechende Zinnsäure H$_2$[Sn(OH)$_6$] ist in freiem Zustand nicht bekannt. Beim Vernetzen von Alkalistannatlösungen mit Säuren entstehen weiße, voluminöse Niederschläge von SnO$_2 \cdot$ n H$_2$O, die in vielen Säuren und Alkalien löslich sind und den Charakter von Gelen besitzen. Die zunächst entstehenden Fällungen spalten beim Stehen oder Erwärmen H$_2$O ab, die ähnlich wie bei den Kieselsäuren über die Stufe einer Orthozinnsäure (H$_4$SnO$_4$), über Metazinnsäure ([H$_2$SnO$_3$]$_n$) hinweg schließlich zu ∞ [SnO$_2$] führt. Parallel mit der H$_2$O-Abspaltung werden die Präparate mehr und mehr unlöslich in Säuren. Früher nannte man frische Niederschläge α-Zinnsäure, gealterte Präparate β-Zinnsäure.

Zinndisulfid (SnS$_2$) kristallisiert als goldglänzende, durchscheinende Blättchen. Es entsteht beim Erhitzen von Zinn mit Schwefel-Blumen unter Zusatz von NH$_4$Cl. Als sog. „Musivgold" (abgeleitet von dem arabischen Wort *Musanik* = geschmückt) ist es im Handel und wird zum Bronzieren von Gips, Bilderrahmen usw. verwendet.

Zinnwasserstoff (SnH$_4$) ist ein giftiges Gas. Bei Temperaturen oberhalb von 150 °C zerfällt es und schlägt sich als Zinnspiegel an Gefäßwandungen nieder:

$$SnH_4 \longrightarrow Sn + 2\ H_2\uparrow$$

Zinntetrachlorid (ZnCl$_4$) ist eine farblose, an der Luft rauchende Flüssigkeit mit einem Siedepunkt von 114,1 °C. In wässriger Lösung ist es weitgehend hydrolytisch gespalten:

$$SnCl_4 + 2\ H_2O \longrightarrow SnO_2 + 4\ HCl$$

Das entstehende SnO$_2$ bleibt kolloidal in Lösung. SnCl$_4$ bildet auch ein Hydrat, die sog. „Zinnbutter" SnCl$_4 \cdot 5$ H$_2$O.

„Cassius'scher Goldpurpur" bildet eine Adsorptionsverbindung von kolloidalem Gold an kolloidalem Zinnoxid:

$$2 \, Au^{3+} + 3 \, Sn^{2+} + 18 \, H_2O \longrightarrow 2 \, Au + 3 \, SnO_2 + 12 \, H_3O^+$$

In Glasflüssen löst sich Goldkolloid mit purpurroter Farbe und bildet das geschätzte Goldrubinglas. Cassius'scher Goldpurpur ist wegen seiner intensiven Färbekraft besonders bekannt und eine wichtige Farbe für die Glas- und Porzellanmalerei.

14.4.4 Biologische Aspekte und Bindungsformen

In pflanzlichen und tierischen Geweben ist Sn weit verbreitet, es kann durch Methylierung in organische Verbindungen überführt werden.

Bei älteren Menschen kommt Zinn vorwiegend in den Knochen und in der Lunge vor. **Gastrin** ist ein zinnhaltiges Hormon aus 17 Aminosäureresten, das in der Nähe des Magenausgangs gebildet wird und die Salzsäuresekretion der Magenschleimhaut aus den Belegzellen und die Enzymabgabe des Pepsinogens durch die Hauptzellen der Magendrüsen anregt. Es gibt zwei Formen: Gastrin I (2,096 kD) und Gastrin II (2,176 kD). Der Name Zinnkraut (Schachtelhalm) ist *nicht* auf einen hohen Zinngehalt zurückzuführen, sondern auf die gute Reinigungswirkung der Kieselsäure im Schachtelhalm auf Zinngeschirr.

14.4.5 Toxikologische Aspekte

MAK-Wert für Zinn 2 mg/m^3. Zinn wird auf Weißblech (z. B. Konservendosen) als Auflage eingesetzt (1,5 bis 6,2 g/m^2). Die Oberfläche wird teilweise mit Öl passiviert oder mit einem dünnen Schutzlack (3 bis 15 g/m^2) überzogen. Bei einigen Indianerstämmen, die vorher nicht mit Sn in Berührung gekommen sind, sind giftige Wirkungen beschrieben. Das verzinnte Geschirr im Handel ist ohne Bedenken für Lebensmittel verwendbar. Zinnwasserstoff und organische Zinnverbindungen besitzen eine erhöhte Toxizität (MAK-Wert 0,1 mg/m^3). Organische Zinn-Spezies sind im Gegensatz zu anorganischen toxisch. Sie sind umso toxischer, je kürzer die Alkylkettenlänge und je höher der Alkylierungsgrad ist. Aufgrund der Lipophilie besteht eine starke Affinität zum Zentralnervensystem (neurotoxische Effekte).

Tributylzinn (TBT), als Bestandteil von Antifouling-Farben für Schiffsanstriche, haben zur Anreicherung der Substanz in marinen Systemen geführt. Ein TBT-Gehalt im Wasser von 700 ng/L (0,7 ppb) soll schon Veränderungen beim Wachstum von Miesmuscheln bewirken. Auch endokrine Wirkungen (Umwandlung weiblicher Tiere in fortpflanzungsunfähige Zwitterstadien = Imposex) sind bei Purpur- und Wellhornschnecke beschrieben und mit TBT korreliert worden. Die Effekte wurden besonders in Yachthäfen beobachtet. 1977 traten in der Bucht von Arcachon (Südfrankreich) missgebildete Austern (Schalendeformation, Wachstumshemmung) auf. Mittlerweile wurden diese Farbzusätze für kleine

Schiffe unter 25 m Länge verboten und die Austern- und Miesmuschel-Bestände haben sich erholt.

Triorganozinn-Verbindungen wirken als Enzymgifte. In Frankreich starben 1954 100 Menschen nach der Einnahme eines triethylzinnhaltigen Medikamentes. Bei diesen Personen wurde Ödembildung im Gehirn beobachtet. Die Gehalte von Triethylzinn steigen in den Organen in der Reihenfolge: Blut, Leber, Niere, Gehirn. Tributylzinnhydroxid ($(C_4H_9)_3SnOH$) wird in einigen Ländern als Fungizid bei Reis, Weintrauben und Kartoffelpflanzen eingesetzt.

14.4.6 Aufnahme und Ausscheidung

Zinn ist ein essenzielles Element, ADI = 2 mg/kg. Ein Mangel kann Haarausfall, Appetitlosigkeit und Akne hervorrufen. Selbst höhere Gehalte an Zinnsalzen rufen nur vorübergehende Verdauungsstörungen hervor (Zinngeschirr ist unbedenklich). Zinn-Ionen wandern nur schwer durch die Darmwände ins Blut. Dagegen kann die Resorption von oral eingenommenem Triethylzinn bis zu 100 % betragen.

14.5 Blei (Pb)

14.5.1 Vorkommen und Gehalte

Erde: In der *Erdkruste* kommt zu 0,0018 % Blei vor. Bleigehalt in Seen und Flüssen und im Regenwasser zwischen 1 bis 10 µg/L, im Grundwasser 0,3 µg/L, im Grönlandeis 1 ng/L und in Flusssedimenten bis zu 200 mg/L.

Mensch: Menschlicher Körper (ohne Einfluss durch zivilisationsbedingte Bleiquellen): 80 bis 100 mg Blei; Blut (Mensch) < 150 µg/L (Normalgehalt ist gesunken auf 40 bis 50 µg/L);

Lebensmittel: Der Bleigehalt schwankt stark. Manche Pilze (TS) können Konzentrationen bis 40.000 µg/kg erreichen. In Süßwasserfischen wurden 0,5 bis 1.000 µg/kg gefunden. Bei Pflanzen mit großer Blattfläche können durch Umweltbelastungen Höchstwerte bis zu 20.000 µg/kg erreicht werden, während der Normalgehalt bei Pflanzen unter 10 µg/kg liegt. Rinderleber (-niere) 200 µg/kg; Schweineleber (-niere) 100 µg/kg. Damit weisen Innereien deutlich niedrigere Werte auf als vor 25 Jahren.

14.5.2 Eigenschaften und Verwendung

Elektronenkonfiguration: [Xe] (4 f^{14} 5 d^{10} 6 s^2 6 p^2); A_r = 207,2 u. Blei ist ein bläulich-graues, weiches und dehnbares Metall. Es kann wegen seiner geringen Härte und großen Dehnbarkeit zu Blech ausgewalzt und zu Drähten gezogen werden. Frische Schnittflächen von Blei zeigen großen Glanz. Die Oberfläche läuft an der Luft durch Überziehen mit einer dünnen Schicht von PbO schnell mattgrau an. Dieses Oxid schützt das darunterliegende Metall. Beim Erhitzen vereinigt sich geschmolzenes Blei mit dem Sauerstoff der Luft zunächst zu gelbem PbO, das bei weiterer Erhitzung in rote Mennige Pb_3O_4 übergeht. Bei Gegenwart von Luftsauerstoff wird Blei durch H_2O langsam in $Pb(OH)_2$ überführt:

$$Pb + \frac{1}{2} O_2 + H_2O \longrightarrow Pb(OH)_2$$

Dies ist von Bedeutung, weil Bleirohre früher für Trinkwasserleitungen benutzt wurden. Einige der äußerst robusten römischen Wasser- und Abwasserleitungen sind heute noch in Betrieb. Die Bleirohre für die Wasserspiele in den Gärten des Schlosses Versailles sind mittlerweile schon mehr als 200 Jahre alt. Bei hartem Leitungswasser, das $Ca(HCO_3)_2$ und $CaSO_4$ enthält, werden Bleirohre weniger angegriffen, weil sich an der Innenwand der Rohre eine festhaftende Schicht von schwer löslichem basischem Bleicarbonat ($Pb(OH)_2 \cdot 2\ PbCO_3$) bzw. Bleisulfat ($PbSO_4$) überzieht. H_2SO_4 bildet auf Bleioberflächen einen schützenden Überzug aus $PbSO_4$. Blei löst sich in HNO_3, HCl, konz. H_2SO_4 und heißen Basen gut auf, in Essigsäure bei Anwesenheit von Luftsauerstoff langsam. Bleigefäße sind daher zur Zubereitung von Speisen ungeeignet. Ausgedehnte Verwendung findet Blei für Bleche und Rohre. Besonders in England wurde Blei schon im Mittelalter zur Überdachung von Kirchen verwendet. Diese Dächer sind jahrhundertelang dicht geblieben, ihre dunkelgraue Patina besteht aus Bleicarbonat.

Legierungen spielten eine Rolle als Letternmaterial in der Setzerei (70 bis 90 % Blei und Antimon und Zinn), als Material für elektrische Akkumulatoren (Hartblei aus Blei-Antimon-Legierungen) und als Lagermetall (60 bis 80 % Blei + Zinn (zur Härtung). Bis 2005 wurden Bleigewichte zum Auswuchten von Autoreifen verwendet.

14.5.3 Verbindungen

Blei kommt in den Oxidationsstufen +2 oder +4 vor. Die zweiwertigen Blei-Verbindungen sind am beständigsten, vierwertige bilden starke Oxidationsmittel. Natürlich kommt Blei am häufigsten im **Bleiglanz (Galenit) (PbS)**, einem graphitfarbenen, metallisch glänzenden Erz vor, das meist aus würfelförmigen Kristallen besteht. Seltener sind die Vorkommen von **Weißbleierz (Cerussit) (PbCO₃)**, **Anglesit (PbSO₄)** und **Rotbleierz (PbCrO₄)**.

Bleisulfat (PbSO$_4$) bildet schöne große rhombische Kristalle, die in reinem Zustand glasklar sind. In der Natur kommt es als Anglesit vor. Es ist nahezu unlöslich in H$_2$O, aber in konz. Säuren und Alkalibasen löslich. Es entsteht durch Umsetzen von PbO mit H$_2$SO$_4$ in wässriger Lösung:

$$PbO + H_2SO_4 \longrightarrow PbSO_4 + H_2O.$$

Es findet Verwendung in der Farbenindustrie und als Röntgenkontrastmittel.

Bleicarbonat (PbCO$_3$) kommt in der Natur als Weißbleierz (Cerussit) vor. PbCO$_3$ ist leicht löslich in Säuren und Alkalibasen. Es entsteht bei Fällung in der Kälte:

$$Pb^{2+} + CO_3^{2-} \longrightarrow PbCO_3$$

Bei Fällung in der Wärme (> 315 °C) mit Alkalicarbonat entsteht basisches Bleicarbonat (Pb(OH)$_2$ · 2 PbCO$_3$, „Bleiweiß"), das als Malerfarbe geschätzt ist. Wegen seines Glanzes, seiner Deckkraft und seines Haftvermögens ist es trotz seiner Giftigkeit und seiner Empfindlichkeit gegenüber H$_2$S (langsames Gelbwerden) lange verarbeitet worden. Schon die Griechen setzten „Bleiweiß" in Schminke ein. Obwohl es der Gesundheit schadete, wurde es jahrhundertelang verwendet. PbCO$_3$ wird im Magensaft (ca. 1 molare HCl) löslich, und es kann Vergiftungen auslösen, obwohl es verhältnismäßig schwer löslich ist, jedoch nicht im Magensaft. Früher wurde es als Rattengift verwendet.

Bleichromat (PbCrO$_4$) bildet gelbrote Kristalle und ist giftig. Es kommt natürlich als Rotbleierz vor. Es bildet sich nach der Gleichung

$$Pb^{2+} + CrO_4^{2-} \longrightarrow PbCrO_4$$

Es war eine der wichtigsten gelben Malerfarben („Chromgelb"). Es wird versucht, die carcinogenen Chromate als Malerfarbe zu ersetzen.

Blei(II)-chlorid (PbCl$_2$) bildet Kristalle in Form von weißen, seidenglänzenden Nadeln oder Prismen. Es ist in H$_2$O schwer löslich. Die Bildung erfolgt z. B. durch

$$Pb^{2+} + 2\,Cl^- \longrightarrow PbCl_2$$

Blei(II)-acetat („Bleiessig") entsteht durch Auflösen von PbO in Essigsäure. Wegen seines süßen Geschmackes heißt es auch „Bleizucker". Es ist stark giftig. Basische Bleiacetate haben etwa die Formel (CH$_3$ · COO)$_2$Pb · Pb(OH)$_2$, wenn die Darstellung mit einem Überschuss an PbO erfolgt. Bleiessig diente in der Medizin zum Anfeuchten von desinfizierenden Umschlägen und wurde auch als Pflaster verwendet. Es wurde im Mittelalter unerlaubt zum Süßen von Wein eingesetzt, besonders die treuesten Trinker erlitten dabei die Folgen. Auch die Römer setzten Bleizucker zum Süßen von Wein ein. Wein wurde außerdem in Bleibehältern gelagert, weil er dann mit der Zeit immer süßer wurde. Allerdings litten viele Römer an chronischer Bleivergiftung.

Bleioxid (Bleiglätte) (PbO) kommt fest in roten tetragonalen (Lithargit) und in gelben, rhombischen Kristallen (Massicolit) vor. Der Umwandlungspunkt von rotem zu gelbem PbO liegt bei 488 °C.

$$PbO \text{ (rot)} \xrightleftharpoons{\text{488 °C}} PbO \text{ (gelb)}$$

Die rote Form ist bei gewöhnlichen Temperaturen stabil, aber auch das gelbe PbO ist bei gewissen Temperaturen als metastabile Verbindung beständig. Die technische Darstellung erfolgt durch Überleiten von Luft über geschmolzenes Blei.

$$2 \, Pb + O_2 \longrightarrow PbO$$

Das geschmolzene PbO ist rot und erstarrt beim Erkalten zu einer rotgelben Masse (= „Bleiglätte"). Es dient als Ausgangsmaterial für viele Blei-Verbindungen.

Bleidioxid (β-PbO₂) ist ein schwarzbraunes, tetragonal kristallisiertes Pulver mit stark oxidierender Wirkung. In H_2O ist es fast unlöslich, in Säuren gering, in Kalilauge gut löslich. Als α-PbO₂ kristallisiert es rhombisch (Hochtemperaturmodifikation). Es wird hergestellt z. B. durch Oxidation von Blei(II)-Salzen mit Cl_2 und wird in Bleiakkumulatoren eingesetzt.

Bleidioxid (PbO₂) ist ein braunes bis gelbes Pulver mit stark oxidierenden Eigenschaften. Es spaltet bereits bei gelindem Erwärmen Sauerstoff ab:

$$PbO_2 \longrightarrow PbO + \tfrac{1}{2} \, O_2$$

Beim Erwärmen mit konz. HCl kommt es zur Freisetzung von Chlorgas:

$$PbO_2 + 4 \, HCl \longrightarrow PbCl_2 + 2 \, H_2O + Cl_2$$

Die chemische Darstellung erfolgt aus Pb(II)-Salzen durch Oxidation mit starken Oxidationsmitteln wie Chlor, Brom oder Hypochlorit:

$$Pb^{2+} + 6 \, H_2O + Cl_2 \longrightarrow PbO_2 + 4 \, H_3O^+ + 2 \, Cl^-$$

Obwohl PbO₂ auch als Bleisuperoxid bezeichnet wird, ist es kein Peroxid (bildet mit Säuren niemals H_2O_2).

Bleihydroxid Pb(OH)₂ wird gebildet nach der Gleichung: Es ist nur wenig in H_2O löslich und hat einen schwach sauren Charakter:

$$Pb^{2+} + 2 \, OH^- \longrightarrow Pb(OH)_2$$
$$Pb(OH)_2 \xrightleftharpoons{} Pb(OH)^+ + OH^-$$
$$Pb(OH)_2 + 2 \, H_2O \xrightleftharpoons{} [Pb(OH)_3]^- + H_3O^+$$

In konzentrierten Laugen (ab pH 12) löst es sich unter Bildung von Trihydroxi-doplumbat-Komplex-Ion:

$$Pb(OH)_2 + OH^- \longrightarrow [Pb(OH)_3]^-$$

Beim Entwässern von $Pb(OH)_2$ entsteht PbO.

Bleisulfid (PbS) kommt als Bleiglanz in der Natur vor. Schwarzes, glänzendes PbS kristallisiert zu Würfeln und Oktaedern. Es ist löslich in verdünnter HNO_3 und konzentrierter HCl. Es ist eine sehr empfindliche Reaktion auf Pb^{2+}.

$$Pb^{2+} + S^{2-} \longrightarrow PbS$$

Die alten Ägypter mussten für ihre Schönheit leiden, so schmierten sie sich Kalk und PbO in die Haare, um die grauen Haare zu färben. Nach mehrstündiger Einwirkung setzte sich durch β-Eliminierung S^{2-} aus Cystin frei. Es lagerten sich 5 nm lange Kristalle von PbS im Inneren der Haarmatrix ein. Die Keratinstruktur des Haares steuerte die Einlagerung der ersten Nanopartikel für die Kosmetik.

Es wird als Halbleiter für Photozellen und zur Gewinnung von metallischem Blei genutzt.

Mennige (Pb_3O_4) ist ein Pb(II)-orthoplumbat ($Pb_2[PbO_4]$), d. h. ein Bleisalz einer Orthobleisäure H_4PbO_4 = $Pb(OH)_4$. Es entsteht als leuchtend rotes, tetragonal kristallisiertes Pulver beim Erhitzen von PbO an der Luft auf etwa 500 °C:

$$3\,PbO + \tfrac{1}{2}\,O_2 \xrightarrow{500\,°C} Pb_3O_4$$

Dieses Pigment wurde 1994 in Ungarn zum Anfärben von Paprikapulver verwendet. Oberhalb von 550 °C zersetzt sich Mennige unter Sauerstoffabspaltung:

$$2\,Pb_3O_4 \longrightarrow 6\,PbO + O_2$$

Im Gemisch mit Leinöl wird/wurde es als Schutzanstrich von Eisen gegen das Rosten verwendet. Seit 2005 ist Mennige als Rostschutz in Deutschland verboten. Bei der Bleikristallglasherstellung wird es noch verwendet.

Bleinitrat ($Pb(NO_3)_2$) bildet große, klare Kristalle von kubischer Gitterstruktur, oberhalb von 470 °C zersetzt es sich:

$$2\,Pb(NO_3)_2 \longrightarrow 2\,PbO + 4\,NO_2 + O_2$$

Die Herstellung erfolgt durch Auflösen von Pb, PbO_2 oder $PbCO_3$ in heißer HNO_3. Verwendungsbereiche sind die Zündholzindustrie und die Pyrotechnik.

Auch Chlorid und Sulfat kommen als Pb(IV)-Verbindungen vor, sie sind jedoch unbeständig und haben kaum Bedeutung.

Bleitetraethyl ((C₂H₅)₄Pb) ist eine farblose Flüssigkeit mit öliger Konsistenz und süßlichem Geruch. Es ist unlöslich in H_2O, bildet Mischungen mit organischen Lösungsmitteln. Die Gewinnung erfolgt im Vakuum bei 80 °C:

$$4\ NaPb + 4\ C_2H_5Cl \longrightarrow (C_2H_5)_4Pb + 4\ NaCl + 3\ Pb$$

Bleitetraethyl wurde früher als sog. „Antiklopfmittel" für Otto-Motoren verwendet, aufgrund seiner Giftigkeit ist die Verwendung stark zurückgegangen, allerdings wird es in einigen Ländern in Afrika und Asien noch verwendet.

Bleitetraacetat (CH₃-COO)₄Pb wird aus PbO_2 und Eisessig gewonnen. Es schmeckt süß und wurde zum Süßen von Wein eingesetzt.

14.5.4 Biologische Aspekte und Bindungsformen

Blei ist nicht wurzelgängig; durch Versauerung der Böden wird es jedoch besser pflanzenverfügbar. Durch Diffusion über die Spaltöffnungen kann es auch ins Innere der Pflanzen gelangen. Gemüsesorten mit großer Oberfläche (Spinat, Grünkohl) können erhöhte Bleikonzentrationen aufweisen. Flechten können Blei akkumulieren. Blei in der Umwelt ist an kleine Partikel (Stäube) gebunden und kann durch Waschen von der Oberfläche entfernt werden.

Im Blut beträgt die Verweildauer etwa 1 Monat; mit dem Urin, Schweiß, Haaren und Nägeln wird Blei ausgeschieden. Die feste Bindung an sulfidreiches Keratin in Haaren und Nägeln ermöglicht den zeitlichen Ablauf eines forensischen Nachweises. Ein erheblicher Teil (ca. 90 %) des Bleis wird in Knochen und Zähnen abgelagert, auch Nägel und Haare speichern Blei. Es ersetzt das Calcium.

Im Blut ist es zu mehr als 90 % an Hämoglobin assoziiert. Im Humanplasma befindet es sich vorwiegend in einer 140 kD-Fraktion, die als Caeruloplasmin identifiziert wurde. In der Leber ist Blei an Ferritin gebunden.

Durch Verbot von Bleitetraethyl als „Antiklopfmittel" für Benzin gingen die Gehalte an Blei innerhalb von 10 Jahren in den Milchzähnen von Kindern um ca. 50 % und in den Knochen um 70 % zurück. Bei der Verwendung von Bleitetraethyl sind aus den Verbrennungsgasen mindestens 90 % des verwendeten anorganischen Bleis als Halogenide (Oxide) freigesetzt worden.

In den Eiskernen in Grönland konnten für die Zeit des 5. Jahrhunderts v. Chr., des 3. Jahrhunderts n. Chr. und für das Mittelalter erhöhte Bleigehalte in der Atmosphäre nachgewiesen werden. In der Zeit der Römer (ca. um Christi Geburt) stieg der Bleigehalt im Grönlandeis um das Dreifache. Etwa 60.000 t Blei/Jahr (Hollemann-Wiberg) wurden zu dieser Zeit produziert. Dieses lässt sich auf die Erzverarbeitung in diesen Perioden zurückführen.

14.5.5 Toxikologische Aspekte

MAK-Wert für Blei: 75μg/m^3. Der Niedergang des Römischen Reiches wird mit der Bleibelastung bei Produktion und durch den Kontakt mit Lebensmitteln in Verbindung gebracht.

In sauren Lösungen wirkt die schützende Bleicarbonat- und Bleisulfatschicht nicht so effektiv, sodass Blei-Ionen in Lebensmittel übergehen. Im antiken Rom führte das Eindampfen von Wein mit Fruchtsäuren und anschließendem Genuss zu Vergiftungen. Die Römer produzierten bleihaltige, weiße Farbe und süßten Saucen mit Bleizucker (Bleiacetat = $(CH_3COO^-)_2Pb^{2+}$). Im antiken Griechenland wurde dem Wein ebenfalls Bleizucker zugesetzt. Der „altgriechische" Wein war sehr populär, stand aber im Verdacht, Fehlgeburten auszulösen. Als die Römer 43 n. Chr. Großbritannien eroberten, wurden reiche Bleivorkommen gefunden (Bleihütten in Derbyshire und Nordwales). Der Anbau von Wein, der sehr sauer war, und der Genuss aus bleihaltigen Trinkgefäßen (Zinnbecher) führten zu erhöhten Pb-Gehalten in den Knochen. Pb^{2+} ersetzt in den Knochen das Ca^{2+} mit der Folge, dass die dreidimensionale Apatitstruktur der Knochen gestört wird. In früheren Zivilisationen, wo eine Exposition mit Blei erfolgte, sind in menschlichen Knochen bis zu 100 μg/g gefunden worden, während heute der typische Blei-Gehalt in Knochen bei 2 μg/g liegt. Im 18. Jahrhundert starben viele britische Cidertrinker an der „Devonshire-Kolik", weil die Apfelpressen mit Blei ausgekleidet waren. Apfelsaft löst mehr Blei als Wein und dieser wieder mehr als Bier aus bleihaltigen Gefäßen, was mit dem pH-Wert der Flüssigkeiten und dem unterschiedlichen Vorkommen an organischen Säuren in diesen Getränken zusammenhängt. Aus antiken Bleikristallgläsern lösen sich durch saure Flüssigkeiten bei längerer Verweildauer erhebliche Mengen (15 bis 30 mg/L). Auch aus Glasflaschen löst sich Blei, so sind die Gehalte von Mineralwasser aus Glasflachen (200 ng/L) deutlich höher als in Plastikflaschen (10 bis 20 ng/L). Der gesetzliche Grenzwert für Blei liegt normalerweise bei 10 μg/L wird jedoch bei weitem nicht erreicht.

Schon 1794 ist dokumentiert, dass auch bei bleiglasiertem Geschirr hohe Bleiabgaben auftreten. Ebell erkannte „die Bleiglasur des Küchengeschirrs als eine Quelle vieler Krankheiten". Sein Hund fraß von entsprechendem Geschirr und starb. Durch saure Speisen wird Blei aus den Bleisilicat-Glasuren von Töpferwaren herausgelöst. Mit Blei ausgegossene Mühlsteine führten zur Verunreinigung des Mehls mit Vergiftungsfolgen.

Durch die Verwendung von Bleizucker (Bleiacetat) zum Süßen von Weinen wurden früher nicht nur bei Griechen und Römern Bleivergiftungen hervorgerufen. Prominentestes Beispiel ist der Komponist Ludwig van Beethoven, in dessen Haarlocken heutzutage toxische Bleikonzentrationen nachgewiesen wurden. Man geht davon aus, dass Beethoven etwa 30 Jahre lang an chronischer Bleivergiftung litt und dadurch starb. Beethoven hat oft Wein getrunken, der mit Bleizucker gesüßt war.

Durch den Einsatz von Bleirohren als Trinkwasserleitungen vergifteten sich früher größere Menschengruppen: z. B. 1880 in Dessau und 1930 in Leipzig. Besonders bei langen Verweilzeiten des Trinkwassers in Bleirohren, bei hochsommerlichen Temperaturen und sauren Wasserbestandteilen (z. B. Huminsäuren) waren die Bleikonzentrationen im Trinkwasser erhöht. In Lüneburg wurde in Bleipfannen die Sole erhitzt und damit weißes Kochsalz gewonnen. Nach einiger Zeit mussten die Bleipfannen erneuert werden, weil die Wände der Pfannen zu dünn wurden. Über einen Bleigehalt des Kochsalzes im Mittelalter ist jedoch wenig bekannt.

Bekannt sind auch Vergiftungen durch Konservendosen (verschlossen mit Bleilot), aufgetreten bei Matrosen während der Erkundung der Nord-West-Passage (Amerika). Blei hemmt die Synthese von Hämoglobin (Blockierung von Enzymen der Porphyrinsynthese) und der Chlorophylle.

Blei ist das bekannteste Industriegift, besonders gefährdet sind Arbeiter in Akkumulatorenfabriken, Maler und (früher) Schriftsetzer. Typische Symptome einer Bleivergiftung sind dunkle Ablagerungen von PbS am Zahnfleischrand (Bleisaum), in Knochen und Zähnen bei chronischer Bleiexposition (früher durch Leitungswasser aus Bleirohren), außerdem Lähmung der Radialisnerven (Strecken der Finger unmöglich). Blei wirkt sich zudem cytogenetisch durch erhöhte Mitosen und sekundäre Chromosomenaberrationen (Chromosomenbrüche, -verklebungen und Spiralisierungsdefekte) aus, wie Untersuchungen bei bleibelasteten Personen zeigen. Die Verweildauer im Knochen beträgt 30 Jahre. Bei einer Bleivergiftung ist die Ausscheidung von 5-Amino-4-oxovaleriansäure im Harn erhöht. Pb^{2+} blockiert die Dehydrase, sodass die 5-Amino-4-oxovaleriansäure nicht zum Porphobilinogen (wichtiger Baustein der Porphyrine) kondensieren kann. Organische Blei-Verbindungen sind hochtoxisch. Vom Tetraethylblei wird ein Carbanion im Organismus abgespalten

$$(C_2H_5)_4Pb \longrightarrow (C_2H_5)_3Pb^+ \quad + \quad {}^-C_2H_5$$

Tetraethylblei   Triethylbleikation   Ethylradikal (Ethylcarbanion)

Das entstehende Triethylblei-Kation führt (entsprechend Organo-Quecksilber-Kation (RHg^+) und Triorgano-Sn-Kation (R_3Sn^+)) zu schweren Störungen des zentralen und peripheren Nervensystems. Organische Blei-Verbindungen können die Blut-Hirn-Schranke überwinden.

Durch das Verbot der Verwendung von Bleitetraethyl (Antiklopfmittel im Benzin) ist eine deutliche Abnahme der Kontamination mit Blei eingetreten.

Besonders empfindlich gegen Bleiverbindungen sind Wiederkäuer (Rinder). Noch um die Jahrhundertwende (1900) fiel das Weidevieh im Frühjahr zu Beginn der Weidesaison im Südosten von Hildesheim tot um, wenn die Innerste im Winter Hochwasser geführt hatte (Bleifracht des Flusses durch den Bergbau im Rammelsberg (Goslar)). Pb^{2+}-Ionen reagieren mit Sulfhydrylgruppen der schwefelhaltigen Aminosäuren und ersetzen Zn^{2+} im Enzym δ-Aminolevulinsäure-Dehydratase.

Blei-Ionen stören die Biosynthese von einigen Enzymen, wie die Synthese der Chlorophylle, Hämoglobin, aber auch die Funktion von Proteinen. Bei Intoxikation mit Blei-Ionen sind Gehirn, Nieren, Knochen, Herz-Kreislauf, Nerven, Blut und Immunsystem betroffen. Es ist cancerogen und weist eine besondere Aktivität bei Nierencarcinomen auf. Bei lang anhaltendem Bleikonsum soll die geistige Leistungsfähigkeit vermindert werden.

14.5.6 Aufnahme und Ausscheidung

Im Gastrointestinaltrakt werden ca. 8 % resorbiert, bei Kindern und auch bei Jungtieren können die Resorptionsraten bis 50 % betragen. Bei Vögeln sind in der Nähe des ehemaligen Akkumulatorenwerkes im Norden von Hannover ähnliche Effekte zu beobachten: Junge Krähen waren höher belastet als die älteren Muttertiere aus Sibirien. Erstaunlich ist dabei, dass die Vogeleier noch nicht belastet sind, sondern der Bleigehalt erst nach dem Schlüpfen der Jungen rasant ansteigt.

Als Aerosol treten Resorptionsraten von bis zu 70 % auf. Grenzwert der Aufnahme an Blei 500 µg/d. Die Eliminierung des resorbierten Bleis erfolgt zu ca. 75 bis 80 % über die Nieren und zu 15 % durch gastrointestinale Sekretion.

In der Leber und Niere beträgt die biologische Halbwertzeit etwa 2 Jahre. Aus dem Knochen wird verhältnismäßig wenig Blei freigesetzt.

Der Grenzwert für Trinkwasser wird in der EU 2013 von 25 µg/L auf 10 µg/L herabgesetzt.

15 Die Elemente der 15. Gruppe: die Stickstoffgruppe

Die 15. Gruppe des Periodensystems besteht aus den Elementen Stickstoff (N), Phosphor (P), Arsen (As), Antimon (Sb) und Bismut (Bi).

15.1 Stickstoff (N)

15.1.1 Vorkommen und Gehalte

Erde: *Erdrinde* enthält 0,017 Gew.-%. und Luft 78,08 Vol.-% N_2, nur in großen Höhen kommt er durch UV-Spaltung in atomarer, reaktionsfreudiger Form vor. In Stickstoffmineralien wie Chilesalpeter ($NaNO_3$) kommt er als Salz vor. Guano, ein Ausscheidungsprodukt von Vögeln, enthält ca. 16 bis 60 % Chilesalpeter und 40 % Phosphat. Ertragreiche Böden enthalten bis zu 30 t N-Verbindungen pro ha. Stickstoff ist Bestandteil der Proteine (ca. 16 bis 17 %) und vieler heterogener Verbindungen. 99 % kommen in der Luft und 0,03 % in der Erdkruste vor.

Mensch: 2,5 kg Stickstoff sind im menschlichen Körper zu finden.

Lebensmittel: Nitratreiche Pflanzen (FG) (bis zu 5.000 mg/kg) sind Rote Beete, Spinat, Kopfsalat, Chinakohl, Kohlrabi, Rettiche, Ackersalat, Endiviensalat, Radieschen und Sellerie. Mäßig nitrathaltig (unter 600 mg/kg) gelten bspw. Porree, Bohnen, Möhren, Blumenkohl, Kartoffeln, Gurken, Schwarzwurzeln, Krautarten, Erdbeeren. Wenig belastet (10 mg/kg) sind in der Regel Erbsen, Tomaten, Rosenkohl, Obst und Beeren. Am höchsten belastet sind Pflanzen im unreifen Zustand. Stängel und Wurzeln enthalten meist mehr als Blätter, Blüten und Samen. Niedrige Umgebungstemperatur und Dunkelheit vermindern die Photosynthese und hemmen die Nitrat-Reductase in den Pflanzen, sodass der Nitratgehalt ansteigt. Bei lichtarmen Bedingungen und starker Düngung kann eine Anreicherung in Pflanzen erfolgen, sodass Gehalte an NO_3^- von bis zu 6 % der Trockensubstanz erreicht werden. Bei Aufnahme solcher Pflanzen kann es zu Nitratvergiftungen kommen. Eine Ernte der Pflanzen am Abend (Abbau des Nitrats am Tag) vermindert den Nitratgehalt. Nitritgehalte in pflanzlichen Lebensmitteln sind sehr gering.

15.1.2 Eigenschaften und Verwendung

Elektronenkonfiguration: [He] ($2s^2 2p^3$); $A_r = 14,0067$ u. Stickstoff ist ein reaktionsträges, farb-, geruch- und geschmackloses, diamagnetisches Gas. Es ist nicht brennbar und unterhält die Atmung nicht. Die Stickstoffmoleküle bestehen aus zwei Atomen, die nur einen sehr kurzen Abstand voneinander (109,5 pm) haben und ausgesprochen fest verbunden sind. Die Bindungsenergie der Dreifachbindung (zwei π- und eine σ-Bindung) $|N\equiv N|$ beträgt $\Delta H^0 = + 945$ kJ/mol. Daraus ergibt sich die außerordentliche Reaktionsträgheit des molekularen Stickstoffs. Als Distickstoffligand in Komplexen mit Ru, Mo (Zentral-Ion der Nitrogenase) und weiteren Übergangsmetallen kommt das N_2 vor, wobei durch Katalyse die Dissoziationsenergie sinkt. Bei hohen Temperaturen wird die Aktivität von Stickstoff gesteigert, sodass Verbindungen mit zahlreichen Metallen und Nichtmetallen entstehen. Alkali- und Erdalkalimetalle vereinigen sich besonders leicht mit Stickstoff zu Nitriden:

$$3\ Mg + N_2 \longrightarrow Mg_3N_2$$

Stickstoff löst sich in Wasser (23,2 cm^3 bei 0 °C) nur etwa halb so gut wie Sauerstoff. In fester Form (β-N_2) liegt die hexagonal dichteste Packung (< 210 °C) vor. Unterhalb von -238 °C existiert die kubisch dichteste Packung (α-N_2) (Schmelzpkt. $= -210$ °C, Siedepkt. $= -196$ °C). Blauviolette und orange Farbtöne beim Sonnenaufgang sind auf den atmosphärischen Stickstoff zurückzuführen. Es ist ein billiges Inertgas zum Schweißen und in der Halbleiterproduktion. N_2 kann in flüssiger Form zum Schnellgefrieren von Lebensmitteln und zur Konservierung von biologischem Material (Samen, Blut, Gewebeteile) verwandt werden. Als Treibgas und Schutzgas (E 941) findet es bei Lebensmitteln Verwendung. Etwa 85 % des jährlich weltweit durch das Haber-Bosch-Verfahren (120 Mio. t/a) umgesetzten Stickstoffs wird für Düngemittel verarbeitet. Die biologisch vor allem durch Mikroorganismen umgesetzten N_2-Mengen sind nur gut 30 % höher. Das Verhältnis der $^{15}N/^{14}N$-Isotopen wird für die Herkunfts- und Authentizitätsanalyse für Lebensmittelinhaltsstoffe herangezogen.

In der Kryochirurgie wird flüssiger Stickstoff zum Vereisen von Warzen eingesetzt, in Flugzeugreifen verhindert es innere Brände und im Straßenbau sorgt es bei Erdschächten dafür, dass feuchtes Gestein nicht nachrutscht.

15.1.3 Verbindungen

Vor der Entdeckung des Chilesalpeters wurde Salpeter „industriell" hergestellt.

Nitride: Mit Lithium reagiert N_2 bei Raumtemperatur zu **Lithiumnitrid (Li$_3$N)** (Schmelzpkt. $= 548$ °C):

$$6\ Li + N_2 \longrightarrow 2\ Li_3N$$

Die salzähnlichen Nitride (Bildung mit stark elektropositiven Elementen) enthalten das N^{3-}-Nitrid-Ion (wie Kupfernitrid Cu_3N, Silbernitrid Ag_3N, Alkali- und Erdalkalinitride). Bei höheren Temperaturen erfolgt die Bildung von Nitriden auch mit Erdalkalimetallen (z. B. Calciumnitrid Ca_3N_2) sowie mit Bor, Aluminium, Silicium, Germanium, aber auch mit Übergangsmetallen (Scandium, Ytterbium, Zirkonium, Hafnium, Vanadium, Chrom, Molybdän, Wolfram).

Stickstoffwasserstoffsäure (HN₃) ist eine explosive, farblose, durchdringend riechende Flüssigkeit mit einem Siedepunkt von 37 °C. Eingeatmet führt HN_3 in geringen Konzentrationen zu Kopfschmerzen und in höheren Konzentrationen zur Vergiftung. Der MAK-Wert liegt bei 0,1 mg/m^3.

$$\overset{\ominus}{\underset{H}{\underline{N}}} \overset{\oplus}{-} N \equiv N| \quad \longleftrightarrow \quad \underset{H}{\overset{-}{N}} = \overset{\oplus}{N} = \overset{\ominus}{N}$$

Die Darstellung erfolgt durch Einwirkung von Distickstoffoxid (N_2O) bei 190 °C auf Natriumamid (NaH_2N) und anschließende Destillation des entstandenen Natriumazids mit verd. H_2SO_4:

$$N_2O + H_2N\text{-Na} \longrightarrow N_3Na + H_2O;$$
$$2 N_3Na + H_2SO_4 \longrightarrow Na_2SO_4 + 2 HN_3$$

Hervorstechende Eigenschaft ist der durch Erhitzen oder Schlag leicht auszulösende, explosionsartige Zerfall in die Elemente, dabei werden enorme Wärmemengen frei:

$$2 HN_3 \longrightarrow 3 N_2 \uparrow + H_2 \uparrow \quad (\Delta H^0 = -526,7 \text{ kJ/mol})$$

HN_3 reagiert als schwache Säure (pK_S = 4,75, etwa wie Essigsäure) und ist ein relativ starkes Oxidationsmittel. Sie löst wie HNO_3 eine Reihe von Metallen ohne H_2-Entwicklung auf (z. B. Zn, Fe, Mn, Cu):

$$Me^{II} + 3 HN_3 \longrightarrow Me(N_3)_2 + N_2 \uparrow + NH_3$$

Die Salze der Stickstoffwasserstoffsäure heißen **Azide**, schwer lösliche Salze sind z. B. Silberazid (AgN_3), Quecksilberazid ($Hg^{(1)}N_3$) und Bleidiazid $Pb(N_3)_2$. $Pb(N_3)_2$ und AgN_3 detonieren wie HN_3 bei stärkerem Erhitzen, besonders aber auf Schlag sehr heftig. Knallerbsen enthalten Silberazid. $Pb(N_3)_2$ wird daher in der Sprengtechnik zur Einleitung der Detonation von Schieß- und Sprengstoffen benutzt („Initialzündung"). Alkali- und Erdalkaliazide lassen sich unzersetzt schmelzen und verpuffen erst bei stärkerem Erhitzen. Natriumazid (NaN_3) wirkt bakterizid und wurde früher in niedriger Konzentration zur Konservierung von Wein eingesetzt und findet bei Airbags Verwendung, wo es durch elektrische Zündung innerhalb von 40 ms in die Elemente Na und N_2 (Treibgas) zerfällt. Durch KNO_3 wird das reaktionsfreudige Na zu Na_2O oxidiert, das KNO_3 zu K_2O umgesetzt. Der Stickstoff des Nitrats wird dabei zum N_2 reduziert. Das nicht unproblematische, alkalisch reagierende Dinatrium- und Dikaliumoxid reagiert mit Siliciumdioxid zu Silicaten. Bereits Azidmengen von 50 mg führen bei Inhalation zur Atemlähmung.

Ammoniak (NH₃) (Abb. 15.1.1), ein pyramidenförmig gebautes Molekül (sp³-Hybridisierung)

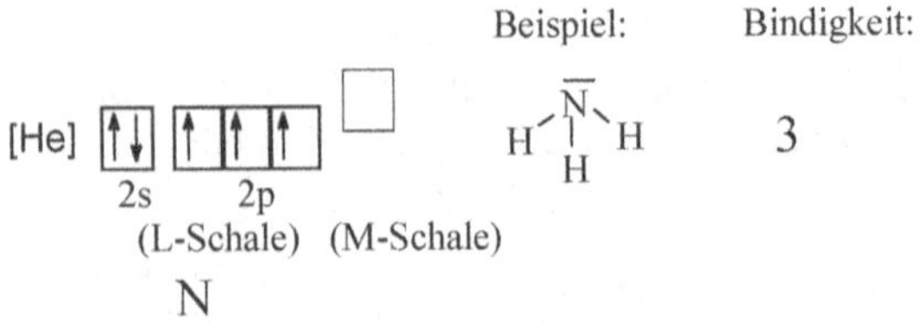

Beispiel: Bindigkeit:

[He] ↑↓ ↑ ↑ ↑ ☐ $H-\overset{\overline{N}}{\underset{H}{\vert}}-H$ 3

　　2s　　2p
(L-Schale)　(M-Schale)

N

Abb. 15.1.1 Elektronenverteilung des Stickstoffs für Ammoniak

Es ist ein farbloses, stechend riechendes Gas (Siedepkt. $= -33,35\,°C$; Schelzpkt. $= -77,7\,°C$), welches auch als Kältemittel verwandt wird. Es löst sich sehr gut in Wasser: In 1 L Wasser (bei 15 °C) lösen sich 772 L NH₃ (Gas) $\cong$ 550 g NH₃. Salmiakgeist ist eine schwache Base und leichter als Luft. Flüssiges und festes NH₃ ist über Wasserstoffbrücken polymerisiert. Technisch wird NH₃ nach dem Haber-Bosch-Verfahren hergestellt.

$$3\,H_2 + N_2 \;\rightleftharpoons\; 2\,NH_3 \quad (\Delta H^0 = -92,4\,kJ/mol)$$

Dabei handelt es sich um eine exotherme Reaktion mit Volumenminderung. Das Gleichgewicht verschiebt sich daher mit fallender Temperatur und steigendem Druck nach rechts. Um eine technisch und wirtschaftlich sinnvolle Ausbeute zu erreichen, wird bei 500 °C und 200 bar gearbeitet. Der Herstellungsprozess umfasst mehrere Reaktionsschritte. Der „Griff in die Luft" mit der NH₃-Synthese gehört zu den bedeutendsten technischen Prozessen und überführt enorme Mengen von N₂ in stickstoffhaltige Substanzen.

Der Name „Ammoniak" stammt von dem schon vorher bekannten Salmiak (NH₄Cl), den man *Sal ammoniacum* nannte. Aus diesem wurde schon im 17. Jahrhundert mittels gelöschten Kalkes das Gas freigesetzt. Unter *Sal ammoniacum* verstand man ursprünglich das Steinsalz aus der Oase Ammon; der Name ging irrtümlich auf den ägyptischen Salmiak über. Andere Quellen besagen, dass die Bezeichnung Ammoniak vielleicht auf den ägyptischen Sonnengott Ra Ammon zurückgeht. Schon um etwa 900 n. Chr. wurde der Salmiak in Persien an den Rändern schwelender Kohlenflöze beobachtet, wo er sich aus dem Rauch in glitzernden Kristallen abschied. Weiterhin gewann man in Ägypten das Salz als geschätztes Heilmittel durch Schwelen des Mistes der Kamele und sonstiger Haustiere. Der Mist dient in den baumleeren Steppen Innerasiens als Feuerungsmaterial. Bei der unvollkommenen Verbrennung des Mistes entwickelt sich Ammoniak, das sich mit Salzsäure (aus der NaCl-reichen Nahrung stammend) zu Ammoniumchlorid NH₄Cl verbindet und in den Rauchfängen absetzt. Bis ins 18. Jahrhundert wurde aus Ägypten Rohsalmiak nach Europa exportiert. Der flüchtige Salmiak schied sich mit Teer und Ruß in den Rauchfängen ab und musste in Europa durch Umkristallisation noch gereinigt werden.

NH$_3$ ist nach H$_2$O das wichtigste anorganische („wasserähnliche") Lösungsmittel. In Analogie zu H$_2$O formuliert man auch bei NH$_3$ eine „Eigendissoziation" (gleichzeitig Säure und Base!): Es bildet sich neben dem Ammonium-Ion das A-midanion

$$2 \, NH_3 \; \xrightleftharpoons \; NH_4^+ + NH_2^- \quad K_{50°C} = \sim 10^{-30}$$
$$\text{(Analog dazu: } 2 \, H_2O \; \xrightleftharpoons \; H_3O^+ + OH^- \quad K_{25°C} = 10^{-14})$$

Die charakteristischste Eigenschaft ist die basische Wirkung seiner wässrigen Lösung. Dabei bilden sich hochpolymere Verbindungen zwischen NH$_3$ und H$_2$O, die über Wasserstoffbrücken dreidimensional miteinander vernetzt sind. NH$_3$ besitzt mit 1,3 kJ/g eine hohe Verdampfungsenergie, die auf die Wasserstoffbrückenbindung zurückgeführt wird. Dies lässt sich vorwiegend in großtechnischen Kältemaschinen nutzen. Vor allem wird Ammoniak aus der Landwirtschaft freigesetzt. Aus Jauche sind pro L 4 bis 5 g NH$_3$ freisetzbar. Durch Urease wird es z. B. aus Harnstoff gebildet. Da NH$_3$ schädigend auf die Atmungsorgane und das Nervensystem wirkt, sind gute Lüftungsanlagen in Ställen notwendig.

In mit Folien abgedeckten Strohmieten wird NH$_3$ eingeblasen (4,8 L/100 kg trockenes Stroh). Dadurch erhöht sich die Verdaulichkeit der Rohfaser von 45 auf 65 %. Aus Abwässern wird Ammoniak z. T. durch chemische Adsorption zurückgehalten und weiterverwertet. Zur Einstellung eines basischen pH-Wertes wird NH$_3$ bei Dauerwellenpräparaten und in Haarfärbemitteln eingesetzt. NH$_3$ nimmt zu einem geringen Teil Protonen unter Bildung von Ammonium-Ionen NH$_4^+$ auf (Abb. 15.1.2).

$$NH_3 + H_2O \; \xrightleftharpoons \; NH_4^+ + OH^-$$

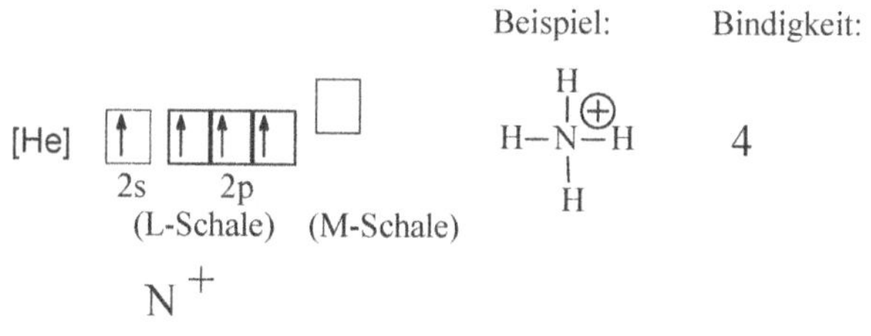

Abb. 15.1.2 Elektronenverteilung des Stickstoffs für Ammonium

Eine Konzentration von 20 ppm NH$_3$ (16,7 mg/m^3) kann geruchlich wahrgenommen werden, aber schon die fünffache Konzentration in der Luft reizt die Augen und den Atmungsapparat. Ca. 2 g oder 3 bis 5 mL versprühter Salmiakgeist führt bei einer 1-stündigen Exposition zum Tode. Der ADW beträgt 35 mg/m$^3 \cong$ 29 ppm.

Das Gleichgewicht liegt bei Zimmertemperatur (0,1 molare Lösung von NH$_3$ in H$_2$O) ganz auf der linken Seite der Edukte. Das Gleichgewicht lässt sich durch

„Abfangen" von OH^--Ionen mit Säuren ganz nach rechts verschieben, z. B. reagiert NH_3 heftig mit HCl-Gas unter Bildung von weißem, festem Nebel von NH_4Cl (Salmiak)

$$NH_3 + HCl \longrightarrow NH_4^+ + Cl^-$$

Alkali- und Erdalkalimetalle (außer Beryllium und Magnesium) lösen sich in flüssigem NH_3 zu intensiv blauen Lösungen, die solvatisierte Kationen neben solvatisierten Elektronen enthalten sollen, z. B.:

$$Na + (x + y)NH_3 \longrightarrow Na^+ \cdot x\,NH_3 + e^- \cdot y\,NH_3$$

Solche Lösungen sind Leiter 2. Klasse. Sie sind extrem starke Reduktionsmittel und reagieren etwa mit H_2 oder O_2 unter Bildung der entsprechenden Hydride bzw. Oxide. Ammoniak verbrennt mit reinem Sauerstoff zu Stickstoff und H_2O. Auch andere Oxidationsmittel oxidieren es (z. B. Wasserstoffperoxid H_2O_2, Kaliumpermanganat $KMnO_4$).

Die **Ammoniumsalze** (NH_4^+-Salze) gleichen den Alkalisalzen, sie sind leicht flüchtig und werden als Düngemittel (z. B. Ammoniumsulfat $(NH_4)_2SO_4$, Ammoniumnitrat bzw. -salpeter NH_4NO_3, sekundäres Ammoniumphosphat $(NH_4)_2HPO_4$) sowie als Ammoniumchlorid NH_4Cl) eingesetzt. $(NH_4)_2CO_3$ wird gewonnen durch Einleiten von CO_2 in NH_3-Wasser:

$$2\,NH_3 + CO_2 + H_2O \longrightarrow (NH_4)_2CO_3$$

Beim Lagern geht es unter Abspaltung von NH_3 in Ammoniumhydrogencarbonat NH_4HCO_3 über; dieses zerfällt bei etwa 60 °C weiter in NH_3, CO_2 und H_2O:

$$(NH_4)_2CO_3 \xrightarrow{\;-NH_3\;} NH_4HCO_3 \xrightarrow{\;(60\,°C)\;} H_2O + CO_2 + NH_3$$

Daher wird es als „Backpulver" verwendet. „Hirschhornsalz" ist ein Gemisch aus $(NH_4)_2CO_3$ und NH_4HCO_3 mit kleinen Mengen Ammoniumcarbamat (Salz der Carbamidsäure $H_2N—COOH$). Früher gewann man das Salz $(NH_4)_2CO_3$ mit NH_4HCO_3 und $NH_4^+(^-OOC—NH_2)$ durch Sublimation beim trockenen Erhitzen von Knochen und Geweihen. Daraus leitet sich der Name „Hirschhornsalz" ab.

Ammoniumchlorid wird in Deutschland in Konzentrationen bis zu 2 % Salmiakpastillen (Lakritzartikel) zugesetzt, in einigen Staaten sind bis zu 10 % erlaubt. NH_4Cl ruft den typisch scharfen Geschmack hervor. Bei erhöhter oraler Einnahme kann eine Übersäuerung des Blutes auftreten bis hin zu Magen-Darm-Beschwerden. Beim Erhitzen, aber auch bei Schlägen ist Ammoniumnitrat explosiv und wird von Terroristen häufig als Sprengstoff verwendet (s. a. Abschn. 15.1.3).

Die H-Atome des NH_3 lassen sich durch Metallatome ersetzen und bilden Salze des Ammoniaks. Durch Ersatz eines H-Atomes bilden sich **Amide** (z. B. Natriumamid $NaNH_2$):

$$Me^I + NH_3 \longrightarrow Me^INH_2 + \tfrac{1}{2} H_2 \uparrow$$

Gegenüber H_2O reagieren die Amide als starke Basen, die völlig hydrolysiert werden:

$$Me^INH_2 + H_2O \longrightarrow Me^I(OH) + NH_3$$

Werden zwei H-Atome ersetzt, so bilden sich **Imide** (z. B. Lithiumimid Li_2NH). Durch Substitution aller drei Atome bilden sich die oben beschriebenen Nitride. Durch Substitution der H-Atome durch organische Reste entstehen die **Amine** (z. B. Dimethyl-, Trimethylamin). Durch Ersatz von einem Wasserstoffatom mit der NH_2-Gruppe entsteht **Hydrazin (Diamin) (N_2H_4)** ($H_2N — NH_2$). Es ist eine farblose, giftige, schwach cancerogene, rauchende Flüssigkeit (Siedepkt. = 1,4 °C, Schmelzpkt. = 113,5 °C) und ein starkes Reduktionsmittel. Es wirkt schleimhaut- und hautreizend. Die basisch reagierende Lösung reduziert viele Metall-Ionen (Ag^+, $Cu^{2+} \longrightarrow Ag, Cu^+$).

$$N_2H_4 + 4 OH^- \rightleftharpoons N_2 \uparrow + 4 H_2O + 4 e^-; \ E_o = -1,16 \text{ V}$$

Verwendung findet Hydrazin als Korrosionsschutz, zur Herstellung von Herbiziden, Arzneimitteln und Treibmitteln. Das Derivat des Hydrazins, das Dimethylhydrazin $(CH_3)_2N\text{-}NH_2$, wird als Raketentreibstoff eingesetzt. Gyromitrin, das Gift der Frühjahrslorchel, und das Agaritin von Champignons enthalten die Diamingruppierung (Abb. 15.1.3).

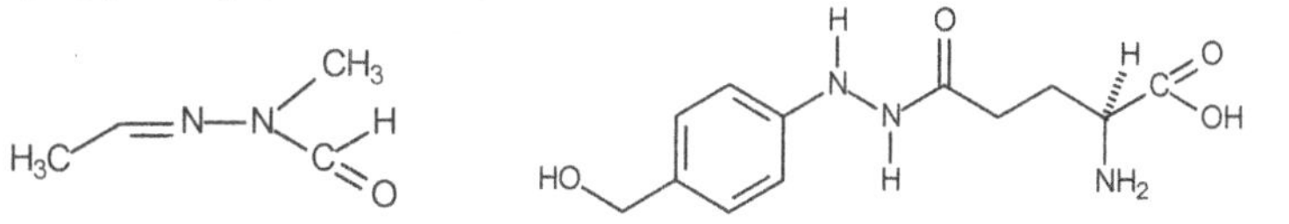

Abb. 15.1.3 Gyromitrin und Agaritin

Diimin (Diazin) (N_2H_2) ($H\underline{N}=\underline{N}H$) ist der Grundkörper organischer Azoverbindungen, als Verbindung jedoch nur bei tiefen Temperaturen darstellbar. Als Zwischenprodukt ist es an der biologischen N_2-Fixierung beteiligt.

Hydroxylamin (NH_2OH)

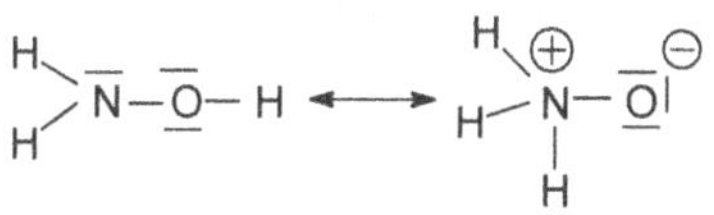

Hydroxylamin ist eine instabile Festsubstanz, die auf Haut und Augen reizend wirkt (Schmelzpkt. = 33,1 °C) und oberhalb von 100 °C sich explosionsartig in NH_3 und N_2 zersetzt.

$$3\ NH_2OH \longrightarrow NH_3 + N_2 + 3\ H_2O$$

NH_2OH ist weniger basisch als NH_3; die Salze (Hydroxylammoniumsalze) reagieren in H_2O daher stärker sauer als Ammoniumsalze. NH_2OH ist ein starkes Reduktionsmittel (reduziert z. B. $Cu^{2+} \longrightarrow Cu^+$ und $Fe^{3+} \longrightarrow Fe^{2+}$) und wird dabei selbst hauptsächlich zu Stickstoff oxidiert. Die Darstellung ist z. B. möglich durch elektrolytische Reduktion von HNO_3:

$$HNO_3 + 6\ H_3O^+ + 7\ e^- \longrightarrow HONH_2 + 8\ H_2O$$

Es ist ein Ausgangsstoff für die Herstellung von Perlon®.

Distickstoffmonoxid (früher Stickoxydul) (Lachgas) (N_2O)

N_2O ist ein farbloses, geschmacksneutrales Gas (MAK-Wert 5 mg/m^3; Reizung der Atemwege) mit süßlichem Geruch (Siedepkt. = – 88,5 °C). Es ist darstellbar durch trockenes Erhitzen von festem Ammoniumnitrat (Temp. nicht zu hoch, Explosionsgefahr). N_2O und Wasserstoff explodieren beim Entzünden wie Knallgas:

$$N_2O + H_2 \longrightarrow N_2 + H_2O \quad (\Delta H^0 = -367{,}8\ kJ/mol)$$

Es wirkt schwach betäubend und wird daher für Narkosezwecke (Anästhetikum), früher besonders von Zahnärzten, benutzt. In geringen Mengen eingeatmet, ruft es einen rauschartigen Zustand und eine krampfhafte Lachsucht (Lachgas) hervor (Zwerchfell wird krampfartig gereizt). Der rauschhafte Zustand hält bis zu 3 Minuten an. Das Gas wird nicht verstoffwechselt und verlässt fast vollständig über die Atemluft den Körper. Es wird auch als Treibgas (E 942) bei Schlagsahne und Haushaltsstärken verwandt.

Stickstoffmonooxid (Stickoxid) (NO) ist ein giftiges, farbloses Gas.

Die großtechnische Herstellung erfolgt durch katalytische NH_3-Verbrennung:

$$4\ NH_3 + 5\ O_2 \longrightarrow 4\ NO + 6\ H_2O \quad (\Delta H^0 = -1166\ kJ/mol)$$

Im Laboratorium erfolgt die Darstellung durch Reduktion von HNO_3 oder im Kipp'schen Apparat aus Natriumnitrit und konz. H_2SO_4. NO hat ein großes

Bestreben, sich mit Sauerstoff umzusetzen und wird an der Luft sofort zu rotbraunem Stickstoffdioxid NO_2 oxidiert:

$$2\,NO + O_2 \; \rightleftharpoons \; 2\,NO_2 \quad (\Delta H^0 = -113,3\;kJ/mol)$$

Diese Reaktion ist photochemisch umkehrbar. Dabei entstehen reaktive Sauerstoffatome, die mit O_2 Ozon bilden

$$O_2 + O \longrightarrow O_3 \quad (\Delta H^0 = -106\;kJ/mol)$$

Diese Reaktionen sind bei der Bildung von Luftschadstoffen bedeutsam.

Stickstoffoxid bildet mit Metallsalzen lockere, gefärbte Additionsverbindungen, z. B. braunes $[Fe(H_2O)_5NO]SO_4$, es dient zum Nachweis von Nitraten (Erwärmen führt wieder zur Spaltung in NO und Metallsalz). NO besitzt große Bedeutung bei Säugetieren und beim Abbau der Ozonschicht in der Stratosphäre. Das NO-Molekül enthält ein ungepaartes e^- und ist demnach ein Radikal. Wird das e^- aus dem antibindenden π^*-Orbital freigesetzt, so entsteht NO^+, das Nitrosyl-Ion.

Das **Nitrosyl-Ion NO^+** kann Salze mit Anionen bilden, z. B NO^+Cl^-. NO als Ligand in Komplexen gibt zuweilen ein e^- an das Zentralmetall-Ion eines Komplexes ab, wodurch NO^+ als neuer Ligand auftaucht und auch zur Ladung des Komplexes beiträgt z. B. $[Fe^{II}(CN)_5NO]^{2-}$. Die Oxidationszahl des Fe^{II} bleibt erhalten, durch NO^+ ist eine weitere positive Ladung im Komplex, sodass er nur noch zweifach negativ geladen ist. Durch Aufnahme eines e^- entsteht aus NO das Nitroxyl-Ion NO^-.

Stickstoffdioxid (NO_2)

NO_2 ist ein rötlichbraunes, erstickend riechendes, giftiges Gas, ebenfalls ein Radikal. Die industrielle Darstellung erfolgt über die HNO_3-Fabrikation. Im Laboratorium wird es z. B. durch Erhitzen von Bleinitrat gewonnen:

$$Pb(NO_3)_2 \longrightarrow PbO + 2\,NO_2 + \tfrac{1}{2}\,O_2$$

Es lässt sich leicht verflüssigen (Siedepkt. 22,4 °C). Die Farbveränderung beim Abkühlen (von rotbraun zu farblos) beruht auf dem Gleichgewicht von braunen NO_2-Molekülen und farblosen N_2O_4-Molekülen und wird mit fallender Temperatur nach rechts verschoben:

$$\underset{\text{(braun)}}{2\,NO_2} \; \rightleftharpoons \; \underset{\text{(farblos)}}{N_2O_4} \quad (\Delta H^0 = -61,4\;kJ/mol)$$

N_2O_4 wird als Raketentreibstoff (z. B. bei der Apollo-Mission) eingesetzt. NO_2 und N_2O_4 werden in einigen Ländern noch als Bleich- und Oxidationsmittel in Lebensmitteln verwendet, z. B. bei Mehl.

Bei 200 °C beginnt NO_2 in NO und O_2 zu zerfallen. NO_2 ist ein starkes Oxidationsmittel, weil Sauerstoff leicht abgegeben wird. Durch Elektronenabgabe entsteht das Nitrylkation (NO_2^+). Nimmt das NO_2 ein e^- auf, dann entsteht das Nitrit-Ion (NO_2^-), das Anion der Salpetrigen Säure. In Wasser reagiert es unter Disproportionierung in Salpeter- und Salpetrige Säure:

$$2\ NO_2 + H_2O \ \rightleftharpoons\ HNO_3 + HNO_2$$

Durch elektrische Entladung bei Gewitter entstehen aus dem Stickstoff und Sauerstoff der Luft Stickoxide, die mit dem Regen auf den Boden gelangen und dort als Nitrate vorliegen. Dadurch wird dem Boden jährlich eine Stickstoffmenge von 20 bis 25 kg/ha zugeführt. Der Anteil von Nitriten im Boden ist jedoch gering.

Stickstoffperoxid (NO_3) ist nur bei sehr tiefen Temperaturen beständig. Es entsteht z. B. aus NO_2 und überschüssigem O_2 bei tiefen Temperaturen.

Distickstofftrioxid („Salpetrigsäureanhydrid") (N_2O_3) ist als tiefblaue Flüssigkeit nur bei Temperaturen unterhalb von – 10 °C beständig. Es entsteht beim Abkühlen gleicher Volumina von NO und NO_2:

$$NO + NO_2 \ \rightleftharpoons\ N_2O_3\ (\Delta H^0 = -\,40{,}1\ kJ/mol).$$

Es ist das Anhydrid der Salpetrigen Säure HNO_2:

$$2\ HNO_2 \longrightarrow H_2O + N_2O_3$$

Distickstoffpentoxid (N_2O_5), das Anhydrid der Salpetersäure, liegt in festem und flüssigem Zustand als $NO_2^+NO_3^-$ vor. Es entsteht aus HNO_3 durch Behandlung mit einem wasserentziehenden Mittel (wie P_2O_5).

$$2\ HNO_3 \ \rightleftharpoons\ H_2O + N_2O_5$$

Es ist unbeständig und zerfällt beim Erhitzen, oft explosionsartig.

Salpetrige Säure (HNO_2) (starke, redoxamphotere Säure; $pK_S = 3{,}29$) ist in verdünnten, kalten, wässrigen Lösungen existent, beim Konzentrieren disproportioniert sie in NO und HNO_3:

$$3\ HNO_2 \ \rightleftharpoons\ HNO_3 + 2\ NO + H_2O$$

Daher ist HNO_2 einerseits Reduktionsmittel (z. B. gegenüber $KMnO_4$) und gleichzeitig Oxidationsmittel ($Fe^{2+} \longrightarrow Fe^{3+} + e^-$; $2\ I^- - 2\ e^- \longrightarrow I_2$). Ihre Salze, die **Nitrite** (z. B. Nitritpökelsalz ($NaNO_2$)), sind stabil. Es bestehen zwei tautomere Formen des Nitrit-Ions (Abb. 15.1.4),

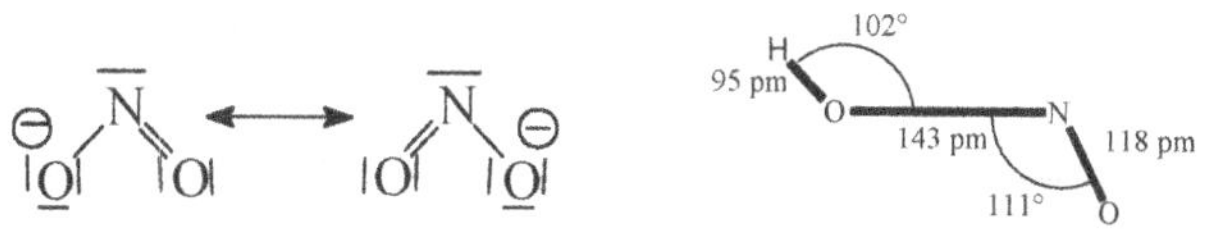

Abb. 15.1.4 Grenzstrukturen des Nitritanions und der salpetrigen Säure in der Gasphase

die auch als organische Derivate (R-NO$_2$ = Nitroverbindungen und R-ONO = Ester der Salpetrigen Säure) existieren. Die Darstellung der Nitrite erfolgt durch Erhitzen von Nitraten (z. B. NaNO$_3$) in Gegenwart eines schwachen Reduktionsmittels (z. B. Pb):

$$NaNO_3 + Pb \longrightarrow NaNO_2 + PbO$$

oder durch Einleiten eines äquimolaren Gemisches von NO und NO$_2$ in Lauge:

$$N_2O_3 + 2\,NaOH \longrightarrow 2\,NaNO_2 + H_2O$$

Verdünnte Nitritlösung ergibt durch Zusatz einer äquivalenten Menge Säure (z. B. H$_2$SO$_4$) eine verdünnte Lösung von freier Salpetriger Säure:

$$NaNO_2 + H_2SO_4 \longrightarrow NaHSO_4 + HNO_2$$

Als Nitritpökelsalz (Speisesalz mit 0,4 bis 0,5 % NaNO$_2$) wird es zur Umrötung bei Kassler, Salami oder Schinken eingesetzt (Kap. 8).

Salpetersäure (HNO$_3$)

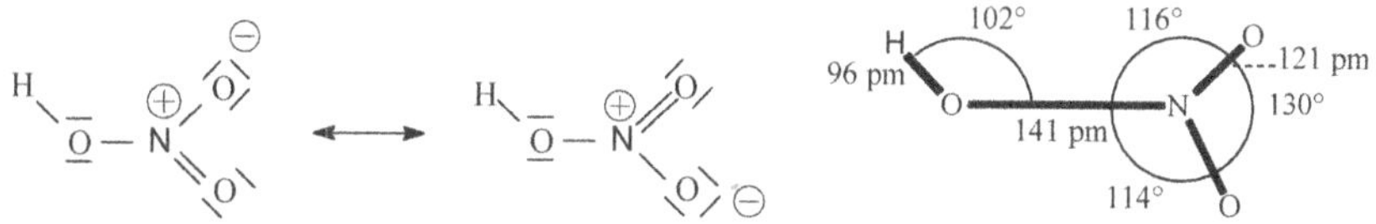

Abb. 15.1.5 Strukturformel von HNO$_3$, Mesomerie und Struktur in der Gasphase

Die Strukturformel (Abb. 15.1.5) muss mit einem positiv geladenen Stickstoffatom in der Salpetersäure und beim Nitratanion dargestellt werden, weil nur ein angeregtes Stickstoffatom 5-bindig sein könnte, hierzu muss jedoch ein Elektron aus der L-Schale in die nächst höhere M-Schale angeregt werden. Da die Energiedifferenz zu groß ist, erfolgt dieses jedoch nicht. Die Salpetersäure ist eine starke Säure ($pK_S = -1{,}32$), sie ist in wasserfreier Form eine farblose, stechend riechende Flüssigkeit (Siedepkt. = 84 °C, Schmelzpkt. = – 42 °C), sie zersetzt sich durch Lichteinwirkung unter Bildung von NO$_2$:

$$2\,HNO_3 \longrightarrow H_2O + 2\,NO_2 + \tfrac{1}{2}\,O_2$$

Dieses NO_2 bleibt in HNO_3 gelöst und färbt sie gelb, bei größerer Konzentration rot. Man nennt die so entstehende, an der Luft rotbraune Dämpfe abgebende Lösung „rote rauchende HNO_3". Eine Aufbewahrung in braunen Flaschen vermindert diese Reaktion. Die „nitrosen Gase" wirken stark ätzend, ein Einatmen führt zu Bronchialkatarrh und Lungenentzündungen (MAK-Wert 5 mg/m^3) Die technische Darstellung wird durch katalytische Ammoniakverbrennung („Ostwald-Verfahren") vorgenommen. HNO_3 unterliegt in wässriger Lösung praktisch quantitativ der Protolyse:

$$HNO_3 + H_2O \rightleftharpoons H_3O^+ + NO_3^-$$

Sie ist ein starkes Oxidationsmittel.

Außer Platin und Gold löst Salpetersäure fast alle Metalle. „Scheidewasser" ist eine 50%ige HNO_3-Lösung für die Trennung von Silber (Ag) und Gold (Au). Die oxidierende Wirkung erhöht sich mit HCl („Königswasser"):

$$HNO_3 + 3\ HCl \longrightarrow NOCl + 2\ Cl\bullet + 2\ H_2O \text{ (Chlor in } statu\ nascendi$$
$$(= \text{nascierendes Chlor)}$$

Damit wird Gold und Platin gelöst. Eisen, Chrom und Aluminium bilden bei Einwirkung von konz. HNO_3 stabile Oxidschichten (Passivierung). Mit Hydroxiden und Carbonaten bildet HNO_3 Salze, die **Nitrate**, z. B.:

$$KOH + HNO_3 \longrightarrow KNO_3 + H_2O$$

Das Nitrat-Ion ist gekennzeichnet durch drei mesomere Strukturen (Abb. 15.1.6):

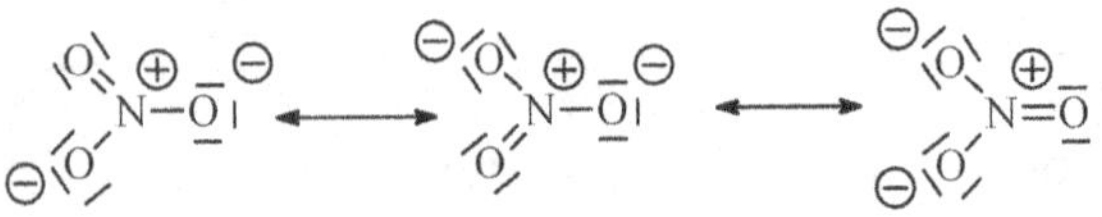

Abb. 15.1.6 Mesomerie des Nitrat-Ions

Alle Nitrate sind in H_2O leicht löslich und zersetzen sich beim Erhitzen unter Sauerstoffabspaltung. Die Alkalinitrate bilden dabei Nitrite:

$$KNO_3 \longrightarrow KNO_2 + \tfrac{1}{2}\ O_2$$

Schwermetallnitrate gehen dabei unter gleichzeitiger NO_2-Bildung in Oxide über:

$$Hg(NO_3)_2 \longrightarrow HgO + 2\ NO_2 + \tfrac{1}{2}\ O_2$$

In Rohrreinigern sind höhere Gehalte bis 40 % an $NaNO_3$ enthalten. Der durch Aluminiumgranulat freigesetzte Wasserstoff wird durch Nitrat gebunden (Reduktion zu Ammoniak). Ohne Zusätze würde es zu Verpuffungen durch extreme H_2-Bildung kommen, die bei dieser Anwendung teilweise erwünscht ist. Nitrate wirken so bei erhöhter Temperatur sehr gut als Oxidationsmittel. Schwarzpulver besteht aus 12,5 % S, 12,5 % C (Kohlenstaub) und 75 % KNO_3. Nitrat ist dabei der Sauerstofflieferant. Früher wurde $Ca(NO_3)_2$ (Mauersalpeter) aus Tierställen gewonnen. Durch mikrobielle Oxidation von Ammoniak zu NO_3^- aus den tierischen Ausscheidungen bildete sich mit dem Kalkstein der Mauersalpeter. Im 15. bis 19. Jahrhundert wurde so auf biologische Weise (mit tierischem und menschlichen Exkrementen und Urin) in Salpetergärten Nitrat hergestellt.

$$CaCO_3 + 2\,HNO_3 \rightleftharpoons Ca(NO_3)_2 + CO_2 + H_2O$$

Die Gärten bestanden aus langgestreckten Beeten mit einem Gemisch aus Erde, tierischem Dung und Kalk. Die Beete wurden regelmäßig mit Urin begossen und vor Regen geschützt (Abb. 15.1.7). Nach mehreren Jahren wurde mit Wasser ausgelaugt und durch Eindampfen der Lösung wurde der Salpeter gewonnen. Die Verwendung des produzierten Salpeters war ausschließlich der Produktion von Schwarzpulver vorbehalten. Nach der Entdeckung des Chilesalpeters ($NaNO_3$) im 19. Jahrhundert gab man diese „nachhaltige" Exkrementnutzung wieder auf.

Abb. 15.1.7 Salpetergarten
A = Sudhaus zum Auslaugen der Erdbeete und Eindampfen der Salpeterlösung
B = Bottiche, in denen die nitrathaltigen gereiften Exkremente und Urin von Tieren und Menschen ausgewaschen und durch Abschöpfen vom Erdreich getrennt werden
C = Beete zum „Reifen" von Dung- und Mauersalpeter
D = Bereitung von Brennholz
E = Transport der Erde zum Auslaugen

Eine wichtige Rolle spielen die Nitrate als Pflanzennährstoffe. Als Düngemittel dienen Derivate von NH_3 (Ammoniumsalze $(NH_4)_2 SO_4$, NH_4NO_3, $(NH_4)_3PO_4$) und HNO_3 ($NaNO_3$, KNO_3, $Ca(NO_3)_2$) sowie Mischdünger wie Ammonsulfatsalpeter. Bereits 1922 wurden 70 % des Weltbedarfs an Stickstoffdüngemitteln synthetisch produziert, heute sind es nahezu 99 %. NH_4NO_3 findet bei Sprengstoffen Verwendung. Zu einem Unfall mit Ammoniumnitrat mit 561 Todesopfern und 2.000 Verletzten kam es im Jahre 1921 in Oppau bei Ludwigshafen. Die Explosionsfähigkeit von Ammoniumnitrat war damals noch nicht bekannt. Als man das festgebackene 45 %ige Ammoniumnitrat durch Sprengung mit kleinen Dynamitportionen oder mit der Spitzhacke auflockern wollte, kam es durch die Initialzündung zur Explosion einer Menge von 4.500 t Ammoniumnitrat. Ein 20 m tiefer Krater mit einer Fläche von 120 m x 80 m bildete sich. In Toulouse (Frankreich) sind im Jahr 2001 ebenfalls 300 t des Düngemittels Ammoniumnitrat explodiert (29 Tote, 2.300 Verletzte). Auch für Terroristen scheint dieser „Sicherheitssprengstoff" interessant zu sein, so hat ein Rechtsextremist Ammoniumnitrat mit Dieselöl versetzt und 1995 ein Bürogebäude in Oklahoma (USA) zerstört und dabei 167 Menschen getötet. Bei diesem und bei einem weiteren Anschlag 2002 mittels Ammoniumnitrat in einer Diskothek auf Bali und in Oslo (2011) sind viele Todesopfer zu beklagen. Eine weitere Verwendung der Nitrate findet sich in der organischen Farbstoffindustrie.

15.1.4 Biologische Aspekte und Bindungsformen

Pflanzen können selbst keinen Luftstickstoff aufnehmen und z. B. in Proteine einbauen. Enzyme (Nitrogenasen) aus Knöllchenbakterien, z. B. an den Wurzeln von Leguminosen, reduzieren den Luftstickstoff zu Ammonium-Ionen, die dann von den Pflanzen aufgenommen werden. Weiterhin können Mikroorganismen wie *Acetobacter* und Cyanobakterien Luftstickstoff aufnehmen und in eigene Proteine umsetzen. Dadurch wird Stickstoff in verwertbarer Form nach dem Absterben der Mikroorganismen den Pflanzen zugänglich. Jährlich stehen auf diese Weise den Pflanzen ca. 5 bis 15 kg/ha zur Verfügung. Etwa 95 % des Gesamtstickstoffs des Ackers ist organisch gebundener Stickstoff (Humus, abgestorbene Pflanzenmasse, Bodenlebewesen) und nur 5 % anorganischer Stickstoff als NH_4^+ und NO_3^-. Von der Pflanze wird Nitrat für den Stickstoffhaushalt benötigt. Nach Aufnahme des Nitrats wird der Stickstoff von der Oxidationsstufe +5 bis zur Oxidationszahl − 3 reduziert. Dieser 8 e^--Übergang bis zum NH_4^+ erfolgt in Reduktionsschritten mit jeweils 2 e^-. Der erste Schritt, die Reduktion des Nitrats (NO_3^-) zum Nitrit (NO_2^-), wird durch die Nitrat-Reductase katalysiert (Abb. 15.1.8). Das Enzym ist homotetramer (4 gleiche Untereinheiten mit je einer Molmasse von 100 kD) und ist mit drei Wirkgruppen kombiniert (Cytochrom-b_{557}, FAD, Molybdopterin, s. Stichwort „Molybdän").

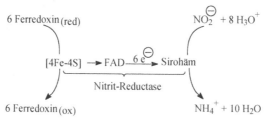

$$NAD^+$$
$$FAD$$
$$FADH_2$$
$$NADH + H^+$$
$$Cyt\text{-}b_{557}$$
$$H_2O$$
$$L\text{=}Mo\text{=}O \; (+6)$$
$$L\text{=}Mo\text{=}O \; (+4)$$
$$NO_3^\ominus + 2\,H_3O^+$$
$$NO_2^\ominus + 3\,H_2O$$

Abb. 15.1.8 Modell der Wirkungsweise der Nitrat-Reductase

Die Nitrit-Reductase reduziert den Stickstoff im Nitritanion (NO_2^-) in den Chloroplasten zu Ammonium (NH_4^+), nachdem das NO_2^- in die Chloroplasten transportiert wurde (Abb. 15.1.9).

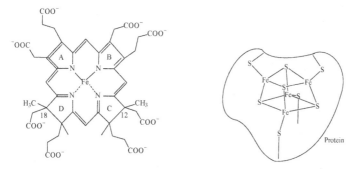

6 Ferredoxin (red)

$$NO_2^\ominus + 8\,H_3O^+$$

$$[4Fe\text{-}4S] \longrightarrow FAD \xrightarrow{6\,e^\ominus} Sirohäm$$

Nitrit-Reductase

6 Ferredoxin (ox)

$$NH_4^+ + 10\,H_2O$$

Abb. 15.1.9 Nitritreduktion

Die Nitrit-Reductase ist ein Protein mit einem Molekulargewicht von 64 kD und ist mit Sirohäm (Abb. 15.1.10), einem FAD und einem Eisen-Schwefel-Zentrum [4Fe-4S] assoziiert. Der Elektronendonator ist ein reduziertes Ferredoxin.

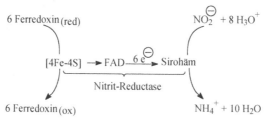

Abb. 15.1.10 Sirohäm und verzerrter [4Fe-4S]-Cluster in einem Protein

Im Nitrogenase-Komplex (Abb. 15.1.11 und 15.1.12) kommt ein [7Fe-9S-Mo-Homocitrat-N]-Cluster vor. Molybdän ist in einigen Nitrogenase-Komplexen auch durch Vanadium ersetzt.

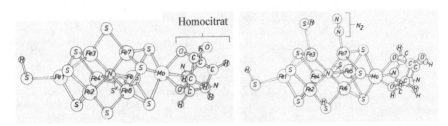

Abb. 15.1.11 Zentraler [7Fe-9S-Mo-Homocitrat-N]-Cluster des α-Eisen-Molybdän-Cofaktors der Nitrogenase ohne (links) und mit (rechts) gebundenem Stickstoff. Das Zentralatom in der Mitte des Clusters (N) könnte N^{3-} oder C^{4-} sein. Bisher ist jedoch ein Carbid-Ligand (C^{4-}) ohne Vorbild in der Natur.

Eine weitere Quelle für die Bildung von Ammonium in Pflanzen ist durch die Symbiose, besonders von Leguminosen (Klee, Bohnen, Lupinen), mit Knöllchen-bakterien gegeben, dabei wird der Stickstoff der Luft reduziert und der Pflanze zugeführt. Für die Reduktion eines Mols Stickstoff N_2 zu 2 Mol NH_4^+ werden 16 Mol ATP benötigt. Katalysiert wird dieser Vorgang durch das Enzym Nitrogenase mit einer Tetrameren-Struktur aus $\alpha_2\beta_2$-MoFe-Protein mit vier [4Fe-4S]-Clustern und einer Dinitrogenase-Reductase, die ein [4Fe-4S]-Cluster enthält.

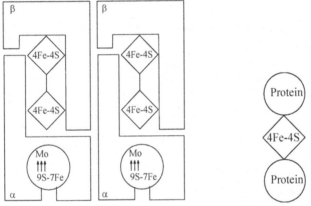

Abb. 15.1.12 Modell der Dinitrogenase mit zwei unabhängigen Untereinheiten
α = Eisen-Molybdän-Cofaktor
β = P-Cluster mit zwei [4Fe-4S]-Clustern

Der Nitrogenase-Komplex ist aus Dinitrogenase-Reductase und der Dinitrogenase zusammengesetzt. Die Dinitrogenasereduktase besteht aus einem gemeinsamen [4Fe-4S]-Zentrum und zwei identischen Untereinheiten. Die Dinitrogenase-Reductase (Eisen-Protein) liefert bei der Oxidation ein e^-, sie besitzt zwei Bindungsstellen für ATP. Durch die Bindung von Mg^{2+}-ATP an das Fe-Protein wird das Redoxpotenzial um etwa 0,1 V herabgesetzt. Insgesamt müssen jedoch für die Dinitrogenase 8 e^- pro Mol N_2 zur Verfügung gestellt werden. Zwei davon werden für die Bildung von H_2 benötigt, für das eine e^- werden 2 ATP verbraucht

(2 ATP ⟶ 2 ADP + 2 P). Die oxidierte Dinitrogenase-Reductase wird durch reduziertes Ferredoxin (Fd) wieder reduziert und steht für den Kreisprozess wieder zur Verfügung. Das oxidierte Ferredoxin wird durch ½ NADPH wieder reduziert. An der Dinitrogenase läuft die Reduktion des N_2 nach folgender Reaktionsgleichung ab:

$$8\ H_3O^+ + 8\ e^- + N_2 \longrightarrow 2\ NH_3 + H_2\uparrow + 8\ H_2O$$

Das dabei gebildete H_2 kann von einigen Bakterien durch Hydrogenasen oxidiert werden. In einem Kleefeld lässt sich der gebildete molekulare Wasserstoff nachweisen. Pro Hektar können auf diese Weise 100 kg bis 300 kg Stickstoff gebunden werden. Weitere N-fixierende Lebewesen sind Algen, Pilze und Hefen.

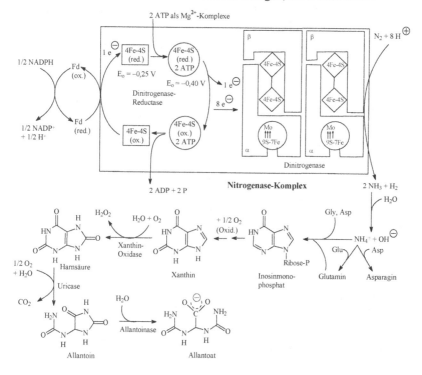

Abb. 15.1.13 Nitrogenase-Komplex und die Bildung von Allantoin und Allantoat bei Leguminosen (Fd = Ferredoxin)

Die Reaktion in der Nitrogenase stellt man sich etwa wie folgt vor: Der P-Cluster überträgt die e^-, die er von dem Kreisprozess der Dinitrogenase-Reductase erhalten hat, auf den Eisen-Molybdän-Cofaktor. Der Stickstoff (N_2) ist wahrscheinlich in der Mitte des Clusters lokalisiert, wodurch die Bindungen gelockert werden (Abschn. 6.2). Das Molybdän kann durch Vanadium und Eisen ersetzt werden, einige Nitrogenasen enthalten z. B. Vanadium, jedoch ist der Komplex mit Molybdän stabiler. Für die N_2-Fixierung lässt sich folgende Bilanzgleichung aufstellen (P = verestertes oder freies Phosphat):

$$N_2 + 4 \, H_3O^+ + 4 \, NADPH + 16 \, ATP \longrightarrow 2 \, NH_3 + 4 \, H_2O + H_2 + 4 \, NADP^+ + 16 \, ADP + 16 \, P$$

Die Dinitrogenase ist sehr sauerstoffempfindlich. Interessant ist dabei, dass durch Rhizobien infizierte Zellen ein Leghämoglobin bilden, das dem Myoglobin der Muskulatur sehr ähnlich ist, allerdings eine zehnfach höhere Affinität für O_2 besitzt. Die Konzentration ist im Cytosol sehr hoch (in Sojabohnen $3 \cdot 10^{-3}$ mol/L), weshalb die Knöllchen rosa gefärbt sind. Wahrscheinlich erfüllt das Leghämoglobin die Funktion als O_2-Puffer und ist damit ein wesentlicher Bestandteil, um die Sauerstoffkonzentration gering zu halten. Das gebildete Ammonium steht nun für einen Einbau in organische Moleküle zur Verfügung, wodurch für Tiere und Menschen die Stickstoffquelle erschlossen wird. In Abbildung 15.1.13 wird die Bildung von Allantoin und Allantoat gezeigt, wobei die Bildung der Purine über Aminosäuren erfolgt. Allantoat und Allantoin sind typische Verbindungen, die in Leguminosen vorkommen.

Stickstoffmonoxid (NO) bildet sich bei Säugetieren bei der enzymatischen Oxidation von L-Arginin zu Citrulin durch NO-Synthase. Es fungiert als Ligand an Häm-Gruppen. Es wirkt nur kurzfristig und wird schnell zu Nitrit und Nitrat oxidiert. Stickstoffmonoxid hat Bedeutung als Neurotransmitter bei der Regulation des Blutdrucks, es erweitert die Gefäße in Lunge und Herz, indem es zu den glatten Muskelzellen diffundiert und an einen NO-Rezeptor bindet. NO gelangt jedoch nicht nur durch Diffusion an die Wirkungsstätte, sondern wird außerdem aktiv über das Blut im Organismus transportiert. Auf etwa 10.000 O_2-Moleküle transportiert das Blut 1 NO-Molekül, das ebenso wie das O_2 an das Gewebe abgegeben wird. Das kurzlebige NO-Radikal wird im Gewebe von kleineren, löslichen Thiolen (z. B. Glutathion) stabilisiert, bis es am Rezeptor angelangt ist. An den O_2-Kreislauf ist demnach ein NO-Kreislauf gekoppelt. Gentechnisch hergestelltes Hämoglobin zeigt den unerwünschten Nebeneffekt einer Blutdruckerhöhung bei Infusion. Durch eine Modifizierung mit NO könnte dies verhindert werden. Bei Verdacht auf Herzinfarkt werden ein Nitroglycerin-Spray oder entsprechende Tabletten eingesetzt, um die Durchblutung zu erleichtern und die Schäden durch Arterienverschluss zu verhindern. Bluthochdruck ist möglicherweise z. T. auf zu geringe NO-Konzentration im Blut, der septische Schock auf einen zu hohen Gehalt zurückzuführen. NO bzw. daraus entstehendes Peroxynitrit ($ONOO^-$) ist verantwortlich für den „Nitrosativen Stress", der zusammen dem des ROS (*reactive oxygen species*, reaktive Sauerstoff-Verbindungen) den oxidativen Stress verursacht. Oxidativer Stress bewirkt eine Schädigung von Makromolekülen (z. B. Proteinen) und führt so zur Zellschädigung. ROS können durch Radikalfänger wie Vitamin C oder E inaktiviert werden. Auch bei Chemolumineszenz von Glühwürmchen ist NO beteiligt.

Das Medikament „Sildenafil" (als VIAGRA® im Handel) (Abb. 15.1.14) verstärkt die NO-Wirkung und führt zu einer Stimulation parasympathischer Nervenfasern, die auf arterielle Blutgefäße wirken. Die Wirkung auf spezifische Organe wird weiterhin durch die Hemmung der Phosphodiesterase 5, die vorwiegend in diesen Organen vorkommt, erreicht. Durch die Einführung des Medikamentes ist die Nachfrage aus Asien nach tierischen Körperteilen, denen potenzsteigernde Wirkung nachgesagt wird, drastisch gesunken. 1996 wurden 30.000 bis 50.000 männliche Genitalien von Robben aus Kanada zum Stückpreis von 81 bis 115 Dollar exportiert. 1999 erfolgte die Einführung des Medikamentes in China. Im gleichen Jahr wurden aus Kanada nur noch 20.000 Organe zum Stückpreis von nur noch 20 Dollar verkauft. Der Verkauf von Rentierfellen (ebenfalls mit angeblich potenzsteigernder Wirkung) ging im gleichen Zeitraum um 72 % zurück. Zu hoffen ist, dass auch gefährdete Tiere wie die Grüne Meeresschildkröte, Seenadeln und Seepferdchen von dieser Entwicklung profitieren.

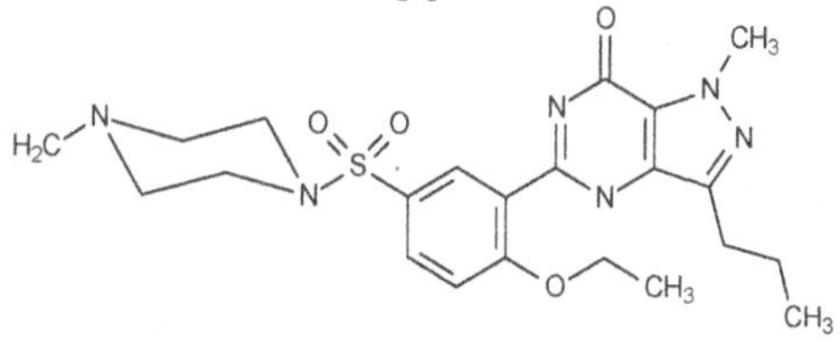

Abb. 15.1.14 Strukturformel von Sildenafil (VIAGRA®)

Weiterhin besitzt NO hemmende Wirkung auf die Aggregation der Blutplättchen und wirkt mit im Immunsystem und als cytotoxisches Agens. Seit den Siebzigerjahren des 19. Jahrhunderts ist die blutdrucksenkende und muskelentspannende Wirkung von Nitroglycerin bekannt. Die Wirkung wird auf die Freisetzung von NO zurückgeführt. Fresszellen (Makrophagen) des Blutes geben NO bei Immunreaktionen ab, um eindringende Viren oder Bakterien abzutöten und Krebszellen zu inaktivieren.

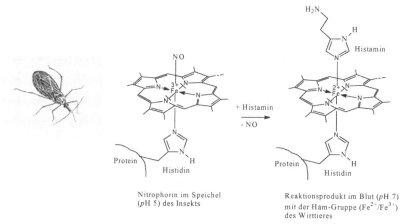

Abb. 15.1.15 Reaktion des NO der Raubwanze an der Häm-Gruppe

Blutsaugende Raubwanzen der Art *Rhodnius prolixus* (Abb. 15.1.15) nutzen die reversible komplexe Bindung von NO an das Fe^{3+}-Zentrum von Hämproteinen, sogenannten Nitrophorinen (NP), in ihrem Speichel. Bei *p*H 5 (*p*H-Wert des Speichels) ist die Bindung des NO 10-mal fester als bei *p*H 7, dem physiologischen *p*H-Wert des Opfers. Beim Stich gibt das Insekt zunächst Speichel ab. Durch Abnahme der Bindungsstärke wird NO im Opfer freigesetzt und bewirkt eine Erweiterung der Blutgefäße sowie eine Hemmung der Blutgerinnung. Als Reaktion auf den Stich wird vom Opfer Histamin freigesetzt. Untersuchungen der chemischen Strukturen ergaben, dass das Histamin an derselben Stelle des Nitrophorins gebunden wird wie NO, bei physiologischen *p*H-Werten jedoch 100-mal stärker als NO. Auf diese Weise verhindert es die Bindung des NO an die Nitrophorine. Die Wirkung des NO im Blut bleibt erhalten und das Blut kann so leichter durch das Insekt aufgenommen werden.

Die Natrium- und Kaliumsalze der Salpetrigen Säure und der Salpetersäure (Anwendung beim Pökelprozess) wirken konservierend gegen das *Clostridium botulinum*, welches unter anaeroben Bedingungen das hochtoxische thermostabile Botulismustoxin bildet. Auch gegen Darmentzündungen und Thyphus verursachende Salmonellen ist NO_2^- aktiv. Die hohe Affinität des NO-Liganden zum Eisen der Häm-Gruppe des Myoglobins wird bei der Umrötung von Fleischerzeugnissen (Rohwurst, Rohschinken) ausgenutzt. Da Rohwürste und Rohschinken nicht erhitzt werden und im Kern während des Reifungsprozesses anaerobe Bedingungen herrschen, ist ein Verzicht auf Nitritpökelsalz durchaus mit Gefahren verbunden. Die Farbe des Myoglobins wird im Wesentlichen durch die Oxidationsstufe des Eisens bestimmt. Liegt Fe^{2+} vor, so hat es eine rote Farbe und wird zu Myoglobin oder Oxymyoglobin, wenn O_2 als Ligand komplex gebunden vorliegt. Im oxidierten Zustand (Fe^{3+}) liegt Metmyoglobin vor. Die Bindung der Häm-Gruppe an das Protein (Spitze des Oktaeders) erfolgt durch den Imidazol-Ring der Aminosäure Histidin. Der Zusatz von Nitritpökelsalz kann bei gleichzeitiger Verwendung von Ascorbinsäure verringert werden, weil vermehrt NO gebildet wird (Abb. 15.1.16).

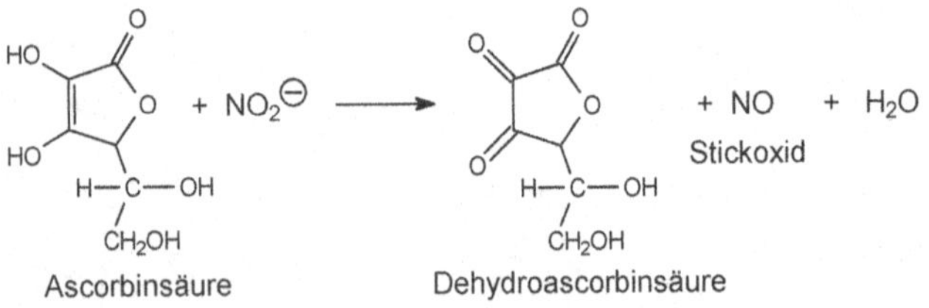

Abb. 15.1.16 Reaktionsmechanismus von Ascorbinsäure mit Nitrit

In umgeröteten Fleischerzeugnissen sind bei guter Herstellungspraxis Konzentrationen von ca. 10 mg NO_2^- /kg FG zu erwarten. Eine langfristige Stabilisierung der Fleischfarbe ist nur mit starken Liganden wie z. B. NO, CN^- oder CO möglich. CN^- und CO scheiden bei der Fleischtechnologie aufgrund der Giftigkeit aus, jedoch ist bei Putenfleisch die Bildung roter CO-Myoglobin-Komplexe zu beobachten, wenn in direkt beheizten Gasherden (erhöhte CO-Konzentration) gegart wird. Durch NO als Ligand (gebildet aus Nitrat- oder Nitritsalzen (Pökelsalze)) kann Fe^{3+} zu Fe^{2+} reduziert werden und das Stickoxid oder das Nitrosylkation (N^+O) bildet einen temperaturstabilen Komplex mit der Häm-Gruppe des Myoglobins (Abb. 15.1.17).

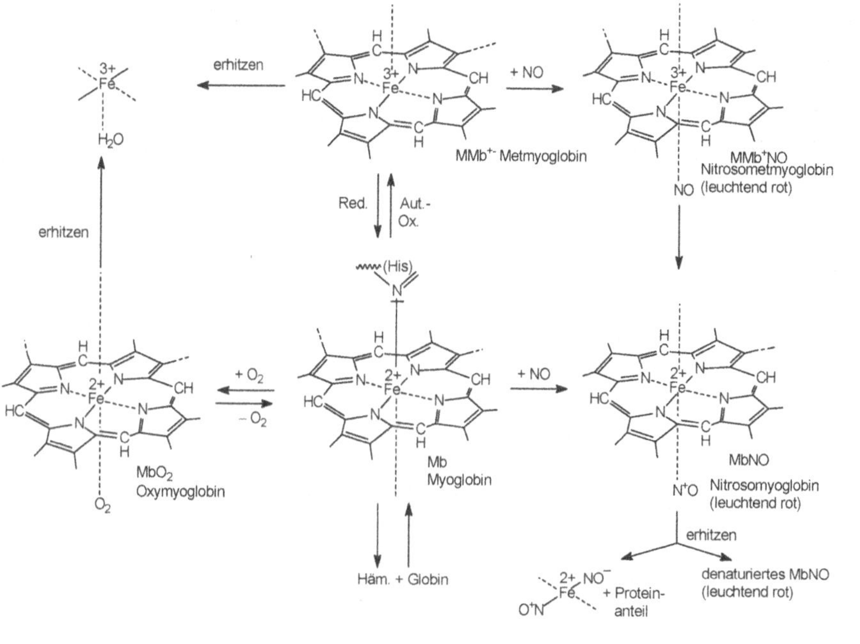

Abb. 15.1.17 Reaktionen des Myoglobins mit Sauerstoff und NO als Ligand während der Umrötung

Die nitrosen Gase NO und NO_2 sind am Abbau der Ozonschicht (siehe Stichwort „Sauerstoff") und am „Sauren Regen" (s. Stichwort „Schwefel") beteiligt. Durch Landwirtschaft, Kläranlagen und Mülldeponien wie auch durch die nitrosen Gase erfolgt eine Stickstoffdüngung in Form von NO_3^- und NH_4^+-Ionen. Im Boden werden die Sulfide des Ni^{2+}, Pb^{2+}, As^{3+}, Cu^{2+} und Fe^{2+} in Gegenwart von NO_3^- durch autotrophe Denitrifikation mittels *Thiobacillus denitrificans* zu Sulfaten oxidiert. Hauptkomponente ist das Eisen, das als FeO oder Fe_2O_3 sekundär ausfällt und die Pb^{2+}-, As^{3+}- und Cu^{2+}-Ionen binden kann.

$$5\ FeS + 8\ NO_3^- + 8\ H_3O^+ \rightarrow 4\ N_2 + 5\ SO_4^{2-} + 5\ Fe^{2+} + 12\ H_2O$$

Die aus den Sulfiden freigesetzten Nickel-Ionen werden jedoch nicht gebunden und gelangen dadurch vermehrt ins Trinkwasser.

Normalerweise assimiliert der Wald pro ha 5 bis 12 kg Stickstoff. Im Schwarzwald liegt der Eintrag an Stickstoff bei 23 kg/ha, davon als NH_4^+ 9 kg/ha, in

Nordwestdeutschland (Wingst) bei 72 kg/ha, davon als NH_4^+ 50 kg/ha. Dieses führt dazu, dass durch Stickstoff-Eintrag die Bäume zum Wachstum angeregt werden, bei gleichzeitiger Verarmung an Ca^{2+}, Mg^{2+} und K^+-Ionen, die durch den Sauren Regen ausgewaschen werden. Der Mangel an den Kationen Mg^{2+} und K^+, die für die Chlorophyllsynthese wichtig sind, führt zu Mangelerkrankungen der Bäume, die durch Vergilben und Abwurf von Blättern erkennbar sind. Stickstoff-verbindungen besonders aus der Landwirtschaft sind an der Eutrophierung der Gewässer beteiligt (s. Stichwort „Phosphor").

Harnstoff wird aufgrund seiner hygroskopischen Eigenschaften in der Kosmetik und Dermatologie eingesetzt. Bereits in geringer Konzentration bindet er die Feuchtigkeit der Haut und mildert so auch den Juckreiz. Zur Behandlung der *Psoriasis* (Schuppenflechte), der Neurodermitis (atopisches Ekzem) und der Fisch-schuppenkrankheit (Ichthyosis) wird Harnstoff in Konzentrationen von 5 bis 10 % verwendet. Eine 10%ige wässrige Lösung wirkt bakterizid. Bei pilzbefallenen Finger- oder Fußnägeln (Onychomykose) dient ein Salbenverband mit 20 % Harn-stoffanteil zur Auf- und Ablösung der Nägel.

Chinesisches Porzellan bekam die besondere Feinheit, wenn die Arbeiter in den angerührten Ton urinierten. Durch diesen „Zuschlag" trug der Harnstoff des Urins zur Verbesserung der Grundmassenstruktur bei.

Helicobacter pylori neutralisiert in der äußeren Sphäre der Membran die Magensäure durch katalysierte Reaktion der Urease (Abb. 15.1.18). Durch das Enzym Urease wird aus Harnstoff Ammoniak gebildet, der die Protonen der Magensäure an der Membran von *Helicobacter pylori* abfängt und sie neutralisiert.

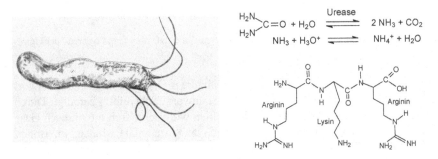

Abb. 15.1.18 *Helicobacter pylori* (links) mit den Abwehrmechanismen zur Neutralisierung der HCl im Magen

Weiterhin enthält *Helicobacter pylori* im Außenbereich doppelt so viele basische Arginin- und Lysin-Aminosäuren, die ebenfalls Protonen abfangen können (Pufferwirkung), wie andere Mikroorganismen. Diese Vorgänge erklären die Überlebensfähigkeit von *Helicobacter pylori* im Magensaft. Mittlerweile immunisiert man Legehennen mit dem Enzym Urease. Über das Blut der Hennen werden Immunglobuline (IgY, Y für *yolk*) ins Eigelb transportiert. Aus dem Eigelb werden die Immunglobuline isoliert und z. B. in Asien Joghurt zugesetzt. Die Neutralisation der Magensäure mit Urease funktioniert dann nicht mehr, weil die Urease durch IgY inaktiviert wurde. Die Magensalzsäure greift die Membran von *Helicobacter pylori* an, und ein erheblicher Anteil der Bakterien stirbt ab. Kleine Harnstoffmengen, die in der Milch natürlicherweise vorkommen (ca. 250 mg/kg Kuhmilch), werden bei der Käsebereitung durch Urease eliminiert. Harnstoff entsteht im Organismus in der Leber. Urease kommt natürlich in Soja- und Jackbohnen, Pilzen, wirbellosen Tieren und besonders in Bakterien vor. Urease, ein nickelhaltiges Metalloenzym, ist für den Ammoniakgeruch von Jauche und Mist verantwortlich (s. a. Kap. 10).

15.1.5 Toxikologische Aspekte

Ammoniak in Wasser setzt Hydroxid-Ionen frei, die eine ätzende Wirkung besitzen. Beim Einatmen von NH_3-Dämpfen kommt es zur Reizung der Luftwege (bei 0,1 mg NH_3/L Luft). Resorbiertes Ammoniak wird im Organismus (Leber) im sogenannten Harnstoffzyklus unter CO_2-Aufnahme in Harnstoff überführt und mit dem Harn ausgeschieden. Ein erwachsener Mensch setzt etwa 20 bis 30 g NH_3 dabei um. Als Folge von Leberzirrhose tritt bei 50 bis 70 % der Erkrankten die hepatische Encephalopathie auf. Das im Darm beim Eiweißabbau entstehende Ammoniak wird durch die Leber nicht vollständig von den perivenösen Glutamin synthetisierenden Scavenger-Zellen in Harnstoff umgewandelt. Es kommt durch die toxische Wirkung des nichtabgebauten Ammoniaks zu Funktionsstörungen des Zentralnervensystems.

Braunrote nitrose Gase (NO_2, N_2O_4, NO und N_2O_3), die schwerer sind als Luft, entstehen leicht bei der Reaktion von HNO_3 und HNO_2 mit organischem Gewebe. 10 mL nitrose Gase/m^3 führen zur Beeinträchtigung der Lungenfunktion, 100 mL/m^3 wirken toxisch. Nach der Inhalation erfolgt die Bildung von HNO_3 und HNO_2 mit der Bronchialflüssigkeit, weiterhin kommt es zur Bildung von Methämoglobin. NO besitzt keine lokale Reizwirkung, ruft jedoch narkoseähnliche Zustände hervor. N_2O (Distickstoffoxid, Lachgas) gehört nicht zu den nitrosen Gasen.

Durch hohe Nitratgehalte in Gemüse kann in der Mundhöhle oder im Dickdarm eine Reduktion zu Nitrit erfolgen. In der Mundhöhle wird durch bakterielle Nitrat-Reductasen Nitrit gebildet. Nitrite oxidieren z. B. im Speichel Quercetin zu einem Benzofuranderivat. Nitrite werden schnell resorbiert, und das Fe^{2+} im Hämoglobin wird zum Methämoglobin (Fe^{3+}) oxidiert. Bei 50 % Methämoglobin (MetHb) treten Vergiftungserscheinungen auf, bei 80 % ist eine tödliche Wirkung gegeben. Methämoglobin kann keinen Sauerstoff binden. Liegen 20 % Methämoglobin vor, entsteht das Krankheitsbild Methämoglobie (Blausucht, Cyanose). Säuglinge sind in den ersten Lebensmonaten davon betroffen, da bei ihnen im Magen pH-Werte von 3 bis 4 vorherrschen, die ein Überleben nitratreduzierender Mikroorganismen ermöglichen. Bei 25 bis 50 mg Nitrat pro Liter im Wasser für Fertignahrung sind bei Säuglingen erhöhte MetHb-Gehalte sichtbar, die jedoch reversibel sind. Da

Säuglinge in den ersten drei Lebensmonaten eine geringe, gegensteuernde Methämoglobin-Reductaseaktivität und zugleich einen hohen Gehalt an fetalem, leichter oxidierbarem Hämoglobin (Hb) aufweisen, treten die Symptome der Blausucht leichter auf.

$$4\ Hb(Fe^{2+})\text{-}O_2 + 4\ NO_2^- + 2\ H_2O \rightarrow 4\ MetHb(Fe^{3+})\text{-}OH + 4\ NO_3^- + O_2$$

Die Säuglingsblausucht ist bei Gehalten von 200 bis 500 mg NO_3^-/L Trinkwasser (in ländlichen Gebieten als Grundwasser) aufgetreten. Heute ist es erlaubt, Mineralwässer bei weniger als 10 mg Nitrat/L und 0,02 mg Nitrit/L mit der Angabe „geeignet für die Säuglingsnahrung" auszuloben.

N_2 besitzt erstickende Wirkung, jedoch nur bei Sauerstoffmangel. Salpetersäure und die darin gelösten nitrosen Gase wirken stark ätzend und führen zu Hautverfärbungen (Xanthoproteinreaktion mit aromatischen Resten von Aminosäuren, Nitrierung der aromatischen Aminosäure). Der MAK-Wert beträgt für HNO_3 5 mg/m³. 100 ppm NH_3 reizen Augen und Luftwege, bereits 20 ppm NH_3 werden geruchlich wahrgenommen. MAK-Wert: 35 mg NH_3/m³. 1,5 bis 2,5 g NH_3/m³ Luft wirken innerhalb von einer Stunde tödlich. Für Rinder werden minimaltoxische Dosen von 650 bis 750 mg $NaNO_3$/kg KG angegeben. Besonders beim Wiederkäuer werden die Nitrate im Vormagen zu Nitriten reduziert. Auch durch Mikroorganismen können hohe Nitritkonzentrationen gebildet werden, z. B. bei nur wenig erhitzten, nitratreichen pflanzlichen Futter- und Lebensmitteln. Nitrit ist wesentlich toxischer (6- bis 10-mal) als Nitrat. Die LD_{50}-Rate für $NaNO_2$ beträgt für Schweine p. o. 70 bis 95 mg/kg KG, für Rinder 150 bis 170 mg/kg KG.

Sekundär gebildetes Nitrit kann sich im Magen-Darm-Trakt mit organischen Aminen aus der Nahrung umsetzen, wobei krebserregende N-Nitrosamine gebildet werden können. In Iodmangelgebieten führen hohe Nitratkonzentrationen zur verminderten Iodidresorption. Das NO_3^--Ion als Pseudohalogen wirkt dabei als Antagonist zum I^-.

15.1.6 Aufnahme und Ausscheidung

Stickstoff ist für den Menschen ein essenzielles Element, es kann jedoch fast nur aus organischen N-Verbindungen, z. B. Proteinen, genutzt werden. Die tägliche Nitrataufnahme eines Menschen aus der Nahrung (ohne Trinkwasser) beträgt in Europa 50 bis 135 mg, wobei es je nach den spezifischen Ernährungsgewohnheiten beträchtliche Abweichungen geben kann. Bei vorwiegend vegetarischer Ernährung kann die tägliche Nitrataufnahme über 200 mg/d betragen. Bei Ernährung durch Brot, Getreideprodukte, Obst, Fleisch und Milchprodukte vermindert sich die Nitrataufnahme auf 20 bis 30 mg/d. Nitrit wird pro Tag und Person durchschnittlich zu etwa 2 mg und N-Nitrosamine werden zu 300 ng aufgenommen. Neben der Nitrataufnahme ist auch das endogen gebildete Nitrit von Bedeutung. Die ca. 2 L Speichel enthalten 5 bis 20 mg Nitrit. Redoxprozesse können demnach im Rachenraum mit z. B. leicht oxidierbaren Substanzen beginnen, so ist z. B. o-xidiertes Quercetin (3',4'-Dihydroxybenzoyl-2,4,6-trihydroxy-3(2*H*)-benzofuran) schon im Rachenraum nachgewiesen.

Neben der Reduktion des Nitrats zu Nitrit (ca. 15 bis 21 % des aufgenommenen Nitrats) werden die restlichen Nitrat-Ionen wie auch das Nitrit im Dünndarm resorbiert und mit dem Urin ausgeschieden. Im Darm wird durch bakterielle Nitrat-Reductase weiterhin ein Teil des Nitrats reduziert. Bei Harnwegsinfektionen oder bei Personen mit verringerter Salzsäure im Magensaft (*p*H 5) können die Nitrit-konzentrationen erheblich ansteigen. Auch durch Mikroorganismen können hohe Nitratkonzentrationen gebildet werden, z. B. bei nur wenig erhitzten, nitratreichen pflanzlichen Futter- und Lebensmitteln. Die Mikroorganismen mit Nitrat-Reductasen vermehren sich bspw. beim Lagern von zubereitetem Spinat und setzen bei zu warmer Lagerung, gutem Luftaustausch und mehrmaligem Aufwärmen in erheblichem Maß Nitrat zu Nitrit um.

Der Mensch scheidet vorwiegend Harnstoff im Urin aus (20 bis 30 g/d), der vorwiegend aus dem Proteinabbau stammt. Wirbeltiere scheiden Harnstoff und oft eine geringe Menge an Kreatinin (Abb. 15.1.19) über den Urin aus. In den Exkrementen von Vögeln, Echsen und Schlangen ist als stickstoffhaltige Verbindung vorwiegend Harnsäure vorhanden. Bei Landschildkröten wird eine Mischung aus Harnsäure und Harnstoff, bei im Wasser lebenden Spezies wird hingegen Ammoniak und Harnstoff abgegeben. Krokodile scheiden vorwiegend Ammonium (NH_4^+) mit dem Urin aus, wobei als Anion HCO_3^- vorliegt. Dies wird erklärt durch eine verbesserte Rückhaltung von Na^+ und Cl^-, die für die Krokodile im Süßwasser wichtig ist. Bei Spinnen wird vorwiegend Guanin exkretiert.

Wiederkäuer verdauen Harnstoff mithilfe der Mikroorganismen im Pansen, deshalb wird dem Futter von Rindern z. T. Harnstoff als Protein-Supplement zugesetzt.

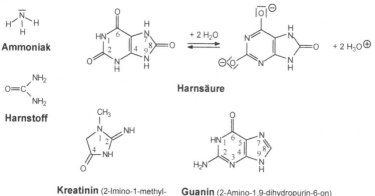

Abb. 15.1.19 Strukturformeln von stickstoffhaltigen Ausscheidungsprodukten

15.2 Phosphor (P)

15.2.1 Vorkommen und Gehalte

In der *Erdkruste* kommen 0,09 % Phosphor vor, in **Guano** (Vogelkot) bis zu 40 %. In Knochen, Zahnschmelz als **Hydroxylapatit** ($Ca_3(PO_4)_2 \cdot Ca(OH, F, Cl)_2$). **Vivianit** (Blaueisenerz) ($Fe_3(PO_4)_2 \cdot 8 H_2O$), in Caseinmicellen, ATP, Nucleinsäuren und in Lecithinen.

Mensch: Der Mensch enthält 600 bis 700 g Phosphor, vor allem in Phosphaten und Phosphorsäureestern. 85 % des Phosphors sind im menschlichen Skelett, ca. 75 g im übrigen Gewebe und 2 g im Blut enthalten. Das anorganische Phosphat liegt im Blut zu 43 % in ionisierter Form in Komplexen und zu 12 % an Proteine gebunden vor. Besonders phosphorreich sind Gehirn, Nerven und Muskeln.

Lebensmittel: (Phosphor in g/kg): Hefe 12,9; Schmelzkäse (Halbfettstufe) 12; Hartkäse (Dreiviertelfettstufe) 9,5; Roggen 3,4; Weizen 3,4; Leinsamen 6,6; Rinderleber 3,5; Rind- und Schweinefleisch 1,9; Hering 2,5; Rotbarsch 2; Forelle 2,5; Weißkohl 0,36; Apfel 0,11; Erdbeere 0,26; Hühnerei 2,1; Eigelb 5,9; Eiklar 1,1; Kuhmilch 0,9. Kartoffelstärke enthält veresterte Phosphorsäure.

15.2.2 Eigenschaften und Verwendung

Elektronenkonfiguration: [Ne] ($3s^2\ 3p^3$); $A_r = 30,9738$ u. Der Name leitet sich ab von griech. *phosphoros* = Lichtträger und deutet auf die Eigenschaft der Chemolumineszenz hin. Urin war im Mittelalter ein bevorzugtes Forschungsobjekt, zumal man glaubte, die „guldene"/gelbe Farbe müsste vom Gold stammen. Die erste Darstellung des Phosphors erfolgte 1669 von Henning Brand. Er sammelte in Hamburger Kasernen eine Tonne Urin und dampfte diesen bis zu einer sirupartigen Konsistenz ein. Nach der Destillation erhielt er ein rotgefärbtes „Urinöl", aus dem Kristalle ausfielen. Durch Glühen erhielt er einen weißen Staub, der im Dunklen deutlich leuchtete. Unabhängig davon isolierten auch Johann Kunckel und Robert Boyle Phosphor auf gleiche Weise. Das ergiebigere Verfahren der Phosphorherstellung aus Knochen wurde erst 100 Jahre später durch Scheele in Schweden entwickelt.

Phosphor kommt in drei Modifikationen vor (Allotropie): als weißer, violetter = „roter" und schwarzer Phosphor. Nur die schwarze Form ist bei Raumtemperatur thermodynamisch stabil, die Umwandlungsrate ist jedoch sehr gering.

$$P_{weiß} \longrightarrow P_{rot} \longrightarrow P_{schwarz}$$

Weißer Phosphor ist eine bei Zimmertemperatur wachsweiche, giftige, farblose Masse mit einem Schmelzpkt. von 44,1 °C und einer Dichte von 1,82 g/cm^3 (α-Phosphor, kubisch kristallisiert) bzw. 1,88 g/cm^3 (β-Phosphor, hexagonal kristallisiert). Er ist bei allen Temperaturen unbeständig und hat das Bestreben, sich in die rote Form umzuwandeln, die Umwandlungsgeschwindigkeit ist bei Zimmertemperatur jedoch sehr gering. Weißer Phosphor entsteht nur durch Kondensation von Phosphordampf (Siedepkt. 280,5 °C). Er enthält P$_4$-Moleküle, in denen die 4 Phosphoratome tetraedrisch angeordnet sind; jedes Phosphoratom ist durch drei einfache Bindungen mit drei anderen Phosphoratomen verknüpft. Der Abstand zwischen den Atomen beträgt 221 pm. Der Bindungswinkel in diesem Phosphormolekül ist anomal klein, er beträgt nur 60 ° und führt zu einer beträchtlichen Ringspannung. Daher ist der weiße Phosphor instabil (Abb. 15.2.1).

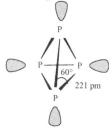

Abb. 15.2.1 Weißer Phosphor

Bei höheren Temperaturen können in ihm P-P-Bindungen zerfallen und sich neu ordnen. Dabei sollen sich die ursprünglichen Tetraeder zu kettenförmigen Gebilden anordnen. Lösung und Dampf von weißem Phosphor enthalten P$_4$-Moleküle. In H$_2$O nur spurenweise löslich, in Carbondisulfid (Schwefelkohlenstoff) CS$_2$ jedoch leicht löslich. Er zeigt im Dunkeln Chemolumineszenz (bläuliches Leuchten, hervorgerufen durch Oxidation des oberflächlich gebildeten P$_4$O$_6$ zum stabileren P$_4$O$_{10}$ = „Phosphoreszenz"). Durch das „Mitscherliche Rohr" (Probe nach Mitscherlich) konnte erstmals eine Vergiftung mit weißem Phosphor nachgewiesen werden. Erkennbar war dieses an der schwebenden Phosphorflamme (Abb. 15.2.2).

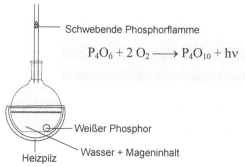

$$P_4O_6 + 2\,O_2 \longrightarrow P_4O_{10} + h\nu$$

Abb. 15.2.2 Mitscherlich-Rohr zum Nachweis von weißem Phosphor mit Reaktionsgleichung

Weißer Phosphor entzündet sich fein verteilt schon bei Zimmertemperatur an Luft (unter Wasser handhaben!). Er verbrennt mit gelblich-weißer Flamme unter intensiver Wärmeentwicklung zu P_4O_{10}:

$$4\,P + 5\,O_2 \longrightarrow P_4O_{10} \quad (\Delta H^0 = -\,1554\ kJ/mol)$$

Brennender Phosphor erzeugt auf der Haut tiefe, gefährliche Wunden. Weißer Phosphor reagiert mit Schwefelsäure H_2SO_4 unter Freisetzung von SO_2, bildet mit HNO_3 Stickoxide und reagiert mit Halogenen und Schwefel. Aus Metallsalzlösungen werden Metalle durch weißen Phosphor abgeschieden (z. B. Au, Ag, Cu, Pb). Die seit 1903 verbotenen Phosphorzündhölzer, die sich an jeder Reibfläche entzündeten, enthielten ca. 5 % weißen (gelben) Phosphor, 50 % PbO_2, Glaspulver und Klebestoffe. Die Phosphorzündhölzer wurden ab 1833 in Zündholzfabriken hergestellt. Besonders junge Frauen in den Fabriken fielen durch Phosphornekrose auf, wobei der Unterkiefer durch Phosphordämpfe angegriffen wurde (Abb. 15.2.3). Wenn die Unterkiefer nicht ganz entfernt wurden, führte diese Krankheit oft zum Tod.

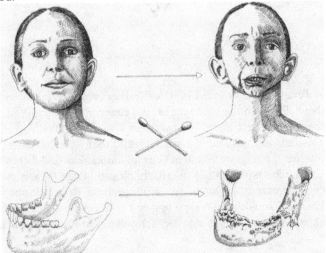

Abb. 15.2.3 Rekonstruktionszeichnung einer Patientin mit Phosphornekrose

In neuerer Zeit treten Phosphornekrosen bei chinesischen Arbeitern in Feuerwerksfabriken auf. Seit den 70er-Jahren des letzten Jahrhunderts werden die ersten Bisphosphonate bei malignen Knochenerkrankungen mit antitumoröser Wirkung und gegen Skelettmetastasen beim Mamma- und Prostatacarcinom eingesetzt. Seit wenigen Jahren beobachtet man bei Patienten, die mit Bisphosphonaten behandelt wurden, die gleichen Veränderungen des Unterkiefers, beginnend mit Zahnverlusten, massiven Schmerzen und Abzessen und Fistelungen des Unterkiefers (Dannemann, 2008). Vergleicht man die Formel von Bisphosphonaten mit dem weißen

Phosphor, so ist eine solche Wirkung nicht direkt aus der Struktur ableitbar (Abb. 15.2.4 und Abb. 15.2.1).

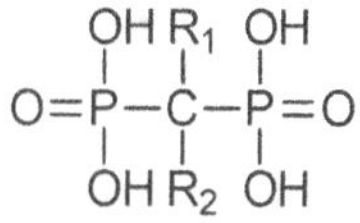

OH R$_1$ OH
 | | |
O=P—C—P=O
 | | |
OH R$_2$ OH

R$_1$	R$_2$
-Cl	-Cl
-CH$_2$-CH$_2$-NH$_2$	-OH
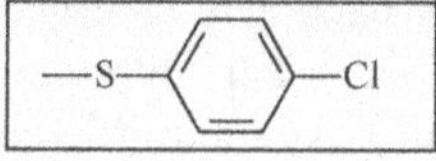 —S—⟨benzene⟩—Cl	-H

Abb. 15.2.4 Allgemeine Formel der Bisphosphonate mit einer Auswahl möglicher Reste

Phosphor findet Verwendung besonders für die Herstellung von Phosphorsäuren und Phosphaten (Waschmitteln), für militärische Brandstoffe und künstlichen Nebel. Bis zur 2. Hälfte des letzten Jahrhunderts wurde weißer Phosphor als Rattengift eingesetzt und der missbräuchliche Umgang führte bei Menschen zu Todesfällen. In der Ostsee wurde nach dem 2. Weltkrieg phosphorhaltige Munition versenkt und als bernsteinfarbiger Klumpen, ehemals weißer Phosphor, an den Strand gespült. Das Aufsammeln dieser Klumpen führt zu Verletzungen.

Roter Phosphor hat eine Dichte von 2,34 g/cm^3 und entsteht durch Erhitzen von weißem Phosphor unter Luftabschluss auf 300 °C, dabei werden erhebliche Wärmemengen frei.

$$P_{weiß} \longrightarrow P_{rotviolett} \ (\Delta H^0 = -17,6 \ kJ/mol)$$

Für die Umsetzung ist Aktivierungsenergie aufzuwenden, um die labilere reaktionsfähige Modifikation des Phosphors in die stabilere reaktionsträge rotviolette Modifikation umzuwandeln. Diese Energie kann auch als Licht zugeführt werden, daher färbt sich belichteter weißer Phosphor an der Oberfläche langsam rot. Geringe Iodmengen beschleunigen den Vorgang beträchtlich. Die Atome sind im roten Phosphor nicht völlig kristallin geordnet (ein Zwischenzustand). Weil er zunächst keine diskreten Moleküle enthält, ist er weniger flüchtig, weniger löslich und reaktionsträger als der weiße Phosphor. Durch längeres Erhitzen auf 550 °C erhält man auch eine völlig kristalline Form des roten Phosphors (Hittorfscher Phosphor, violetter Phosphor). Ohne Phasenänderung kann roter Phosphor nicht in weißen Phosphor umgewandelt werden. Dies ist nur über die Dampfform möglich. Aus dem Dampf der P$_4$-Moleküle scheidet sich stets zunächst die instabilere weiße Modifikation ab. Der violettrote Phosphor ist ungiftig und kann gefahrlos gehandhabt werden (Verpackung in Blechdosen). Er ist unlöslich in organischen Lösemitteln und CS$_2$. Er entzündet sich nicht selbst und verbrennt erst oberhalb von 260 °C und leuchtet nicht an der Luft. Roter Phosphor bildet mit starken Oxidationsmitteln wie z. B. Kaliumchlorat (KClO$_3$) Mischungen, die sehr leicht entzündlich sind (z. B. durch Reiben). Roter Phosphor wird zusammen mit Glaspulver auf den Reibflächen bei Zündholzschachteln (Sicherheitszündhölzer) verarbeitet. Der

Kopf der Zündhölzer besteht aus Antimonpentasulfid (Sb_2S_5, einer brennbaren Substanz), Kaliumchlorat $KClO_3$ und Bindemitteln. Beim Anstreichen des Zündholzes an der Reibfläche wird etwas Phosphor abgerieben, der dann bei der erhöhten Temperatur mit dem Chlorat Feuer fängt und den Zündholzkopf zur Entzündung bringt, Prinzip der „Stufenzündung". Zur besseren Übertragung der Flamme werden die aus weichem Holz bestehenden Hölzer mit etwas Paraffin und zum Schutz gegen Weiterglühen nach dem Erlöschen mit Natriumphosphat getränkt.

Schwarzer Phosphor zeigt ein Gitter aus Doppelschichten von Phosphoratomen. Auch hier sollen drei Atome mit je einem anderen Atom verbunden sein. Im Gitter müssen für die elektrische Leitfähigkeit leicht verschiebbare Elektronen vorhanden sein. Die Doppelschichten kommen so zustande, dass die dritte Bindung der Phosphoratome einer Zick-Zack-Kette nach unten, die der darunterliegenden Kette entsprechend nach oben, solche Ketten miteinander verknüpfen (P-P-Bindung = 218 pm). Die so entstehenden Schichten sind locker miteinander verbunden (Schichtabstand: 369 pm).

Schwarzer Phosphor ist nur bei sehr hohen Drücken oder durch mehrtägiges Erhitzen mit etwas Quecksilber auf 380 °C zu gewinnen. Er entsteht aus weißem Phosphor (z. B. bei 200 °C, $12 \cdot 10^3$ hPa), ist eisengrau gefärbt, leitet den elektrischen Strom und glänzt metallisch (Abb. 15.2.5). Er ist ungiftig, unlöslich und hat kaum industrielle Bedeutung.

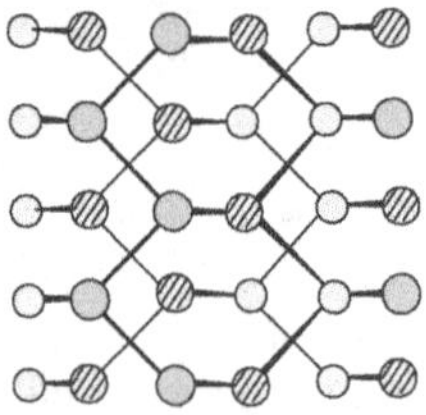

Abb. 15.2.5 Schwarzer Phosphor mit trigonal-pyramidaler Struktur

15.2.3 Verbindungen

Phosphor kommt in der Natur nicht elementar vor, sondern nur in Form von Derivaten der Phosphorsäure H_3PO_4. Wichtige natürliche Mineralphosphate sind: **Phosphorit (3 $Ca_3(PO_4)_2 \cdot Ca(OH, F, Cl)_2$), Apatit ($Ca_3(PO_4)_2 \cdot Ca(Cl, F)_2$), Eisenphosphat ($Fe_3(PO_4)_2 \cdot 8\ H_2O$) und Monazit (($Ce, Th)(PO_4, SiO_4$))**. Viele Phosphatablagerungen gehen auf die Verwesung von Tierkadavern zurück. Im pflanzlichen und tierischen Organismus sind ebenfalls wichtige Verbindungen der H_3PO_4 vorhanden. Proteine enthalten Phosphor in organischer Bindung. Besonders phosphorreich sind Blut, Eidotter, Milch, Muskelfasern sowie Nerven- und Hirnsubstanz.

Die Knochen der Wirbeltiere, Klauen und Zähne sowie die Schalen von Krebsen und Muscheln enthalten Phosphor als **Carbonat-Apatit (3 $Ca_3(PO_4)_2 \cdot$**

CaCO$_3$ · H$_2$O) oder **Hydroxyl-Apatit (3 Ca$_3$(PO$_4$)$_2$ · Ca(OH)$_2$).** Reich an Phosphor sind auch die menschlichen und tierischen Exkremente. Auf Inseln des Stillen Ozeans und der Südsee entstehen heute noch gewaltige Kotablagerungen in Form von „Guano". Hier scheiden Seevögel ein Gemisch aus Calciumphosphat und harnsauren Salzen aus, das schon lange als N- und P-Dünger bekannt ist. Guano geht bei Verwitterung und Verwesung in schwerlösliches Phosphorit (Ca$_3$(PO$_4$)$_2$) über.

Monophosphan (Phosphin) (Phosphorwasserstoff) (PH$_3$) (Abb. 15.2.6) ist ein farbloses, giftiges, brennbares, nach Knoblauch riechendes Gas mit einem Siedepkt. von − 87,7 °C (MAK-Wert 0,15 mg/m^3 ≙ 0,1 ppm). Im Unterschied zu Ammoniak (NH$_3$) weist Phosphan ein stärkeres Reduktionsvermögen (reduziert z. B. AgNO$_3$ zum Metall) auf und besitzt einen schwächeren basischen Charakter. Es entzündet sich bei 150 °C an der Luft und verbrennt zu H$_3$PO$_4$:

$$PH_3 + 2 O_2 \longrightarrow H_3PO_4$$

Es kann z. B. aus den Elementen P und H unter hohem Druck bei 300 °C dargestellt werden oder durch Einwirkung von nascierendem Wasserstoff auf Phosphor oder Phosphor-Verbindungen:

$$2 P + 3 H_2 \longrightarrow 2 PH_3 \quad (\Delta H^0 = -9,66 \text{ kJ/mol})$$

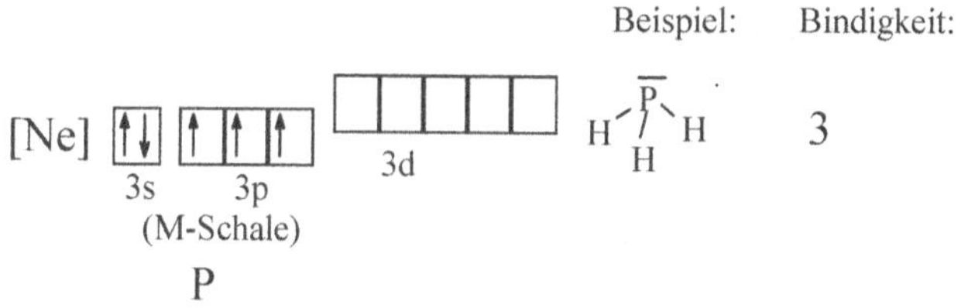

Beispiel: Bindigkeit:

[Ne] [↑↓] [↑|↑|↑] [| | | | |]   H–P–H   3
    3s   3p   3d   H
  (M-Schale)
      P

Abb. 15.2.6 Bildung von Monophosphan und die Elektronenverteilung des Phosphors im Phosphan

Auch die Hydrolyse von Phosphiden (z. B. Ca-, Mg-, Al-Phosphid) führt zu PH$_3$:

$$3 \text{ Ca} + 2 \text{ P} \xrightarrow{\Delta T} \overset{(-3)}{Ca_3P_2}$$
$$\text{(rot)} \qquad \text{Phosphid}$$

$$Ca_3P_2 + 6 H_2O \longrightarrow 2 PH_3 \uparrow + 3 Ca(OH)_2$$
Phosphan (früher auch Phosphin genannt)

Die obige Reaktion läuft bei der „Wühlmausbekämpfung" ab. Dabei wird Calcium- oder Zinkphosphid in die Gänge gestreut und nach einem Regenguss werden die Tiere durch das entstehende giftige Gas Phosphan getötet oder durch den Knoblauchgeruch bei niedriger Konzentration vergrämt. Ab einer Konzentration von 2 ppm ist PH_3 geruchlich wahrnehmbar. Das Einatmen des Gases führt zu Krämpfen, Erbrechen und Koma. Wenn z. B. ein Hund, angelockt durch eine tote Wühlmaus, an der Gangöffnung schnuppert, kann er durch das Gas geschädigt werden (Abb. 15.2.7).

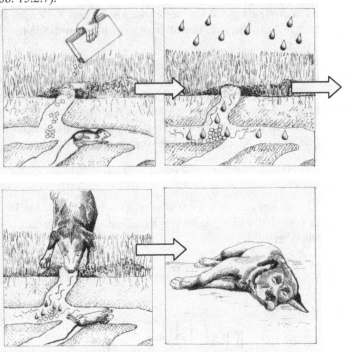

Abb. 15.2.7 Vorgänge bei der Wühlmausbekämpfung

Phosphan eignet sich auch als Räucherungsmittel für Getreide und dient zur Dotierung von Halbleitern.

Ebenso führt die Behandlung von Phosphoniumsalzen mit Lauge zu PH_3:

$$PH_4^+ + OH^- \longrightarrow PH_3 + H_2O \text{ (Analogie zu } NH_3)$$

Auch aus weißem Phosphor beim Erhitzen mit NaOH entsteht ebenfalls Phosphan:

$$P_4 + 3 \text{ NaOH} + 3 \text{ H}_2O \longrightarrow PH_3 + 3 \text{ NaH}_2PO_2$$

Phosphoniumsalze bilden ein Gleichgewicht:

$$PH_3 + H_3O^+ \rightleftharpoons PH_4^+ + H_2O,$$

das jedoch weitgehend nach links verschoben ist. PH_4Cl, PH_4Br und PH_4I zerfallen daher in wässriger Lösung zu PH_3 und Halogenwasserstoff:

$$PH_4Cl + H_2O \longrightarrow PH_3 + HCl + H_2O$$

Solche Salze können mit den stärksten Säuren und bei Ausschluss von H_2O erhalten werden.

Diphosphan (P_2H_4) ist eine selbstentzündliche Flüssigkeit mit einem Siedepkt. von 51,7 °C. Sie entsteht als Nebenprodukt bei der Zersetzung von Phosphiden mit H_2O.

Halogenverbindungen des Phosphors entsprechen dem Typus PX_3 und PX_5, außerdem auch POX_3. **Phosphortrichlorid (PCl_3)** ist eine stechend riechende Flüssigkeit mit einem Siedepkt. von 75,9 °C.

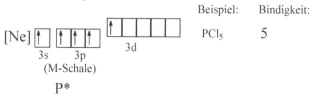

Abb. 15.2.8 Elektronenverteilung des Phosphors für Phosphorpentachlorid

Mit H_2O zersetzt sich Phosphortrichlorid sehr leicht zu Phosphonsäure:

$$PCl_3 + 3\ H_2O \longrightarrow H_2PHO_3 + 3\ HCl$$

Es raucht deshalb an feuchter Luft. Die Darstellung von PCl_3 erfolgt durch Überleiten von trockenem Cl_2 über schwach erwärmten weißen Phosphor:

$$2\ P + 3\ Cl_2 \longrightarrow 2\ PCl_3 \quad (\Delta H^0 = -317,7\ kJ/mol)$$

Dabei entzündet sich der Phosphor von selbst und „verbrennt" mit fahler Flamme.

Phosphorpentachlorid (PCl_5) ist eine weiße Kristallmasse, die aus PCl_3 (Abb. 15.2.8) mit überschüssigem Chlor entsteht:

$$PCl_3 + Cl_2 \ \rightleftharpoons\ PCl_5 \ (\Delta H^0 = -129,6\ kJ/mol)$$

In PCl_5 sind zwei Chloratome durch eine schwächere Einelektronenbindung mit dem Phosphor verbunden, sie lassen sich deshalb leicht abspalten.

Als endotherme Reaktion nimmt die Spaltung in PCl_3 und Cl_2 mit steigender Temperatur zu. Bei 180 °C sind rund 40 %, bei 250 °C rund 80 % dissoziiert und bei 300 °C besteht der Dampf fast völlig aus Dissoziationsprodukten. Wegen der leichten Abspaltbarkeit von Cl_2 ist PCl_5 ein wichtiges Chlorierungsmittel. PCl_5

zieht an der Luft H_2O an (raucht daher an der Luft) und reagiert zu Phosphoroxychlorid und Salzsäure:

$$PCl_5 + H_2O \longrightarrow POCl_3 + 2\,HCl$$

Mit viel H_2O zersetzt es sich zu Phosphorsäure:

$$POCl_3 + 3\,H_2O \longrightarrow H_3PO_4 + 3\,HCl$$

Phosphoroxychlorid (POCl₃) ist eine an Luft rauchende, farblose Flüssigkeit mit einem Siedepkt. von 108 °C. Es entsteht aus PCl_5 durch Versetzen mit der berechneten Menge an H_2O.

Phosphortrifluorid (PF₃) ist ein farbloses Gas, das eine hohe Affinität zum Hämoglobin besitzt (verdrängt O_2).

15.2.3.1 Oxide des Phosphors

Die Phosphoroxide leiten sich vom P_4-Molekül ab. In den Oxiden sind die P-P-Bindungen des P_4-Moleküls durch P-O-P-Bindungen ersetzt.

Phosphor(III)-oxid (Tetraphosphorhexaoxid) (P₄O₆) entsteht beim Verbrennen von Phosphor bei beschränktem Luftzutritt:

$$4\,P + 3\,O_2 \longrightarrow P_4O_6$$

als sublimierbare, weiße, wachsartige Masse mit einem Schmelzpkt von ~ 24 °C. Die P-O-Bindung hat eine Länge von 165 pm, der Winkel der O-P-O-Bindung beträgt 99 °, der Winkel der P-O-P-Bindung 127,5 ° (Abb. 15.2.9). Es ist sehr giftig. An Luft entzündet es sich bei 70 °C und verbrennt zu P_4O_{10}. Mit kaltem Wasser bildet sich Phosphonsäure

$$P_4O_6P + 6\,H_2O \longrightarrow 4\,H_2PHO_3.$$

In der Phosphonsäure sind nur zwei Wasserstoffe acid. Der direkt an Phosphor gebundene Wasserstoff ist nicht acid.

Phosphor(V)-oxid (Phosphorpentoxid) (Tetraphosphordecaoxid) (P₄O₁₀) (Abb. 15.2.9) entsteht in einer lebhaften Reaktion beim Verbrennen von Phosphor mit Sauerstoffüberschuss.

$$4\,P + 5\,O_2 \longrightarrow P_4O_{10}\ (\Delta H^0 = -\,1547\,\text{kJ/mol})$$

Es ist eine weiße, schneeartige Masse, die eine außerordentliche Neigung zur Umsetzung mit H_2O zeigt. Mit H_2O reagiert P_4O_{10} zu Meta- bzw. Orthophosphorsäure

$$P_4O_{10} + 6 H_2O \longrightarrow H_4P_4O_{12} + 4 H_2O \longrightarrow 4 H_3PO_4$$

P_4O_{10} wird als Trockenmittel eingesetzt und ist das kräftigste wasserentziehende Mittel, das bekannt ist.

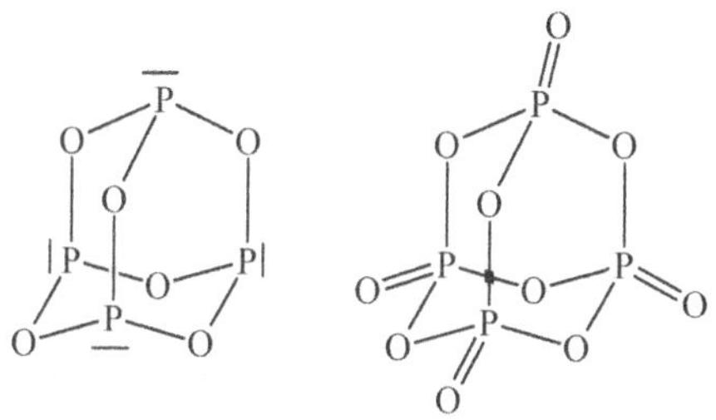

Abb. 15.2.9 Strukturen von P_4O_6 und P_4O_{10}

P_4O_{10} existiert in drei festen Modifikationen (Abb. 15.2.9). Die gewöhnlich bei der Verbrennung von Phosphor erhaltene Form kristallisiert hexagonal und sublimiert bei 360 °C. Durch Erhitzen auf > 400 °C kann es in polymere Schichtgitter umgewandelt werden, so entstehen z. B. „amorphes" P_4O_{10} oder „glasiges" P_4O_{10}.

15.2.3.2 Sauerstoffsäuren des Phosphors

Wenn am P-Atom $\overset{\diagdown}{\diagup}\overset{-}{P}-\overset{-}{O}-H$ ein freies e-Paar vorhanden ist, isomerisiert die OH-

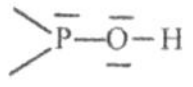

Gruppe am Phosphor zu $\overset{\diagdown}{\diagup}\underset{H}{\overset{|}{P}}=\overset{-}{O}$.

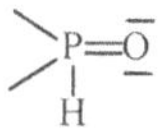

Das Wasserstoffatom ist am Phosphor lokalisiert (P-H) und unterliegt im Wasser keiner Protolyse, die sauren Eigenschaften werden durch die Protolyse der P-OH-Gruppen hervorgerufen. Man unterscheidet in Orthosäuren H_3PO_n (n = 2 bis 5) (z. B. H_3PO_5 Peroxophosphorsäure), Metasäuren $(HPO_3)_n$ (n = 3 bis 8), Polysäuren $H_{n+2}P_nO_{3n+1}$. Besonders wichtig sind: Phosphonsäure (H_2PHO_3) (Orthoform), HPO_2 (Metaform), Phosphite und Phosphorsäure (H_3PO_4) (Orthoform), HPO_3 (Metaform), Phosphate.

Phosphinsäure (HPH_2O_2) ist eine einbasige Säure und ein stärkeres Reduktionsmittel als Phosphonsäure. Die Oxidationszahl des Phosphors in der Phosphinsäure beträgt (+1). Die gebildeten Salze nennt man Phosphinate, z. B. Natriumphosphinat NaH_2PO_2, sie sind gut löslich in H_2O.

Phosphonsäure (H_2PHO_3) bildet farblose, in H_2O leicht lösliche Kristalle mit einem Schmelzpkt. von 73,6 °C. Sie dissoziiert in zwei Stufen (zweiwertige Säure) zu $(HPO_3)^{2-}$ und bildet zwei Reihen von Salzen: primäre Phosphonate (Hydrogenphosphonate) (MeH_2PO_3) und sekundäre Phosphonate (Me_2HPO_3), z. B. sekundäres Natriumphosphonat.

$$H_3PO_3 + 2\,NaOH \longrightarrow Na_2HPO_3 + 2\,H_2O$$

Charakteristisch ist das starke Reduktionsvermögen, da das Bestreben besteht, in H_3PO_4 überzugehen. Beim Erhitzen kommt es zur Disproportionierung:

$$\underset{(+3)}{4\,H_2PHO_3} \xrightarrow{\;200\,°C\;} \underset{(+5)}{3\,H_3PO_4} + \underset{(-3)}{PH_3}.$$

Die Darstellung erfolgt durch Zersetzung von PCl_3 mit H_2O

$$PCl_3 + 3\,H_2O \longrightarrow P(OH)_3 + 3\,HCl$$

Orthophosphorsäure (Phosphorsäure) (H_3PO_4) (Abb. 15.2.10) bildet in reiner Form wasserklare, harte Kristalle mit einem Schmelzpkt. von 42,3 °C. Sie ist in H_2O äußerst leicht löslich, im Handel ist meist sirupöse Säure (85 bis 90%ige Lösung).

Das PO_4^{3-}-Ion ist tetraedrisch gebaut wie auch die über H-Brücken polymerisierte freie H_3PO_4 (P-O = 158 pm). In wässriger Lösung sind die Anionen mit freien Elektronenpaaren unbeständig, weil der Phosphor in diesen Verbindungen ein großes Bestreben hat, Wasserstoff-Ionen des H_2O an die freien Elektronenpaare anzulagern. Die Anionenreihe geht daher in wässriger Lösung in die in Abbildung 15.2.10 dargestellte Reihe über.

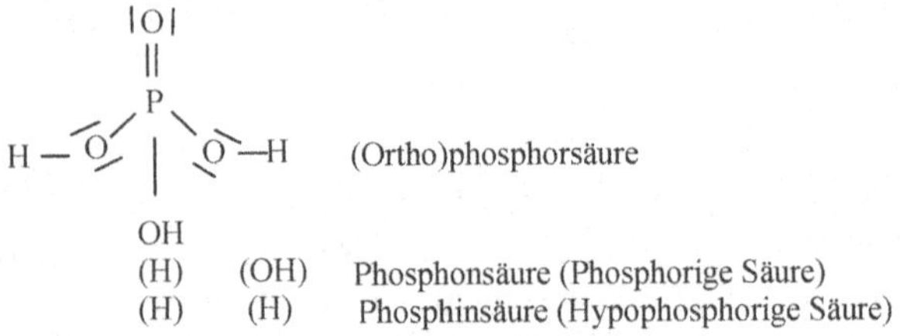

		(Ortho)phosphorsäure
OH		
(H)	(OH)	Phosphonsäure (Phosphorige Säure)
(H)	(H)	Phosphinsäure (Hypophosphorige Säure)

Abb. 15.2.10 Oxosäuren des Phosphors

Die Darstellung der Orthophosphorsäuren erfolgt durch nassen oder trockenen Aufschluss natürlicher Mineralphosphate. Beim nassen Aufschluss wird verd. H_2SO_4 eingesetzt, um die Phosphorsäure freizusetzen:

$$Ca_3(PO_4)_2 + 3\,H_2SO_4 \longrightarrow 3\,CaSO_4\downarrow + 2\,H_3PO_4$$

Das unlösliche Calciumsulfat $CaSO_4$ wird abfiltriert und H_3PO_4 konzentriert. Beim trockenen Aufschluss wird Phosphat mit Koks und Kieselsäure in einem Hochofen oder im elektrischen Ofen bei hoher Temperatur verschmolzen:

$$Ca_3(PO_4)_2 + 3\ SiO_2 + 5\ C \longrightarrow 3\ CaSiO_3 + 5\ CO + 2\ P$$

Der Phosphor wird anschließend zu P_4O_{10} verbrannt und dieses wird mit H_2O zu Orthophosphorsäure umgesetzt:

$$P_4O_{10} + 6\ H_2O \longrightarrow 4\ H_3PO_4$$

So lassen sich 85 bis 90 %ige Lösungen erhalten.

H_3PO_4 ist eine dreibasige, mittelstarke Säure mit entsprechenden Salzen: Dihydrogenphosphate ($Me^IH_2PO_4$) (primäre Phosphate), Hydrogenphosphate ($Me^I_2HPO_4$) (sekundäre Phosphate), und Orthophosphate (($Me^I_3PO_4$) (tertiäre Phosphate). Die primären Phosphate sind alle wasserlöslich, von den sekundären und tertiären Phosphaten sind nur die Alkalisalze in H_2O löslich, die übrigen nur in Mineralsäuren. Wichtige Salze sind: sekundäres Natriumphosphat ($Na_2HPO_4 \cdot 12\ H_2O$), das gewöhnlich verwendete Natriumsalz für Reinigungs- und Abbeizmittel, und sekundäres Natriumammoniumhydrogenphosphat ($NaNH_4HPO_4$), das analytisch benutzt wird, sowie die unlöslichen Phosphate Silberphosphat Ag_3PO_4 (gelb), Magnesiumammoniumphosphat $MgNH_4PO_4$ und Calciumphosphat $Ca_3(PO_4)_2$. Phosphorsäure wird zur Rostumwandlung (Phosphatbildung) verwendet.

Es werden dabei saure zink- und manganhaltige Phosphate auf das Eisenblech aufgetragen, dabei oxidiert wenig Fe zu Fe^{2+}. Besonders Zn^{2+} und Fe^{2+} bilden anhaftende schwerlösliche Phosphate, die eine etwa 0,01 mm dicke Deckschicht bilden und so einen Haftgrund für die dann aufzutragenden Farben darstellen.

Eine Hochleistungskuh produziert 60 bis 160 L Speichel zum Wiederkäuen (zur Neutralisation des Vormageninhalts). Im Speichel sind etwa 0,02 mol/L HPO_4^{2-} enthalten, somit produziert ein derartiges Rindvieh ca. 200 g HPO_4^{2-}/d. Hydrogencarbonat wird allerdings in noch höheren Konzentrationen abgegeben (s. Carbonate).

Natriumhydrogenphosphat, aber auch Polyphosphate werden als Schmelzsalz für Schmelzkäse eingesetzt. Durch die Hitzeeinwirkung wird das Gelgerüst (Calcium-Paracaseingel) in ein lösliches Sol verwandelt. Die zugesetzten Phosphate verhindern eine totale Rückbildung in der Form eines Geles. Casein wird durch den Phosphatzusatz daran gehindert, mit Casein ionisch in Wechselwirkung zu treten. Es ist jedoch nur eine teilweise Lösung der Ca^{2+}-Verbrückungen des Käses. Wird die Käsemasse so behandelt, dass zu viel freie Caseinmicellen entstehen, tritt der Effekt der „Überkremung" auf.

15.2.3.3 Phosphathaltige Düngemittel

Phosphate spielen als Düngemittel eine große Rolle. Durch Pflanzenwuchs verarmt der Boden an Phosphor. Zur Düngung werden Calcium- oder Ammonium (NH_4^+-)phosphate benutzt. Natürlich vorkommendes **tertiäres Calciumphosphat** ist in H_2O praktisch unlöslich (früher wurde zu diesem Zweck Knochenmehl eingesetzt und auch heute z. T. im „ökologischen Landbau") und kann daher von Pflanzen nicht ohne Weiteres aufgenommen werden. Es muss erst in das wasserlösliche primäre Calciumphosphat umgewandelt werden. Dazu wird das Rohphosphat mit halbkonzentrierter H_2SO_4 aufgeschlossen:

$$Ca_3(PO_4)_2 + 2\ H_2SO_4 \longrightarrow Ca(H_2PO_4)_2 + 2\ CaSO_4$$

Das entstehende Gemisch von primärem Calciumphosphat und Gips heißt „Superphosphat". Für dessen Produktion werden große Mengen an Schwefelsäure verbraucht. Die benötigte Menge an H_2SO_4 muss genau eingestellt werden, damit kein sekundäres Phosphat ($Ca_3(PO_4)_2 + H_2SO_4 \longrightarrow 2\ CaHPO_4 + CaSO_4$) und keine freie H_3PO_4 entstehen. Carbonatreiche Phosphate können auch mit H_3PO_4 aufgeschlossen werden:

$$Ca_3(PO_4)_2 + 4\ H_3PO_4 \longrightarrow 3\ Ca(H_2PO_4)_2$$
$$CaCO_3 + 2\ H_3PO_4 \longrightarrow Ca(H_2PO_4)_2 + CO_2 + H_2O$$

So entsteht das sog. „Doppelsuperphosphat", das keinen Gips enthält.

Auch auf trockenem Wege ist ein Aufschluss von Phosphaten möglich. Zu diesem Zweck wird ein Gemisch aus Phosphat, Soda, Kalk und natürlichen Alkalisilicaten bei 1.100 bis 1.200 °C im Drehofen gesintert. So entsteht das „Glühphosphat", in dem die H_3PO_4 im Wesentlichen als Calciumsilicophosphat $3\ CaNaPO_4 \cdot Ca_2SiO_4$ vorkommt. Dieses enthält zwar kein wasserlösliches Phosphat, wird aber durch organische Säuren zersetzt. Solche werden von den aufsaugenden Wurzelhaaren der Pflanzen ausgeschieden. Daher ist es ebenfalls als Düngemittel verwertbar. Gleiches gilt auch für „Thomasmehl", das bei der Eisenerzeugung anfällt. Hauptbestandteil des Thomasmehls mit 10 bis 25 % P ist der sog. Silico-Carnotit ($Ca_5[SiO_4(PO_4)_2]$ = „5 CaO $\cdot$ P_2O_5 $\cdot$ SiO_2"). Die Bewertung solcher wasserunlöslicher Phosphordünger richtet sich nach dem Grade der Löslichkeit in 2 %iger Citronensäurelösung. Superphosphat eignet sich infolge seines Gehaltes an wasserlöslichem Phosphat vor allem für schnellwachsende Pflanzen, die ein starkes Bedürfnis nach H_3PO_4 haben. Thomasmehl und Glühphosphat („Rhenania-Phosphat") werden von Pflanzen langsamer aufgenommen. Daher streut man z. B. Thomasmehl bereits im Herbst und Winter, Superphosphat erst im Frühjahr. Von den **Ammoniumphosphaten** ist das Diammoniumorthophosphat $(NH_4)_2HPO_4$ für Düngezwecke wichtig. Die Herstellung erfolgt durch Einleiten von NH_3 in H_3PO_4. Es bildet den Bestandteil von wichtigen Düngemitteln wie z. B. „Nitrophoska" (Gemisch aus $(NH_4)_2HPO_4$, $(NH_4)_2SO_4$ oder NH_4Cl und KNO_3) oder „Hakaphos": ($(NH_4)_2HPO_4$ + KNO_3 + Harnstoff). Ammoniumhydrogenphosphate sind auch in ABC-Feuerlöschern vorhanden, weil NH_3 und H_2O freigesetzt wird und der Rest eine zähe sauerstoffabschirmende Schutzschicht ausbildet. Auch für Waldbrände können solche Verbindungen von Nutzen sein, denn der Feuerlöschrückstand kann danach als Dünger wirken. Direkt vor dem Brand auf Stoff, Papier und Holz

(Streichhölzer, verhindern das Nachglühen) aufgebracht, dient getrocknetes $NH_4H_2PO_4$ als Flammschutzmittel.

Durch Kondensation entsteht aus Phosphorsäure bei längerem Erhitzen auf 200 bis 300 °C unter Wasserabspaltung nicht das Anhydrid P_4O_{10}, sondern eine Reihe von **Polyphosphorsäuren** des Typs $H_{n+2}P_nO_{3n+1}$. Es bilden sich dabei Ketten aus Phosphat-Tetraedern nach dem in Abbildung 15.2.11 dargestellten Schema.

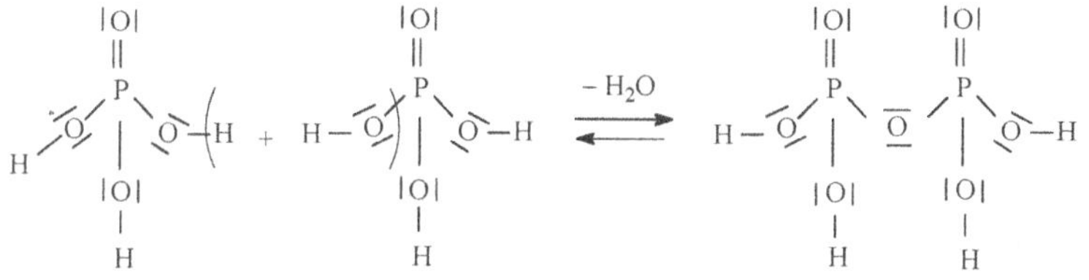

Diphosphorsäure (z. B. in ADP)

Abb. 15.2.11 Kondensation von Phosphorsäure

Die beiden endständigen P-Atome tragen je zwei, die übrigen nur noch eine OH-Gruppe. Viele Polyphosphate sind gute Komplexbildner, sie binden große Wassermengen und emulgieren ausgezeichnet Fett in Wasser. Daraus ergeben sich viele praktische Anwendungsmöglichkeiten, z. B. in der Lebensmittelindustrie zur Wasserbindung und Ca^{2+}-Komplexierung (Marmelade, Schmelzkäse, Brühwürstchen). Polyphosphate bilden mit Ca^{2+}-Ionen lösliche Komplexe und werden zur Wasserenthärtung, als Ionenaustauscher und als Waschmittel (Eutrophierung von Gewässern) eingesetzt.

Diphosphorsäure (Pyrophosphorsäure) $H_4P_2O_7$ ist das erste Glied der Reihe:

$$2\,H_3PO_4 \rightleftharpoons H_4P_2O_7 + H_2O$$

Es ist eine farblose, glasige Masse (Schmelzpkt. 61 °C), die sich mit H_2O langsam wieder in H_3PO_4 zurückverwandelt. Diphosphorsäure ist eine vierwertige Säure, sie bildet saure Pyrophosphate (Dihydrogendiphosphate) ($Me^I_2H_2P_2O_7$ und $[H_2P_2O_7]^{2-}$) und neutrale Diphosphate (Pyrophosphate) ($Me^I_4P_2O_7$ und $[P_2O_7]^{4-}$. Pyrophosphate wandeln sich in Wasser wieder langsam in die Orthophosphate um. Bei über 300 °C spaltet auch $H_4P_2O_7$ Wasser ab und geht in **Metaphosphorsäure HPO$_3$** über:

$$H_4P_2O_7 \longrightarrow 2\,HPO_3 + H_2O$$

HPO_3 ist nicht monomolekular, sondern mehr oder weniger polymerisiert durch intermolekulare H_2O-Abspaltung. So bilden sich hochmolekulare Metaphosphorsäuren der allgemeinen Formel $(HPO_3)_x$, wobei x Werte bis 10^6 annehmen kann. Im Gegensatz zu den Polyphosphorsäuren, die Kettenmoleküle bilden, entstehen bei den Metaphosphorsäuren Ringmoleküle (zyklische Verbindungen) (Abb. 15.2.12).

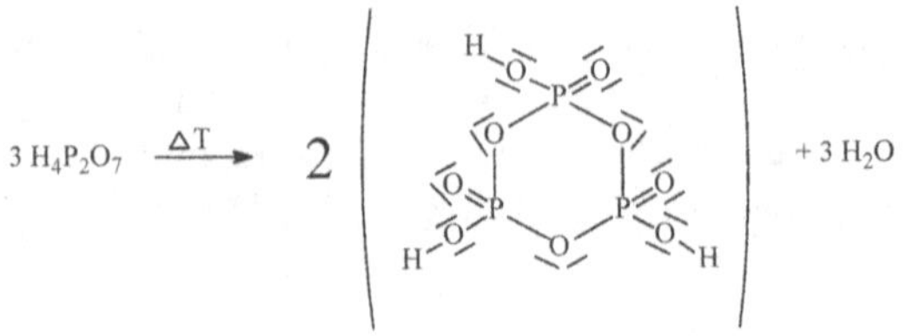

$$3\ H_4P_2O_7 \xrightarrow{\Delta T} 2 \left(\text{Ring} \right) + 3\ H_2O$$

Abb. 15.2.12 Ringbildung zur Metaphosphorsäure

Die Ringmoleküle entstehen dadurch, dass aus einer Polyphosphorsäure beim Erhitzen intramolekular H_2O abgespalten wird, z. B. Bildung von Trimetaphosphorsäure aus Triphosphorsäure.

Bei starkem Erhitzen verflüchtigt sich HPO_3, ohne dabei in das Anhydrid überzugehen. Metaphosphate wandeln sich in H_2O ebenfalls langsam in Orthophosphate um. Metaphosphorsäuren entstehen durch Erhitzen von NaH_2PO_4. Metaphosphorsäure wird zur enzymatischen Vitamin-C-Bestimmung eingesetzt.

Phosphazene (-N=P≡) sind zyklische oder kettenförmige Verbindungen. Chlorphosphazene („anorganischer Kautschuk") sind sehr stabile Substanzen.

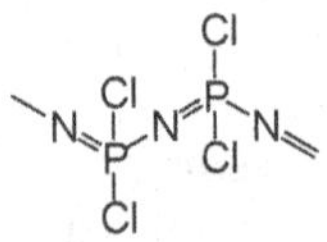

Ersetzt man Cl-Atome durch $-OCH_2CF_3$, kommt man zu Verbindungen, die organisches Gewebe nicht angreifen und aus denen Organersatzteile hergestellt werden.

Phosphorsulfide sind Verbindungen, die aus rotem Phosphor und Schwefel entstehen. Von Bedeutung sind Tetraphosphortrisulfid P_4S_3 in der Zündholzindustrie sowie Tetraphosphordecasulfid P_4S_{10} als Ausgangsstoff für Insektizide und Schmierstoffe und zum Schwefeln.

15.2.4 Biologische Aspekte und Bindungsformen

Phosphor ist für Pflanzen essenziell; eine mittlere Weizenernte entzieht dem Boden etwa 60 kg an Phosphor pro ha. Pflanzen nehmen Phosphor vorwiegend als $H_2PO_4^-$ (Dihydrogenphosphatanion) unter sauren Bedingungen und im Neutralen als HPO_4^{2-} (Hydrogenphosphatanion) auf. Für die aktiven Stoffwechselvorgänge wird Phosphat bei Pflanzen in Lipide, Nucleinsäuren, Adenosin, Thiamin, Zuckerphosphate und Coenzyme eingebaut. Polyphosphate (niedere Pflanzen) und Salze der Phytinsäure (höhere Pflanzen) stellen Speicherformen dar. Nur 2 kg/ha direkt verfügbares Hydrogenphosphat ist vorhanden. Der überwiegende pflanzenverfügbare Teil sind labile Phosphate (0,45 bis 0,9 t/ha), die an Aluminium- und Eisenoxide sowie Tonminerale gebunden vorliegen. Die Pflanzen können sich diese Phosphate verfügbar machen. Der große, für Pflanzen nicht zugängliche Phosphatspeicher des Bodens, sind schwerlösliche Calciumphosphate wie Apatit. Sie kommen im Boden zu 6 bis 9 t/ha vor. Organische Verbindungen von abgestorbenen Lebewesen, in denen besonders Phosphorsäureester vorhanden sind, werden durch Phosphatasen, die aus Mikroorganismen und Pilzen freigesetzt werden, in wurzelgängiges anorganisches Phosphat metabolisiert. Für Pflanzen ist oft Phosphat der limitierende Faktor für das Wachstum, daher wird in der Landwirtschaft Phosphatdünger ausgebracht. Erniedrigt sich bei den Wurzeln der Pflanzen, etwa 2 mm um die Wurzeln herum, die verfügbare Phosphatkonzentration stark, so reagieren die Pflanzen mit ausgeprägtem Wurzelwachstum. Sie wachsen dann zur Phosphatquelle. Die Ca^{2+}- und Mg^{2+}-Salze der Phytinsäure kommen vorwiegend in pflanzlichen Samen vor. Zink wird auch bevorzugt an Phytinsäure gebunden. Bei der Keimung wird die Phytinsäure abgebaut. Dabei entsteht freies Inositol, Phosphate und die Kationen werden ebenfalls mobilisiert. Während der Sauerteigbereitung werden getreideeigene Enzyme (Phytasen) aktiviert, die Phosphorsäure freisetzen, welche dann durch die Darmmukosa ins Blut aufgenommen wird.

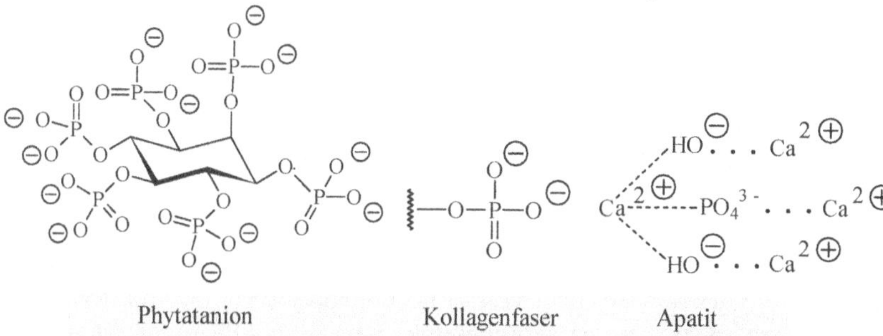

Phytatanion   Kollagenfaser   Apatit

Abb. 15.2.13 Bindung der Phosphorsäure im Phytat und Vernetzung der Kollagenfaser mit dem mineralischen Apatitgerüst des Knochens über Phosphat.

Phosphorsäure kommt als Anhydrid in ATP vor, in Lecithinen verestert mit dem Glycerin, ebenfalls in Nucleinsäuren und Thiaminphosphaten (Vitamin B_1). An Proteinen ist die Phosphorsäure oft verestert vorkommend, so z. B. am Rest der Aminosäure Serin (Phosvitin im Eigelb, Caseinmicellen in der Milch). Über den negativ geladenen Rest der veresterten Phosphorsäure an Kollagenfasern wird eine „Brücke" zur mineralischen Phase des Apatits des Knochens gebildet (Abb. 15.2.13). Das Hydroxylapatit besitzt ein Löslichkeitsprodukt (L_P) von $1,5 \cdot 10^{-112}$ $(mol/L)^x$. Im Vergleich dazu hat $CaCO_3$ ein L_P von $4,8 \cdot 10^{-9}$ $(mol/L)^2$.

Als Puffersystem sind Phosphate im Blut enthalten. Der $H_2PO_4^-/HPO_4^{2-}$-Puffer trägt zu etwa 5 % der Pufferkapazität des Blutes bei. Das anorganische Phosphat liegt zu 43 % in ionisierter Form, 45 % in Komplexen und 12 % an Proteine gebunden vor. Besonders phosphorreich sind Gehirn, Nerven und Muskeln. Auch Urin und Exkremente sind reich an Phosphor. Der „Naturdünger" Guano besteht aus den ausgetrockneten Exkrementen von Seevögeln, er ist sehr phosphorreich und wird vor allem an der südamerikanischen Pazifikküste abgebaut.

Viele Süßwasserorganismen reichern Phosphat aus dem Wasser an: Plankton-krebse um das 40.000-Fache; Fische um das 13.000-Fache, Algen um das 1.000-Fache. Brühwürsten werden Phosphate zur Steigerung der Wasserbindung zuge-setzt. Phosphorsäure ist in Cola-Getränken enthalten. Diese Getränke sind daher leicht sauer. Das Isotop ^{32}P wird sehr häufig als Tracer-Atom zur Untersuchung von Reaktionsmechanismen in biologischen Prozessen benutzt. Es dient zur Mar-kierung von Verbindungen und wurde zur Polycythaemia-Therapie (*Polycythae-mia vera* = Erkrankung der Knochenmarkstammzellen) verwendet.

Eine besondere Gefahr durch Phosphate stellt die Eutrophierung (griech. *eutrophia* = Wohlgenährtheit) der Gewässer dar. Etwa 40 % des Phosphor-Eintrages (74 kt/a) in die Gewässer der Bundesrepublik Deutschland erfolgt durch die Landwirtschaft, 39 % durch häusliche Abwässer und 7 % durch industrielle Abwässer. Beim Stickstoff-Eintrag (788 kt/a) sind die Landwirtschaft zu 54 %, die häuslichen Abwässer zu 30 % und industrielle Abwässer zu 12 % beteiligt. Durch die Anreicherung mit anorganischen Pflanzennährstoffen erfolgt eine erhöhte Pro-duktion pflanzlicher Biomasse. Abgestorbene Pflanzen sinken auf den Gewässer-boden und werden aerob (unter O_2-Verbrauch) bakteriell abgebaut. Aus organisch gebundenem Phosphor entsteht schwerlösliches $FePO_4$. Durch kontinuierliche Phosphatzufuhr kommt es zu einem O_2-Defizit, die Biomasse zersetzt sich anae-rob unter Bildung toxischer Stoffwechselprodukte (CH_4, NH_3, H_2S). Das Fe^{3+} wird zu Fe^{2+} reduziert, wobei lösliches $Fe_3(PO_4)_2$ entsteht und in den biologischen Kreislauf zurückgeführt wird. Ein massenhaftes Auftreten von bestimmten Blau-und Grünalgen (Algenblüte, Farbe des Wassers ändert sich) wird dabei beobach-tet. Am Gewässerboden bildet sich Faulschlamm, das Gewässer „kippt um". Le-bewesen, die Sauerstoff aus dem Wasser benötigen, sterben. Durch Einschränkung der Phosphatverwendung in Waschmitteln (anstatt $Na_5P_3O_{10}$, Natriumsalz der Triphosphorsäure, wird jetzt Zeolithe eingesetzt) und durch Verbesserung der Abwasserreinigung ist in Zuflüssen die Eutrophierung geringer geworden; in Nord- und Ostsee traten regional entsprechende „Algenblüten" besonders im Sommer auf.

15.2.5 Toxikologische Aspekte

Weißer Phosphor ist sehr giftig (MAK-Wert 0,1 mg/m^3). Schon 0,05 g weißer Phosphor in den Magen gebracht, kann einen Menschen töten. Für Pferd und Rind genügen 0,5 bis 2 g, für Schaf und Schwein 0,05 bis 0,3 g, für Hund 0,05 bis 0,1 g, für Katze und Geflügel 0,01 bis 0,03 g. Als Gegengift gegen eine akute Phosphor-vergiftung wirkt eine sehr verdünnte $CuSO_4$-Lösung, die den Phosphor als Kup-ferphosphid (Cu_3P_2) bindet. Eine akute Vergiftung durch elementaren weißen Phosphor bewirkt eine rasch verlaufende Verfettung von Organen (Herz, Leber, Niere), Erbrechen von im Dunkeln leuchtender Massen, Gelbsucht und allgemei-nen Kräfteverfall. Die Aufnahme des Phosphors kann z. B. durch Einatmen von phosphorhaltigen Dämpfen erfolgen. Die chronische Aufnahme von kleinen Mengen führt zur Knochennekrose. Besonders junge Frauen litten in Zündholzfabriken des 19. Jahrhunderts an Phosphornekrose, nach ca. 3 Jahren Arbeit begann besonders der Unterkiefer zu zerfallen. Zur Vergiftung von Schädlingen wie Krähen, Ratten, Mäusen wurden „Phosphor-Eier" eingesetzt. Bis in die Sechzigerjahre wurden Rattengifte auf Basis von weißem Phosphor (enthielt 2 % Wirkstoff) hergestellt. In einer handelsüblichen Dose (Rodine®) waren 650 mg weißer Phosphor. Diese Menge reichte aus, um ein Dutzend Menschen zu töten. So waren Vergiftungsfälle durch dieses Mittel häufiger anzutreffen. Auf der Haut verursacht weißes P_4 schwere Verbrennungen, mit tiefen, schlecht heilenden Wunden. Roter Phosphor ist aufgrund seiner geringen Löslichkeit, verglichen mit weißem Phosphor, ungiftig. In der sog. „Kriegstechnik" wurde Phosphor zur Erzeugung künstlicher Nebel und als Brandmittel benutzt („Phosphorbrandbomben").

Trikresylphosphat (Isomerengemisch) (Phosphorsäuretrikresylester) wird als Weichmacher für Kunststoffe, als Schmiermittel und Hydraulikflüssigkeit eingesetzt. Die stärkste toxische Wirkung hat Tris(2-methylphenyl)-phosphorsäure (TOCP), das heute zu weniger als 1 % im Trikresylphosphat enthalten ist. TOCP zeigt neurotoxische Wirkung. In den USA (1929) sind 20.000 Vergiftungsfälle durch Verfälschung von Ingwerschnaps und 1960 in Marokko 10.000 Vergiftungsfälle durch Beimengung zu Speiseöl aufgetreten. Insektizide wie Dialkylphosphate werden als Kontaktinsektizide (z. B. E 605) eingesetzt. Diese Verbindungen können über die Haut resorbiert werden. Bei Tieren kommen Vergiftungsfälle mit Phosphorsäureestern immer wieder vor.

Phosphorwasserstoff PH_3 (Phosphan, früher Phosphin genannt), riecht nach Knoblauch und faulen Fischen und ist ein sehr giftiges, farbloses Gas (Nagetier- und Kornkäferbekämpfung). Verwendet wird Zinkphosphid (Zn_3P_2), mit Wasser erfolgt folgende Reaktion im „Gang der Wühlmaus":

$$Zn_3P_2 + 6\,H_2O \quad\rightleftharpoons\quad 3\,Zn(OH)_2 + 2\,PH_3\uparrow \text{ (giftiges Gas)}$$

Die tödliche Dosis in der Atemluft beträgt 0,036 Vol.-%. Die orale tödliche Dosis von Zinkphosphid beträgt für Tiere 20 bis 50 mg/kg KG. Gefährdet sind bspw. Hunde, die nach mit PH_3-bekämpften Wühlmäusen suchen und durch das Gas in den Gängen vergiftet werden können.

15.2.6 Aufnahme und Ausscheidung

Der Mensch benötigt ca. 1 bis 1,2 g Phosphat pro Tag, empfohlen von der DGE 800 mg Phosphat/Tag. Phosphat aus Phytinsäure (enthalten in den Randbereichen von Getreidekörnern) ist nur bioverfügbar nach enzymatischer Hydrolyse (Sauerteigführung, Keimen von Samen und Hefewachstum im Teig). Fe^{2+}, Fe^{3+}, Ca^{2+} und Al^{3+} werden durch Phosphate in schwerlösliche Salze überführt und verhindern, dass Phosphate resorbiert werden. Um eine Verminderung der Phosphatresorption zu erreichen, werden Aluminiumhydroxid-Verbindungen therapeutisch eingesetzt. Die Resorption (ca. 70 %) des organischen Phosphates erfolgt nach enzymatischer Hydrolyse zu anorganischem Phosphat im Dünndarm, im Bereich des Jejunums. Die Resorption von Phosphaten ist eng mit dem Calciumhaushalt verbunden. Sowohl Vitamin D als auch das Parathyrin (PTH, früher Parathormon genannt) fördern die Resorption. Das Nebenschilddrüsenhormon Parathyrin ist weiterhin an der Demineralisierung von Knochensubstanz und der Phosphatausscheidung beteiligt. Die Ausscheidung erfolgt zu 60 bis 80 % über die Niere (Harn), zu 20 bis 40 % über die Faeces und nur zu einem geringen Teil über den Schweiß. Nimmt die Calciumzufuhr mit der Nahrung ab, wird die Ausscheidung über den Urin erhöht.

15.3 Arsen (As)

15.3.1 Vorkommen und Gehalte

Erde: In der *Erdkruste* kommt Arsen durchschnittlich mit 1,7 µg/g vor. Böden enthalten bis zu ca. 6 mg As/kg. In der oberen Erdkruste kommt es in höheren Konzentrationen als in tieferen Schichten vor. Im Meerwasser ist es zu etwa 1 ppb und in der Luft zu 0,5 bis 15 ng As/m^3 zu finden. Der Farn *Pteris vittata* reichert Arsen aus dem Boden an und kann 5 % As im Trockengewicht enthalten. Die Pflanze dient zum Dekontaminieren von mit Arsen belasteten Böden.

Arsen kommt als **Scherbencobalt** oder **Fliegenstein** elementar vor, häufiger sind jedoch die Arsenide: **Arsenkies (FeAsS)**, **Glanzcobalt (CoAsS)**, **Auripigment** (As_2S_3), **Arsenolith** (= Arsenblüte) (As_2O_3) und **Realgar (As$_4$S$_4$)**. Blut 0,08 mg As/L, während marine Organismen 1 bis 100 mg As/kg TM aufgrund der Akkumulation enthalten.

Mensch: Der menschliche Körper enthält 0,1 bis 1,5 ppm Arsen $\hat{=}$ 7 mg/kg, davon die Haare 1 ppm, die Knochen 0,1 bis 1,5 ppm.

Lebensmittel: Terrestrische Pflanzen enthalten Arsen in einer Konzentration von 0,05 bis 0,2 mg/kg, Reis kann 0,1 bis 0,4 mg/kg TM enthalten. In stark belasteten Gebieten (Bangladesch) kann im Trinkwasser bis 5 mg As/L vorkommen, der normale Gehalt im Grundwasser beträgt 10 µg/L. In Meeresfrüchten und Fisch (FG) kommt Arsen (0,1 bis 1,8 mg/kg) vorwiegend als Arsenobetain vor, in Algen (TM) findet man Arsen (2 bis 50 mg/kg) vor allem als Arsenozucker.

15.3.2 Eigenschaften und Verwendung

Elektronenkonfiguration: [Ar] $(3\,d^{10}\,4\,s^2\,4\,p^3)$; $A_r = 74{,}9216$ u. Arsen kommt in mehreren Modifikationen vor:

Graues metallisches Arsen ist die thermodynamisch stabilste Form. Es ist kristallin, metallischglänzend, spröde und leitet den elektrischen Strom. Es ähnelt dem schwarzen Phosphor. Es besteht (wie Phosphor) bis 800 °C aus As_4-Molekülen, die aber viel unbeständiger als P_4 sind (oberhalb von 1.700 °C nur noch As_2-Moleküle). Bei 616 °C sublimiert Arsen als gelber Dampf. Metallisches Arsen wird für Legierungen verwendet sowie als Dotierungsmaterial in der Halbleiterindustrie.

Gelbes Arsen ist eine durchsichtige, wachsweiche Masse, die beim Abschrecken von As-Dampf mit flüssiger Luft entsteht. Es ähnelt von der Struktur her dem weißen Phosphor, ist aber unbeständiger. Es weist nichtmetallische Eigenschaften auf. Schon bei schwachem Erwärmen oder durch Belichtung geht es schnell in graues Arsen über. Es ist leicht löslich in Schwefelkohlenstoff CS_2.

Schwarzes Arsen (rhombisches Schichtengitter) ist amorph und entsteht bei Kondensation bei 100 bis 200 °C.

Arsen verbrennt mit blau-weißer Flamme an der Luft zu As_2O_3.

$$4\,As + 3\,O_2 \longrightarrow 2\,As_2O_3$$

Auch mit vielen anderen Elementen kann sich Arsen direkt vereinigen, z. B. mit Chlor. In Gallium-Arsenid-Halbleitern, LEDs und Laserdioden ist Arsen vorhanden. Die Inhalation von Arsendämpfen ruft Arsenschnupfen hervor und kann zu Lungenschäden führen.

15.3.3 Verbindungen

Arsenhydrid (Arsenwasserstoff) (Arsan) (AsH_3) ist ein farbloses, sehr giftiges Gas, welches nach Knoblauch riecht (Siedepkt. –55 °C). AsH_3 ist so giftig, dass wenige Atemzüge zum Tod führen können (MAK-Wert von AsH_3 0,05 mg/m^3. Es entsteht bei Einwirkung von nascierendem Wasserstoff auf lösliche Arsen-Verbindungen:

$$6\,Zn + 12\,H_3O^+ \longrightarrow 6\,Zn^{2+} + 12\,H + 12\,H_2O \text{ z. B.}$$
$$As_2O_3 + 12\,H \longrightarrow 2\,AsH_3 + 3\,H_2O$$

Diese Reaktion stellt die Grundlage der „Marsh'schen Probe" dar (Abb. 15.3.1), dabei wird Arsen aus aufgeschlossenen biologischen Proben als Arsenhydrid freigesetzt (Abb. 15.3.1). In der Hitze z. B. an einem beheizten Quarzrohr zerfällt es in die Elemente und kann dann spektroskopiert werden (Bildung eines Arsenspiegels beim Leiten von AsH_3 durch ein erhitztes Glasrohr).

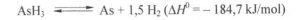

$$AsH_3 \; \rightleftharpoons \; As + 1{,}5 \; H_2 \; (\Delta H^0 = -184{,}7 \; kJ/mol)$$

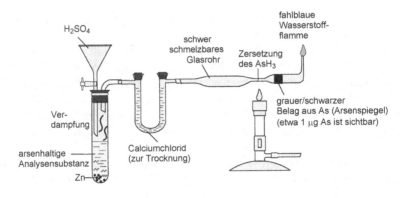

Abb. 15.3.1 Marsh'sche Probe

An der Luft verbrennt AsH_3 zu As_2O_3:

$$2 \; AsH_3 + 3 \; O_2 \longrightarrow As_2O_3 + 3 \; H_2O$$

Arsentrioxid (As_2O_3) (auch **Arsenik**, Hüttenrauch, Mäusepulver (als Mäusegift) und Giftmehl genannt) kommt in der Natur als „Arsenikblüte" (Verwitterungsprodukt) vor. Es wird dargestellt durch Verbrennen von Arsen,

$$4 \; As + 3 \; O_2 \longrightarrow 2 \; As_2O_3 \; (bzw. \; As_4O_6)$$

durch Oxidation von Arsen mit HNO_3 oder durch Abrösten arsenhaltiger Erze:

$$2 \; FeAsS + 5 \; O_2 \longrightarrow Fe_2O_3 + 2 \; SO_2 + As_2O_3$$

Bei 800 °C kristallisiert Arsenik in einem dem P_4O_6 analogen Molekülgitter zu As_4O_6. Es ist ein sublimierbares, giftiges, weißes Pulver („Giftmehl"), das früher oft für Vergiftungen eingesetzt wurde, da es geschmack- und geruchlos ist. Bei wiederholter Exposition können sich Menschen an hohe Dosen von 0,5 g As_2O_3 pro Tag gewöhnen, wobei 0,1 g As_2O_3 bei Normalpersonen tödlich sein können. Eine derartige Gewöhnung ist jedoch nur bei oral aufgenommenem Arsenik zu beobachten. Es handelt sich um eine Resorptionsimmunität, wobei der Eintritt des Arseniks durch die Darmwand in den Körper erschwert ist. Nehmen an Arsen gewöhnte Konsumenten leichtlösliche Arsenverbindungen in flüssiger Form zu sich oder wird Arsenik injiziert, so führt dies zur sofortigen Erkrankung, genau wie bei anderen Personen.

Bei akuter Vergiftung hilft Erbrechen oder eine Reaktion mit frischem $Fe(OH)_3$ oder MgO. Kleine Mengen von Arsentrioxid wirken leistungssteigernd. Im Mittelalter wurde die Wirkung von Arsenik von den Sinti und Roma ausgenutzt. Vor dem Verkauf verabreichten sie ihren heruntergekommenen Pferden Arsenik, sodass diese für wenige Stunden einen feurigen Blick, schönes, glattes Fell und volleres Aussehen bekamen. Auch alternde Frauen sollen sich dieses Mittels bedient haben, um ihre Chancen bei der „Gattenwahl" zu verbessern. As_2O_3 wird in einigen Ländern, trotz seiner hohen Toxizität, als Fungizid im Weinbau zum Einsatz gebracht. Auch die „Fowler'sche Lösung", die Arsenik und Kaliumarsenat enthielt, wurde bis ins 20. Jahrhundert hinein als Kräftigungsmittel eingesetzt, Nebenwirkung war allerdings häufig Krebs. Bis in die Sechzigerjahre des letzten Jahrhunderts wurde die Fowler'sche Lösung in Deutschland gegen Psoriasis (Schuppenflechte) eingesetzt. Sogar Arseniodid wurde gegen Brustkrebs und Lepra verwendet. As_2O_3 wird neuerdings erfolgreich bei Patienten mit rezidivierender bzw. refraktärer akuter promyeloischer Leukämie verabreicht. Das entsprechende Präparat mit dem Namen „Trisenox®" wird bei Blut-, aber auch Knochenkrebs injiziert. Es soll eine besondere Affinität zum Enzym Thioredoxin-Reductase besitzen und es dadurch blockieren. Arsentrioxid greift in Signaltransduktionsprozesse ein und aktiviert verschiedene Proteinkinasen und Caspasen. Es beeinflusst den zellulären Redoxstatus und die zelluläre Stress-Antwort. Arsentrioxid wird vielfältig eingesetzt: in der Medizin, zur Schädlingsbekämpfung, in der Glasindustrie, im Weinbau als Fungizid und besonders früher zur Präparation von Tieren und Häuten. Arsentrioxid ist leicht reduzierbar (mit C zu metallischem Arsen) und oxidierbar. Es ist mäßig in Wasser löslich und bildet die **Arsenige Säure H_3AsO_3** (Orthoform) bzw. $HAsO_2$ (Metaform) (Abb. 15.3.2).

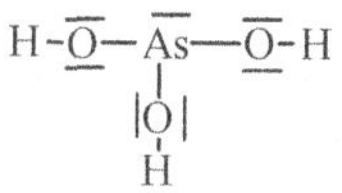

$$H-\overline{O}-\overline{As}-\overline{O}-H$$
$$|\overset{|}{\underset{|}{O}}|$$
$$H$$

$$As_2O_3 + H_2O \longrightarrow 2\ HAsO_2\ ;\ 2\ HAsO_2 + 2\ H_2O \longrightarrow 2\ H_3AsO_3 \qquad pK_{S1} = 9,3$$

Abb. 15.3.2 Strukturformel und pKs-Wert der Arsenigen Säure

Arsenige Säure kommt nicht frei vor; beim Eindampfen entsteht das Anhydrid As_2O_3. Die Dissoziation erfolgt in drei Stufen:

$$H_3AsO_3 + H_2O \xrightleftharpoons{} H_3O^+ + H_2AsO_3^- \overset{+\ H_2O}{\xrightleftharpoons{}} 2\ H_3O^+ + HAsO_3{}^{2-} \overset{+\ H_2O}{\xrightleftharpoons{}} 3\ H_3O^+ + AsO_3{}^{3-}$$

Daher bildet sie drei Salztypen: Primäre Arsenite ($Me^IH_2AsO_3$), sekundäre Arsenite ($Me^I_2HAsO_3$) und tertiäre Arsenite ($Me^I_3AsO_3$). In einigen Ländern wird Natriumarsenit zur Vernichtung von Pflanzenschädlingen eingesetzt.

Arsenpentoxid (As_2O_5) ist das Anhydrid der Arsensäure. Es entsteht nicht (im Gegensatz zu P_4O_{10}) durch Verbrennen von Arsen an der Luft, da bei der Oxidation nur As_2O_3 entsteht. Darstellbar ist es durch Entwässern von Arsensäure bei 300 °C:

$$2\,H_3AsO_4 \; \rightleftharpoons \; As_2O_5 + 3\,H_2O$$

Die Darstellung der Arsensäure erfolgt durch Oxidation von Arsen oder von As_2O_3 mit konz. HNO_3. As_2O_5 ist ebenfalls mit Kohlenstoff zu metallischem Arsen reduzierbar. Bei starkem Erhitzen spaltet As_2O_5 sich in As_2O_3 und O_2 auf:

$$As_2O_5 \longrightarrow As_2O_3 + O_2 \; (\Delta H^0 = +\,274{,}4 \text{ kJ/mol})$$

Arsensäure (H_3AsO_4) (Abb. 15.3.3) kristallisiert wasserhaltig ($H_3AsO_4 \cdot \frac{1}{2}\,H_2O$, zerfließende, weiße Kristalle). Es ist eine mittelstarke, dreibasige Säure wie die Phosphorsäure. Sie bildet drei Salztypen: Primäre, sekundäre und tertiäre Arsenate, die ähnliche Löslichkeitseigenschaften besitzen wie Phosphate, z. B. NH_4MgAsO_4, Ag_3AsO_4 und $(NH_4)_3[As(Mo_3O_{10})_4]$ sind schwer löslich. Die Arsensäure und ihre Salze, die Arsenate, fanden als Schädlingsbekämpfungsmittel Verwendung (Verbot in Deutschland seit 1974). Es besteht eine enge Verwandtschaft zu den Phosphaten, jedoch ist die Arsensäure im Gegensatz zur Phosphorsäure ein Oxidationsmittel.

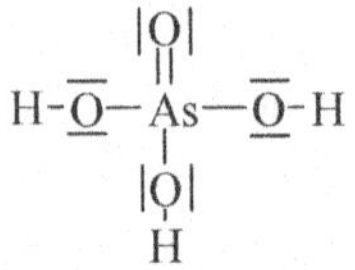

$$\underset{\displaystyle H}{\underset{\displaystyle |\underline{O}|}{H\text{-}\underline{O}\text{---}\overset{\displaystyle |\overset{|}{O}|}{As}\text{---}\underline{O}\text{-}H}} \qquad pK_{S1} = 2{,}3; \; pK_{S2} = 6{,}9; \; pK_{S3} = 11{,}4$$

Abb. 15.3.3 Strukturformel und pKs-Werte der Arsensäure

15.3.3.1 Schwefel-Verbindungen des Arsens

Arsensulfide bilden sich durch Zusammenschmelzen von Arsen und Schwefel, dabei reagieren As^{3+} und As^{5+} wie Metall-Ionen mit S^{2-}.

Arsensulfid (Realgar, Rauschrot) (As_4S_4) (Abb. 15.3.4) ist eine rote glasartige Masse. Realgar wird zur Enthaarung von Fellen (weißes Leder), in der Malerei, bei Rotglas und bei der Herstellung von Feuerwerk eingesetzt. Es kommt natürlich in einer käfigartigen Struktur vor.

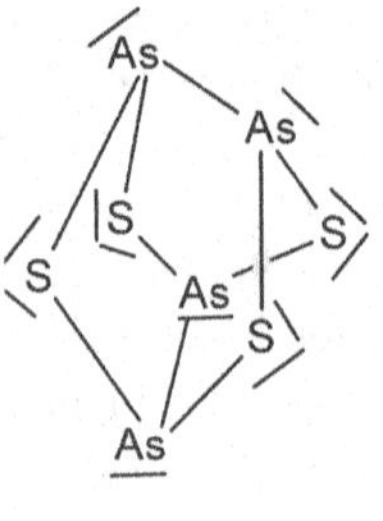

Abb. 15.3.4 Käfigartige Struktur von As_4S_4

Arsentrisulfid (Auripigment, Rauschgelb) (As_2S_3) kommt in der Natur vor. Es ist eine zitronengelbe Masse. Technisch kann es durch Einleiten von Schwefelwasserstoff in eine saure Lösung von Arseniger Säure (gelb) dargestellt werden:

$$2 As(OH)_3 + 3 H_2S \longrightarrow As_2S_3 + 6 H_2O$$

As_2S_3 ist in H_2O und Säuren unlöslich und daher ungiftig. Es fand vom Mittelalter bis Ende des 19. Jahrhunderts Verwendung als Farbe (Königsgelb).

Arsenpentasulfid (As_2S_5) wird dargestellt aus Natriumarsenatlösung, die mit H_2S-Wasser versetzt und mit konz. HCl angesäuert wird:

$$2 H_3AsO_4 + 5 H_2S \longrightarrow As_2S_5 + 8 H_2O$$

Arsenselenid As_2Se_3 wird neuerdings zur Beschichtung von Kopiertrommeln verwendet, weil es bessere Eigenschaften aufweist als reines Selen (Abb. 15.3.5).

Adamsit wurde im 1. Weltkrieg als Blaukreuz-Kampfstoff verwendet. Es reizt die Haut und die Atemwege.

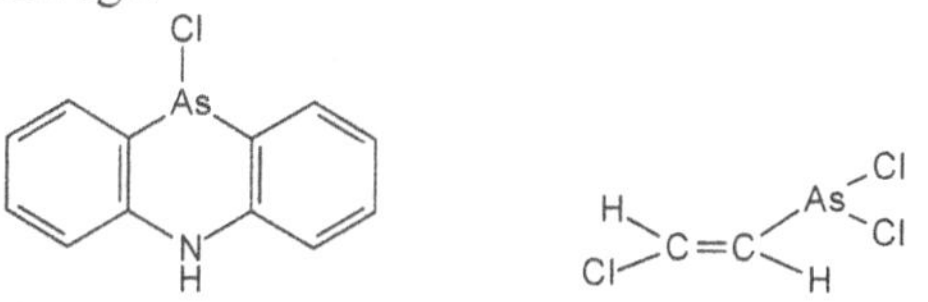

Abb. 15.3.5 Adamsit (10-Chlor-5,10-dihydrophenarsazin) und Lewisit

Ebenfalls als Kampfstoff im 1. Weltkrieg wurde das flüssige Lewisit (Dichlor(2-chlorvinyl)-arsan) verwendet. Haut und Lungen wurden schwerst geschädigt und der Kontakt führte zu extremen Schmerzen. Die Entgiftung konnte durch Oxidationsmittel und Dimercaprol erfolgen.

15.3.4 Biologische Aspekte und Bindungsformen

Organische Arsen-Verbindungen wurden gegen Protozoeninfektionen wie Schlafkrankheit, Syphilis, Trichomonaden und Ruhr eingesetzt. Die Wirkung erfolgt durch Blockierung der Protein-SH-Gruppen. Im Jahre 1909 erkannte der Chemiker Paul Ehrlich die Wirksamkeit von Arsphenamin gegen Syphilis. Unter dem Handelsnamen Salvarsan® wurde es mehrere Jahrzehnte lang gegen diese Krankheit angewendet (Abb. 15.3.6). Mit dieser metallorganischen Verbindung begann die Chemotherapie. Gegen Dysenterie fand es ebenfalls Verwendung.

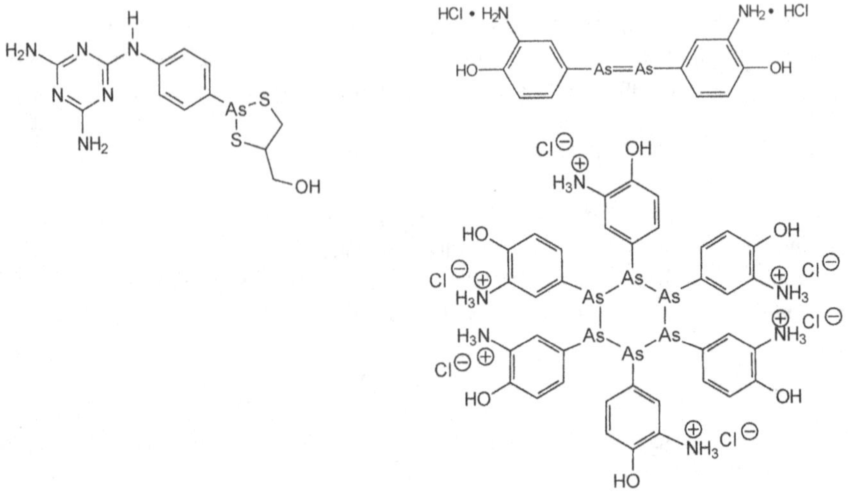

Abb. 15.3.6 Melarsoprol, Arsphenamin (Salvarsan[®]) und das zyklische Trimer des Arsphenamins (Arsenobenzol)

Noch heute werden Trypanosomen (Erreger der Schlafkrankheit) mit dem ZNS-gängigen Melarsoprol behandelt. Besonders in der Behandlung im zweiten Stadium der Schlafkrankheit hat Melarsoprol eine Bedeutung.

Vor der Verwendung von Melarsoprol wurde gegen die Schlafkrankheit Atoxyl, eine substituierte Arylarsonsäure ($RAs(OH)_2$), eingesetzt.

Durch Vulkanausbrüche wird As in die Atmosphäre eingetragen. Bakterien setzten aus anorganischen Sulfiden und Oxiden des Arsens im Boden organisches Trimethylarsin frei, sodass sich Zehntausende Tonnen davon im Kreislauf befinden. Ein weiterer Teil des freigesetzten Arsens stammt aus fossilen Brennstoffen.

In Ackerböden erfolgt die Bindung der Arsen-Verbindungen an die Hydroxide des Eisens und Aluminiums, wodurch die Bioverfügbarkeit des Arsens für Pflanzen vermindert wird. In Sedimenten liegt es ebenfalls gebunden vor. Gelangt es durch „Auswaschen" ins Wasser, erfolgt eine Biomethylierung. Algen akkumulieren aus dem umgebenden Wasser Arsenverbindungen, wobei ein Anreicherungsfaktor von 2.500 : 1 im Verhältnis Algen/Wasser erfolgt. In Meeresorganismen (Algen, Fische, Krustentiere) kommt z. T. Arsen in höheren Konzentrationen vor, wo es wahrscheinlich über Plankton akkumuliert wird; Algen spielen eine wichtige Rolle für die Methylierung von anorganischem Arsen; die Methylierungsprodukte kommen ebenfalls im Seewasser vor. Haut, Blut und Innereien sind die Zielorgane bei marinen Lebewesen. Es liegt dort zu 80 % und mehr als wenig toxisches Arsenobetain vor. Weitere Arsenspezies sind Arsenocholin und Arsenozucker. Nach Resorption nehmen Leber und Niere das meiste anorganische Arsen auf, dann Milz und Lunge. Im Organismus erfolgt eine Metabolisierung des anorganischen Arsens der Oxidationsstufen As^{3+} und As^{5+} zu Monomethylarsonsäure und Dimethylarsinsäure. Kinder methylieren mehr As^{3+} als Erwachsene. Arsenit bindet sich an schwefelhaltige Peptide und Proteine wie Glutathion, Actin, Tubulin und Metallothionein. Das Arsenobetain wird innerhalb von 5 Tagen vom Menschen zu 85 % ausgeschieden. Toxisches, anorganisches Arsen kommt in Fischen zu 1 bis 3 % bezogen auf die Gesamtarsenkonzentration vor, lediglich Tintenfische weisen einen Anteil von 8 % auf. Völliger Arsenmangel führt bei Landtieren zu Reproduktions- und Wachstumsstörungen ähnlich wie beim Zinkmangel. Eine essenzielle Rolle von Arsenverbindungen bei der Aktivierung von Zink wird diskutiert.

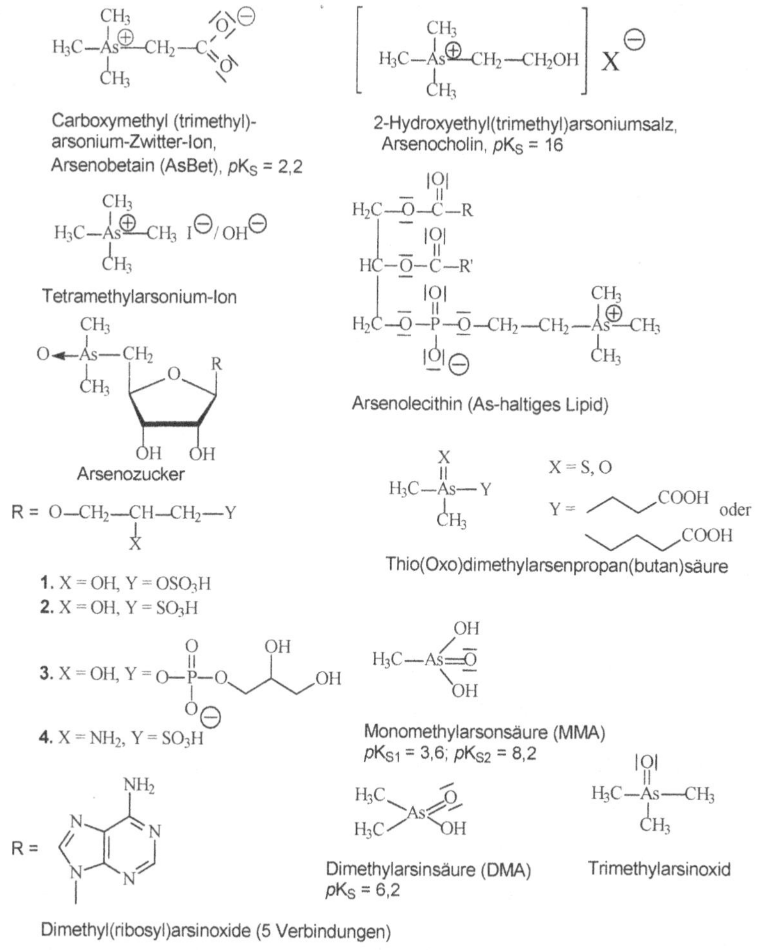

Carboxymethyl (trimethyl)-arsonium-Zwitter-Ion, Arsenobetain (AsBet), $pK_S = 2,2$

2-Hydroxyethyl(trimethyl)arsoniumsalz, Arsenocholin, $pK_S = 16$

Tetramethylarsonium-Ion

Arsenolecithin (As-haltiges Lipid)

Arsenozucker

R = O—CH$_2$—CH—CH$_2$—Y

1. X = OH, Y = OSO$_3$H
2. X = OH, Y = SO$_3$H
3. X = OH, Y =
4. X = NH$_2$, Y = SO$_3$H

R =

Dimethyl(ribosyl)arsinoxide (5 Verbindungen)

Thio(Oxo)dimethylarsenpropan(butan)säure

X = S, O

Monomethylarsonsäure (MMA)
$pK_{S1} = 3,6; pK_{S2} = 8,2$

Dimethylarsinsäure (DMA)
$pK_S = 6,2$

Trimethylarsinoxid

Abb. 15.3.7 Verschiedene Arsenspezies

Mit einem Gehalt von etwa 5 mg/kg FS kommt in einem nussartig schmeckenden schwarzen Seegras (*Hijikia fusiformis*), das in Japan als *Hijiki* gerne verzehrt wird, das Derivat **1.** der Dimethylarsinylribose (Abb. 15.3.7) vor. In etwa gleicher Konzentration ist dieses Arsenderivat auch in der Riesenmuschel (*Tridacna maxima*), neben einer Verbindung mit der Nucleobase Adenin als Rest R_2, in den Nieren gefunden worden. Die Verbindungen **2.** und **3.** sind in der Braunalge (*Ecklonia radiata*) und in *Hijiki* (braune Meeresalge *Hizikia fusiformis*) gefunden worden, während das **4.** Derivat bisher nur in *Hijiki* nachweisbar war.

15.3.5 Toxikologische Aspekte

Vergiftungserscheinungen sind schwere Durchfälle, Lähmungen und Haarausfall. In Haaren, Haut und Nägeln reichert es sich an; es besitzt hohe Affinität zu Thiolgruppen in Proteinen. Über die Analyse der Haare sind Vergiftungen noch nach Jahrhunderten nachweisbar. Im Organismus wird As^{3+} methyliert und als Dimethylarsenat ausgeschieden. Arsenverbindungen sind cancerogen, besonders Haut-, Lungen- und Leberkrebs sind zu nennen. Erhöhte Tumorhäufigkeiten sind bei 50 mg As/L Trinkwasser beobachtet worden, besonders bei anorganischem Arsen bei chronischer Aufnahme treten Durchblutungsstörungen und Hautveränderungen auf (*Blackfoot Disease*). Eine Beeinträchtigung der DNA-Reparaturprozesse und Beteiligung am oxidativen Stress wird als Wirkmechanismus angesehen.

Die Toxizität der Spezies nimmt von As^{3+}, As^{5+}, Monomethylarsonsäure und Dimethylarsinsäure ab, wobei die Toxizität wesentlich auf die Bindung an Protein-Thiol-Gruppen zurückzuführen ist. Im Gangesdelta von Bangladesch leiden über eine Million Menschen an chronischen Arsenvergiftungen. Da das Oberflächenwasser häufig von Typhus- und anderen Erregern durchseucht ist, bohrte man tiefe Brunnen, deren Wasser jedoch hohe Arsenkonzentrationen enthalten. Wahrscheinlich wird durch anaerobe Bakterien das Arsen in tiefen Bodenschichten mobilisiert.

Honigbienen sind gegenüber As-Verbindungen hochempfindlich.

Früher wurde As_2O_3 häufig für Arsenvergiftungen eingesetzt. Allein, Gesche Gottfried, die 1831 als Giftmörderin in Bremen auf dem Marktplatz geköpft wurde, hat 15 Menschen damit zu Tode gebracht. Noch heute ist an der Stelle der Hinrichtung am Boden (Marktplatz, Domhof) ein Kreuz auf einem Pflasterstein zu sehen, der so genannte „Spuckstein". Seit Ende des 18. Jh. wurde Kupferarsenit (ein Gemisch aus $CuHAsO_3$, Kupferoxid und $Cu(AsO_3)_2$) als grüner Farbstoff in Tapeten verwendet. Durch Einwirkung von Schimmelpilzen (*Penicillium brevicaule*) bei feuchtem Klima wurde durch Biomethylierung flüchtiges Trimethylarsan (früher bezeichnet als Trimethylarsin) (($CH_3)_3As$) freigesetzt. Da diese Tapeten sehr teuer waren, wurden sie vor allem in Schlössern verwendet. Auch Trimethylarsan ist möglicherweise die Quelle für den erhöhten Arsen-Gehalt, der in Napoleons Haaren festgestellt wurde (10,38 ppm (normal sind 0,5 bis 1,3 ppm)). Neuere Untersuchungen ergaben, dass in seinen Haaren in vorherigen Lebensphasen bereits viel Arsen zu finden war und eine chronische Vergiftung über längere Zeit wahrscheinlich ist. Es gibt aber auch Vermutungen, dass Napoleon an einer kombinierten, längerfristigen Arsen-Quecksilber-Vergiftung gestorben ist. Diese Methode wurde schon zur Zeit Ludwigs XIV. genutzt, um unliebsame Zeitgenossen unschädlich zu machen. Dazu wurde der arsengeschwächte Patient mit „Kalomel" (Quecksilber(I)-chlorid) behandelt, einem damals häufig verwendeten Abführ- und harntreibenden Mittel. Die toxische Wirkung wurde durch gleichzeitige Verordnung von Mandelmilch hervorgerufen. Der geschwächte Patient konnte den „Giftstoß" nicht verkraften und starb ohne Hinweis auf eine Vergiftung. Untermauert wird diese Vermutung der Todesursache Napoleons durch die Überlieferung, dass 10 Tage vor Napoleons Tod eigens Mandelmilch für ihn nach St. Helena gebracht wurde.

Die LD_{50} bei Ratten liegt bei 15 bis 145 mg/kg KG, bei Maus 26 bis 39 mg/kg KG.

15.3.6 Aufnahme und Ausscheidung

Mangelerscheinungen sind bisher nur bei Tieren beschrieben.

Lösliche anorganische Arsen-Verbindungen werden leicht nach oraler Aufnahme aufgenommen und innerhalb eines Tages in die Muskeln, Lungen, Nieren und Knochen verteilt, wobei es fast in allen Organen vorkommt. Kupfer (II)-arsenitacetat $(Cu(CH_3)COO)_2 \cdot 3 \ Cu(AsO_2)_2$ („Schweinfurter Grün") wurde im Weinbau als Insektizid verwendet, dabei reicherte es sich im Tresterwein an (2 bis 8,9 mg/L), den besonders gern die Winzer tranken und lieber den teureren Wein verkauften. Etwa 1.000 Moselwinzer zogen sich eine chronische Arsenvergiftung zu. Metallisches Arsen wird wegen seiner Unlöslichkeit kaum aufgenommen. Die durchschnittliche tägliche Aufnahme eines Menschen an anorganischem Arsen in der EU beträgt 0,13 bis 0,56 µg/kg KG. Anorganisches Arsen wird zu 80 % im Gastrointestinaltrakt resorbiert. Im Urin sind 50 bis 80 % als Dimethylarsinsäure, As^{3+} und As^{5+} zu finden. Insgesamt werden 5 bis 30 µg As/L über den Urin ausgeschieden. Nach Fischverzehr (250 g Scholle) wurden 2,5 mg Arsenobetain/L und andere Metabolite im Urin gefunden (95 % des Gesamtarsens). Mit der Nahrung nimmt der Europäer täglich etwa 11 µg anorganisches Arsen auf. Über die Faeces wird wenig As ausgeschieden. Anorganische Arsen-Verbindungen werden durch Umwandlung in leicht ausscheidbare Methylarsenate entgiftet.

Anorganische As^{3+}- und As^{5+}-Verbindungen werden über den Magen-Darm-Trakt, aber auch über die Lunge gut resorbiert. 50 bis 80 % einer einmal verabreichten Arsenmenge wird in 3 bis 5 Tagen vorwiegend über den Harn ausgeschieden. Arsenobetain und Arsenocholin sind untoxisch (beim Verzehr von 100 g Shrimps nimmt bspw. der Gesamtarsengehalt im Urin um das 20- bis 50-Fache zu). Bei Tierversuchen war die Resorption von methyliertem Arsen unterschiedlich. Bei As^{5+}-methylierten Verbindungen wird 40 % aufgenommen. Auch Arsenozucker zeigt mit mehr als 75 %iger Bioverfügbarkeit ebenfalls eine hohe Resorption.

Nach dem Verzehr von Dorschleberöl konnten im Humanurin als Metaboliten Thiodimethylarsenbutan-(oder propan)säure und deren Sauerstoffanaloga als Abbauprodukt der Arsenlipide festgestellt werden. Bereits nach 24 h konnten 70 % des aufgenommenen Arsens im Urin wieder gefunden werden. Das OXO-DMAP liegt in Spuren im Dorschleberöl vor (Abb. 15.3.7). Im Urin von Schafen ist ebenfalls die verwandte Verbindung Thiodimethylarsenessigsäure nachgewiesen worden.

15.4 Antimon (Sb)

15.4.1 Vorkommen und Gehalte

Erde: In der *Erdrinde* beträgt der Anteil ca. 0,00007 %. Die Produktion an Antimon hat sich von Ende der 1960er-Jahre bis 2005 mehr als verdoppelt und liegt bei mehr als 100.000 Tonnen. Stabile Isotope sind ^{121}Sb (57,25 %) und ^{123}Sb (42,75 %). Als Sb_2S_3 (**Grauspießglanz, Stibnit**), Sb_2O_3 (**Weißspießglanz**) und selten gediegen kommt Antimon vor. Für Trinkwasser gilt der Grenzwert für Antimon von 5 µg/L. Antimon und Blei sind als Sulfide in Kohle angereichert.

15.4.2 Eigenschaften und Verwendung

Elektronenkonfiguration: [Kr] (4 d^{10} 5 s^2 5 p^3); A_r = 121,75 u. Das Elementsymbol Sb leitet sich ab von *lat. stibium*, so bezeichnete Plinius (23 bis 79 n. Chr.) das in der Natur vorkommende Antimonsulfid. Der französische Name „Antimoine" bedeutet so viel wie Mönchsgift und stammt (angeblich) von einem experimentierfreudigen französischen Mönch. Dieser verabreichte zunächst Schweinen im Kloster Antimonmineralien, ohne dass es zu negativen Folgen kam. Der anschließende Versuch mit den Ordensbrüdern führte jedoch zum Tode mehrerer Mönchsbrüder. Antimon kommt ebenfalls in unterschiedlichen Modifikationen vor (Allotropie):

Metallisches Antimon (graues Antimon) ist die beständigste Form. Es ist ein sprödes, silberweiß glänzendes, grob kristallines Halbmetall. Das Kristallgitter gleicht dem des grauen Arsens. **Schwarzes Antimon** entsteht aus Antimondampf durch Abschrecken auf kalten Flächen, ist amorph und wandelt sich beim Erhitzen in graues Antimon um.

Antimon ist an der Luft und im Wasser beständig. Es ist löslich in heißer konz. H_2SO_4, HNO_3, Phosphorsäure und Königswasser. Es ist sehr reaktionsfähig, z. B. entzündet es sich mit Chlor (Bildung von $SbCl_3$ und $SbCl_5$) und legiert sich leicht mit Metallen. Antimon wird besonders für Legierungen verwendet (als Lettermaterial: Pb-Sb-Legierungen, in Hartblei, Lagermetallen, mit Zinn als Britanniametall).

15.4.3 Verbindungen

In der Natur kommt Antimon vor allem als **Grauspießglanz** oder **Stibnit** genannt Sb_2S_3 vor (bildet metallisch glänzende, graue Spieße).

Die Antimon-Verbindungen entsprechen den Arsen-Verbindungen weitgehend in Zusammensetzung und Eigenschaften.

Antimonwasserstoff (Stibin) (SbH_3) ist ein farbloses, unangenehm riechendes, giftiges Gas (MAK-Wert von SbH_3 0,5 mg/m^3), es entsteht beim Einwirken von Säuren auf das Metall.

$$Sb(OH)_3 + 3\,H_2 \longrightarrow SbH_3 + 3\,H_2O \text{ bzw. } Sb(OH)_3 + 6\,H_3O^+ + 6\,e^- \longrightarrow SbH_3 + 9\,H_2O$$

Durch Hitzezersetzung ist ebenfalls (wie beim Arsenwasserstoff) ein Antimonspiegel zu erhalten.

Antimontrichlorid (Antimonbutter) ($SbCl_3$) ist eine sehr weiche, farblose, durchscheinende, hygroskopische Masse. Es entsteht beim Auflösen von feingepulvertem Grauspießglanz in heißer konz. HCl. Antimonbutter löst sich in wenig H_2O klar auf, bei weiterer Zugabe von H_2O scheiden sich durch Hydrolyse basische Salze (Oxychloride) ab, z. B. Antimonoxychlorid SbOCl:

$$SbCl_3 + H_2O \rightleftharpoons SbOCl + 2\,HCl$$

Beim Kochen mit H_2O geht $SbCl_3$ völlig in Sb_2O_3 über:

$$2\,SbOCl + 2\,H_2O \longrightarrow Sb_2O_3 + 2\,HCl + H_2O$$

Es wird als Katalysator, in der Medizin als Ätzmittel und als Reagenz auf Vitamin A verwandt.

Antimonpentachlorid ($SbCl_5$) ist eine gelbe, rauchende Flüssigkeit, die bei 140 °C unter Zersetzung in $SbCl_3$ und Cl_2 siedet.

$$SbCl_5 \rightleftharpoons SbCl_3 + Cl_2$$

Die Darstellung erfolgt aus $SbCl_3$ und Cl_2. Mit überschüssigem H_2O wird es zu Antimonsäure und HCl hydrolysiert. Antimonpentachlorid wird als Chlorierungsmittel in der Organischen Chemie verwandt.

Antimonoxide sind feste, weiße Substanzen, z. T. verwendet als Flammschutzmittel für Kunststoffe und als Trübungsmittel für farblose Emaille.

Tetraantimonhexaoxid (Sb_4O_6) (meist als Sb_2O_3 (Antimontrioxid) geschrieben) entsteht beim Verbrennen von Antimon an der Luft als weißes Pulver, geht aber durch weitere O_2-Zufuhr leicht in Sb_2O_5 über. Es bildet zwei Modifikationen: Sb_4O_6-Moleküle in Dampf und in der kubischen Raumanordnung sowie hochpolymere Bandmoleküle in der rhombischen Modifikation (> 570 °C). Es ist unlöslich in H_2O. 2008 wurden allein an Sb_2O_3 165.000 Tonnen als Flammschutzmittel eingesetzt. In Alkalilaugen löst es sich unter Bildung von Antimoniten, den Salzen der Antimonigen Säure H_3SbO_3 (Sb(OH)$_3$), z. B.:

$$Sb_2O_3 + 6\ NaOH \longrightarrow 2\ Na_3SbO_3 + 3\ H_2O$$

H_3SbO_3 ist ebenfalls in H_2O unlöslich. In konz. starken Säuren (HCl, H_2SO_4) lösen sich sowohl Sb_2O_3 als auch H_3SbO_3 unter Bildung von Sb-Salzen ($SbCl_3$ und $Sb_2(SO_4)_3$).

$$Sb_2O_3 + 6\ HCl \longrightarrow 2\ SbCl_3 + 3\ H_2O;\ Sb_2O_3 + 3\ H_2SO_4 \longrightarrow Sb_2(SO_4)_3 + 3\ H_2O$$

Sb_2O_3 und H_3SbO_3 haben amphoteren Charakter. Neben den Sb-Salzen SbX_3 gibt es noch basische Salze, vor allem die sog. „Antimonylsalze" SbOX, z. B. Antimonylchlorid SbOCl und Kaliumantimonyltartrat, das sich von der Weinsäure ableitet und als „Brechweinstein" in der Medizin benutzt wurde. Sb_2O_3 wird als Flammschutzmittel, in Kunststoffen z. T. als Katalysator (PVC, PET), in Fernsehern, Computergehäusen und elektrischen Isolierungen verwendet und bereitet aktuell Kontaminationsprobleme in der Umwelt.

Tetraantimondecaoxid (Sb_4O_{10}) (meist geschrieben als Sb_2O_5) bildet ein gelbliches Pulver. Die Darstellung erfolgt durch Oxidation von Antimon mit konz. HNO_3. Das Pulver ist in H_2O schwer löslich und bildet dabei den Typ Antimonsäure, deren Salze Antimonate heißen. Unter den festen Antimonsäuren versteht man Antimonpentoxidhydrate $Sb_2O_5 \cdot x\ H_2O$.

In H_2O bildet sich Hexahydroxoantimonsäure:

$$Sb_2O_5 \cdot 7\ H_2O = 2\ H_7SbO_6 = 2\ H[Sb(OH)_6],$$

sie ist einbasig mit einem $pK_s = 2,55$.

Antimontetraoxid (Sb_2O_4) (oder Antimondioxid SbO_2) ist das beständigste Oxid des Antimons. Das weiße Pulver bildet sich beim Erhitzen der Oxide Sb_2O_3 und Sb_2O_5 auf etwa 900 °C. Die Struktur besteht aus einem Netzwerk von $Sb^{III}O_6$- und $Sb^{V}O_6$-Oktaedern.

15.4.3.1 Sulfide des Antimons

Antimontrisulfid (Antimonglanz, Antimonit, Stibnit) (Sb_2S_3) entsteht als orangerote Verbindung durch Einleiten von H_2S in Lösungen von Verbindungen des dreiwertigen Antimons:

$$2\ Sb^{3+} + 3\ S^{2-} \longrightarrow Sb_2S_3$$

Beim Erhitzen unter Luftabschluss lagert sich die Verbindung in die beständigere grauschwarze Modifikation (Grauspießglanz) um (Polymorphie). Es ist löslich in starken Säuren. Sb_2S_3 wird für Zündhölzer und pyrotechnische Artikel eingesetzt. Antimonit wurde schon vor 5.000 Jahren in China und Ägypten als Kosmetikum zum Färben der Augenbrauen und Wimpern verwendet. Noch heute wird die Tropenkrankheit Leishmaniose mit Antimontrisulfid (Stibnit) behandelt. Es dient auch als Gleitmittel in neuen nicht asbesthaltigen Bremsbelägen. Sb_2S_3 wird in rubinrotem Glas (Rubinglas) und als Farbstoff für Kunststoffe eingesetzt.

Antimonpentasulfid (Goldschwefel) (Sb_2S_5) bildet sich durch Einleiten von H_2S in Lösungen von Verbindungen des fünfwertigen Antimons

$$2\ Sb^{5+} + 5\ S^{2-} \longrightarrow Sb_2S_5$$

als orangerote Substanz. Sie dient als „Goldschwefel" zum Vulkanisieren von Kautschuk und ruft die rote Farbe der Gummiartikel hervor. Sb_2S_5 wird auch in Zündholzköpfen verwendet. Die technische Darstellung von Goldschwefel erfolgt durch Zersetzung von Natriumthioantimonat („Schlippe'sches Salz") mit Säuren:

$$2\ SbS_4{}^{3-} + 6\ H_3O^+ \longrightarrow Sb_2S_5 + 3\ H_2S + 6\ H_2O$$

Das Schlippe'sche Salz wird dabei durch Kochen von Grauspießglanz-Pulver mit Schwefel und Natronlauge gewonnen; hierbei setzen sich Schwefel und Natronlauge teilweise zu Natriumsulfid um, welches dann mit dem Antimontrisulfid bei gleichzeitiger Einwirkung von Schwefel Thioantimonat bildet

$$Sb_2S_3 + 3\ S^{2-} + 2\ S \longrightarrow 2\ SbS_4{}^{3-}$$

Aus der Lösung kristallisiert beim Erkalten das Schlippe'sche Salz als hellgelbes Salz der Formel $Na_3SbS_4 \cdot 9\ H_2O$ aus.

Antimonsalze werden noch in Pestiziden, Feuerwerksartikeln und Beizen eingesetzt.

15.4.4 Biologische Aspekte und Bindungsformen

Trotz hoher Bodenbelastung konnte bisher keine eindeutige Belastung in organischen Matrices (z. B. Pflanzen) nachgewiesen werden.

Sb-Salze durchwandern die Magen- und Darmwände schwerer als Arsen-Verbindungen. Wie bei Arsen kommt es zur Akkumulation in marinen Organismen. Sb^{3+}-Komplexe sind in der Regel toxischer als Sb^{5+}-Komplexe. N-Methylglucaminantimonat (Glucantime) und Natriumstibogluconat (Pentostam) wird zur Behandlung von Leishmaniasis eingesetzt. Aufgrund toxischer Nebenwirkungen wird hauptsächlich nur noch der Natriumstibogluconat-Komplex verwendet. Eine Blockierung der Sulfhydrylgruppen von Enzymen wird als mögliches Wirkprinzip angesehen. Die Krankheit wird durch intrazelluläre Parasiten hervorgerufen. Kohlenhydrate dienen als Transporter, um Sb^{5+} an die Makrophagen abzugeben. Am Wirkort wird Sb^{5+} wahrscheinlich zum toxischeren Sb^{3+} reduziert. Neben der „dimeren Grundstruktur" sind mit Massenspektroskopie auch „monomere Fragmente" detektiert worden (Abb. 15.4.1).

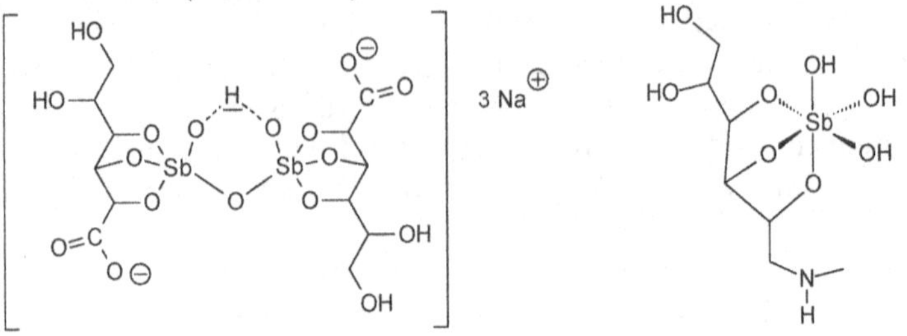

Abb. 15.4.1 Natriumstibogluconat-Komplex und monomeres Fragment mit der Masse 364 Da

Im Blut nicht belasteter Personen wurden 7 µg Sb/L gefunden. Im Urin lagen 90 % aller Werte unter 0,5 µg Sb/L. Arbeiter in Akkumulatorenwerken sind deutlich höher belastet. Durch Einsatz von Antimon (Sb_2S_3 als Gleitmittel) in Bremsbelägen (als Asbestersatz) und Autoreifen reichert sich Antimonstaub an den Hauptverkehrsstraßen an. Es kommt vorwiegend in der grobkörnigen Staubfraktion (2,5 bis 10 µm) vor. Da sich die groben Partikel in der näheren Umwelt ablagern, ist besonders in Städten und dort an Straßenkreuzungen, wo viel gebremst wird, dieser Stoff angereichert.

Zur Herstellung von Polyethylenterephtalat-Kunststoffen (z. B. PET-Flaschen) wird Sb_2S_3 als Katalysator (200 mg/kg in PET-Produkten) eingesetzt. In Abhängigkeit von der Zeit migriert Sb_2S_3 aus den Flaschen in die Trinkflüssigkeit. Dabei kommt es zum Anstieg von 360 ng/L auf 630 ng/L bei einer Lagerungszeit von 3 Monaten. Demgegenüber liegt der Sb-Gehalt in Quellwasser bei 4 ng/L und bei Wasser aus Glasflaschen bei 12 ng/L. Bisher sehen die Getränkehersteller keinen Handlungsbedarf, da die Gehalte bei Getränken aus PET-Flaschen deutlich unterhalb des Grenzwertes von 5 µg /L Trinkwasser lagen.

Die Antimon-Verbindungen aus Kunststoffen aus Müllverbrennungsanlagen freigesetzt, gelangen als kleine Partikel (∅ 1 µm) in die Atmosphäre und verteilen sich weitflächig.

15.4.5 Toxikologische Aspekte

Ein TDI-Wert von 6 µg/kg KM wurde von der WHO aufgestellt.

Sb reizt die Haut, Schleimhäute und den Magen-Darm-Trakt. SbH_3 ist so giftig wie Arsenwasserstoff. Brechweinstein (Kaliumantimon(III)-tartrat, s. Formel) ist giftig; süßliche Kristalle, die in Dosen von 20 bis 30 mg als Emetikum (Übelkeit und Erbrechen nach 10 min bei Einnahme) früher verwandt wurden. Als Beizmittel wird Brechweinstein in der Leder- und Textilindustrie verwandt. Organische Antimonpräparate (Pentostam = Natriumstibogluconat; Glucantime = N-Methylglucaminantimonat) finden sehr selten in der Chemotherapie (Leishmaniosen, Schistosomiasis) Verwendung.

Fünfwertige Sb-Verbindungen sind weniger toxisch als Sb(III). Sb^{5+} wird im menschlichen Organismus zu Sb^{3+} reduziert. Sb^{3+}-Verbindungen sind etwa zehnmal toxischer als die Sb^{5+}-Verbindungen. In die Blutbahn injiziert, sind Antimon-Verbindungen fast so giftig wie entsprechende Arsen-Verbindungen. Staub und Dämpfe von Brechweinstein führen zur Schädigung der Augen, Haut und Atemwege (Abb. 15.4.2). Die Verwendung von Antimon-Verbindungen steigt an. Es besteht ein Verdacht, dass Antimon Krebs auslösen kann. Im Blut von Arbeitern, die Antimonstäuben ausgesetzt waren, wurden 130 µg/L Blut gefunden, wobei der Normalgehalt bei 3 µg/L Blut liegt. Der MAK-Wert ($0,5$ mg/m^3) wurde 2005 wegen des Verdachts auf krebserregende Wirkung ausgesetzt.

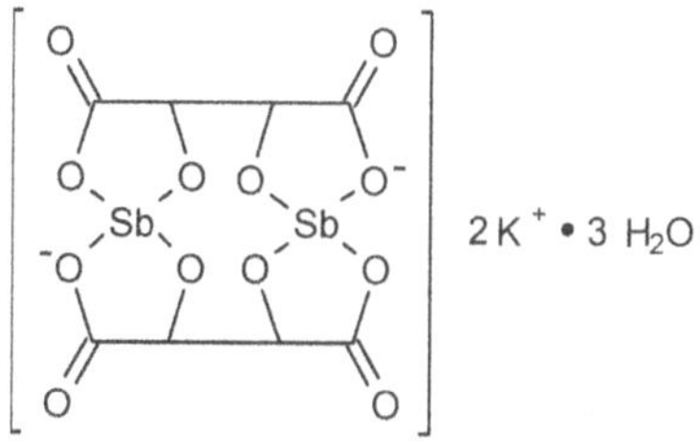

Abb. 15.4.2 Struktur des Antimon-Komplexes mit Weinsäure

Besonders Katzen und Hunde reagieren empfindlich auf Brechweinstein. Mit 10 bzw. 4 mg/kg wird reflektorisches Erbrechen ausgelöst. Sb_2O_3 wird als carcinogen verdächtigt. Die höchsten Konzentrationen nach oraler Aufnahme sind in Leber, Niere und Schilddrüse zu finden. Allgemein sind anorganische Antimon-Verbindungen giftiger als organische. Eine besondere Giftigkeit kommt auch dem elementaren Antimon zu, das teilweise giftiger als seine Verbindungen ist.

15.4.6 Aufnahme und Ausscheidung

Antimon-Verbindungen werden schlechter resorbiert als Arsen-Verbindungen, und rufen Brechreiz hervor, wodurch nach Einnahme eine schnelle Ausscheidung erfolgt. Arbeiter in Akkumulatorenwerken wiesen 100-fach höhere Antimonkonzentrationen (vorwiegend Sb^{5+}) im Urin auf als nichtexponierte Personen. Trimethylantimon (Sb^{5+}) kommt hauptsächlich im Urin als Ausscheidungsprodukt vor. Die Halbwertzeit für dreiwertiges Antimon beträgt 94 h, die für fünfwertiges Antimon nur 24 h. Die fünfwertige physiologische Form wird wahrscheinlich als

$Sb(OH)_3$ wie Glycerin (strukturelle Ähnlichkeit) über die Aquaglyceroporine AQP7 und AQP9 aufgenommen. Auf zellulärer Ebene scheint ein Transport von Sb^{3+} durch Glutathion zu erfolgen.

15.5 Bismut (Bi)

15.5.1 Vorkommen und Gehalte

Erde: In der *Erdrinde* zu $2 \cdot 10^{-5}$ % (0,2 ppm = 0,2 g/t). In Meerestieren 0,04 bis 0,3 mg/kg, in Landtieren 0,04 mg/kg. Das Säugetierblut enthält 0,01 mg Bismut/L. Bismut (auch Wismut genannt) kommt zu 100 % als stabiles ^{209}Bi-Isotop (Reinelement) vor. Natürlich kommt es meist gediegen vor, weiterhin als **Bi₂S₃ (Bismutglanz)**, **Bi₂O₃ (Bismutocker)**.

15.5.2 Eigenschaften und Verwendung

Elektronenkonfiguration: [Xe] $(4\ f^{14}\ 5\ d^{10}\ 6\ s^2\ 6\ p^2)$; $A_r = 208{,}9804$ u. Bismut ist ein rötlich-silberweißes, glänzendes, luftbeständiges Halbmetall (kristallisiert im Schichtengitter), dessen Sprödigkeit durch Spuren von Verunreinigungen hervorgerufen wird. Geschmolzenes Bismut dehnt sich beim Abkühlen aus (wie H_2O). Es leitet Wärme und Strom nur sehr schlecht (im Vergleich zu anderen festen Metallen). Es ist löslich in HNO_3 und heißer, konz. Schwefelsäure. Bismut verbrennt bei Rotglut an der Luft mit bläulicher Flamme zu Bismuttrioxid Bi_2O_3. Es vereinigt sich direkt mit Halogenen, Schwefel, Selen und Tellur. Verwendung findet es z. B. als Legierungsbestandteil (leicht schmelzende Legierungen z. B. Verschlüsse für automatische Feuerlöschanlagen), als Katalysator, zur Herstellung von Permanentmagneten.

Das Bismutatom ist das schwerste Atom, das nicht radioaktiv, also stabil ist.

15.5.3 Verbindungen

Die Verbindungen des Bismut leiten sich vornehmlich von dreiwertigem Bismut ab, es gibt aber auch $Bi^{(2+)}$- und $Bi^{(5+)}$-Verbindungen. Allgemein wirken sie lokal entzündungshemmend und antiseptisch und werden von der Medizin genutzt.

Bismutsalzlösungen ergeben mit NaOH eine Fällung von Bismuthydroxid $Bi(OH)_3$ (weiß), das beim Erwärmen auf 100 °C in eine wasserärmere Form BiO(OH) (gelb) übergeht.

$$2 \text{ Bi(OH)}_3 \longrightarrow 2 \text{ BiO(OH)} + 2 \text{ H}_2\text{O}$$

Bismuttrioxid (Bi$_2$O$_3$) ist kalt gelb, in der Hitze rotbraun gefärbt. Es kann durch Verbrennen von Bismut an der Luft oder durch Erhitzen von Bi(OH)$_3$ dargestellt werden. Bi$_2$O$_3$ besitzt einen ausgesprochen basischen Charakter, es ist daher in Säuren unter Salzbildung löslich: In Laugen ist es nicht löslich. Es findet Verwendung für farbige Glasuren.

$$\text{Bi}_2\text{O}_3 + 6 \text{ HCl} \longrightarrow 2 \text{ BiCl}_3 + 3 \text{ H}_2\text{O}$$

Bismuttrisulfid (Bi$_2$S$_3$) kommt in der Natur als stahlgrauer Bismutglanz vor. Bei der technischen Darstellung erhält man durch Einleiten von H$_2$S in die saure Lösung eines Bismutsalzes eine braune Substanz.

Bismutylnitrat (Bi(NO$_3$)$_3$) entsteht durch Auflösen von Bismut in HNO$_3$. Bismutylnitrat wird in der Medizin als *Bismutum subnitricum* bei Magen- und Darm-Erkrankungen verwendet. Als „ungiftige" weiße Schminke war es schon im 16. Jahrhundert bekannt. Zusatz von H$_2$O führt zur Bildung von basischem Bismutnitrat unter Freisetzung von HNO$_3$.

$$\text{Bi(NO}_3\text{)}_3 + 2 \text{ H}_2\text{O} \longrightarrow \text{Bi(OH)}_2\text{NO}_3 + 2 \text{ HNO}_3$$

Basisches Bismutnitrat wird z. B. als schmerzlinderndes und heilendes Agens in Brandbinden eingesetzt.

15.5.4 Biologische Aspekte und Bindungsformen

Als Antiseptikum wird das bismuthaltige Bibrocathol im Augenbereich bei Ansiedlung von Staphylokokken eingesetzt (Abb. 15.5.1).

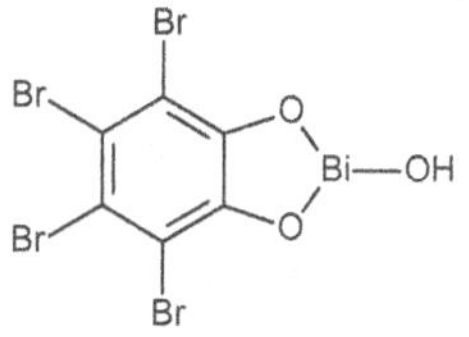

Abb. 15.5.1 Bibrocathol

Bismut-Verbindungen werden bei Erkrankungen des Magen-Darm-Traktes eingesetzt (Bi^{3+}-Salze der Nitrate, Salicylate und das basische, kolloidale Citrat); Bismutsubsalicylat (Pepto-Bismol®) wird für die Behandlung von Magenverstimmung und Magengeschwüren verwendet. Als Wirkungsmechanismus wird die Reaktion als Radikalfänger angesehen. Seit dem 17. Jahrhundert wird [Bi$_6$O$_4$(OH)$_4$](NO$_3$)$_6$ · 4 H$_2$O als *magisterium bismuti* als Kosmetikum verwendet. Eine antimikrobielle Aktivität von Bi^{3+} gegen *Helicobacter pylori* soll die Wirksamkeit gegen *Ulcus duodeni* erklären. Heute wird bevorzugt ein Bi(III)-citrat-hydroxid-Komplex $(K_2NH_4)_5(Bi_6(OH)_{11}(C_6H_5O_7)_4$ eingesetzt (s. auch Struktur-formel Abb. 15.5.2). Die Wirkung wird in einer Ausbildung eines Schutzfilmes für die Schleimhaut gesehen, die Pepsinwirkung wird antagonisiert, wodurch die Ulcera besser abheilen. Bismutpräparate haben antiseptische, adstringierende und adsorbierende Wirkungen. In den 1940er-Jahren wurden in Frankreich Bi-Verbindungen in massiver Dosierung eingesetzt (bis zu 20 g/d). Diese Überdosierung führte gelegentlich zu Vergiftungen mit Todesfolge. Noch Mitte der 1970er-Jahre wurden in der französischen Pharmaindustrie 1.000 t/a verbraucht, das entsprach 40 % der Weltproduktion.

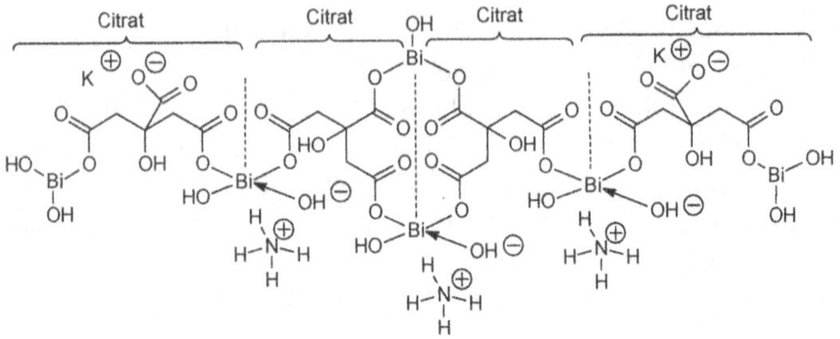

Abb. 15.5.2 Bismut(III)-citrat-hydroxyd-Komplex

Organische Bismut-Verbindungen reichern sich in Nieren, Leber, Gehirn und in den Leydig-Zellen der Hoden an. Es ist keine essenzielle biologische Funktion von Bi-Verbindungen bekannt. Die Bismutkonzentration im Blut sollte unterhalb von 0,05 mg/L liegen. In Fischgräten und menschlichen Zähnen kommen Bi^{3+}-Verbindungen vor.

15.5.5 Toxikologische Aspekte

Anorganische Bismut-Verbindungen sind wegen ihrer Wasserunlöslichkeit nicht akut giftig, im Gegensatz zu organischen Bi-Komplexen. In Experimenten sind Stomatitis und Nierenschädigungen aufgetreten, es erfolgt vorwiegend renale Ausscheidung. Bei medizinischen bzw. kosmetischen Anwendungen sind Schleimhautentzündungen und Hautpigmentierungen beobachtet werden. Eine Vergiftung macht sich durch einen schwarzen Bismutsaum (Ablagerung von Bi_2S_3) an der Mundschleimhaut mit einhergehender Magenschleimhautentzündung (Stomatitis), Zahnlockerungen, Nierenschäden und Darmentzündung (Enteritis) bemerkbar.

15.5.6 Aufnahme und Ausscheidung

Nach oraler Aufnahme werden Bi-Verbindungen nur sehr langsam enteral resorbiert. Die Bi^{3+}-Konzentration steigt im Blutplasma stark an, wenn gleichzeitig eine hohe Thiolkonzentration vorliegt. Im Organismus sind unter Normalbedingungen keine toxisch wirksamen Konzentrationen zu erwarten. Die Ausscheidung erfolgt vorwiegend renal.

16 Die Elemente der 16. Gruppe: die Chalkogene

Die Gruppe der Chalkogene umfasst die Elemente Sauerstoff (O), Schwefel (S), Selen (Se), Tellur (Te) und Polonium (Po).

16.1 Sauerstoff (O)

16.1.1 Vorkommen und Gehalte

Erde: Sauerstoff ist das am weitesten verbreitete Element. In der *Erdrinde* ist es (bis 16 km Tiefe) zu 50 % vertreten, im Wasser zu 88,8 % und in der Luft 23,2 % (jeweils Gew.%); 21 % Sauerstoff als Volumen-%. Jährlich werden durch Verbrennung fossiler Brennstoffe (7 Milliarden t) etwa 24 Milliarden t O_2 verbraucht. Das entspricht 0,0024 Promille des Gesamtvorkommens von O_2 in der Atmosphäre. Es gibt zwei Modifikationen des Elementes: **O_2 (Disauerstoff)** und **O_3 (Ozon)**. O_3 bildet sich durch Bestrahlung (Blitze, UV) in der Stratosphäre:

$$O_2 + O \longrightarrow O_3 \quad (\Delta H^0 = -106,6 \text{ kJ/mol})$$

Luft enthält ca. 10^{-6} Vol-% ($\approx 0,01$ ppm) O_3, in etwa 30 km Höhe $2 \cdot 10^{-5}$ Vol-%. Da die Dichte der Stratosphäre geringer ist, beträgt die Konzentration bis zu 10 ppm.

Hohe Abgaswerte (Stickstoff- und Schwefeloxide) führen zum O_3-Anstieg in Bodennähe, der aber schnell durch Reduktion wieder abgebaut wird.

Der *Mensch* veratmet täglich etwa 0,9 kg O_2. Sauerstoff ist, außer für Anaerobier, für fast alle Lebewesen lebenswichtig.

16.1.2 Eigenschaften und Verwendung

Elektronenkonfiguration: [He] $(2s^2\ 2p^4)$; $A_r = 15,9994$ u. **Sauerstoff O_2** ist ein farb-, geruch- und geschmackloses Gas. In flüssigem Zustand unter 183 °C ist es bläulich gefärbt, fest bildet es hellblaue Kristalle (Schmelzpkt. – 218,9 °C). Es lässt sich zu 3,03 Vol.-% bei 20 °C in Wasser lösen, die Löslichkeit nimmt jedoch mit steigender Temperatur ab.

Im O_2-Molekül sind die Atome jeweils durch eine σ-Bindung und eine π-Bindung verbunden. Die Struktur beschreibt das Molekül unvollständig, da es zwei ungepaarte Elektronen besitzt.

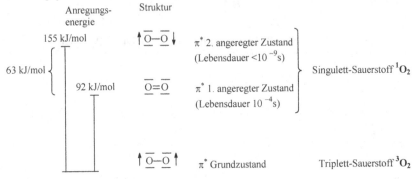

Abb. 16.1.1 Triplett- und Singulettzustand des O_2-Moleküls

O_2 ist ein Diradikal, die zwei ungepaarten Elektronen sind für die blaue Farbe des flüssigen Sauerstoffs und den Paramagnetismus verantwortlich (Abb. 16.1.1). Im Triplett-Sauerstoff $^3O_2$ (Abb. 16.1.1) befinden die beiden ungepaarten Elektronen sich jeweils in den entarteten antibindenden π*-MO. Im Singulettzustand $^1O_2$ sind beide e$^-$ in einem der zwei π*-MO (aggressiver, diamagnetisch, z. B. in Cytochromen und Hämoglobin). O_2 ist das wichtigste Oxidationsmittel. Es ist erwünscht z. B. bei der Oxidation von sulfidischen Erzen („Rösten"), aber unerwünscht bei der Korrosion. Verbrennungen verlaufen in reinem O_2 viel lebhafter als in Luft, z. B. glüht Holzkohle mit großem Glanz. Zur Bildung des Oxid-Ions O^{2-} aus molekularem Sauerstoff wird die beträchtliche Energie von 948,9 kJ/mol benötigt. Die höheren Temperaturen kommen durch die Abwesenheit von N_2 zustande. Ein weiterer Vorteil ist, dass sich keine unerwünschten Stickstoffoxide bilden. Aus Metallen können sich ionische Oxide bilden. Aber nicht alle Metalloxide sind ionisch aufgebaut, da die Gitterenergie zur vollständigen Ionisierung fehlt. Man unterscheidet: **Basische Oxide** (z. B. MgO, BaO, CaO), **saure Oxide** (z. B. N_2O_5, P_4O_{10}, SiO_2) und **amphotere Oxide** (z. B. ZnO, Al_2O_3).

Ozon (O_3) ist ein deutlich blaues, sehr giftiges Gas mit charakteristischem Geruch. Es zerstört Bakterien, Pilze und Viren, aber auch Atemwege. Es führt zu Schwindel, Lungenödeme etc. Der MAK-Wert beträgt 0,2 mg/m^3 ≙ 0,1 ppm.

Im flüssigen Aggregatzustand (Siedepkt. − 111,9 °C) ist es schwarzblau, im festen Zustand (Schmelzpkt. − 192,5 °C) schwarz. O_3 ist eine endotherme Verbindung und besitzt eine große Neigung unter Bildung von O_2 zu zerfallen.

$$2\,O_3 \rightleftharpoons 3\,O_2 \quad (\Delta H^0 = -285,8\ \text{kJ/mol})$$

Daher reagiert konz. Ozon auch bei sehr tiefen Temperaturen (− 120 °C) explosiv. Es wirkt stark oxidierend (nur Fluor und atomarer Sauerstoff sind stärkere Oxidationsmittel). O_3 oxidiert bereits bei Raumtemperatur z. B. PbS zu $PbSO_4$, $Pb(OH)_2$ zu PbO_2, Ag zu Ag_2O, P zu H_3PO_4, S zu H_2SO_4. Auch organische Stoffe werden oxidiert; O_3 kann beispielsweise nicht durch Gummischläuche geleitet werden. Es reagiert bevorzugt mit den Doppelbindungen von ungesättigten Kohlenwasserstoffen. Aufgrund seiner bakteriziden und viruziden Wirkung findet Ozon Verwendung zur Luftverbesserung und -sterilisation sowie zur Entkeimung von Trinkwasser. In der Nähe von Hochspannungsanlagen besonders bei elektrischen Entladungen (z. B. auch Gewitter und bei hoher Spannung in Geräten) kann Ozon gebildet und gerochen werden. Es absorbiert die UV-Strahlung in der Ozonschicht und schützt dadurch die Lebewesen auf der Erde. In Kopierern und Druckern der ersten Generation konnte man die gebildeten Mengen an O_3 noch riechen und Kopfschmerzen könnten die Folge gewesen sein. Heutige Geräte sondern sehr viel weniger O_3 ab.

Sauerstoff bildet drei Isotope: $^{16}_{8}O$, $^{17}_{8}O$, $^{18}_{8}O$. In H_2O finden sich diese Isotope in einem charakteristischen Mischungsverhältnis. Das ^{16}O kommt zu 99,76 %, das ^{18}O zu 0,2 % und das ^{17}O zu 0,037 % vor.

16.1.3 Verbindungen

H₂O (Wasser), neben den an anderer Stelle beschriebenen chemisch-physikalischen Eigenschaften (s. dort), besitzt bei steigenden Temperaturen eine zunehmende oxidierende Wirkung, Wasserdampf wirkt korrodierend.

H₂O₂, Wasserstoffperoxid (Perhydrol) (Abb. 16.1.2) ist in wasserfreier Form eine farblose Flüssigkeit (Schmelzpkt. − 0,4 °C, Siedepkt. 150 °C) und hat eine verdrehte Struktur.

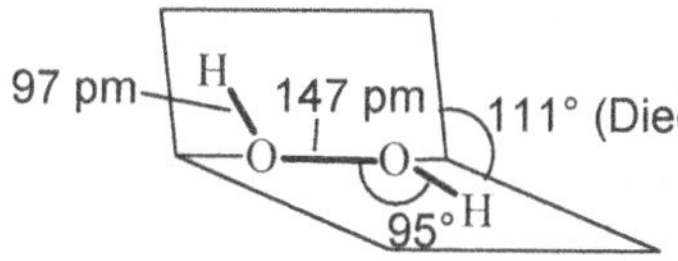

Abb. 16.1.2 Struktur des H_2O_2-Moleküls

Es wird technisch aus Peroxodischwefelsäure durch Hydrolyse gewonnen, anschließend wird rektifiziert:

$$H_2S_2O_8 + 2\ H_2O \longrightarrow H_2O_2 + 2\ H_2SO_4$$

H_2O_2 ist eine metastabile Verbindung (Siedepkt. $\doteq$ 150,2 °C; Schmelzpkt. = – 0,43 °C; Sublimationspkt: 37 mbar, 69,7 °C; pK_S = 11,62), die durch Autoxidation zerfällt, durch Metalloxide (wie MnO_2) oder Erwärmung wird der Zerfall katalysiert:

$$2\ H_2O_2 \longrightarrow 2\ H_2O + O_2\uparrow \quad (\Delta H^0 = -196\ kJ/mol\ )$$

Es ist ein Oxidationsmittel und oxidiert z. B. Fe(II) zu Fe(III), H_2SO_3 zu H_2SO_4, HNO_2 zu HNO_3, H_3AsO_{33} zu H_3AsO_4, 2 I⁻ zu I_2, H_2S zu S. Gegen stärkere Oxidationsmittel (z. B. OI_2, $KMnO_4$, AgO, $CaOCl_2$) wirkt es als Reduktionsmittel. Als Säure wirkt H_2O_2 etwas stärker als H_2O (stärkerer Protonendonator). In einer 1 mol/L enthaltenden Lösung liegt etwa pH = 6 vor. Verwendet wird H_2O_2, wie auch die Alkali- und Erdalkaliperoxide, zum Bleichen (in Waschmittel meist als Perborat $NaBO_2 \cdot H_2O_2$ gebunden), als Oxidations-, Desinfektions- und Bleichmittel (Haare Blondieren) eingesetzt. H_2O_2 wirkt als Dampf stark ätzend auf Schleimhäute und Haut. Früher wurden 3 %ige Lösungen zur Munddesinfektion benutzt, wovon Abstand genommen wurde. Auch oral aufgenommen kann H_2O_2 innere Blutungen verursachen.

H_2O_2 bildet Salze, die sog. **Peroxide**, z. B. **Natriumperoxid (Na_2O_2)**. Es ist ein blassgelbes Pulver mit stark oxidierenden Eigenschaften. Mit Schwefel, Kohlenstoff oder Aluminiumpulver reagiert es explosionsartig. Na_2O_2 wird zum Bleichen tierischer und pflanzlicher Produkte eingesetzt. In Atemgeräten (Taucher, Feuerwehr) aber auch zur Versorgung in Notfällen auf U-Booten wird gemäß folgender Reaktion der Atemluft CO_2 entzogen und Sauerstoff freigesetzt:

$$2\ Na_2O_2 + 2\ CO_2 \longrightarrow 2\ Na_2CO_3 + O_2$$

Bariumperoxid (BaO_2) wird durch Erhitzen von BaO im Luftstrom auf 500 bis 600 °C dargestellt:

$$2\ BaO + O_2 \rightleftharpoons 2\ BaO_2 \quad (\Delta H^0 = -154,7\ kJ/mol)$$

Mit steigender Temperatur und fallendem Druck verschiebt sich das Gleichgewicht nach links. Diese Reaktion wurde früher als „Brin'sches Verfahren" zur Sauerstoff-Darstellung genutzt. BaO_2 dient zur Gewinnung verdünnter H_2O_2-Lösungen sowie als O_2-Überträger zur Entzündung von Zündsätzen.

Salzartige Oxide (O^{2-}-Ionen) (z. B. Na_2O, BaO, CaO) reagieren mit H_2O unter Bildung von OH⁻-Ionen (Basenanhydride). Alkalihydroxide lösen sich in Wasser, die anderen in Säure, wobei amphotere Hydroxide (Al_2O_3, ZnO) sich in Säuren und Basen lösen. Säureanhydride sind Oxide einiger Schwermetalle und der Nichtmetalle, die mit Wasser Sauerstoffsäuren bilden.

Anorganische **Sauerstoffsäuren**, auch **Oxosäuren** genannt, wie Schwefelsäure, Salpetersäure, Halogensauerstoffsäure sind z. T. sehr stark acid, je mehr Sauerstoffatome in der Säure sind, umso stärker ist die Säure. Dieses Prinzip gilt auch für die Phosphorsäuren, die jedoch deutlich weniger acid sind.

16.1.4 Biologische Aspekte und Bindungsformen

Sauerstoff, als Biradikal, ist sehr reaktiv und kann Zellorganellen oxidieren, dem entgegen wirken Schutzsysteme wie Peroxidasen und Katalasen. Werden die aus O_2-Reaktionen gebildeten freien Radikale nicht schnell genug abgefangen, werden Alterungsprozesse beschleunigt. In den Fresszellen (Phagocyten) des Immunsystems sind H—$\overline{\underline{O}}$—$\overline{\underline{O}}$—H und •$\overline{\underline{O}}$—$\overline{\underline{O}}$| $^\ominus$ (Hyperoxid-Ionen) neben Enzymsystemen an der Zerstörung der Krankheitserreger beteiligt. Radikalische •$\overline{\underline{O}}$—$\overline{\underline{O}}$| $^\ominus$-Ionen entstehen durch Aufnahme eines Elektrons auf O_2. Die Hyperoxidanionen reagieren z. T. zum Zellgift H—$\overline{\underline{O}}$—$\overline{\underline{O}}$—H weiter, bspw. in der Atmungskette. Wichtig ist der schnelle Abbau der •$\overline{\underline{O}}$—$\overline{\underline{O}}$| $^\ominus$ - Radikale durch Hyperoxid-Dismutase, damit keine schädigenden Reaktionen überhand nehmen. Sinkt in Atemgemischen der O_2-Partialdruck unter 0,08 bar, dann tritt Bewusstlosigkeit und Ersticken auf, steigt er über 0,6 bar dann wirkt O_2 toxisch (Bildung von •$\overline{\underline{O}}$—$\overline{\underline{O}}$| $^\ominus$ -Radikalen). In erheblichem Maße treten Schädigungen auf, weil die Hyperoxid-Dismutase die Radikale nicht schnell genug abbaut. Zu hohe Sauerstoffkonzentration z. B. in Sauerstoffzelten, führte beim Rauchen zum schnellen Abbrennen der Zigaretten und zu Verbrennungen im Mund.

Ein Transport von O_2 am Hämoglobinmolekül erfordert Bindung am Komplex (Häm-Gruppe), ebenfalls die Bindung an Myoglobin und Hämocyanin. Ein Liter Blut kann etwa 0,2 Liter O_2 aufnehmen, fünfzigmal so viel wie 1 Liter Wasser. Die biologische Abwasserreinigung erfolgt durch Begasen mit O_2. Käferschnecken besitzen ein Biomineral in Zähnen auf der Raspelzunge (Radula), gebildet von Eisenoxiden in einer organischen Matrix mit bis zu 10 % Eisen. Ein interessanter Effekt der Sauerstoffisotope ^{16}O, ^{17}O und ^{18}O vollzieht sich in den Weinpflanzen. Je nach Herkunft der Pflanze ist ein anderes Isotopenmuster vorhanden, sodass sich die Weinproben lokal unterscheiden. Die Pflanze entnimmt das Wasser aus dem Boden, transportiert es in die Trauben, wo es teilweise verdampft. Dabei wird das Wasser mit dem ^{18}O-Isotop angereichert (höhere Verdampfungstemperatur). Im Wein bleibt dieses Muster erhalten; wird es mit Leitungswasser gestreckt, ist dieses analytisch erkennbar.

Das ca. 12 % leichtere ^{16}O verdunstet schneller. Eisschichten am Pol mit angereichertem ^{18}O müssen aus einer wärmeren Zeit stammen, da nur in wärmeren Zeiten sich ^{18}O in den Wolken anreichert. Bei Regen wird in Küstennähe zuerst das schwerere ^{18}O abgeregnet und das Landesinnere wird vermehrt durch das leichtere

^{16}O erreicht. Die dort lebenden Organismen haben ein ähnliches Sauerstoffisotopenverhältnis.

Die Ozonschicht ist wichtig, um UV-B-Strahlen nicht auf die Erdoberfläche dringen zu lassen. Die Ozonschicht besitzt ein Konzentrationsmaximum in der Stratosphäre in ca. 25 km Höhe. Durch harte UV-Strahlen (< 240 nm) wird molekularer Sauerstoff in die Atome gespalten ($O_2 \longrightarrow 2\ O$), die wiederum mit molekularem Sauerstoff zu Ozon reagieren ($O + O_2 \longrightarrow O_3$). Diesem Bildungsmechanismus steht ein Abbau entgegen, so zersetzt sich Ozon durch UV-Strahlung (< 310 nm) ($O_3 \longrightarrow O_2 + O$). Mit zunehmender O_2-Konzentration und mit zunehmender Intensität der UV-Strahlung steigt die Ozonkonzentration. Natürlich vorkommende und anthropogen erzeugte Spurengase wie CH_4, H_2O, N_2O, CH_3Cl und CF_3Cl tragen zum Abbau des Ozons bei. Das NO_2, das z. B. ebenfalls in die Stratosphäre gelangt, spaltet sich bei UV-Licht (< 320 nm) ($N_2O \longrightarrow N_2 + O$) in molekularen Stickstoff und reaktive Sauerstoffatome, die wiederum mit Distickstoffmonoxid zu Stickstoffradikalen weiterreagieren ($N_2O + O \longrightarrow$ 2 $|\overset{\bullet}{N}{=}\underline{O}$). Die NO-Radikale zerstören in einem weiteren Reaktionszyklus die Ozonmoleküle ($NO + O_3 \longrightarrow NO_2 + O_2$). Die Fluorchlorkohlenwasserstoffe (FCKW) wandern als weitgehend inerte Verbindungen durch die Troposphäre und erreichen nach ca. 10 Jahren die Stratosphäre. Durch hartes UV-Licht (< 220 nm) werden die FCKW gespalten ($CF_3Cl \longrightarrow CF_3 + Cl$). Das reaktive Chloratom reagiert mit dem Ozon zu Chloroxid ($Cl + O_3 \longrightarrow ClO + O_2$). Ein Chloratom zerstört etwa 10.000 O_3-Moleküle. Weitere Reaktionen (z. B. $ClO + NO \longrightarrow NO_2 + Cl$) finden statt, die insgesamt ein komplexes System der Bildung und des Abbaus von Ozon flankieren. Es werden aus Meeresbakterien, Algen, Mollusken und Würmern pro Jahr etwa $28 \cdot 10^6$ t CH_3Cl freigesetzt; dies entspricht etwa 80 % des Chlors, das in die Stratosphäre eintritt. Damit sind etwa 20 % des Chlor-Eintrages anthropogenen Ursprungs, jedoch gibt es unterschiedliche Reaktivitäten (Riedel, 2011).

Die Sauerstoffproduktion durch photosynthetisierende Mikroorganismen soll vor etwa 3,5 Milliarden Jahren begonnen haben, da Fossilienfunde den heutigen blaugrünen Algen stark ähneln. Vor 600 bis 700 Millionen Jahren, als die ersten Lebewesen das Land besiedelten, enthielt die Atmosphäre erst 10 %, jetzt 23,2 % Sauerstoff. Heute werden jährlich 300 Milliarden t Sauerstoff durch die Photosynthese freigesetzt.

Sauerstoff ist als Lebensmittelzusatzstoff (E 948), z. B. zum Aufschlagen von Sahne, zugelassen.

16.1.5 Toxikologische Aspekte

Liegt der O_2-Gehalt der Luft unter 17 %, so stellt sich der Erstickungstod ein. Bei Gehalten über 27 % besteht starke Brandgefahr, z. B. darf bei einer 25 bis 27 %-igen Konzentration an O_2 in der Luft keine Zigarette angezündet werden. Auch die Kleidung fängt dabei leicht Feuer.

MAK-Wert von O_3 = 0,18 mg/m^3 Luft; Ozon passiert aufgrund der geringen Wasserlöslichkeit (49,4 mL ($\approx$ 107 mg O_3) bei 0 °C in 100 mL Wasser) die Schleimhäute und erreicht die Kapillaren der Lunge. Nach der WHO sollte im 8-Stunden-Mittel der Richtwert von 0,05 bis 0,06 ppm (0,1 bis 0,12 mg/m^3 Luft) für Ozon nicht überschritten werden. In Deutschland werden nur an wenigen Tagen mehr als 0,24 mg O_3/m^3 überschritten; in belasteten Gegenden der USA an mehr als 200 Tagen pro Jahr.

16.1.6 Aufnahme und Ausscheidung

Der erwachsene Mensch bezieht pro Tag fast 1 kg Sauerstoff aus der Luft.

16.2 Schwefel (S)

16.2.1 Vorkommen und Gehalte

Erde: Der Anteil in der *Erdkruste* beträgt 0,048 Gew.-%. Schwefel kommt gediegen (frei) z. B. in Kalifornien, Sizilien und gebunden in sedimentären Lagerstätten **FeS$_2$ (Schwefelkies), ZnS (Zinkblende), PbS (Bleiglanz), CaSO$_4$ · 2 H$_2$O (Gips), BaSO$_4$ (Schwerspat), NaSO$_4$ · 10 H$_2$O (Glaubersalz)** vor. In Kohle ist Schwefel zu 1 bis 2 % enthalten, Schwefel kommt als SO_2 in Vulkangasen und als H_2S in Erdgas vor.

Mensch: Im Menschen ist Schwefel zu 0,25 %, entsprechend 2,5 g S/kg KG, enthalten. Es kommt vor in den Aminosäuren Cystein und Methionin, in DNA, ATP, Thiamin, Biotin, Enzymen und Proteinen. Schwefelreich sind Haare und Nägel. Das Keratin enthält 5 % Schwefel, der Schweiß 25 mg/L.

Lebensmittel: (Angaben in mg/kg): Nüsse, frisch 3,8; Miesmuschel 3,7; Krebstiere 2,9; Schellfisch 2,5; Schweinefleisch, mager 1,9; Schweineleber 1,9; Schweineniere 1,7; Chinakohl 0,6; Blumenkohl 0,55.

16.2.2 Eigenschaften und Verwendung

Elektronenkonfiguration: [Ne] (3 s^2 3 p^4); A_r = 32,066 u. Schwefel kommt in vielen Modifikationen vor. Die Schwefelatome bilden aufgrund von Überlappungen der p-Orbitale Zick-Zack-Ketten. Dadurch sind die S-S-Bindungen fast doppelt so beständig wie vergleichbare O-O-Bindungen (etwa in Peroxiden). Bedeutsam ist der zyklische stabile Octa-Schwefel S$_8$ (α-Form, rhombisch kristallisiert) (Abb. 16.2.1). Er ist in einer sog. „Kronenform" aufgebaut.

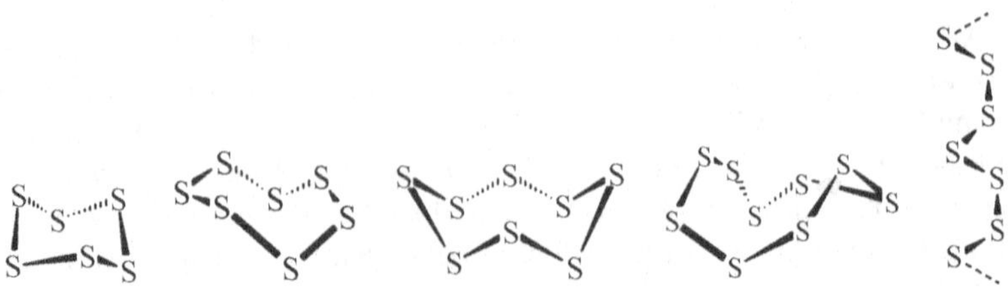

Abb. 16.2.1 Modifikationen des Schwefels: S_6, S_7, Octa-Schwefel S_8, S_9 und S_∞

Octa-Schwefel (S_8) ist in CS_2, nicht jedoch in H_2O löslich. Er ist bei Raumtemperatur gelb. Bei 95,6 °C wandelt er sich in die ebenfalls achtgliedrige β-Form (gelb, monoklin) um. Bei 119 °C beginnt er zu schmelzen (λ-Schwefel). Die orange Farbe bei ca. 125 °C ist auf S_6, S_7 und S_9 zurückzuführen. Bei 160 °C wird ein Anstieg der Viskosität (μ-Schwefel) beobachtet, der sehr wahrscheinlich auf die Bildung von Makromolekülen zurückzuführen ist (Aufspaltung der S_8-Ringe und Bildung einer Fadenstruktur (z. B. im plastischen Schwefel; Anteil an S_∞ nimmt auf 40 % zu und die Fäden verknäulen)). Die Viskosität nimmt bei weiterer Erhitzung wieder ab, bei 444,6 °C liegt der Siedepunkt. Mit steigender Temperatur dissoziieren die gasförmigen Schwefelmoleküle immer mehr, oberhalb von 1.800 °C bilden sich S-Atome. Beim Ansäuern von wässrigen Thiosulfatlösungen entsteht ein Cyclo-Hexaschwefel, der in Sesselform mit hoher Ringspannung vorliegt.

Plastischer Schwefel, der eine helixartige Struktur besitzt, wird durch schnelles Abschrecken der Schmelze erhalten (z. B. Eingießen in Eiswasser) und besteht wahrscheinlich aus S_∞-Ketten. In Costa Rica gibt es Vulkanseen mit 20 bis 30 m Durchmesser, die mit Schwefel gefüllt sind.

Schwefel entzündet sich durch Erhitzen an der Luft. Mit Wasserstoff und den Halogenen findet eine direkte Reaktion der Elemente statt:

$$H_2 + S \longrightarrow H_2S \quad \text{bzw.} \quad Cl_2 + 2\,S \longrightarrow S_2Cl_2 \; (\text{„Sulfane"})$$

Beim Erhitzen verbindet sich Schwefel mit vielen Metallen in lebhafter Reaktion zu Sulfiden, z. B. Eisensulfid:

$$Fe + S \longrightarrow FeS$$

Schwefel wird verwendet für Zündhölzer, für Feuerwerkskörper, zum Kitten von Ausgüssen, zum Ausschwefeln von Weinfässern und als Schädlingsbekämpfungsmittel. Die Chinesen verwendeten im 10. Jh. n. Chr. ein Pulvergemenge aus Schwefel, Holzkohle und Salpeter als Treibstoff von Feuerwerksraketen. Durch die heftige Reaktion von Kohle und Schwefel mit dem starken Oxidationsmittel Salpeter werden schlagartig große Mengen an Kohlendioxid, Stickstoff und Schwefeldioxid freigesetzt. Die Chinesen sollen auch die erste Kanone (ein eisenverstärktes Bambusrohr) erfunden haben, mit der großkalibrige Pfeile verschossen wurden. Schwefel wird zum Vulkanisieren (Weichgummi enthält 8 bis 10 %

Schwefel, Hartgummi 33 % Schwefel) in den Kautschuk (bei 130 bis 140 °C) ein-
gearbeitet. Schwefel wird seit alters her auch in der Heilkunde und Kosmetik verwendet. Schwefel ist ein Elementarbestandteil der Proteine und wirkt Stoffwechsel
anregend (durch elektrische Reize in den Zellen). Natürliche Schwefelvorkom-
men, die z. B. als Schwefelmoorbäder bzw. Schwefelschlammbäder zur Anwendung kommen, wirken gegen unzureichende Durchblutung in Verbindung mit
gichtisch-rheumatischer Anlage, bei Neuralgien und besonders bei Hautleiden.
Gereinigter, arsenfreier Schwefel (*Sulfur depurat.*) wirkt auch als mildes Abführmittel, z. B. in dem altbekannten Kurella-Brustpulver (*Pulv. Liquirit. compos.*).
Gefällter arsenfreier Schwefel (*Lac sulfuris, Sulfur praecipitat.*, auch Schwefel-
milch genannt) wurde bei chronischer Arthritis verwendet. In der Kosmetik dienen
Schwefelverbindungen zur Behandlung unreiner Haut: Mitigal, ein Dimethyl-
diphenyldisulfid mit einem Gehalt an 25 % aktivem Schwefel, wird in Verbindung
mit organischem Schwefelöl in Akne-Cremes, Gesichtsmilch und Haarpflegemit-
teln eingesetzt. Sulfidal (*Sulfur colloidale*) ist ein kolloidaler Schwefel mit 80 %
Schwefel und 20 % Eiweiß, der Verwendung findet bei Akne, Seborrrhoe und
auch als Laxans. Thigenol ist eine 33 %ige Lösung des Natriumsalzes der Sul-
fosäure eines synthetisch dargestellten Sulfoöles mit organisch gebundenem
Schwefel. Es wirkt antiseptisch, antiparasitär und austrocknend. Thilanin (Lanolin
+ Schwefel) enthält 3 % Schwefel und ist angezeigt bei unreiner, juckender Haut.
Der feinverteilte Schwefel reagiert auf der Haut zu H_2S und zu Sulfiden, die bak-
teriostatisch wirken. Oral aufgenommener Schwefel besitzt laxierende Wirkung.

Im Weinbau wird auch fein verteilter Schwefel eingesetzt, der auf der Blatt-
oberfläche der Weinblätter zu SO_2 oxidiert wird und dabei seine Aktivität gegen
den Echten Mehltau entwickelt.

Unter den Heilpflanzen enthält der Huflattich (*Tussilago farfara L.*) besonders
viel Schwefel. Biologisch wirksame Schwefelpräparate aus Huflattich wirken ohne Gefahr einer Reizung auf Haut und Haare.

16.2.3 Verbindungen

Schwefelwasserstoff (H_2S) ist ein farbloses, wasserlösliches Gas, riecht unangenehm nach faulen Eiern und ist leicht zu verflüssigen (Siedepkt. – 60,8 °C;
Schmelzpkt. – 85,6 °C). H_2S reagiert als schwache Säure (Abb. 16.2.2).

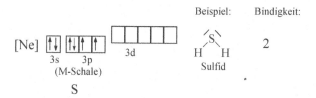

Abb. 16.2.2 Elektronenverteilung des Schwefels im Schwefelwasserstoff

Es kommt im Erdgas und in Vulkangasen vor. Sulfatreduzierende Bakterien nutzen Erdöl oder Erdgas als Energiequelle bei der Reduktion von Anhydrit oder Gips zu H_2S. In Südwestfrankreich wurde 1951 bei einer Bohrung in etwa 3400 m Tiefe heißes Erdgas freigesetzt. Das Gas war stark sauer und bestand überwiegend aus Methan und etwa 15 % H_2S. Mit einem Druck von 660 bar schoss das 142 °C heiße Gas nach oben. Bei ungünstigen Windverhältnissen hätte das giftige Gas in weiten Landstrichen zu Vergiftungen führen können. H_2S bildet sich durch Zersetzung von Proteinen und sonstigen schwefelhaltigen organischen Verbindungen, z. B. bei Verwesungsprozessen. Es kommt daher in Faulgasen vor. Bei Unfällen in Güllegruben kommen immer wieder Vergiftungsfälle vor, auch weil nach kurzer Zeit das Gas (H_2S) nicht mehr gerochen werden kann. Der Geruchssinn setzt bei 200 ppm an H_2S aus, ab 500 ppm tritt Übelkeit, Schwindel und Ohnmacht auf, ab 700 ppm besteht akute Lebensgefahr. Das Bewusstsein geht verloren und dann besteht die Gefahr, nicht nur dem H_2S ausgesetzt zu sein, sondern auch in der Gülle zu ertrinken. Neben H_2O kommen auch noch intensiv riechende Verbindungen wie Ethylmercaptan und Scatol vor. Weitere biogene Amine, die sich aus Aminosäuren durch Decarboxylierung bilden, sind Ammoniak, Putrescin und Cadaverin. Beim Aufrühren der Gülle werden Gase frei, und es konnten dabei Konzentrationen von 1.000 bis 2.000 ppm H_2S gemessen werden. In Kuhställen mit Spaltenböden, in denen die Tiere direkten Kontakt mit der gerührten Gülle haben, sind schon häufig ganze Herden umgekommen. In der Nähe von Zeven (Niedersachsen) sind durch Gasfreisetzungen aus einer Biogasanlage mehrere Personen zu Tode gekommen. In Biogasanlagen ist die H_2S-Konzentration im Normalbetrieb verhältnismäßig gering (ca. 50 ppm). Hauptgase im Lagerbehälter sind Methan mit ca. 55 bis 65 % und CO_2 mit 35 bis 45 % und nur wenig O_2, die Erstickungsgefahr in diesen Anlagen ist daher trotzdem sehr groß. Der leichte H_2S-Geruch dient dort als „Warnindikator". Im Fermenter kann der H_2S-Gehalt jedoch deutlich höher liegen.

Die Darstellung von H_2S ist durch Synthese der Elemente bei 600 °C im Glasrohr möglich, im Laboratorium wird H_2S bequemer im Kipp'schen Apparat z. B aus Sulfiden und HCl gewonnen:

$$FeS + 2\ HCl \longrightarrow FeCl_2 + H_2S\uparrow$$

Bei 20 °C löst 1 Liter H_2O 2,6 Liter H_2S bzw. 3,974 g H_2S („Schwefelwasserstoffwasser"). Es ist ein starkes Reduktionsmittel und eine schwache zweiwertige Säure ($pK_{S1} = 6,99$; $pK_{S2} = 12,88$).

$$H_2S \; \underset{\xleftarrow{\hspace{1cm}}}{\overset{H_2O}{\xrightarrow{\hspace{1cm}}}} \; H_3O^+ + HS^- \; \underset{\xleftarrow{\hspace{1cm}}}{\overset{H_2O}{\xrightarrow{\hspace{1cm}}}} \; 2\ H_3O^+ + S^{2-}$$

Hydrogensulfide (saure Sulfide) (Me^IHS) und **Sulfide** (Me^I_2S) sind die entsprechenden Salze. Das leicht lösliche Alkalisulfid **Natriumsulfid (Na_2S)** dient als Reduktionsmittel in der Organischen Chemie, **Ammoniumhydrogensulfid**

(NH$_4$HS) wird häufig für analytische Zwecke genutzt. Schwermetallsulfide weisen charakteristische Farben auf und besitzen kleine Löslichkeitsprodukte, die in der qualitativen analytischen Chemie zur Trennung von Kationen in einer Substanzmischung ausgenutzt werden. Molybdänsulfid (MoS$_2$) wird als Schmiermittel (Moykote®) eingesetzt. Ag$_2$S ist die dunkle schwarze Schicht auf angelaufenem Silber. HgS (Zinnober) und Ag$_2$S$_3$ (Auripigment) sind früher für Malerfarben verwendet worden.

Schwefeltetrafluorid (SF$_4$) ist ein giftiges Gas und liegt in Form einer trigonalen Bipyramide vor, wobei eine der äquatorialen Positionen vom freien Elektronenpaar des Schwefels besetzt ist. Das Schwefeltetrafluorid wird als selektives Fluorierungsmittel für Carbonylgruppen verwandt.

Schwefelhexafluorid (SF$_6$) ist ein farbloses, nicht brennbares, geruchloses Gas, welches aus den Elementen darstellbar ist:

$$S + 3\ F_2 \longrightarrow SF_6\uparrow \qquad (\Delta H^0 = -1.222 \text{ kj/mol})$$

Das Gas ist inert und wird als Isoliergas in Hochspannungsgeräten verwandt.

Dichlordisulfan oder **Dischwefelchlorid ("Chlorschwefel") (S$_2$Cl$_2$)** ist eine gelbe, toxische Flüssigkeit und wird als Lösemittel für Schwefel beim Vulkanisieren von Kautschuk eingesetzt.

Carbondisulfid (Schwefelkohlenstoff) (CS$_2$) (Abb. 16.2.3), eine farblose, giftige, übel riechende, feuergefährliche Flüssigkeit (Schmelzpkt. = $-111,6$ °C; Siedepkt. = 46,25 °C), es ist ein sehr gutes Lösemittel für Schwefel, Phosphor, Brom, Iod und organische Substanzen. Oft wird es in der IR-Spektroskopie als Lösemittel verwandt.

$$\bar{S}=C=\bar{S} \qquad \diagup O \overset{\bar{S}}{\diagdown} O \diagdown$$

Abb. 16.2.3 Schwefelkohlenstoff und Schwefeldioxid (SO$_2$)

Schwefeldioxid (SO$_2$) (Abb. 16.2.3) ist ein farbloses, stechend riechendes, giftiges Gas, das die Verbrennung nicht unterhält (Siedepkt. = $-10,02$ °C; Schmelzpkt. = $-75,48$ °C). Es ist leicht zu verflüssigen und wird wegen der hohen Verdampfungswärme (401 kJ/kg SO$_2$) in Kältemaschinen genutzt. Es löst sich sehr gut in Wasser (40 L SO$_2$/L bei 20 °C), die wässrige Lösung wirkt sauer. Als starkes Reduktionsmittel (starkes Bestreben zu SO$_3$ zu oxidieren) wirkt es desinfizierend; Verwendung zum Konservieren von Lebensmitteln (Wein, Trockenobst), Ausschwefeln von Holzfässern. Es entsteht durch Verbrennen von Schwefel an der Luft

$$S + O_2 \longrightarrow SO_2\uparrow \qquad (\Delta H^0 = -297,3 \text{ kJ/mol})$$

und auch beim Rösten schwefelhaltiger Erze:

$$4 \, FeS_2 + 11 \, O_2 \longrightarrow 2 \, Fe_2O_3 + 8 \, SO_2\uparrow \quad (\Delta H^0 = -3312 \, kJ/mol)$$

In Rauchgasentschwefelungsanlagen wird SO_2 durch die sogenannte Kalkwäsche entfernt. Calciumhydroxidlösung wird in die Rauchgase gesprüht, das SO_2 oxidiert und Gips wird abgeschieden.

$$CaO + SO_2 + 0,5 \, O_2 + 2 \, H_2O \longrightarrow CaSO_4 \cdot 2 \, H_2O$$

Während in den Sechzigerjahren des letzten Jahrhunderts noch 7,7 Millionen t SO_2 in Deutschland emittiert wurden, sind es heute nur noch 1/10 des Wertes.

Beim Einleiten von SO_2 in Wasser entsteht die zweiwertige **Schweflige Säure** H_2SO_3 (Abb. 16.2.4) ($pK_{S1} = 1,81$; $pK_{S2} = 6,99$) (SO_2 ist das Anhydrid der Schwefligen Säure):

$$H_2SO_3 \, \rightleftharpoons \, H^+ + HSO_3^- \, \rightleftharpoons \, 2 \, H^+ + SO_3^{2-}$$

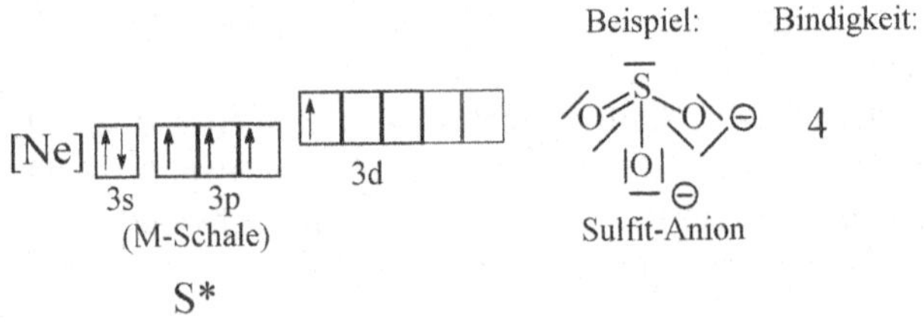

Abb. 16.2.4 Bildung des Anhydrids der Schwefligen Säure und Elektronenverteilung im Schwefel des Sulfits

H_2SO_3 ist jedoch nicht in wässriger Lösung isolierbar, wohl aber HSO_3^-, $S_2O_5^{2-}$ und in Spuren SO_3^{2-}. Die in wässriger Lösung vorliegenden Hydrogensulfite gehen bei der Isolierung in die Disulfite (Pyrosulfite) über (Abb. 16.2.5).

$$2 \, HSO_3^- \longrightarrow H_2O + S_2O_5^{2-}$$

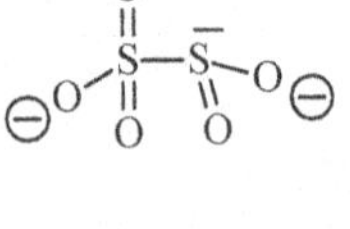

Abb. 16.2.5 Bildung des Disulfits in Lösung mit Strukturformel

Die Salze der Schwefligen Säure sind **Hydrogensulfite** (primäre Sulfite) (Me^IH-SO_3) und **Sulfite** (sekundäre Sulfite) ($Me^I_2SO_3$). H_2SO_3 und ihre Salze wirken reduzierend aufgrund ihrer leichten Oxidierbarkeit zu SO_4^{2-}. Technische Verwendung findet z. B. **Calciumbisulfit, Calciumhydrogensulfit (Ca(HSO$_3$)$_2$)** bei der Zellstoffgewinnung aus Holz. Wird H_2SO_3 reduziert z. B. zu H_2S (durch nascierenden Wasserstoff), wirkt es als Oxidationsmittel. Isoliert man die Hydrogensulfite, so ist das Disulfitanion darstellbar.

Schwefeltrioxid (SO₃) tritt in drei Modifikationen auf (Abb. 16.2.6). Die α-, β- und γ-SO₃-Form schmilzt bei 62,2 °C bzw. 30,5 °C und liegt in langen Ketten aus β-SO₃-Einheiten vor.

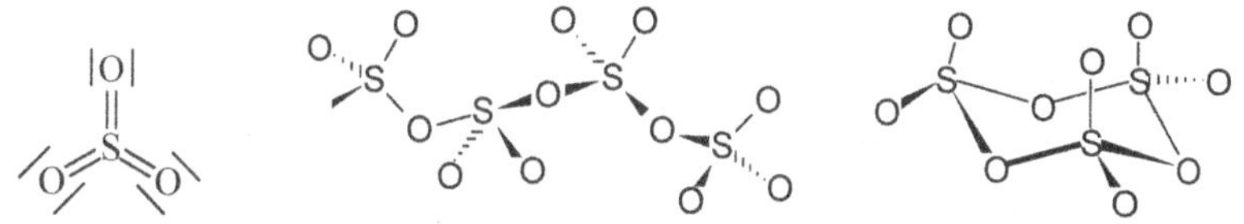

β-SO₃ (in Lösung)   γ-SO₃ (kristallin)

Abb. 16.2.6 Schwefeltrioxid (nur in der Gasphase monomer)

γ-SO₃ besitzt eine eisartige durchscheinende Modifikation, in der ein sechsgliedriger gewellter Ring aus einem (SO₃)₃-Molekül (Schmelzpkt. = 16,86 °C) vorliegt. Gewonnen wird SO₃ z. B. mit dem Doppelkontaktverfahren (auch zur Schwefelsäureherstellung) mit Vanadium-Verbindungen (z. B. V_2O_5) als Katalysator:

$$2 \, SO_2 + O_2 \longrightarrow 2 \, SO_3 \, (\Delta H^0 = -198 \text{ kJ/mol})$$

Das SO₃ wird in H_2SO_4 eingeleitet (beim Einleiten in H_2O würde ein Großteil des SO₃ ungenutzt entweichen), wobei **Dischwefelsäure $H_2S_2O_7$** entsteht, aus der durch Wasserzugabe Schwefelsäure gewonnen werden kann:

$$SO_3 + H_2SO_4 \longrightarrow H_2S_2O_7; \, H_2S_2O_7 + H_2O \longrightarrow 2 \, H_2SO_4$$

Eine veraltete Darstellungsmöglichkeit war das sog. Bleikammerverfahren, bei dem Stickstoffoxide als Katalysatoren wirkten. Mit Metalloxiden reagiert SO₃ heftig zu Sulfaten:

$$SO_3 + MeO \longrightarrow MeSO_4$$

Schwefelsäure (*Acidum sulfuricum*) **(H_2SO_4)** (Abb. 16.2.7) (konz. Schwefelsäure 98,3 %ig, rauchende Schwefelsäure, Oleum) enthält das azeotrope Gemisch: 98,3 % H_2SO_4, 1,7 % H_2O; siedet bei 338 °C; Schmelzpkt. = 10,4 °C. Der Rauch ist SO₃-Dampf, der mit dem Wasser der Luft zu Schwefelsäure reagiert und den Dampf darstellt.

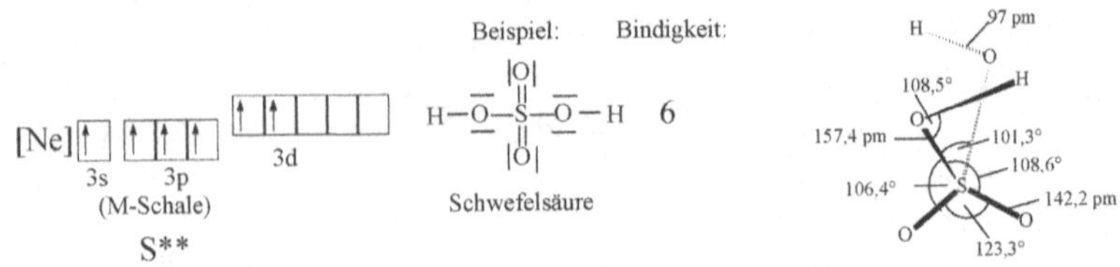

Beispiel: Bindigkeit:

[Ne] ⇅ | ↑ ↑ ↑ | | ↑↑ | | | | |
   3s   3p   3d
 (M-Schale)

S**

$$H-\overset{\overset{\textstyle |O|}{\|}}{\underset{\underset{\textstyle |O|}{\|}}{O}}-\overset{}{S}-\overset{}{O}-H \quad 6$$

Schwefelsäure

Abb. 16.2.7 Elektronenverteilung des Schwefels in der Schwefelsäure und H_2SO_4 in der Gasphase

H_2SO_4 ist eine starke zweibasige Säure, sie dissoziiert in zwei Stufen:

$$H_2SO_4 + H_2O \; \rightleftharpoons \; H_3O^+ + HSO_4^- + H_2O \; \rightleftharpoons \; 2\,H_3O^+ + SO_4^{2-}$$

Sie bildet zwei Reihen von Salzen: **Hydrogensulfate** (primäre Sulfate) (Me^IH-SO_4) und **Sulfate** (sekundäre Sulfate) ($Me^I_2SO_4$). Die meisten Sulfate sind leicht in H_2O löslich, Ausnahmen bilden Barium-, Strontium- und Bleisulfat, die unlöslich in H_2O sind ($CaSO_4$ nur gering löslich). Die Trinkwasserverordnung nennt einen Grenzwert für Sulfat in Trinkwasser von 240 mg/L. Konzentrationen oberhalb von 100 mg/L in Wasser sind korrosionsfördernd und greifen Beton und Stahl an.

Konz. H_2SO_4 besitzt eine außerordentlich hohe Affinität zu H_2O. Beim Mischen von H_2O und H_2SO_4 entsteht eine bedeutende Wärmeentwicklung (85 kJ/mol H_2SO_4), deshalb stets Säure in H_2O geben, nie umgekehrt! Unter exothermer Reaktion bilden sich Schwefelsäurehydrate, alle Metalle bis auf Platin und Gold werden gelöst. Mit Blei und Eisen bilden sich Schutzschichten ($PbSO_4$, $Fe_2(SO_4)_3$). Die oxidierende Wirkung von konz. H_2SO_4 beruht auf der Bildung von freiem Sauerstoff:

$$H_2SO_4 \longrightarrow H_2SO_3 + 0{,}5\,O_2$$

Dadurch werden auch Kohlenstoff und Schwefel oxidativ gelöst. Schwefelsäure kann als Grundlage der gesamten chemischen Industrie bezeichnet werden. Etwa 90 % des geförderten Schwefels werden zur Herstellung von Schwefelsäure eingesetzt. Etwa 60 % der Schwefelsäure werden verwendet bei der Herstellung von Düngemitteln $(NH_4)_2SO_4$ (pro ha werden 15 bis 50 kg als Dünger ausgebracht), für Chemiefasern, in der Metallurgie, in Sprengstoffen und als Akkumulatorsäure sowie als Trocknungsmittel in Exsikkatoren und in Gaswaschflaschen. Abgeleitet von H_2SO_4 bilden sich durch Ersatz von einer bzw. zwei Hydroxylgruppen durch Halogene Sulfonsäuren bzw. Sulfurylverbindungen:

Chlorsulfonsäure (HSO₃Cl) ist eine farblose, bis 25 °C stabile Flüssigkeit, die als Sulfonierungsmittel (-SO_3H = Sulfonsäuregruppe) verwandt wird.

Sulfurylchlorid (SO₂Cl₂) (Abb. 16.2.8) wird in der organischen Chemie zur Einführung der SO_2Cl-Gruppe verwendet.

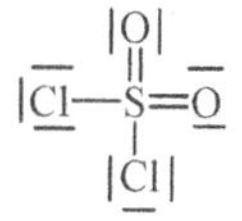

$$|\overline{\underline{Cl}} - \overset{\overset{\displaystyle |\overline{O}|}{\|}}{\underset{|\underline{Cl}|}{S}} = \overline{\underline{O}}$$

Abb. 16.2.8 Sulfurylchlorid

Von einzelnen Schwefelsäuren leiten sich weitere Säuren dadurch ab, dass ein Sauerstoffatom durch ein Schwefelatom ersetzt wird. So wird z. B. aus H_2SO_4 die **Thioschwefelsäure (Dischwefel(II)-säure ($H_2S_2O_3$))** gebildet, die bei Raumtemperatur instabil ist und in H_2S und SO_3 zerfällt.

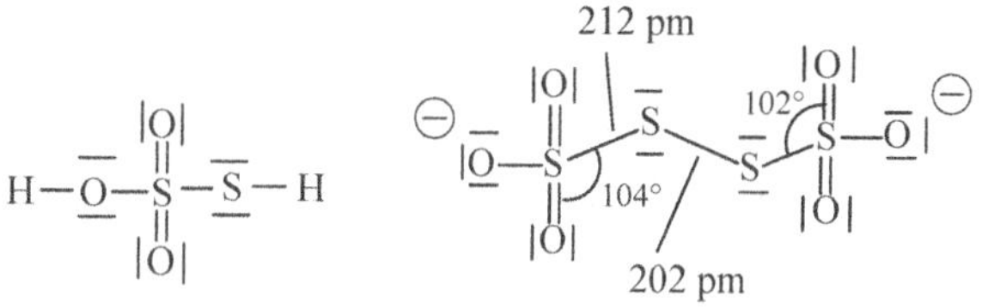

Abb. 16.2.9 Thioschwefelsäure und Tetrathionatanion

Eines ihrer Salze (Thiosulfate) ist **Natriumthiosulfat ($Na_2S_2O_3 \cdot 5\ H_2O$)**, das als Fixiersalz in der Fotografie zum Herauslösen der nach der Belichtung verbliebenen Silberhalogenide benutzt wird (Fixiersalz, Komplex: $[Ag\,(S_2O_3)_2]_{aq.}^{3-}$). Das Thiosulfat-Ion ist ein starkes Reduktionsmittel, wobei Tetrathionat ($S_4O_6^{2-}$), z. B. mit I_2 oder mit stärkeren Oxidationsmitteln Sulfat (SO_4^{2-}) gebildet wird (Abb. 16.2.9).

Dithionige Säure ($H_2S_2O_4$) (Abb. 16.2.10) ist nicht isolierbar, das $Na_2S_2O_4$ wird als Reduktionsmittel verwandt.

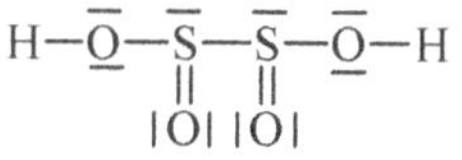

Abb. 16.2.10 Dithionige Säure

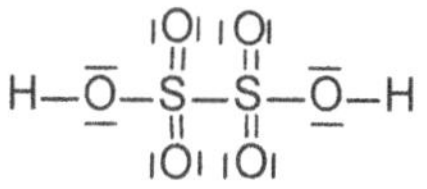

Abb. 16.2.11 Dithionsäure

Dithionsäure ($H_2S_2O_6$) (Abb. 16.2.11) ist ebenfalls nicht rein isolierbar, die Dithionate sind thermisch stabil ($K_2S_2O_6$ bis 258 °C).

Peroxomonoschwefelsäure (Caro'sche Säure) (H_2SO_5) (Abb. 16.2.12)

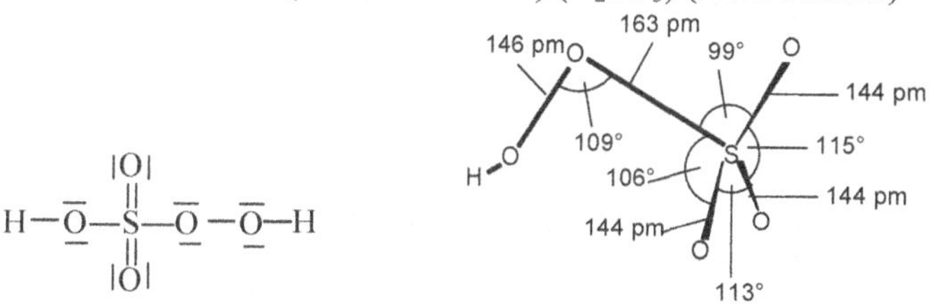

Abb. 16.2.12 Peroxomonoschwefelsäure und Struktur in der Gasphase

ist ein kristalliner, farbloser Feststoff (Schmelzpkt. = 45 °C), der sich häufig spontan unter Explosion zersetzt.

Peroxodischwefelsäure ($H_2S_2O_8$) ist wie H_2SO_5 ein starkes Oxidationsmittel (Schmelzpkt. = 65 °C).

Dischwefeldinitrid (S_2N_2) kristallisiert zu einer farblosen Substanz, die explosiv reagiert.

Organische niedermolekulare Schwefelverbindungen kommen als Thiole (z. B. 3-Methylbutanthiol (Geruchsstoff des Stinktieres)), Thioether, 1,2-Dithiolan (Geruchsstoff des Spargels), Lenthionin (Aromastoff im Shiitake-Pilz) und weiteren Verbindungen vor.

Um glatten Haaren eine lockige Form zu geben, müssen die Disulfidgruppen im Kreatin mit Thiolgykolat-Ionen ($H-S-CH_2-COO^-$) gelöst werden, um das Haar auf Wickler zu dressieren (1. Stadium der Dauerwelle). In dem 2. Stadium werden die gekrausten Haare mit H_2O_2 fixiert. Das Verfahren ist auch geeignet um krauses Haar zu glätten (Abb. 16.2.13).

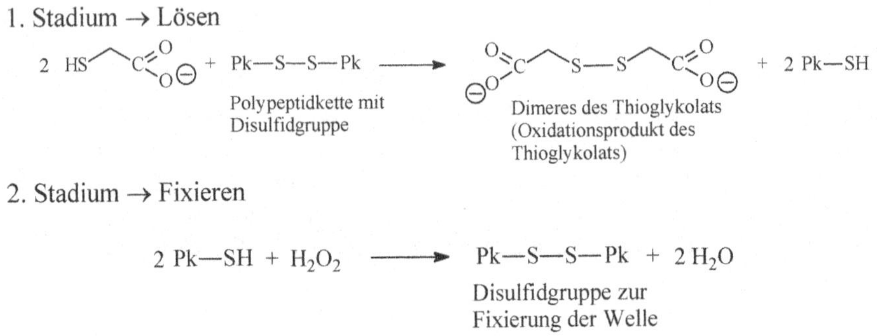

1. Stadium → Lösen

Polypeptidkette mit
Disulfidgruppe

Dimeres des Thioglykolats
(Oxidationsprodukt des
Thioglykolats)

2. Stadium → Fixieren

$$2 \ Pk{-}SH + H_2O_2 \longrightarrow Pk{-}S{-}S{-}Pk + 2 \ H_2O$$

Disulfidgruppe zur
Fixierung der Welle

Abb. 16.2.13 Reaktionsschritte bei der Dauerwelle

16.2.4 Biologische Aspekte und Bindungsformen

Schwefelbakterien gehören zu den ältesten Lebewesen auf der Erde. Oxidierende Schwefelbakterien (*Thiobacilli* und *Chromatium*-Spezies) wandeln reduzierte Schwefelverbindungen wie H_2S oder das endständige S-Atom im Thiosulfat enzymatisch in elementaren Schwefel um. Wenn kein H_2S verfügbar ist, wird Schwefel zu Sulfat oxidiert, um Energie zu gewinnen.

Von den Pflanzen wird Schwefel vorwiegend als Sulfat aufgenommen. Allerdings können auch Cystein, Cystin und Glutathion (organische Schwefel-Verbindungen) aufgenommen werden. Bei Eintritt in den Zellstoffwechsel wird das Schwefelatom im Sulfatanion vorwiegend reduziert, sodass dann Sulf-hydrylgruppen, Disulfidgruppen (Cystein, Cystin, Coenzym A, Liponsäureamid) gebildet werden können. Die Reduktion des Sulfats zum Sulfid ist eine Reduktion mit einem 8 e^--Übergang. Im Gegensatz zum Nitrat kommt die hohe Oxidationsstufe des Schwefels (+ 6) als essenzieller Bestandteil in organischen Verbindungen z. B. in den Sulfonsäuregruppen der Sulfolipide in den Biomembranen vor.

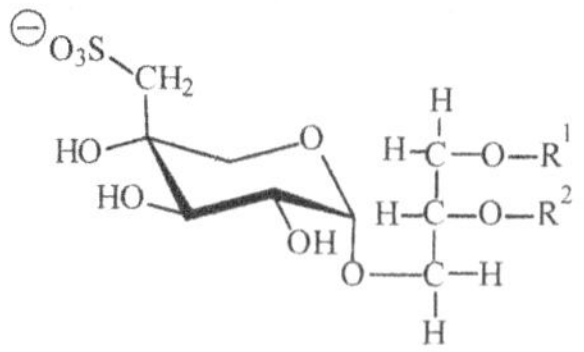

Abb. 16.2.14 Sulfochinovosyl-diacylglycerin

In Süßwasseralgen sind auch Chlorosulfolipide gefunden worden (Abb. 16.2.14).

Das Sulfat wird von Pflanzen über einen spezifischen Translokator in den Wurzeln aufgenommen, in die Vakuolen transportiert und z. T. auch dort deponiert. Der Reduktionsprozess beginnt mit der Reduktion zum Sulfit. Bei C_4-Pflanzen erfolgt die Sulfatreduktion in den Bündelscheidenzellen.

$$SO_4^{2-} + 2\,e^- + 2\,H_3O^+ \longrightarrow SO_3^{2-} + 3\,H_2O$$

Die Reaktion erfolgt in den Chloroplasten, wobei 3 Phosphatbindungen aus 2 ATP verbraucht werden. Das Redoxpotential des Redoxpaares SO_3^{2-}/SO_4^{2-} beträgt ΔE_o = -517 mV und ist verhältnismäßig hoch, sodass erst eine Aktivierung des Sulfats über eine Anhydridbindung an einem AMP erfolgt (Abb. 16.2.15). Enzymatisch durch ATP-Sulfurylase katalysiert, erfolgt die Abspaltung von Diphosphat aus ATP.

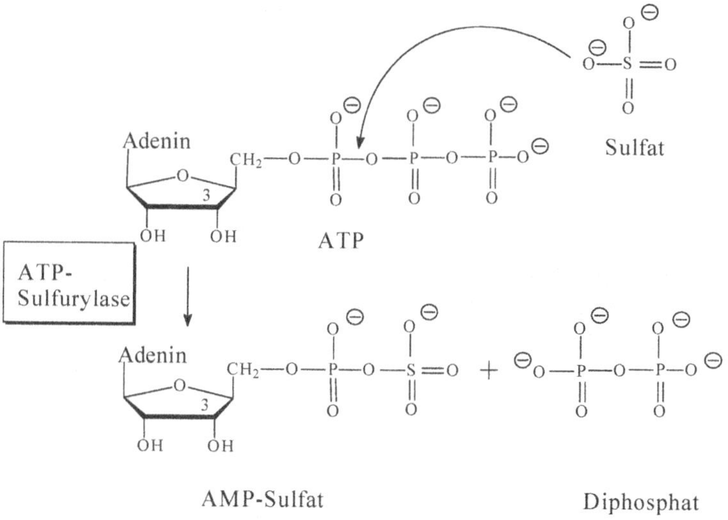

Abb. 16.2.15 Bildung von aktiviertem AMP-Sulfat

Das Gleichgewicht der Reaktion liegt auf Seiten von ATP, das gebildete Diphosphat (Pyrophosphat) wird dem Gleichgewicht durch die Pyrophosphatase (hohe Aktivität) entzogen. Das AMP-Sulfat wird durch die APS-Kinase an der Position 3 mit Phosphorsäure verestert, dabei wird 3-Phospho-AMP-sulfat gebildet (Abb. 16.2.16).

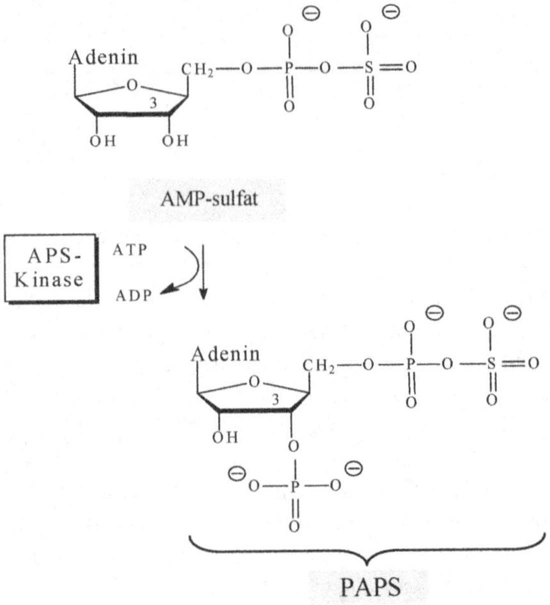

Abb. 16.2.16 3-Phospho-AMP-sulfat (PAPS = Phosphoroadenosinphosphosulfat)

Durch Thioredoxin wird Sulfit aus dem PAPS abgespalten, wobei das Thioredoxin selbst oxidiert wird und die Disulfidgruppe beim Thioredoxin entsteht (Abb. 16.2.17).

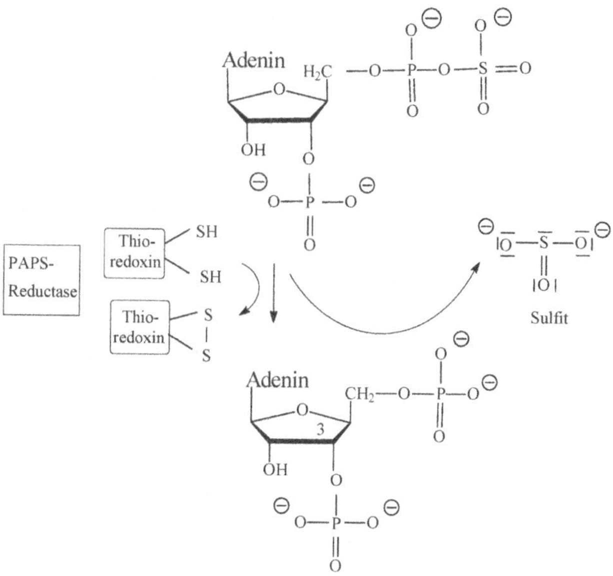

Abb. 16.2.17 3-Phospho-AMP

Durch die Sulfit-Reductase, die wie die Nitrit-Reductase ein Sirohäm (Abb. 15.1.10 und Abb. 16.2.19) und [4Fe-4S]-Cluster besitzt, wird das Sulfit zum Sulfid reduziert (Abb. 16.2.18).

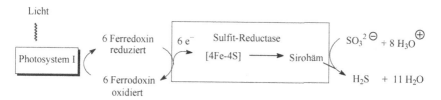

Abb. 16.2.18 Reduktion des Sulfits zu Schwefelwasserstoff durch die Sulfit-Reductase in den Chloroplasten

Die Sulfit-Reductase ist in höheren Pflanzen ein essenzieller metabolischer Prozess für die Synthese von Cystein und allen daraus folgenden Verbindungen. Die Abbildung 16.2.17 zeigt Thioredoxin mit zwei freien SH-Gruppen. Das Thioredoxin (M_r = 12 kD) verändert seinen Redoxstatus in der Form, dass es in die oxidierte Disulfidform wechseln kann und umgekehrt. Die reduzierte Form aktiviert durch Reduktion von Disulfidgruppen in vielen Biosyntheseenzymen deren Aktivität, wobei Thioredoxin selbst oxidiert wird. In den Chloroplasten wird durch Ferredoxin-Thioredoxin-Reductase (enthält ein [4Fe-4S]-Cluster) das oxidierte Thioredoxin reduziert, wodurch es seine Aktivität gegenüber Biosyntheseenzymen wiedererlangt.

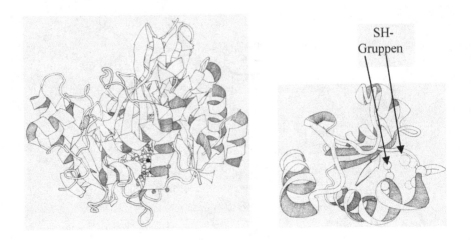

Abb. 16.2.19 Raumstrukur der Sulfit-Reductase (links) {s. a. PDB 1AOP} und Thioredoxin (rechts) {s. a. PDB ID 1XWC}

Die Reaktivierung des oxidierten Ferredoxins ist auch durch NADPH möglich, z. B. in heterotrophem Gewebe (nicht auf Licht angewiesen).

Der gebildete Schwefelwasserstoff wird auf ein aktiviertes Serin übertragen, dadurch entsteht die essenzielle Aminosäure Cystein (Abb. 16.2.20).

Serin

$$
\begin{array}{c}
COO^{\ominus} \\
| \quad \oplus \\
H-C-NH_3 \\
| \\
H_2C-OH
\end{array}
$$

Serin-Transacetylase

Acetyl-CoA

CoASH

O-Acetyl-serin (aktiviertes Serin)

$$
\begin{array}{c}
COO^{\ominus} \\
| \quad \oplus \\
H-C-NH_3 \\
| \\
H_2C-O-C-CH_3 \\
\quad\quad || \\
\quad\quad O
\end{array}
$$

O-Acetylserin-(thiol)-Lyase (Spaltung der Esterbindung)

$$
\begin{array}{c}
COO^{\ominus} \\
| \quad \oplus \\
H-C-NH_3 \\
| \\
H_2C-SH
\end{array}
$$

Cystein

Abb. 16.2.20 Bindung des Schwefelwasserstoffs an die aktivierte Aminosäure Serin und Biosynthese von Cystein

Eine Disulfidgruppe ist bei der Aminosäure Cystin zu finden, eine Sulfhydrylgruppe gibt es bei der Aminosäure Cystein und eine weitere schwefelhaltige Aminosäure ist Methionin.

Schwefel ist in Glucosinolaten zu finden, von denen sich durch das Enzym Myrosinase die Isothiocyanate abspalten. In Kresse, Senf, Kohl, Zwiebeln und Meerrettich sind diese schwefelhaltigen Verbindungen enthalten. Glutathion enthält in der Sulfhydrylgruppe (Thiolgruppe) ebenfalls Schwefel und reagiert z. B. mit den Isothiocyanaten zu einem Peptidthiol (Abb. 16.2.21). Diese Konjugate mit Thiolen sollen zu einer Verringerung der pharmakologischen Aktivität der Isothiocyanate führen. Im Biotin, Thiamin, Coenzym A und Taurin ist Schwefel ebenfalls ein Strukturmerkmal (Abb. 16.2.22). Ein weiterer interessanter Inhaltsstoff ist das Lenthionin im Shiitake-Pilz.

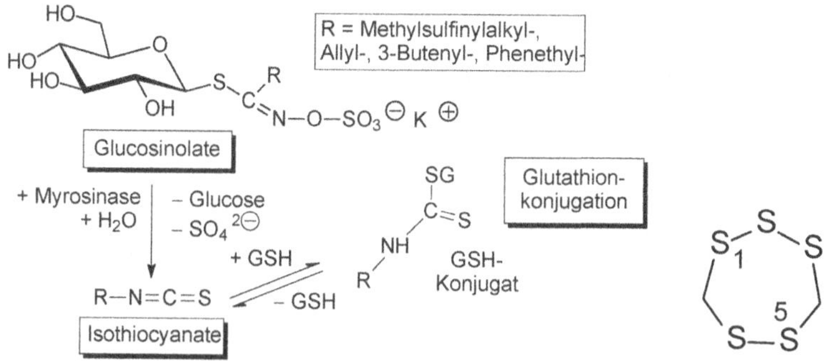

Abb. 16.2.21 Bildung der Isothiocyanate und Struktur des Lenthionins

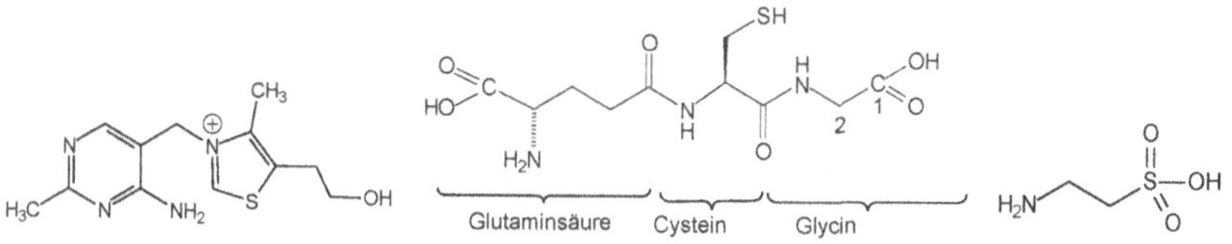

Abb. 16.2.22 Thiamin, Glutathion und Taurin

Metallothioneine sind schwefelreiche niedermolekulare Proteine ($M_r = 6.000$ bis 7.000 D), die über Cystein Cluster mit z. T. toxischen Metall-Ionen (Cd^{2+}, Hg^+, Ag^+, Co^{2+}) bilden und zur Detoxifikation beitragen. Bei Cu^{2+} und Zn^{2+} dienen diese Proteine als Speicherprotein. Glutathion, ein schwefelhaltiges Tripeptid (Glu-Cys-Gly), fungiert in der Zelle als Antioxidans und ist an der Entgiftung von Schadstoffen beteiligt. Schwefelpulver verursacht leichte Reizungen, was bei der Reizkörper-Therapie genutzt wird. Der Schwefelgehalt der Haare beträgt bis zu 4 % der TM. Bei der Verwesung werden H_2S und Thiole freigesetzt. H_2S reagiert mit dem Hämoglobin zum Sulfhämoglobin, dabei wird das Blut braun bis olivfarben, wodurch der Sauerstoffaustausch stark vermindert wird. Bei der Verbrennung von fossilen Brennstoffen werden Gase in die Umwelt abgegeben, die als Säuren (Saurer Regen) die Erdoberfläche erreichen und für einen pH-Wert-Abfall des Bodens und der Gewässer verantwortlich sind. Besonders die Schwefeloxide (vor allem SO_2) sind zu ca. 83 % an der Acidität des Niederschlages beteiligt. Dabei wird der Schwefel z. B. im SO_2 durch H_2O_2 oxidiert, sodass HSO_4^- im Sauren Regen vorliegt. Durch NO und NO_2 (Bildung von HNO_3) werden 12 % der Acidität des Niederschlages und durch HCl 5 % hervorgerufen. Der pH-Wert des „sauberen Regens" betrug 5,0 bis 5,6. Saurer Regen hat pH-Werte von 4 bis 4,5. Im Tau und bei hohen Emissionen sind pH-Werte von 3,0 gemessen worden, wodurch Blätter und Nadeln direkt geschädigt werden können. An Gebäuden und Metallgegenständen führt der Saure Regen zu Korrosionen. Die Erniedrigung des pH-Wertes im Waldboden führt zu einer Nährstoffverarmung, weil K^+, Mg^{2+} und Ca^{2+} aus Tonmineralien ausgewaschen und hydratisierte Al^{3+}-Ionen aus Tonmaterialien mobilisiert werden, die aber für Pflanzen giftig sind. Durch die Versauerung der Böden werden besonders Metall-Ionen aus Metalloxiden mobilisiert (Mn^{2+}, Zn^{2+}, Al^{3+}).

16.2.5 Toxikologische Aspekte

SO_2 ist eine stark toxische Verbindung (MAK-Wert 5 mg/m^3 Luft). Gesetzlicher Grenzwert: 0,6 mg SO_2/m^3. Eine Konzentration von 0,04 % in der Luft oder 3 ‰ in Wasser führen zu Vergiftungserscheinungen der Atmungsorgane oder zu Verätzungen der Magenwände. Pflanzen reagieren auf SO_2 besonders empfindlich. Der MAK-Wert für H_2S liegt bei 15 mg/m^3 Luft, geruchlich wahrnehmbar ist es ab 0,15 mg/m^3 ($\approx$ 0,1 ppm). Bei einer Konzentration von 0,035 % kann es lebensgefährlich werden. H_2S entspricht der Blausäure hinsichtlich der Toxizität. Es führt zur Lähmung der Atmung und reizt die Schleimhäute. Tödliche Konzentration an H_2S in der Luft: 2 mg/L. 1 % H_2S in der Luft führt innerhalb von Sekunden zum Tod. Nach kurzer Einwirkung sinkt die geruchliche Wahrnehmung, was dann besonders gefährlich werden kann. Konzentrierte H_2SO_4 führt zu Verätzungen auf der Haut und im Magen. Es existiert ein MAK-Wert von 1 mg/m^3.

16.2.6 Aufnahme und Ausscheidung

Die schwefelhaltigen Aminosäuren werden vorwiegend in den Zellen des Gastrointestinaltraktes metabolisiert. Methionin wird z. B. zum erheblichen Teil in Homocystein transmethyliert oder in Cystin umgewandelt. Die Absorption der schwefelhaltigen Aminosäuren wird aktiv durch „Transporter" im Dünndarm vorgenommen, während anorganische Schwefelverbindungen passiv aufgenommen werden. Die als Sulfat im Urin ausgeschiedene Menge liegt bei 30 bis 60 mmol SO_4^{2-}/L und entspricht der Höhe der Proteinzufuhr.

16.3 Selen (Se)

16.3.1 Vorkommen und Gehalte

Erde: Der Anteil auf der *Erdrinde* beträgt $8 \cdot 10^{-5}$ %. Selen kommt spurenweise in vielen natürlichen sulfidischen Erzen (z. B. FeS_2, $CuFeS_2$, ZnS) vor. *Meerwasser* enthält 5 µg/L.

Mensch: Serum: 0,079 bis 0,31 mg/L, 77 % an ein Protein von 90 kD gebunden, 13 % an ein Protein mit einem Molekulargewicht > 600 kD und 10 % an ein Protein mit einem Molekulargewicht von 200 kD gebunden. Etwa 1/3 des Selens ist in der Glutathion-Peroxidase enthalten, sonst in Proteinen gebunden, vorwiegend in der Aminosäure Selenocystein und z. T. in Selenomethionin. Plasma: 66 % des Selens sind an ein 57 kD Glykoprotein (Selenoprotein P) und in der Schilddrüse 0,5 bis 1,5 mg/kg FG an ein Protein mit 28 kD gebunden.

Lebensmittel: (Angaben an Selen in mg/kg) Roggen 0,01; Weizen 0,02; Champignons 0,07; Weißkohl 0,02; Tomate 0,01; Kartoffel 0,02; Apfel 0,01; Erdbeere 0,01; Vollei 0,1; Eigelb 0,18; Rindfleisch 0,05; Rinderleber 0,2; Rinderniere 1,1; Rotbarsch 0,44; Hering 0,4; Forelle 0,25; Paranüsse 1,0; Schweinefleisch 0,12 bis 2,1; Nieren 2,1; Leber 0,6; Seefisch 0,25 bis 0,82; Getreide 0,04 bis 0,1; Gemüse 0,01 bis 0,02; Obst 0,005 bis 0,14; Kuhmilch 0,015.

16.3.2 Eigenschaften und Verwendung

Elektronenkonfiguration: $[Ar]$ ($3\,d^{10}\,4\,s^2\,4\,p^4$); $A_r = 78{,}96$ u. Der Name leitet sich ab vom griech. *selene* = Mond.

Selen kommt wie Schwefel in mehreren Modifikationen vor: Es gibt drei metastabile, nicht metallische, rote Formen, zwei schwarze Modifikationen (amorph und glasartig) und eine stabile metallische graue Form (Abb. 16.3.1) . Rotes Selen (α-, β- und γ-Selen (monoklin)) besteht aus Se_8-Ringen, die sich in der unterschiedlichen intermolekularen Packung unterscheiden. Es entsteht beim Ausfällen aus Lösungen.

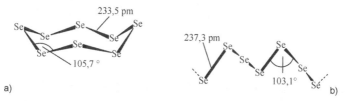

Abb. 16.3.1 a) Se_8-Ring in rotem α-, β- und γ-Selen (monoklin) b) helikale Kette in hexagonalem grauem Selen (Durchschnittswerte für Atomabstände und Winkel)

Es ist ein Nichtleiter (Smp. = 221 °C, Sdp. = 685 °C) und wandelt sich beim Erwärmen auf etwa 150 °C oder 100 °C in das thermodynamisch stabilere helikale, metallische, graue Selen um. Rotes Selen ist in CS_2 löslich, graues Selen nicht. Graues, hexagonales, metallisches Selen besteht aus helikalen Se-Ketten und besitzt lichtabhängige Halbleitereigenschaften, es hat einen Schmelzpkt. von 220,5 °C und siedet bei 684,8 °C. Weiterhin gibt es noch schwarzes, glasartiges Selen (entspricht dem λ-Schwefel). Flüssiges Selen ist schwarz, Selendampf ist gelb. Im Selendampf oberhalb von 900 °C spalten sich die Se_8-Moleküle in vier Se_2-Moleküle, beim Lösen in CS_2 liegen ebenfalls Se_8-Moleküle vor.

Graues Selen leitet den elektrischen Strom im Dunkeln nur sehr wenig; beim Belichten nimmt die Leitfähigkeit bedeutend zu (bis auf etwa das Tausendfache), da die Lichtenergie zur Lockerung bzw. Abspaltung von Elektronen führt. „Selenphotozellen" nutzen diese durch Lichtimpulse bewirkten elektrischen Stromschwankungen (Funktion als selbständige Stromquellen) zum selbsttätigen Betrieb von Apparaten. Selen wird vor allem in der Halbleiterindustrie, Glasindustrie sowie der Kopiertechnik benutzt.

16.3.3 Verbindungen

Die Verbindungen des Selens gleichen in ihrer Zusammensetzung denen des Schwefels. Selen ist zwei-, vier- oder sechswertig. Die Neigung in Verbindungen sechswertig aufzutreten, ist geringer als beim Schwefel, daher ist die Selenige Säure H_2SeO_3 ein schwächeres Reduktionsmittel als die H_2SO_3, und H_2SeO_4 ist ein stärkeres Oxidationsmittel als H_2SO_4.

Selenwasserstoff (H_2Se) ist ein farbloses, nach „faulem Rettich" riechendes Gas, das noch giftiger ist als H_2S. Es greift Atemwege und Augen an und führt zum sogenannten „Selenschnupfen". Die Darstellung erfolgt durch Überleiten von Wasserstoff über Selen bei Temperaturen oberhalb von 400 °C:

$$Se + H_2 \rightleftharpoons H_2Se \; (\Delta H^0 = -77,7 \text{ kJ/mol})$$

oder durch Zersetzung von Seleniden mit Säure:

$$Se^{2-} + 2\,H_3O^+ \rightleftharpoons H_2Se + 2\,H_2O$$

H_2Se ist als endotherme Verbindung unbeständiger als H_2S, zerfällt bei Zimmertemperatur jedoch nur sehr langsam (metastabile Verbindung, bis ca. 280 °C relativ beständig). Es ist eine stärkere Säure als H_2S (H_2Se: $pK_{S1} = 3,73$; HSe^-: $pK_{S2} = 11$; im Vergleich H_2S: $pK_{S1} = 6,92$; HS: $pK_{S2} = 12,9$) und ein stärkeres Reduktionsmittel als H_2S. Es bildet neutrale und saure Selenide (Hydrogenselenide). Metallselenide sind – wie die Sulfide – mehr oder weniger gefärbt. Sie sind in H_2O und teils auch in Säuren unlöslich. Darstellen lassen sie sich aus Metallsalzlösungen und H_2Se.

Selendioxid (SeO$_2$) bildet weiße, glänzende Nadeln (Schmelzpkt. = 340 °C) und besitzt eine sublimierbare polymere kettenartige Struktur. Es entsteht bei der Verbrennung von Selen an der Luft. Es wird als Additiv für Schmierstoffe und Aktivator für Leuchtstoffmassen eingesetzt. SeO$_2$ löst sich in H$_2$O unter Bildung von **Seleniger Säure H$_2$SeO$_3$**, einer schwachen zweiwertigen Säure, die viel beständiger ist als Schweflige Säure H$_2$SO$_3$:

$$SeO_2 + H_2O \longrightarrow H_2SeO_3$$

Selenige Säure ist eine schwächere Säure als Schweflige Säure, ihre reduzierende Wirkung ist ebenfalls geringer. H$_2$SO$_3$ reduziert H$_2$SeO$_3$ zu metallischem Selen. Die Oxidation von H$_2$SeO$_3$ zu Selensäure H$_2$SeO$_4$ ist nur mit starken Oxidationsmitteln möglich, wie z. B. Chlor oder Chlorsäure. Die Salze heißen Selenite.

Selensäure (H$_2$SeO$_4$) ist eine farblose, hygroskopische, kristalline Substanz mit einem Schmelzpkt. von 59,9 °C. Die 95 %ige Säure ist eine ölige Flüssigkeit wie konz. H$_2$SO$_4$. Selensäure wird gewonnen durch Schmelzen von Selen mit KNO$_3$ oder durch Oxidation von Seleniten. Die oxidierende Wirkung von H$_2$SeO$_4$ ist viel stärker als die von H$_2$SO$_4$. Eine Mischung aus H$_2$SeO$_4$ und konz. HCl ergibt reaktionsfähiges Cl, diese Mischung löst Gold und Platin auf. H$_2$SeO$_4$ wirkt verkohlend auf organische Stoffe. Eine Entwässerung zum Anhydrid Selentrioxid SeO$_3$ ist nicht möglich. Die Salze heißen Selenide.

Selentrioxid (SeO$_3$) ist als Verbindung bekannt und hat eine tetramere Struktur aus Se$_4$O$_{12}$-Einheiten (Schmelzpkt. = 118 °C). Es entsteht aus SeO$_2$ und O$_2$ bei Glimmentladung. Auch Selenate spalten beim Erhitzen leicht O$_2$ ab und sind daher stärkere Oxidationsmittel als die Sulfate.

Selensulfide sind weniger toxisch als metallisches Selen und werden gegen Kopfschuppen und Seborrhoe (übermäßige Haarfettung) eingesetzt.

Zinksulfidselenid (ZnS$_{(1-x)}$Se$_x$) wird in Bewegungsmeldern zum Anschalten der Beleuchtung, aber auch in Alarmanlagen oder in sich automatisch öffnende Türen eingesetzt.

16.3.4 Biologische Aspekte und Bindungsformen

Enzyme: Selen ist als Selenocystein Bestandteil von Enzymen z. B. Glutathion-Peroxidase (GSH-Px) (Abb. 16.3.2) (tetramer im Gewebe; im Serum monomer und membrangebunden) und Thioredoxin-Reductasen (TrxP). Glutathion-Peroxidase wandelt H$_2$O$_2$ und organische Peroxide mit Glutathion in H$_2$O und oxidiertes Glutathion um. So wird im Körper die Bildung von •OH-Radikalen, die die mehrfach ungesättigten Fettsäuren in den Phospholipiden der Zellmembranen peroxidieren, verhindert. Dadurch werden Zellmembranen und rote Blutkörperchen geschützt.

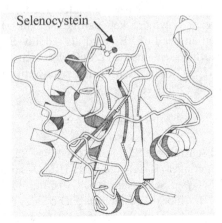

Selenocystein

Abb. 16.3.2 Raumstruktur der Gluthathion-Peroxidase {s. a. PDB ID 2V1M}

Das Thioredoxin hat in der reduzierten Form zwei Thiolgruppen, in der oxidierten Form eine Disulfidbrücke (Abb. 16.2.19). Die reduzierte Form aktiviert viele Biosyntheseenzyme, löst die Disulfidgruppen und wird dabei selbst oxidiert (Bildung der Disulfidgruppen) am Thioredoxin. In den Chloroplasten wird oxidiertes Thioredoxin durch Ferredoxin reduziert und steht für Oxidationsprozesse wieder zur Verfügung. Es ist ein wichtiges Enzym des Calvin-Zyklus.

Selenocystein ist auch Bestandteil der Deiodase I, die membrangebunden in der Leber und den Nieren die Deiodierung von L-Thyroxin zu 3,5'-5-Triiodthyronin (T_4 zu T_3) katalysiert. Das Triiodthyronin (T_3) ist im Stoffwechsel wirksamer als T_4, sodass eine Schilddrüsenunterfunktion auftreten kann. Um dem entgegenzutreten, werden zusätzliche Selengaben verabreicht. Die Schilddrüse gehört zu den Organen mit dem höchsten Selengehalt. Die Biosynthese und Verstoffwechselung der Schilddrüsenhormone werden von drei selenhaltigen Deiodasen gesteuert.

Als Bestandteil der Thioredoxin-Reductase kommt es ubiquitär im Körper vor. Selenoprotein P, das in der Leber synthetisiert wird, enthält sieben bis acht Selenocysteinreste. Da es von allen Geweben aufgenommen wird, funktioniert es möglicherweise als Transportprotein. Insgesamt sind 20 selenhaltige Proteine bekannt.

Selen zeigt einen protektiven Effekt gegenüber der toxischen Wirkung von Quecksilber und anderen Schwermetallen. Es soll mit Quecksilber als Quecksilberselenid an einen Proteinkomplex (130 kD) inaktiviert vorliegen. Thunfisch kann hohe Quecksilber-Gehalte aufweisen. Interessant ist dabei, dass der Selen-Gehalt in der gleichen Größenordnung liegt, also deutlich angereichert ist. Ein ähnliches Verhältnis von 1:1 (Hg:Se) ist auch bei Robben und bei Arbeitern in Quecksilberminen festgestellt worden.

Krebspatienten weisen oft stark erniedrigte Selenspiegel auf, was auf einen Zusammenhang zwischen Selenstatus und Tumorwachstum hindeutet. Bei Krebserkrankungen wird die Chemotherapie durch zusätzliche Gaben von Natriumselenit (300 µg) besser verträglich (Verringerung der negativen Nebenwirkungen durch die antioxidative Eigenschaft des Selens). Eine protektive Wirkung von Selen (200 bis 300 μg) gegen Krebserkrankungen wird widersprüchlich eingeschätzt. Während einer Chemo- oder Strahlentherapie schützt Selen vor den Folgen radikalbildender Prozesse wie Proteinvernetzung und DNA-Schädigungen und damit vor erneuten Mutationen. Hier werden Selenpräparate häufig zur Unterstützung empfohlen. Therapeutisch erwünschte Strahlenschäden an den Tumorzellen werden durch die Anwesenheit von Selen nicht verhindert. Durch *in-vitro*-Studien an kultivierten Coloncarcinomzellen konnte belegt werden, dass durch Co-Medikation mit Selen ein signifikanter Wirkungsanstieg von Cytostatika, u. a. Oxaliplatin   ([[(1*R,2R*)-1,2-Cyclohexandiamin-*N,N'*][oxalato(2-)-*O,O'*]platin)   und 5-FU [5-Fluor-2,4-(1*H*,3*H*)pyrimidin-dion)] zu beobachten ist.

Bei Sepsispatienten konnte durch Selengaben die Mortalitätsrate deutlich gesenkt werden, sodass den Selenoproteinen auch eine immunmodulierende Wirkung zuzuschreiben ist, deren genaue Wirkung noch nicht bekannt ist.

Pflanzliche Nahrung enthält Selen hauptsächlich als Selenomethionin, tierische Nahrung als Selenocystein.

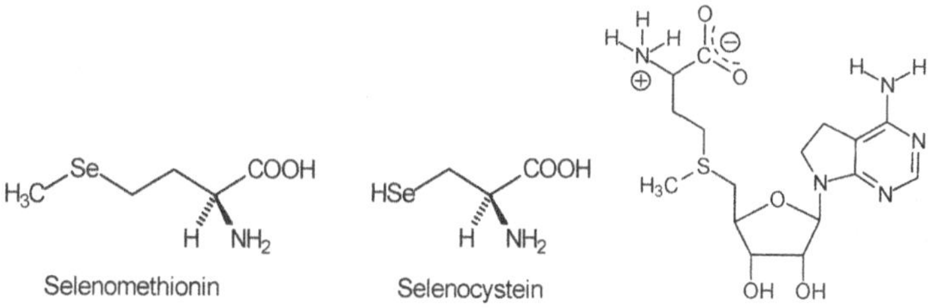

Abb. 16.3.3 Formeln von Selenomethionin und Selenocystein und Adenosylmethionin

Pflanzen, vor allem Getreide, Pilze, Knoblauch und Gräser, reichern Selen an. Die Bioverfügbarkeit des Selens ist in alkalischen, gut durchlüfteten Böden am höchsten. Im Norden Deutschlands sind vorwiegend saure Böden vorhanden, wodurch Nutzpflanzen weniger Selen enthalten und auch von Tieren stammende Lebensmittel niedrige Gehalte aufweisen. In Fischen sowie in Leber und Niere von Schlachttieren wird Selen angereichert. Selenocystein (-CH_2SeH) ist ein wichtiger Aminosäureligand in Metalloproteinen (Ni, Fe, Se-Hydrogenasen) und wird manchmal auch als 21. Aminosäure bezeichnet (Abb. 16.3.3). Es tritt in der Glutathion-Peroxidase (tetrameres Protein mit Untereinheiten von je 21 kD) auf, das die Dimerisierung des Tripeptids Glutathion über eine Disulfidbindung katalysiert (Oxidation). Glutathion-Peroxidase baut dabei Lipidhydroperoxide nach folgendem Schema ab:

$$R\text{-}O\text{-}O\text{-}H + 2\,G\text{-}SH \longrightarrow G\text{-}S\text{-}S\text{-}G + H_2O + R\text{-}OH$$

GSH ist somit ein Antioxidans in Zellen (zuerst aus Erythrocyten isoliert). Neben der Superoxid-Dismutase ist die Glutathion-Peroxidase das wichtigste Enzymsystem, das durch oxidativen Stress gebildete Peroxide abbaut. Selenite sollen die Wirkung von Tocopherolen steigern. Die Netzhautstäbchen enthalten geringe Mengen an Selen und sind am Sehprozess beteiligt. Tiere mit schlechtem Sehvermögen enthalten wenig Selen (z. B. Meerschweinchen 0,001 % Se/TM). Tiere mit gutem Sehvermögen wie Rehe und Seeschwalbe etwa 100-mal so viel. Enthält die Tiernahrung mehr als 5 bis 10 mg Se/kg, tritt Haarausfall, Erweichung der Hufe und Hörner auf. Schon Marco Polo (1254 bis 1324) entdeckte bei seinen Asienreisen bei Vieh in Turkestan eine Schwindel- und Drehkrankheit. Möglicherweise ist diese Krankheit durch Wickenarten (z. B. Bärenschote) hervorgerufen worden, die bis zu 1,4 % der TM an Selen speichern kann. So sind pro Hektar bis zu 7 kg Selen in den Pflanzen zu finden. Riechen die Wicken abstoßend, so ist dies ein Zeichen für einen erhöhten Gehalt an Selen.

Se-Verbindungen werden aber zur Aufzucht und zur Vermeidung von Krankheiten bei Küken, Puten und Schweinen eingesetzt. In Neuseeland erhalten Schafe routinemäßig Selenzusätze im Futter.

16.3.5 Toxikologische Aspekte

Selen-Verbindungen sind stark giftig, besonders das Monoselan (H_2Se). Vergiftungen führen zu schweren Reizungen der Schleimhäute, Hautschäden und Lungenödemen. Dabei werden die Synapsen der Nerven geschädigt (MAK-Wert: 0,1 mg Se/m^3 Luft). Chronische Toxizität tritt bei 750 µg Se/d und bei einem Blutspiegel von 1 mg Se/L auf. Der LD_{50}-Wert liegt bei 10 mg Se/kg Körpergewicht. Schwefelhaltige Enzyme und andere lebenswichtige Proteine können ihre Funktion nicht mehr erfüllen, wenn sie mit Selen substituiert sind. 10 mg/kg KG führen beim Menschen zu akuten Vergiftungserscheinungen, die zehnfache Dosis wirkt tödlich. Charakteristisches Symptom einer akuten Intoxikation mit Selen ist der knoblauchartige Geruch der Ausatmungsluft. In Gegenden mit sehr hohem Selen-Gehalt der Böden (z. B. Venezuela) sind Vergiftungen durch Muttermilch (90 µg/L) aufgetreten. In Selenmangelgebieten Chinas enthält die Muttermilch dagegen nur 2,6 µg/L. Bei Pferden und Eseln führen hohe Selengaben zu schweren Hufentzündungen, wie sie bereits Marco Polo in manchen Gegenden Chinas beobachtete. Heute ist bekannt, dass die Böden dort besonders selenreich sind.

Selenmangel kann in Gebieten auftreten, deren Böden nur geringe Mengen an Selen enthalten, z. B. Finnland, Neuseeland. Mangelerscheinungen äußern sich in Myopathien des Herzmuskels und der Skelettmuskulatur, weiterhin kommt es zu einem Anstieg der Transaminasen und zur Hellfärbung der Haut, der Haare und der Nägel. Selenmangel führt bei Schafen, Ziegen und Rindern zu Calciumablagerungen und weißer Fleischfarbe. Auch Kretinismus kann durch Selenmangel (verbunden mit Iodmangel) hervorgerufen werden. In Zaire konnte in ausgeprägten

Selen- und Iodmangelgebieten durch die Gabe von Iod und Selen der Kretinismus behoben werden.

Selenmangel führt zu Lebernekrosen und zum Grauen Star in der Augenlinse, was mit dem Fehlen von peroxidzersetzenden Selen-Enzymen in Verbindung gebracht wird. Herzschwäche (Keshan-Krankheit, eine endemisch auftretende Kardiomyopathie, dabei schwillt das Herz an, und die Hälfte der Betroffenen stirbt) bei Jugendlichen in China wurde auf Selenmangel zurückgeführt. Eine wöchentliche Dosis von 0,3 mg Selen führte zum Verschwinden der Krankheit. Auch die Kaschin-Beck-Krankheit (starke Umformung der Gelenke) ist eine Selenmangelkrankheit. Von Selenmangel sind etwa 3 Millionen Menschen, vor allem in Asien, betroffen.

Selen besitzt nur eine geringe therapeutische Bedeutung. Enthält die Nahrung mehr als 1 μg/g/d sollen beim Menschen Erkrankungen (Selenose) auftreten, bei Konzentrationen unter 0,2 μg/g und Tag können Mangelsymptome auftreten. Mehrere Studien belegen einen Zusammenhang zwischen hoher Selenaufnahme und der Entwicklung von *Diabetes mellitus* Typ-2. Der NOAEL (**N**o **O**bserved *Adverse Effect Level*) wurde von der EU auf 850 μg/d festgelegt. Unter Einbeziehung der Sicherheitsfaktoren ist ein UL (*Tolerable Upper Intake Level*) von 300 μg/d zu erwarten.

Ein geringer Selenstatus korreliert mit einer höheren Krebsrate (Verdauungsorgane, Prostata, Schilddrüse und Brust). Durch Supplementierung der Nahrung mit „Selenhefe" (200 μg/d) sank die Gesamtsterblichkeit bei mehr als 1.000 Erkrankten über einen Untersuchungszeitraum von 10 Jahren um über 50 % und die Gesamtkrebsinzidens um 63 %. Eine Abnahme von Hautkrebs war nicht feststellbar. Für die Minimierung erwies sich ein Selenplasmaspiegel von 120 μg/L als optimal.

$(CH_3)_2Se$ riecht ebenfalls nach Knoblauch und entsteht durch Biomethylierung. Verunreinigt man die Haut durch Selen-Verbindungen, so methylieren die Mikroorganismen die Verbindungen zum $(CH_3)_2Se$ und ein unangenehmer Geruch ist die Folge.

16.3.6 Aufnahme und Ausscheidung

Die Absorption erfolgt im oberen Dünndarm. Die Resorption von organisch gebundenem Selen, z. B. Selenoproteine (ca. 20 sind bekannt), liegt bei 90 %. Die Bioverfügbarkeit von anorganischem und elementarem Selen ist deutlich geringer, so dass die durchschnittliche Absorption von Selen 40 % bis 80 % beträgt. Selenhefepräparate, die als Nahrungsergänzungsmittel angeboten werden, besitzen eine verhältnismäßig geringere Bioverfügbarkeit im Vergleich zu den oben genannten organischen Bindungsformen. Physiologische Dosen an Vitamin C erhöhen die Bioverfügbarkeit von Selenit (Schwedt, 2006).

Die empfohlene Tagesdosis liegt bei Männern bei 65 μg/d, bei Frauen 55 μg/d. Mangelsymptome sollen bei 17 μg/d auftreten. Selenreiche Nahrungsmittel sind

u. a. Sesam und Weizen, die auf selenreichen Böden (Nordamerika) angebaut wurden. Fleisch, Eier und Fisch sind die Hauptquellen für die menschliche Ernährung. Die durchschnittliche Selenversorgung liegt bei Männern bei 47 µg/d, bei Frauen bei 38 µg/d.

Für die Tierernährung ist Selen als Futterzusatz zugelassen. Es werden dafür spezielle Brauhefen (*Saccharomyces cerevisae*) eingesetzt. In einem natriumselenitreichen Nährmedium wird die Aminosäure Selenomethionin biosynthetisiert, wodurch die Selenabsorption gesteigert wird.

Über die Pfortader wird resorbiertes Selen zur Leber transportiert. Das aus den Pflanzen aufgenommene Selenomethionin wird in der Leber in Selenocystein umgewandelt oder anstelle von Methionin in Proteine eingebaut. Selenomethionin hat im tierischen Organismus als Selenspeicher Bedeutung. Die Ausscheidung erfolgt z. T. als Trimethylselenium-Ion renal (Abb. 16.3.4) und intestinal und Dimethylselenid über die Atemluft (bei höherer Exposition), ein unangenehmer, durchdringender Mundgeruch ist die Folge. In selenarmen Gegenden Europas beträgt der Selengehalt im menschlichen Urin 10 bis 30 µg/L Urin. Dahingegen liegt der Selengehalt in gut mit Selen versorgten Landstrichen in den USA im Urin bei 40 bis 80 µg/L.

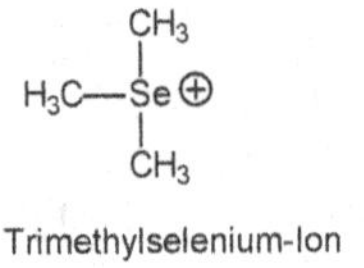

$$H_3C-\underset{\underset{CH_3}{|}}{\overset{\overset{CH_3}{|}}{Se}} \oplus$$

Trimethylselenium-Ion

Abb. 16.3.4 Trimethylselenium-Ion

16.4 Tellur (Te)

16.4.1 Vorkommen und Gehalte

Erde: Es ist in der *Erdrinde* zu $2 \cdot 10^{-7}$ % vertreten. Pro Jahr werden ca. 130 t Tellur produziert. Tellur kommt teilweise gediegen vor, Telluride finden sich im **Tellurbismutit (Bi_2Te_3)** und im **Tellurit (TeO_2)**, sie sind auch Beimengungen von Sulfiden. Tellur reichert sich im Anodenschlamm wie Selen an (Cu_2Te, Ag_2Te, Au_2Te). Tellur zeigt eine hohe Affinität zu Gold und wird in der Natur oft als Goldtellurid gefunden.

16.4.2 Eigenschaften und Verwendung

Elektronenkonfiguration: [Kr] (4 d^{10} 5 s^2 5 p^4); A_r = 127,60 u. Der Name Tellur leitet sich ab vom lat. *tellus* = Erde. Tellur kommt in amorpher, brauner und kristalliner, metallischer Form vor (Allotropie). Metallisches Tellur ist sehr spröde und besitzt wie Selen in metallischem Zustand Halbleitereigenschaften. Es kristallisiert in einer hexagonalen, silbrigen, spröden Form (Schmelzpkt. 449,8 °C; Siedepkt. 1.390 °C), die dem grauen Selen ähnelt. An der Luft verbrennt Tellur zu TeO_2. Metallisches Tellur wird in der Metallurgie (Erhöhung der Härte und Temperaturbeständigkeit) bei Thermoelementen und Infrarotdetektoren verwandt sowie als Halbleiter und in Photozellen.

16.4.3 Verbindungen

Tellurhydrid (TeH_2) ist ein farbloses, unangenehm riechendes, sehr giftiges Gas. H_2Te ist thermisch instabil. Die Darstellung kann mit atomarem Wasserstoff aus den Elementen erfolgen, die Reaktion ist stark endotherm:

$$H_2 + Te \rightleftharpoons TeH_2 \quad (\Delta H^0 = +143 \text{ kJ/mol})$$

Eine weitere Möglichkeit der Darstellung besteht durch Säurezersetzung von Telluriden, z. B. Al_2Te_3. Die wässrige Lösung von TeH_2 zersetzt sich an der Luft sofort unter Tellurabscheidung:

$$H_2Te + \tfrac{1}{2} O_2 \longrightarrow H_2O + Te$$

Tellur bildet zwei Chloride, **Tellurdichlorid $TeCl_2$** und **Tellurtetrachlorid $TeCl_4$**, die von H_2O zersetzt werden.

Tellurdioxid (TeO_2) (Schmelzpkt. = 730 °C) gibt es in zwei Modifikationen: gelbes, orthorhombisches β-TeO_2 in Schichtstruktur und farbloses, tetragonales α-TeO_2 (synthetisch), das in H_2O nahezu unlöslich ist. Durch Zusatz von starken Basen entstehen Tellurite TeO_3^{2-}.

Tellurtrioxid (TeO_3) wird durch Erhitzen (300 bis 600 °C) durch Wasserabspaltung aus der Orthotellursäure gewonnen und ist ein orangefarbener Feststoff.

$$Te(OH)_6 \longrightarrow TeO_3 + 3 H_2O$$

Tellurige Säure (H_2TeO_3) ist eine amphotere Verbindung.

Tellursäure (Te(OH)$_6$ bzw. $TeO_3 \cdot 3 H_2O$) (Orthotellursäure) (Schmelzpkt. = 136 °C) besteht in Lösung und auch als Kristall aus regulär oktaedrischen Te(OH)$_6$-Molekülen, die durch Wasserstoffbrücken verknüpft sind. Tellursäure ist eine sehr schwache Säure, ihre Salze heißen Tellurate. Sie wird gebildet durch

Oxidation von Tellur oder TeO_2 z. B. mit CrO_3 oder Na_2O_2 oder bspw. durch Oxidation:

$$5 \, Te + 6 \, HClO_3 + 12 \, H_2O \longrightarrow 5 \, Te(OH)_6 + 3 \, Cl_2.$$

16.4.4 Biologische Aspekte und Bindungsformen

Organische Tellur-Verbindungen (synthetischen Ursprungs) geben einen unangenehmen Duft ab. Sie werden mit dem [123]Tellurisotop für bildgebende Verfahren medizinisch selten verwendet.

16.4.5 Toxikologische Aspekte

Tellur und dessen Verbindungen besitzen im Vergleich zu Selen bzw. Selen-Verbindungen eine unterschiedliche Giftigkeit. In geringen Konzentrationen ist es wesentlich giftiger als Selen, da es als unlösliche Verbindung die Darmwand passieren kann und im Körper aus den Verbindungen leicht zu metallischem Tellur reduziert wird. Eingenommenes TeO_2 führt durch Metabolisierung zu Dimethyltellurid $(CH_3)_2Te$, sodass die Atemluft monatelang nach Knoblauch riecht. Die durch unbewusstes Inhalieren hervorgerufene Telluranreicherung führt zu dem intensiven knoblauchartigem Geruch. Dimethyltellurid ist giftig und schädigt Leber, Herz, Nieren und Blut.

Fast 50 % der durch die Reaktorkatastrophe von Tschernobyl (1986) in Deutschland niedergegangenen Radioaktivität war auf das künstliche Isotop [132]Te mit einer Halbwertszeit von 78,2 h zurückzuführen. Die geringe Halbwertszeit brachte ein schnelles Abklingen der radioaktiven Belastung durch [132]Te.

16.5 Polonium (Po)

16.5.1 Vorkommen und Gehalte

Erde: In der *Erdkruste* zu $2 \cdot 10^{-14}$ % vertreten. Polonium ist ein radioaktives Zwischenprodukt von Zerfallsreihen. In der Uranpechblende ist es zu 10^{-9} % enthalten und wurde auch früher hieraus isoliert.

16.5.2 Eigenschaften

Elektronenkonfiguration: [Xe] $4f^{14} 5d^{10} 6s^2 6p^4$, $A_r = 209$ u. Polonium ist ein silberweißes glänzendes Metall (Schmelzpkt. = 254 °C, Siedepkt. = 962 °C).

16.5.3 Verbindungen

Es wird ^{210}Po, ein α-Strahler ($T_{1/2} = 138{,}38$ d), als Wärmequelle für kurzlebige thermoelektrische Batterien in Satelliten verwandt. 1 g Po entwickelt 140 Watt Wärme. Die Polane, Wasserstoff-Verbindungen des Poloniums (z. B. das Monopolan (H_2Po)), sind eine Flüssigkeit mit der Siedetemperatur von 36,1 °C und besonders durch die zusätzliche Radioaktivität sehr giftig.

16.5.4 Toxikologische Aspekte

Polonium ist ein radioaktives Element. Das Isotop ^{210}Po kommt im Tabak vor und besitzt cancerogene Eigenschaften. Aus Radon-222 bilden sich in der Zerfallsreihe radioaktive Poloniumisotope (^{210}Po, ^{212}Po, ^{214}Po, ^{216}Po, ^{218}Po), die sich an Aerosole und Staubteilchen anlagern und hauptverantwortlich sind für das Bronchialcarcinom des Radons. Besonders schnell wachsende Zellen wie Knochenmarkzellen oder Zellen des Darmepithels werden durch die α-Strahler geschädigt. Vor einigen Jahren wurde in Großbritannien der ehemalige KGB-Agent A. W. Litwienko höchstwahrscheinlich durch über Tee oral aufgenommenes ^{210}Po vergiftet.

16.5.5 Aufnahme und Ausscheidung

Polonium hat im menschlichen Körper eine biologische Halbwertszeit von ca. 50 Tagen. Die Zerfallsprodukte können vor allem in den Faeces und zu 10 % im Urin gefunden werden.

17 Elemente der 17. Gruppe: die Halogene

Die Gruppe der Halogene (Salzbildner) umfasst die Elemente Fluor (F), Chlor (Cl), Brom (Br), Iod (I) und Astat (At).

17.1 Fluor (F)

17.1.1 Vorkommen und Gehalte

Erde: Fluor kommt nur in Verbindungen vor, z. B. als **Flussspat (Calciumfluorid) (CaF_2)**, **Kryolith (Na_3AlF_6)**, ($Na^+_3[AlF_6]^{3-}$) (in Grönland ehemals großes Vorkommen), **Apatit ($Ca_5(PO_4)_3F$)**, wahrscheinlich die größte Menge an F^- in mineralischen Lagerstätten (auch in Zähnen, Knochen ($3\ Ca_3(PO_4)_2 \cdot CaF_2$)). Das Kryolith ist der einzige Hexafluoridoaluminat-Komplex der natürlich abbaubar vorkommt. *Meerwasser* enthält F^- in einer Konzentration von 1,4 mg/L; Grundwasser und Seewasser etwa 0,1 mg/L.

Mensch: Im menschlichen Körper sind etwa 5 g F^- enthalten, besonders in Knochen, Zähnen, Blut und Magensaft. Im Zahnschmelz zu 0,1 bis 0,3 g/kg, Dentin (0,2 bis 0,7 g/kg), Knochen (0,9 bis 2,7 g/kg), im Blut (0,2 mg/L), Blutplasma (0,02 mg/L), Magensaft (0,4 bis 0,7 mg/L) und Schweiß (0,2 bis 1,8 mg/L).

Lebensmittel: (Angaben von Fluor in mg/kg): Roggen 1,5; Reis 0,4; Champignons 0,2; Tomate 0,24; Weißkohl 0,12; Apfel 0,09; Erdbeere 0,16; Käse (45 % Fett in TM) 0,25 bis 0,5; Eigelb 0,3; Kabeljau 1,3; Fleisch (Rind, Kalb, Schwein) 0,1 bis 0,5; Rinderleber 1,3; Rinderniere 2,0; Forelle 0,3; Kuhmilch 0,17.

17.1.2 Eigenschaften und Verwendung

Elektronenkonfiguration: [He] ($2\,s^2\,2\,p^5$); $A_r = 18,9994$ u. Fluor (F_2) ist bei Raumtemperatur ein gelbliches Gas, stark ätzend, extrem giftig und soll in geringen Konzentrationen nach einem Gemisch aus Ozon und Chlorgas riechen. F_2 kann in einer Konzentration von 0,001 % in der Luft errochen werden. Es ist das reaktionsfähigste aller Elemente (aufgrund der niedrigen Dissoziationsenergie)

$$F_2 \longrightarrow 2\ F \qquad (\Delta H^0 = +\ 158\ kJ/mol)$$

und geht sehr feste Verbindungen mit anderen Elementen ein (in allen Verbindungen besitzt Fluor eine abgeschlossene Achterschale). Fluor ist das stärkste Oxidationsmittel. Mit Wasserstoff reagiert es bereits bei gewöhnlichen Temperaturen und im Dunkeln unter Entzündung. Auch Kohlenstoff, Alkali- und Erdalkalimetalle entzünden sich mit Fluor. Schwefel und Phosphor reagieren schon bei der Temperatur von $-190\ °C$ mit Fluor. Mit Eisen, Aluminium, Nickel, Bronze und Messing bilden sich Metallfluoride, wodurch Passivierung der Metalle eintritt. Sogar mit den Edelgasen reagiert Fluor. Mit flüssigem Wasser reagiert F_2 heftig zu Flusssäure (HF), Sauerstoff und etwas Ozon:

$$F_2 + H_2O \rightleftharpoons 2\ HF + \tfrac{1}{2}\ O_2\ (+\ \text{wenig}\ O_3) \qquad (\Delta H^0 = -256{,}2\ \text{kJ/mol})$$

und mit Eis ($-40\ °C$) zu Flusssäure und Hypofluoriger Säure (HOF), die jedoch sehr instabil ist:

$$F_2 + H_2O \longrightarrow HOF + HF$$

Fluor bildet im Unterschied zu den übrigen Halogenen keine weiteren Sauerstoffsäuren oder Salze. F_2 ist das einzige Element, das mit den Edelgasen Krypton, Xenon und Radon reagiert.

17.1.3 Verbindungen

Fluorwasserstoff (HF) ist eine stark rauchende, farblose, stechend riechende Flüssigkeit (Siedepkt. = 19,9 °C, Schmelzpkt. = $-83{,}1$ °C). MAK-Wert 1,7 mg/m^3 (~ 2 ppm). Ihre Dämpfe sind giftig. HF-Moleküle assoziieren über H-Brücken (n = 2 bis 8), erst oberhalb von 90 °C liegen monomere HF-Moleküle vor (Abb. 17.1.1).

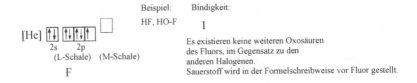

Abb. 17.1.1 Elektronenverteilung des Fluorids im HF

Bei Raumtemperatur beträgt der Assoziationsgrad ca. 3. Wässrigen HF wird als **Flusssäure** bezeichnet und ist eine schwache Säure (Dissoziationsgrad ~ 10 %; pK_S = 3,14); sie löst Glas unter Bildung von SiF_4 und viele Metalle unter H_2-Entwicklung. Mit HF wird Glas geätzt, und man kann dadurch Muster erzeugen.

$$4 \, HF + SiO_2 \longrightarrow SiF_4\uparrow + 2 \, H_2O$$

Die Wasserstoffbrücken von HF-Molekülen führen zu Assoziationen, die die physikalischen Eigenschaften (Siedetemperatur, Dipolmoment) stark beeinflussen (Abb. 17.1.2). Die verminderte Säurestärke von HF im Vergleich zu HCl ist auf die verminderte Proteolyse zurückzuführen.

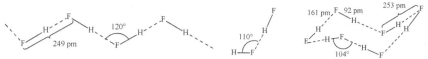

Abb. 17.1.2 (HF)$_n$-Kette in festem HF und Strukturen von dimerem und hexamerem HF in der Gasphase

Ihre Salze, die **Fluoride**, sind bis auf LiF, PbF$_2$, CuF$_2$ (schwerlöslich) und Erdalkalifluoride (unlöslich) meistens wasserlöslich. Ein Gemisch aus Fluorwasserstoffsäure, Bariumsulfat und Fluoriden wird zum Glasätzen benutzt. Fluorid neigt zur Bildung von stabilen **Fluorido-Komplexen** (z. B. [TiF$_6$]$^{3-}$, [AlF$_6$]$^{3-}$, [SiF$_6$]$^{2-}$, [BF$_4$]$^{-}$. Uranhexafluorid (UF$_6$) wird zur Trennung der Uranisotope verwendet. **Fluorierte Kohlenwasserstoffe** (FCKW's) fanden vielseitige Verwendung als Kältemittel (z. B. CCl$_3$F, CHClF$_2$). Ein Ersatz der Treib- und Kühlmittel ist notwendig, da die FCKW (Frigene, Kaltrone) die Ozonschicht abbauen. Aus zwei CHClF$_2$-Molekülen entsteht Tetrafluorethen, das polymerisiert zu Polytetrafluorethan (PTFE, Teflon), welches einen sehr stabilen (– 200 °C bis + 260 °C) Kunststoff ergibt, der chemisch widerstandsfähig ist und z. B. für Säureaufschlüsse verwendet wird.

Hypofluorige Säure (HOF) ist ein weißer, bei niedrigen Temperaturen sehr instabiler Feststoff (Schmelzpkt. = – 117 °C) und zerfällt bei Raumtemperatur als nicht beständiges Gas:

$$4 \, HOF \longrightarrow 2 \, HF + O_2 + F_2O + H_2O; \quad HOF + H_2O \longrightarrow HF + H_2O_2$$

in unterschiedlichen Anteilen. Das dabei entstandene **Sauerstoffdifluorid (F$_2$O)** ist weniger reaktionsfähig als F$_2$, ist als Gas sehr giftig und besitzt einen gewinkelten Bau (101,5° ◁). In Wasser bildet sich HF und Wasserstoffperoxid. **Disauerstoffdifluorid (Fluordioxid) (F$_2$O$_2$)** lässt sich nur schwer darstellen: F$_2$ und O$_2$ werden bei der Temperatur flüssiger Luft einer elektrischen Glimmladung ausgesetzt. F$_2$O$_2$ wirkt als starkes Fluorierungs- und Oxidationsmittel. **Organische Verbindungen** können schon bei sehr tiefen Temperaturen mit F$_2$O$_2$ explodieren. 2-Brom-2-chlor-1,1,1-trifluorethan F$_3$C-CHClBr, auch Halothan genannt, ist ein Inhalationsnarkotikum, das leicht flüchtig und nicht brennbar ist. Die Flüssigkeit hat einen MAK-Wert von 40 mg/m^3. Es gibt auch einen biologischen Arbeitsplatztoleranz-Wert (BAT) von 10 mg, der die Konzentration von Halothan in Urin angibt.

17.1.4 Biologische Aspekte und Bindungsformen

Metalloenzyme können durch Bindung von F⁻ an das Metallzentrum inaktiviert werden. Wie Se besitzt Fluorid einen schmalen Konzentrationsbereich für die optimale Konzentration. Antarktischer Krill (hoher F⁻-Gehalt) ist als Nahrungsmittel deshalb bedenklich. Weiterhin ist die Fluoridkonzentration in den Haifischzähnen ebenfalls hoch. Reich an Fluoriden sind auch Tee, Spargel und Fische. Die Bildung von Fluorido-Komplexen erhöht die Bioverfügbarkeit z. B. von Schwermetallionen. F⁻ besitzt kariostatische Wirksamkeit (Härtung der Zahnoberfläche) durch Ionenaustausch von OH⁻ gegen F⁻. Der Austausch von OH⁻ durch F⁻ ist aufgrund des in etwa gleichen Ionenradius bevorzugt.

Fluoralanin besitzt antibakterielle Eigenschaften und wird als Arzneimittel getestet (Abb. 17.1.3).

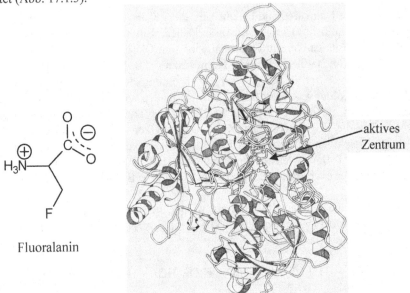

Fluoralanin

aktives Zentrum

Abb. 17.1.3 Fluoralanin und Raumstruktur der Aconitase (rechts) {s. a. PDB ID 1C96} mit einem [4Fe-4S]-Cluster im aktivem Zentrum

17.1.5 Toxikologische Aspekte

F_2 ist sehr giftig; MAK-Wert: 0,16 mg F_2/m³. HF ist auch sehr giftig (MAK-Wert = 2 mg HF/m³), als Antidot wird Calciumgluconat gegeben. Obwohl HF nur eine mittelstarke Säure ist, führt ein Kontakt auf der Haut zu schwer heilenden Verätzungen, weil das für die Wundheilung notwendige Ca^{2+} durch Ausfällung zu CaF_2 (schwerlöslich) entzogen wird. Da HF in Wasser kaum dissoziiert vorliegt, kann es durch Lipidschichten wandern. HF-Dämpfe und die Lösung werden durch die Haut aufgenommen und verändern die Tertiärstruktur von Proteinen. Fluoracetat kommt in den Blättern von *Dichapetalum cymosum* vor und wird wie Fluorocitrat als Rhodentizid eingesetzt. Die Verbindungen hemmen das Enzym Aconitase des Citratzyklus, dabei wird aus Fluoressigsäure Fluorocitrat gebildet, das die Isomerisierung zum Isocitrat blockiert. (Letale Dosis an Natriumfluoroacetat für den Menschen etwa 2 bis 20 mg/kg KG).

$$
\underset{\text{Fluoressigsäure}}{H-\overset{\displaystyle COOH}{\underset{\displaystyle H}{\overset{|}{\underset{|}{C}}}}-F} \longrightarrow \underset{\text{Fluoracetyl-CoA}}{F-CH_2-\overset{\displaystyle O}{\overset{\|}{C}}-CoA} \longrightarrow \underset{\substack{\text{Hemmung} \\ \text{Fluor-} \longrightarrow \text{Aconitase} \\ \text{Citronensäure}}}{\overset{\displaystyle H_2C-COOH}{\underset{\displaystyle F}{\overset{|}{\underset{|}{\overset{\displaystyle HO-\overset{|}{C}-COOH}{H-\overset{|}{C}-COOH}}}}}}
$$

Fluorose ist eine chronische Fluoridvergiftung; Symptome sind: Zahnverfärbung, Nierenversagen, Skelettdeformation und Muskelschwäche. Enthält das Futter 40 mg F^-/kg Futter, dann tritt bei Rindern Fluorose auf. Um 1900 sind die Einwanderer aus Neapel in den USA durch gesunde, aber fleckige Zähne aufgefallen; das neapolitanische Trinkwasser enthielt 4 mg F^-/L Wasser. In Indien im Punjab sind endemische Fluorose-Erkrankungen mit Osteosklerose bis hin zu Deformationen des Skeletts bei 15 mg F^-/L Wasser aufgetreten. 20 mg Fluorid pro Tag führen zu Vergiftungen. Je nach Tee nimmt ein Teetrinker bei einem Konsum von 1 L Tee ca. 1 mg F^- auf.

F_2 kann bei einer Konzentration von 0,001 Vol-% über den Geruch erkannt werden. Bei Fluorvergiftungen werden im Serum Ca^{2+}-Ionen gefällt, ohne dass der Calciumgehalt sinkt. Letale Dosen betragen für den Mensch an NaF 5 bis 15 g NaF/kg KG, Hund, Kaninchen und Schaf ca. 0,2 bis 0,5 g NaF/kg KG.

PTFE (Teflon) und andere Fluorkohlenwasserstoffe wie auch perfluorierte Alkane (als Blutersatzstoffe in der Erprobung) gelten als ungiftig.

17.1.6 Aufnahme und Ausscheidung

Essenziell für den Menschen ist Fluorid (F^-), tägliche Aufnahmen von 1 mg F^- wirken Karies und Knochenschwund (Osteoporose) entgegen. Der D-A-CH-Referenzwert ist bei Frauen mit 3,1 und bei Männern mit 3,4 mg pro Tag angegeben. Aber bereits die doppelte Konzentration kann zur beginnenden Gelenkversteifung (Osteosklerose) führen. Oral aufgenommen ruft 0,1 g F^- Übelkeit und Erbrechen hervor. Fluoride werden enteral gut resorbiert, jedoch hängt die Resorption wesentlich von der Anwesenheit von Ca^{2+} ab, denn das wasserunlösliche CaF_2 wird kaum resorbiert.

17.2. Chlor (Cl)

17.2.1 Vorkommen und Gehalte

Erde: Zu 75,77 % kommt Chlor als stabiles Isotop ^{35}Cl und zu 24,23 % als ^{37}Cl vor. Chlor kommt in der Natur in Form von Metallverbindungen wie **Steinsalz (NaCl)**, **Sylvin (KCl)** und **Carnallit (KCl · MgCl$_2$ · 6 H$_2$O)** vor. Nur bei vulkanischer Aktivität kommt es als Cl$_2$ vor. Die größten Mengen kommen als Cl⁻ im *Wasser der Ozeane* vor, das 2 % Cl⁻ enthält.

Mensch: Der Mensch enthält Cl⁻ in einer Konzentration von 1,4 g/kg, entsprechend 95 g Cl⁻ pro Person. Die Chloridkonzentration im Schweiß beträgt 1 g/L.

Lebensmittel: Tab. 17.2.1 und Tab. 17.2.2

Tab. 17.2.1 Chlorid-Gehalt in verschiedenen Lebensmitteln

Lebensmittel	g/kg	Lebensmittel	g/kg	Lebensmittel	g/kg
Hühnerei	1,8	Kürbiskern	0,8	Walnuss	0,23
Petersilienblatt	1,6	Feldsalat	0,7	Mohn	0,2
Sellerie	1,3	Lachs	0,59	Feige	0,18
Bleichsellerie	1,3	Kohlrabi	0,57	Getreidesprossen	0,15
Hafer	1,19	Schlagsahne	0,50	Johannisbeere, rot	0,14
Banane	1,09	Weizenmehl	0,50	Erdbeere	0,14
Kuhmilch	1,00	Zwiebeln	0,40	Mais, Vollkorn	0,12

Tab. 17.2.2 Lebensmittel mit hohem Gehalt an Chlorid durch NaCl-Zusatz

Lebensmittel	g/kg	Lebensmittel	g/kg	Lebensmittel	g/kg
Speisesalz	599	Schweinefleisch, gepökelt	31	Wurst- und Fleischwaren, fettarm	9,9
Kräutersalz	540	Fischstäbchen, frittiert	28,9	Edamer/Gouda	9
Bratensoße, Trockenpulver	370	Veg. Bratlinge, Trockenprodukt	27,3	Kaviar	8,3
Kaviarersatz	81,5			Blätterteig	7,2
Schinken, roh	32,4	Cervelatwurst	17	Vollkornbrot	7
Pökelwaren	32,4	Camembert	12	Frischkäse	5,7
Kasseler	42,4			Tomatenmark	4,9

17.2.2 Eigenschaften und Verwendung

Elektronenkonfiguration: [Ne] (3s^{2}3p^5); A$_r$ = 35,453 u. **Chlor (Cl$_2$)** ist ein gelbgrünes, stechend riechendes, sehr giftiges Gas (Siedepkt. = − 34,06 °C, Schmelzpkt. = − 101 °C). Durch Druck ist es leicht zu verflüssigen (kritische Temperatur 143,5 °C). Cl$_2$ löst sich leicht in Wasser (Chlorwasser). Bei Atmosphärendruck und 25 °C löst sich 0,092 mol/L, das ergibt eine ungefähr 0,1 molare Cl$_2$-Lösung. Chlor gehört zu den reaktionsfähigsten Elementen und verbindet sich meist schon bei gewöhnlichen Temperaturen unter starker Wärmeentwicklung zu **Chloriden**, nur gegenüber O$_2$, N$_2$, C und den Edelgasen zeigt es keine Reaktion. Mit Natrium vereinigt es sich beim Erwärmen im Chlor-Strom unter intensiver Lichterscheinung:

$$2\,Na + Cl_2 \longrightarrow 2\,NaCl \qquad (\Delta H^0 = -823{,}2 \text{ kJ/mol})$$

Chlor besitzt ein großes Bestreben sich mit Wasserstoff zu vereinigen; es setzt sich zu Chlorwasserstoffgas HCl um. Die Reaktion verläuft unter Einwirkung von Licht h · v (je nach Bestrahlungsintensität) langsam bis explosionsartig:

$$H_2 + Cl_2 \xrightarrow{\;h\cdot v\;} 2\,HCl \qquad (\Delta H^0 = -184{,}9 \text{ kJ/mol})$$
(Knallgasreaktion nach Radikal-Ketten-Mechanismus)

Auch beim Mischen von Chlorwasser mit H$_2$S-Wasser bildet sich Salzsäure HCl:

$$H_2S + Cl_2 \longrightarrow 2\,HCl + S$$

Bei Reaktionen mit organischen Verbindungen ersetzt Chlor den Wasserstoff und es entstehen Chlorkohlenwasserstoffe. Auch H$_2$O kann unter Lichteinwirkung von Chlor zersetzt werden:

$$H_2O + Cl_2 \longrightarrow 2\,HCl + \tfrac{1}{2}\,O_2$$

Dabei entsteht „nascierender" Sauerstoff, sodass feuchtes Chlor eine stark oxidierende Wirkung hat. Diese Reaktion wird zum Bleichen von Stoffen oder Papier (oxidative Zerstörung von Pigmenten), zur Sterilisation von Trinkwasser und zum Desinfizieren (oxidative Zerstörung von Bakterien) genutzt. Weitere Anwendungsbereiche für Chlor sind die Kunststoffindustrie (Vinylchlorid) sowie die Herstellung von Schädlingsbekämpfungsmitteln. HCl wird oft zur Hydrolyse von Proteinen und Kohlenhydraten verwendet.

17.2.3 Verbindungen

Chlorwasserstoff (HCl) (Abb. 17.2.1) ist ein farbloses, stechend riechendes Gas, das sich sehr gut in H$_2$O löst. Wässrige HCl wird Salzsäure genannt (konz. HCl = 38 %ig; $pK_S = -2$). Ihre Salze sind die **Chloride**.

$$HCl + H_2O \;\rightleftharpoons\; H_3O^+ + Cl^-$$

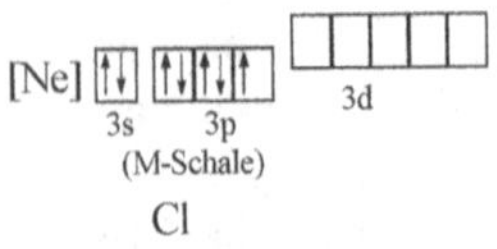

Beispiel: HCl   Bindigkeit: 1

[Ne] $\uparrow\downarrow$ $\uparrow\downarrow|\uparrow\downarrow|\uparrow\downarrow$ 3d

3s   3p
(M-Schale)

Cl

Abb. 17.2.1 Protolyse von HCl und Elektronenverteilung des Chlorids in HCl

Eingeatmet führen HCl-Dämpfe zu Verätzungen der Lungenbläschen. Oral aufgenommen verätzt es den Rachenraum und die Speiseröhre.

Hypochlorige Säure (HOCl), eine schwache Säure (pK_s = 7,5), bildet sich z. B. in geringer Menge aus Chlorwasser durch Disproportionierung:

$$Cl_2 + H_2O \;\rightleftharpoons\; HOCl + HCl$$

Diese Reaktion läuft auch bei der Chlorung in Schwimmbädern ab. Dabei ist die hypochlorige Säure das wirkungsvolle Desinfektionsmittel. Die Reaktion führt zu einer Absenkung des pH-Wertes durch Abgabe der Protonen an das Wasser (Bildung der Hydronium-Ionen). Durch ein Rieselbett von $CaCO_3$ (Marmor) wird der neutrale pH-Wert aufrechterhalten (Bildung von Hydrogencarboant).

Die Salze heißen **Hypochlorite** (Abb. 17.2.2), z. B. Natriumhypochlorit Na-OCl, Calciumhypochlorit ($Ca(OCl)_2$) und **Chlorkalk** ($CaCl(OCl) \cdot Ca(OH)_2 \cdot 5$ H_2O). Hypochlorite zeichnen sich durch kräftiges Oxidationsvermögen aus. Hypochloritlösungen werden als Bleich- und Desinfektionsmittel verwendet. Der Chloridgehalt der in üblicher Weise dargestellten Hypochloritlösungen ist für diese Verwendung nicht störend. Natriumhypochlorit wird als *Eau de Javelle* oder als *Eau de Labarrage* und KOCl als Dakin'sche Lösung bezeichnet.

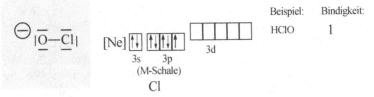

Beispiel: HClO   Bindigkeit: 1

[Ne] $\uparrow\downarrow$ $\uparrow\downarrow|\uparrow\downarrow|\uparrow$ 3d

3s   3p
(M-Schale)

Cl

Abb. 17.2.2 Struktur von ClO$^-$ und Elektronenverteilung des Chlorids in HClO (σ-Bindung: 1; π-Bindung: 0)

Chlorkalk wird zum Desinfizieren von Abwasser und zur Eliminierung des Geruchs von Kadavern und Fäkalien eingesetzt.

In speziellen Sanitärreinigern wurde OCl$^-$ als Desinfektionsmittel verwendet, heute in wesentlich geringeren Konzentrationen als früher. Wurde dabei mit einem anderen Produkt auch Säure, z. B. zum Entfernen von Urinstein, verwendet, so erfolgte folgende Reaktion

$$2 \, H_3O^+ + OCl^- + Cl^- \longrightarrow Cl_2 \uparrow + 3 \, H_2O$$

Durch das aufsteigende Chlorgas sind Verätzungen der Atemwege vorgekommen. Beim Konzentrieren von HOCl entsteht **Chlormonoxid Cl$_2$O** als Anhydrid:

$$2 \, HOCl \; \rightleftharpoons \; Cl_2O + H_2O$$

Cl$_2$O wirkt als starkes Oxidationsmittel und reagiert mit oxidierbaren Substanzen explosionsartig. Der MAK-Wert beträgt: 0,28 mg Cl$_2$O/m$^3 \cong$ 0,1 ppm.

$$Cl_2O \longrightarrow Cl_2 + \tfrac{1}{2} \, O_2$$

Cl$_2$O ist ein orangefarbenes giftiges Gas, welches bei 1,9 °C zu einer braunroten Flüssigkeit kondensiert, es ist gewinkelt gebaut (110,8 °) (Cl-O-Cl) und hat einen durchdringenden scharfen Geruch. Eingeleitet in H$_2$O entsteht die instabile, stark saure **Chlorige Säure (HClO$_2$)** (pK_s = 1,9).

$$2 \, ClO_2 + H_2O \; \rightleftharpoons \; HClO_2 + HClO_3; \; 5 \, HClO_2 \longrightarrow 4 \, ClO_2 + HCl + 2 \, H_2O$$

Die Chlorige Säure zersetzt sich in saurer Lösung in Chlordioxid, Salzsäure und Wasser. Nur die Salze sind bedeutsam.

Ihre Salze, die **Chlorite** (Abb. 17.2.3 und Abb. 17.2.4), entstehen durch Einleitung von ClO$_2$ in Alkalilaugen. Auch die Chlorite werden zum Bleichen verwendet. ClO$_2$ bildet mit den Ligninen keine chlorierten Kohlenwasserstoffe z. B. Dioxine. Um weißes Papier herzustellen, wurde die Chlorbleiche, z. B. bei Kaffeefiltern eingesetzt. Dies hat besonders zu Kontaminationen mit Dibenzodioxinen geführt. Heute wird bei diesen Prozessen Wasserstoffperoxid verwendet.

Diese Reaktion ist auch bedeutsam bei der Entkeimung von Wasser, wie es bspw. in Japan und vielen anderen Ländern gemacht wird. Im frisch entkeimten Oberflächenwasser verändert sich die Farbe der Kiemen der Fische von rot nach braungrau, sonst sind jedoch keine bedenklichen Veränderungen beobachtbar. „Chlorzehrende Präparate" werden dagegen in Aquarien eingesetzt.

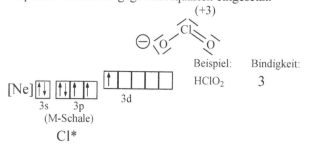

Abb. 17.2.3 Struktur der **Chlorite** (σ-Bindungen: 2; π-Bindungen: 1; gewinkelter Bau) und Elektronenverteilung des Chlors im Chlorit

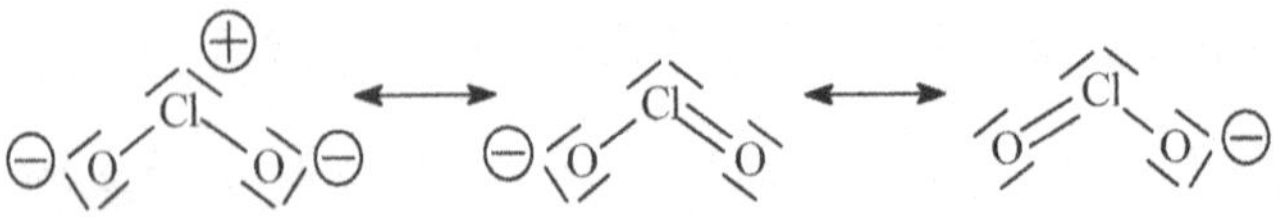

Abb. 17.2.4 Grenzstrukturen des ClO_2^-

Chlordioxid (ClO_2) (Abb. 17.2.5) ist darstellbar durch die Reduktion der Chlorsäure $HClO_3$. Als Reduktionsmittel kann $HClO_3$ selbst dienen, es erfolgt eine Disproportionierung:

$$HClO_3 + HClO_3 \longrightarrow HClO_2 + HClO_4 \;\; ; \;\; HClO_2 + HClO_3 \rightleftharpoons H_2O + 2\,ClO_2$$

Es ist somit das Anhydrid der beiden Säuren:

$$HClO_2 + HClO_3 \rightleftharpoons H_2O + 2\,ClO_2$$

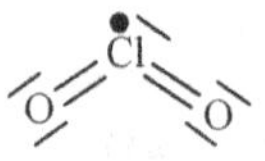

Abb. 17.2.5 Struktur von ClO_2 (es ist ein Radikal!)

ClO_2 ist ein gelbes, durchdringend scharf riechendes, giftiges Gas, das leicht zu einer rotbraunen Flüssigkeit kondensiert (Siedepkt. 9,7 °C). In H_2O ist es leicht löslich. Die Chlordioxidkonzentration im aufbereiteten Trinkwasser darf 0,05 mg/L nicht überschreiten. Eingesetzt werden maximal 0,4 mg/L, wovon ein erheblicher Teil bei der Aufarbeitung von Trinkwasser reagiert.

Verdünnt kann ClO_2 als Bleichmittel für Zellstoff und zur Trinkwasseraufbereitung eingesetzt werden. Es reagiert bei höheren Konzentrationen bereits bei gelindem Erwärmen, durch Schlag oder mit oxidierbaren Stoffen äußerst explosiv:

$$ClO_2 \longrightarrow \tfrac{1}{2}\,Cl_2 + O_2 \quad (\Delta H^0 = -\,102,7 \text{ kJ/mol})$$

Chlorsäure ($HClO_3$) (Abb. 17.2.6) ist eine sehr starke Säure ($pK_s = -\,2,7$). Sie entsteht durch eine Disproportionierung, wobei Hypochlorige Säure das eigene Salz zum **Chlorat** oxidiert.

$$2\,HOCl + ClO^- \longrightarrow 2\,HCl + ClO_3^-$$

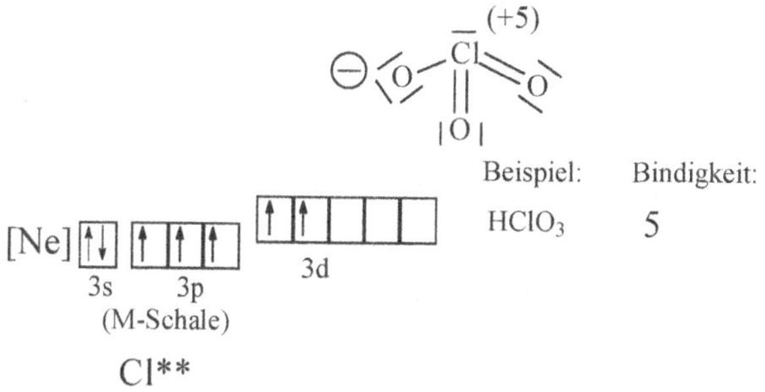

Abb. 17.2.6 Struktur der Chlorate (σ-Bindungen: 3; π-Bindungen: 2; pyramidale Struktur) und Elektronenverteilung des Chlors im Chlorat

Technisch von Bedeutung ist **Natriumchlorat ($NaClO_3$)**, eine farblose, kristalline Substanz. Es wird durch Elektrolyse aus heißer NaCl-Lösung hergestellt und dient als Oxidationsmittel. $KClO_3$ ist ein schwerlösliches Salz, das für Zündhölzer eingesetzt wird. Medizinisch findet es als Antiseptikum für Mundwässer zum Gurgeln Verwendung. Zur Unkrautbekämpfung und zur Entlaubung von Baumwollsträuchern wird es ebenfalls eingesetzt. Beim Erhitzen von Chloraten spaltet sich Sauerstoff ab, Chlorate explodieren daher mit organischen Stoffen leicht. Beim Erhitzen der Chlorate bilden sich durch Disproportionierung **Perchlorate** (Salze der Perchlorsäure). Perchlorate sind, bis auf **Kaliumperchlorat $KClO_4$**, leicht in Wasser löslich.

$$4\ NaClO_3 \xrightarrow{\Delta T} NaCl + 3\ NaClO_4$$

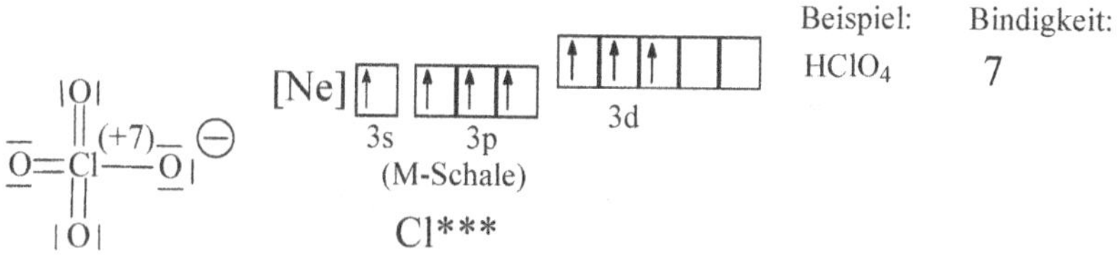

Abb. 17.2.7 Struktur der Perchlorate (σ-Bindungen: 4; π-Bindungen: 3; tetraedrische Struktur) und Elektronenverteilung des Chlors im Perchlorat

Perchlorsäure ($HClO_4$) (Abb. 17.2.7 und Abb. 17.2.8) ist eine farblose, hygroskopische, bei 130 °C siedende Flüssigkeit, die beim Erhitzen zur Explosion neigt. Sie wird durch Zugabe von H_2SO_4 aus Perchloraten gebildet, z. B.:

$$NaClO_4 + H_2SO_4 \longrightarrow HClO_4 + NaHSO_4$$

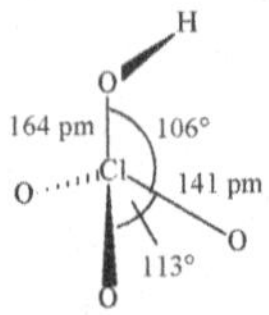

Abb. 17.2.8 Struktur von $HClO_4$ in der Gasphase

Die wässrige Lösung von $HClO_4$ ist eine sehr starke Säure ($pKS = -9$). Das Proton wird leicht abgespalten, weil dann das Perchlorat-Ion ein energetisch günstigeres Tetraeder bildet. Durch Entwässern von $HClO_4$ bildet sich als Anhydrid **Chlorheptoxid (Cl_2O_7)**, eine farblose Flüssigkeit (Schmelzpkt. $-91,5$ °C; Siedepkt. $81,5$ °C), die ebenfalls zum explosionsartigen Zerfall neigt.

17.2.4 Biologische Aspekte und Bindungsformen

Chlorhaltige organische Verbindungen sind als Naturstoffe und nicht nur als Schadstoffe (z. B. Dioxine, PCBs) bekannt. Chlorierte organische Verbindungen schmecken oft süß und werden z. B. als chloriertes Kohlenhydrat (Sucralose) als Zuckerersatz verwendet (600-fache Süßkraft im Vergleich zu Saccharose). Cl^- dient zur Aufrechterhaltung des Säure-Base-Gleichgewichts. Bei der Magen- und Nierensekretion spielt es eine große Rolle, ebenso für den Wasserhaushalt im Körper. Zu etwa 87 % kommt Cl^- im Extrazellularraum als Anion zum Na^+ vor und trägt zur Aufrechterhaltung des osmotischen Drucks bei. Chlorperoxidase, ein Häm enthaltendes Enzym, vermag mit Chlorid unter Bildung von Hypochlorit zu reagieren, wobei anschließend unter Freisetzung von Hydroxid das Halogen auf ein organisches Molekül übertragen wird. Dies erklärt das verstärkte Vorkommen halogenierter organischer Substanzen im marinen System. Seetang, Korallen, Manteltierchen und Schwämme synthetisieren chlororganische Verbindungen. Durch vanadiumhaltige Haloperoxidasen (HP) werden die Halogene (Cl^-, Br^- und I^-) oxidiert, wobei H_2O_2 reduziert wird (s. Stichwort „Vanadium").

$$Enzymreaktion:\ Cl^- + H_2O_2 + H_3O^+ \xrightleftharpoons{HP} HClO + 2\,H_2O$$

Durch eine nichtenzymatische Reaktion reagiert das Hypochlorid z. B. mit einem Alkan und chloriert dieses.

$$HClO + R\text{-}H \longrightarrow R\text{-}Cl + H_2O$$

Die 0,5 %ige Salzsäure des Magens dient zur Abtötung von Keimen und zur Aktivierung von Pepsinogen zu Pepsin. Somit ist HCl notwendig zur Proteinverdauung im Magen. Die Salzsäureproduktion erfolgt in den Belegzellen der Magenschleimhaut unter Einwirkung der Carboanhydrase. Zuerst wird aus CO_2 und Wasser HCO_3^- gebildet, das gegen Cl^--Anionen mithilfe des Cl^-/HCO_3^--

Antiporters (Ionenaustauscher) ausgetauscht wird. In den Erythrocyten des Blutes erfolgt ebenfalls eine Chloridverschiebung im Austausch mit HCO_3^-. Wichtig ist dieser Vorgang bei der Aufrechterhaltung des pH-Wertes im Blut (Blutpuffer) und der Abatmung des CO_2 aus der Lunge, denn es wird nur wenig CO_2 durch Häm in die Lunge transportiert. In den roten Blutkörperchen erfolgt die Umsetzung von CO_2 in HCO_3^- durch die Katalyse der Carboanhydrase. Ammoniumchlorid wird bis zu 2 % einigen Lakritzen (Salmiakpastillen) zugesetzt, um den scharfen Geschmack zu erzeugen. In einigen EU-Ländern dürfen 10 % zugesetzt werden. NH_4Cl in höheren Dosen kann zu Magen- und Darmbeschwerden führen.

17.2.5 Toxikologische Aspekte

0,5 % Cl_2 in der Luft wirkt auf Bakterien, Algen und Säugetiere (auch Menschen) tödlich. Bei 0,01 % können nach stundenlangem Atmen Vergiftungen auftreten. Bei 10^{-3} % werden die Lungen schwer angegriffen. Noch 10^{-4} % Cl_2 in der Atemluft reizt die Atmungsorgane; 10^{-4} Vol.-% Cl_2 werden mit dem Geruchssinn wahrgenommen. MAK-Wert: 1,5 mg/m^3 Luft. Für HCl existiert ebenfalls ein MAK-Wert von 7 mg/m^3 $\cong$ 5 ppm. Chlor reagiert mit organischem Gewebe und besitzt demnach eine hohe Giftigkeit. Kaliumchlorat bindet Methämoglobin im Blut. Schon 5 bis 15 g $KClO_3$ führen zu tödlichen Chloratvergiftungen, weshalb die Chemikalie früher zu Selbst- und Giftmorden eingesetzt wurde.

17.2.6 Aufnahme und Ausscheidung

Chlorid ist ein essenzielles Element. Die Resorption von Chlorid ist an die Natriumresorption gekoppelt und erfolgt vollständig im gesamten Intestinaltrakt. Bei langanhaltendem Erbrechen können Mangelsymptome auftreten. Da die Salzsäurebildung des Magens mit dem Austausch von HCO_3^- zusammenhängt, kann es zu einer hyperchlorämischen metabolischen Alkalose kommen, der pH-Wert des Blutes steigt an und Hyperventilation tritt auf. Die Niere ist das Hauptausscheidungsorgan für Chlorid. Der Chloridbedarf beträgt 1,5 g/d, wobei der Minimalbedarf ca. 0,83 g/d beträgt.

17.3 Brom (Br)

17.3.1 Vorkommen und Gehalte

Erde: Brom kommt als **Bromwasserstoff HBr** in Vesuvgasen vor und als **Bromcarnallit (MgBr$_2$ · KBr · 6 H$_2$O)** in Salzlagern. Im Meerwasser beträgt der Bromidgehalt 68 mg Br$^-$/L. Im Toten Meer liegt der Gehalt an MgBr$_2$ bei 1,5 %, der Gehalt an Bromid 5,4 g/L. Im US-Staat Arkansas finden sich in 2.500 m Tiefe konzentrierte Solen mit einem Brom-Gehalt von 4.000 bis 6.000 mg/kg. Diese Solen entstanden beim Eindampfen in der späten Jurazeit, als der Golf von Mexiko bis in jene Region reichte. Brom blieb zurück, weil es aufgrund des 8 % größeren Ionenradius nur schlecht in das Kristallgitter des NaCl passt.

Mensch: Im Gegensatz zu Cl$^-$ und I$^-$ ist Brom für den Menschen nicht essenziell.

Lebensmittel: (in mg/kg): Haferflocken 0,16; Möhren 1,3; Blumenkohl 0,24; Banane 0,28; Apfel 0,2; Rotbarsch 1,1; Hering 4,7; Forelle 3,3; Kuhmilch 2,4.

17.3.2 Eigenschaften und Verwendung

Elektronenkonfiguration: [Ar] (3 d^{10}4 s^{2}4 p^5); A$_r$ = 79,904 u. Der Name leitet sich ab von griech. *bromos* = Gestank und deutet auf den aggressiven Geruch hin. Die Produktion von Br$_2$ beträgt heute mehr als 600.000 Tonnen pro Jahr.

Br$_2$ ist stark ätzend und führt bei Hautkontakt zu schwer heilenden Wunden. Molekulares Brom Br$_2$ ist bei Raumtemperatur eine tiefbraune Flüssigkeit (Siedepkt. = 58,70 °C, Schmelzpkt. = − 72 °C), die lebhaft rote Dämpfe entwickelt. Die Dämpfe führen zu Atemnot und Lungenödemen. Mit fallender Temperatur hellt sich die Farbe auf. In 100 mL Wasser lösen sich bei Raumtemperatur 3,55 g Br$_2$. Bromwasser ist ein im Laboratorium häufig benutztes Oxidationsmittel, es zerfällt jedoch im direkten Sonnenlicht:

$$H_2O + Br_2 \xrightarrow{\ h \cdot \nu\ } 2\ HBr + \tfrac{1}{2}\ O_2$$

Auch in vielen organischen Lösungsmitteln ist Brom leicht löslich (z. B. in CHCl$_3$). Mit Chlor ist Brom in jedem Verhältnis mischbar. Die chemischen Eigenschaften ähneln denen des Chlors, die Reaktionen verlaufen allerdings weniger energisch. Brom vereinigt sich mit Wasserstoff erst bei höheren Temperaturen. Metallisches Natrium reagiert selbst bei 200 °C nur schwach mit Brom, mit Kalium dagegen explosionsartig zu Kaliumbromid KBr.

Mit bromhaltigem Kautschuk lassen sich besonders gut „luftdichte" Reifen herstellen. Brom wird in großem Umfang zur Herstellung von Flammschutzmitteln wie Octabromdiphenyloxid für ABS, Decabromodiphenyloxid für Polystyrol und Tetrabrombisphenol A für den Schutz von Epoxyharzen eingesetzt. Dafür werden etwa 40 % des weltweit produzierten Broms verwendet. Diese polybromierten Schadstoffe sind mittlerweile ubiquitär verbreitet, reichern sich in der Biosphäre und in Lebensmitteln an.

In Dünger ist es ebenfalls oft anzutreffen.

17.3.3 Verbindungen

Bromwasserstoff (HBr) ist ein farbloses Gas, raucht an der Luft und ist leicht zu Br_2 oxidierbar. Die wässrige Lösung ergibt Bromwasserstoffsäure ($pK_S = -3,5$). Die **Bromide** sind, bis auf AgBr und Hg_2Br_2, leicht in H_2O löslich.

Kaliumbromid (KBr) kristallisiert zu einer farblosen, wasserlöslichen Substanz. Eingesetzt wird es u. a. in der Fotografie und vereinzelt in der Medizin (als Sedativum und zur Krampflösung bei epileptischen Erregungen), vor allem wird auch NaBr als Sedativum eingesetzt.

Hypobromige Säure (HOBr) wird z. B. durch Disproportionierung aus Bromwasser mit HgO gewonnen

$$HgO + 2\,Br_2 + H_2O \longrightarrow HgBr_2 + 2\,HOBr$$

Die **Hypobromite** entstehen z. B. durch Einleiten von Br_2 in NaOH

$$Br_2 + 2\,NaOH \longrightarrow NaOBr + NaBr + H_2O;\ 3\,BrO^- \longrightarrow BrO_3^- + 2\,Br^-$$

Das gebildete Hypobromid disproportioniert zu Bromat und Bromid. Sie werden als Bleich- und Oxidationsmittel eingesetzt.

Bromige Säure (HBrO$_2$) besitzt kaum Bedeutung. Das Natriumbromit NaBrO$_2$ wird in der Textilverarbeitung benutzt.

Bromsäure (HBrO$_3$) wird durch Einleiten von Cl_2 in Bromwasser gewonnen:

$$5\,Cl_2 + Br_2 + 6\,H_2O \longrightarrow 2\,HBrO_3 + 10\,HCl$$

Bromate sind leicht lösliche, starke Oxidationsmittel.

Perbromsäure (HBrO$_4$) lässt sich in Form ihrer Salze durch Oxidation aus Bromaten mit F_2 herstellen. Die Perbromate sind erst seit 1969 bekannt.

$$BrO_3^- + F_2 + H_2O \longrightarrow BrO_4^- + 2\,HF$$

Bromoxide: (Brommonoxid (Br_2O) und Bromdioxid (BrO_2) sehr unbeständig.

17.3.4 Biologische Aspekte und Bindungsformen

Meeresorganismen enthalten organische Brom-Verbindungen, z. B. in Tangarten gibt es bromierte spirozyklische Sesquiterpene, die durch häm- oder vanadiumhaltige Haloperoxidasen erzeugt werden. An einem Hydroperoxid am aktiven Zentrum des Vanadat(V) greift das Bromid an, und es wird zur Hypobromigen Säure oxidiert (Abb. 17.3.1). Diese Hypobromige Säure ist in der Lage, organische Moleküle, z. B. Kohlenwasserstoffe, zu bromieren.

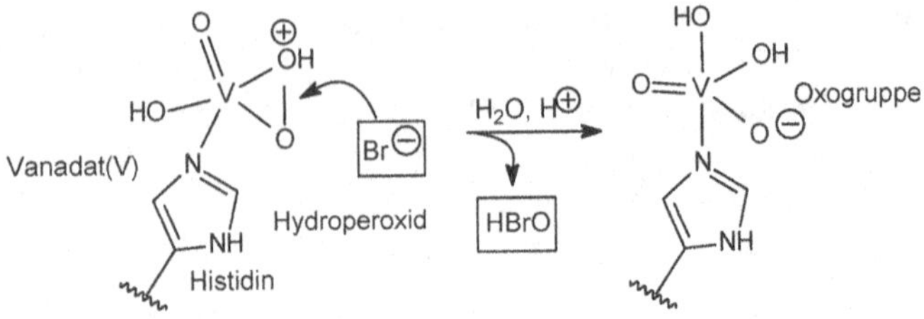

Abb. 17.3.1 Katalytischer Ablauf der Oxidation von Bromid

Schon in der Antike wurde „königlicher" Purpurfarbstoff als sehr wertvoller Naturfarbstoff gewonnen. Die Purpurschnecke enthält in ihrem Farbstoff 6,6'-Dibromindigo Brom als Bestandteil in der Struktur (Abb. 17.3.2). 6,6'-Dibromindigo ist ein Hauptbestandteil aus dem Saft der Drüsen der Purpurschnecke (*Murex*- und *Purpurea*-Arten). Für 1,5 g Farbstoff werden 12.000 Schnecken benötigt (bei der Färbung von Stoff ist allerdings auch nur eine geringe Konzentration in der Küpe (Färbelösung) von ca. 0,2 % Farbstoff notwendig).

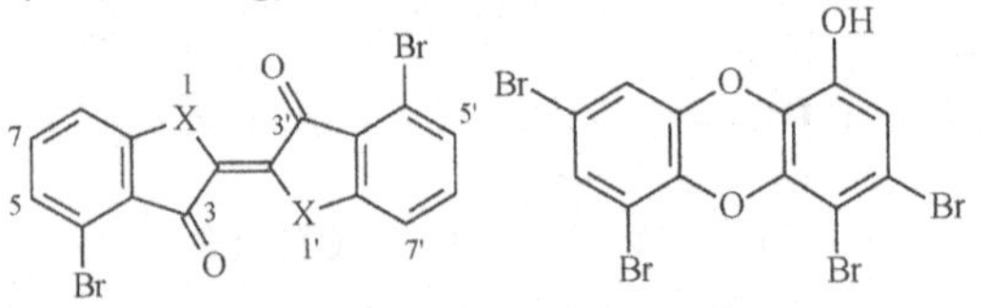

Abb. 17.3.2 6,6'-Dibromindigo und Spongiadioxin A

NaBr ersetzt im Körper das NaCl bei hohen Resorptionsraten. Früher wurde Dibromethan als Antiklopfmittel den Kraftstoffen zugesetzt.

Methylbromid führt zur Zerstörung des Ozons in der Stratosphäre. Es wird u. a. als Herbizid verwendet. 80 % des in die Atmosphäre emittierten Methylbromids stammen aus natürlichen Quellen, wie Meerwasser und Vulkanen.

Spongiadioxin ist eine natürliche Brom-Verbindung aus dem Schwamm *Dysidea dendyi* mit dem Grundgerüst der Dibenzodioxine (Abb. 17.3.2).

17.3.5 Toxikologische Aspekte

Auf der Haut ruft Br_2 schmerzhafte, tiefe Wunden hervor. MAK-Wert: 0,66 mg/m³ Luft. Für HBr beträgt der MAK-Wert 6,7 mg/m³ $\approx$ 2 ppm. Auch bei 100.000-facher Verdünnung sind Bromdämpfe noch geruchlich wahrnehmbar. Eine zehnfach höhere Konzentration führt schon zu Verätzungen der Atmungsorgane. 10^{-4} Vol.-% an Br_2 lassen sich noch erriechen.

Bromid setzt als „Sedativum" die Erregbarkeit des ZNS herab. Es wurde auch zur Behandlung von Epilepsie verwendet, dabei traten jedoch unangenehme Nebenwirkungen wie Schlafstörungen, Ausschläge und Gedächtnisstörungen auf. Als Mittel gegen die Parkinson'sche Krankheit wird Bromocriptin eingesetzt. Es ist ein Derivat des Ergocryptins (Abb. 17.3.3), eines Alkaloids des Mutterkorns.

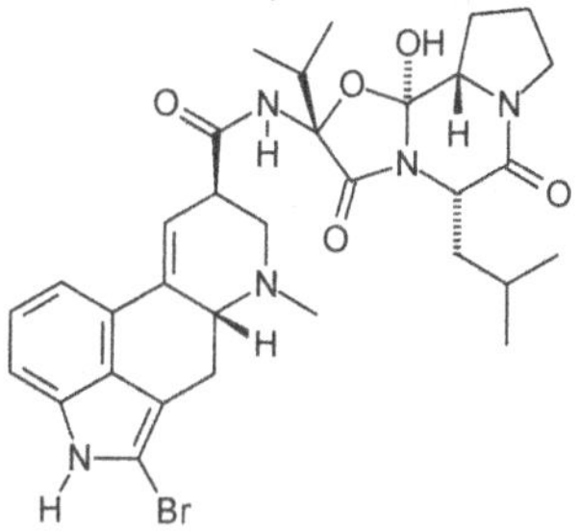

Abb. 17.3.3 Bromocriptin

Zu Vergiftungen kommt es, wenn die Bromidkonzentration im Plasma von 0,1 bis 0,5 mg Br⁻/100 mL Plasma auf 50 bis 150 mg Br⁻/100 mL Plasma ansteigt. Die letale Dosis beträgt für Ratten 3,5 g NaBr/kg KG. Bromate können Krebs erzeugen, die Trinkwasserverordnung nennt einen Grenzwert von 0,01 mg BrO_3^-. Als neue Schadstoffklasse (Flammschutzmittel) erreichen die polybromierten Diphenylether (PBDEs) die Nahrungskette.

17.3.6 Aufnahme und Ausscheidung

Br⁻ ist nicht essenziell. Die Resorption entspricht der des Chlorids. Es reichert sich unter Verdrängung des Chlorids im Körper an.

17.4 Iod (I)

17.4.1 Vorkommen und Gehalte

Erde: Bedingt durch die postglaziale Auswaschung, befinden sich im Boden 1.000 bis 2.000 µg/kg an Iod, in Wildpflanzen 1 bis 200 ng/g. Natürlicherweise befindet sich Iod in Chilesalpeter ($NaNO_3$) als Natrium- oder Calciumiodat $NaIO_3$ bzw. $Ca(IO_3)_2$, aber auch $NaIO_4$ (Periodat). Der rohe Salpeter der Atacama Wüste („Caliche") enthält 0,06 % Iod. Iod wird durch Meeresalgen (bis 19 g/kg TM) angereichert. Schwämme (14 g/kg TM) und Tang reichern es ebenfalls an, sodass es aus deren Asche gewonnen werden kann. Diese Asche wird als „Varech" bezeichnet und enthält bis zu 5 g/t. *Meerwasser* enthält 0,05 mg/L, *Süßwasser* nur 2 bis 6 µg/L.

Mensch: Der Mensch enthält ca. 60 bis 80 mg Iod, davon sind 70 bis 80 % in der Schilddrüse an Thyroxin (T_4) und Triiodthyronin (T_3) gebunden.

Lebensmittel: (in mg/kg): Reiche Quellen von Iod sind Meeresfische z. B. Kabeljau 1,7; Rotbarsch 1,0. In Süßwasserfischen, z. B. Forelle 0,035 und Karpfen 0,017. Muscheln 5 Roggen 0,07; Weizen 0,006; Kartoffeln 0,015; Möhre 0,04; Tomate 0,006; Erdbeere 0,01; Apfel 0,01; Champignons 0,18; Rindfleisch 0,07; Rinderleber 0,14; Schweineleber 0,14; Edamer (40 % Fett i. Tr.) 0,05; Kuhmilch 0,04.

17.4.2 Eigenschaften

Elektronenkonfiguration: [Kr] ($4\,d^{10}5s^25p^5$); $A_r = 126,9045$ u. Reines molekulares Iod I_2 bildet schwarzgraue, rhombische, kristalline Plättchen (Siedepkt. = 184,5 °C, Schmelzpkt. = 113,5 °C). Die Schmelze ist braun, der Ioddampf violett. In Wasser ist es wenig löslich (Iodwasser), jedoch in Form der Polyiodide besser löslich, als Kaliumiodid KI_3 ebenfalls besser in Wasser löslich. In Aceton, Ether, Ethanol ist es leicht löslich (braune Farbe), gelöst in Benzol und Toluol führt es zu Rotfärbung, und in CCl_4, $CHCl_3$ und CS_2 ist die Lösung violett.

In seinen chemischen Eigenschaften ähnelt das Iod dem Brom, es reagiert jedoch weniger heftig. Direkte Verbindungen bildet Iod mit fast allen Elementen, mit Schwefel, Phosphor, Eisen und Quecksilber bei höheren Temperaturen. Die Tendenz, sich mit Wasserstoff zu vereinigen, ist gering. Iod streut Röntgenstrahlen stark, was seinen Einsatz als Röntgenkontrastmittel erklärt (Abb. 17.4.4). Iod und seine Verbindungen werden als Antiseptika eingesetzt. Bei der Herstellung von Gummi, Kunststoffen, Halogenlampen und Farben findet es Verwendung.

17.4.3 Verbindungen

Iodwasserstoff (HI) ist ein stechend riechendes, farbloses Gas. Iodwasserstoff HI zerfällt beim Erhitzen in die Elemente:

$$2\,HI \; \rightleftharpoons \; H_2 \uparrow + I_2 \uparrow$$

HI ist ein stärkeres Reduktionsmittel als HCl und HBr. Iodwasserstoffsäure ist die wässrige Lösung von HI, es ist die stärkste Halogenwasserstoffsäure ($pK_S = -5$). Ihre Salze sind die **Iodide. Kaliumiodid (KI)** kristallisiert in Form farbloser Würfel. Es ist in H_2O und Alkohol löslich. Es findet u. a. Verwendung in der **Iodtinktur** (alkoholische Iodlösung: 2,5 Teile I_2 + 2,5 Teile Kaliumiodid KI mit 66,5 Teilen 90 %igem Ethanol und 28,5 Teilen H_2O) und dient als Antimykotikum und Antiseptikum. Die antiseptische Wirkung soll auf die Abspaltung von Sauerstoff (in *statu nascendi*) zurückzuführen sein.

$$I_2 + H_2O \longrightarrow 2\,HI + \tfrac{1}{2}\,O_2$$

Iodtinktur wird z. T. durch Iodophore ersetzt, bei denen aktives Iod (0,5 bis 3 %) auf Trägermaterialien (Polycarbonsäuren, Polyvinylpyrrolidon) komplex gebunden vorliegt (z. B. Tinkturen, die zum Dippen der Zitzen bei Milchkühen benutzt werden). Aufgrund der Bindung färben die Iodophore die Haut nicht und besitzen eine geringere Toxizität als Iodtinktur. Ursprünglich wurde das Polyvinylpyrrolidon wegen seiner proteinähnlichen Eigenschaft als Blutersatzmittel entwickelt und verwendet; heute jedoch nicht mehr, da injiziertes Polyvinylpyrrolidon Pseudotumore hervorruft.

Mit feinverteiltem **Silberiodid** können in geringem Umfang Regenwolken stimuliert werden und es fängt zu regnen an.

Durch Anlagerung von I_2-Molekülen an I^- entstehen die Polyiodidionen (Abb. 17.4.1). Eine 0,1 molare Iodlösung ($6{,}023 \cdot 10^{22}$ Iodmoleküle/L) aus I_2/KI-Lösung wird als „Lugol'sche Lösung" bezeichnet. Das I_3^--Ion ist linear gebaut.

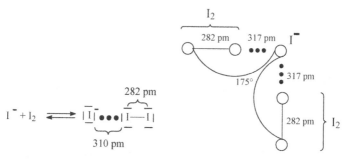

Abb. 17.4.1 Bildung von I_3^- und Struktur des I_5^--Anions

Weitere Anionen sind ebenfalls bekannt, wie das Pentaiodid (I_5^-).

Als I_5^- wird es in die Amylose der Stärke eingelagert, wodurch die charakteristische Blaufärbung entsteht. Es lassen sich damit ca. 0,2 µg Iod nachweisen.

Die blauviolette Färbung der verkleisterten Stärke kommt durch die Einlagerung von I_5^- in die Helix der Amylose zustande (Thorn, 1990). 50 Glucosereste (ca. 8,5 Windungen) liefern die Färbung (Absorptionsmaximum 610 nm). Amylopektin besitzt ein Absorptionsmaximum von ca. 575 nm. Das Amylopektin weist Seitenketten auf, die Amylose nicht. Das Glykogen (tierische Stärke) ist noch stärker quervernetzt als Amylopektin, und es ragen mit etwa 8 Glucoseresten versehene Seitenketten pro ca. 4 Glucosesreste der Basiskette heraus. Glykogen hat die Form einer Reagenzglasbürste und kann I_5^- nur in den kurzen Windungen einlagern. Eine Absorption im Bereich von 400 bis 500 nm ist die Folge. Je länger die Windungen der „Haupthelix" sind, umso mehr wird die Absorption in den höheren Wellenlängenbereich verschoben.

Hypoiodige Säure (HIO) ist unbeständig und zersetzt sich durch Disproportionierung. Ihre Salze, die **Hypoiodite**, sind beständiger, sie entstehen durch Lösen von Iod in Alkalilaugen.

Iodsäure (HIO₃) bildet in freier Form farblose, durchsichtige Kristalle. Sie entsteht z. B. durch Oxidation von I_2 mit HNO_3 oder Cl_2 (wässrige Lsg.):

$$I_2 + 6\,H_2O + 5\,Cl_2 \longrightarrow 2\,HIO_3 + 10\,HCl$$

Iodsäure ist ein starkes Oxidationsmittel. Ihre Salze sind die **Iodate**, sie entstehen aus Iod und erhitzten Alkalilaugen z. B. Kaliumiodat KIO_3:

$$3\,I_2 + 6\,KOH \longrightarrow KIO_3 + 5\,KI + 3\,H_2O$$

Iodate sind beständiger als Chlorate und Bromate, sie wirken auch als Oxidationsmittel. KIO_3 wird in geringer Konzentration (0,0025 %) iodiertem Speisesalz zugesetzt. $NaIO_3$ wird auch als Mehlverbesserungsmittel verwendet.

Iodsäure bildet beim Erhitzen auf 240 bis 250 °C **Iodpentoxid I_2O_5** als Anhydrid:

$$\overset{(+5)}{2\,HIO_3} \longrightarrow H_2O + \overset{(+5)}{I_2O_5}$$

I_2O_5 ist ein weißes Pulver, das oberhalb von 300 °C in die Elemente zerfällt.

Periodate entstehen durch die Oxidation von Iodaten mit Hypochloriten in alkalischer Lösung, z. B. Kaliumperiodat (auch als Kaliummetaperiodat bezeichnet) KIO_4:

$$KIO_3 + KOCl \longrightarrow KIO_4 + KCl$$

Metaperiodsäure (HIO₄) und **Orthoperiodsäure (H₅IO₆)** sind starke Oxidationsmittel, Bedeutung bei der Chemie der Kohlenhydrate (PAS-Reaktion). Die Orthoperiodsäure ist ein Dihydrat, wobei die Wassermoleküle ans Iod gebunden sind ($HIO_4 \cdot 2\ H_2O = H_5IO_6$). Unter Wasserabspaltung bei höheren Konzentrationen entstehen kondensierte Adukte bis hin zur Polyperiodsäure (Abb. 17.4.2).

Iod darf nicht mit NH_3 zusammengebracht werden, da sonst explosiver Iodstickstoff ($NI_3 \cdot NH_3$) entsteht.

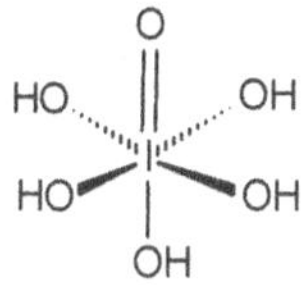

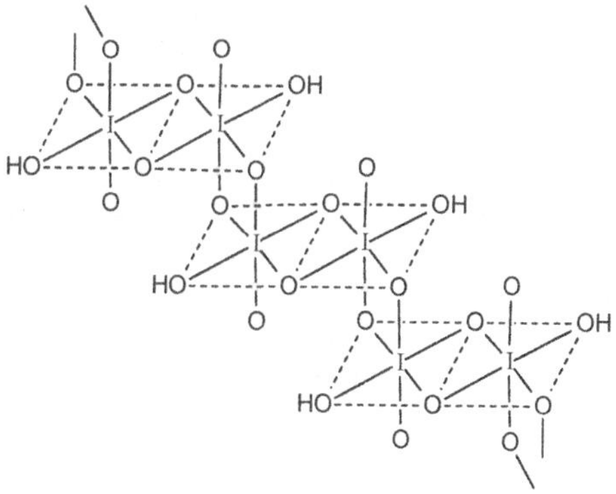

Abb. 17.4.2 Orthoperiodsäure (H_5IO_6) und Polyperiodsäure ($HIO_4)_x$

17.4.4 Biologische Aspekte und Bindungsformen

Meeresorganismen enthalten organische Iodverbindungen. Meeresalgen reichern I^- aus dem Meerwasser an und speichern es als organische Iodverbindungen. Iod ist ein wesentlicher Bestandteil der Schilddrüsenhormone (Thyronin, Thyroxin, Triiodthyronin (Abb. 17.4.3), wobei Thyronin nicht iodiert ist). Die Hormone werden durch Iodierung der Aminosäure Tyrosin gebildet. Bei Iodmangel kommt es zur Bildung des Kropfes mit vermehrter Neigung zur Tumorbildung. Der Genuss von iodiertem Speisesalz dient zur Prävention von Kropf und Kretinismus. Durch das Abschmelzen der Gletscher wurden die Iodverbindungen (Alkali- und Erdalkaliiodid) ins Meer gespült, wodurch der Iodmangel besonders in Bergregionen (Alpen) erklärlich ist.

In Form von Kaliumiodid oder Iodcasein wird Tierfutter mit Iod supplementiert, um die Fleisch- und Milchleistung zu steigern. Dieses führte bspw. bei Hühnereiern zu einer Verzehnfachung der mittleren Konzentration. Lagen die Iodgehalte 1988 (hautsächlich nicht supplementiert) bei 48 µg/kg im Ei/FS und 1992 bei 640 µg/kg, so ist der deutliche Anstieg zu sehen. Bei Milch lag im gleichen Zeitraum der Anstieg nur bei dem 4-fachen Wert.

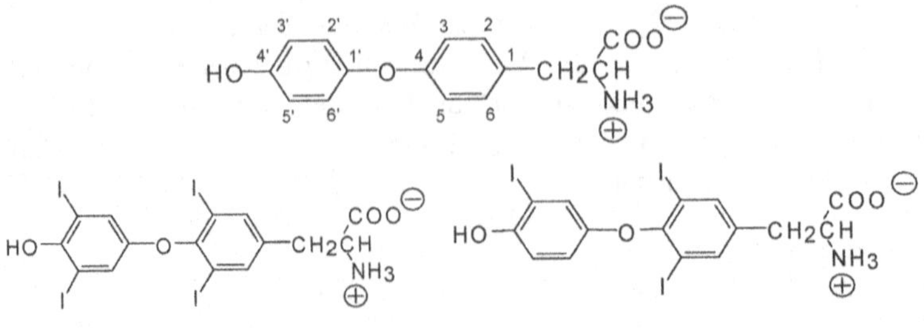

Abb. 17.4.3 Die Schilddrüsenhormone Thyronin, Thyroxin (3,5,3',5'-Tetraiodthyronin, T_4) und 3,5,3'-Triiodthyronin (T_3)

Patienten mit Morbus Basedow und Autoimmunthyreoiditis benötigen eine iodarme Diät. Durch die weitverbreitete Verwendung von iodiertem Speisesalz (enthält 15 bis 25 mg/kg als Kalium- oder Natriumiodat) entsteht für diese Patienten ein Problem. Iodierte organische Substanzen (Abb. 17.4.4), wie z. B. Iohexol®, werden als Röntgenkontrastmittel oder auch bei der Untersuchung zur intestinalen Permeabilität des Darmtraktes verwandt. Iopamidol dient auch als Kontrastmittel zur Darstellung der Blutgefäße. Obwohl beide Wirkstoffe vollständig und inert mit dem Urin ausgeschieden werden, ist eine Belastung der Umwelt nicht auszuschließen. Die iodierten Kontrastmittel werden in verhältnismäßig hohen Dosen verabreicht und können in Abwässern z. T. gefunden werden. Mit Iohexol® kann zwar das radioaktive ^{51}Cr-EDTA bei der Untersuchung zur intestinalen Permeabilität ersetzt werden. Das ^{131}I wird für die Schilddrüsenszintigraphie für bildgebende Verfahren und in der Radiotherapie zur Behandlung von Schilddrüsencarcinomen und bei Schilddrüsenüberfunktion eingesetzt.

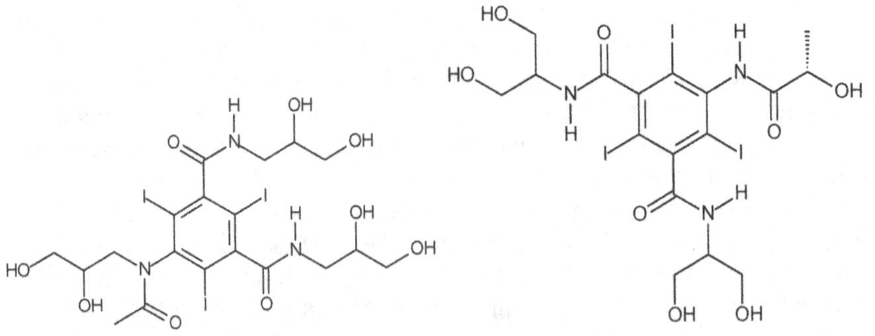

Abb. 17.4.4 Strukturformeln von Iohexol und Iopamidol

17.4.5 Toxikologische Aspekte

Der MAK-Wert für Iod liegt bei 1 mg/m³. ^{131}I besitzt eine physikalische Halbwertszeit von 8,2 Tagen und kann bei einem Nuklearunfall besonders Kleinkinder
schädigen, weil etwa gleiche Mengen resorbiert werden wie bei Erwachsenen, jedoch die Schilddrüse nur etwa 1/10 so groß ist. Iodtabletten enthalten vorwiegend
das stabile ^{127}I mit dem die Iodblockade der Schilddrüse hervorgerufen wird, und
radioaktives Iod, das infolge einer Nuklearexplosion in die Luft gelangt, wird
dann nicht in die Schilddrüse eingelagert. Größere Mengen (30 g) eingenommener
Iodtinktur können tödlich wirken.

17.4.6 Aufnahme und Ausscheidung

Iodid, die hauptsächlich vorkommende Form in den Lebensmitteln, wird fast vollständig resorbiert. Optimale Zufuhr für den Menschen: 100 bis 200 µg täglich, das
entspricht einem Jahresbedarf von 75 mg Iod. Durch die Iodierung von Futtermitteln und Speisesalz wurde die Iodversorgung auf 117 µg/d angehoben (ermittelte
Werte in 2003 bis 2006). Während die Iodsupplementierung für 90 % der Bevöl-
kerung Vorteile bringt, ist sie für Patienten mit Morbus Basedow oder Autoimmunthyreoiditis problematisch, da sie eine iodarme Diät benötigen. Hohe Dosen
führen zum „Iodismus", „Jodschnupfen" mit Reizwirkungen auf Haut und
Schleimhäute. Bei Iodmangel (Hypothyreose) tritt Kropfbildung und bei Kindern
in extremen Fällen Kretinismus auf.

Goitrogene (Isothiocyanate) verhindern die Iodaufnahme in die Schilddrüse,
z. B. die in 400 g Weißkohl vorkommende Menge an Isothiocyanaten verursacht
diese Wirkung (s. Stichwort „Schwefel"). Im Schweiß des Menschen kommen
Jod-Gehalte von 30 bis 40 µg/L vor. Insbesondere bei Leistungssportlern kann es
zu erheblichen Iodverlusten kommen. Die Ausscheidung erfolgt renal, aber auch
über Faeces und Schweiß.

17.5 Astat (At)

17.5.1 Vorkommen und Gehalte

In der *Erdkruste* zu ca. 30 g vertreten. Kurzlebiges, radioaktives Element (HWZ:
^{210}At = 8,3 h), tritt aber auch in Zerfallreihen natürlicher radioaktiver Elemente
(Uran, Thorium) auf.

17.5.2 Eigenschaften und Verwendung

Elektronenkonfiguration: [Xe] $(4\ f^{14}\ 5\ d^{10}\ 6\ s^2\ 6\ p^5)$; $A_r = 210$ u. Astat ist das schwerste Halogen und noch weniger elektropositiv als Iod. Es besitzt einen Schmelzpkt. von 244 °C und einen Siedepkt. von 309 °C. Es hat deutlich metallische Eigenschaften. Verwendung findet es als lokales Isotop zur Bestrahlung bösartiger Tumore und als Marker bei Radiopharmaka.

17.5.3 Biologische Aspekte und Bindungsformen

Astat wird wie Iod in der Schilddrüse angereichert und in der Leber gespeichert.

18 Die Elemente der 18. Gruppe: die Edelgase

Die Gruppe der Edelgase umfasst die Elemente Helium (He), Neon (Ne), Argon (Ar), Krypton (Kr), Xenon (Xe) und Radon (Rn).

18.1 Chemische und physikalische Eigenschaften der Edelgase

Die Edelgase sind farb- und geruchlos, ungiftig und unbrennbar. Sie besitzen die Elektronenkonfiguration von vollständig gefüllten Unterschalen (s^2 bzw. s^2p^6 usw.). Sie sind deshalb chemisch sehr inaktiv und besitzen eine sehr hohe Ionisierungsenergie. Sie bilden unter gewöhnlichen Bedingungen keine chemischen Verbindungen. Da sie keine ungepaarten Elektronen besitzen, sind die Edelgase (als einzige Elemente) auch im elementaren Zustand atomar. Die Schmelz- und Siedepunkte sind sehr niedrig. Tabelle 18.1 zeigt den Anteil der Edelgase an der Luft.

Täglich atmet ein Mensch ca. 20 L Argon ein und aus. Helium, als Produkt der Wasserstofffusion in der Sonne, ist das zweithäufigste Element des Weltalls. Die Erdatmosphäre enthält 5 ppm Helium (mg/kg). Erdgas kann bis zu 7 % Helium enthalten (Hugoton-Gasfeld im Norden Texas), welches bei dem α-Zerfall der radioaktiven Elemente Uran und Thorium emittiert wird. Die Schallgeschwindigkeit in Helium (1.030 m/s) ist im Vergleich zu Luft (350 m/s) höher, sodass beim Einatmen von Helium die Stimme als eine „Micky-Maus-Stimme" zu hören ist. Aufgrund der geringen Viskosität von Helium schwingen die Stimmbänder schneller und eine höhere Grundfrequenz ist die Folge.

Die technische Gewinnung der Edelgase erfolgt durch Fraktionierung von flüssiger Luft. Die Rektifikation ergibt helium- und neonhaltigen Stickstoff, ein Gemisch aus Argon, Stickstoff und Sauerstoff sowie krypton- und xenonhaltigen Sauerstoff. Diese Fraktionen dienen zur Reindarstellung (Siedepunkte von O_2: – 183 °C und N_2: – 196 °C). Radon findet sich am häufigsten in uranreichem Granit.

Tab. 18.1 Vorkommen der Edelgase in der Luft

Edelgas	Anteil an der Luft [Vol.-%]	Gehalt in 1.000 m³ Luft
Helium	0,000524	4 L
Neon	0,00182	16 L
Argon	0,934	9 m³
Krypton	0,000114	1 L
Xenon	0,000009	80 cm³
Radon	6×10^{-18}	48 µm³

18.2 Edelgasverbindungen

Verbindungen von Edelgasen wurden erst mit modernen Analysenmethoden entdeckt. Nur die schweren Edelgase reagieren mit stark elektronegativen Elementen, wie Fluor und Sauerstoff. Xenon bildet z. B. mit Fluor **Xenonhexafluorid (XeF$_6$)**, **Xenontetrafluorid (XeF$_4$)** und **Xenondifluorid (XeF$_2$)**, das als oxidatives Fluorierungsmittel eingesetzt werden kann, sowie mit Platinhexafluorid PtF$_6$ die Verbindung **Xe$^+$[PtF$_6$]$^-$** (orangegelbe, feste Substanz) eingeht. Weiterhin sind von Xenon einige Oxidfluoride und Chloride bekannt.

Krypton (lat. „das Versteckte") bildet mit Fluor **Kryptontetrafluorid (KrF$_4$)**. Das instabile KrF wird zusammen mit anderen angeregten Edelgashalogeniden als Lichtquelle in Lasern verwendet.

18.3 Verwendungsgebiete der Edelgase

Verwendung finden die Edelgase als inerte Füllgase (Ar, Kr, Xe) für Glühlampen (Edelgasfüllung ermöglicht eine Erhöhung der Temperatur des Leuchtdrahtes und somit eine bessere Ausbeute an weißem und ultraviolettem Licht. Glühbirnen mit Kr/Xe-Füllung können gegenüber Glühbirnen mit Ar-Füllung höher erhitzt werden; außerdem besitzen die schweren Edelgase eine geringere Wärmeleitfähigkeit), als Füllgase für Leuchtstoffröhren („Neonröhren": rotes Licht; „Blaulichtröhren": Neon + Spuren von Quecksilber; Argon: blau-rotes Licht; Krypton: grünblaues Licht; Xenon: violettes Licht; „Heliumröhren": elfenbeinweißes Licht), als Füllgase für Gasthermometer und auch als Schutzgase (z. B. Argon zum Schweißen). In der Neonröhre wird durch Anlegen einer hohen Spannung das Neon zum Leuchten angeregt. Krypton wird auch als thermisches Isolationsgas für Fensterverglasungen bei Doppel- und Dreifachverglasungen genutzt. Die Wärmeleitfähigkeit von Krypton beträgt 0,0095 W/(m · K) und ist damit deutlich geringer als die von Helium (0,151 W/(m · K) oder Luft 0,026 W/(m · K).

18.3.1 Spezielle Verwendungsgebiete für Edelgase

Einsatzbereiche für **Helium** sind: Schutzgas im Labor, Kryotechnik (Tiefsttemperaturtechnik), Füllung von Heißluftballons und Luftschiffen (Vorteile gegenüber Wasserstoff: nicht brennbar, geringere Diffusionsgeschwindigkeit von Helium durch die Ballonhülle im Vergleich zu H$_2$), Herstellung von „Helium-Luft" (21 Vol.-% Sauerstoff, 79 Vol.-% Helium (statt Stickstoff)) zur Vermeidung der sog. „Taucherkrankheit" (Helium ist weniger leicht löslich im Blutserum als Stickstoff), es kommt bei Druckentlastung während des Auftauchens nicht zu der gefährlichen Luftembolie (Ausgasen eines Schaums, der die Blutgefäße verstopft) und zur Therapie von Asthmatikern (Atmen wird erleichtert, da Heliumluft nur ⅓ so schwer ist wie gewöhnliche Luft). Da die Wärmeleitfähigkeit von Helium höher ist als die von Luft, kommt es bei längerer Verwendung zur Auskühlung der Lunge. Helium verdrängt Sauerstoff, sodass ein Freisetzen in geschlossenen Räumen zum Sauerstoffmangel führt. Flüssiges Helium dient zur Kühlung von supraleitenden Magneten, wie sie in Kernresonanztomographen verwendet werden. In der Lebensmittelindustrie wird Helium (E 939) als Schutzatmosphäre oder Treibgas verwendet.

Mit **Argon**laser können Arterien „verschweißt" und Tumore bekämpft werden. Argon kommt mit 0,93 % in der Atmosphäre vor und ist nach N_2 und O_2 die dritthäufigste Komponente der Luft. Argon (E 938) ist ebenfalls als Lebensmittelzusatzstoff zugelassen.

Das ^{40}K-Isotop zerfällt mit einer Halbwertszeit von $1,28 \cdot 10^9$ Jahren zu 10 % in ^{40}Ar. Ist das Kalium ^{40}K bspw. in Gestein eingeschlossen, so kann über das Verhältnis von ^{40}K zu ^{40}Ar auf das Alter des Gesteins geschlossen werden. Durch die Dichte von 1,784 kg/m^3 ist Argon bei Normaldruck deutlich schwerer als Luft (1,2928 kg/m^3) und sinkt nach unten.

Im Gemisch (80 % Xe und 20 % O_2) kann **Xenon** als Inhalationsnarkotikum verwendet werden und entspricht in der Wirkungsstärke dem Lachgas, es ist jedoch sehr viel teurer. In der Nuklearmedizin wird Xenon (^{133}Xe, HWZ 5,25 Tage) zur Untersuchung der Durchblutung von Gehirn, Haut, Muskeln etc. eingesetzt. Nichtradioaktives Xenon wird als röntgenopaker Tracer ebenfalls zur Untersuchung der Durchblutung genutzt.

Krypton wird medizinisch als Röntgenkontrastmittel zur Darstellung von Körperhohlräumen eingesetzt. Beim Einatmen verursacht es Bewusstlosigkeit und kann im Gemisch mit O_2 ebenfalls als Narkosemittel eingesetzt werden, welches keine Nebenwirkungen besitzt.

Allgemein gilt für die bisher genannten Edelgase (He, Ne, Ar, Xe, Kr), dass sie nicht toxisch sind, jedoch durch die Verdrängung von Sauerstoff erstickend wirken.

Radon besteht aus radioaktiven Isotopen (Massenzahlen 199 bis 226), die aus den Zerfallsreihen des Urans, Thoriums und Actiniums ständig nachgebildet werden. Für die Strahlenbelastung verantwortlich ist das Isotop ^{226}Rn, das zu ^{222}Rn zerfällt. Radon ist wegen seiner stark strahlenden Zerfallsprodukte (Po-, Pb- und Bi-Isotope der Zerfallsreihen) gefährlich. Die Halbwertszeit des α- und γ-Strahlers ^{222}Rn beträgt 3,82 Tage, besonders die Folgeprodukte heften sich an Aerosolpartikel, sodass vom eingeatmeten Radon und den Folgeprodukten 25 % im Atmungstrakt verbleiben. Überall dort, wo Uran- und Thoriumspuren in der Luft enthalten sind, kommt es zur Inhalation von Radon. Zum Beispiel wird in umbauten Räumen auch Radon aus dem Baumaterial abgegeben und inhaliert. Es gelangt aus Kellern, Erdreich und Mauern in die Räume. Es sammelt sich besonders in unbelüfteten Kellern an und kann von dort in die Wohnräume aufsteigen. Es soll für ca. 7 % (jährlich ca. 2.000 Lungenkrebs-Todesfälle durch Radon in Deutschland) der Lungenkrebserkrankungen verantwortlich sein. Besonders betroffen sind dabei

Raucher, sie stellen bei dem durch Radon verursachten Lungenkrebs 80 % der Toten. Die im Tabakrauch vorhandenen Teertröpfchen erleichtern den Transport der Radonzerfallsprodukte in die Lunge stark. Die α-Strahlung, insbesondere des Poloniums (Folgeprodukt des Radonzerfalls), wirkt auf die Basalzellschicht des Bronchialepithels und schädigt diese. Auch Passivraucher sind gefährdet.

In Quellwässern aus radioaktiven Lagerstätten (z. B. Karlsbad, Joachimsthal) tritt ebenfalls Radon auf. Die Quellwässer wurden früher therapeutisch für „Radonwassertrinkkuren" oder „Radonwannenbäder" verwendet. In Bad Kreuznach und Bad Gastein (Bergwerkstollen) sind therapeutische Anwendungen beschrieben.

Im 16. Jahrhundert trat in Schneeberg eine Häufung von Lungenerkrankungen auf, die „Schneeberger Bergkrankheit" genannt wurde. Radon dürfte wohl die damalige Ursache für Lungenkrebs gewesen sein. Bei Pechblende sind Spitzenwerte von 100.000 Bq/m^3 und im Jahresmittel 15.000 Bq/m^3 gemessen worden.

Die Strahlenbelastung aus Radon und Zerfallsprodukten beträgt im Normalfall etwa 1 ($\pm$ 0,5) mSv/a und stellt einen herausragenden Anteil an der Gesamt-Strahlenexposition in der Umwelt dar. Im Mittel werden in der Raumluft 50 Bq/m^3 Luft gemessen. Aus den 50 Bq/m^3 lässt sich eine jährliche Strahlendosis von 0,8 Millisievert (mSv) berechnen. Im Freien nimmt der Mensch noch 0,1 mSv/Jahr aus Radonquellen auf. Die Radonstrahlenbelastung macht etwa 40 % der gesamten natürlichen Strahlenbelastung aus. Durch den verminderten Luftwechsel in Folge von Energiesparmaßnahmen kann die Radonkonzentration in bewohnten Räumen um das Dreifache ansteigen.

In Schneeberg (Uranbergbau im Erzgebirge) wurden in der Hälfte der Wohnungen Werte von über 250 Bq/m^3 festgestellt. Weitere belastete Gebiete sind der Südschwarzwald und der Thüringer Wald. Spitzenwerte von 10.000 Bq/m^3 wurden in der Luft belasteter Innenräume gemessen.

Über den Radongehalt im Wasser kann auf die Herkunft des Wassers geschlossen werden, Regen- und Oberflächenwasser enthalten nur Spuren, Grundwasser dagegen um Größenordnungen höhere Radongehalte. Beim Regen- und Oberflächenwasser geht Radon schnell in die Atmosphäre über, während das Grundwasser Radon aus den Gesteinen auswäscht.

19 Ausgewählte Elemente der Lanthanoide und Actinoide

19.1 Gadolinium (Gd)

19.1.1 Vorkommen und Gehalte

Gadolinium gehört zu den Seltenen Erden und den Lanthanoiden.

19.1.2 Verbindungen

Elektronenkonfiguration: [Xe] (4 f^7 5 d^1 6 s^2); A_r = 157,25u. Das Gd^{3+}-Ion trägt sieben ungepaarte Elektronen, wodurch starke paramagnetische Eigenschaften erzeugt werden. Dadurch eignet sich das Gadolinum^{III}-Ion bei der MRI-Spektroskopie (*magnetic resonance imaging*) gut als Kontrastmittel. Bei dieser Untersuchungsmethode werden die Relaxationseigenschaften des Wassers gemessen, die sich bei gesunden und kranken Geweben unterscheiden. MRI gehört zur klassischen NMR-Spektroskopie. Intravenös injizierte Gadolinium-Verbindungen dienen zum Aufspüren von Carcinomen.

Oxysulfide des Gadolinums werden als grüner Leuchtstoff in nachleuchtenden Radarbildschirmen eingesetzt.

19.1.3 Biologische Aspekte und Bindungsformen

Es sind bisher vier Gadolinium^{III}-Komplexe zu medizinischen Zwecken zugelassen worden, die zum Aufspüren von Anomalien der Blut-Hirn-Schranke eingesetzt werden. Sie werden als Kernspin- oder MRI-Kontrastmittel eingesetzt (Abb. 19.1.2). Das Kontrastmittel zeigt die Unterschiede bei Krebs in den Geweben sehr gut an.

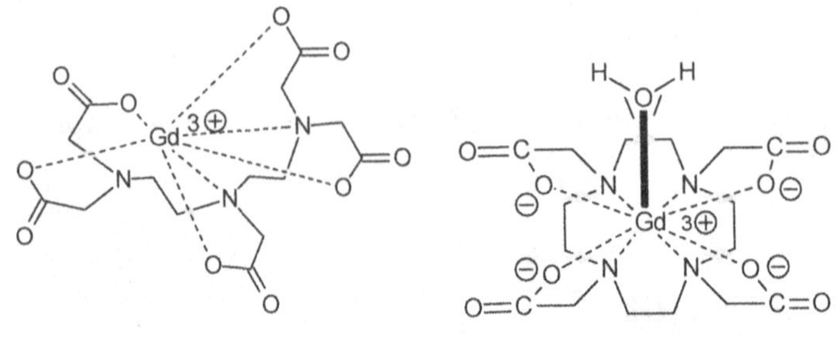

Abb. 19.1.1 Paramagnetische Gd^{3+}-Komplexe: $[Gd(DTPA)]^{2-}$ und $[Gd(DOTA)]^-$, Dotarem

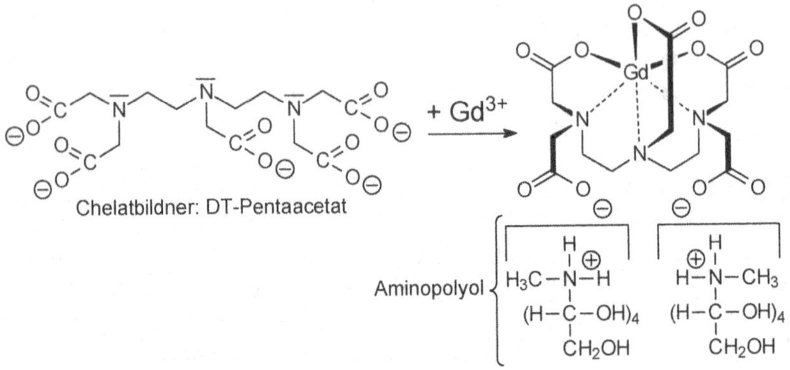

Abb. 19.1.2 Gadopentet-Dimeglumin und sein Chelatbildner

Magnevist (Abb. 19.1.1) ist wesentlich instabiler als Dotarem. Der Abbau von Magnevist verläuft nach der Injektion 3-mal schneller. Dotarem ist von der Struktur ein Makrozyklus, während Magnevist einen azyklischen Liganden besitzt. Diese strukturellen Unterschiede sind für die unterschiedliche Verteilung von Magnevist (Gehirn) und Dotarem (im Blut, zur Untersuchung von koronaren Herzerkrankungen) verantwortlich. Bei der Ga^{3+}-Verbindung MS-325 (Abb. 19.1.3) nutzt man die Bindung an humanes Serumalbumin (HSA) aus, wodurch die Zirkulation im Blutsystem untersucht werden kann. MS-325 befindet sich derzeit in Phase III der klinischen Untersuchung und ist ein potenzielles neues Kontrastmittel für die Visualisierung von Arterienverschlüssen.

Der Gd^{III}-Komplex ist nicht zellgängig und diffundiert schnell vom extrazellulären Raum in die interstitelle Gewebeflüssigkeit. Das Dinatriumsalz des Gadoxetsäure-Komplexes wird von Hepatocyten aufgenommen und reichert sich nach Injektion bevorzugt in der Leber im Parenchym an und verstärkt die Kontraste im Lebergewebe während der MRI-Spektroskopie.

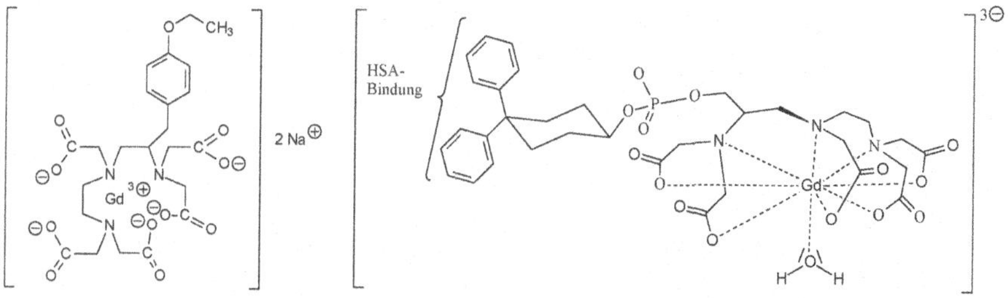

Abb. 19.1.3 Dinatriumsalz der Gadoxetsäure und MS-325

19.1.4 Toxikologische Aspekte

Gd-Ionen wirken akut toxisch. Davon betroffen ist die Muskulatur, bei gesunden Menschen wird die Blut-Hirn-Schranke nicht überwunden. In komplexierter Form ist es verhältnismäßig gut verträglich.

19.1.5 Aufnahme und Ausscheidung

Die Gadolinium[III]-Komplexe werden renal ausgeschieden, die Halbwertszeit beträgt $t_{1/2} < 2$ h. Besonders wichtig ist die schnelle Ausscheidung von Komplexen mit zyklischen Liganden, denn durch den Abbau der Komplexe im Körper bilden sich besonders schnell bei Magnevist freie $[Gd(H_2O)_9]^{3+}$-Aquakomplexe des Gadolinum(III)-Ions, die besonders gegen Zellen toxisch wirken und eine Nephrogene Systemische Fibrose hervorrufen können, die sich durch krankhafte Vermehrung des Bindegewebes der Niere, aber auch anderer Organe äußern kann.

19.2 Uran (U)

19.2.1 Vorkommen und Gehalte

Erde: *Erdkruste* 2 mg/kg. Wichtigstes Uranmineral ist die **Uranpechblende (Uraninit) (U_3O_8,** ein Mischoxid aus $UO_2 \cdot 2\, UO_3$). Uran kommt nicht elementar vor und gehört zu den Actinoiden.

Mensch: Im Menschen kommen 0,07 mg Uran vor, gebunden vorwiegend an Phosphat, angereichert in den Knochen.

Lebensmittel: (Gehalte an Uran in µg/kg bzw. µg/L bezogen auf FG) Spargel 2,4; Kopfsalat 2,9; Gurken 0,6; Weißwein 1,3; Speiseerbsen 1,5; Weizenmehl 1,5;

Camembert 2,9; Eier 4,1; Milch 0,2; Rindernieren 2,1, Rindfleisch 0,6; Schweinefleisch 0,4.

19.2.2 Eigenschaften und Verwendung

Elektronenkonfiguration: [Xe] (5 f^3 6 d^1 7 s^2); A_r = 238,0289 u. Natürliches Uran ist ein Mischelement und besteht aus den Isotopen ^{238}U (99,28 %), ^{235}U (0,71 %) und ^{234}U (0,006 %). Aufgrund der hohen Kernladungszahl ist der Atomkern instabil. Beim natürlichen radioaktiven Zerfall erfolgt eine Emission von Atombausteinen in zweifacher Weise:

1.   aus dem Atomkern wird ein aus zwei Protonen und zwei Neutronen bestehender Heliumkern He^{2+} = „α-Teilchen" herausgeschleudert oder
2.   aus dem Atomkern wird ein negatives Elektron e^- = „β-Teilchen" herausgeschleudert.

Die Uranisotope bilden unterschiedliche Zerfallsreihen, Endprodukt ist jeweils inaktives Blei mit verschiedenen Atomgewichten.

Beim Bestrahlen von Uran mit langsamen Neutronen entsteht zunächst aus dem Uranisotop $^{235}_{92}U$ (Kernbrennstoff) durch Neutronenaufnahme das Uranisotop $^{235}_{92}U$. Die Kerne dieses instabilen Uranisotops spalten sich unter ungeheurer Wärmeentwicklung bevorzugt in je zwei große Bruchstücke mit Massenzahlen um 95 und um 140, z. B. in Krypton und Barium oder Strontium und Xenon:

$$^{236}_{92}U \longrightarrow {}^{92}_{36}Kr + {}^{142}_{56}Ba + 2\,{}^{1}_{0}n \qquad bzw. \qquad {}^{236}_{92}U \longrightarrow {}^{90}_{38}Sr + {}^{143}_{54}Xe + 3\,{}^{1}_{0}n$$

Dabei werden gleichzeitig Neutronen in Freiheit gesetzt.

Metallisches Uran sieht ähnlich aus wie Eisen, es ist giftig. An der Luft läuft es an. Es löst sich in HCl und HNO_3. Gegen Alkalien ist es beständig. Mit heißem H_2O reagiert es unter H_2-Bildung zu Urandioxid UO_2:

$$U + 2\,H_2O \longrightarrow UO_2 + 2\,H_2 \uparrow$$

Beim Glühen an der Luft verbrennt es zu Uranoxid (U_3O_8 bzw. $UO_2 \cdot 2\,UO_3$). Verwendet wird Uran besonders als Brennstoff in der Reaktortechnik, aber auch zur militärischen Nutzung in Bomben und Granaten.

19.2.3 Verbindungen

In Verbindungen tritt Uran zwei-, drei-, vier-, fünf- oder sechswertig auf. Beständig sind aber nur die vier- und besonders die sechswertigen Verbindungen.

Uran(VI)-oxid (UO_3), eine rotgelbe Substanz, entsteht z. B. beim Erhitzen von UCl_6. UO_3 besitzt saure und basische Eigenschaften und löst sich daher in Basen und Säuren auf. Uranoxid wurde früher verwendet, um künstlichen Zähnen den natürlichen, schwach gelblichen Farbton zu verleihen. Mit Basen entstehen **Uranate (UO$_4$)$^{2-}$** aus UO$_3$:

$$UO_3 + H_2O \longrightarrow H_2UO_4$$

Sie gehen wie die Chromate in die **Di-Uranate** über:

$$2\ UO_4^{2-} + 2\ H^+ \longrightarrow U_2O_7^{2-} + H_2O$$

Mit Säuren entstehen aus UO$_3$ **Uranyl-Verbindungen** mit dem Ion UO$_2^{2+}$, z. B. Uranylnitrat UO$_2$(NO$_3$)$_2$. Beide Verbindungstypen leiten sich von der Uransäure UO$_2$(OH)$_2$ ab, die als Säure und als Base fungieren kann:

$$UO_4^{2-} + 2\ H_3O^+ \rightleftharpoons UO_2(OH)_2 + 2\ H_2O \rightleftharpoons UO_2^{2+} + 2\ OH^- + 2\ H_2O$$

Uranat   Uransäure   Uranyl

(Anmerkung: Die analog gebaute Schwefelsäure SO$_2$(OH)$_2$ besitzt diese Eigenschaft nicht.)

Beim Erhitzen auf 900 °C im H$_2$-Strom geht UO$_3$ in das braunschwarze, sehr giftige **Uran(IV)-oxid (Urandioxid) UO$_2$** über. UO$_2$ besitzt nur basischen Charakter. Beim Glühen an der Luft bildet sich aus UO$_3$ und UO$_2$ das grüne **Mischoxid U$_3$O$_8$** (UO$_2$ · 2 UO$_3$), eine giftige, wasserunlösliche Substanz.

Uranylnitrat kristallisiert wasserhaltig (UO$_2$(NO$_3$)$_2$ · 6 H$_2$O) aus einer wässrigen Lösung und bildet zitronengelbe Kristalle.

Uranylacetat (UO$_2$(CH$_3$COO)$_2$ · 2 H$_2$O) bildet sich durch Lösen von UO$_3$ in Essigsäure. Es neigt sehr zur Bildung von Doppelsalzen, z. B. von CH$_3$COONa · UO$_2$(CH$_3$COO)$_2$. Dieses Doppelsalz ist schwer löslich und bildet charakteristische, gelbe Tetraeder. Es dient zum analytischen Nachweis von Na$^+$.

19.2.4 Biologische Aspekte und Bindungsformen

Während des Golfkrieges sind uranhaltige Panzersprenggranaten eingesetzt worden. Es wurde abgereichertes Uran verwendet. Die α-Aktivität des Natururans beträgt 25.000 Bq/g, die des abgereicherten Urans (DU) liegt etwa 40 % niedriger bei 15.000 Bq/g. Die Uranmunition enthält etwa 270 g DU. Das Uran ist in einem sogenannten fingerdicken und -langen „Pfeil" in der Granate lokalisiert, beim Aufschlag heizt sich dieser „Pfeil" auf mehrere Tausend Grad Celsius auf. Nach Durchdringen der Panzerung verbrennt der flüssige oder pulverisierte Teil des „Pfeils" und 10 % gehen in ein Uranaerosol über. Durch die hohe Hitzeentwicklung werden Treibstoff und Munition im Innern des Panzers gezündet. Die Inkorporation des freigesetzten Uranaerosols stellt die eigentliche Gefahr der nicht direkt Betroffenen dar. Es bleibt zu beobachten, wie sich diese Freisetzung auf biologische Systeme auswirkt. In den letzten Kriegen wurden mehrere Tonnen abgereicherte Uranmunition zur Explosion gebracht.

Jedes Gramm Erdkruste enthält 1 bis 10 µg Uran, sodass im Erdaushub eines Einfamilienhauses 1 kg Uran enthalten sein können.

Besonders im Hühnerei und in blattreichen Gemüse und Kräutern, aber auch in Pilzen, Oliven und Spargel wird Uran angereichert. Der erhöhte Gehalt in Eiern geht wahrscheinlich auf Phosphate als Mineralsupplement bei der Verfütterung zurück. Erhöhte Uran-Gehalte im Trinkwasser haben einen geologischen Ursprung. Aber es kommt zur Anreicherung durch Phosphatdünger, denn in Rohphosphaten sind Uran-Gehalte von 10 bis 200 mg/kg enthalten. Mit einer normalen Phosphatdüngung werden so 5 g Uran je Hektar und Jahr auf das Feld gebracht.

19.2.5 Toxikologische Aspekte

Uran und seine Verbindungen wirken einerseits chemisch toxisch (besonders wirkt es auf Niere und das reproduktive System), andererseits durch die radioaktive Strahlung. Eine einmalige Inhalation von 8 bis 40 mg in löslicher Form führt zu vorübergehenden oder permanenten Nierenschäden. Die Uranyl- und Chloridverbindungen weisen eine erhöhte Toxizität auf.

MAK-Wert für Uran: 0,05 mg/m^3 (lösliche Verbindungen) bzw. 0,25 mg/m^3 (unlösliche Verbindungen). Der Grenzwert für Trinkwasser beträgt 10 µg/L. Wenn Mineralwasser vom Hersteller für Säuglingsnahrung herausgestellt wird, darf es nicht mehr als 2 µg/L enthalten. In einigen europäischen Mineralwässern sind Gehalte von 15,1 µg/L (Spanien) und 27,5 µg/L (Finnland) gefunden worden.

In Uranbergwerken sind 75 % der Bergleute der „Schneeberger Krankheit" zum Opfer gefallen (Abschn. 18.3.1). Piloten sind einer höheren Strahlenbelastung ausgesetzt als das Wartungspersonal in Kerntechnikanlagen.

Seit Beginn des 20. Jh. wurde Uran als Farbe in Geschirrglasuren eingebrannt. Mit Beginn der 1960er-Jahre ist dies verboten. Durch säure- oder alkoholhaltige Speisen können geringe Mengen Uran aus solchem Geschirr gelöst werden. In Italien wurden bis Mitte der 1970er-Jahre noch Fliesen und Kacheln mit uranhaltiger Farbe hergestellt. Bei der Glasschmelze wurde Uran verwendet, um fluoreszierende grüne Gläser zu erhalten.

19.2.6 Aufnahme und Ausscheidung

Es existiert ein Grenzwert für die tägliche Aufnahme von Uran bezogen auf das Körpergewicht von 0,5 µg/kg für lösliche und 5 µg/kg für unlösliche Uranverbindungen.

Uran wird zu einem großen Teil rasch über die Nieren ausgeschieden. Der Rest verteilt sich in verschiedenen Organen und wird über einen längeren Zeitraum ebenfalls über den Urin ausgeschieden, und zwar proportional zum Körpergehalt. Uran in leicht löslicher Form z. B. als Uranaerosol wird zu 2 bis 5 % in die Blutbahn aufgenommen. Bei oraler Aufnahme werden zwischen 0,2 und 2 % der Uran-Verbindung resorbiert.

19.3 Plutonium (Pu)

19.3.1 Vorkommen und Gehalte

Erde: In der *Erdkruste* kommt Plutonium mit 2 bis 10^{-19} % vor und ist somit extrem selten. Es kommt nur in Spuren vor, wenige Kilogramm sind als „natürliches" Pu in der Erdkruste zu finden. Es gehört zu den Actinoiden. In Uranerzen liegt die Konzentration im ng/kg-Bereich und noch darunter, allerdings dürfte der Mensch einige tausend Atome davon im Körper tragen. Auf der Welt gibt es ca. 1.400 t Plutonium, wovon etwa ⅙ für Kernwaffen hergestellt wurde. Der Rest wird in Kernreaktoren (vor allem Druckwasserreaktoren) erzeugt. Plutonium wird mittlerweile auch als Kernbrennstoff (in Leichtwasserreaktoren) eingesetzt. Die ersten zwei Plutoniumbomben explodierten im Juli 1945 in Alamogordo (New Mexico) und im August 1945 über Nagasaki und forderten dort 70.000 Menschenleben. Nur ¼ einer plutoniumhaltigen Atombombe reagiert bei der Kettenreaktion, der Rest verdampft und kontaminiert die Atmosphäre. Auch Wasserstoffbomben enthalten einen Plutoniumkern als Zünder. Durch die Atomwaffenversuche bis 1962 wurden etwa 5 bis 10 t Plutonium freigesetzt. Bei den Reaktorunfällen in Tschernobyl und dem Kyschtym-Unfalll (1957) war im Umkreis von ca. 100 km um die Unfallorte das Plutonium niedergegangen.

Bis 1970 wurde ^{238}Pu in Herzschrittmachern eingesetzt.

19.3.2 Eigenschaften

Elektronenkonfiguration: [Rn] (5 f^6 7 s^2); A_r = 244 u. Die Dichte des Plutoniums beträgt etwa 20 kg/L (etwas mehr als die Dichte von Gold). Das Metall hat einen Schmelzpkt. von 641 °C.

Verwendet wird Plutonium auch zur Energieversorgung von Raumsonden, Tiefseetauchanzügen und Herzschrittmachern (von der Verwendung ist man jedoch wieder abgekommen).

Eine 250 g schwere Kugel aus ^{238}Pu, die einen Durchmesser von 3 cm besitzt, strahlt 100 W Wärme ab, wovon 3 bis 5 Watt elektrische Energie gewonnen werden kann und stellt eine Stromerzeugungsquelle bei Weltraumexpeditionen dar.

19.3.3 Verbindungen

Plutonium ist sehr reaktionsfähig und bildet leicht mit Sauerstoff vierwertige, unlösliche Oxide. Ein Behälter gefüllt mit Plutonium, der nicht luftdicht verschlossen ist, kann unter dem Druck des gebildeten Oxids explodieren, weil das Volumen des gebildeten Oxids um 40 % größer ist als das Volumen des Metalls. Als PuO_2 wird Plutonium in Radionuklidbatterien in Raumsonden zu Erzeugung elektrischer Energie (neuerdings nicht mehr bei erdumkreisenden Satelliten) eingesetzt.

19.3.4 Biologische Aspekte und Bindungsformen

Plutonium reichert sich im Knochenmark und in der Leber an. Im Blut bildet es einen Komplex mit Transferrin, wodurch es leicht in die Zellen gelangen kann.

Für Pflanzen ist die Bioverfügbarkeit aus dem Boden gering, auch von Tieren stammende Lebensmittel stellen keine Gefahr dar, weil keine Akkumulation in der Fisch- und Fleischmuskulatur sowie in der Milch zu beobachten ist. Muscheln reichern Plutonium in ihren Schalen an, auch können Flechten und Moose als Bioindikatoren dienen.

19.3.5 Toxikologische Aspekte

Plutonium ist ein energiearmer α-Strahler, wobei die α-Teilchen die DNA schädigen. Eingeatmete Plutoniumstäube führen zu Lungenkrebs, Stäube sind besonders gefährlich. Plutonium schädigt vor allem die Nieren. Die α-Strahlung wirkt besonders im Inneren des Körpers, reagiert mit den nahen umliegenden Zellkernen und verursacht Krebs.

19.4 Sonstige Actinoide

Das **Americium-241** ist ebenfalls ein α-Strahler mit einem hohen Anteil von γ-Strahlung. Das Isotop besitzt eine Halbwertszeit von 432 Jahren und wird zur Dickenmessung von Objekten in der Industrie, zur Detektion von Rauch und zur Diagnose von Schilddrüsenerkrankungen eingesetzt. Ein Gemisch mit Beryllium und ^{241}Am wird aufgrund des starken Neutronenflusses (1 Mio. Neutronen g/s) zur Messung der geförderten Ölmenge bei Ölquellen verwandt.

Californium-252 ist ebenfalls eine starke Neutronenquelle (2 Billionen Neutronen g/s) und wird für die Neutronenaktivierungsanalyse und Neutronenradiographie verwendet. An Flughäfen wird es zum Aufspüren von N-haltigem Material (Explosivstoffe) eingesetzt.

Literaturauswahl

Lehrbücher zur Anorganischen Chemie

Binnewies M, Jäckel M, Willner H, Rayner-Canham G (2011) Allgemeine und Anorganische Chemie. 2. Aufl. Spektrum, Heidelberg

Hollemann AF, Fortgef. u. bearb. v. Wiberg E u. N (2007) Lehrbuch der Anorganischen Chemie. 102. Aufl. de Gruyter, Berlin

Latscha HP, Mutz M (2011) Chemie der Elemente – Chemie-Basiswissen IV. 1. Aufl. Springer, Heidelberg

Latscha HP, Klein HA, Mutz M (2011) Allgemeine Chemie – Chemie-Basiswissen I. 10. Aufl. Springer, Heidelberg

Riedel E, Janiak C (2011) Anorganische Chemie. 8. Aufl. de Gruyter, Berlin

Bücher zur Biochemie

Berg J, Tymoczko J, Stryer L (2011) Biochemie. 6. Aufl. Spektrum, Heidelberg

Horton HR, Moran LA, Scrimgeour KG, Perry MD, Rawn JD (2008) Biochemie. 4. aktualisierte Aufl. Pearson Studium, München

Nelson D, Cox M (2011) Lehninger Biochemie. 4. Aufl. Springer, Heidelberg

Püschel G, Kühn H, Kietzmann T, Höhne W, Christ B, Doenecke D, Koolman J (2011) Taschenlehrbuch Biochemie. Thieme, Stuttgart

Bücher zur Bioanorganischen Chemie

Bertini I, Gray HB, Lippard SJ, Valentine JS (1994) Bioinorganic Chemistry. University Science Books, Mill Valley

Cowan JA (1993) Inorganic Biochemistry. Wiley-VCH, Weinheim

Farrer B, Pecoraro V (2002) Bioinorganic Chemistry. In: The Academic Press Encyclopedia of Physical Science and Technology. 3rd ed. Academic Press, New York, S 117–139

Frausto De Silva JJR, Williams RJP (2001) The Biological Chemistry of the Elements: The Inorganic Chemistry of Life. 2nd ed. University Press, Oxford

Kaim W, Schwederski B (2005) Bioanorganische Chemie. 3. Aufl. Teubner, Wiesbaden

Lippard SJ, Berg JM (1995) Bioanorganische Chemie. Spektrum, Heidelberg

Bücher zur Ernährungsphysiologie der Mineralstoffe und Spurenelemente

Anke M, Kisters K, Schäfer U, Schenkel H, Seifert M (2006) Macro and Trace Elements, 23. Arbeitstagung „Mengen-, Spuren- und Ultraspurenelemente", 27. September 2006, Friedrich-Schiller-Universität, Jena

Engelhardt W v. (2010) Physiologie des Haustieres. 3. Aufl. Enke, Stuttgart

Hahn A, Schuchardt JP (2011) Mineralstoffe. 1. Aufl. Behr's, Hamburg

Köhrle J (1998) Mineralstoffe und Spurenelemente. Wiss. Verl.-Ges., Stuttgart

Meißner D (1999) Spurenelemente. Wiss. Verl.-Ges., Stuttgart

Reichlmayr-Lais A, Windisch W (2001) Spurenelemente. Wiss. Verl.-Ges., Stuttgart

Bücher zur Lebensmittelchemie/Lebensmitteltoxikologie

Belitz HD, Grosch W, Schieberle P (2008) Lehrbuch der Lebensmittelchemie. 6. Aufl. Springer, Heidelberg

Macholz R, Lewerenz HJ (1989) Lebensmitteltoxikologie. Springer, Heidelberg

Steinberg P, Hamscher G (2011) Toxikologie in der praktischen Qualitätssicherung. Behr's, Hamburg

Ternes W (2008) Naturwissenschaftliche Grundlagen der Lebensmittelzubereitung. 3. Aufl. Behr's, Hamburg

Bücher über Metalle in der Medizin

Dabrowiak JC (2009) Metals in Medicine. Wiley, Chicester

Nachschlagewerke

Souci SW, Fachmann W, Kraut H (2008) Die Zusammensetzung der Lebensmittel, Nährwert-Tabellen. 7. Aufl. Wiss. Verl.-Ges., Stuttgart

Ternes W, Täufel A, Tunger L, Zobel M (2007) Lexikon der Lebensmittel und der Lebensmittelchemie. 4. Aufl. Wiss. Verl.-Ges., Stuttgart

Zeitschriftenartikel

Amata O, Marino T, Russo N, Toscano M (2011) Catalytic activity of a ζ-class zinc and cadmium containing carbonic anhydrase, Compared work mechanisms. *Chem Phys* 13: 3468–3477

Andreesen JR, Makdessi K (2008) Tungsten, the Surprisingly Positively Acting Heavy Metal Element for Prokaryotes. *Ann N Y Acad Sci* 1125: 215–229

Balasubramanian K, Burghard M (2011) Chemie des Graphens. *Chem Unserer Zeit* 45: 240–249

Balasubramanian A, Ponnuraj K (2010) Crystal Structure of the first Plant Urease from Jack Bean: 83 Years of Journey from Its First Chrystal to Molecular Structure. *J Mol Biol* 400: 274–283

Berg JM, Lippard SJ (2004) Bioinorganic chemistry. *Chem Biol* 8: 160–161

Brader MJ (1997) Zinc Coordination, Asymmetry, and Allostery of the Human Insulin Hexamer. *J Am Chem Soc* 119: 7603–7604

Burdette S, Lippard S (2003) Meeting the minds: Metalloneurochemistry. *PNAS* 100: 3605–3610

Cobine P, McKay R, Zangger K, Dameron C, Armitage I (2004) Solution structure of Cu6 metallothionein from the fungus. *Eur J Biochem* 271: 4213–4221

Cohen S (2007) New approaches for medicinal applications of bioorganic chemistry. *Curr Oppin Chem Biol* 11: 115–120

Dannemann C, Grätz K, Zwahlen R (2008) Die Bisphosphat-assoziierte Osteonekrose der Kiefer. *Schweiz Monatsschr Zahnmed* 118: 113–118

Faller P, Hureau C (2009) Bioinorganic chemistry of copper and zinc ions coordinated to amyloid-β peptide. *Dalton Trans* 7: 1080–1094

Feil S (2010) Und es gibt sie doch: Kohlensäure. *Chem Unserer Zeit* 44: 9

Franz KJ, He C (2010) The highways and byways of bioinorganic chemistry. *Chem Biol* 14: 208–210

Freisinger E (2011) Structural features specific metallothioneins. *J Biol Inorg Chem* 16: 1035–1045

Habibovic P, Barralet JE (2011) Bioinorganics and biomaterials: Bone repair. *Acta Biomater* 7: 3013–3026

Hanssen HP (2012) Sicherheit der Lithiumtherapie. *DAZ* 152 (6): 46

Heisel C, Streich N, Krachler M, Jakubowitz E, Kretzer JP (2008) Characterization of the Running-in Period in Total Hip Resurfacing Arthroplasty: An in vivo and in vitro Metal Ion Analysis. *J Bone Joint Surg Am* 90 Suppl 3: 125–133

Hülsmann O, Ströhle A, Wolters M, Hahn A (2005) Mineralstoffe – ist eine Supplementierung immer sinnvoll? *DAZ* 145 (8): 52–62

Hülsmann O, Ströhle A, Wolters M, Hahn A (2005) Selen und Zink in Prävention und Therapie. *DAZ* 145 (11): 62–70

Kepp K (2012) Full quantum-mechanical structure of the human protein Metallothionein-2. *J Inorg Biochem* 107: 15–24

Kisters K, Gröber U (2010) Magnesium update 2010. *DAZ* 150 (25): 46–55

Lehnert N (2006) Bioanorganische Chemie-Strukturen von Kupferproteinen. *Nachrichten aus der Chemie* 54: 230–233

Majumdar A, Sabyasachi S (2011) Bioinorganic chemistry of molybdenum and tungsten enzymes: A structural-functional modeling approach. *Coord Chem Rev* 255: 1039–1054

Neuwelt E (2004) Mechanisms of Disease: The Blood-Brain Barrier. Neurosurgery 54:131–142

Pearson M, Overbye ML, Hausinger R, Karplus P (1997) Structures of Cys319 Variants and Acetohydroxamate-Inhibited *Klebsiella aerogenes* Urease. *Biochem* 36: 8164–8172

Rau S (2010) Bioorganische Chemie-Metalloenzyme. *Nachrichten aus der Chemie* 58: 249–256

Reedijk J (1987) Bioinorganic Chemistry, Inorganic Chemistry in a Perspective of Biology, Medicine and the Environment. *Naturwissenschaften* 74: 71–77

Rehder D (1991) The Bioinorganic Chemistry of Vanadium. *Angew Chem Int Ed Engl* 30: 148–167

Rehder D (2010) Leben ohne Vanadium? Bioanorganische Chemie des Vanadiums. *Chem Unserer Zeit* 44: 322–331

Rijt S, Sadler P (2009) Current application and future potential for bioorganic chemistry in the development of anticancer drugs. *Drug Discov Today* 14: 1089–1097

Roberts I, McMurray WJ, Rainey, PM (1998) Characterization of the Antimonial Antileismanial Agent Meglumine Antimonate (Glucantime). *Antimicrob Agents Chemother* 42: 1076–1082

Roth K (2009) Sekt, Champagner & Co. *Chem Unserer Zeit* 43: 418–432

Roth HJ (2005) Was sollen Metalle im aktuellen Arzneischatz? *DAZ* 145 (51): 49–59

Schatzschneider U (2010) Bioanorganische Chemie – Metalloenzyme. *Nachrichten aus der Chemie* 58: 249–252

Schatzschneider U (2012) Bioanorganische Chemie – Metalloenzyme, *Nachrichten aus der Chemie* 60: 247–250

Schröder G (2010) Giftmörderinnen. *DAZ* 150 (42): 101

Schwedt G (2005) Calcium. *DAZ* 145 (24): 69–70

Schwedt G (2005) Mangan. *DAZ* 145 (48): 68–69

Schwedt G (2006) Silicium. *DAZ* 146 (7): 70–71

Schwedt G (2006) Selen. *DAZ* 146 (9): 9–11

Schwedt G (2007) Magnesium. *DAZ* 147 (27): 82–83

Skerra A, Gebauer M, Wagenknecht A, Sieber V, Kettling U (2010) Biochemie 2009 – Proteindesign mit Scaffolds. *Nachrichten aus der Chemie* 58: 300–304

Soentgen J (2011) Lob des CO_2. *Chem Unserer Zeit* 45: 48–55

Thorn W (1990) α-D-Oligo- und Polyglucan-Iodkomplexe. *GIT Fachz Lab* 10: 1255–1263

Trebs I, Oswald R, Behrendt T, Meixner F (2012) Aus dem Boden in die Luft. *Nachrichten aus der Chemie* 60: 29–30

Vilar R (2009) Bioinorganic chemistry. *Annu Rep Prog Chem, Sect. A* 105: 477–502

Werner W (2004) Salz – ein lebenswichtiges Mineral. *DAZ-Beilage*: Student und Praktikant, Februar/März: 21–26

Werner W (2012) Kalk. *DAZ* 152 (7): 97–98

Xu Y, Feng L, Jeffrey P, Shi Y, Morel F (2008) Structure and metal exchange in the cadmium carbonic anhydrase of marine diatoms. *Nature* 452: 56–61

Zangger K, Öz G, Otvos J, Armitage I (1999) Three-dimensional solution structure of mouse (Cd7)-metallothionein-1 by homonuclear and heteronuclear NMR spectroscopy. *Protein Sci* 8: 2630–2638

Zitzmann S (2005) Spezifische Darstellung und Therapie von Krebserkrankungen. *Laborwelt* 6: 21–22

Manuskripte zu Vorlesungen an der Universität Hamburg

Rehder D, Bioanorganische Chemie I (Eisen, Molybdän und Nickel). www.chemie.uni-hamburg.de/ac/rehder/bioac1.doc. Zugegriffen: 17.07.2012

Rehder D, Bioanorganische Chemie II (Kupfer, Zink, Alkali- und Erdalkalimetalle. www.chemie.uni-hamburg.de/ac/rehder/bioac2.doc. Zugegriffen: 17.07.2012

Darüber hinaus sind mittlerweile sehr gut recherchierte Internetseiten der Online-Enzyklopädie „Wikipedia" (http://de.wikipedia.org) für diese Ausarbeitung mit anderen Informationsquellen verglichen worden.

Index

A

Abscisinsäure 90
Acetylen 49
Achat 247
Aconitase 372f
Actinoide 397-405
Ada-DNA-Repair-Protein 185
Adamsit 319
Adenosylmethionin 361
A-Domäne 11
Aktivkohle 228
Alabaster 47
Alaun 214
Aldehydoxidase 90
Alexandrit 34
Alkalimetalle 13-32
Alkalisilicat 250
Alkohol-Dehydrogenase 179f
Allotropie 296
Alterobactin A 114
Aluminium 210-217
  -acetat 214
  -metahydroxid 214
  -oxid 213
  -sulfat 214
  -trialkyl 214
  -trichlorid 214
  -trihydroxid 213
Alumino-Silicat 251
Amalgam 194
  -füllung 198
Amavadin 76
Amblygonit 14
Ameisensäure 234
Americium-241 404
Amethyst 247
Amid 277
Amin 277

Ammoniak 274
Ammonium 139
  -chlorid 274
  -hydrogensulfid 344
  -ion 275
  -phosphat 308
  -salz 276
  -tetrathiomolybdat 93
Amosit 253
Anatas 65
Angiotensin II 20
Anglesit 262
Annexine 51
Antimon 324-330
  -glanz 326
  graues 324
  metallisches 324
  -oxid 325
  -pentachlorid 325
  -pentasulfid 327
  schwarzes 324
  -tetraoxid 326
  -trichlorid 325
  -trioxid 325
  -trisulfid 326
  -wasserstoff 325
Antimonit 326
Antophyllit 253
Apatit 47, 53, 300, 369
  -gerüst 311
APS-Kinase 352
Aquaeisen-Komplex 111
Aquamarin 33f, 251
Aquaprotein 7
Arginase 101
Arginin 101
Argon 393, 395
Argyrodit 254
Arsan 315
Arsen 314-324
  gelbes 315
  graues metallisches 315
  -hydrid 315
  -kies 314

Z

Periodensystem der Elemente

Periode	Gruppe 1 (Alkalimetalle)	Gruppe 2 (Erdalkalimetalle)	Gruppe 13 (Bor-Gruppe)	Gruppe 14 (Kohlenstoff-Gruppe)	Gruppe 15 (Stickstoff-Gruppe)	Gruppe 16 (Sauerstoff-Gruppe)	Gruppe 17 (Halogene)	Gruppe 18 (Edelgase)
1	1,01 · Me · H · 1 · 10,0							4,00 · EG · He · 2
2	6,94 · Me · Li · 3 · $3\cdot10^{-6}$ · ? #	9,01 · Me · Be · 4 · $4,3\cdot10^{-8}$	10,81 · HM · B · 5 · $1,4\cdot10^{-5}$ · ?	12,01 · NM · C · 6 · 18,0	14,01 · NM · N · 7 · 3,0	16,00 · NM · O · 8 · 65,0	19,00 · NM · F · 9 · $1,1\cdot10^{-3}$ · *	20,18 · EG · Ne · 10
3	22,99 · Me · Na · 11 · 0,15	24,31 · Me · Mg · 12 · 0,05 · #	26,98 · Me · Al · 13 · $1,4\cdot10^{-4}$ · ?	28,09 · HM · Si · 14 · $2,0\cdot10^{-3}$ · *	30,97 · NM · P · 15 · 1,0	32,07 · NM · S · 16 · 0,25	35,45 · NM · Cl · 17 · 0,15	39,95 · EG · Ar · 18
4	39,10 · Me · K · 19 · 0,2 · #	40,08 · Me · Ca · 20 · 1,5 · #	69,72 · HM · Ga · 31 · Ⓐ	72,61 · HM · Ge · 32 · $4,3\cdot10^{-5}$ · Ⓐ	74,92 · HM · As · 33 · $2,0\cdot10^{-5}$ · ?	78,96 · NM · Se · 34 · $2,9\cdot10^{-5}$	79,90 · NM · Br · 35 · ?	83,80 · EG · Kr · 36
5	85,47 · Rb · 37 · $1,6\cdot10^{-3}$ · Ⓐ	87,62 · Sr · 38 · $4,0\cdot10^{-4}$	204,4 · Tl · 81 / In	118,7 · Sn · 50 · $4,3\cdot10^{-5}$ · Ⓐ	121,8 · Sb · 51 · $1,0\cdot10^{-4}$ · #	Te	126,9 · NM · I · 53 · $4,3\cdot10^{-5}$ · * · Ⓐ	131,3 · EG · Xe · 54
6	132,9 · Cs · 55 · Ⓐ	137,3 · Ba · 56 · $3,0\cdot10^{-5}$ · #	204,4 · Tl · 81	207,2 · Pb · 82 · $1,1\cdot10^{-4}$ · Ⓐ	Bi · # · Ⓐ	Po	222 · Rn · 86	
		226,0 · Ra · 88						

Das Bioanorganische Periodensystem der Elemente

	3	4	5	6	7	8	9	10	11	12
4	44,96 Sc 21 — Me	47,88 Ti 22 — Me #; $1,4\cdot10^{-5}$	50,94 V 23 — Me *◆; $2,9\cdot10^{-5}$	52,00 Cr 24 — Me *◆; $7,1\cdot10^{-6}$	54,94 Mn 25 — Me ●◆; $2,9\cdot10^{-5}$	55,85 Fe 26 — Me ●◆; $6,0\cdot10^{-3}$	58,93 Co 27 — Me ●◆; $4,3\cdot10^{-6}$	58,69 Ni 28 — Me *◆; $1,4\cdot10^{-5}$	63,54 Cu 29 — Me ●◆; $1,6\cdot10^{-4}$	65,39 Zn 30 — Me ●◆; $3,3\cdot10^{-3}$
5		91,22 Zr 40 — #; $4,3\cdot10^{-4}$		95,94 Mo 42 — Me *◆; $7,1\cdot10^{-6}$	Tc	Ru — # ⓐ ◆	Rh — # ◆		107,8 Ag 47 — Me #; ◆	112,4 Cd 48 — Me #; $4,3\cdot10^{-5}$
6				W — ◆				195,1 Pt 78 — Me #	197,0 Au 79 — Me #; $1,0\cdot10^{-5}$	200,6 Hg 80 — Me #;

☐ Makroelement; — Spurenelement; Me: Metall; HM: Halbmetall;
NM: Nichtmetall; EG: Edelgas

- ● Essenziell für alle bzw. die meisten Organismen
- * Essenziell für manche Organismen
- ? Essenzialität möglich im menschlichen Körper
- \# Wichtige therapeutisch und diagnostisch verwendete Elemente
- ◆ Für Redoxreaktionen wichtige Nebengruppenelemente
- ⓐ Wichtige radioaktive Elemente, die medizinisch genutzt werden

Rel. Atommasse — 1,01
Chem. Symbol — H
Ordnungszahl — 1
Gehalt (in Gewichtsprozent (%)) — 10,0
im menschlichen Körper (pro 70 kg)

Printed in the United States
By Bookmasters